普通高等教育“十四五”规划教材

化工过程流体机械

王宗明　刘兆增　刘保侠◎主编

中国石化出版社
·北京·

内容提要

本书系统阐述了化工企业中最常用、最典型的离心泵、容积泵、离心压缩机、往复活塞式压缩机、螺杆压缩机等流体输送机械以及过滤离心机和沉降离心机等分离机械的基本结构、工作原理及性能计算。此外，还对流体机械的选型、工况调节等进行了简要介绍。各章后附有例题以及思考题和习题，可用于加深对基本原理的理解和应用。

本书面向应用型创新人才培养，从顺应认知规律的角度重新组织内容，形成以应用为导向的知识体系，注重理论与实践兼顾。理论分析力求深入浅出，适当简化理论推导，重点将定性原理及规律阐述清楚。强化知识的系统性和应用性，并力争反映学科前沿。

本书可作为高等工科院校过程装备与控制工程专业或相关专业的教材，还可供从事化工生产、油气储运、设备制造专业的技术人员参考。

图书在版编目(CIP)数据

化工过程流体机械 / 王宗明，刘兆增，刘保侠主编．北京：中国石化出版社，2024.9．--ISBN 978-7-5114-7576-3

Ⅰ.TQ02

中国国家版本馆 CIP 数据核字第 2024F6E336 号

中国石化出版社出版发行

地址：北京市东城区安定门外大街 58 号

邮编：100011　电话：(010)57512500

发行部电话：(010)57512575

http://www.sinopec-press.com

E-mail:press@sinopec.com

宝蕾元仁浩(天津)印刷有限公司印刷

全国各地新华书店经销

*

787 毫米×1092 毫米 16 开本 21.5 印张 563 千字

2024 年 9 月第 1 版　2024 年 9 月第 1 次印刷

定价：56.00 元

前言

石化工业是现代大化工的典型代表，随着国家“千万吨炼油、百万吨乙烯和炼化一体化”重大战略的实施，我国石化工业进入一个新的发展高峰期。石化生产条件比较严苛，对石化行业的安全、环保和节能提出了更高的要求。化工过程装备主要服务于现代大化工及与之相近的众多流程工业，适应化工行业发展的需求，化工过程装备升级改造加快，呈现“大型化、综合化、研发设计制造一体化”等新特点。

多年来，我国化工行业坚持走自主发展道路，化工过程装备也取得了长足进步。目前，千万吨炼油、百万吨乙烯、百万吨芳烃项目重大装备国产化率超过90%，超大型合成氨、大型煤化工项目重大装备国产化率超过95%，化工静设备国产化率接近100%，彻底扭转了国外厂商对高技术、高附加值设备的垄断局面。

流体机械作为化工装置的重要组成部分，被称为流程工业的“心脏”，在多种工艺流程中承担动力源的作用，在国家重大技术装备发展中占有举足轻重的地位。近年来，我国流体机械制造业发展迅猛，大批高新技术产品层出不穷。乙烯装置压缩机组（三机）是衡量一个国家化学工业发展水平的重要指标，我国现已具备150万吨/年乙烯压缩机组的制造能力，标志着我国化工装备制造水平已跻身世界先进行列。近期，成功开发了50MW重型燃气轮机、大型长输管线离心压缩机、150吨大推力往复压缩机以及CAP1400核主泵等一系列高端流体机械，展示了我国流体机械行业的迅速崛起。

在化工行业高质量发展的大趋势下，装备供应企业更要加大研发力度，以科技创新为引领，以高质量赢得用户，实现装备的高端化、智能化和绿色化，工程设计单位和各类装备制造供应商，不仅要关注“卡脖子”问题，更要多一些领跑者思维和未来思维，主动去研究、发明和创造，不断推出新技术和新装备，展现中国智慧和中国贡献。

在国家“创新驱动发展”等重大战略引领下，新技术、新产业、新模式不断涌现，产业的转型升级加速，科技驱动、创新发展成为行业发展的新常态，对人才培养也提出了新的要求。未来行业发展需要的是工程素养高、创新能力强的高素质应用型人才，适应新时代行业发展的要求，培养工程创新能力强、能适应并引领行业发展的工程科技人才，是当今工程教育改革的当务之急。

本书面向应用型创新人才培养，是为高等工科院校过程装备与控制工程专业编写的核心专业课教材。本书共分七章。第一章概述过程流体机械的特点和分类；第二章系统讲述离心泵的结构、工作原理及特性，对离心泵的性能计算及应用也有较详细的介绍；第三章介绍几种常见容积式泵的结构、工作原理和性能特点；第四章系统讲述离心压缩机的结构、工作原理、热力计算及其相似换算；第五章详细阐述往复活塞式压缩机的结构、工作原理以及主要热力参数计算，对往复活塞式压缩机的动力特性和选型也进行了相应的介绍；第六章介绍了螺杆压缩机的原理与分类、转子型线与啮合定律、热力参数计算及受力特点；第七章简要介绍了几种常用的离心分离机械。本书可作为高等工科院校过程装备与控制工程专业或其他相关专业的教材，还可供从事化工生产、油气储运、设备制造专业的技术人员参考。

本书第一章、第二章、第三章由中国石油大学（华东）刘兆增编写；第四章、第七章由国家管网集团压缩机组维检修中心刘保侠编写；第五章、第六章由中国石油大学（华东）王宗明编写。全书由王增丽教授主审并提出了很多宝贵意见。在编写过程中，还得到了过程装备与控制工程专业几位教授的指导，在此一并表示衷心感谢。

编　者

2024 年 5 月

目录

第 1 章 绪论

1.1 概述

流程工业是国民经济的支柱产业之一，其原料、半成品和成品往往是流体(液体和气体)。例如，在化工生产中，为了满足各种工艺要求和保证生产的连续性，需要对流体增压和输送；在辅助性的生产环节中，要用到动力气源、控制仪表用气、环境通风及流体循环系统等；此外，成品的提取需要气液分离、固液分离等，都离不开流体机械。流体机械往往直接或者间接地参与从原料到产品的各个生产环节，使物质的状态、性质(如速度、压力、温度及浓度等)发生改变。

具体来说，以流体为工质进行能量转换、处理与输送的机械称为流体机械。流体机械是过程装备中的动设备，其许多结构和零部件会高速地运动，并与其中不断流动着的流体发生相互的作用，因此流体机械比静设备、管道等的结构要复杂。

流体机械往往是一个化工厂的关键设备，尤其是压缩机，被称为化工厂的心脏，在生产装备中占有重要地位。当然除化工外，在国民经济的其他部门，流体机械都有着广泛的应用，如煤炭、电力、冶金、机械、建筑、交通运输、医药、食品、城市给排水、农田灌溉、环境治理、航空航天、国防等部门，据统计，流体机械中的压缩机、泵等的能量消耗大约占全国能量生产的 1/3。

以石油、天然气为原料的石油化工生产一般是连续作业，涉及的介质比较特殊，往往是易燃、易爆、高温、高压。随着生产规模的扩大，工艺技术的不断更新，装置的规模越来越大，自动化程度越来越高，节能降耗的要求不断提高，对流体机械的性能和可靠性提出了更高的要求。流体机械的机型、内部流动特性、动力可靠性与稳定性、故障监控和自动控制方面需要持续的改进。学习和掌握流体机械的理论及实践是非常必要的。

1.2 过程流体机械分类

流体机械的分类方法很多，按照能量转换方式分为原动机和工作机，原动机是将流体的能量转变为机械能并输出轴功率，也称为流体动力机械，如水轮机、燃气轮机和蒸汽轮机等；工作机用来将机械能转变为流体的能量，或改变流体的状态，其中使流体增压并输送的工作机称为流体输送机械，如泵、压缩机等；使流体浓度发生变化的工作机称为流体分离机械，简称分离机，如过滤式分离机和沉降式分离机等。

1.2.1 流体动力机械

(1)水轮机

水轮机是把水流的能量转换为旋转机械能的动力机械，属于流体机械中的透平机械。上游的水经引水管引向水轮机，推动水轮机转轮旋转，带动发电机发电，做完功的水则通过尾水管道排向下游。水头越高、流量越大，水轮机的输出功率也就越大。

水轮机按工作原理可分为冲击式水轮机和反击式水轮机两大类。冲击式水轮机的转轮受到水流的冲击而旋转，工作过程中水流的压力不变，主要是动能的转换；反击式水轮机的转轮在水中受到水流的反作用力而旋转，工作过程中水流的压力能和动能均有改变，但主要是压力能的转换。

(2)燃气轮机

燃气轮机是以连续流动的气体为工质带动叶轮高速旋转，将燃料的能量转变为有用功的内燃式动力机械，是一种旋转叶轮式热力发动机。

燃气轮机的工作过程是，压缩机连续地从大气中吸入空气并将其压缩；压缩后的空气进入燃烧室，与喷入的燃料混合后燃烧，成为高温燃气，随即流入燃气透平中膨胀做功，推动透平叶轮及压缩机叶轮一起旋转；加热后的高温燃气的做功能力显著提高，因而燃气透平在带动压缩机的同时，尚有余功作为燃气轮机的输出机械功。燃气轮机由静止启动时，需用启动机带动旋转，待加速到能独立运行后，启动机才脱开。

(3)蒸汽轮机

在蒸汽轮机中，让管式锅炉过热管送来的过热蒸汽从喷嘴喷出，体积急剧膨胀，同时压力降低，速度增大，这样的蒸汽具有很大的动能。也就是说蒸汽的内能在喷嘴中转变为蒸汽的动能，当蒸汽喷射到叶片上时，其动能又转变为机轴旋转的机械能。

蒸汽轮机是一种将水蒸气的热能转变成高速旋转机械功的热力原动机，与蒸汽机相比，在同样功率下，重量轻、体积小，不需用曲柄和飞轮等机械来将移动改为转动，因此蒸汽轮机转动均匀，振动小，转速高。

1.2.2 流体输送机械

流体输送机械包括泵和压缩机。一般来说泵的工质为液体，压缩机的工质为气体。按工作原理，可分为容积式和速度式两大类，具体分类如图 1-1 所示。

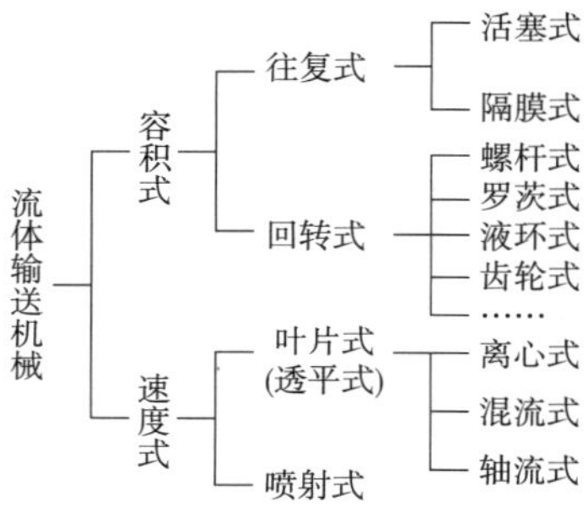

图 1-1 泵和压缩机的分类

容积式流体输送机械是依靠工作容积的周期性变化来实现流体的增压和输送的，分为往复式和回转式。活塞式是依靠活塞在气缸内做往复运动而实现工作容积的周期性变化，例如往复泵和活塞式压缩机；隔膜式属于液压驱动，利用膜片来代替活塞的作用，都属于往复式。回转式借助转子在缸内做回转运动来实现工作容积的周期性变化，例如滑片泵和滑片压缩机、螺杆泵和螺杆压缩机，以及齿轮泵等。

速度式流体输送机械包括叶片式(透平式)和喷射式，叶片式是速度式的一种，依靠旋转的工作叶轮，将机械能传递给流体介质，并转化成流体的能头。根据介质在叶轮内的流动方向，主要分为离心式、混流式和轴流式，如离心泵、离心压缩机以及轴流泵和轴流压缩机等均属此类。喷射式也可认为属于速度式，但它没有叶轮，是依靠一种介质的能量来输送另一种流体介质，如喷射泵等。

流体输送机械原理多种多样，基于其对流体加压和输送的用途，往往需要流量、压力、功率和效率等特征参数来表征其性能。不同的流体输送机械往往适用于不同的场合，目前各种常用泵和压缩机的使用范围如图 1-2 和图 1-3 所示。根据图中所示的应用条件，可以大致地对工程中需要的泵和压缩机进行选型。

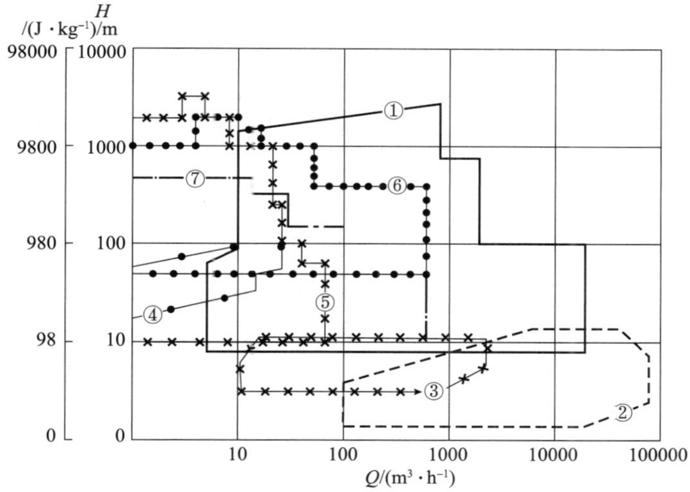

图 1-2　各种常用泵的使用范围

①—离心泵；②—轴流泵；③—混流泵；④—旋涡泵；⑤—电动往复泵；⑥—三螺杆泵；⑦—蒸汽往复泵

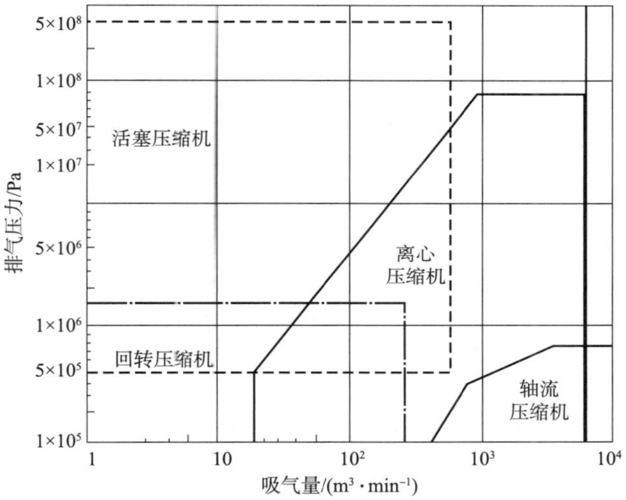

图 1-3　压缩机的使用范围

流体输送机械种类繁多，原理和性能各异，除常见的流体机械外，更是有多种特种流体输送机械。离心泵具有结构简单，体积小，重量轻，操作平稳，流量稳定，性能参数范围广，易于制造，便于维修等优点，应用非常广泛。在压缩机方面，由于活塞压缩机的能耗低、适应性强和灵活性大，目前应用仍最普遍。近年来，透平压缩机和螺杆压缩机发展很快。本书主要对石油化工常用的几种流体机械进行介绍，包括离心泵、典型容积式泵、往复活塞式压缩机、离心压缩机以及螺杆压缩机等。

1.2.3　流体分离机械

流体分离机械是指依靠机械作用，从非均匀的混合物中(液—固、液—液、液—液—固、气液、气固)分离出各组分的机械，如对悬浮液、乳浊液、泡沫液、含尘气体、含雾(沫)气体及固体颗粒进行分离、分级的机械分离。因分离过程不同，分离机械有不同的分类，如浮选机、沉降机、过滤机、筛分机等。

离心分离机主要是指依靠离心力进行分离的分离机械，用于将悬浮液中的固体颗粒与液体分开；或将乳浊液中两种密度不同，又互不相溶的液体分开，分为沉降式离心分离机（沉降式离心机）和过滤式离心分离机（过滤式离心机）。过滤式离心机又分为三足式、上悬式、卧式刮刀卸料式、离心卸料式、活塞推料式、螺旋卸料式等，沉降式离心机又分为螺旋卸料式、管式、碟式等。

1.3 化工过程流体机械的特点

化工生产涉及的流体种类很多，不同生产工艺要求的工作条件也各不相同，往往涉及高温、高压、易燃、易爆、易腐蚀、有毒介质，因此，化工过程流体机械的种类繁多。按用途分，例如除水泵外，还有油泵、酸泵、碱泵。石油化工厂中除常用的空气压缩机外，还有压缩氮氢混合气、石油气、天然气、氢气、二氧化碳气、氧气、乙烯、丙烯、乙炔、氯气和氨气等工艺用压缩机。它们与空气压缩机在基本原理和结构方面有共同之处，但由于气体特性和要求的不同，它们又各有某些不同的特点。由于气体的物理及热力学性质的不同，如气体的绝热指数 k、密度 ρ、压缩性系数 Z、导热系数 λ 和饱和蒸气压 p_v 等，对压缩机性能参数会有影响，导致压缩机的排气量、排气温度和功率等参数发生变化。了解这些不同点，无论对于石油化工用压缩机的设计、操作，维护、试车，以至故障处理都有好处。

石油化工所用的流体有不少具有腐蚀性，压缩具有腐蚀性气体时，与气体接触的零件材质应具有耐腐蚀性能。例如氧气压缩机的气缸常用不锈钢制造，二氧化碳气压缩机除应选用适宜的耐腐蚀材质外，在压缩机停车时，应用空气进行置换，以防停机后缸内温度降至露点以下产生碳酸腐蚀。

石油气为多组分混合气体，其中一些多碳不饱和烃在一定温度和压力下会发生聚合，聚合物受高温作用还会脱出硬质炭粒及其焦化物，通常称为积炭。温度和压力越高，聚合和积炭越严重。例如，丁二烯和异戊二烯用往复活塞式压缩机，在压力下温度超过 130℃ 就很容易聚合，聚合物呈黏胶状，黏附在气缸壁、活塞环及气阀上影响正常工作。另外，由于积炭的结果，将加剧气缸的磨损。

一些临界温度高，临界压力低的气体在压缩机和中间冷却器中很容易出现凝液。例如石油气中的丁烷，其临界温度为 152℃，临界压力为 37.5×10^5 Pa，这类气体甚至可能在气缸中被压缩时就会出现凝液现象。在气缸中出现凝液可能引起撞缸事故，在中间冷却器中出现凝液，会降低中间冷却器的冷却效果。因此，对压缩机设计和操作提出更高的要求。

另外，石油化工生产装置的长周期安全运行对压缩机的设计、制造、安装、操作、状态检测、维护保养和检修等各个环节提出了更高的要求。

第 2 章　离心泵

2.1　离心泵的工作原理及分类

2.1.1　离心泵的基本构成

典型离心泵的外形与结构如图 2－1 和图 2－2 所示。

离心泵主要由泵体、泵盖、轴、叶轮、轴承、密封部件和支座等构成，有些离心泵还装有导叶、诱导轮和平衡盘等。由原动机带动固定在轴上的叶轮旋转，使叶轮中的液体获得能量(包括压力能和动能)。为防止液体从泵壳等处泄漏，在各密封点上分别装有密封环和轴封箱。轴承及轴承悬架支持着转轴，整台泵和电机安装在同一个底座上。对整台泵的综合要求是：结构紧凑、工作可靠、检修方便、安全耐用、经济高效。

图 2－1　IS 型单级单吸离心泵及电机外形图

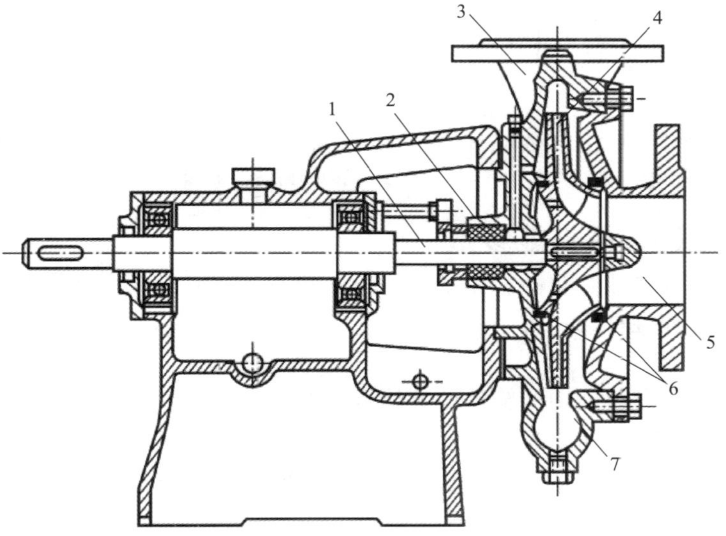

图 2－2　离心泵的基本构件

1—轴；2—轴封箱；3—扩压管；4—叶轮；5—吸入室；6—口环；7—蜗壳

2.1.2　离心泵的工作原理

图 2－3 所示是离心泵一般装置示意图。在离心泵启动前，泵壳内应灌满液体，工程

上称为“灌泵”。启动后，驱动机带动叶轮旋转，叶轮中的液体在叶片的驱动下一起转动，从而产生离心力。在离心力作用下，液体沿叶片流道被甩向叶轮出口，并流经蜗壳排至泵外。液体从叶轮获得能量，压力能和速度能均增加，并依靠此能量流入下游储罐或工作地点。

在液体被甩向叶轮出口的同时，叶轮入口中心处形成低压，从而在吸液罐和叶轮中心处液体之间产生压差。吸液罐中的液体在这个压差作用下，不断地经吸入管路及泵的吸入室进入叶轮中。这样，叶轮在旋转过程中，一面不断地吸入液体，一面又不断地给吸入的液体增加一定的能量排出。离心泵便是这样连续不断地工作的。

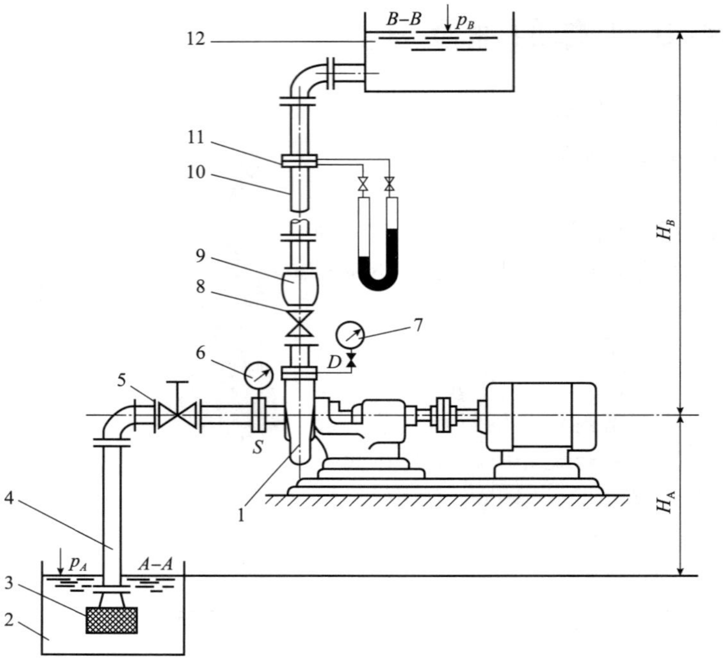

图 2-3　离心泵一般装置

1—泵；2—吸入罐；3—底网；4—吸入管；5—吸入管调节阀；6—真空表；7—压力表；8—排出管调节阀；9—单向阀；10—排出管；11—流量计；12—排出罐

2.1.3　离心泵的主要性能参数

离心泵的主要性能参数包括：流量、扬程、转速、功率、效率和汽蚀余量等。这些参数表示了离心泵工作性能的优劣。

(1)流量

流量表示泵在单位时间内所输送的液体量，有体积流量和质量流量两种表示方法。体积流量用 Q 表示，单位用 m^3/h、m^3/s 或 L/s。质量流量用 m 表示，单位用 kg/h 或 kg/s。

质量流量和体积流量间的关系为：$m=\rho Q$，ρ 是液体密度，kg/m^3。

(2)扬程

扬程是指单位质量液体从泵进口(泵进口法兰)到泵出口(泵出口法兰)的能量增值。亦是单位质量液体通过泵获得的有效能量，也称泵的总扬程，常用符号 H 表示，单位为 J/kg。在实际生产中，泵的扬程习惯用被输送液体的液柱高度(m)表示。

(3)转速

转速是指泵轴每秒的转数，用 n 表示，单位为 r/min。转速是影响泵性能的一个重要因素，一般取决于原动机的转速。常见离心泵的转速有 970r/min、1450r/min、2980r/min，有些高速泵可达 20000r/min。

(4)功率

功率是指在单位时间内所做的功。离心泵是工作机，其功率分为输入的轴功率 N 和输出的有效功率 N_e，单位工程上常用 kW。

(5)效率

离心泵从原动机获得的轴功率 N，不可能全部传递给被输送的液体，其中必有一部分能量损失，这样，被输送的液体实际所获得的有效功率 N_e 会比原动机传至泵轴的功率 N 要小，它们的比值称为泵的效率。泵效率是衡量泵工作经济性的指标，用符号 η 表示。

除上述 5 个参数外，离心泵的性能参数还有汽蚀余量 $NPSH_r$、吸入真空度 H_s、比转数 n_s 等。这些参数将在第 2.3 节和第 2.4 节中介绍。

2.1.4　离心泵的分类

离心泵的类型很多，分类方法也很多种，通常可按下列方法分类：

(1)按液体吸入叶轮方式

①单吸式泵。如图 2－2 所示，叶轮只有一侧有吸入口，液体从叶轮的一面进入。

②双吸式泵。如图 2－4 所示，叶轮两侧都有吸入口，液体从叶轮的两面进入。同样条件下比单吸式泵流量增加 1 倍；转子承受的轴向力基本平衡。

(2)按叶轮级数

①单级泵。泵体中只装有一个叶轮。图 2－2 和图 2－4 所示的离心泵分别为单级单吸悬臂离心泵和单级双吸离心泵。

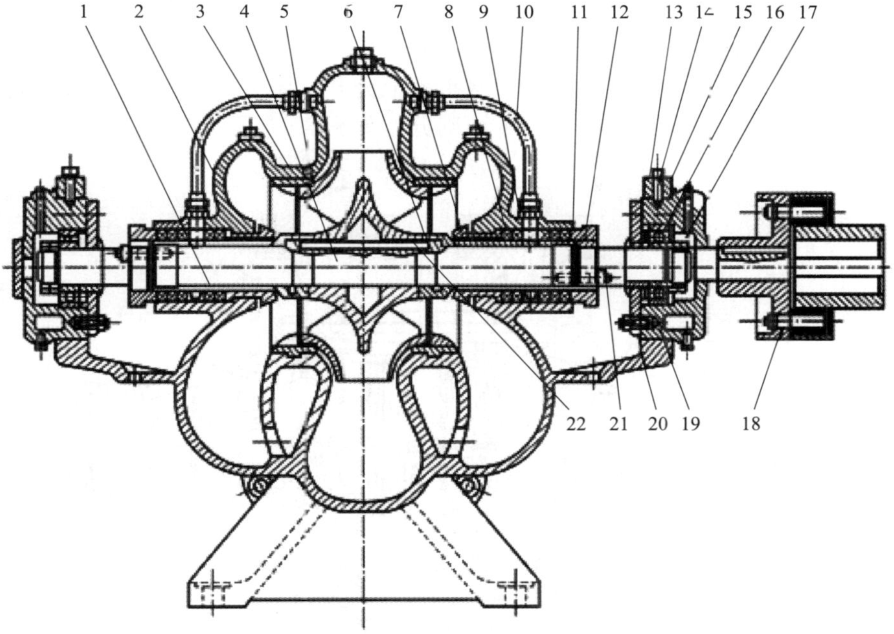

图 2－4　双吸式离心泵

1—下泵体；2—上泵体；3—叶轮；4—轴；5—口环；6—轴套；7—填料套；8—填料；9—液封圈；10—水封管；11—填料压盖；12—轴套螺母；13—固定螺钉；14—轴承体；15—轴承体盖；16—单列向心球轴承；17—圆螺母；18—联轴器部件；19—轴承挡套；20—轴承端盖；21—双头螺栓；22—键

②多级泵。同一根泵轴上装有串联的两个或两个以上的叶轮。图 2－5 所示是一台多级分段式高压热油泵。泵轴上串装 8 个叶轮，使液体获得足够的能量以达到较高的压头。泵体采用双层结构、外壳保证高压下的强度和密封，内壳采用垂直分段的导轮和前盖板组成。末级叶轮后装有平衡盘，以平衡整个转动部件——转子的轴向推力。第一级叶轮前装有诱导轮以提高泵的吸入能力。

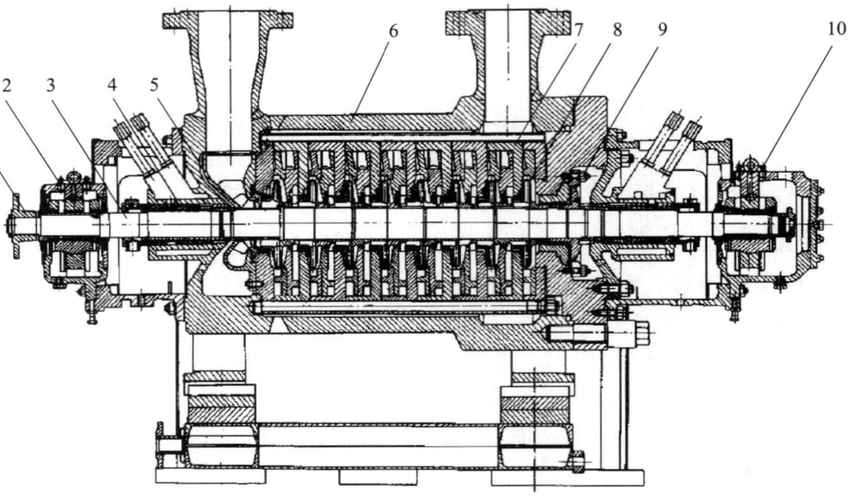

图 2－5　多级分段式高压热油泵

1—联轴器；2—滑动轴承；3—轴；4—密封软填料；5—端盖；
6—泵外壳；7—中间导叶；8—叶轮；9—平衡盘；10—轴承架

(3)按壳体剖分方式

①中开式泵。壳体在通过轴中心线的水平面上分开，图 2－4 所示离心泵即属此形式。

②分段式泵。壳体按与泵轴垂直的平面剖分，如图 2－6 所示。

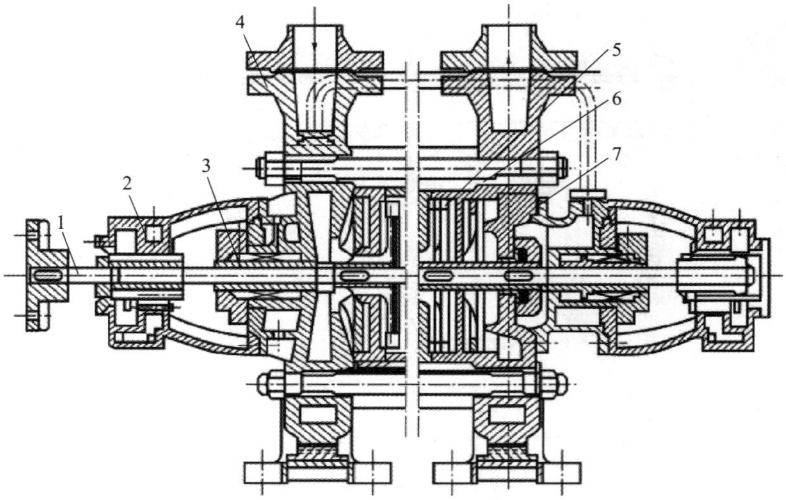

图 2－6　分段式多级离心泵

1—转子部件；2—托架部件；3—机械密封；4—吸入段；5—导叶；6—中段；7—压出段

(4)其他分类形式

按泵轴在空间的方位分类，有卧式泵和立式泵；按泵壳的结构分为蜗壳式泵和透平泵；按泵的扬程大小分为低压泵(扬程小于 20m 液柱)、中压泵(20～160m 液柱)和高压泵(扬程高于 160m 液柱)；按输送介质又可分为清水泵、油泵、杂质泵和耐腐蚀泵等。

(5)特殊结构离心泵

①立式筒袋泵。如图 2－7 所示，立式筒袋泵为多级、径向剖分型离心泵，其过流部分有内外两层壳体，内壳体装有转子、导叶、吸入室、排出室等泵主体部件，外壳体为进口导流通道，液体从下部吸入。叶轮为单吸径向式，轴封为立式结构，多采用机械密封。轴承分为上下两个部分，上部轴承为向心力推力球轴承，下部轴承为流体动力径向滑动轴承，位于泵的入口端，由介质进行润滑。该泵的特点是进出口接管位置在安装法兰上部同一高度，其过流部件低于入口管路，浸没在液体中，抗汽蚀性能优越。

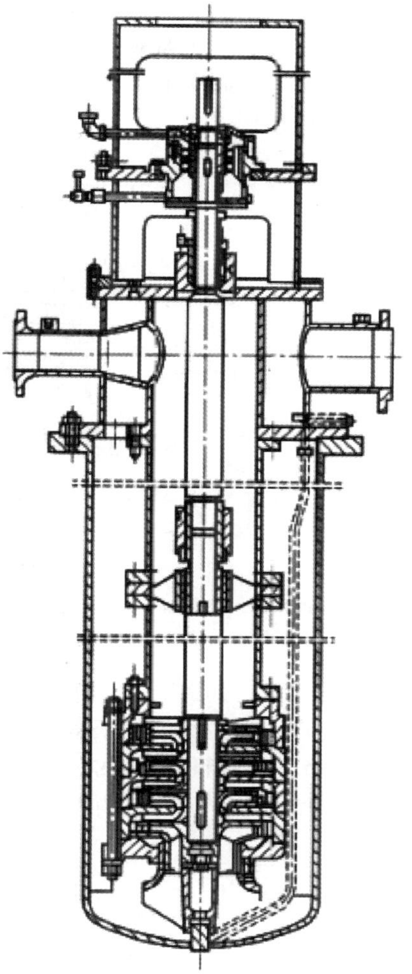

图 2－7　立式筒袋泵

②磁力泵。如图 2－8 所示，磁力泵是一种将永磁联轴器工作原理应用于离心泵的新产品，由泵、磁力传动器、电动机三部分组成。关键部件磁力传动器由外磁转子、内磁转子及不导磁的隔离套组成。当电动机带动外磁转子旋转时，磁场能穿透空气隙和非磁性物质，带动与叶轮相连的内磁转子做同步旋转，实现动力的无接触传递。由于泵轴、内磁转子被泵体、隔离套完全封闭，从而将动密封转化为静密封，彻底解决了“跑、冒、滴、漏”问题，消除了炼油化工行业易燃、易爆、有毒、有害介质通过泵密封泄漏的安全隐患。

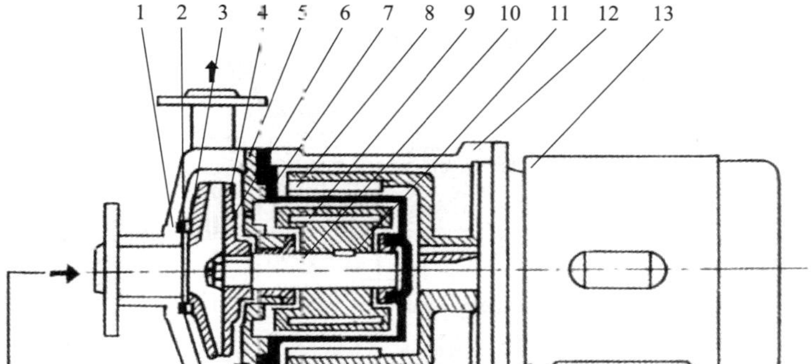

图 2－8　磁力泵

1—泵壳；2—静环；3—动环；4—叶轮；5—密封圈；6—隔板；7—隔离套；8—外磁钢总成；9—内磁钢总成；10—泵轴；11—轴套；12—连接架；13—电动机

③屏蔽泵。如图 2－9 所示，屏蔽泵也称屏蔽电泵，其电动机的转子和定子用金属屏蔽套隔开，动力通过定子磁场传给转子。泵的叶轮和电动机的转子连为一体，浸没在泵送液体中，且在同一个密封壳体中运转，因此不需要采用填料函或机械密封结构，是一种完全无泄漏泵。屏蔽泵通过循环管，利用泵送液体对轴承进行润滑与冷却，同时起到冷却电动机定子的作用。

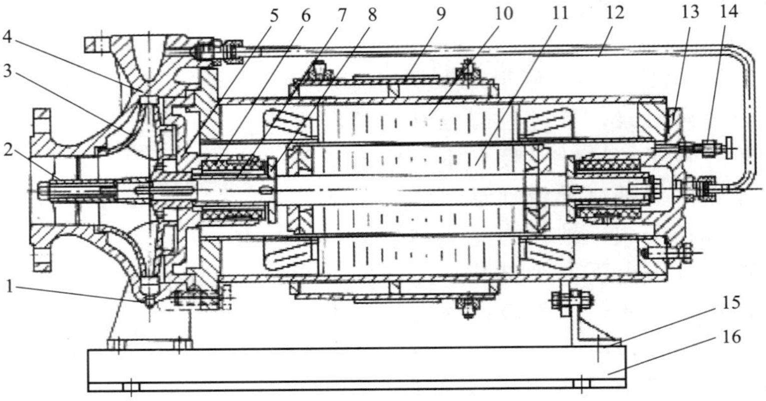

图 2－9 正循环型结构屏蔽泵

1—排液螺塞；2—诱导轮；3—叶轮；4—泵体；5—前轴承座；6—导轴承；7—轴套；8—推力盘；9—水夹套；10—定子组件；11—转子组件；12—冷却循环管；13—后导轴承座；14—排气阀；15—支脚；16—底座

④高速泵。如图 2－10 所示，又称为高速部分流泵，属于离心泵的一种。它利用增速箱的增速作用使工作叶轮获得数倍于普通离心泵叶轮的工作转速，加大叶轮外沿的流体线速度，达到提高扬程的目的。转速高，因此必须采用高速机械密封和滑动轴承。在小流量高扬程参数范围内具有性能优良、可靠性高和寿命长的特点，在石油化工行业得到广泛用。

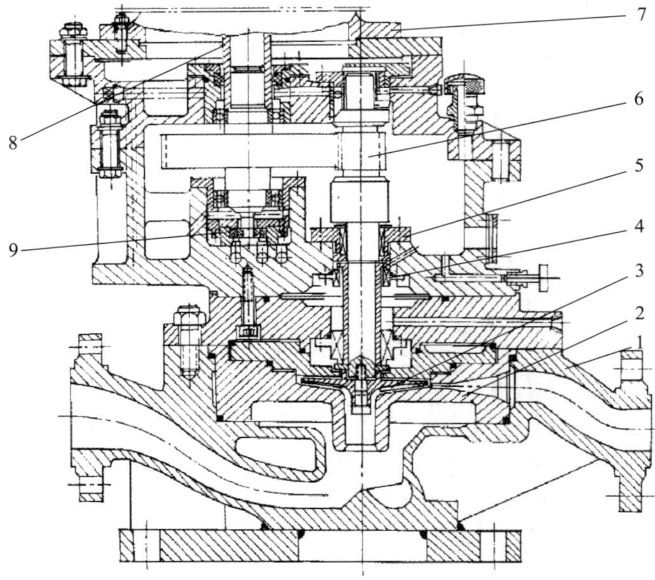

图 2－10 高速部分流泵

1—泵体；2—扩散器；3—叶轮；4—机械密封；5—高速轴承；6—齿轮；7—电动机；8—联轴器；9—内摆线油泵

2.2 离心泵的性能计算

2.2.1 离心泵中流动的描述——速度三角形

液体在离心泵中获得能量的过程，就是在叶轮作用下液体本身流速大小和流动方向变化的过程。因此，首先应该了解液体在叶轮中的运动规律。

如图 2-11 所示，离心泵中液体沿着泵轴线方向以绝对速度 c_0 被引到叶轮入口，然后以流速 c_1 进入叶轮叶道，在流向叶轮外圆周的过程中流速不断发生变化，最终以流速 c_2 离开叶轮。液体在叶轮内的流动情况较为复杂，它在沿流道流动的同时，又被叶轮叶片强迫着与叶轮一起转动，使得研究和分析比较困难。为了便于从理论上进行分析，现给出理想叶轮的两点假设：

(1)通过叶轮的液体是理想液体，即液体在叶轮内流动时无任何能量损失。

(2)液体在叶片间的流动呈轴对称，即每一液体质点在流道内的相对运动轨迹与叶片曲线的形状完全一致，在同一半径的圆周上，液体质点的相对速度大小相同、液流角相等。要达到这种理想状况，叶片必须无限多且无限薄。

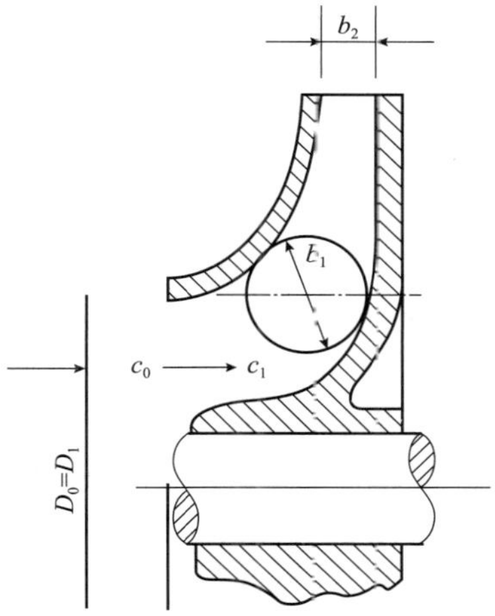

图 2-11　液体在叶轮中的运动

液体在叶轮中的流动是一种复杂的运动。根据理论力学知识，研究液体在叶轮中的运动时，可取动坐标系与叶轮系为一体，则叶轮的旋转运动就是牵连运动。当观察者与叶轮一起旋转时所看到的液体运动(相当于液体流经静止叶轮时的流动)就是相对运动。这样，液体在叶轮中流动时的复杂运动便可以由液体的旋转运动和相对运动合成。

液体质点相对运动的速度称为相对速度，用矢量 $\boldsymbol{w}$ 表示。在无限多叶片的假设下，相对速度方向与叶片方向一致，即与叶片相切，如图 2-12(a)所示。

液体质点的牵连速度指与所求液体质点瞬时重合的点的叶轮圆周速度，用矢量 $\boldsymbol{u}$ 表示。其方向垂直于叶轮圆半径，指向叶轮旋转方向，如图 2-12(b)所示。

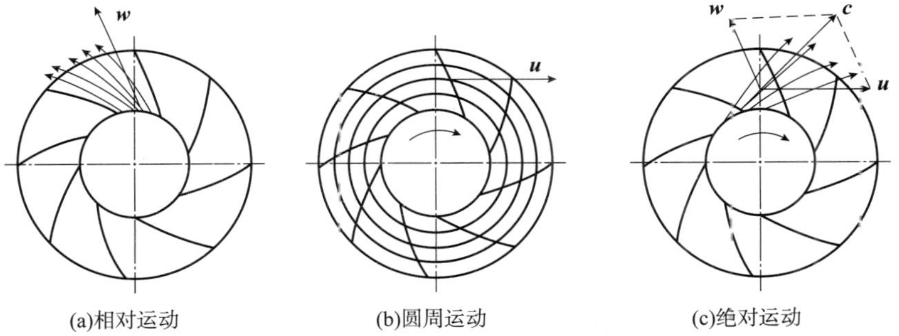

图 2-12　液体在叶轮中的运动分解

液体质点相对于静止的壳体的运动速度称为绝对速度，用矢量 $\boldsymbol{c}$ 表示，其大小和方向由圆周速度和相对速度的矢量合成决定，如图 2-12(c)所示。

$$\boldsymbol{c}=\boldsymbol{u}+\boldsymbol{w} \tag{2-1}$$

由此可以作出叶轮中任一液体质点的三个速度矢量 $\boldsymbol{w}$、$\boldsymbol{u}$ 和 $\boldsymbol{c}$。这三个速度矢量组成一

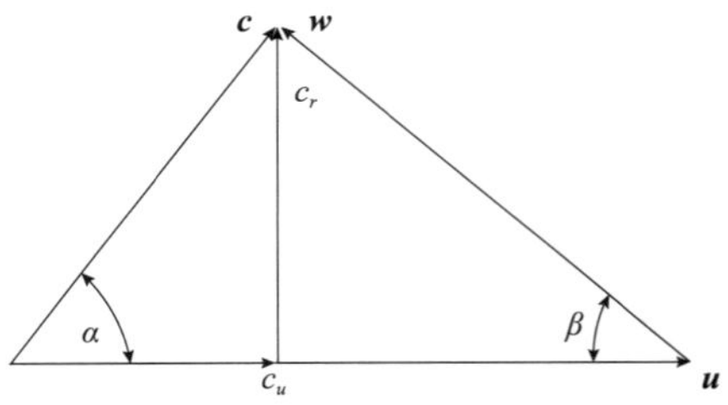

图 2－13　速度三角形

个封闭的三角形，称为速度三角形，如图 2－13 所示。表示液体在叶轮中运动速度大小和方向的速度三角形，直接反映了液体在叶轮流道内的运动规律，因此，它是研究叶片式机器能量传递的重要工具。其中，叶轮叶片进口和出口处的速度三角形是研究的重点。为计算方便，常常把绝对速度 **c** 分解成两个分量。一个是与圆周速度 **u** 垂直的分量，以 c_r 表示，称为液流绝对速度的径向分速（或称轴面速度）；另一个是与圆周速度 **u** 平行的分量，以 c_u 表示，称为液流绝对速度的周向分速，如图 2－13 所示。

在以后的讨论中，上述各速度除分别用已述符号表示外，其液流速度间的夹角与叶轮的几何参数还分别用下列符号表示：

α 为液流绝对速度与圆周速度间的夹角；β 为液流角，即液流相对速度与圆周速度反方向间的夹角；β_A 为叶片角，即叶片在该点的切线与圆周速度反方向间的夹角（在理想情况下，$\beta_A=\beta$；在叶轮出口处的叶片角 β_{2A} 又常叫作叶片的离角）；D 为叶轮直径，m；b 为叶轮轴面流道宽度，m；z 为叶片数目。

此外，还采用下标 1，2 等分别表示叶片进口、叶片出口处的参数，采用下标∞来表示液体在叶片数无限多的叶轮中流动时的参数。

下面以叶片数无限多的理想叶轮为例来说明叶轮叶片进、出口处速度三角形的作法。

要作一个速度三角形，起码应知道三个条件。一般速度三角形的底边 u 只与叶轮的尺寸 D 及工作转速 n 有关，其值可按下式计算：

$$u=\pi Dn \tag{2-2}$$

速度三角形的高 c_r 只与流量和叶轮流道的通流面积有关。假设叶片为无限多、无限薄的叶轮径向分速 $c_{r\infty}$ 与考虑叶片厚度影响后的径向分速 c_r 相等，则其大小可用下式计算：

$$c_r=c_{r\infty}=\frac{Q_T}{\pi Db\tau} \tag{2-3}$$

式中，Q_T 为不计漏损时的理论流量，m^3/s；τ 为叶片的阻塞系数。

叶片阻塞系数反映叶片厚度对叶轮通流面积的影响。叶轮出口处的阻塞系数 τ_2 一般可按下式计算（图 2－14）：

$$\tau_2=\frac{\pi D_2-zx_2}{\pi D_2}=\frac{\pi D_2-\dfrac{z\delta_2}{\sin\beta_{2A}}}{\pi D_2} \tag{2-4}$$

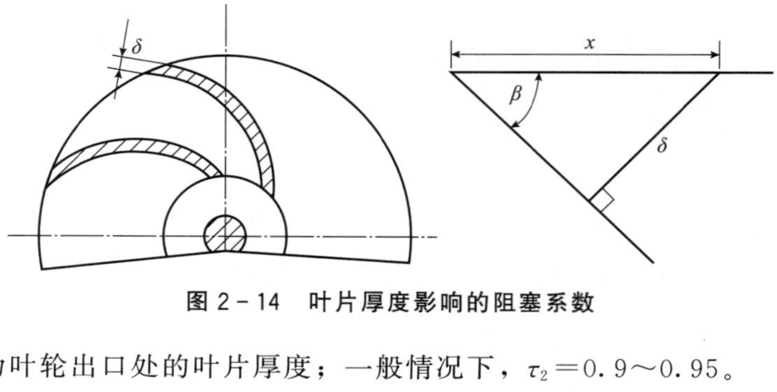

图 2－14　叶片厚度影响的阻塞系数

式中，δ_2 为叶轮出口处的叶片厚度；一般情况下，$\tau_2=0.9\sim0.95$。

此外，还要知道一个条件才能将速度三角形作出。对叶道进口处点 1 的速度三角形，这个条件常常是液体进入叶道时的周向分速 c_{1u}。当离心泵具有轴向收缩管状的吸液室时，一般不会使流过的液体产生绕轴旋转，所以可以认为进入叶道时液体无预旋，即 $c_{1u}=0$。对叶道出口处点 2 的速度三角形，若为理想叶轮，则液流相对速度的方向 β_2 与出口处叶片角 β_{2A} 一致。有了这些补充条件，叶轮流道进、出口处的速度三角形就可以作出来了。

2.2.2　离心泵的理论扬程

（1）理论扬程方程式——欧拉方程

了解了液体在叶轮内流动的特点，就可以深入研究叶轮是如何将驱动机的能量传递给液体的，以及液体获得的能头大小与哪些因素有关。常用的方法是利用基本能量方程建立叶轮对液体所做的功与液体运动状态变化之间的关系。基本能量方程可以用动量矩定理推导得到：

$$H_{T\infty}=u_2c_{2u\infty}-u_1c_{1u\infty}\quad \text{J/kg} \tag{2-5a}$$

以 m 液柱表示：

$$H_{T\infty}=\frac{1}{g}(u_2c_{2u\infty}-u_1c_{1u\infty})\quad \text{m} \tag{2-5b}$$

式(2-5)称为离心泵的理论扬程方程式(或称欧拉公式)，是适用于一切离心式机械的基本方程式。对采用轴向吸入室的离心泵，液流进入叶轮流道时无预旋，即 $c_{1u\infty}=0$。对蜗形吸入室的离心泵，虽然其 $c_{1u\infty}\neq 0$，但通常 $u_1c_{1u\infty}$ 远小于 $u_2c_{2u\infty}$，故式(2-5)可简化为：

$$H_{T\infty}=u_2c_{2u\infty} \tag{2-6a}$$

或

$$H_{T\infty}=\frac{1}{g}u_2c_{2u\infty} \tag{2-6b}$$

由式(2-5)和式(2-6)可以看出：理论扬程 $H_{T\infty}$ 的大小只与液流在叶道进、出口处的速度有关，即与叶轮的几何尺寸(D，β)、工作转速 n 和流量 Q_T 有关，而与泵所输送液体的性质无关。用同一个叶轮输送不同性质的流体(如水、油或空气等)，在同一转速和流量下工作时，叶轮所给出的理论扬程值(用 m 液柱表示)是相同的。

（2）有限叶片数对理论扬程的影响

为了分析离心泵叶轮使液体获得能头的性质，先写出叶轮叶片进口与出口的理想情况下的伯努利方程式：

$$gZ_1+\frac{p_1}{\rho}+\frac{c_{1\infty}^2}{2}+H_{T\infty}=gZ_2+\frac{p_2}{\rho}+\frac{c_{2\infty}^2}{2}$$

即

$$H_{T\infty}=\frac{p_2-p_1}{\rho}+\frac{c_{2\infty}^2-c_{1\infty}^2}{2}+g(Z_2-Z_1) \tag{2-7}$$

式中，p_1、p_2 分别为叶片进口和出口处液流的静压力，Pa；Z_1、Z_2 分别为叶片进口和出口的位高，m。

式(2-7)说明叶轮对液体做功后，使液体获得了静压能头、速度能头和位高能头的增量。但是，式(2-7)还不能反映出液体在叶轮叶片进口与出口处的速度变化与所获得的各种能头之间的关系，可以根据图 2-13 所示叶轮叶片进、出口速度三角形，由余弦定理推导出欧拉方程的另一种表达形式，得：

$$H_{T\infty}=\frac{u_2^2-u_1^2}{2}+\frac{w_{1\infty}^2-w_{2\infty}^2}{2}+\frac{c_{2\infty}^2-c_{1\infty}^2}{2} \tag{2-8}$$

式(2－8)有清晰的物理概念。方程式右端第3项$\frac{c_{2\infty}^2-c_{1\infty}^2}{2}$是液体经过叶轮叶片进口和出口后因绝对速度的变化而增加的动能，即液体获得的动扬程，与式(2－7)中速度能头一致。右端第2项$\frac{w_{1\infty}^2-w_{2\infty}^2}{2}$是由于叶片间流道的扩大，使相对速度由进口到出口速度是减小的，部分速度能头转变为压力能头，使液体获得静扬程。右端第1项$\frac{u_2^2-u_1^2}{2}$是液体在做圆周运动过程中，由于离心力的作用，液体在叶轮出口处静压能头提高，使液体获得了静扬程。

由上可知，离心泵的理论扬程$H_{T\infty}$包括静扬程H_{pot}和动扬程H_{dyn}。其中，能直接用于使液流克服流动阻力、提高位高及压力的是静扬程部分，所以希望叶轮使液体获得的静扬程越大越好，而动扬程却越小越好。否则液流速度大将造成流动损失加大，或使得泵的转能装置结构尺寸变大，且在转能过程中能量损耗较大，效率降低。

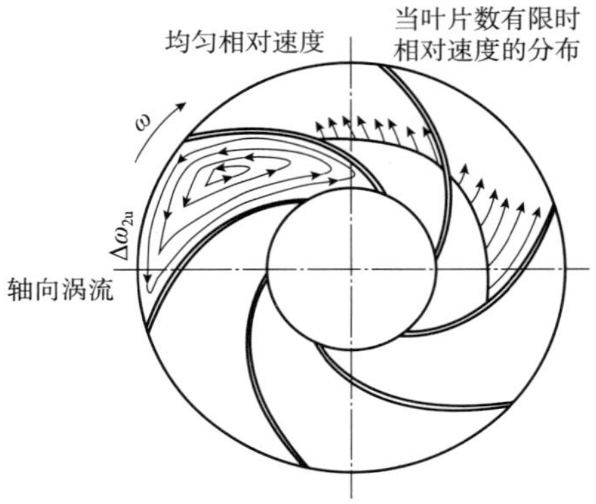

图 2－15　流道内的轴向涡流运动

值得注意的是，欧拉方程是在假设条件下得到的。在实际泵中，叶轮的叶片数是有限的。这样，在泵工作时叶轮流道中会产生一个相对轴向涡流，如图2－15所示，使得液体流经实际叶轮时获得的理论扬程H_T小于流经无限多叶轮时获得的理论扬程$H_{T\infty}$。二者的关系如下：

$$H_T=\mu H_{T\infty} \tag{2-9}$$

式中，μ为滑移系数(或环流系数)，表示叶轮叶片数有限时对理想理论扬程$H_{T\infty}$的影响。目前，滑移系数多用半经验公式计算。对离心水泵，通常采用：

$$\mu=\frac{1}{1+\frac{2\psi}{z}\cdot\frac{1}{1-\left(\frac{r_1}{r_2}\right)^2}}$$

式中，ψ为扬程校正试验系数，与叶道表面积大小、粗糙度及液体黏度有关，可用公式$\psi=(0.55\sim0.68)+0.6\sin\beta_{2A}$求出。其值一般在0.8～1.0之间，叶片数少时取大值。

求得μ后就可求出实际叶轮的理论扬程H_T。应当指出，两种理论扬程$H_{T\infty}$和H_T之间的差别只说明在叶片有限的叶轮内，由于轴向涡流的存在，对理论扬程$H_{T\infty}$产生了影响，使液体获得的能头有所减少，而不是由任何损失造成的。

(3)叶片形式对理论扬程的影响

在叶轮尺寸、工作转速和流量一定的情况下，理论扬程中静扬程比例与叶片形式有关。叶片形式主要是指叶片出口角β_{2A}的大小对所获能头的影响。根据叶片无限多的叶轮的理论扬程方程式$H_{T\infty}=u_2c_{2u\infty}$，以及$c_{2u\infty}=u_2-c_{2r\infty}\cot\beta_{2A}$，$c_{2r\infty}=Q_T/(\pi D_2b_2\tau_2)$，可得到：

$$H_{T\infty}=u_2^2-\frac{u_2\cot\beta_{2A}}{\pi D_2b_2\tau_2}Q_T \tag{2-10}$$

从式(2－10)可以看出，当叶轮尺寸D一定、工作转速n一定时，u_2为定值；当流量Q_T也一定时，$H_{T\infty}$与β_{2A}有关。还可以看出，当叶轮出口处叶片角β_{2A}一定后，$H_{T\infty}$与Q_T呈线性关系。此直线的斜率与β_{2A}有关。为便于观察和分析问题，将式(2－10)简化。令

$u_2^2=A$，$u_2\cot\beta_{2A}/\pi D_2 b_2 \tau_2=B$，则：

$$H_{T\infty}=A-BQ_T \tag{2-10a}$$

如图 2－16 所示，若 $\beta_{2A}=90°$，$B=0$，$H_{T\infty}$ 与 Q_T 的关系为一条水平直线；若 $\beta_{2A}<90°$，$B>0$，$H_{T\infty}$ 与 Q_T 的关系为一条向下倾斜的直线；若 $\beta_{2A}>90°$，$B<0$，$H_{T\infty}$ 与 Q_T 的关系为一条向上倾斜的直线。由图还可看出，叶轮出口处叶片角 β_{2A} 对离心泵的理论扬程有明显影响。β_{2A} 大，同流量下的 $H_{T\infty}$ 就高，那么，是否这种叶片形式就是最好的呢？这还需要分析哪种叶片角获得的 H_{pot} 比例较大、效率更高。

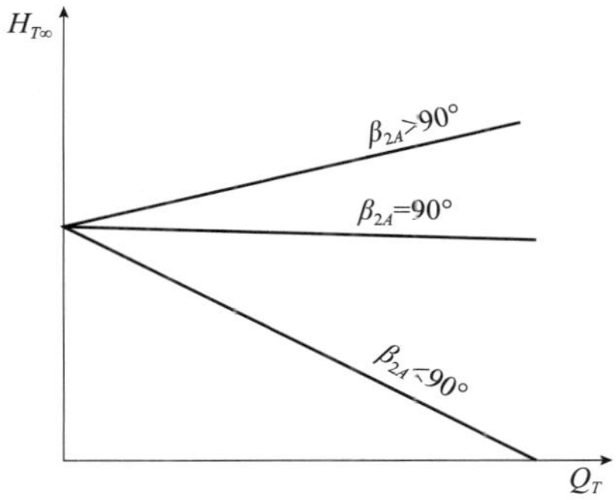

图 2－16　$H_{T\infty}$ 与 Q_T 的关系曲线

因为理论扬程 $H_{T\infty}$ 包括动扬程 H_{dyn} 和静扬程 H_{pot} 两部分，即：

$$H_{T\infty}=H_{pot}+H_{dyn} \tag{2-11}$$

其中：

$$H_{pot}=\frac{u_2^2-u_1^2}{2}+\frac{w_1^2-w_2^2}{2} \tag{2-12}$$

$$H_{dyn}=\frac{c_2^2-c_1^2}{2}=\frac{c_{2u\infty}^2-c_{1u\infty}^2}{2}+\frac{c_{2r\infty}^2-c_{1r\infty}^2}{2} \tag{2-13}$$

在一般离心泵叶轮中，轴面速度 c_r 的变化不大，即认为 $c_{2r\infty}\approx c_{1r\infty}$；液体进入叶轮流道时一般无预旋或预旋甚微，即也可认为 $c_{1r\infty}\approx 0$。所以，式(2－13)可写成：

$$H_{dyn}\approx\frac{c_{2u\infty}^2}{2} \tag{2-14}$$

由式(2－11)得静扬程为：

$$H_{pot}=H_{T\infty}-H_{dyn}$$

即

$$\frac{H_{pot}}{H_{T\infty}}=1-\frac{H_{dyn}}{H_{T\infty}} \tag{2-15}$$

如果利用反作用度 $\rho_{R\infty}$ 来反映静扬程 H_{pot} 在 $H_{T\infty}$ 中所占的比例，则将式(2－14)代入式(2－15)得；

$$\rho_{R\infty}=1-\frac{H_{dyn}}{H_{T\infty}}=1-\frac{c_{2u\infty}^2/2}{u_2 c_{2u\infty}}=1-\frac{u_2-c_{2r\infty}\cot\beta_{2A}}{2u_2}=\frac{1}{2}+\frac{1}{2}\frac{c_{2r\infty}\cot\beta_{2A}}{u_2} \tag{2-16}$$

分析上式可以看出，在相同的 u_2 和 $c_{2r\infty}$ 的条件下，$c_{2u\infty}$ 随 β_{2A} 的增大而增大，使 $H_{T\infty}$ 增大，但反作用度 $\rho_{R\infty}$ 则随 β_{2A} 的增大而减小，即叶轮使液体获得的静扬程 H_{pot} 在理论扬程 $H_{T\infty}$ 中占的比例减小，这是不希望的。反之 β_{2A} 减小，则 $\rho_{R\infty}$ 增加。为了找出各种 β_{2A} 对 $\rho_{R\infty}$ 的影响，作如下分析。

如图 2－17 所示，当 $c_{2\infty}=c_{2r\infty}$ 时，$c_{2u\infty}=0$，于是 $\rho_{R\infty}=1$，但此时 $H_{T\infty}=0$，说明泵的叶轮没有直接把能量传给液体。这时对应的 $\beta_{2A\min}=\operatorname{arccot}\frac{u_2}{c_{2r\infty}}$ 是叶片出口角的下限。此后，$c_{2u\infty}$ 随 β_{2A} 的增大而增大，$H_{T\infty}$ 也随之增大。当 $c_{2u\infty}=2u_2$ 时，$\rho_{R\infty}=0$，说明流过叶轮的液体将只有速度能头的增加而无压力能头的提高。这时对应的 $\beta_{2A\max}=-\operatorname{arccot}\frac{u_2}{c_{2r\infty}}$ 是叶片出口角的上限。如果 $\beta_{2A}>\beta_{2A\max}$，液体流过叶轮后的压力反而降低，实际上泵是不可能

在这种情况下工作的。

如果画出 $H_{T\infty}-c_{2u\infty}$ 和 $H_{dyn}-c_{2u\infty}$ 的关系曲线，并在 $c_{2u\infty}$ 坐标上标出对应的 β_{2A}，则可得图 2－18。由图看出，当 $\beta_{2A}=90°$时，$H_{dyn}=H_{T\infty}$，$\rho_{R\infty}=\dfrac{1}{2}$，与式(2－16)相符；当 $\beta_{2A}<90°$时，$\rho_{R\infty}>\dfrac{1}{2}$；当 $\beta_{2A}>90°$时，$\rho_{R\infty}<\dfrac{1}{2}$。

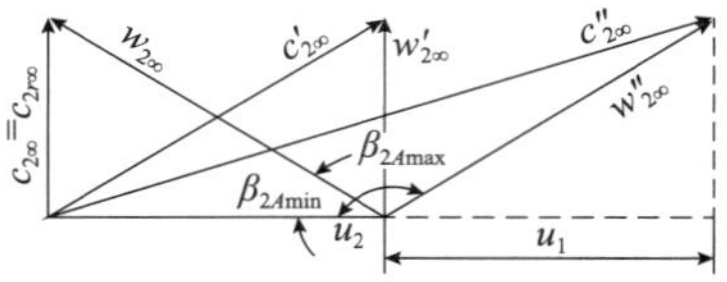

图 2－17　各种 β_{2A} 时的出口速度三角形

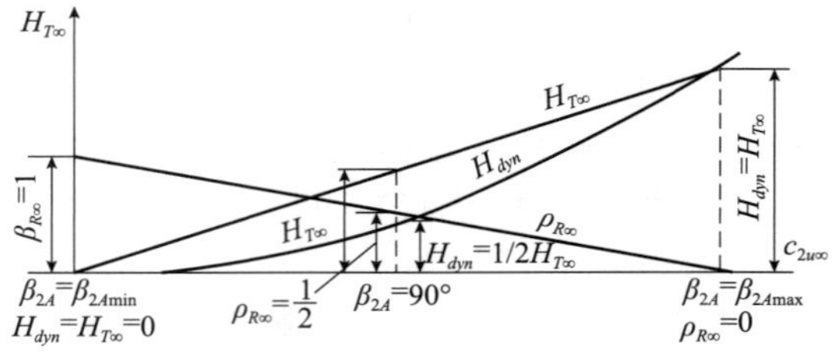

图 2－18　泵的扬程与 β_{2A} 的关系曲线图

叶轮出口处叶片角 $\beta_{2A}<90°$的叶轮称为后弯叶片型叶轮；$\beta_{2A}=90°$的称为径向叶片型叶轮；$\beta_{2A}>90°$的称为前弯叶片型叶轮。前述分析说明：后弯叶片型叶轮具有最大的反作用度；前弯叶片型叶轮的反作用度最小；径向叶片型叶轮的反作用度居中。由于希望离心泵使液体获得的静扬程 H_{pot} 在理论扬程 $H_{T\infty}$ 中所占比例较大、动扬程较小，以便在其后扩压流动时的流动损失较小、泵效率较高，所以离心泵叶轮大多数采用 $\beta_{2A}<90°$的后弯叶片型叶轮。通常 $\beta_{2A}=15°\sim40°$，石油工业所用离心泵多取 $\beta_{2A}=25°\sim30°$，有的油气储运用泵也采用 $\beta_{2A}=60°\sim90°$。在后面的讨论中，仅针对后弯叶片型叶轮进行分析。

2.2.3　离心泵的实际扬程

(1)影响实际扬程的损失

液体流经实际叶轮时获得的理论扬程 H_T，由于泵内流动损失的存在，叶轮给出的能量不能全部被液流所获得，仅获得了有效扬程 H。离心泵内的流动损失主要包括摩擦阻力损失和冲击损失。

①摩擦阻力损失 H_f：指液体流经吸入室、叶轮流道、蜗壳和扩压管(或导叶)时的沿程摩擦阻力损失以及液流因转弯、突然收缩或扩大等所产生的局部阻力损失。由流体力学可知，当有黏滞性的非理想流体沿固体壁面流动时，流体流场可分为两个区域。紧靠壁面很薄的一层称为边界层。在边界层中必须考虑流体的黏性力。边界层中的流动可看成黏性流体的有旋流动。边界层虽然很薄，但沿其厚度方向流体速度急剧变化，严重影响流体流动过程中的能量损失及流体与壁面间的热交换等物理现象。实验证明，流体的摩阻损失集中在边界层中。边界层以外的中心部分，黏性力很小，可以看作理想流体的无旋流动。

摩阻损失能头 h_f 通常用达西公式计算：

$$h_f=\lambda\frac{l}{d}\cdot\frac{c^2}{2}\quad \mathrm{m}$$

式中，λ 为沿程阻力系数。λ 与 Re、流道表面相对粗糙度有关。

由于泵内液体流速很大，进入阻力平方区以后，可认为 λ 为一常数。因此把全部摩阻损失看成与速度的平方，即与流量的平方成正比，用公式表示为：

$$h_f=c_{k1}Q^2 \tag{2-17}$$

式中，c_{k1} 为与流道表面粗糙度及过流面积有关的系数。

将式(2－17)用曲线表示，是一条过坐标原点的二次抛物线，如图 2－19 所示。

②冲击损失 h_s：当液流进入叶道(或导叶流道)时，液流相对运动方向角 β_1 与叶片进口角 β_{1A} 不一致，以及液体离开叶轮进入转能装置的液流角与转能装置中叶片角不一致而产生冲击所引起的能量损失，称为冲击损失。

众所周知，离心泵是在一定流量下设计的，叶轮叶片进口角 β_{1A} 是按设计工况计算的，所以泵在设计流量 Q_d 下工作时，液体进入叶轮叶片的液流角 β_1 与叶片角 β_{1A} 相符，在叶片进口速度三角形 ABC 中(图 2-20)，$\beta_1=\beta_{1A}$，则液流能平稳地进入叶轮流道，不产生冲击。当泵的工作流量 $Q\neq Q_d$ 时，例如 $Q<Q_d$，进口速度三角形变为 ABD，这时相对速度 w_1' 的方向角 $\beta_1'<\beta_{1A}$，因而液流便冲向叶片的工作面上，在非工作面上产生旋涡，造成很大的能量损失。这种损失就是冲击损失。

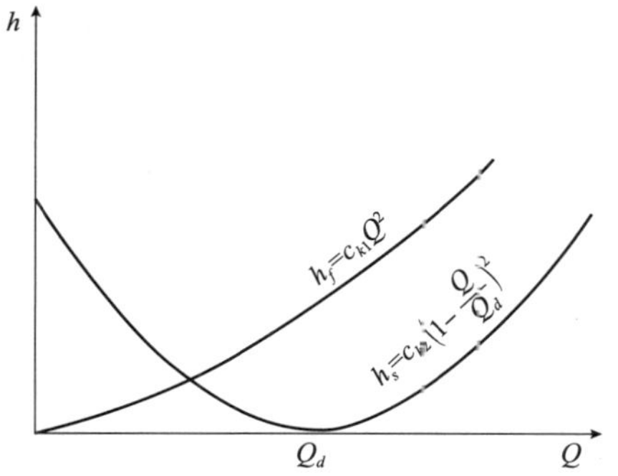

图 2-19　流动损失曲线

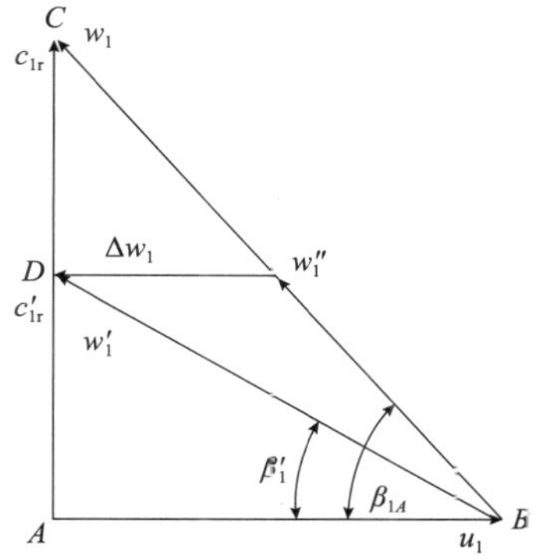

图 2-20　冲击损失示意图

泵内总的冲击损失 h_s：

$$h_s=c_{k2}\left(1-\frac{Q}{Q_d}\right)^2 \tag{2-18}$$

式中，c_{k2} 为与冲击损失系数及过流面积有关的系数。

式(2-18)可用曲线表示(图 2-19)。由图 2-19 看出：在设计流量时没有冲击损失；与设计工况点偏离越多，即工作流量小于或大于设计流量越多，冲击损失越大。冲击损失的大小与叶片角 β_{1A} 和液流角 β_1 间的差值 $\Delta\beta$ 有关。$\Delta\beta$ 称为冲角，其定义为 $\Delta\beta=\beta_{1A}-\beta_1$。当 $Q<Q_d$ 时，$\Delta\beta>0$，叫作正冲角；当 $Q>Q_d$ 时，$\Delta\beta<0$，叫作负冲角。这时液流冲击叶片的非工作面，旋涡区发生在工作面上。一般认为，在正冲角时，冲击损失系数比负冲角时大 10～13 倍。

离心泵的实际扬程 H 等于理论扬程 H_T 与流动损失之差：

$$H=H_T-(h_f+h_s) \tag{2-19}$$

(2)实际扬程的工程计算

在工程应用中，离心泵的扬程计算有两种情况。

一种情况是已知管路中输送一定流量的液体，计算泵所需的扬程。根据伯努利方程，泵给单位质量液体的能头 H 与输送液体所消耗的能头相等，写出计算所需泵扬程的公式为：

$$H=\frac{p_B-p_A}{\rho}-g(Z_B-Z_A)+\frac{c_B^2-c_A^2}{2}+\sum h_f \tag{2-20}$$

式中，p_A、p_B 分别为吸液罐和排液罐液面上的压力，Pa；ρ 为被输送液体的密度，这里假设 $\rho_A=\rho_B=\rho=$ 常数，kg/m³；g 为重力加速度，m/s²；Z_A、Z_B 分别为吸液罐和排液罐液面至泵中心轴线的垂直高度，m；c_A、c_B 分别为吸液罐和排液罐液面的液体平均流速，m/s；

$\sum h_f$ 为吸入管与排出管内总流动阻力损失，但不计液体流经泵的阻力损失，J/kg。

另一种情况是计算运转中泵的实际扬程。这时可选取泵进口与泵出口两个截面，列出液流的能量方程：

$$H=\frac{p_D-p_S}{\rho}+gZ_{SD}+\frac{c_D^2-c_S^2}{2} \tag{2-21}$$

式中，p_S、p_D 分别为泵进口和出口处的压力，Pa；g 为重力加速度，m/s^2；Z_{SD} 为泵进口中心到出口处的垂直距离，m；c_S、c_D 分别为泵进口和出口处的液体平均流速，m/s。

若泵进口和出口的直径相差很小，根据连续方程有 $c_D \approx c_S$，于是泵的扬程可用下式计算：

$$H=\frac{p_D-p_S}{\rho}+gZ_{SD} \tag{2-22}$$

在实际工程应用中，泵的扬程常用 m 液柱表示。为此将单位质量液体的能头(单位为 J/kg)除以 g($g=9.8m/s^2$)，则扬程单位就变成 m。式(2－20)、式(2－21)和式(2－22)变为：

$$H=\frac{p_B-p_A}{\rho g}+(Z_B-Z_A)+\frac{c_B^2-c_A^2}{2g}+\sum h_f \tag{2-20a}$$

$$H=\frac{p_D-p_S}{\rho g}+Z_{SD}+\frac{c_D^2-c_S^2}{2g} \tag{2-21a}$$

$$H=\frac{p_D-p_S}{\rho g}+Z_{SD} \tag{2-22a}$$

以 m 为单位表示的扬程 H 和压差 Δp 的换算关系为：

$$\Delta p=\rho g H \tag{2-23}$$

2.2.4 离心泵的实际流量

由于泵的转动部件与静止部件之间有间隙，当泵工作时，使间隙两侧的液体因获得的能头不同而产生压力差，造成部分液体从高压侧通过间隙向低压侧泄漏，这种损失称为泄漏损失或流量损失。

泄漏损失主要发生在叶轮口环与泵壳间的间隙(图 2－21)、多级泵级间导叶隔板与轴套的间隙、轴向力平衡装置与泵壳间的间隙、轴封处的间隙等。流入叶轮的理论流量 Q_T 不可能全部从泵出口排出，总会有小部分漏损。如果以 q 表示漏损的流量，则漏损量 q 与扬程 H 有关。实践证明，$q=f(H)$关系是一条二次曲线。一般情况下，q 值是很小的，故曲线较陡，如图 2－22 所示。

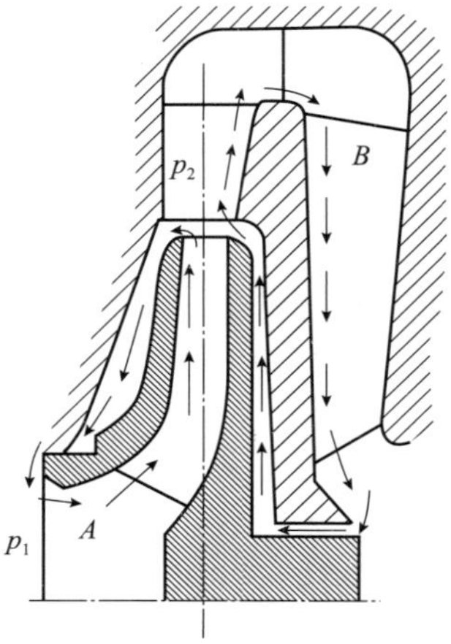

图 2－21　泵内流体的泄漏

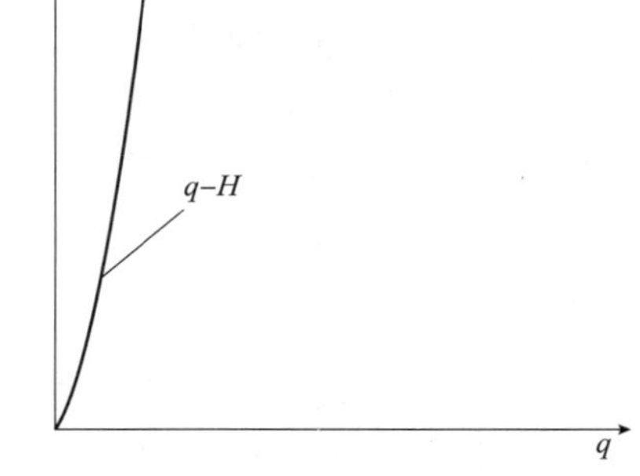

图 2－22　q－H 关系曲线

离心泵的实际流量 Q 等于理论流量 Q_T 与流量损失之差：

$$Q=Q_T-q \tag{2-24}$$

2.2.5　离心泵的有效功率与效率

(1)有效功率

有效功率表示在单位时间内泵输送出去的液体从泵中所获得的有效能头，它等于泵的质量流量 m 和扬程 H 的乘积，用 N_e 表示。其表达式为：

$$N_e=\frac{mH}{1000}=\frac{\rho gQH}{1000}\quad \text{kW} \tag{2-25}$$

式中，ρ 为液体密度，kg/m^3；H 为扬程，m；Q 为体积流量，m^3/s

(2)效率

①水力效率

离心泵的水力功率是指单位时间内泵的叶轮给出的能量，用 N_h 表示。它的值可按下式计算：

$$N_h=\rho Q_T H_T\quad \text{kW}$$

流经泵的液体获得理论扬程 H_T，但因泵内有流动损失，仅获得了有效扬程 H。为衡量流动损失大小的影响，通常用水力效率 η_h 来表示：

$$\eta_h=\frac{H}{H_T}=\frac{H_T-(h_f+h_s)}{H_T}$$

于是有：

$$H=\eta_h H_T=\eta_h\mu H_{T\infty}=\eta_h\mu u_2 c_{2u\infty} \tag{2-26}$$

②容积效率

衡量离心泵泄漏量大小的指标常用容积效率 η_V 表示。在数值上，η_V 等于实际流量 Q 与理论流量 Q_T 之比：

$$\eta_V=\frac{Q}{Q_T}=\frac{Q_T-q}{Q_T}$$

于是有：

$$Q=\eta_V Q_T=\eta_V \pi D_2 b_2 \tau_2 c_{2r\infty} \tag{2-27}$$

③机械效率

机械摩擦损失功率包括三部分：轮阻损失功率 N_{df}、轴封处摩擦损失功率 ΔN_2、轴和轴承间的摩擦损失功率 ΔN_3。总的机械损失功率 N_m 为：

$$N_m=N_{df}+\Delta N_2+\Delta N_3$$

离心泵的轴功率 N 为水力功率 N_h 与机械摩擦损失功率 N_m 之和。通常采用机械效率 η_m 来衡量机械摩擦损失的大小：

$$\eta_m=\frac{N_h}{N}=\frac{N-N_m}{N} \tag{2-28}$$

④泵效率

离心泵的总效率 η 等于有效功率 N_e 与轴功率 N 之比：

$$\eta=\frac{N_e}{N}=\frac{N_e}{N_h}\frac{N_h}{N}=\frac{\rho QH}{\rho Q_T H_T}\frac{N_h}{N}=\eta_V\eta_h\eta_m \tag{2-29}$$

式(2-29)说明泵的总效率 η 等于容积效率 η_V、水力效率 η_h 和机械效率 η_m 三者的乘积，因此，要提高泵的效率就必须在设计、制造和运行等各方面注意减少机械损失、容积损失和流动损失。离心泵的各种效率参考值见表 2-1。

表 2-1 离心泵的各种效率参考值

类型		η_V	η_H	η_m
大流量泵		0.95～0.98	0.95	0.95～0.97
小流量泵	低压泵	0.90～0.95	0.85～0.90	0.90～0.95
	高压泵	0.85～0.90	0.80～0.85	0.85～0.90

2.2.6 离心泵的性能曲线及用途

离心泵的性能曲线对于用户选择离心泵、了解离心泵的性能及经济合理地使用离心泵有着十分重要的作用。

那么，什么是离心泵的性能曲线呢？离心泵的性能曲线，就是当离心泵在一定转速下(n=常数)，流量与扬程的关系曲线($Q-H$)，流量与功率的关系曲线($Q-N$)，流量与效率的关系曲线($Q-\eta$)以及流量与汽蚀余量的关系曲线($Q-[NPSH_r]$)，如图 2-23 所示。也就是说把表示离心泵主要性能参数之间的关系曲线，称为离心泵的性能曲线或特性曲线。

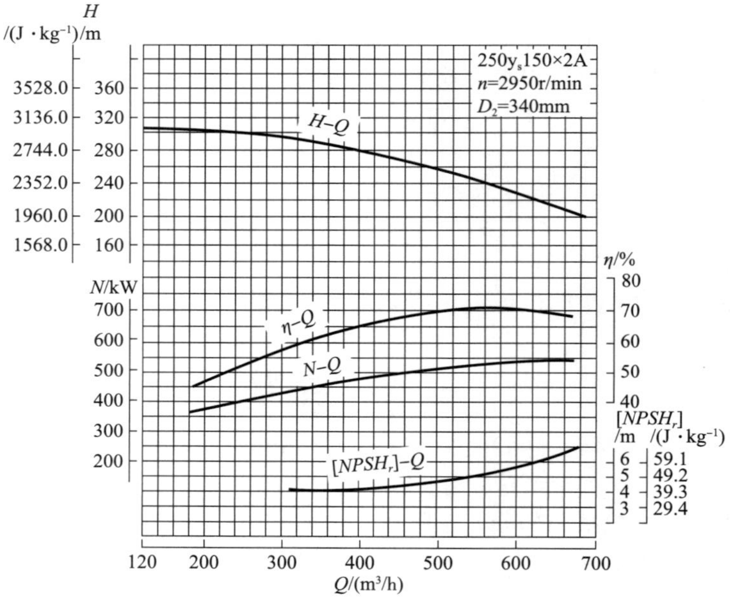

图 2-23 离心泵的性能曲线

利用理论分析的方法绘制性能曲线是很困难的，一般用试验的方法求得。不同的转速，离心泵有不同的性能曲线。在性能曲线上，对于一个任意的流量，都可以找出一组与其相对应的扬程、功率和效率值。通常把这一组相对应的参数称为工作状况，简称工况或工况点。对应于离心泵最高效率点的工况称为最佳工况点。最佳工况点一般应与设计工况点相重合。

在生产实践中，必须参照泵的性能曲线，才能确定泵的运行工况点。也就是说，只有借助泵的性能曲线，才能正确掌握泵的运行情况，分析液体在泵内的运动状态，从而积累资料，完善设计方法。同时，泵的性能曲线还是离心泵相似设计法的基础。因此，深入了解泵的性能曲线是非常必要的。

(1)绘制特性曲线

当不考虑泵内各种损失的影响时，扬程 $H_{T\infty}$ 与流量 Q_T 的关系如图 2-24 所示，即泵的理论扬程性能曲线。若得到理论功率 N_T 与理论流量 Q_T 的关系曲线，可将式(2-10)代

入 $N_T=\rho Q_T H_{T\infty}$ 中，故有：

$$N_T=\rho Q_T\left(u_2^2-u_2\ \frac{\cot\beta_{2A}}{\pi D_2 b_2 \tau_2}Q_T\right)=\rho A Q_T-\rho B Q_T^2 \tag{2-30}$$

由此式可知，N_T-Q_T 关系曲线是一条与 β_{2A} 有密切关系的二次抛物线。对于 $\beta_{2A}<90°$ 的后弯叶片型叶轮，这条抛物线的原点为 $Q_T=0$，$N_T=0$；另一端点为 $H_{T\infty}=0$，$N_T=0$，如图 2－24 所示。离心泵理论效率 η_T 与理论流量 Q_T 的关系曲线，在不计泵内损失的理想情况下，η_T-Q_T 性能曲线必为一条水平直线。

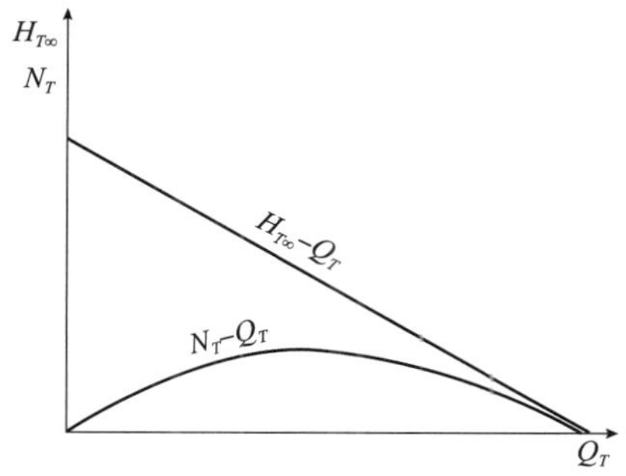

图 2－24　N_T-Q_T 性能曲线

由于泵中各种损失的影响，使泵的理论性能曲线与实际性能曲线存在明显的差别。目前泵内流动损失还难以计算，所以还不可能用计算方法来确定泵的实际性能曲线，只能用定性分析方法来了解各种损失对理论特性的影响，从而确定实际性能曲线的形状。下面针对后弯叶片型叶轮的离心泵，在转速恒定和尺寸一定情况下来分析从理论性能曲线到实际性能曲线的变化。

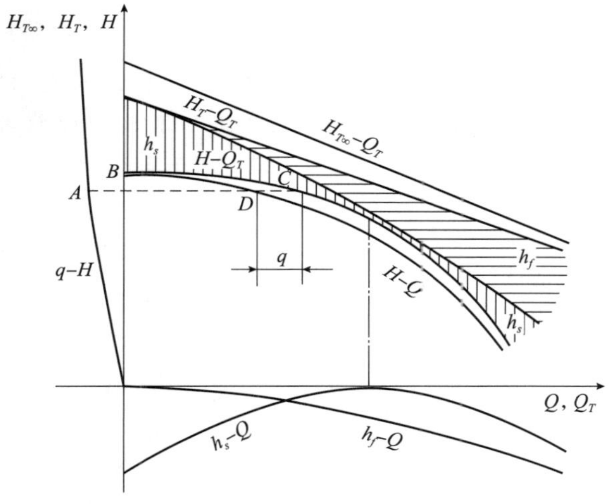

图 2－25　$H-Q$ 性能曲线的分析

①$H-Q$ 性能曲线

先将叶片数无限多、$\beta_{2A}<90°$ 的后弯叶片型叶轮的 $H_{T\infty}-Q_T$ 性能曲线画在图 2－25 中，对于叶片数有限的实际叶轮，由于轴向涡流的影响，其理论扬程 $H_T=\mu H_{T\infty}$，μ 值一般与流量无关，且 $\mu<1$，所以同一流量下 $H_T<H_{T\infty}$，则 H_T-Q_T 曲线是一条位于 $H_{T\infty}-Q_T$ 之下的斜直线，如图 2－25 所示。

离心泵的理论扬程 H_T 与实际扬程 H 之差值，就是离心泵中的水力损失。前文中讲过，水力损失主要包括摩阻损失和冲击损失，其变化规律如图 2－19 所示。将流动损失曲线画在图 2－25 的横坐标下方，将图 2－22 所示的 $q-H$ 关系曲线画在纵坐标的左方。

当考虑泵内流动损失后，有 $H=H_T-h_f-h_s$，故应从 H_T-Q_T 的纵坐标值中减去同一流量下对应的摩擦阻力损失 h_f 和冲击损失 h_s，得到 $H-Q_T$ 曲线，如图 2－25 所示。为最后得到离心泵的 $H-Q$ 性能曲线，应在 $H-Q_T$ 曲线的横坐标上减去同一扬程下对应的漏损量 q 值。减去 q 值的方法是：从 $q-H$ 曲线上的任意点 A 作水平线交纵坐标轴于 B 点及 $H-Q_T$ 性能曲线于 C 点，即当扬程为 H 时，漏损量 q 的大小为 AB。自 C 点沿水平线向左取 $CD=AB$，即 $CD=q$，则 D 点为考虑流量漏损后的实际扬程曲线上的一点。用同样的方法作出很多点，将这些点连成光滑曲线，得到泵的实际 $H-Q$ 性能曲线。

②$N-Q$ 性能曲线

同样，先把后弯叶片型叶轮的理论功率和理论流量性能曲线 N_T-Q_T 画在图 2－26 中（在理想情况下，$N_T=N_e=N_h$，故为 N_h-Q_T 曲线），再将 $q-H$ 关系曲线画在图 2－26 的纵坐标左方。

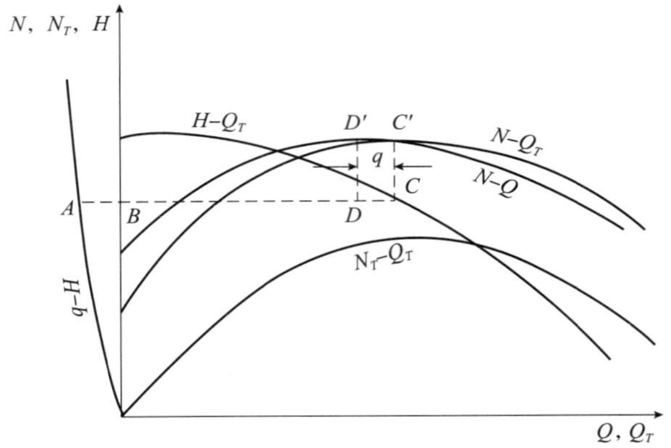

图 2-26　N-Q 性能曲线的分析

离心泵的轴功率 N 等于水力功率 N_h 与机械摩擦损失功率 N_m 之和，即 $N=N_h+N_m$。因 N_m 的大小与泵的流量基本无关，故将 N_h-Q_T 曲线各点向上移动 N_m 后，就得到泵的轴功率与理论流量 Q_T 间的关系曲线 $N-Q_T$（图 2-26）。为了得到离心泵的轴功率 N 与实际流量 Q 之间的关系曲线 $N-Q$，要考虑泄漏量 q 的影响，为此，将 $H-Q_T$ 曲线也画在图 2-26 上，然后采用在扬程性能曲线上减去 q 的方法，从 $N-Q_T$ 各点横坐标上减去各自对应的 q，最后可得到恒定转速下的 $N-Q$ 性能曲线。

（2）$\eta-Q$ 性能曲线

当作出了 $H-Q$ 和 $N-Q$ 性能曲线后，就不难作出泵的效率 η 和流量 Q 间的关系曲线 $\eta-Q$。因为

$$\eta=\frac{N_e}{N}=\frac{\rho QH}{N} \tag{2-31}$$

将图 2-25 和图 2-26 中 $H-Q$ 和 $N-Q$ 曲线上各点对应的 H、Q 和 N 值代入式(2-31)，便得到对应点的 η 值。当 $Q=0$ 时，$\eta=0$；$H=0$ 时，$\eta=0$。这样便可作出 $\eta-Q$ 性能曲线，如图 2-27 所示。

由图 2-27 可知，$\eta-Q$ 性能曲线是一条过坐标原点且与横坐标轴相交于 $Q=Q_{max}$ 点的曲线。曲线上最高效率点为泵的设计工况点。在小于或大于设计工况时，效率都逐渐降低。实际上，当液体流过泵时必须有动能，故能头 H 不可能下降到零，$\eta-Q$ 曲线也就不可能与横坐标相交。

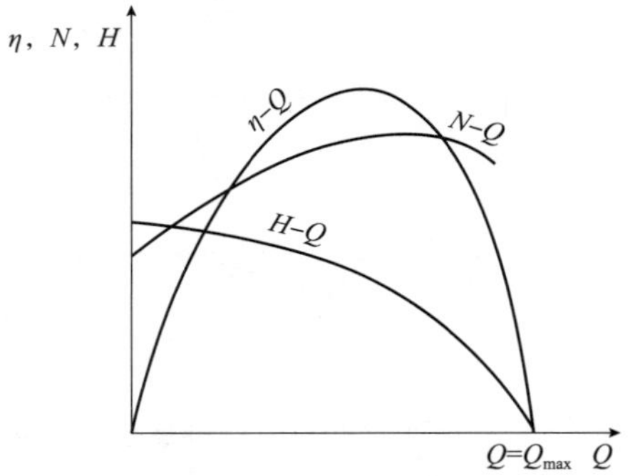

图 2-27　η-Q 性能曲线的分析

上述定性分析得到的三条恒定转速下的 $H-Q$，$N-Q$，$\eta-Q$ 性能曲线，在实际工程中是制造厂用试验方法测出的，并将它们绘在同一坐标上，通常称为离心泵的基本特性曲线，如图 2-23 所示。应当指出，泵制造厂提供的样本上所绘出的特性，都是用清水在 20℃条件下试验测定的，因此都是输水特性。当输送液体的黏度、密度等与 20℃清水不同时，还需要进行性能曲线的换算。

（3）常见的几种离心泵性能曲线

离心泵 $Q-H$ 性能曲线的形状是多种多样的，常见的有平坦的、陡降的和驼峰的三种。性能曲线的形状用斜度 K_p 决定：

$$K_p=\frac{H_0-H_x}{H_x}\times 100\% \tag{2-32}$$

式中，H_0 为关死扬程，m；H_x 为效率具有最高值时的扬程，m。

①平坦的性能曲线

当斜度 $K_p=8\%\sim12\%$时，则称为平坦的性能曲线。如图 2-28 中“1”所示。适用于

流量调节范围较大，而压力变化较小的系统。

②陡降的性能曲线

图 2－28 中“2”是陡降的性能曲线，即斜度 $K_p=25\%\sim30\%$。适用于流量变化不大、压力变化较大的系统，或在压力有波动时，要求流量变化不大的系统。

③有驼峰的性能曲线

它不能用斜度来表示，中间具有最高点 a，如图 2－28 中“3”所示。

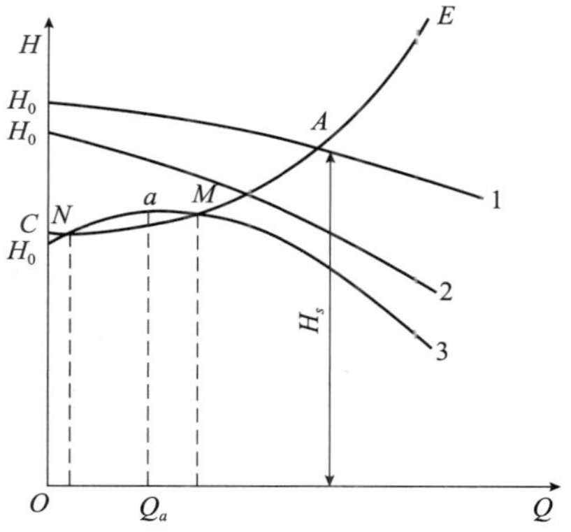

图 2－28　离心泵 $Q-H$ 性能曲线的不同形状

1—平坦的；2—陡降的；3—有驼峰的

具有此种性能曲线的泵，在运行中可能与管路性能曲线 CE 相交于 M 和 N 两个工作点，在 a 点的左方为不稳定工况区域，在此区域内运行，将有噪声或振动等异常现象。因此，只有在流量大于 Q_a 的情况下，才能稳定地工作。目前，常用以下办法来消除性能曲线中的驼峰：

用减小叶片出口安放角 β_2 的方法可以得到平坦下降的性能曲线。曲线形状还与叶片数、叶片形状、叶片入口安放角 β_{1A} 和出口安放角 β_{2A} 之间的比例等因素有关。

使进入叶轮的液体有预旋，即在液体进入叶片时，$c_{1u\infty}\neq0$，这样可以促使获得完全下降的性能曲线。但由式(2－5a)可知，由于 $c_{1u\infty}\neq0$，泵的扬程减少了，因此，在设计时必须给予应有的注意。

泵压出室(包括蜗壳和导叶的入口)面积不但影响关死扬程的大小，而且还影响泵性能曲线的形状。

(4)性能曲线的用途

泵的实际性能曲线表明，泵在恒定转速下工作时，对应于泵的每一个流量 Q 相应有一个确定的扬程 H、功率 N、效率 η 等。每条性能曲线都有它的用途。

①离心泵的 $H-Q$ 性能曲线是选择泵和操作使用的主要依据。应根据工作特点的不同而选择不同特性的离心泵来满足工艺要求。比如，当在流量变化很大的场合，而扬程变化不明显，则应选择具有平坦特性的离心泵。生产上也常采用开启或关闭排出口调节阀的办法来改变管路局部阻力损失，即管路特性改变则泵提供的扬程必随之改变。

②离心泵的 $N-Q$ 性能曲线是合理选择驱动机功率和操作启动泵的依据。$N-Q$ 特性给出各流量 Q 对应的功率 N 的大小，故根据需要可以选用驱动机的功率。

从 $N-Q$ 性能曲线上还可看出在哪种情况下轴功率最小。泵启动时，应选在消耗功率最小的工况下，以减小启动电流，保护电动机。例如，一般离心泵在 $Q=0$ 时轴功率最小，故启动时应关闭排出调节阀。

③离心泵的 $\eta-Q$ 性能曲线是检查泵的工作经济性的依据。根据 $\eta-Q$ 特性可知泵在什么工况下工作效率最高。工程上将泵效率最高点定为额定点。与该点对应的流量、扬程、功率分别称为额定流量 Q_{opt}、额定扬程 H_{opt} 及额定功率 N_{opt}。为了扩大泵的使用范围，各种泵都规定了一个良好工作区(高效区)。一般取最高效率 7%范围内的点所对应的工作点为良好工作区。在有些泵样本上，基本性能曲线只绘出了良好工作区。

(5)液体黏度对离心泵性能参数的影响

在石油化工过程工业中，离心泵常被用于输送与清水性质不同的各种液体，液体性质的变化对离心泵的扬程、流量、功率、效率及汽蚀余量等都有显著影响。

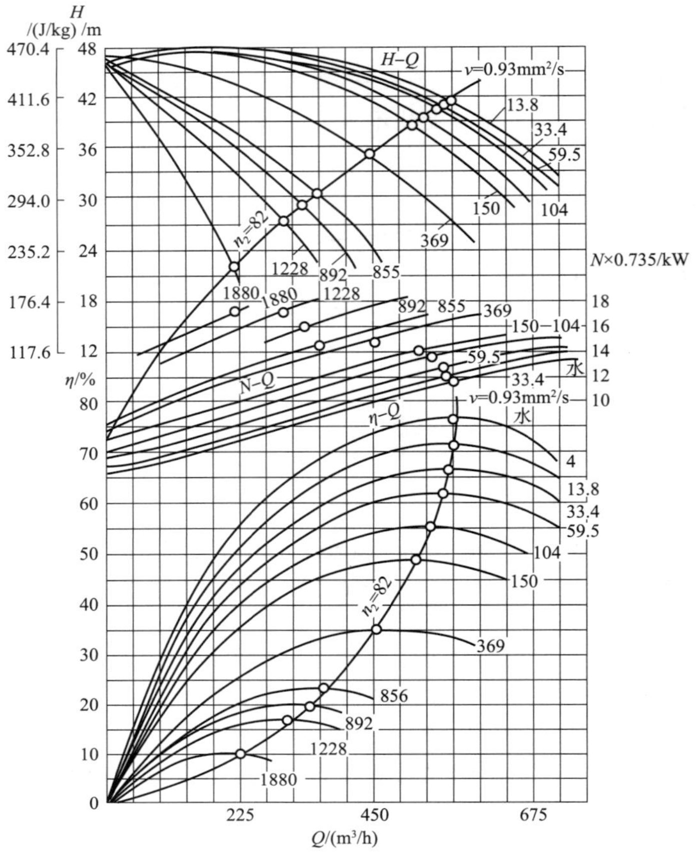

图 2-29　离心泵输送黏液不同的液体时性能曲线的变化

一台输送常温清水的离心泵，在转速不变的情况下用来输送黏度比水大的液体时，与该泵输送水时的额定工况相比较，则输送黏液时泵的扬程和流量都要减小，而泵的轴功率将增大，泵的效率将降低，性能曲线都要变化。图 2-29 为同一台离心泵在 $n=2875\mathrm{r/min}$ 下输送各种黏度不同的液体时性能曲线的变化情况。从图中可以看出，随着液体黏度的增加，$H-Q$ 性能曲线和 $\eta-Q$ 性能曲线都要下降，而 $N-Q$ 性能曲线却要上升。

产生上述变化的原因是黏度增大使泵内液体的流动过程发生了变化。在离心泵叶轮流道内，黏度大的液体在沿边壁流动时，形成较厚的边界层，在边界层内出现了切向黏滞力，阻止液体沿叶道流动，形成了较大的速度梯度。随着液体黏度的增加，切向黏滞力的这种阻滞作用逐渐扩散到叶片间的液流中，使叶轮内液体的流速降低，从而使泵的流量减少。

根据欧拉公式可知，在同一流量下，离心泵的理论扬程与介质性质无关。但由于黏度不同，叶轮内因叶片数有限而引起的轴向涡流强弱程度不同，并且液体流经泵时的流动摩擦阻力损失随黏度增加而增大，所以泵的有效扬程降低。

此外，同一台泵在输送黏度不同的液体时，叶轮外盘面与液体摩擦所引起的轮阻损失；口环的摩擦损失等均随黏度增加而变大，所以泵的功率消耗上升，则机械效率 η_m 下降。虽然泵的容积效率 η_V 因液体黏度变大，通过口环和轴封处的泄漏量减少而稍有增大，但水力效率 η_h 也降低，故泵输送黏液时的总效率 η 是降低的。

从图 2-29 还可看出，当被输送液体的黏度比 20℃清水只大 10～20 倍时，泵性能曲线变化很小，这时黏度对性能曲线的影响可以忽略不计；当被输送液体的黏度比水大 30～50 倍时，离心泵的 $H-Q$ 性能曲线与输水时仍很接近，但同一流量下的功率消耗则比输水时大；当被输送液体的黏度比水大 50 倍以上时，则同一流量下离心泵的扬程及功率都有较大变化。因此，一般来说，在液体运动黏度大于 $20\mathrm{mm^2/s}$ 时，泵的功率、流量、扬程和效率都开始变化，性能曲线需要换算。

(6)输送黏液时离心泵性能曲线的换算

泵制造厂提供的离心泵出厂说明书或样本，都给出输送常温清水时的性能曲线，而不提供输送黏度不同液体的性能曲线。所以当选用离心泵输送黏性液体时必须进行性能曲线的换算。

关于换算方法，目前还未有成熟的理论计算方法来确定输送黏性液体时的性能曲线，一般是用相似准数总结大量实验数据得到换算系数 K，再将已知某工作转速下该泵的输水性能曲线换算成输送黏性液体时的性能曲线。换算方法很多，目前，国内多采用美国水力协会的换算方法。

这种换算方法是根据吸入管管径为 $\phi50\sim\phi200$mm 的单级离心泵的大量实验数据，利用修正雷诺数 $Re'=\dfrac{g^{\frac{1}{4}}\left(Q_{opt}\right)^{\frac{1}{2}}\left(H_{opt}{}^{\frac{1}{4}}\right)}{v}$ 进行整理，得到与换算系数 K_H、K_Q、K_η 的关系曲线，如图 2-30 所示。

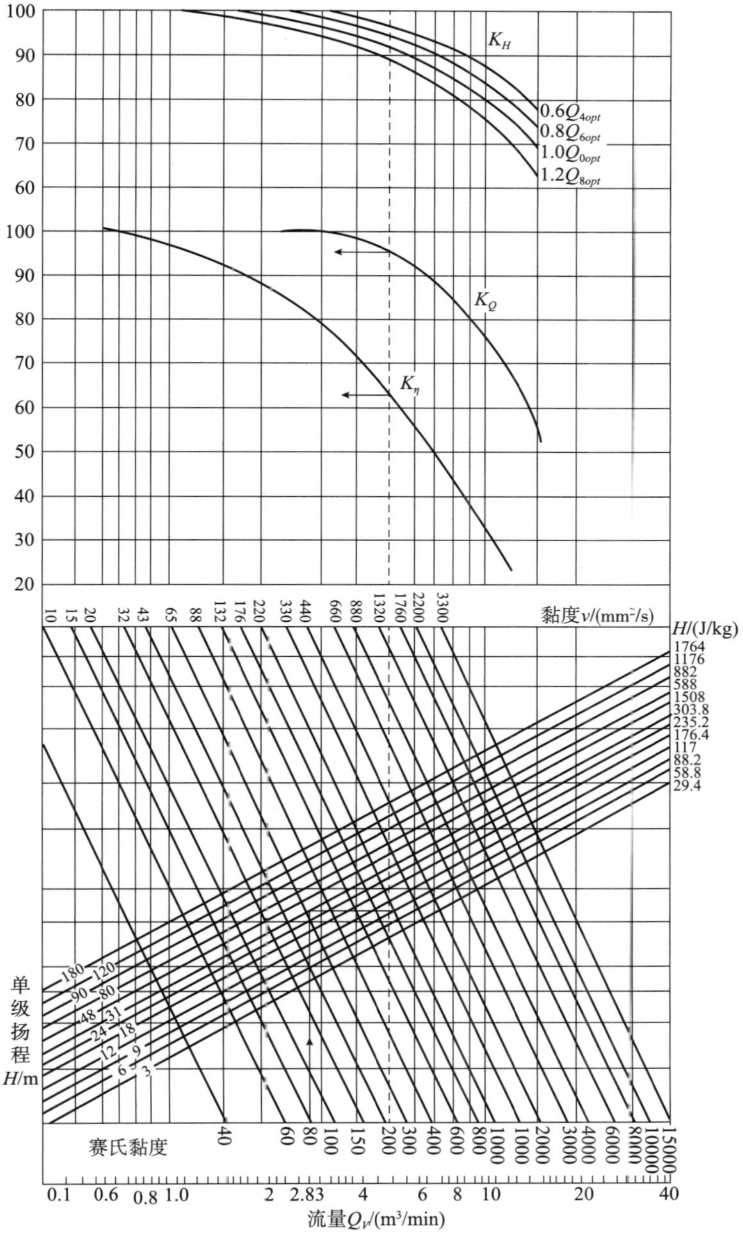

图 2-30 美国水力协会的换算方法

在利用图 2－30 查换算系数 K 时，可以不必知道离心泵叶轮的尺寸，只需知道输送黏性液体的运动黏度 ν 和输水时 η_{max} 工况点的 Q_{opt} 和 H_{opt}（多级泵应取单级叶轮的扬程）即可，故此法求换算系数较为方便。使用时，从 Q_{opt} 作垂线，与 H_{opt} 的斜线相交，自交点作水平线，与所输送黏液的运动黏度 ν 的斜线相交，自交点再作垂线与各换算系数曲线相交，由交点便可查出各换算系数（无汽蚀余量换算系数）。由图看出，K_Q、K_η 曲线各只有一条，而 K_H 曲线则在（0.6～1.2）Q_{opt} 范围内随工况不同而有四条。查出换算系数 K 后，用 $H_\nu=K_H H$，$Q_\nu=K_Q Q$，$\eta_\nu=K_\eta \eta$ 三式进行换算。

此法换算范围较广（0.6～1.2Q_{opt}），换算误差在运动黏度低于 865mm²/s 时不超过±5％，特别是在液体运动黏度低于 400mm²/s 时尤为准确。

应当指出，图 2－30 仅适用于一般结构的离心泵，不适用于混流泵、轴流泵等，也不适用于含有杂质的非均相液体。此外，图中各曲线不能用外推法延伸使用。

例题 2－1 已知某离心泵叶轮尺寸 $D_2=210$mm，$b_2=12$mm，泵工作转速 $n=2950$r/min。泵输送 20℃清水时的性能曲线如图 2－31 所示。现拟用该泵输送运动黏度 $\nu=150$mm²/s，密度 $\rho_\nu=900$kg/m³ 的油品，试绘出输油时的性能曲线，并确定其轴功率。

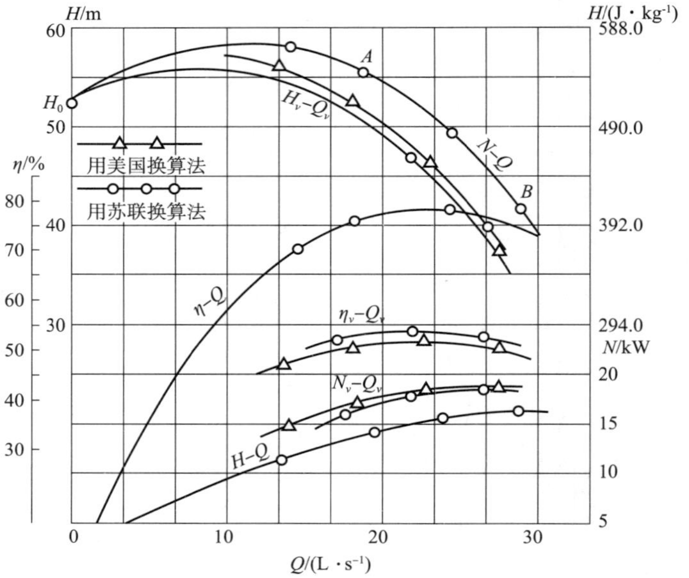

图 2－31 离心泵性能曲线换算例题图

解：（1）由图 2－31 中查出泵输水时的 η_{max} 工况下的参数，$Q_{opt}=24$L/s，$H_{opt}=49.5$m，$\eta_{max}=77\%$。并在 $Q=(0.6～1.2)Q_{opt}$ 的范围内任取几点，现取 0.60Q_{opt}、0.8Q_{opt}、1.0Q_{opt} 和 1.2Q_{opt} 四点，并查出各点对应的 H 和 η 列入计算表中。

（2）在图 2－30 的横坐标 $Q=Q_{opt}$ 点处向上作垂线，与 $H=H_{opt}$ 的斜线相交，过交点作水平线，与运动黏度 ν 斜线相交，从交点作垂线与各换算系数曲线相交而得到各 K 值（列于计算表中）。

（3）计算输送黏性液体时各对应点的参数，其结果列于例题计算结果表中。

（4）将上述各值标绘到图 2－31 上，并用光滑曲线连接，便得到泵输送黏性液体时的性能曲线（图中点画线所示），其中 $N_\nu-O_\nu$ 曲线是用对应的 H_ν、Q_ν 和 η_ν 代入式：$N_\nu=\dfrac{\rho_\nu H_\nu Q_\nu}{1000\eta_\nu}$，计算得到的。

最后还应指出，离心泵在输送黏性液体时，相似定律及比例定律均不再适用。因此，如果需要求得泵在转速 n' 下输送黏性液体的性能曲线，不能直接先求出泵在转速 n 下输送黏液的 $H_\nu-Q_\nu$ 等曲线，再用比例定律换算出转速 n' 下的 $H'-Q'$ 曲线。正确的换算步骤是应用比例定律将泵在转速 n 下的输水性能曲线 $H-Q$ 换算成转速 n' 下输水性能曲线 $H'-Q'$，然后再按输送黏性液体时性能曲线换算法将 $H'-Q'$ 换算成 $H_\nu'-Q_\nu'$。

同理，若想得到叶轮切割后输黏液时的性能曲线，也应先用切割定律式求出泵切割后输水时的性能曲线，再换算成输黏液的性能曲线。

例题 2－1　计算结果表

项目	单位	$0.60Q_{opt}$	$0.80Q_{opt}$	$1.0Q_{opt}$	$1.2Q_{opt}$
输水时流量 Q	L/s	14.4	19.2	24	28.8
输水时扬程 H	m	58	55	49.5	41
输水时效率 η	%	70	75	77	74
黏液运动黏度 ν	mm²/s	150			
流量换算系数 K_Q		0.95	0.95	0.95	0.95
扬程换算系数 K_H		0.96	0.94	0.92	0.9
效率换算系数 K_η		0.60	0.66	0.66	0.60
输黏液时流量 Q_ν	L/s	13.08	18.24	22.8	27.36
输黏液时扬程 H_ν	m	55.68	51.7	45.54	36.9
输黏液时效率 η_ν	%	46.2	49.5	50.82	48.84
黏液密度 ρ_ν	kg/m³	900			
输黏液时轴功率 N	kW	14.55	16.81	18.03	18.24

2.3　离心泵的汽蚀和吸入特性

根据离心泵工作原理可知，液流是在吸入罐压力 p_A 和叶轮入口最低压力 p_K 间形成的压差(p_A-p_K)作用下流入叶轮的，则叶轮入口处压力 p_K 越低，吸入能力就越大。但若 p_K 降低到某极限值(目前以液体在输送温度下的饱和蒸气压力 p_v 为液体汽化压力的临界值)时，就会出现汽蚀现象。离心泵发生汽蚀时，产生振动、噪声和冲击，并伴有流量、扬程和效率的降低，严重时甚至不能运转。汽蚀是水力机械乃至凡是有液体流动的系统(如测流孔板等)中特有的一种十分有害的现象。因此，需要不断地深入研究汽蚀产生的原因、规律和防止的方法。

2.3.1　汽蚀的机理及危害

(1)汽蚀机理

当离心泵叶轮入口处的液体压力 p_K 降低到汽化压力 p_v 时，液体就汽化；同时还可能有溶解在液体内的气体逸出，形成大量小气泡，即产生了空化。当这些小气泡随液体流到叶轮流道内压力高于临界值的区域时，由于气泡内是汽化压力 p_v，而外面的液体压力高于汽化压力，则小气泡在四周液体压力作用下，便会重新凝结、溃灭。

在叶轮内，当产生的小气泡重新凝结、溃灭后，这时周围的液体以极高的速度向空化点冲来，液体质点互相撞击形成局部水力冲击，使局部压力可达数百大气压。气泡越大，其凝结溃灭时引起的局部水击压强越大。如果这些气泡是在叶轮金属表面附近溃灭，则液体质点的冲击就连续打击金属表面。这种水力冲击，速度很快，频率高达每秒数千甚至几万次，金属表面很快会因疲劳而剥蚀。若所产生的气泡内还夹杂有某种活泼性气体(如氧气等)，它们借助气泡凝结时放出的热量，使局部温升可达200～300℃，会对金属造成电化学腐蚀，更加快了金属的破坏速度。上述这种空化、空蚀现象统称为“汽蚀”。

从对离心泵汽蚀的观察中发现，汽蚀常发生在如图2-32所示的k_1、k_2、k_3、k_4、k_5等几个部位。工况不同，汽蚀的部位也不同。一般在小于设计工况下运行时，压力最低点发生在靠近前盖板叶片进口处的叶片背面。

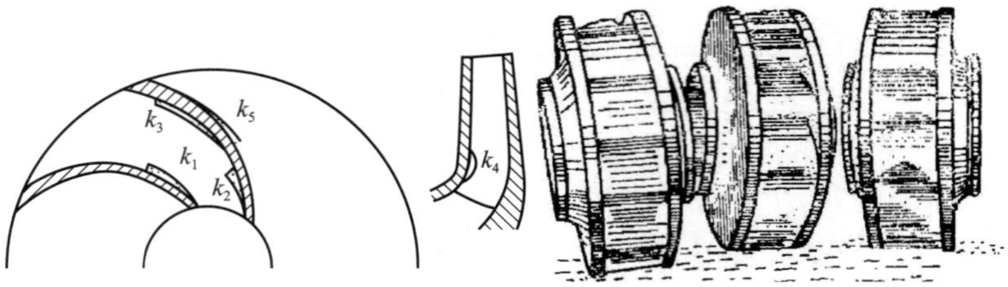

图2-32 汽蚀现象

(2)汽蚀的危害

①汽蚀使泵产生振动和噪声。噪声和振动气泡溃灭时，液体质点互相冲击，会产生各种频率范围的噪声。在汽蚀严重的时候，可以听到泵内有“噼噼”“啪啪”的爆破声，同时机组剧烈振动。在这种情况下，泵就不应继续工作了。

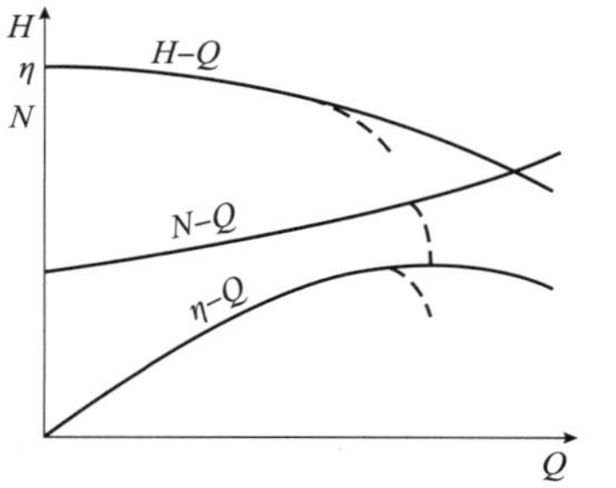

图2-33 泵发生汽蚀时的性能曲线

———正常运转时的性能曲线

- - - - - 发生汽蚀时的性能曲线

②汽蚀使泵的性能下降。离心泵开始发生汽蚀时，汽蚀区域较小，对泵的正常工作没有明显的影响，在泵性能曲线上也没有明显反映。但当汽蚀发展到一定程度时，气泡大量产生，堵塞流道，使泵内液体流动的连续性遭到破坏，泵的流量、扬程和效率均会明显下降，在泵性能曲线上出现“断裂工况”，如图2-33所示。这时泵不能正常工作，甚至出现“抽空”断流现象。

③汽蚀使过流部件产生剥蚀损坏。发生汽蚀时，由于机械剥蚀和电化腐蚀的共同作用，使叶轮材料受到破坏。被汽蚀的金属表面呈海绵状、沟槽状、鱼鳞状等。严重时，整个叶片和前后盖板都有这种现象，甚至将叶片和盖板蚀穿。

汽蚀对水力机械的正常运转威胁很大，也是水力机械向高速发展的巨大障碍，所以研究汽蚀过程的客观规律，提高泵的抗汽蚀性能，是水力机械使用和发展中的重要工作。

2.3.2 汽蚀余量

由离心泵的汽蚀过程可知，发生汽蚀的基本条件是：叶片入口处的最低液流压力$p_K \leqslant$该温度下液体的汽化压力p_v。所以关键的问题是要研究p_K与哪些因素有关。图2-34所示的吸入装置中，吸入罐液面压力为p_A，泵入口法兰断面处的液体压力为p_S。若$(p_A - \rho g H_{g1} - \rho h_{A-S}) > p_S$，液体便不断地流进泵的入口。液

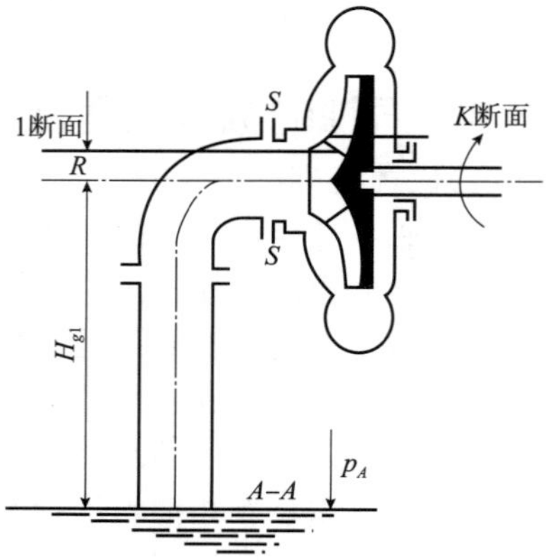

图2-34 吸入装置图

体从泵入口 S 处到叶轮入口 1 断面的过程中，并没有能量加入，所以液体压力还会从 p_S 再降低到 p_1。但是 1 断面并不是叶轮内液体压力最低的地方，根据测试研究，叶轮的最低压力点是在叶片入口稍后的 K 点处，如图 2-34 所示。所以，要避免发生汽蚀，应满足 $p_K>p_v$，即在泵入口处液体具有的能头除要高出液体的汽化压力 p_v 外，还应当有一定的富余能头，这个富余能头称为汽蚀余量，国外一般叫作净正吸上水头，用 $NPSH$ 表示。汽蚀余量又分为有效汽蚀余量 $NPSH_a$ 和泵必需的汽蚀余量 $NPSH_r$。

(1)有效汽蚀余量

有效汽蚀余量是指液流自吸液罐经吸入管路到达泵吸入口后，所具有的推动和加速液体进入叶道所高出汽化压力以上的有效压力或能头：

$$NPSH_a=\frac{p_S}{\rho}+\frac{c_S^2}{2}-\frac{p_v}{\rho} \tag{2-33}$$

式中，p_S 为液流在泵入口处的压力，Pa；c_S 为液流在泵入口处的速度，m/s；ρ 为液体密度，kg/m^3。

显然，这个富余量越多，即 $NPSH_a$ 越大，泵越不会发生汽蚀。从式(2-33)可以看出，等号右端任何一项的变化均会影响到 $NPSH_a$ 值的变化。写出吸入罐液面至泵入口的能量平衡方程：

$$gZ_A+\frac{p_A}{\rho}+\frac{c_A^2}{2}=gZ_S+\frac{p_S}{\rho}+\frac{c_S^2}{2}+h_{A-S} \tag{2-34}$$

$$\frac{p_S}{\rho}+\frac{c_S^2}{2}=\frac{p_A}{\rho}+\frac{c_A^2}{2}-g(Z_S-Z_A)-h_{A-S} \tag{2-35}$$

式中，c_A 为吸入罐液面的液体流速，一般认为 $c_A\approx0$；Z_S-Z_A 为即泵的安装高度，m，令 $H_{g1}=Z_S-Z_A$；h_{A-S} 为吸入管路内流动损失，J/kg；p_A 为吸入罐液面上的压力，Pa。

整理得：

$$\frac{p_S}{\rho}+\frac{c_S^2}{2}=\frac{p_A}{\rho}-gH_{g1}-h_{A-S} \tag{2-36}$$

将(2-36)式代入式(2-33)得：

$$NPSH_a=\frac{p_A}{\rho}-\frac{p_v}{\rho}-gH_{g1}-h_{A-S} \tag{2-37}$$

由上式可知，有效汽蚀余量 $NPSH_a$ 就是吸入罐液面上的压力能头 $\frac{p_A}{\rho}$ 在克服吸入管路中的流动损失 h_{A-S} 并把液体提高到 H_{g1} 的高度后，所剩余的超过汽化压力的能头。所以有效汽蚀余量数值的大小与泵装置的操作条件有关，而与泵本身的结构尺寸无关，故称为“泵装置的有效汽蚀余量”。

(2)泵必需的汽蚀余量

泵必需的汽蚀余量是液流从泵入口(S 截面)到叶轮内最低压力点(K 处)的全部能头损失(包括 K 点的速度能头)，用 $NPSH_r$ 表示。

$$NPSH_r=\frac{p_S}{\rho g}+\frac{c_S^2}{2g}-\frac{p_K}{\rho g}\quad \text{m} \tag{2-38}$$

为了进一步搞清 $NPSH_r$ 的物理意义，分析它与哪些参数有关，现用伯努利方程来研究液体从泵入口流到 K 点时的能量平衡关系(图 2-35)：

$$gZ_S+\frac{p_S}{\rho}+\frac{c_S^2}{2}=gZ_K+\frac{p_K}{\rho}+\frac{c_K^2}{2}+h_{S-K} \tag{2-39}$$

式中，Z_S、Z_K 分别表示泵入口中心处与 K 点的位高。对一般泵，可近似地认为 $Z_K=Z_S$；

c_S、c_K 分别为液流在泵入口处及 K 点的绝对速度，m/s；p_S、p_K 分别为液流在泵入

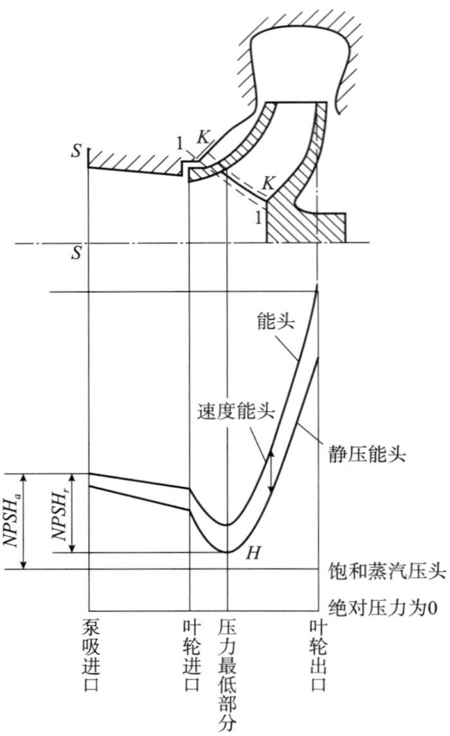

图 2-35　液体进入泵后的能量变化

口处及 K 点的静压力，Pa；

h_{S-K} 为液流从泵入口 S 断面流到 K 断面的流动阻力损失，J/kg。

阻力损失 h_{S-K} 主要包括以下两部分局部阻力损失和压力降低：

(1)从泵吸入口 S 到叶轮叶片入口 1－1 断面的过流截面积一般是逐渐收缩的，所以在流量一定的情况下，液体的流速要升高，而压力要降低，同时还产生局部流动阻力损失。这部分阻力损失可用叶轮进口平均流速 c_0 和局部阻力系数 ξ 的乘积表示：

$$h_{S-1}=\xi\frac{c_0^2}{2}$$

(2)当液流进入叶轮流道，以相对速度 w_1 绕流叶片头部时，由于液流急剧转弯，流速要加快，并且分布也不均匀，造成液流压力降低，同时还产生流动损失，消耗部分压能。这部分阻力损失可用液流相对速度 w_1 和阻力系数 λ_2 乘积表示：

$$h_{1-K}=\lambda_2\frac{w_1^2}{2}$$

所以总阻力损失为

$$h_{S-K}=h_{S-1}+h_{1-K}=\xi\frac{c_0^2}{2}+\lambda_2\frac{w_1^2}{2}$$

把它代入式(2-39)中可得：

$$\frac{p_S}{\rho}+\frac{c_S^2}{2}=\frac{p_K}{\rho}+\frac{c_K^2}{2}+\xi\frac{c_0^2}{2}+\lambda_2\frac{w_1^2}{2}$$

即
$$\frac{p_S}{\rho}+\frac{c_S^2}{2}-\frac{p_K}{\rho}=\frac{c_K^2}{2}+\xi\frac{c_0^2}{2}+\lambda_2\frac{w_1^2}{2}=\frac{c_0^2}{2}\left(\frac{c_K^2}{c_0^2}+\xi\right)+\lambda_2\frac{w_1^2}{2}$$

令 $\left(\frac{c_K^2}{c_0^2}+\xi\right)=\lambda_1$，则：

$$\frac{p_S}{\rho}+\frac{c_S^2}{2}-\frac{p_K}{\rho}=\lambda_1\frac{c_0^2}{2}+\lambda_2\frac{w_1^2}{2} \tag{2-40}$$

将式(2-40)代入式(2-38)，得：

$$NPSH_r=\lambda_1\frac{c_0^2}{2}+\lambda_2\frac{w_1^2}{2}\quad \text{J/kg} \tag{2-41a}$$

$$NPSH_r=\lambda_1\frac{c_0^2}{2g}+\lambda_2\frac{w_1^2}{2g}\quad \text{m} \tag{2-41b}$$

式中，c_0 为叶轮进口处的平均流速，m/s；w_1 为叶片入口处液流的相对速度，m/s；λ_1 为绝对流速变化及流动损失引起的阻力系数，与泵入口几何形状有关，根据试验的统计数据为 $\lambda_1=1.2\sim1.4$，低比转数的泵取大值；λ_2 为液流绕流叶片头部引起的阻力系数。试验证明，λ_2 与液流绕流叶片头部的冲角有关，也和叶片数、叶片头部形状有关。一般在无冲击流入叶轮的情况下，取 $\lambda_2=0.2\sim0.4$。

式(2－41a)说明，$NPSH_r$ 就是液流进入泵后，在未从叶轮获得能头前，因流速变化和流动损失引起的压力能头降低的数值。影响 $NPSH_r$ 大小的主要因素是泵的结构，如吸入室与叶轮进口的几何形状，以及泵的转速和流量等，而与吸入管路系统无关。所以，$NPSH_r$ 的大小，在一定程度上是一台泵本身抗汽蚀性能的标志。也是离心泵的一个重要性能参数。显然，$NPSH_r$ 值越小，泵越不易发生汽蚀，则要求泵入口处的富余能头 $NPSH_a$ 也可小些。因为泵入口处的富余能头 $NPSH_a$ 若能克服这个能头损失 $NPSH_r$ 后还有剩余，即 $NPSH_a > NPSH_r$，则表示液体流到叶轮最低压力点 K 处时，其压力仍高于液体的饱和蒸气压而不致汽化，所以就不会发生汽蚀。反之，当 $NPSH_a < NPSH_r$ 时，液体汽化，泵就发生汽蚀了。因此：

$NPSH_a > NPSH_r$ 时，泵不汽蚀

$NPSH_a = NPSH_r$ 时，泵开始发生汽蚀

$NPSH_a < NPSH_r$ 时，泵严重汽蚀

即为离心泵汽蚀的判别条件。

2.3.3　吸上真空度和吸入特性

(1)吸上真空度

为保证离心泵不发生汽蚀，其条件为 $NPSH_a > NPSH_r$。然而装置的有效汽蚀余量 $NPSH_a$ 所表示的泵入口处的液体能量，不易直接测量出来。直接用仪表测量得到的是泵入口法兰处所装的真空表读数，它反映了吸入罐液面上的大气压力能头与泵入口处压力能头的差，通常称为“吸上真空度”，用符号 H_S 表示：

$$H_S = \frac{p_a}{\rho} - \frac{p_S}{\rho} \quad \mathrm{J/kg} \tag{2-42}$$

或

$$H_S = \frac{p_a}{\rho g} - \frac{p_S}{\rho g} \quad \mathrm{m} \tag{2-42a}$$

式中，p_a 为当地大气压力，Pa。

将式(2－42)改写为 $\frac{p_S}{\rho} = \frac{p_a}{\rho} - H_S$ 并代入式(2－33)中，便得到 $NPSH_a$ 与 H_S 的关系为

$$NPSH_a = \frac{p_a}{\rho} - \frac{p_v}{\rho} + \frac{c_S^2}{2} - H_S \tag{2-43}$$

可见，利用 H_S 值来表示 $NPSH_a$，更为直观和方便。当吸上真空度 H_S 值越大，泵入口处压力 p_S 就越小，$NPSH_a$ 也越小，说明泵容易发生汽蚀。利用 $NPSH_a = NPSH_r$ 的条件，可以求出汽蚀临界状态下的吸上真空度，称为最大吸上真空度：

$$(H_S)_{\max} = \frac{p_a}{\rho} - \frac{p_v}{\rho} + \frac{c_S^2}{2} - NPSH_r \tag{2-44}$$

为保证泵安全运转而不发生汽蚀，泵的吸上真空度 H_S 要比 $(H_S)_{\max}$ 小，即留有安全裕量 K，得到泵的允许吸上真空度 $[H_S]$，工程常用 m 表示：

$$[H_S] = \frac{(H_S)_{\max}}{g} - K \tag{2-45}$$

机械工业部门规定此安全裕量 $K = 0.3 \sim 0.5\mathrm{m}$。

为了分析影响 H_S 大小的因素，将式(2－36)代入式(2－42)中，得：

$$H_S = \frac{p_a}{\rho} - \frac{p_A}{\rho} + \frac{c_S^2}{2} + gH_{g1} + h_{A-S} \tag{2-46}$$

若吸入罐液面上压力 p_A 为当地大气压力，即 $p_A = p_a$，则式(2－46)变为：

$$H_S=\frac{c_S^2}{2}+gH_{g1}+h_{A-S} \qquad (2-46a)$$

由此可知，吸上真空度 H_S 与离心泵的几何安装高度 H_{g1}，吸入管内流速，流动损失和液面压力的大小有关。

(2)吸入特性

由于 $NPSH_r$ 标志着离心泵抗汽蚀性能的好坏，是泵的一个重要性能参数，所以表示 $NPSH_r$ 与流量 Q 的关系曲线称为泵的吸入特性，反映了泵在各种流量下的汽蚀性能。

对于一台泵，从式(2－41a)可看出，$NPSH_r$ 与流速平方成正比，也即与流量平方成正比，用曲线 $NPSH_r-Q$ 表示，如图 2－36 所示。

为了保证泵的安全运转，不发生汽蚀，对于泵必需的汽蚀余量 $NPSH_r$ 应该再加一个安全余量，一般取 0.3～0.5m 液柱，于是泵的允许汽蚀余量为：

$$[NPSH_r]=NPSH_r+(0.3\sim0.5)$$

同样，也可在图 2－36 上画出 $[NPSH_r]-Q$ 曲线。这条曲线是由泵制造厂通过试验测定的。因为对于一台结构尺寸已定的泵，在一定转速和流量下，$NPSH_r$ 是一个定值。而装置有效汽蚀余量 $NPSH_a$ 是随装置操作条件的变化而变化的。于是在试验时，在一定的转速和流量下，只改变 $NPSH_a$(如降低液面上的压力等)的大小，使泵刚开始发生汽蚀(一般规定取断裂特性上扬程下降 1%时作为泵开始发生汽蚀的点)，由于这时 $NPSH_a=NPSH_r$，从而测出了该泵在这个流量下的 $NPSH_r$ 值。变换几个流量值，测出相应的 $NPSH_r$。在每个 $NPSH_r$ 值上再加上安全裕量，即可画出 $[NPSH_r]-Q$ 性能曲线，或称泵的吸入特性。通常将 $[NPSH_r]-Q$ 曲线连同 $H-Q$、$N-Q$、$\eta-Q$ 曲线绘制在同一个坐标图上，得到该泵的全性能曲线，如图 2－23 所示。

当泵输送黏液时，由于离心泵必需的汽蚀余量 $NPSH_r$ 是表示液体从泵入口到叶轮叶片入口处压力最低点的流动损失，显然，随着液体黏度的增大，损失增大，因此，泵必需的汽蚀余量 $NPSH_r$ 就越大，即吸入性能变坏。液体黏度越大，这种变化越明显。

目前在我国除油泵外，大多数离心泵制造厂不给出 $[NPSH_r]-Q$ 曲线，常是用允许吸上真空度 $[H_S]-Q$ 曲线来反映泵的汽蚀性能。因为泵入口处吸上真空度 H_S 与流量 Q 之间的关系更便于通过汽蚀实验来确定。

在离心泵的工作范围内，允许吸上真空度 $[H_S]$ 是随流量而变化的。一般来说，随着流量的增加，$[H_S]$ 是下降的，图 2－37 所示为 $[H_S]-Q$ 吸入性能曲线。

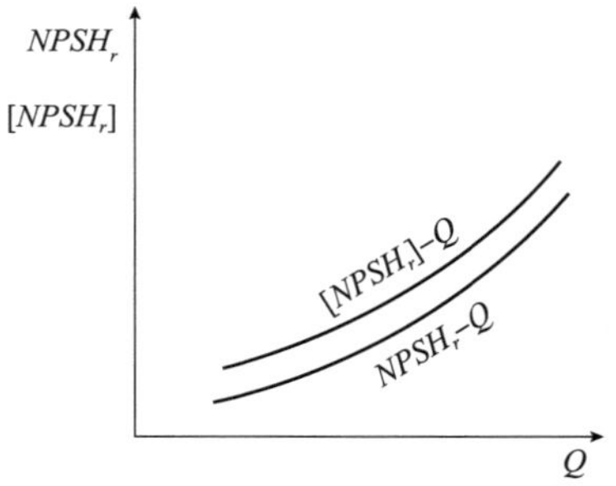

图 2－36　$[NPSH_r]-Q$ 性能曲线

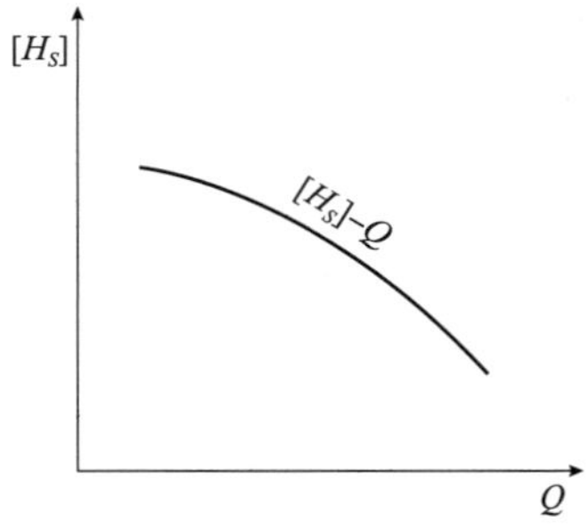

图 2－37　$[H_S]-Q$ 性能曲线

应当注意，离心泵样本上给出的 $[H_S]$ 值，是泵制造厂在标准大气压下用 20℃清水作汽蚀实验测出的。若用泵地点的大气压力和清水温度与上述实验条件不同时，则应对样本上给出的 $[H_S]$ 用下式进行修正。

$$[H_S]'=[H_S]-10+\frac{p_a'-p_v'}{\rho' g} \tag{2-47}$$

式中，$[H_S]'$为修正后的允许吸上真空度，m；$[H_S]$为泵样本上给出的允许吸上真空度，m；$\frac{p_a'}{\rho' g}$为泵使用地点的大气压力能头，m；$\frac{p_v'}{\rho' g}$为在输送温度下液体的饱和蒸气压力能头，m。

大气压力与海拔高度成反比，如果知道泵使用地点的海拔高度，可由表 2－2 查得当地大气压力能头的近似值。

表 2－2　不同海拔高度的大气压力能头

海拔高度/m	0	100	200	300	400	500	600	700	800	900	1000	1500	2000	3000	4000
大气压/m 水柱	10.3	10.2	10.1	10	9.8	9.7	9.6	9.5	9.4	9.3	9.2	8.6	8.1	7.2	6.3

2.3.4　安装高度的设计

为避免离心泵发生汽蚀，就要保证泵入口处吸上真空度 H_S 不大于泵允许的吸上真空度$[H_S]$，或泵入口处的装置有效汽蚀余量 $NPSH_a$ 大于泵允许的汽蚀余量$[NPSH_r]$。前面已讨论，H_S 与 $NPSH_a$ 的数值大小都与吸入管路密切相关。由此，用已知的允许吸上真空度$[H_S]$或允许汽蚀余量$[NPSH_r]$代入相关公式中，就可以正确地确定泵的允许几何安装高度$[H_{g1}]$和吸入管路。

(1)由$[H_S]$确定泵的允许几何安装高度$[H_{g1}]$

由式(2－46)可得到泵的几何安装高度为：

$$H_{g1}=H_S-\frac{p_a}{\rho g}+\frac{p_A}{\rho g}-\frac{c_S^2}{2g}-h_{A-S}$$

式中，H_S 为吸上真空度，m；h_{A-S}为吸入损失，m。

将允许吸上真空度$[H_S]'$代替上式中的 H_S，便可得到保证泵不发生汽蚀的允许几何安装高度：

$$[H_{g1}]=[H_S]'-\frac{p_a}{\rho g}+\frac{p_A}{\rho g}-\frac{c_S^2}{2g}-h_{A-S} \tag{2-48a}$$

当吸入罐液面上压力为当地大气压，即 $p_A=p_a$ 时，则

$$[H_{g1}]=[H_S]'-\frac{c_S^2}{2g}-h_{A-S} \tag{2-48b}$$

式(2－48)说明，只要泵的实际吸入管路安装高度不超过$[H_{g1}]$值，泵入口处的实际吸上真空度也就不会超过$[H_S]'$值，泵便不会发生汽蚀，这样就合理地解决了泵吸入管路的设计问题。

(2)由$[NPSH_r]$确定泵的允许几何安装高度$[H_{g1}]$

国产油泵样本上多给出$[NPSH_r]-Q$性能曲线，即知道了泵的允许汽蚀余量$[NPSH_r]$。根据泵不发生汽蚀的安全条件 $NPSH_a=[NPSH_r]$，代入式(2－37)，则可得到保证泵不发生汽蚀的允许几何安装高度为：

$$[H_{g1}]=\frac{p_A-p_v}{\rho g}-h_{A-S}-[NPSH_r] \tag{2-49a}$$

若吸入罐液面上压力 $p_A=p_a$ 时，上式变为：

$$[H_{g1}]=\frac{p_a-p_v}{\rho g}-h_{A-S}-[NPSH_r] \tag{2-49b}$$

式中，h_{A-S}为吸入损失，m；$[NPSH_r]$为允许汽蚀余量，m。

还应注意，在用$[H_S]'$或$[NPSH_r]$计算泵的允许安装高度$[H_{g1}]$时，应按泵运转中可能出现的最大流量所对应的$[H_S]'$或$[NPSH_r]$进行计算，以保证泵在大流量工况下工作时也不会发生汽蚀。

2.3.5 提高离心泵抗汽蚀性能的措施

由于汽蚀会严重影响泵的正常工作，所以必须采取措施防止汽蚀的发生。根据前面的分析可知，泵的汽蚀是由泵本身的抗汽蚀性能和吸入装置条件决定的。于是，提高离心泵抗汽蚀性能有两方面措施，一是改进泵进口的结构参数，使泵具有较小的汽蚀余量$NPSH_r$，或采用耐汽蚀材料，以延长泵的使用寿命；二是正确合理地设计吸入管路尺寸、安装高度等，使泵入口处有足够的有效汽蚀余量$NPSH_a$，从而使泵不发生汽蚀。

(1)提高离心泵本身抗汽蚀性能的措施

①适当加大叶轮吸入口直径D_0和叶片入口边宽度b_1。由式(2-41a)可知，$NPSH_r=\lambda_1\dfrac{c_0^2}{2}+\lambda_2\dfrac{w_1^2}{2}$，故凡是可以减小$\lambda_1$、$\lambda_2$、$c_0$、$w_1$四个参数的各种途径，都可使泵的$NPSH_r$变小，从而提高了泵的抗汽蚀性能。当适当加大叶轮吸入口直径D_0时即适当地降低了叶轮入口平均液体流速c_0；当适当地加大叶片入口边宽度b_1时，即适当地降低了叶片入口处相对速度w_1；此外，合理地改进叶轮吸入口或吸入室的形状等，都可适当地降低$NPSH_r$，改善泵的吸入性能。

②采用双吸式叶轮。双吸式叶轮相当于两个单吸叶轮背靠背地合并在一起工作，使每侧通过的流量为总流量的一半，流速降低，$NPSH_r$也降低，所以双吸式叶轮的抗汽蚀性能增强。

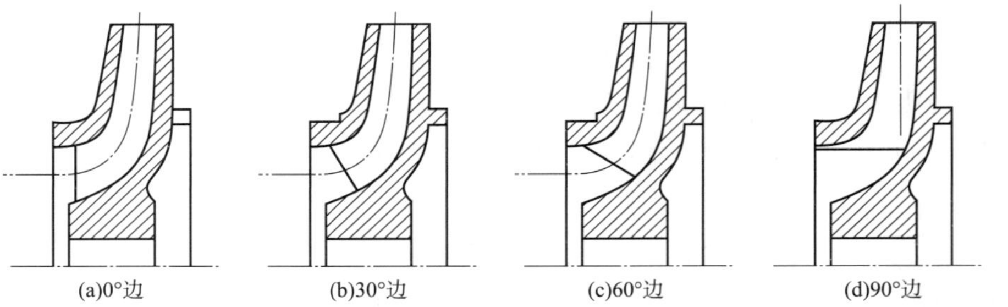

图 2-38　叶片进口边位置

③采用合理的叶片进口边位置及前盖板形状。有人对图 2-38 所示的四种叶片进口边位置的叶轮，以及图 2-39 所示的四种前盖板形状进行抗汽蚀性能试验，结果表明，叶片进口边向吸入口延伸越多，前盖板的圆弧半径R越大，抗汽蚀性能越好。当$R/R_2=0.1\sim0.15$时，汽蚀余量$NPSH_r$约减小18%。

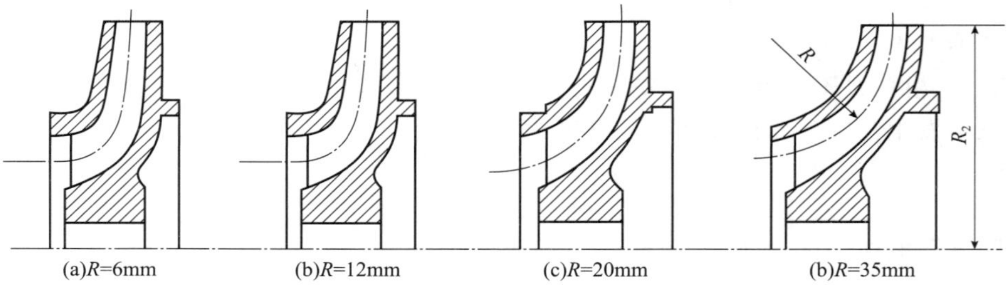

图 2-39　各种圆弧半径的前盖板形状

④采用诱导轮。诱导轮装在泵的第一级叶轮的前面，又叫前置诱导轮，如图 2－40 所示。诱导轮是一个轴流式的螺旋形叶轮，但与轴流泵叶轮又有显著差别。当液体流过诱导轮时，诱导轮对液体做功而增加能头，即对进入后面离心叶轮的液体起了增压作用，从而提高了泵的吸入性能。

⑤采用超汽蚀叶形的诱导轮。近年来，发展了一种超汽蚀泵，在离心叶轮前加一个轴流式的超汽蚀叶形的诱导轮(见图 2－41)，超汽蚀叶形具有薄而尖的前缘，以诱发一种固定型的气泡，并完全覆盖叶片。气泡在叶形后的液流中溃灭，即在超汽蚀叶形诱导轮的出口和离心轮进口之间溃灭，故超汽蚀叶轮叶片的材料不会受汽蚀破坏。这种在汽蚀显著发展时，把整个叶形都包含在汽蚀空化之内的汽蚀阶段称为超汽蚀。

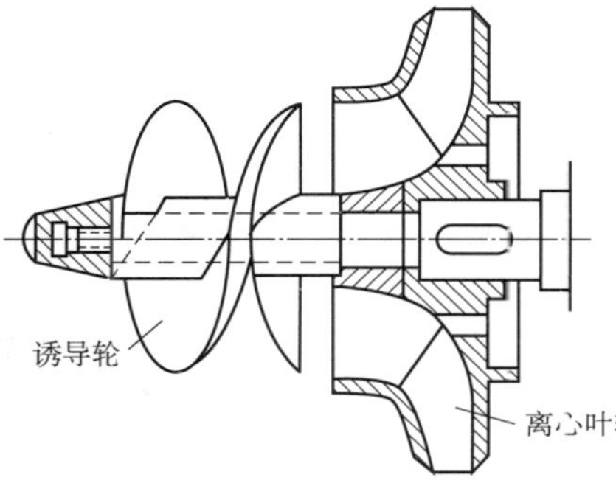

图 2－40　装诱导轮的离心泵

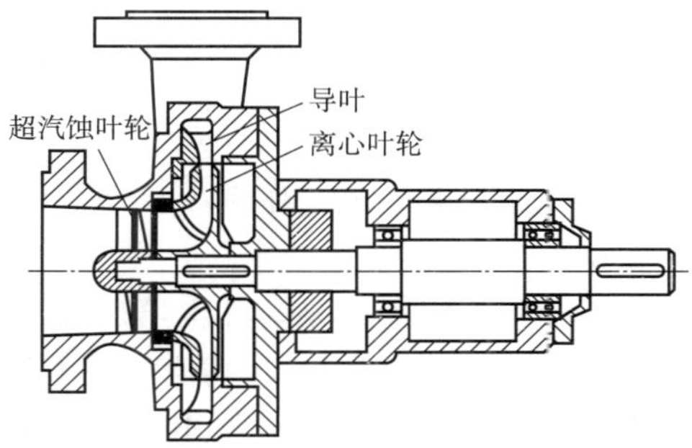

图 2－41　超汽蚀泵

⑥采用抗汽蚀材料。当使用条件所限，不可能完全避免发生汽蚀时，应采用抗汽蚀材料制造叶轮，以延长叶轮的使用寿命。一般常用的材料有铝铁青铜 9－4、不锈钢 2Cr13、稀土合金铸铁和高镍铬合金等。实践证明，材料强度和韧性越高，硬度和化学稳定性越高，叶轮流道表面越光滑，则抗汽蚀性能越好。

(2)提高装置有效汽蚀余量 $NPSH_a$ 的措施

由式 $NPSH_a=\frac{p_A-p_v}{\rho}-gH_{g1}-h_{A-S}$ 可知，增大吸液罐液面上的压力 p_A，合理确定泵的几何安装高度 H_{g1}，都可以提高装置的有效汽蚀余量 $NPSH_a$，从而避免泵发生汽蚀，所以，许多集输装置常采用灌注头吸入，即吸入罐液面比泵轴线位置高，使式中的 H_{g1} 以负值代入计算，可大为提高 $NPSH_a$。长输管线上输油泵多以正压进泵，相当于增大了 p_A，保证泵正常吸入运转。

此外，尽量减小吸入管路阻力损失 h_{A-S}，降低液体的饱和蒸气压 p_v，即在设计吸入管路时尽可能使管径大些，长度短些，弯头和阀门少些，输送介质的温度尽可能低些等都可提高装置的有效汽蚀余量。

在泵运行时还应注意转速不应高于规定转速，因为 $NPSH_r$ 与转速的平方成正比。在一般情况下，不允许用吸入管路上阀门进行流量调节，以免增大阻力损失 h_{A-S}，降低了 $NPSH_a$。

例题 2－2　用 2BA－6 离心水泵自水井抽水，水面逐渐下降。若流量为 $20m^3/h$，吸入管内径 50mm，吸入管路的阻力损失为 0.2m 液柱。试计算水面下降到离泵中心轴线何处时泵开始发生汽蚀？

解：按题意要求是计算泵的最大几何安装高度 H_{g1}，此时泵开始发生汽蚀。

由式(2－48a)知：

$$[H_{g1}]=[H_S]'-\frac{p_a}{\rho g}+\frac{p_A}{\rho g}-\frac{c_S^2}{2g}-h_{A-S}$$

查 2BA－6 离心泵的性能规格表知，在 $Q=20\text{m}^3/\text{h}$ 时，$[H_S]=7.2\text{m}$，则 $H_{S\max}=[H_S]+K=7.7\text{m}$

泵入口流速为：

$$c_S=\frac{Q}{f}=\frac{20}{3600\times\frac{\pi}{4}\times0.05^2}=2.83(\text{m/s})$$

则有：

$$\frac{c_S^2}{2g}=\frac{2.83^2}{2\times9.81}=0.41(\text{m})$$

井内水面上压力就是当地大气压，即 $p_A=p_a$，则有：

$$H_{g1}=H_{S\max}-\frac{c_S^2}{2g}-h_{A-S}=7.7-0.41-0.2=7.09(\text{m})$$

当井内水面下降到离泵轴中心线 7.09m 时，泵开始发生汽蚀；水面再稍下降便严重汽蚀而抽不上水了。

例题 2－3　一台离心泵，样本给出$[\Delta h]=4.5\text{m}$，在大气压下抽送常温清水。设吸入管路的阻力损失 $h_{A-S}=0.5\text{m}$，其他条件不变。若只改变使用地点，分别在济南(海拔高度 55m)、兰州(海拔高度 1517m)使用，问该泵的允许几何安装高度各为多少？

解：利用式(2－49b)计算如下：

$$[H_{g1}]=\frac{p_a-p_v}{\rho g}-h_{A-S}-[NPSH_r]$$

由附录中查得常温清水的饱和蒸气压头力为$\frac{p_v}{\rho g}=0.24\text{m}$。根据海拔高度确定济南的大气压头为$\frac{p_a}{\rho g}=10.3\text{m}$；兰州的大气压力头为$\frac{p_a}{\rho g}=8.6\text{m}$。分别代入上式，可得在济南地区泵的允许几何安装高度为：

$$[H_{g1}]=10.3-0.24-0.5-4.5=5.06(\text{m})$$

在兰州地区泵的允许几何安装高度为：

$$[H_{g1}]=8.6-0.24-0.5-4.5=3.36(\text{m})$$

例题 2－4　一台离心泵在兰州用常温清水试验，测得 $H_{S\max}=5\text{m}$，吸入口直径 200mm，流量 $Q=0.0778\text{m}^3/\text{s}$，试验转速 $n=2960\text{r/min}$。试分别计算：在规定转速 $n'=2900\text{r/min}$ 下，泵的最小允许汽蚀余量$[\Delta h]$是多少？在规定转速 $n'=2900\text{r/min}$ 及标准大气压力下，泵允许吸上真空度$[H_S]$是多少？

解：从附录查得常温下水的大气压力头为 $\frac{p_v}{\rho g}=0.24\text{m}$，兰州的大气压力头为 $\frac{p_a}{\rho g}=8.6\text{m}$。

泵入口处速度：

$$c_S=\frac{Q}{f}=\frac{77.8\times10^{-3}}{\frac{\pi}{4}\times0.2^2}=2.48(\text{m/s})$$

$$\frac{c_S^2}{2g}=\frac{2.48^2}{2\times9.81}=0.31(\text{m})$$

用式 $H_{Smax}=\frac{p_a-p_v}{\rho g}+\frac{c_S^2}{2g}-NPSH_r$ 求出在试验转速 $n'=2960\text{r/min}$ 下的 $NPSH_r$ 为：

$$NPSH_r=\frac{p_a-p_v}{\rho g}+\frac{c_S^2}{2g}-H_{Smax}=8.6-0.24+0.31-5=3.67(\text{m})$$

再求规定转速 $n'=2900\text{r/min}$ 下的 $NPSH'_r$：

$$NPSH'_r=NPSH_r\left(\frac{n'}{n}\right)^2=3.67\times\left(\frac{2900}{2960}\right)^2=3.52(\text{m})$$

加上安全余量 $K=0.5\text{m}$，可得允许汽蚀余量为：

$$[NPSH]=NPSH'_r+0.5=3.52+0.5=4.02(\text{m})$$

同理，在规定转速 $n'=2900\text{r/min}$ 下的流量为：

$$Q'=Q\frac{n'}{n}=77.8\times10^{-3}\times\frac{2900}{2960}=76.4\times10^{-3}(\text{m}^3/\text{s})$$

泵入口流速为：

$$c'_S=\frac{76.4\times10^{-3}}{\frac{\pi}{4}\times0.2^2}=2.43(\text{m/s})$$

$$\frac{c'^2_S}{2g}=\frac{2.43^2}{2\times9.81}=0.3(\text{m})$$

在标准大气压力下的大气压力头为 $\frac{p_a}{\rho g}=10.33\text{m}$，则：

$$H_{Smax}=10.33-0.24+0.3-3.52=6.87(\text{m})$$

减去安全余量 $K=0.5\text{m}$，便得到标准大气压力下的允许吸上真空度为：

$$[H_S]=H_{Smax}-K=6.87-0.5=6.37(\text{m})$$

2.4　相似理论在离心泵中的应用

流体在机泵内的流动过程非常复杂，目前还难用数学及物理方程进行描述并求得解析解。为了解决设计运行中经常碰到的问题，采用了流体力学的相似理论，可以用与所设计的泵(实型泵)几何相似的模型泵(与实际水泵几何相似但尺寸缩小的水泵)进行试验，然后将其性能换算为实型泵的性能。这样，在新产品投产之前，就能够以最少的费用进行方案比较，并能预先知道实型泵的性能，以便考虑改进措施。同时，利用相似理论，也可以换算出不同转速下泵的性能。

2.4.1　离心泵的相似条件

泵流动相似的条件为：几何相似，运动相似和动力相似。

取两台泵来说明，对实型泵的参数用注脚“p”表示，对模型泵的参数用注脚“m”表示，如果两台泵相似，则必须满足以下条件：

(1)液流几何相似

要使泵内的液流几何相似，必须是两台泵几何相似。即实型泵和模型泵相对应的几何尺寸(如直径、宽度)比值相等，对应角度相等：

$$\frac{D'_{2p}}{D_{2m}}=\frac{D'_{1p}}{D_{1m}}=\frac{b'_{1p}}{b_{1m}}=\frac{b'_{2p}}{b_{2m}}=\cdots=\frac{l_p}{l_m}=\lambda_L \tag{2-50}$$

式中，l 为任意对应线性尺寸。

$$\beta_{1p}=\beta_{1m}；\ \beta_{2p}=\beta_{2m}；\ \alpha_{1p}=\alpha_{1m}；\ \alpha_{2p}=\alpha_{2m}$$

(2)液流运动相似(又称工况相似)

液流运动相似就是两台泵内相应点的液流速度方向相同，各速度大小的比值为一常数。也就是说对应点的速度三角形相似，如图 2－13 所示。

$$\frac{u_{1p}}{u_{1m}}=\frac{u_{2p}}{u_{2m}}=\frac{c_{1p}}{c_{1m}}=\frac{c_{2p}}{c_{2m}}=\frac{w_{1p}}{w_{1m}}=\frac{w_{2p}}{w_{2m}}=\lambda_c \tag{2-51}$$

由此可见，运动相似或工况相似是建立在几何相似的基础上的，没有几何相似，即不可能有运动相似。

(3)液流的动力相似

液流动力相似就是作用在两台相应点液体上的同名力(如重力、黏滞力、压力、弹性力和惯性力)的比值相等。要得到完全的动力相似是非常困难的。为此，在研究流动现象时，只要抓住决定现象本质的主要作用力使之满足动力相似关系，而忽略其他较次要的力，使问题得以简化。

在黏性不可压缩流体的定常流动中，黏滞力、重力和惯性力是起决定作用的力，而重力对流动的影响要比压力对流动的影响小得多，压力不受流体物理性质的制约，通常是随其他各力的大小而被决定的。在离心泵流道内液流的雷诺数 Re 一般都大于 10^5，这时惯性力起主要作用，黏滞力与惯性力相比可以忽略不计，流动状态和流速分布不随 Re 的变化而变化，即流动处于自动模化状态，摩擦阻力系数 λ 与 Re 无关。因此，即使两泵的 Re 不等，但只要 Re 都处于自动模化范围内，就可以自动满足动力相似的要求。

综上所述，有了几何相似和叶道的进口运动相似，叶轮出口就自动满足运动相似，保证了流动过程相似，从而两泵相似条件可归结为几何相似和运动相似。

2.4.2 离心泵的相似定律

为了说明两台相似泵的参数如流量 Q、扬程 H、功率 N、效率 η 之间的相互关系，这里引入相似工况的概念。如果两台几何相似的泵，其实型泵性能曲线上某工况点 A，与模型泵性能曲线上某工况点 B 相对应，对应点的液体运动相似，则 A、B 两个工况就是相似工况。

如果要使两台泵工况相似，则两台泵的过流部件必须几何相似，液体运动相似才有可能。根据相似条件，可以写出水泵流量 Q、扬程 H、功率 N 的相似定律(又称相似公式)：

(1)相似定律

①流量相似

$$\frac{Q_p}{Q_m}=\left(\frac{D_{2p}}{D_{2m}}\right)^3\frac{n_p\,\eta_{Vp}}{n_m\,\eta_{Vm}} \tag{2-52}$$

两台几何相似的水泵，运行时工况相似，则流量 Q 与其线性尺寸 D(一般常用 D_2)的三次方成正比，与其转速 n 的一次方成正比及与容积效率 η_V 的一次方成正比。

②扬程相似定律

$$\frac{H_p}{H_m}=\left(\frac{D_{2p}n_p}{D_{2m}n_m}\right)^2\frac{\eta_{hp}}{\eta_{hm}} \tag{2-53}$$

两台几何相似的水泵，如运行时工况相似，则水泵的扬程与其转速的平方成正比、与其线性尺寸的平方成正比，与其水力效率 η_h 成正比。

③功率相似

$$\frac{N_p}{N_m}=\frac{\rho_p}{\rho_m}\left(\frac{D_{2p}}{D_{2m}}\right)^5\left(\frac{n_p}{n_m}\right)^3\frac{\eta_m}{\eta_p} \tag{2-54}$$

两台几何相似的水泵，如运行时工况相似，则其功率与转速的三次方成正比，与线性尺寸的五次方成正比，与液体的密度成正比，与机械效率成反比。

当实型泵与模型泵的尺寸比值相差不大时，为了简化问题起见，可以把水力效率和容积效率看成相等的。如果水泵转速相差不十分大时，则机械效率也可以认为是相等的。因此，可以把三个相似定律的公式简化为：

$$\frac{Q_p}{Q_m}=\left(\frac{D_{2p}}{D_{2m}}\right)^3\frac{n_p}{n_m} \tag{2-55}$$

$$\frac{H_p}{H_m}=\left(\frac{D_{2p}n_p}{D_{2m}n_m}\right)^2 \tag{2-56}$$

$$\frac{N_p}{N_m}=\left(\frac{D_{2p}}{D_{2m}}\right)^5\left(\frac{n_p}{n_m}\right)^3\frac{\rho_p}{\rho_m} \tag{2-57}$$

令：$\lambda=\frac{D_{2p}}{D_{2m}}$为放大或缩小系数。如模型泵与实型泵所抽送的液体是一样的，通常在功率相似定律公式中不用写入密度 ρ 这一项。则上述三个公式可写为：

$$\frac{Q_p}{Q_m}=\lambda^3\frac{n_p}{n_m} \tag{2-55a}$$

$$\frac{H_p}{H_m}=\lambda^2\left(\frac{n_p}{n_m}\right)^2 \tag{2-56a}$$

$$\frac{N_p}{N_m}=\lambda^5\left(\frac{n_p}{n_m}\right)^3 \tag{2-57a}$$

（2）比例定律

一台离心泵在某一恒定转速下，只能有一组 $H-Q$、$N-Q$ 和 $\eta-Q$ 性能曲线。为了扩大泵的工作范围，常采用改变转速的方法，以得到不同转速下的性能曲线。在不同转速下，泵相似工况点的性能参数的变化规律用比例定律来确定。

当泵转速由 n_1 变为 n_2 时，若输送的介质不变，根据相似定律，这时几何尺寸的比例常数 $\lambda_L=1$，则在不同转速下相似工况点的对应参数与转速之间有下列关系：

$$\frac{Q_1}{Q_2}=\frac{n_1}{n_2} \tag{2-58}$$

$$\frac{H_1}{H_2}=\left(\frac{n_1}{n_2}\right)^2 \tag{2-59}$$

$$\frac{N_1}{N_2}=\left(\frac{n_1}{n_2}\right)^3 \tag{2-60}$$

上述三个公式即为比例定律表达式。它们表示 $\lambda_L=1$ 时，相似工况下的 Q、H、N 与 n 间的比例关系。比例定律是相似定律的一种特例，它也适用于几何尺寸相等、输送液体相同、转速不同的两台泵的性能换算。

（3）相似抛物线

泵连续改变转速时，相似工况点移动的轨迹曲线即为相似抛物线。

由图 2-42 可见，如泵在转速 n_1 时的性能曲线 H_1-Q_1 上有一工况点 A_1，当转速变为 n_2，n_3，…时，与 A_1 点相似的各工况点为 A_2，A_3，…。由于 $A_1(H_{a1}，Q_{a1})$ 和 $A_2(H_{a2}，Q_{a2})$ 是相似工况点，性能参数应符合比例定律，于是有：

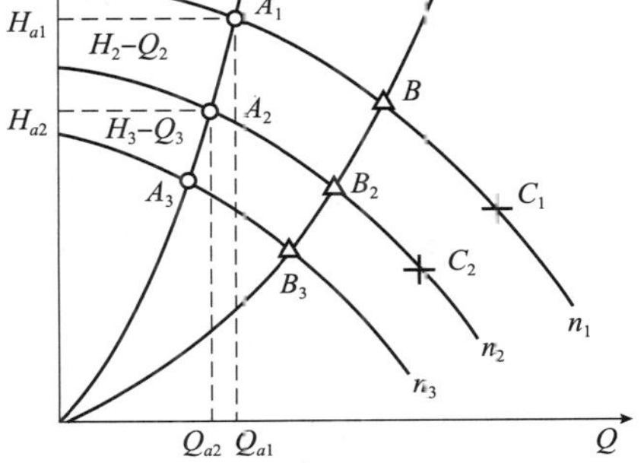

图 2-42　变速后 $H-Q$ 曲线的换算和相似抛物线

$$\frac{Q_{a1}}{Q_{a2}}=\frac{n_1}{n_2}\quad \frac{H_{a1}}{H_{a2}}=\left(\frac{n_1}{n_2}\right)^2$$

消去转速比得：

$$\frac{H_{a1}}{Q_{a1}^2}=\frac{H_{a2}}{Q_{a2}^2}=\frac{H_a}{Q_a^2}=K_a=\text{常数}$$

故有：

$$H_a=K_aQ_a^2 \tag{2-61}$$

式中，H_a、Q_a 为泵在任意转速时与 A_1 点工况相似的任意工况点的扬程和流量。

同理，在转速 n_1 的 H_1-Q_1 曲线上取工况点 B_1，在改变转速后可得与 B_1 点工况相似的各工况点 B_2，B_3，…的轨迹，其方程式为：

$$H_b=\frac{H_{b1}}{Q_{b1}^2}Q_b^2=K_bQ_b^2 \tag{2-62}$$

K_a、K_b 是由工况点 A_1、B_1 的性能参数确定的常数。式(2-61)和式(2-62)分别代表一条过坐标原点和 A_1 或 B_1 点的二次抛物线。这些连接各种转速下各相似工况点的轨迹线称为相似抛物线，可用通式表示为：

$$H=KQ^2 \tag{2-63}$$

式中，K 为随工况而不同的常数。

由于相似工况点的效率大致相等，因此可以近似地认为相似抛物线就是泵在各种转速下的等效率曲线。它可以用来决定泵的工作转速。例如，当想用改变泵的转速来调节流量时，就可用相似抛物线来求出在与工况点不相符的 $H-Q$ 曲线上的相似工况点，再用比例定律计算出泵的工作转速。

2.4.3 离心泵的比转数

(1)比转数

相似定律只分别表示出一系列几何相似泵的相似工况点性能参数 Q、H、N 和 n 间的相似关系，但在泵的分类、设计、选择及系列研究中，还需要一个表征叶片泵运转性能和叶轮几何特征的综合性能参数。这个包括 Q、H 和 n 等设计参数在内的综合性能参数就是比转数，用符号 n_s 表示，它在离心泵的设计和理论研究中已具有非常重要的意义。

比转数与流量、扬程和转速之间的关系为：

$$n_s=3.65\,\frac{n\sqrt{Q}}{H^{\frac{3}{4}}} \tag{2-64}$$

式中，Q 为泵的流量，m^3/s；H 为泵所产生的扬程，m；n 为泵的转速，r/min。

对于双吸泵，实际上是两台单吸泵装在一起，并联工作，所以：

$$n_s=3.65\,\frac{n\sqrt{Q/2}}{H^{\frac{3}{4}}} \tag{2-65}$$

对于多级水泵，实际上是将几台单级泵装在一起，串联工作，所以，比转数可写成：

$$n_s=3.65\,\frac{n\sqrt{Q}}{(H/i)^{\frac{3}{4}}} \tag{2-66}$$

式中，i 为多级泵的级数。

比转数与转数完全是两回事。应当理解为比较水泵时的一个相似准则，当水泵几何相似又工况相似时，其比转数 n_s 相等。比转数 n_s 某种程度上决定了性能曲线和叶轮形状的特征，如图 2－43 所示。所以，在泵设计中经常用到它。

水泵类型	离心泵			混流式	轴流式
	低比转速	中比转速	高比转速		
比转数	$30<n_s<80$	$80<n_s<150$	$150<n_s<300$	$300<n_s<500$	$500<n_s<1000$
叶轮简图	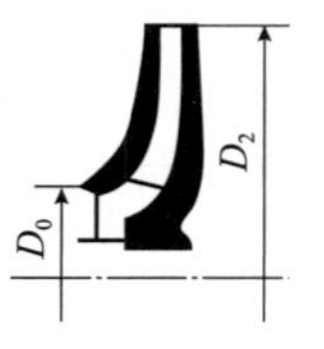	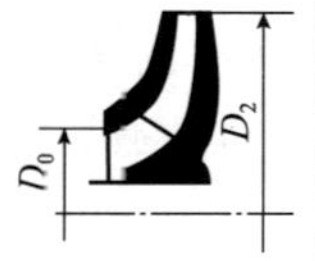	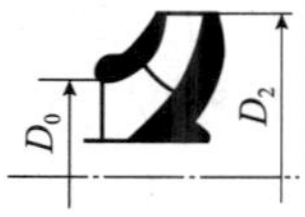	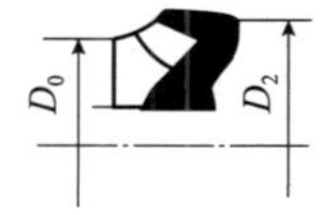	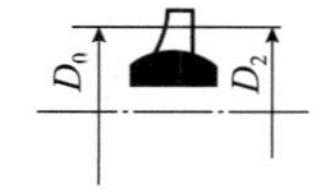
尺寸比 $\frac{D_2}{D_1}$	≈3	≈2	1.4~1.8	1.2~1.3	1
叶片形状	圆柱形叶片	进口处扭曲形 出口处圆柱形	扭曲形叶片	扭曲形叶片	扭曲形叶片
工作性能曲线	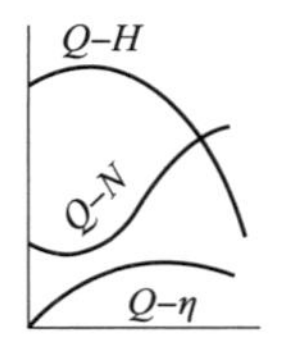	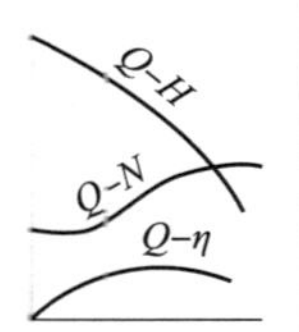	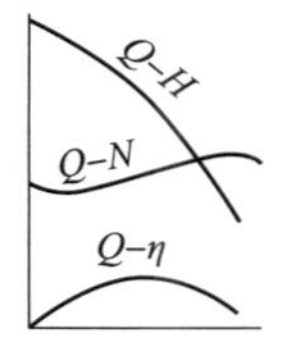	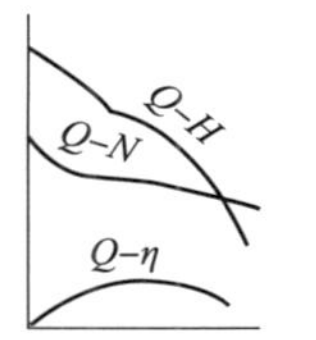	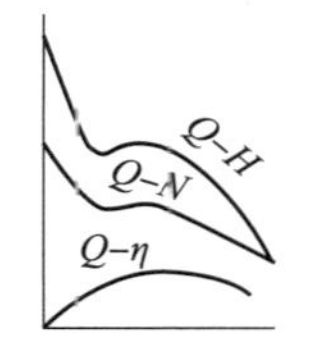

图 2－43　n_s 与叶轮形状和性能曲线形状的关系

比转数 n_s 是从相似理论中引出来的一个综合性参数。它说明了相似泵 Q、H、n 之间的关系。相似的泵在相似工况点，比转数相等。但是从性能曲线看出，同一台泵，其扬程和流量是能够改变的，当扬程和流量改变后，其比转速当然也就改变了。也就是说，水泵每一工况点均有其自己的比转数，通常应用最高效率点的比转数来代表这台泵的比转数。比转数在泵的分类、相似设计、系列化和选择使用等方面均有重要的应用。

(2)汽蚀比转数

汽蚀余量或吸上真空度的大小只能说明某台泵汽蚀性能的好坏，而不能用来比较不同泵的汽蚀性能。因此，需要有一个既能表示泵的汽蚀性能，又与泵设计参数相联系的综合性参数作为比较泵汽蚀性能及选择模型泵的依据。这个综合性参数与比转数公式相似，称为汽蚀比转数，用符号 C 表示，其数值的大小表示泵抗汽蚀性能的好坏。

我国习惯采用下式计算：

$$C=\frac{5.62n\sqrt{Q}}{NPSH_r^{\frac{3}{4}}} \tag{2-67}$$

式中，Q 为最佳工况下的流量，双吸泵以 $Q/2$ 代入计算，m^3/s；n 为转速，r/min；$NPSH_r$ 为必需的汽蚀余量，m。

对于一组进口形状(叶轮进口及吸入室)几何相似、运动相似的泵，它们的汽蚀比转数相等。泵的汽蚀余量 $NPSH_r$ 越小，汽蚀比转数 C 越大，则泵的抗汽蚀性能越好，所以 C 值大小可作为表示泵汽蚀性能好坏的一个参数。

目前，各类离心泵的汽蚀比转数的大致范围为：对汽蚀性能要求不高，主要考虑提高泵的效率，C 值为 600～800；对兼顾汽蚀和泵的效率，C 值为 800～1200；对汽蚀性能要求较高的泵，如锅炉给水泵等，C 值可达 1600～3000。

2.4.4 切割定律和切割抛物线

一台泵在一定转速下仅有一条 $H-Q$ 性能曲线。为了扩大泵的工作范围，常采用切割叶轮外径减小 D_2 的方法，使一台泵的工作范围由一条线变为一个面。叶轮切割前后性能参数的变化关系由切割定律来确定。

(1)切割定律

当叶轮切割量较小时，可以认为切割前后叶片的出口角和通流面积基本不变，泵效率近似相等。这样，切割后叶轮出口速度三角形与切割前的速度三角形近于相似。根据相似定律，则切割前后流量、扬程和功率关系为：

$$\frac{Q'}{Q}=\frac{D_2'}{D_2} \tag{2-68}$$

$$\frac{H'}{H}=\left(\frac{D_2'}{D_2}\right)^2 \tag{2-69}$$

$$\frac{N'}{N}=\left(\frac{D_2'}{D_2}\right)^3 \tag{2-70}$$

式中，Q'、H'、N'、$D_2{}'$分别为切割前水泵的流量、扬程、功率以及叶轮的外径；Q、H、N、D_2 分别为切割后水泵的流量、扬程、功率以及叶轮的外径。式(2-68)、式(2-69)和式(2-70)为切割定律表达式，表明用减小 D_2 的方法可在泵转速不变的情况下使性能曲线下降。

(2)切割抛物线

切割抛物线是同一台泵在同一个速度下，叶轮有不同程度的切割时各切割对应工况点的轨迹。由切割定律可以得到：

$$H=KQ^2 \tag{2-71}$$

式中，K 为随工况而变化的常数。

式(2-71)表示的是一个过坐标原点的二次抛物线方程，它所代表的抛物线称为切割抛物线。切割抛物线上的点是叶轮切割前后的对应工况点，但并不是相似工况，因为切割后叶轮的其他尺寸并没有按同一比例缩小，切割前后的叶轮并不保持几何相似。当叶轮切割量不大时，可认为效率近似相等，所以切割抛物线又称为等效率曲线。

叶轮的切割量不能太大，否则切割定律失效，并使泵效率明显降低，故规定了叶轮的最大切割量。最大切割量与 η_s 有关。η_s 越大，允许的切割量越小，见表 2-3。

表 2-3 离心泵的最大切割量

η_s	60	120	200	300	350
$\frac{D_2-D_2'}{D_2}$	0.2	0.15	0.11	0.09	0.07

考虑到离心泵运行的经济性，要求泵在较高的效率范围内工作。一般规定泵工作时的效率与最高效率之间的差值 $\Delta\eta$ 为 7%。于是，每台泵都可得到一条与切割最小直径$D_2{}'_{\min}$对应的扬程性能曲线，以及与最高效率范围对应的过 A、B 两点的两条等效率曲线 AA'和 BB'，如图 2-44 所示。由 $AA'B'BA$ 所围成的区域称为切割高效工作区。泵在工作时，其工作点应落在切割高效工作区内。利用切割抛物线和切割定律，当工作点 P 不在已知泵的 $H-Q$ 曲线上时，可以采用叶轮切割的方法使泵在 P 点工作，从而确定切割后的叶轮直

径 D_2'。具体步骤与相似抛物线的应用类同。

2.4.5　离心泵的系列型谱

为促进泵的批量生产、优选泵型和降低成本，既便于用户选泵，又便于泵厂开发新产品，有必要实现泵的系列化、通用化、标准化。将每种系列泵的最佳工作范围绘制于一张对数坐标图上称为型谱，编制泵的系列型谱，是实现“三化”的一项重要工作。

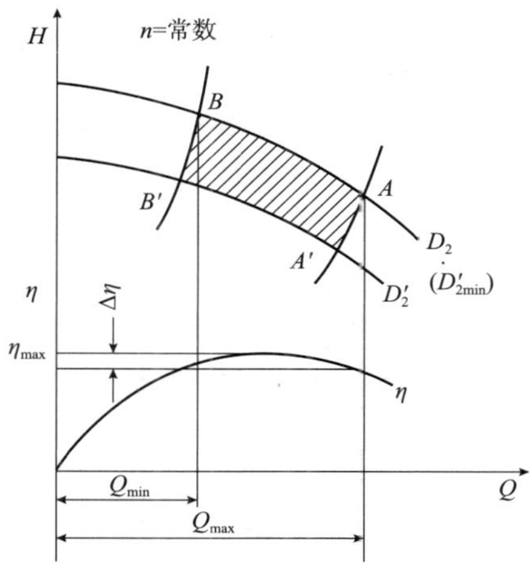

图 2－44　离心泵的切割高效区

首先，按照泵的结构划分系列（例如单级离心泵系列、双吸泵系列、节段式多级泵系列等）或按照泵的用途划分系列（例如化工流程泵系列、锅炉给水泵系列等），然后每种系列根据泵的相似原理编制型谱。其基本做法是，选择经过实验表明性能良好的几种比转数模型泵作基型，按照一定流量间隔和一定扬程间隔确定若干与模型泵几何相似、比转数相等的泵作为泵的产品，包括这些泵变转速或切割叶轮外径的高效工作区，使其布满整个扬程流量图，这种图即为泵的系列型谱图。图 2－45 所示为一典型的流程泵型谱，共计 6 个系列 85 个品种。该泵具有结构形式多样、品种齐全、规格多、系列参数范围广、型谱上性能参数重叠多，三化标准程度高、互换性强，效率高、质量好、寿命长等优点。

虽然比转数仅有几个，但与模型泵几何相似、比转数相等的泵可有几种。图中每种产品以点标出其设计工况，以泵的进口、出口和叶轮外径尺寸（mm 值）标明其规格，还标出了高效工作区。

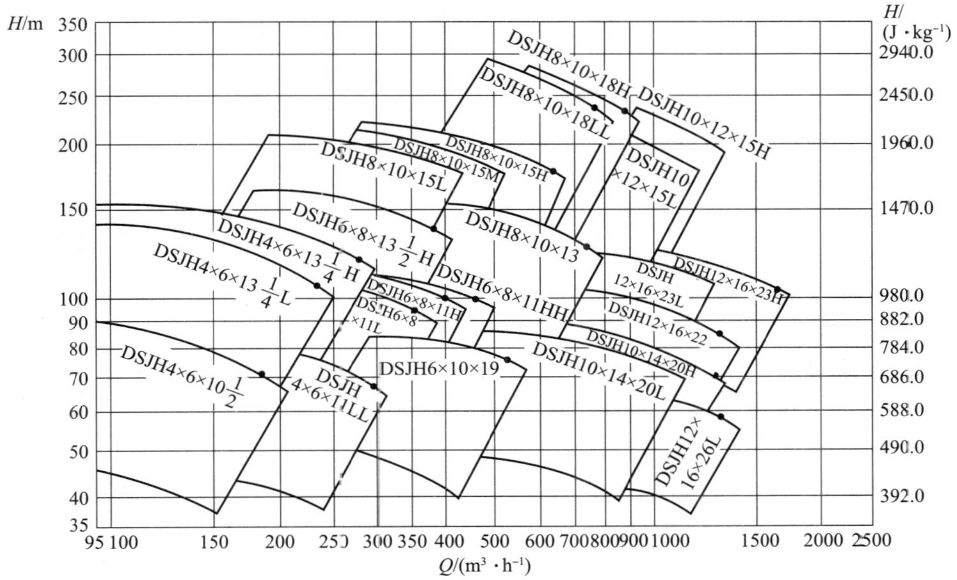

图 2－45　DSJH 型流程泵型谱图

2.5 离心泵的装置特性与工况调节

在石油化工生产中，泵和管路组成一个输送系统。在这个输送系统中，要遵循质量守恒和能量守恒两个基本定律：离心泵所排出的流量等于管路中的流量；单位质量流体所获得的能头等于流体沿管路输送所消耗的能头，这样才能保持稳定工作。若泵和管路任何一方工况发生变化，都会引起整个系统工作参数的变化。因此，应当研究离心泵的装置特性，并分析影响装置特性的各种因素及工况调节。

2.5.1 单根管路特性及工作点

(1)单根管路特性

当离心泵沿一条管路输送一定流量的液体时，要求泵提供一定的能头用于提高液体的位高，克服管路两端的压力差和克服液体沿管路流动时的各种流动损失。提高单位质量液体的位高和克服压力差所需要的能头与管路中流量无关，而克服单位质量液体流动损失所需能头则与液体流速的平方成正比，即与流量的平方成正比，用公式表示为：

$$h_w = kQ^2 \tag{2-72}$$

式中，k 为管路特性系数，它与管路长度 l、管路横截面积 f、阻力系数 λ 和 ξ 等有关。

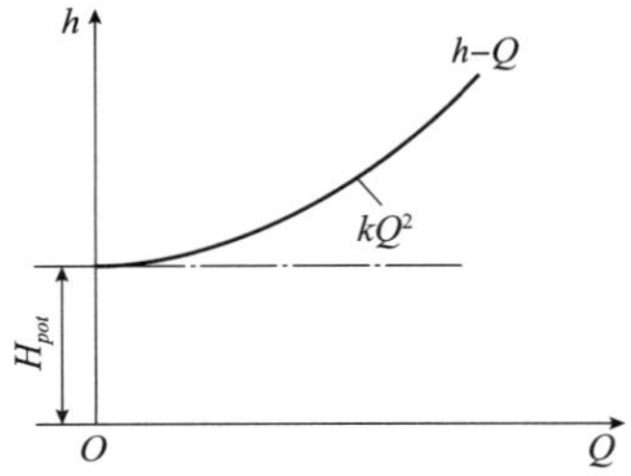

图 2-46 管路特性

式(2-72)表示管路中流量与克服液体流经管路时流动损失所需的能头之间的关系。用曲线表示这一关系时，它是一条抛物线，如图 2-46 所示。于是，管路中所需能头可以写成：

$$h = H_{pot} + kQ^2 \tag{2-73}$$

式(2-73)便是离心泵在单根管路上输送液体时的管路特性方程。$Q=0$ 时，$H_{pot} = \dfrac{p_B - p_A}{\rho} + g(H_A + H_B)$决定了抛物线的起点位置。$h-Q$ 曲线称管路特性。

(2)装置特性——工作点

离心泵在管路中工作时，泵串联在管路中。泵所提供的能头 H 与管路装置上所需要的能头 h 应相等；泵所排出的流量与管路中输送的流量应相等。这时泵装置处于稳定工作状态。将泵的扬程性能曲线 $H-Q$ 与管路特性 $h-Q$ 画在一张图上，称为装置特性。这两条性能曲线的交点 M 即为泵的工作点，如图 2-47 所示。

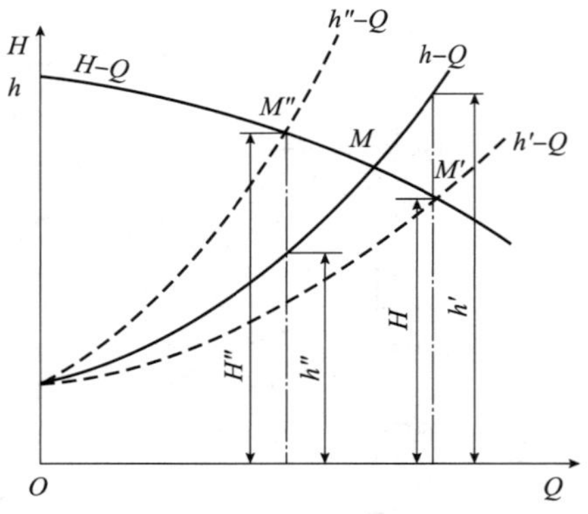

图 2-47 装置特性

离心泵之所以能够在 M 点稳定工作，是因为工作点 M 处泵的扬程与管路装置需要的能头相等。即单位质量液体经过泵所得到的能头等于把单位质量液体自吸液罐输送到排液罐所需的能头。假如泵在比 M 点流量大的 M'点工作(图 2-49)，则这时泵提供的扬程 H'小于管路装置所需能头 h'(假设管路特性不变)，说明把工作点 M'处对应的液体流量从吸液罐输送到排液罐时所需的能头大于液体从泵中获得的能头，这时液体能头不足，必然导致流速减慢，使流量减小，工作点 M'沿泵扬程性能曲线向 M 点移动。反之，如果泵在流量小于 M 点的 M''点工作，则管路装置所需能头 h''小于泵的扬程 H''，液体从泵中获得的能头除用于将液体从吸液罐输送到排液罐所需的能头外，还有部分剩余，这使管路内液体将加速流动，流量增大，M''点向 M 点移动。可见，M 点是流量平衡和能量平衡的唯一稳定工作点，此点必然是泵的扬程性能曲线与管路特性的交点。

2.5.2　离心泵并联、串联工作的装置特性

生产中当采用一台离心泵不能满足流量或能头要求时，往往用两台或两台以上的泵联合工作。这就是要讨论的离心泵的并联、串联工作。

(1)并联工作

向某一压力管路输送液体，当使用一台泵的流量不能满足要求时，或输送流量变化很大，为发挥泵的经济效果，处在高效范围内工作等，常采取两台或数台泵并联工作，以满足流量变化的要求。并联工作可分两种情况来讨论，即相同性能的泵并联和不同性能的泵并联。

①相同性能的泵并联工作

如图 2－48 所示，设两泵自同一吸液罐中吸入液体，由液面到汇合点 O 的两段管路阻力很小，可忽略不计。这样，两台泵并联后的总流量等于两泵在同一扬程下的流量相加，即 $Q_{\mathrm{I+II}}=Q_{\mathrm{I}}+Q_{\mathrm{II}}$，$H_{\mathrm{I}}=H_{\mathrm{II}}$。两泵并联后总性能曲线等于两泵性能曲线在同一扬程下的各对应点叠加，即图 2－48 中 $(H-Q)_{\mathrm{I+II}}$ 曲线。

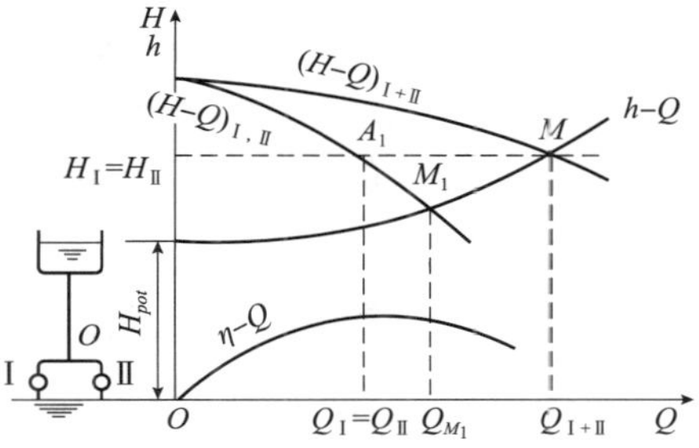

图 2－48　相同性能的泵并联工作

当画出管路特性 $h-Q$ 后，与并联后总性能曲线 $(H-Q)_{\mathrm{I+II}}$ 交于 M 点。M 点对应的流量 $Q_{\mathrm{I+II}}$ 即为并联后管路中的流量。为了确定并联时每台泵的工况，过 M 点作水平线，交单泵性能曲线于 A_1 点，即每台泵并联工作时的工作点。该点决定了并联时每台泵的工作参数。泵Ⅰ、泵Ⅱ工作扬程相等，等于并联后工作扬程；并联后流量为泵Ⅰ与泵Ⅱ流量之和，使 $Q_{\mathrm{I+II}}$ 提高了。

若每台泵单独在管路中工作时，泵的工作点为 M_1。从图 2－48 看出，并联后扬程比单泵工作时高，而流量小于一台泵单独工作时流量的 2 倍。这是因为并联后管路阻力由于流量的增加而有所增大，从而要求每台泵都提高它的扬程来克服这个增加的阻力损失，相应的流量就减少了。

由此可知，两台泵并联工作时，管路特性越平坦，则并联后的流量 $Q_{\mathrm{I+II}}$ 就越接近泵单独运行时的 2 倍，达到增加流量的目的。泵的性能曲线越平坦，并联后的流量 $Q_{\mathrm{I+II}}$ 就越小于单独工作时流量 Q_{I} 的 2 倍，为此，泵的性能曲线应陡一些为好。从并联工作的泵台数来看，数量越多，并联后所能增加的流量越少，则每台泵输送的流量越少，故并联台数过多并不经济。

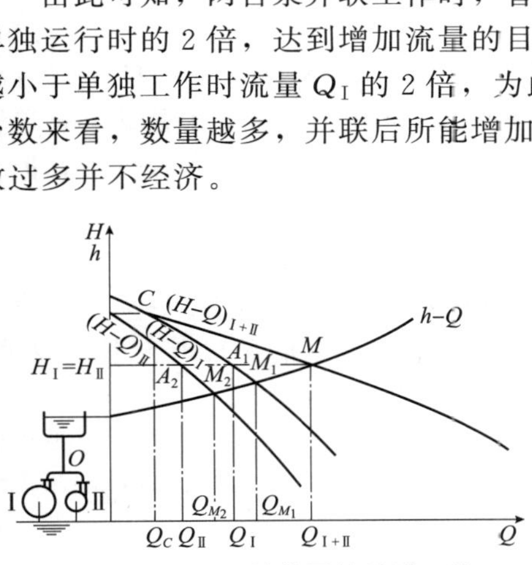

图 2－49　不同性能泵的并联工作

②不同性能的泵并联工作

图 2－49 所示为两台不同性能泵并联工作时的情况。图中曲线 $(H-Q)_{\mathrm{I}}$ 和 $(H-Q)_{\mathrm{II}}$ 为两台不同性能泵的性能曲线，利用前述画法，可以得到并联后的总性能曲线 $(H-Q)_{\mathrm{I+II}}$。此曲线与管路特性 $h-Q$ 相交于 M 点，即并联工作时的工作点，此时流量为 $Q_{\mathrm{I}}+Q_{\mathrm{II}}=Q_{\mathrm{I+II}}$，扬程为 $H_{\mathrm{I}}=H_{\mathrm{II}}$。

为确定并联后每台泵的工作点，可过 M 点作平行线，交泵Ⅰ的性能曲线于 A_1 点，交泵Ⅱ的性

能曲线于 A_2 点。A_1 点和 A_2 点即为泵Ⅰ和泵Ⅱ的工作点。两泵的扬程相等，并等于并联后的工作扬程，并联后的流量为泵Ⅰ和泵Ⅱ流量之和。

若每台泵单独在管路中工作时，泵Ⅰ的工作点为 M_1，泵Ⅱ的工作点为 M_2。从图 2－49 看出，并联后扬程比泵单独工作时高，而流量小于两泵单独在管路上工作时的流量之和。

以上分析说明，两台不同性能的泵并联后的总流量 $Q_{Ⅰ+Ⅱ}$ 等于并联后各泵流量之和，即 $Q_{Ⅰ+Ⅱ}=Q_Ⅰ+Q_Ⅱ$，但总流量又小于两泵单独工作的流量 Q_{M_1} 与 Q_{M_2} 之和，即 $Q_{Ⅰ+Ⅱ}<Q_{M_1}+Q_{M_2}$，其减少的量随管路特性的陡直程度、并联泵台数的增多而增大。

由图还可看出，当两台性能不同的离心泵并联工作时，若流量小于 Q_C，则实际上仅大泵在工作，小泵因为扬程不够应停止小泵运转。在实际泵装置上，往往在两泵出口安装止回阀，以免在启动或停车时，造成从工作泵到非工作泵的倒灌现象。

(2)离心泵的串联工作

串联是指前面一台泵的出口向后面一台泵的入口输送液体的工作方式。这种方式常用于提高泵的扬程、增加输送距离、减少泵站数量，或提高扬程以增加流量的工况中。串联也分为相同性能泵的串联工作与不同性能泵的串联工作两种。

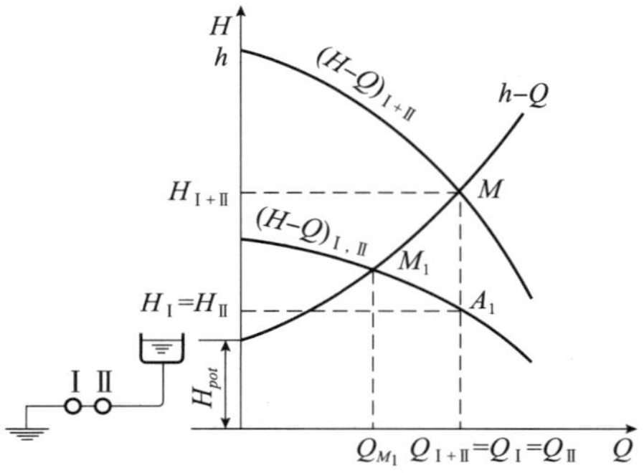

图 2－50　相同性能的泵串联工作

①相同性能泵的串联工作

如图 2－50 所示，$(H-Q)_{Ⅰ,Ⅱ}$ 为两台相同性能的泵的性能曲线。根据水力原理，两泵串联后的总扬程等于两泵在同一流量时的扬程之和，即 $Q_Ⅰ=Q_Ⅱ$ 时，$H_{Ⅰ+Ⅱ}=H_Ⅰ+H_Ⅱ$。两泵串联后的总性能曲线等于两泵性能曲线在同一流量下扬程逐点叠加起来，即图 2－50 中的 $(H-Q)_{Ⅰ+Ⅱ}$ 曲线。可见，串联后扬程性能曲线向上移动，使同一流量下的扬程提高了。

假设管路特性 $h-Q$ 不变(忽略两泵串联后管路特性的变化)时，两泵串联后总性能曲线 $(H-Q)_{Ⅰ+Ⅱ}$ 与管路特性的交点为 M，M 点即串联后的工作点。该点的扬程为 $H_{Ⅰ+Ⅱ}=H_Ⅰ+H_Ⅱ$，流量 $Q_{Ⅰ+Ⅱ}=Q_Ⅰ=Q_Ⅱ$。为确定每台泵的工作点，自 M 点作垂线，交单泵性能曲线 $(H-Q)_{Ⅰ,Ⅱ}$ 于 A_1 点。由图可知，泵Ⅰ的流量 $Q_Ⅰ$ 等于泵Ⅱ的流量 $Q_Ⅱ$，也等于串联后流量 $Q_{Ⅰ+Ⅱ}$。

在此流量下，两泵提供相同扬程 $H_Ⅰ=H_Ⅱ$，液体具有的总扬程 $H_{Ⅰ+Ⅱ}=H_Ⅰ+H_Ⅱ=2H_Ⅰ$。若每台泵单独在管路中工作时，泵的工作点为 M_1，则串联后的总扬程低于泵单独工作时扬程的 2 倍，而流量却大于单泵工作的流量。其原因是串联后的扬程提高了，但管路装置未变，多余的能量使流速加快，流量增加。

离心泵串联使用时，因后面一台泵承受的压力较高，故应注意其壳体的强度和密封等问题。启动和停泵时也要按顺序操作：启动前，将各串联泵出口阀都关闭，启动第 1 台泵后再开第 1 台泵出口调节阀；然后启动第 2 台泵，再打开第 2 台泵的出口阀向管道供液。此外，与串联泵一起工作的管路特性陡直度越大越能增大串联后的扬程。

实际上，几台泵串联工作相当于一台多级泵，而一台多级泵在结构上比多台性能相同的离心泵串联要紧凑得多，安装维修也方便得多，因而应选用多级泵代替串联泵使用。

②不同性能泵的串联工作

如图 2 - 51 所示，$(H-Q)_{\mathrm{I}}$ 和 $(H-Q)_{\mathrm{II}}$ 分别为两台不同性能泵的性能曲线。串联后总性能曲线的画法与图 2 - 50 相同，在流量相同的各点，把扬程叠加起来，得到 $(H-Q)_{\mathrm{I+II}}$ 性能曲线。它与管路特性 $h-Q$ 的交点 M 为串联后的运行工作点。过 M 点作垂线，交 $(H-Q)_{\mathrm{I}}$ 曲线于 A_1 点，交 $(H-Q)_{\mathrm{II}}$ 曲线于 A_2 点，即两泵串联后的工作点，其参数仍然符合 $H_{\mathrm{I+II}}=H_{\mathrm{I}}+H_{\mathrm{II}}$，$Q_{\mathrm{I+II}}=Q_{\mathrm{I}}=Q_{\mathrm{II}}$。与单泵在管路上工作时相比，流量增加而扬程降低了，所以串联后的总扬程 $H_{\mathrm{I+II}}$ 小于两泵单独工作时的扬程之和。扬程减小的程度与管路特性陡直度有关。

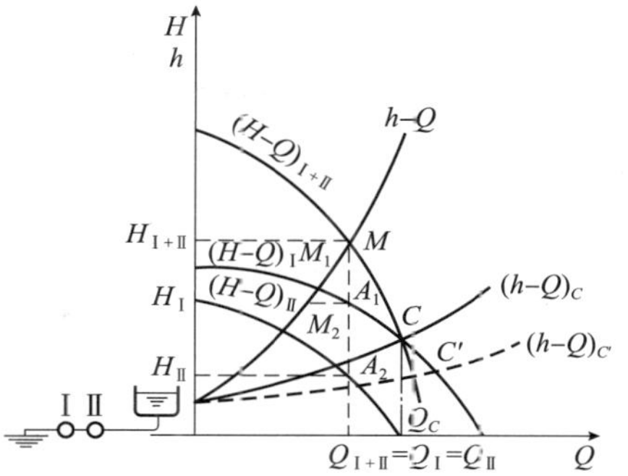

图 2 - 51 不同性能泵的串联工作

若管路特性 $h-Q$ 与串联后性能曲线 $(H-Q)_{\mathrm{I+II}}$ 交于 C 点，这时的流量和扬程与第 1 台泵单独工作时相同，第 2 台泵不起作用，只消耗功率。当管路特性移到图中 $(h-Q)_{C'}$ 的位置时，流量和扬程都小于只有第 1 台泵单独工作的流量和扬程。其原因是第 2 台泵相当于装置的节流器，增加了阻力，减少了输送流量。为此，C 点可以作为极限状态，工作点只有在 C 点左侧时串联工作才是合理的。

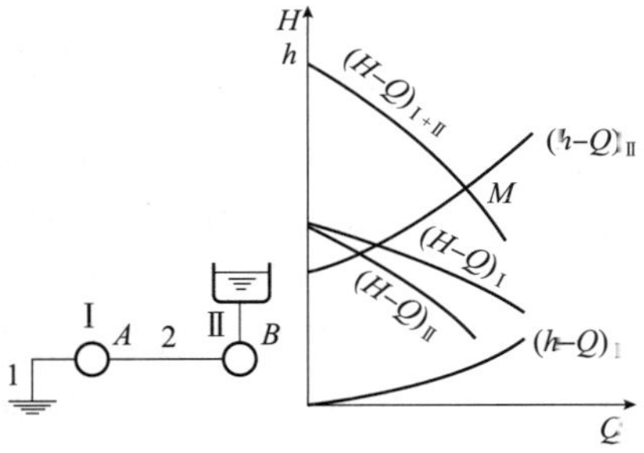

图 2 - 52 两台同性能但相距很远的泵串联工作

③两台同性能但相距很远的泵串联工作

两台同性能但相距很远的泵串联工作，如图 2 - 52 所示，泵Ⅰ和泵Ⅱ相距很远，进行串联工作（如长输管道用油泵）时装置特性的画法如下：在叠加泵Ⅰ和泵Ⅱ性能曲线之前，应先将泵间管路 AB 对泵Ⅰ的影响考虑进去。如两泵的性能曲线都是 $(H-Q)_{\mathrm{I}}$，AB 段管路特性为 $(h-Q)_{\mathrm{I}}$，则泵Ⅰ在管路 AB 中输送液体到泵Ⅱ后的剩余能头应是从 $(H-Q)_{\mathrm{I}}$ 中减去各对应流量下的 $(h-Q)_{\mathrm{I}}$，即 $(H-Q)_{\mathrm{II}}$ 线。再将 $(H-Q)_{\mathrm{I}}$ 和 $(H-Q)_{\mathrm{II}}$ 两条曲线相加，就得这两台相距很远的泵串联后工作的性能曲线 $(H-Q)_{\mathrm{I+II}}$，该线与后面的管路装置的特性 $(h-Q)_{\mathrm{II}}$ 相交于 M 点。M 点即为工作点。

2.5.3 离心泵在分支管路、交汇管路中工作的装置特性

(1)在分支管路上工作的装置特性

经过一台泵（或几台泵串、并联）将油品同时输往两处或几处时，要采取分支管路来工作，如图 2 - 53 所示。油品由管 1 经过泵后再沿管 2 和管 3 分别输送到两处。三个油罐中液面对于泵轴线的标高差为 Z_1、Z_2 和 Z_3。画出吸入管路特性 $(h-Q)_1$，排出管路的特性 $(h-Q)_2$ 和 $(h-Q)_3$。因管 2 和管 3 是并联工作，

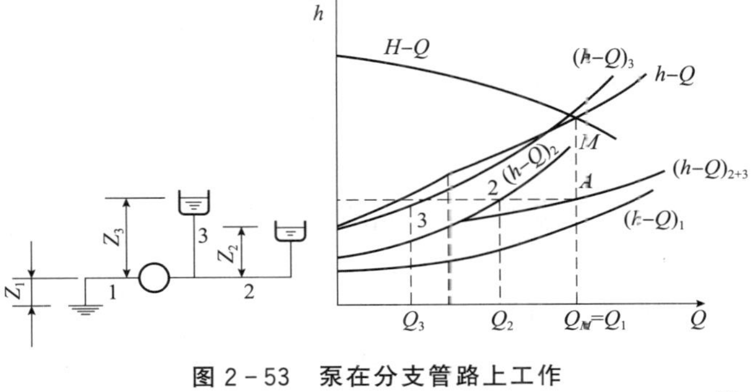

图 2 - 53 泵在分支管路上工作

需按并联相加得管路特性$(h-Q)_{2+3}$，然后再与$(h-Q)_1$串联相加，得到整个管路系统的总管路特性$(h-Q)$。它与泵的性能曲线$H-Q$相交于M点，即为分支管路的工作点。

M点相应的流量Q_M就是管1中的流量。为确定管2和管3中的流量，过M点作垂线与管路特性$(h-Q)_{2+3}$相交于A点，从A点引水平线与$(h-Q)_2$相交于点2，与$(h-Q)_3$相交于点3，则点2和点3相应的流量Q_2和Q_3即为管2和管3中的流量，并且$Q_2+Q_3=Q_1=Q_M$。

(2)泵在交汇管路上工作的装置特性

石油矿区中各转油站的原油汇集后输往油库的管路属于交汇管路，如图2－54所示。

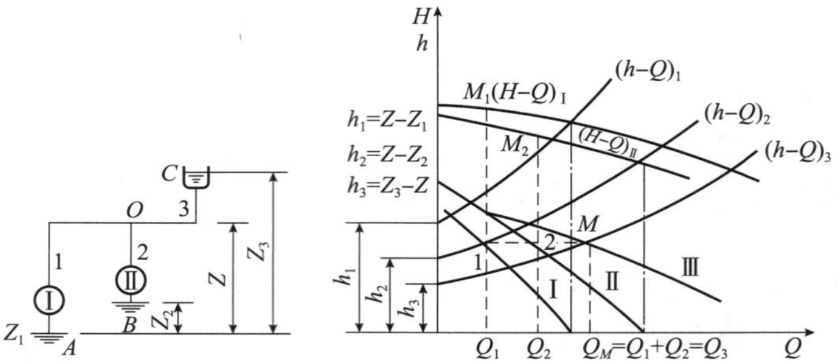

图2－54 交汇管路的装置特性

交汇管路与两泵并联不同，设两泵分别从A、B两油罐吸入油品，并经过两条相当长的管路1、2把油品送到汇合点O，然后经一条管路3把油品送到储油处C点。这种管路系统的特点是：在整个系统工作时，尽管两台泵性能不同，管1和管2的阻力、静扬程也不同，但油品从泵Ⅰ和泵Ⅱ输送到O点后的剩余能头必须相等。

交汇管路的水力工作状况可以用性能曲线来分析。作出泵的性能曲线$(H-Q)_Ⅰ$和管1的管路特性$(h-Q)_1$(包括泵Ⅰ的吸入管和排出管的总管路特性)，从泵Ⅰ性能曲线的纵坐标上减去同流量下管1的管路特性的纵坐标，即得出在不同流量下泵Ⅰ输送油品到O点的剩余扬程曲线Ⅰ。它表示从泵Ⅰ给出的能头中减去管1的阻力损失等能头后还剩余的能头，此剩余能头是用来克服管3的阻力损失及将油品输送到C处所需克服的位高能头的。按同样的方法可以作出泵Ⅱ输送油品到O点后的剩余扬程曲线Ⅱ。曲线Ⅰ和Ⅱ就相当于装在O点处另两泵的性能曲线。把曲线Ⅰ和Ⅱ并联相加，得并联剩余扬程曲线Ⅲ，表示O点处油品在不同流量下的能头大小。

管3的管路特性与曲线Ⅲ相交于M点，则M点为工作点。该点对应的流量Q_M就是管3中的流量Q_3，必等于管1和管2中的流量和。M点的能头为管1和管2汇合后的剩余能头，也就是用来克服管3中阻力和位高差所需要的能头。

为确定泵Ⅰ和泵Ⅱ的工作点，过M点作水平线与曲线Ⅰ和Ⅱ分别相交于点1和点2，过点1和点2作垂线，分别交泵Ⅰ性能曲线于M_1点，交泵Ⅱ性能曲线于M_2点。M_1点对应的流量Q_1就是管1中的流量；M_2点对应的流量Q_2就是管2中的流量。M_1点的纵坐标即泵Ⅰ的工作扬程，M_2点的纵坐标即泵Ⅱ的工作扬程。

由此可见，只要掌握能量供应和能量消耗的关系，就能在任何复杂工况下确定每台泵的工作流量和工作扬程，即工作点。

2.5.4 离心泵运行工况的调节

(1)改变管路特性进行工况调节

①管路节流调节

这是使管路特性变化的最简单、最常用的方法，即在排出管路上安装调节阀，当开大或关小调节阀的开启度时，改变管路中局部阻力，从而管路特性系数 k 改变，使管路特性的斜率变动。在泵性能曲线不变的情况下，工作点发生变化，达到调节流量的目的。

如图2-55所示，当泵排出管路上调节阀全开时，设管路特性为1，与泵 $H-Q$ 性能曲线交点为 M_1，对应的流量为 Q_1。随着调节阀逐渐关小，管路特性系数 k 逐渐变大，管路特性2、3相应地变陡，工作点变为 M_2、M_3，流量逐渐减小为 Q_2、Q_3。由图看出，当用关小调节阀使流量由 Q_1 减小到 Q_2 或 Q_3 时，泵的效率往往会有所降低，因为一般情况下总是按阀全开时所确定的工作点 M_1 来选泵。至于功率，对一般低中比转数的离心泵，其功率性能曲线都是随流量减小而下降的。但是从泵提供的能头的有效利用来看，调节阀开度减小却增加了附加阻力损失。设调节阀全开时流量为 Q_1，管路特性系数为 k，则管路中流动损失为 $h=kQ_1^2$；节流后，流量变为 Q_2，总的流动损失为 $h_2=k_2Q_2^2$。其中，用于使液体在管路中进行输送时需要克服的流动损失仅为 kQ_2^2，其余能头 $(k_2-k)Q_2^2$ 则是节流调节损失(图2-55)。

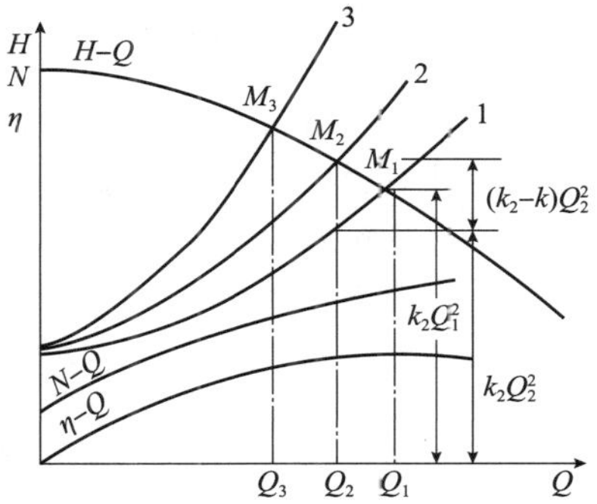

图2-55　出口节流调节

由此可见，用关小排出调节阀的方法改变管路特性来调节流量时，管路中局部阻力损失增加，需要泵提供更多的能头来克服这个附加的阻力损失，使整个装置效率不高，长期这样调节是不经济的。特别是对具有陡降扬程性能曲线的离心泵，采用这种方法调节就更不经济。但由于其调节装置简单且调节很方便，故仍被广泛地用于离心泵工况调节中。

②旁路调节

如图2-56所示，在泵出口设有旁路与吸液罐相连通。此管路上装一调节阀。离心泵在旁路调节装置上工作就像在分支管路中一样。设 $(h-Q)_1$ 是主管路的管路特性，$(h-Q)_2$ 是旁路的管路特性，则并联后的管路特性为 $h-Q$。

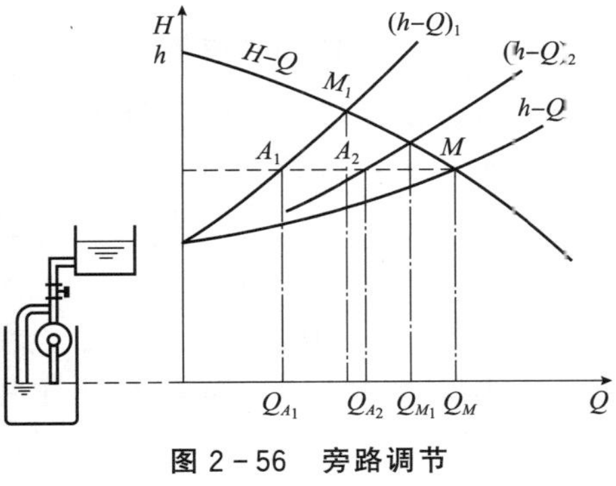

图2-56　旁路调节

当旁路调节阀完全关闭时，泵的性能曲线 $H-Q$ 与主管管路特性 $(h-Q)_1$ 的交点为 M_1；旁路阀打开时，$H-Q$ 曲线与 $h-Q$ 的交点为 M。按分支管路中求各管中流量的方法，过 M 点作水平线交 $(h-Q)_1$ 于 A_1 点，交 $(h-Q)_2$ 于 A_2 点，则通过主管的流量为 Q_{A_1}，旁路中流量为 Q_{A_2}。由图可知，泵的流量变大，但主管中的流量比关闭旁路阀时主管中流量变小，所以流量得到了调节。

这种调节方法也不经济，因为旁路中的流量白白浪费了功耗。泵的轴功率随流量增加而减小时用此方法调节较适宜。此外，当吸排液罐中液位变化时，也将使管路特性上下移动，工作点变化，流量变化。

(2)改变泵的性能曲线进行工况调节

除上述利用泵串联、并联工作改变性能曲线，达到工况调节外，常见的改变性能曲线的方法还有如下几种。

①改变工作转速

由 $H_{T\infty}=u_2c_{2u\infty}$ 和 $Q_T=\pi D_2b_2\tau_2c_{2r\infty}$ 可知，离心泵的扬程和流量都与转速有关。当 n 增大时，由比例定律可知，流量和扬程相应地与转速近似地按一、二次方的正比关系变化，

即泵的 $H-Q$ 性能曲线向右上方移动；当 n 减小时，$H-Q$ 性能曲线向左下方移动，如图2-57所示；当管路特性 $h-Q$ 不变时，就可得到不同的工作点，使流量改变。

用变速调节流量是比较经济的，因为它没有节流引起的附加能量损失。但是，这种调节要求使用能改变转速的原动机来驱动，如直流电动机、双速(分低速挡和高速挡)电动机、汽轮机等。对目前广泛使用的固定转速的交流电动机用可控硅调速，或加液力联轴器驱动，也日益得到广泛的应用。

②切割叶轮外径

由泵的切割定律可知，当转速一定时，流量和扬程随叶轮外径切割大小近似地呈一、二次方变化。当泵叶轮外径在允许范围内切割时，则 $H-Q$ 性能曲线向左下方移动，如图2-58所示。若管路特性不变时，就可得到不同的工作点，使流量减小。这种调节方法虽然没有附加能量损失，但叶轮切割后不能再恢复原有特性，故适用于长期调节。

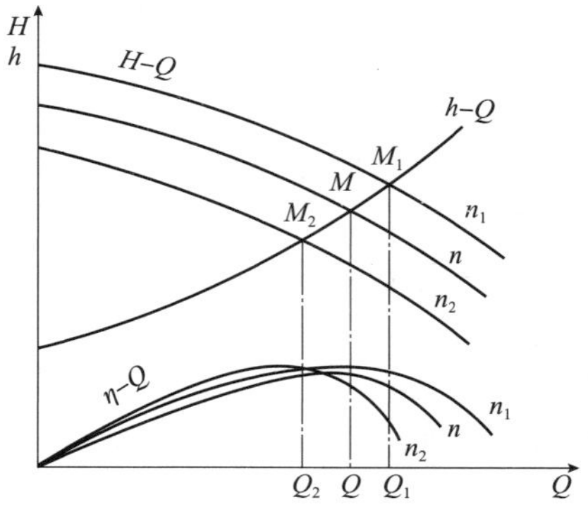

图2-57 改变转速的调节

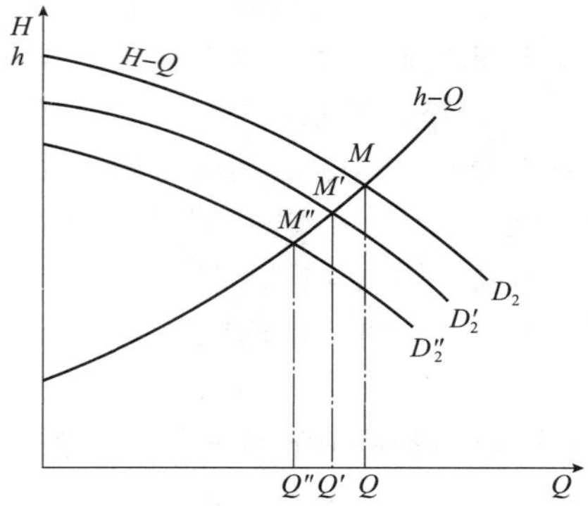

图2-58 切割叶轮的调节

除上述工况调节的方法外，还有改变叶片角度的调节、改变前置导叶叶片角度的调节以及入口管路节流调节等。前两种方法多用于轴流泵和混流泵中，后者虽为防止离心泵的汽蚀而很少采用，但却常用于风机的调节中。

2.5.5 离心泵的不稳定工作

有些低比转数的离心泵，其 $H-Q$ 性能曲线常常是驼峰形的，如图2-59所示。这种性能曲线和管路特性可能有两个交点 M 和 M_1，理论上讲都是工作点。设泵在 M 点工作，由于某种原因(如电路中电压波动、频率变化导致转速改变，液面位置波动以及设备振动等)使工况向大流量方向偏离，则泵的扬程大于管路装置所需的能头，能头有富余，使管路中液体流速加大，流量增加，工作点沿泵性能曲线继续向大流量方向移动，直至 M_1 点时泵给出的能头重新与管路装置所需的能头相等，流量停止增加，泵在 M_1 点稳定工作，所以 M_1 点是稳定工作点。相反，如果泵在 M 点工作时，由于某种原因使流量减小了，则泵的扬程小于管路装置所需的能头，使管路中液体流速减小，流量减小，一直到流量等于零为止。若管路上不装止回阀，液体将倒灌进泵内。由此可见，工作点 M 是暂时平衡，一旦实际工况与 M 点对应的 H_M、Q_M 略有偏离，工作点便不再回到 M 点，所以称 M 点为离心泵的不稳定

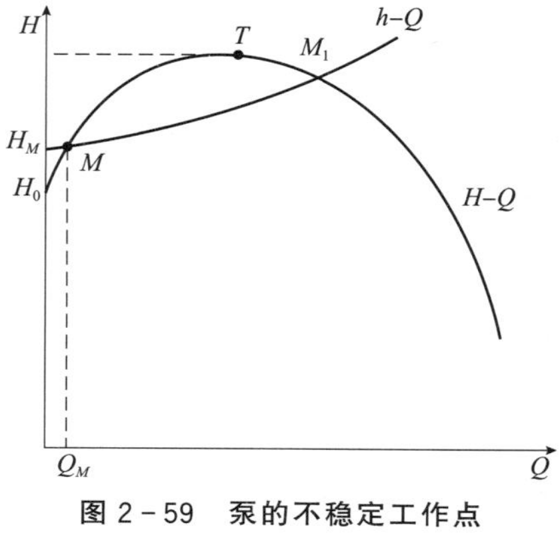

图2-59 泵的不稳定工作点

工作点。

工作点的稳定与不稳定的判别是：当交点处管路特性的斜率大于泵性能曲线的斜率时是稳定工作点；反之，如交点处管路特性的斜率小于泵性能曲线的斜率，则是不稳定工作点。

2.6　离心泵的主要零部件

2.6.1　叶轮

叶轮是离心泵中传递能量的主要部件。对叶轮的主要要求是：单级叶轮能给液体较大的理论扬程，以便在达到高扬程时采用较少的级数，使机器结构紧凑；叶轮的效率较高；抗汽蚀性能好，性能曲线形状满足工艺生产要求等。下面分析与这些要求有关的叶轮结构形式和几何参数等。

离心泵的叶轮大多数为后弯叶片型叶轮，只有小流量、高扬程的部分高速泵和旋涡泵等采用径向叶片型叶轮。常用的后弯叶片型叶轮的叶片数一般在 6～12 片之间。n_s＝60～250 的泵，常为 6 片；低比转数泵可取 9 片；高比转数泵可取 4～5 片。通常，增加叶片数可以改善液体流动情况，适当提高泵的扬程；但叶片数增加后又会使叶片摩擦损失变大，使流道通流面积变小，从而会降低效率，容易导致汽蚀。所以，有些低比转数的泵采用长短叶片间隔安放的形式，如图 2－60 所示。相反，若叶片数过少，每个叶片的负荷增加，对液体的导流作用减小，又会使泵的扬程下降。

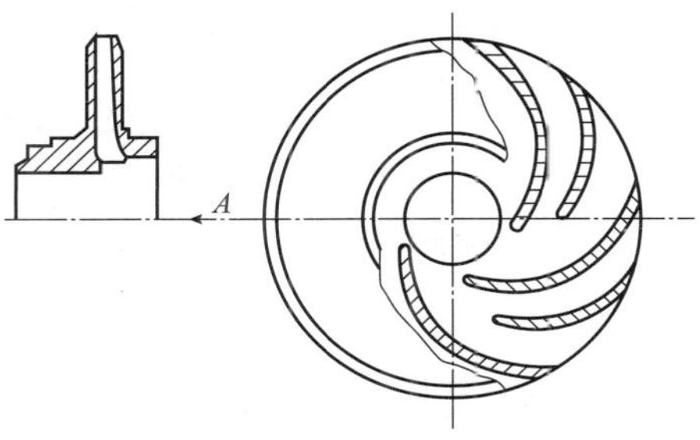

图 2－60　具有长短叶片的叶轮

离心泵叶轮的叶片形状有两类：圆柱面状叶片和扭曲叶片。石油储运用离心泵 n_s＜90 的，一般都采用圆柱面状叶片，它垂直于叶轮前后盖板，制造较容易。对 n_s＞90 的泵，常采用扭曲叶片。

后弯叶片型叶轮叶片的出口叶片角 β_{2A} 和进口叶片角 β_{1A} 对泵的性能有重要的影响。叶片出口叶片角 β_{2A} 一般为 16°～40°，石油储运用泵为 20°～30°。比转数较低的泵，选择较大的 β_{2A} 可以增加扬程，减小直径 D_2，从而减少圆盘摩擦损失，提高泵的效率。但增大 β_{2A} 时，在相同流量下叶轮出口速度 c_2 增大，压液室的水力损失增加，尤其是非设计流量下冲击损失更大，容易使 $H-Q$ 性能曲线出现驼峰。此外，当 β_{2A} 较大时，叶道中液流相对速度 w_2 更小，使流动扩散损失越严重。因此，为获得平坦下降的性能曲线，不宜选过大的 β_{2A}。

叶片进口角 β_{1A} 通常是按设计流量下液流进叶道时的绝对速度 c_1 的方向角 β_1 来定的。为了提高泵的抗汽蚀性能，一般采用正冲角 $\Delta\beta$＝3°～10°。因为一方面，正冲角能增大叶片进口角，减小叶片的弯曲，从而增加叶片进口过流面积，降低叶片进口处的 c_1 和 w_1；另一方面，采用正冲角时，在非设计流量下，液体在叶片非工作面形成旋涡，由于这里是低压区，旋涡不易向高压区扩散，因而旋涡是稳定的，对汽蚀影响较小。综上所述，叶片进口角为 18°～25°。

就离心泵叶轮的结构形式来看，可分为闭式、半开式和开式三种，如图 2－61 所示。

闭式叶轮具有盖板和轮盘，流道是封闭的[图 2－61(a)]。这种叶轮水力效率较高，适用于高扬程，输送洁净的液体。半开式叶轮只有轮盘，流道是半开启的[图 2－61(b)]，适用于输送含固体颗粒和杂质的液体。它的叶片和轮盘可由整块锻件铣制成一个整体，强度较高且制造较容易。开式叶轮既无盖板，又无轮盘，流道完全敞开[图 2－61(c)]，常用来输送浆状或糊状液体。

离心泵叶轮还分为单吸式和双吸式两种。双吸式叶轮[图 2-61(d)]适用于流量较大的情况，并且其汽蚀性能较好。

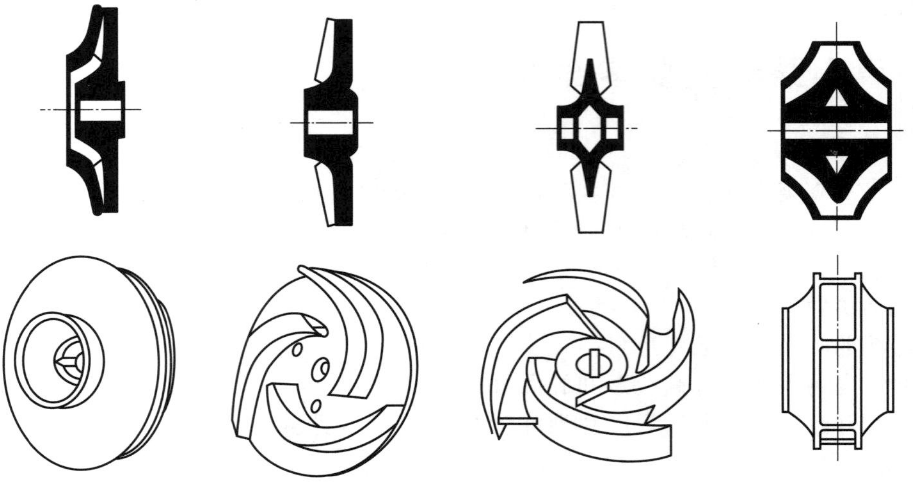
(a)闭式叶轮　(b)半开式叶轮　(c)开式叶轮　(d)双吸叶轮

图 2-61　离心泵叶轮形式

2.6.2　导流扩压元件

离心泵的导流扩压元件主要包括蜗壳和导叶，它们是离心泵的转能装置，作用是把从叶轮甩出来的液体收集起来，使液体流速降低，把部分速度能头转变为压力能头后，再均匀地引入下一级或经过扩散管排出。

(1)蜗壳

蜗壳的形状通常是按照泵在设计流量下的液体在叶轮中作稳定的相对运动，离开叶轮后不受外力作用，按其惯性作自由流动的轨迹而制成。当自叶轮流出的液体不受外力(摩擦力等)作用时，液流对旋转轴中心的动量矩保持不变，故有：

$$c_{R_u}R=c_{2u}\frac{D_2}{2}=\text{常数}$$

式中，c_{R_u} 为叶轮外任意半径 R 处液流绝对速度 c_R 的周向分速。

根据连续性定理，若不计阻塞系数影响，蜗壳任意半径 R 处的径向分速 c_{R_r} 为：

$$c_{R_r}R=\frac{Q_T}{2\pi Rb_R}$$

式中，b_R 为蜗壳在半径 R 处的轴面宽度。

若蜗壳宽度不变，即 b_R 为定值，则在定常流动时，有：

$$c_{R_r}R=\text{常数}$$

由此可见，液流在平行板式蜗壳内做自由流动，其流动轨迹的方向角不变，为一条对数螺旋线，如图 2-62 所示。随着半径 R 的增加，对应的 c_{R_u} 与 c_{R_r} 均减小，故液流速度 c_R 及速度能头 $\frac{c_R^2}{2g}$ 也将减小，逐渐转换为静压能。如果想使动能充分转换，液流必经过较长的路程，径向尺寸必然过于庞大，故应限制蜗壳螺旋线的包角不大于 360°。为了减小径向尺寸，根据 c_{Rr} 与蜗壳轴面宽度呈反比的关系，采用不断扩大的扩张形轴面宽度，如图 2-62 所示。这样，液流方向角 α 不再是常数，而是随半径 R 增大、b_R 增大而减小。但蜗壳截面的扩张角 θ 不应大于 60°，以免因蜗壳通流截面扩大太快而使液流发生严重的边界层分离。蜗壳尺寸缩小后，液体在螺旋线部分只有小部分动能转变为静压能。为此，在螺旋线末端加一扩压管，其扩张角为 8°～12°，长度为扩压管进口截面直径的 2.5～3 倍，在扩压管内可使 80%～85%的动能转变为静压能，如图 2－63 所示。

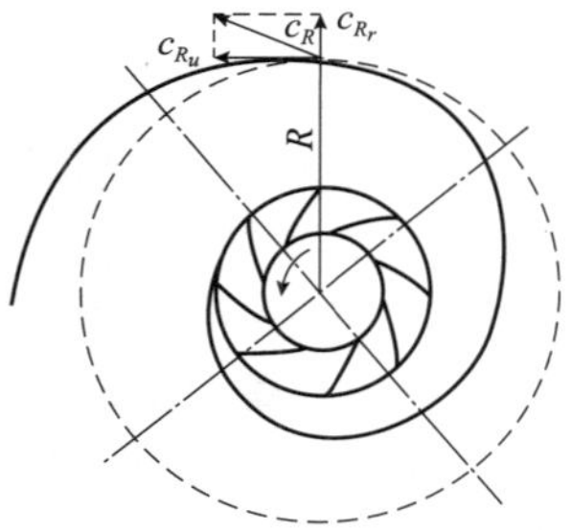

图 2－62　液体出叶轮后的自由流动轨迹

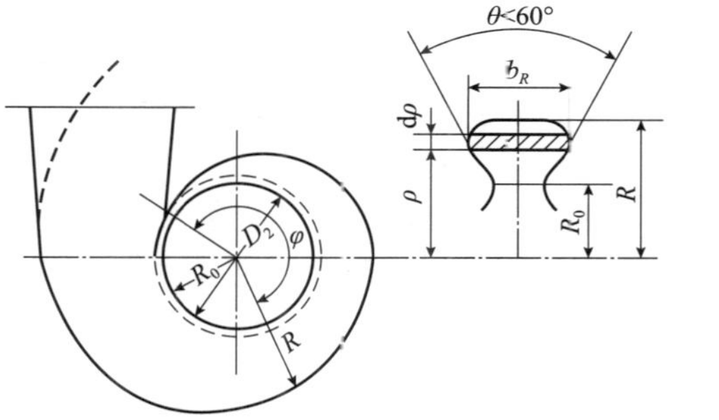

图 2－63　离心泵的蜗壳形状

蜗壳截面面积大小对泵的性能影响很大。对同一个叶轮，如果截面面积过小，则 $H-Q$ 性能曲线变陡，最高效率点向小流量方向移动，效率降低；反之，若面积过大，则 $H-Q$ 性能曲线比较平坦，最高效率点向大流量方向移动，效率也降低，但不太显著。一般而言，比转数 $n_s<60$ 的泵对蜗壳截面积变化比较敏感；比转数越大，影响越小。

蜗壳的截面有圆形、矩形和倒梯形几种。圆形截面用于高比转数泵，倒梯形截面用于中比转数泵，矩形截面用于低比转数泵。

蜗壳结构多用于单级离心泵和水平中开式多级泵中。

(2)导叶

导叶的作用与蜗壳相同，多用于分段式多级泵中。按其结构形式可分为径向式导叶和流道式导叶。流道式导叶(图 2－64)的正向导叶和反向导叶是铸在一起的，中间有一连续流道，使液体在连续的流道内流动，不易形成死角和突然扩散，速度变化比较均匀，水力性能较好，但结构复杂，制造工艺性差。

径向式导叶由正向导叶、回流道和反向导叶组成，其结构如图 2－65 所示。导叶可以看成具有若干小螺旋形压液室，正导叶的螺旋线 AB 部分是按照设计工况下液体的自由流动轨迹得出的，用于收集液体和保证液体在叶道中做自由流动；扩散段 BC 部分用来把大部分动能转变为静压能，并且改变液流方向；反导叶的作用是消除旋绕，并把液体引入下一级叶轮进口。导叶的叶片数与叶轮叶片数不应相等，一般为 4～7 片。

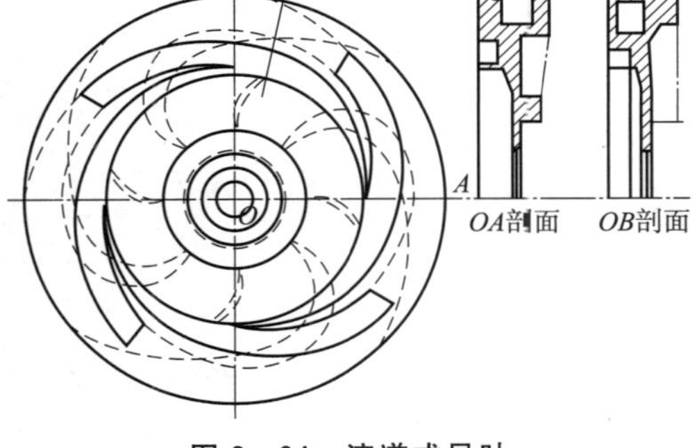

图 2－64　流道式导叶

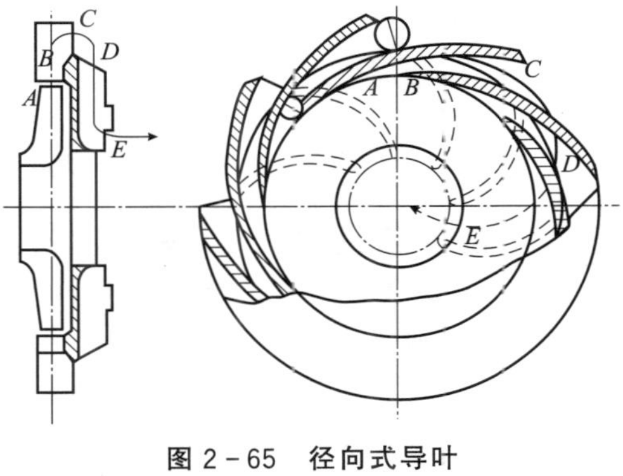

图 2－65　径向式导叶

与蜗壳相比，导叶具有外形尺寸较小、通用性强、制造方便等特点。因为可以用数量不同、尺寸相同的导叶来组成叶轮尺寸相同的分段式多级泵。但是，采用蜗壳作为转能装置的中开式多级泵具有安装检修方便，泵的高效率区较宽的优点。用导叶作转能装置的分段式多级泵，安装检修不方便，高效率区较窄。这是因为在偏离设计工况时，液流对每个叶片都会产生冲击损失，而在蜗壳中只有一个隔舌，所以导叶式泵的 $H-Q$ 及 $\eta-Q$ 性能曲线均比壳泵要陡，平均效率也较低。

(3)吸入室

吸入室位于叶轮前面，其作用是将液体以最小的损失均匀地引入叶轮。

吸入室有三种形式。锥形管吸入室[图 2-66(a)]用于小型单级单吸悬臂式离心泵中，其结构简单，制造方便，在叶轮入口前使液流造成集流和加速度，流速均匀，损失较小。螺旋形吸入室[图 2-66(b)]的流动情况较好，速度比较均匀，但液流进入叶轮前有预旋，在一定程度上会降低扬程。对低比转数泵，这种影响不明显。我国悬臂式离心油泵和中开式多级蜗壳泵大多采用这种吸入室。环形吸入室[图 2-66(c)]结构简单，轴向尺寸短，但液流进入叶轮前有撞击和旋涡损失，液流也不太均匀，常用于多级分段式离心泵。

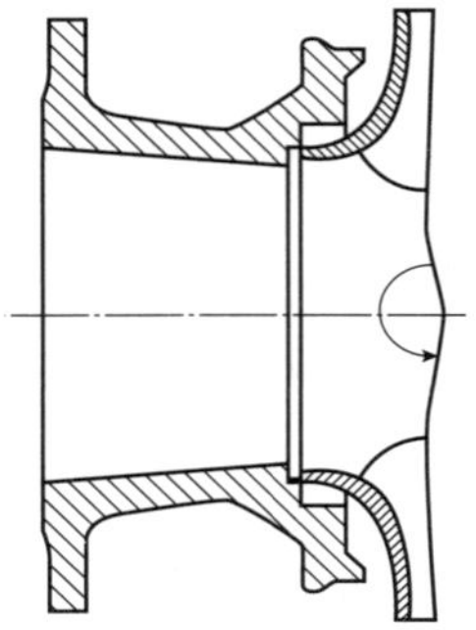

(a)锥形管吸入室

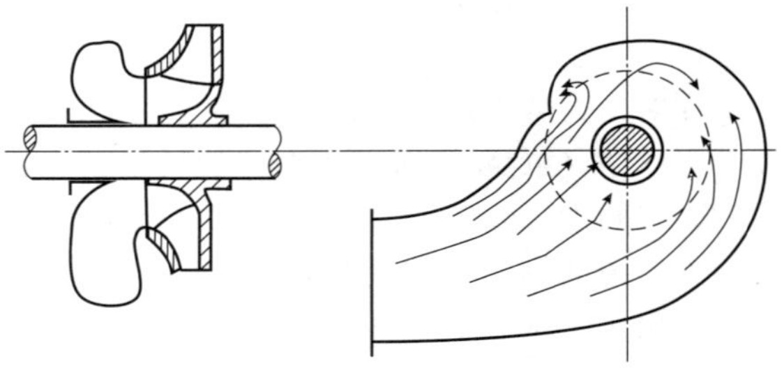

(b)螺旋形吸入室

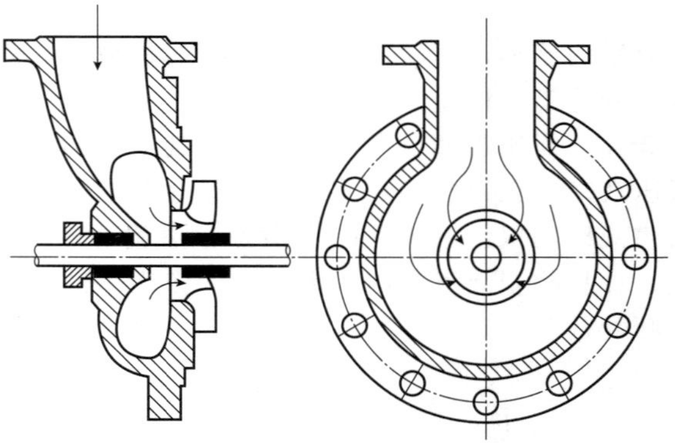

(c)环形吸入室

图 2-66 吸入室

2.6.3 离心泵轴向力、径向力及其平衡

2.6.3.1 离心泵轴向力的产生及平衡

(1)离心泵轴向力的产生

双吸叶轮由于叶轮对称布置、轴向力相互平衡，所以，基本上不存在轴向力。但是单吸叶轮不具备像双吸叶轮那样的对称性，由于作用在叶轮两侧的压力不等，故有轴向力存在，如图 2-67 所示。表示一般单吸水泵叶轮两侧的压力分布情况。叶轮出口压力为 p_2。一般认为在叶轮和泵体间的液体，受叶轮旋转的影响以 $\frac{n}{2}$(n 为泵转速)的转速旋转，所以

在叶轮和泵体间液体的压力是抛物线形状分布的。图 2－67 中的右侧是液体在叶轮后盖板上的压力分布情况，左侧为在前盖板上压力分布情况。由图可见，在密封环半径$\frac{D_1}{2}$以上，叶轮两侧的压力是对称的，没有轴向力。在密封环$\frac{D_1}{2}$以下，作用在左侧是叶轮入口压力 p_1，作用在右侧的仍是按抛物线分布的压力。因此，两侧压差(图 2－67)乘以相应的面积，就是作用在叶轮上的轴向力。

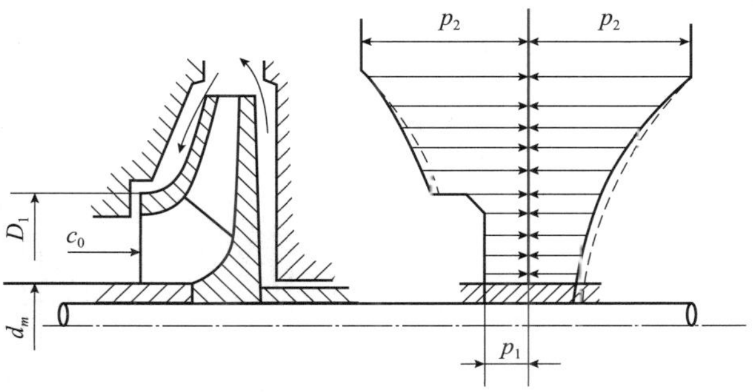

图 2－67 轴向力分布

轴向力的大小可按下列经验公式计算：

$$F_1=\frac{\pi}{4}KH_i\rho g(D_1{}^2-d_m{}^2) \tag{2-74}$$

式中，F_1 为作用在一个叶轮上的轴向力，N；如果 n 为多级泵级数，则总轴向力 $F=nF_1$；H_i 为单级扬程，m；ρ 为液体密度，kg/m³；D_1 为叶轮密封环直径，m；d_m 为叶轮轮毂直径，m；K 为实验系数，与比转速 n_s 有关。当 $n_s=40\sim200$ 时，$K=0.6\sim0.8$。

除由于压力不对称所引起轴向力外，液体的冲力也能产生轴向力。液体进入叶轮后的运动方向由轴向变为径向，液体的动量发生变化，其结果对叶轮产生冲力，其方向与由压力不对称所引起的轴向力相反。在启动时，由于泵内正常压力还没有建立，所以冲力的作用比较明显。例如，立式泵转子上窜，卧式多级泵转子向后窜动都是这个原因。但在正常运转中，动量变化而引起的冲力可以不予考虑，因为它与轴向推力相比很小。

除由于叶轮外部压力分布不对称引起的轴向力外，叶轮内部压力不对称也能引起轴向力。我们知道，叶片工作面压力大于叶片背面压力，这就产生了一个压差，其方向是指向前盖板的，因为这个力不大，所以一般也不予考虑。

对一般入口压力较低的泵，只计算由叶轮两侧压力分布不对称所引起的轴向力。但对入口压力较高的单级泵，还必须考虑由于作用在轴端上的入口压力所引起的轴向力。入口压力对叶轮轮毂直径 d_m 部分所产生的轴向力 F_2 为：

$$F_2=\frac{\pi}{4}d_m^2p_0 \tag{2-75}$$

式中，p_0 为入口压力，Pa；d_m 为叶轮轮毂直径，m。

这个力的方向与由压力不对称所引起的轴向力的方向相反。所以，对入口压力较高的单级泵，轴向力为 F_1 和 F_2 的代数差。

对多级泵，如果轴或轴套直径不等(有凸台)，还应考虑由液体静压所引起的轴向力。

(2)离心泵轴向力的平衡

十分明显，如果不设法消除和平衡叶轮上的轴向力，泵的转动部分必然在轴向力推动下发生研磨，使泵不能工作。经过长期的实践，人们从分析轴向力产生的原因中找出了以下平衡轴向力的方法。

①利用对称性平衡轴向力

从分析对称形状的双吸叶轮可知，它是由两个相互对称的单吸叶轮靠在一块构成的，相当于两个单吸叶轮并联工作，这种叶轮的轴向力是自动平衡的。根据这个道理，把两个叶轮如图 2－68 所示背对背地或面对面地装在一根轴上，并使它们串联工作，这就成了多级泵。尽管在单个叶轮上仍有轴向力作用，但是对由两个对称叶轮组成的泵转子整体来说，却没有了轴向力。这个办法广泛应用在单吸两级悬臂泵、立式多级泵等产品上。

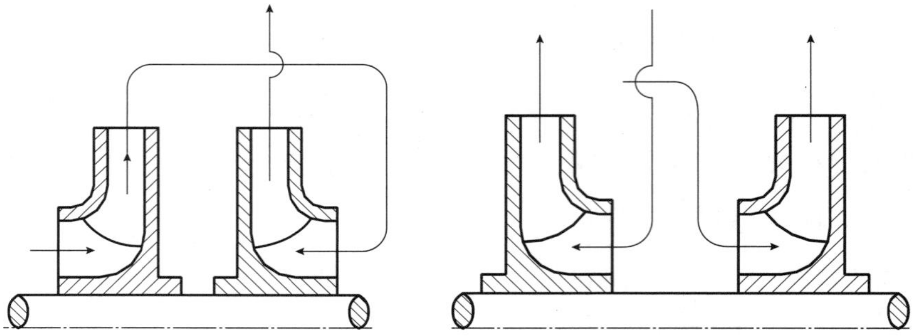

(a)背对背式安装　　(b)面对面安装

图 2－68　对称安装叶轮以平衡轴向力

②改造叶轮，以减小或平衡轴向力

用改造叶轮形状的办法，降低叶轮背面压力，达到平衡或减小轴向力的目的。如图 2－69 所示，在叶轮后盖板上装有密封环，其直径与前盖板密封环直径相等。后盖板上的密封环与叶轮后盖板上的平衡孔相配合，或与泵体上的平衡管相配合，就能平衡大部分轴向力。由图 2－69 可知，这样的叶轮两侧的压力基本上是平衡的。这种泵结构简单，只是有一部分液体流回叶轮吸入口，降低泵的容积效率。通常取平衡管截面面积或平衡孔截面总面积为密封环截面面积的 3～6 倍。在用平衡孔平衡轴向力时，平衡孔的位置对平衡轴向力的程度和泵效率有一定影响。一般地说，平衡孔越靠近密封环，平衡轴向力的效果越好，但由于叶轮流道中的液流受到平衡孔液流的冲击，所以泵效率略有降低，平衡孔或平衡管在单级泵上广泛采用。

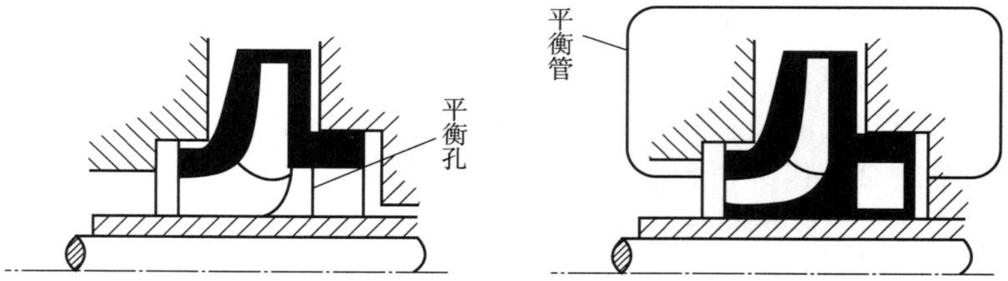

图 2－69　平衡孔和平衡管

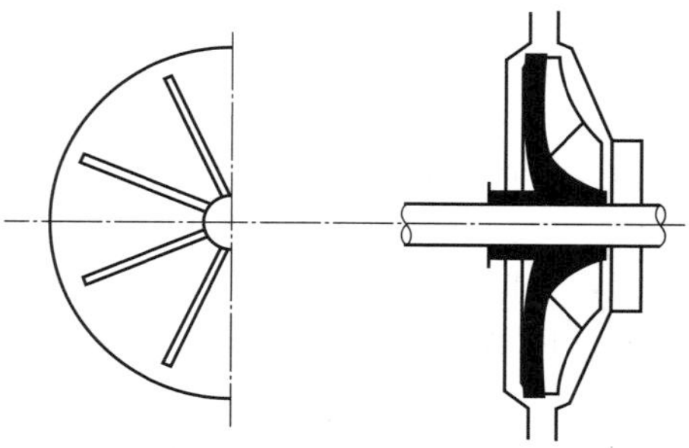

图 2－70　叶轮背面带平衡叶片

图 2－70 是利用叶轮后盖板上的径向叶片平衡或减小轴向力，径向叶片强迫叶轮后面的液体加快旋转，使叶轮背面压力显著下降，达到了减小或平衡轴向力的目的。但这种方法在实际中还很少采用。

③采用专门平衡装置

在平衡轴向力的专门装置中最容易想到的就是使用止推轴承，止推轴承在小型泵中可以承受全部轴向力。而且采用上述两种平衡轴向力方法的同时，也必须使用止推轴承来承担剩余的轴向力，并限制转子的轴向窜动。但在分段式多级泵中，由于轴向力很大，一般止推轴承是无法胜任的。

利用高压液体来平衡轴向力有两种平衡装置——平衡鼓和平衡盘装置。

a. 平衡鼓装置

平衡鼓是个装在轴上的圆柱体（图 2-71），它在多级泵末级叶轮之后。平衡鼓外圆表面与泵体上的平衡套之间有很小的间隙。这和活塞装在气缸里的情形完全一样。用连通管把平衡鼓后面和泵吸入口连通起来。这样，平衡鼓前面是高压区，压力为 p（与末级叶轮背面一样）；而平衡鼓后面却是低压区，压力为 p_0（由于和泵吸入口相通），平衡鼓受液体向后（由叶轮入口向后盖板方向）的推力，这个力叫平衡力。显然，平衡力与平衡鼓承受压面积和平衡鼓两侧压差有关。

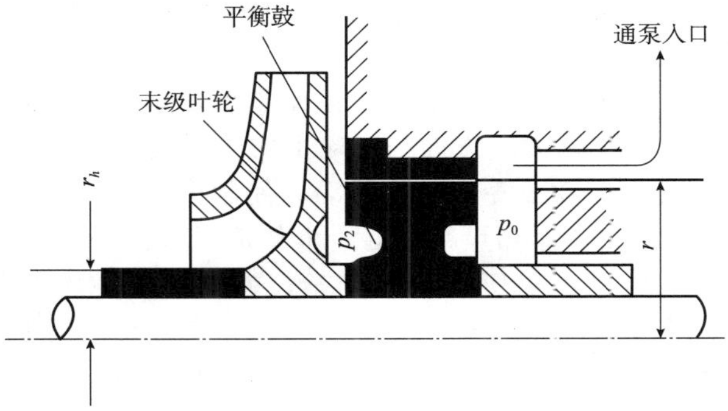

图 2-71　平衡鼓装置

平衡鼓两侧压差用下列经验公式计算：

$$p-p_0=[H-(1-K)H_i]\rho g \tag{2-76}$$

式中，$p-p_0$ 为平衡鼓两侧压差，N/m²；H 为泵的总扬程，m；H_i 为末级叶轮扬程，m；K 为经验系数，一般取 $K=0.6$；ρ 为液体密度，kg/m³。

作用在平衡鼓上的平衡力为：

$$A=(p-p_0)\pi(r^2-r_h^2)$$

式中，r 为平衡鼓半径，m；r_h 为平衡鼓轮毂半径，m；A 为作用在平衡鼓上的平衡力，N。

平衡力 A 应等于作用在转子上的总轴向力 F：

$$F=(p-p_0)\pi(r^2-r_h^2)$$

单独使用平衡鼓时，必须有止推轴承配合，因为由于计算不完全切合实际，或在泵的工作点改变时，就会破坏轴向力和平衡力的平衡，整个转子上仍然会有剩余的轴向力。此外，平衡鼓不能限制转子轴向窜动，也是需要加止推轴承的原因。

b. 平衡盘装置

在平衡盘装置中（图 2-72），除轮毂（或轴套）与泵体之间有一个径向间隙 b 外，在平衡盘与泵体之间还有一个轴向间隙 b_0，平衡盘的后面和吸入口相通。

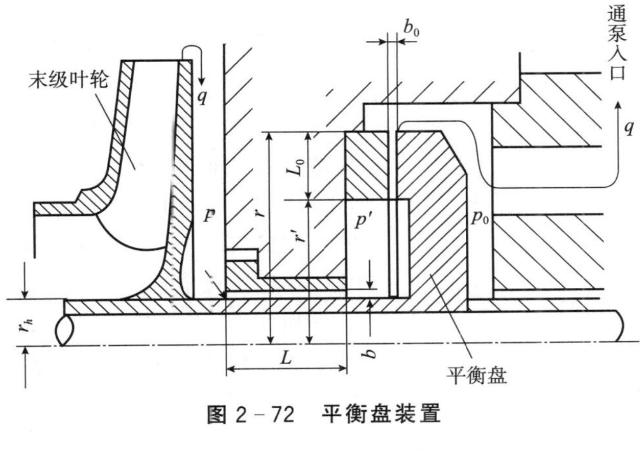

图 2-72　平衡盘装置

这样，径向间隙前的压力就是末级叶轮背面的压力 p，而平衡盘后的压力 p_0 则接近泵的入口压力。在多级泵中，平衡盘装置两边的压差 $p-p_0$ 是很大的。液体受这个压差的作用，流过径向间隙，压力下降到 p'，再流过轴向间隙，压力下降到 p_0，最后流到泵的吸入口。

在平衡盘上，由于两侧存在着压力差 $p'-p_0$，就有一个向后的力作用在平衡盘上，这个力就叫平衡力，方向与叶轮上的轴向力正好相反。当叶轮上的轴向力大于平衡盘上的平衡力时，泵转子就会向前移动，使轴向间隙 b_0 减小，增加液体的阻力损失，因而就减少了泄漏量 q。泄漏量减少后，液体流过径向间隙的压力下降就减少了，从而提高了平衡盘前面的压力 p'。压力 p'的上升，就增加了平衡盘上的平衡力。转子不断向前移动，平衡力就不断增加，到某一个位置，平衡力和轴向力相等，达到平衡。同样，当轴向力小于平衡力时，转子将向后移动，移动一定距离后，轴向力和平衡力达到了平衡。

但是，由于惯性，运动着的转子不会立刻停止在新的平衡位置上，还要继续移动，轴向间隙继续变化，例如继续变小，平衡力就会超过轴向力而阻止转子继续移动，直到停止。可是，转子停止移动的位置并非平衡位置，此时平衡力超过轴向力，使转子向后移动，又开始了从不平衡到平衡的矛盾运动，使转子回到平衡位置。当然，转子还是要离开平衡位置的。离心泵在工作中，工作点是经常变化的，轴向力也就经常变化，转子就会经常发生轴向移动，以达到新的平衡。

综上所述，平衡盘的平衡状态是动态的，也就是说，泵的转子是在某一平衡位置左右做轴向脉动。当工作点改变时，转子会自动移到另一个位置上去做轴向脉动。由于平衡盘有自动平衡轴向力的特点，因而得到广泛应用。

2.6.3.2 作用在叶轮上的径向力及其平衡

在设计流量下，涡室可以基本上保证液体在叶轮周围做均匀的等速运动，此时叶轮周围压力大体上是均匀分布的，在叶轮上也就不会产生径向力，然而，当造成叶轮和涡室协调工作的条件——流量发生改变时，即泵在大流量或小流量下工作时，叶轮和涡室协调一致就遭到破坏，在叶轮周围液体流动速度和压力分布不均匀，形成了作用在叶轮的径向力。压力分布不均匀是形成径向力的主要原因。

涡室里液体的压力，对流出叶轮的液体起着阻碍作用。由于压力不均匀，液体流出叶轮时的速度也是不一致的。因此，叶轮周围受液体流出时的反冲力也是不均匀的。这是形成径向力的次要原因，它是伴随压力分布不均匀而产生的。

有时，径向力会使轴产生较大的挠度，甚至使密封环、级间套和轴套发生研磨而损坏。同时，对于转动着的轴，径向力是个交变载荷，会使轴因疲劳而破坏。因此，消除径向力和减弱径向力对轴的作用是十分必要的。

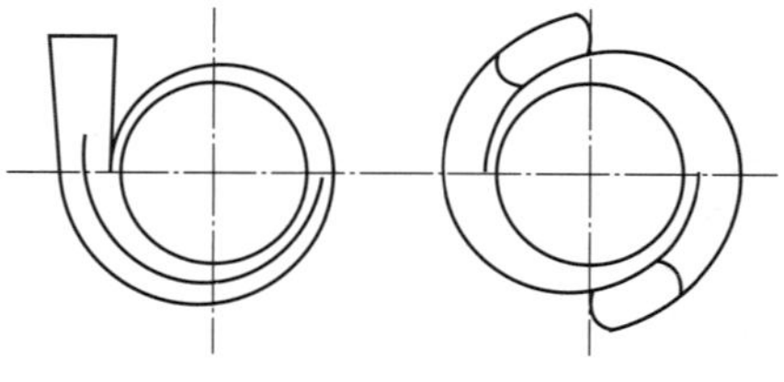
(a)双层涡室　　(b)双涡室

图 2-73　双涡室

将涡室分成两个对称的部分，即构成平常所说的双层涡室或双涡室。图 2-73(a)所示为双层涡室，在双层涡室里，虽然在每个涡室里压力分布仍是不均匀的，但由于两个涡室相互对称，作用在叶轮上的径向力是相互平衡的。在蜗壳式多级泵中，有时采用如图 2-73(b)所示的双涡室，这样也能使作用在叶轮上的径向力互相平衡。

在蜗壳式多级泵里，采取相邻两个涡室旋转 180°布置的办法，可以减弱径向力对轴的作用，对导叶式泵，由于导叶叶片数比较多，各导叶所产生的径向力相互平衡，对轴的影响很小，一般不予考虑。

2.6.4　轴封装置

旋转轴和固定壳体之间的密封称为轴封。其作用是防止液体从泵内泄漏到外面，或当泵内压力低于大气压力时，防止空气漏入泵中。尽管轴封装置所占的位置不大，但对机器的正常运转十分重要，是最容易发生故障的零部件之一。最早采用的轴封装置是填料密封，图 2-74 是现在使用得最多的一种带液封环的填料密封形式，近年来，除水泵和化工泵外，填料密封采用得不多。目前国内石油储运用离心泵广泛采用机械密封。下面就重点介绍这种轴封的结构类型、密封原理等。

(1)机械密封的工作原理

机械密封结构类型很多，其典型结构如图 2-75 所示。不论何种类型，都由四类部件组成。

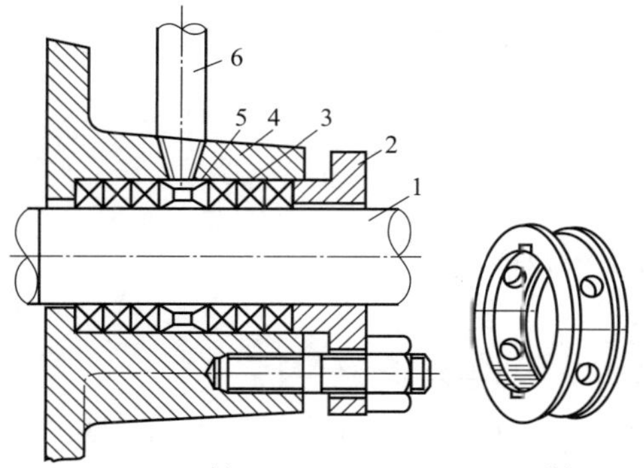

图 2-74　带液封环的填料密封

1—轴；2—压盖；3—填料；4—填料箱；5—液封环；6—引液管

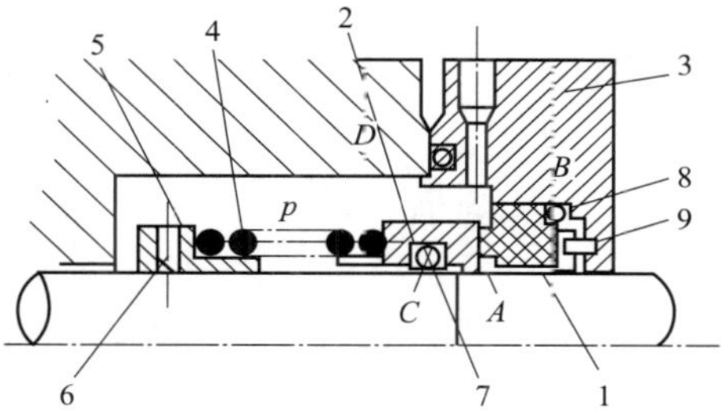

图 2-75　机械密封原理结构

1—静环；2—动环；3—压盖；4—弹簧；5—弹簧座；6—固定螺钉；7、8—密封圈；9—防转销

①主要密封件(摩擦副)　动环 2(旋转环)及静环 1(固定环，固定在压盖 3 内，用防转销防止它转动)。

②辅助密封件　密封圈(O 形或 V 形等)7、8 等。

③压紧件　弹簧 4、推环等。

④传动件　弹簧座 5 及键或固定螺钉 6 等。

图中 A、B、C、D 四个点是可能泄漏的点。其中 B、C、D 是静密封点，可以较容易地依靠密封圈的压紧防止泄漏，D 点还可以用垫片保持密封。较困难的，也是最主要的密封点是动、静环之间 A 处的动密封。由于机械密封是通过动、静环两个端面紧密贴合组成一对摩擦副而达到密封的，它反映了机械密封的特点，所以机械密封又称为端面密封。图 2-75 所示结构是离心泵上常用的单端面密封，现以此为例说明密封原理。

由于介质压力和弹簧力的作用，使密封端面上有一定的压紧力，在动环与静环的密封端面之间形成很小的间隙，并保持间隙内有一层液膜。间隙很小，介质通过时阻力很大，从而阻止了液体的泄漏。而液膜的存在又可润滑摩擦副，减轻磨损，保证了密封效果。

再进一步分析密封环的受力情况，如图 2-76 所示。设密封处在平衡状态，这时，动环右侧有前述的液膜压力形成的推开力 P_0 以及密封面间的压紧力 P；作用于动环左侧有介质压力产生的作用力 P_s 以及弹簧力 P_{sp}。由动环上力的平衡可写出

$$P+P_0=P_s+P_{sp}$$

$$P=P_{sp}+P_s-P_0$$

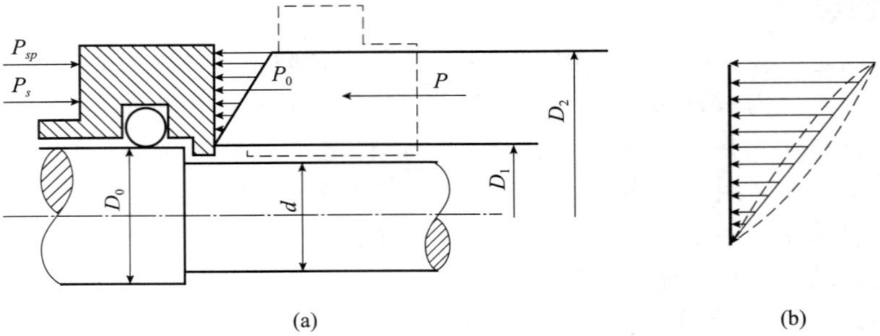

图 2-76 动环受力分析

由此得出作用于密封端面单位面积上的力，称为端面比压 p_b(以 Pa 表示)：

$$p_b=\frac{P}{\frac{\pi}{4}(D_2^2-D_1^2)}=\frac{P_{sp}}{\frac{\pi}{4}(D_2^2-D_1^2)}+\frac{p\frac{\pi}{4}(D_2^2-D_0^2)}{\frac{\pi}{4}(D_2^2-D_1^2)}-\frac{P_0}{\frac{\pi}{4}(D_2^2-D_1^2)} \tag{a}$$

如果用 p_m 表示平均液膜压力，则：

$$P_0=p_m\frac{\pi}{4}(D_2^2-D_1^2)$$

代入式(a)并整理后得：

$$p_b=p_{sp}+kp-p_m=p_{sp}+(k-\lambda)p \tag{2-77}$$

式中，D_2 为密封面外径，m；D_1 为密封面内径，m；D_0 为轴肩或轴套直径[见图 2-76(a)]，m；p_{sp} 为弹簧比压，Pa，p 为介质压力，Pa，$p_{sp}=\frac{P_{sp}}{\frac{\pi}{4}(D_2^2-D_1^2)}$；$p_m$ 为平均液膜压力，Pa；k 为载荷系数，$k=\frac{D_2^2-D_0^2}{D_2^2-D_1^2}$；$\lambda$ 为膜压系数，$\lambda=\frac{p_m}{p}$。

如果以平衡系数 $\beta=1-k$ 代入上式，可得：

$$p_b=p_{sp}+(1-\beta-\lambda)p \tag{2-78}$$

这是另一种常见的比压计算公式。

液膜压力沿密封面半径是变化的，密封面外侧 D_2 处液膜压力达最大值，等于泵内介质压力 p，沿半径方向逐渐降低，到密封面内侧 D_1 处变为零。其分布近似呈直线，但随液体性质而稍有不同。液体黏度低时(如液态烃、氨等)，压力分布曲线呈凸出形，对某些黏度稍高的液体(如水)，压力分布接近直线，对高黏度液体(如润滑油)，压力分布曲线呈凹入形。此外，考虑到摩擦副间隙内的液膜质点是随泵轴旋转的，有惯性力存在。当惯性力与端面间液体流动方向(从高压端到低压端)相反时，压力分布曲线呈凹入形；当惯性力与端面间液体流动方向相同时，压力分布曲线呈凸出形[见图 2-76(b)]。

对于压力分布呈直线的情况，可以推出 λ 的计算公式。设密封面任意半径 r 处的液膜压力为 p_r，则：

$$P_0=\int_{\frac{D_1}{2}}^{\frac{D_2}{2}}p_r 2\pi r\mathrm{d}r=\int_{\frac{D_1}{2}}^{\frac{D_2}{2}}p\frac{r-\frac{D_1}{2}}{\frac{D_2}{2}-\frac{D_1}{2}}2\pi r\mathrm{d}r=\frac{\pi}{12}(D_2-D_1)(2D_2+D_1)p$$

$$p_m=\frac{P_0}{\frac{\pi}{4}(D_2^2-D_1^2)}=\frac{2D_2+D_1}{3(D_2+D_1)}p$$

由此得：

$$\lambda=\frac{p_m}{p}=\frac{2D_2+D_1}{3(D_2+D_1)}$$

若密封面较窄时，$D_2\approx D_1$，这时 $\lambda\approx\frac{1}{2}$。

为简化计算，假设密封面间呈全液相，压力分布曲线可按直线考虑，所以对于常用的结构形式(图 2－75)，一般取 $\lambda=0.5$。

机械密封与填料密封相比，优点是密封性能好、尺寸较紧凑、泄漏少，寿命长，耗功少，对轴的精度、粗糙度要求低等。其缺点是对摩擦副材料、制造安装精度要求较高。

(2)机械密封的分类

机械密封的结构形式很多，主要根据摩擦副、弹簧等零件的不同配置、介质在端面上的比压情况、介质泄漏方向等来分类。

①内装式与外装式。弹簧置于工作介质之内的叫内装式，图 2－77 所示为几种输送石油产品常用的机械密封(左侧为泵内)，它们全属内装式。外装式的弹簧在工作介质之外(见图 2－78，左侧是泵内)。外装式的动环与静环密封端面上所受介质作用力 P_s 和弹簧力 P_{sp} 方向相反。所以，如果弹簧力余量不大，则介质压力波动会引起密封失稳；如果弹簧力过大，又可能因端面比压过大而使密封面早期磨损，这种情况在低压启动时特别明显。为此，一般不采用外装式结构，仅在下列几种特殊情况下才选用：介质腐蚀性强，弹簧材料不能耐其腐蚀；介质易结晶，影响弹簧性能；介质黏稠，使弹簧不能正常工作。

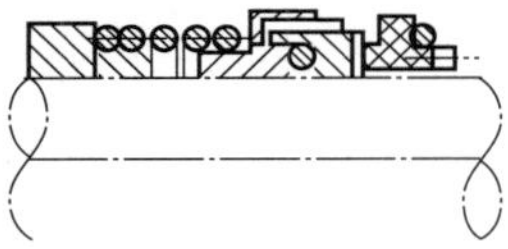
(a)103 型

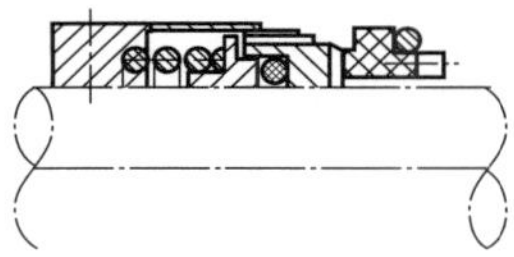
(b)104 型

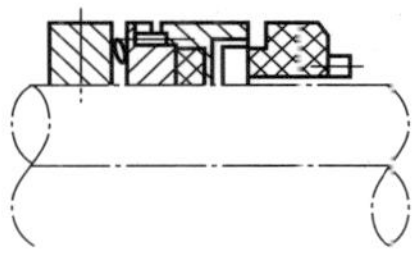
(c)105 型

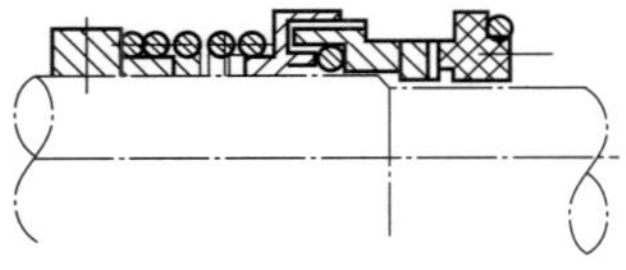
(d)109 型

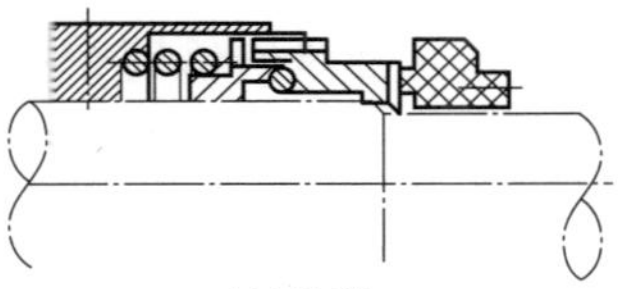
(e)110 型

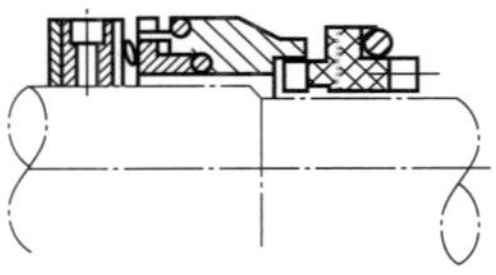
(f) 111 型

图 2－77　几种常用的机械密封形式

内装式的端面比压随介质压力增大而增大，密封可靠性好，所以只要弹簧可以在介质中工作，应尽量采用内装式结构。

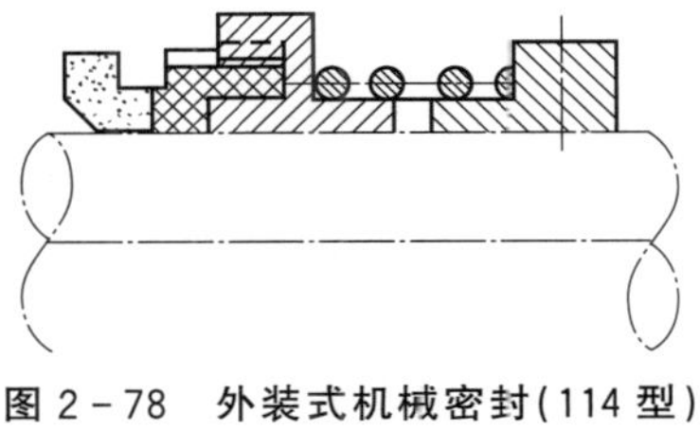
图 2－78　外装式机械密封(114 型)

图 2－77、图 2－78 中各型号机械密封具体数字的含义，可参阅有关文献。

②平衡型与非平衡型。从端面比压 p_b 的计算式中，引出了载荷系数 k、平衡系数 β。

$$k=\frac{D_2^2-D_0^2}{D_2^2-D_1^2}$$

$$\beta=1-k$$

k 值代表介质压力 p 的作用面积与密封端面面积之比，因此与密封结构有关。

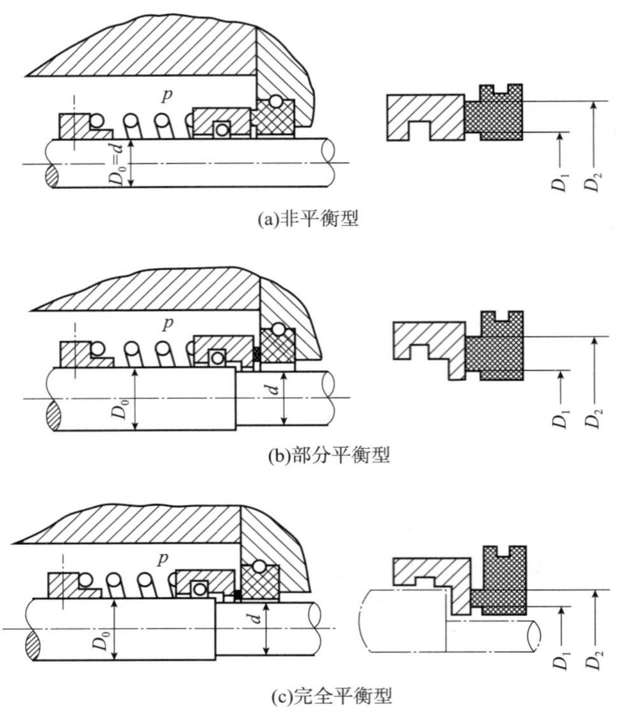

图 2-79　内装式非平衡型与平衡型

图 2-79(a) 所示是 $D_0 \leqslant D_1$ 的情况，所以 $k \geqslant 1$。$k \geqslant 1$ 表示全部介质压力的作用都加在密封端面上，这时平衡系数 $\beta \leqslant 0$，表示介质压力的作用一点也没有被平衡掉。这种结构形式称为非平衡型。

图 2-79(b)是 $0<k<1$ 的情况，轴上有台肩，密封面内径小于轴肩直径，即 $D_1<D_0$；动环的有效承压面积小于密封面面积，介质压力的影响变小，好似被平衡掉一部分，平衡系数 $0<\beta<1$，故称此形式为部分平衡型。

图 2-79(c)所示的结构中，$D_0=D_2$，所以 $k=0$，$\beta=1$。这表示介质压力对密封面不起作用，故称为完全平衡型。这种形式很少使用。

上述结构形式可归纳如下：

非平衡型　$k \geqslant 1$，$\beta \leqslant 0$

部分平衡型　$0<k<1$，$0<\beta<1$ ⎫
完全平衡型　$k=0$，$\beta=1$ ⎭ 合称平衡型

载荷系数 k 是表示介质压力加到密封端面上去的程度，平衡系数 β 是表示介质压力在密封端面上的卸荷程度，这两个系数是一个问题的两种表示方法而已。工程计算中习惯采用平衡系数 β。

③单弹簧与多弹簧。密封装置中如只有一个大弹簧的，就叫单弹簧，又称大弹簧。图 2-77(a)、(b)、(d)、(e)及图 2-79 所示各密封结构都属单弹簧。多弹簧又称小弹簧，就是在密封装置中采用几个小弹簧，沿圆周均匀分布，如图 2-77(c)、(f)所示。单弹簧安装简单，但弹簧比压分布不匀，轴向尺寸大，液体中的结晶、脏物、腐蚀等对弹簧性质影响较小，适用于负荷轻、轴径不太大时。若轴径很大，要求又高，尤其是在高速下工作时，都采用多弹簧。

④旋转式和静止式。旋转式指弹簧随轴转动，大多数离心泵都用此形式，因为结构简单。以上各图所示结构都是旋转式。但在高速下，旋转着的弹簧受到很大离心力，这就有较高的动平衡要求，故宜用静止式，即弹簧静止不动，安装在静环后面。图 2-80 所示为高速泵的静止式机械密封。

⑤内流式与外流式。工作介质沿半径方向由密封面外周向内泄漏的叫内流式，反之，从密封面内周向外泄漏的叫外流式。图 2-77 所示几种形式都属内流式，图 2-78 所示则为外流式。内流式泄漏方向和离心力方向相反，离心力起阻碍液体泄漏的作用，因而泄漏量小，是多数离心泵常用的型式。对于含固体颗粒的介质更应该采用内流式，这样可防止固体颗粒进入摩擦面。

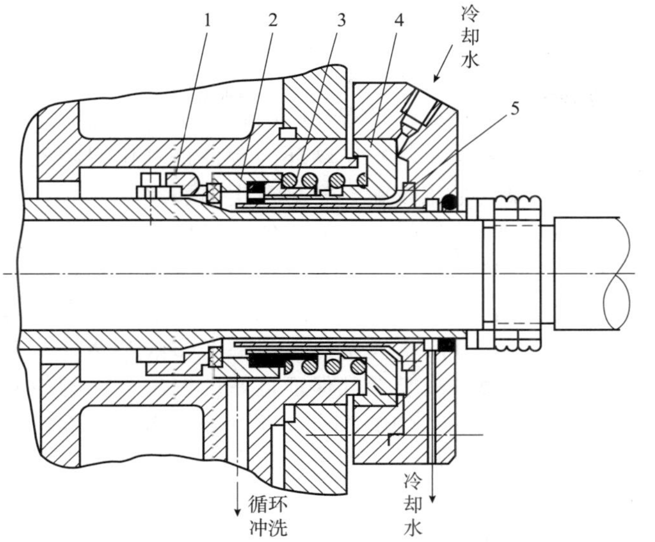

图 2-80 高速泵的静止式机械密封

1—动环；2—静环；3—推环；4—弹簧座；5—挡水套

⑥单端面与双端面。单端面是在密封装置中只有一对摩擦副，前面所示各图中机械密封都是单端面。双端面是指在密封装置中有两对摩擦副的情况。图 2-81 是旋转式非平衡型双端面机械密封。两对摩擦副背对背放置。打入密封液的压力一般比工作介质压力高 $49.05\times10^3\sim147.15\times10^3$ Pa。打封液除起到防止介质外漏和润滑作用外，还可避免工作介质内的固体颗粒进入密封面，对于腐蚀性介质，又起保护密封零件的作用。所以它适用于较苛刻的操作条件，加强腐蚀、高温、带悬浮颗粒、易挥发及气体介质等情况。

图 2-81 所示双端面机械密封适用于聚丙烯悬浮液泵。

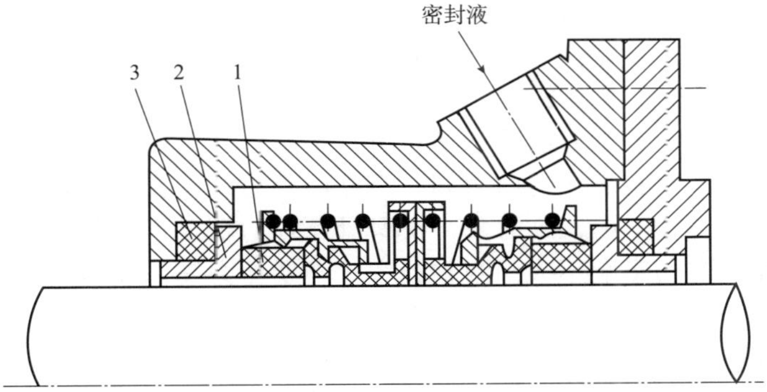

图 2-81 双端面密封

1—动环；2—静环；3—静环密封圈

(3)机械密封计算使用中的几个问题

①摩擦副的材料。机械密封的核心部件是摩擦副——静环和动环。动、静环由于相对滑动产生磨损并发热，因此要求摩擦副材料应具有耐磨、高导热性及其他必要的机械性能。最主要的是耐磨性，特别是在发生短期干摩擦情况下必须具有良好的工作能力。

通常材料选配时是动、静二环采用一硬一软配对，只有在特殊情况下，例如介质含固体颗粒时，才以硬对硬材料配对使用。

国内常用摩擦副材料有石墨、硬质合金、陶瓷及青铜等。石墨较多用作静环，为了克服气孔率高、强度低的缺点，一般采用浸渍树脂或金属的石墨。浸渍的树脂有酚醛树脂、呋喃树脂、环氧树脂等。浸渍的金属有巴氏合金、青铜、铝等。用作动环的硬质合金一般是碳化钨，其特点是硬度和强度很高，具有良好的耐磨性与耐高温性，线膨胀系数低，但是脆性大，容易碎裂，加工较困难。常用作动环的陶瓷是氧化铝陶瓷，其优点是硬度极高且耐磨，并且特别耐腐蚀，缺点是比较脆，容易产生热裂纹。

②端面比压 p_b 的选取。端面比压 p_b 是关系到密封性能及使用寿命的重要参数，它不仅与结构形式、弹簧力大小、液体黏度等有关，还与介质压力有直接关系。

端面比压必须保持一定值，才能使两个密封端面始终紧密贴合，防止泄漏。但端面比压也不宜过大，否则磨损加剧，并产生大量热量，甚至使液膜蒸发，变成干摩擦。合理的比压应当是使端面保持一层极薄的液膜，既保证良好的润滑，又不使介质大量泄漏。一般内装式的比压取 $29.42\times10^4\sim58.84\times10^4$ Pa；对于介质黏度大，润滑性良好时可取较大的比压，为 $49.03\times10^4\sim67.84\times10^4$ Pa。

常用的内装式端面比压中，一部分是由弹簧力产生的弹簧比压 p_{sp}，它的作用是在启动或停车介质压力没有达到正常值时，维持一定的端面比压值。对内装式机械密封，一般选取 p_{sp} 为 $49.05\times10^3\sim245.3\times10^3$ Pa。通常当介质压力低，采用橡胶密封圈时，弹簧比压可选低些，介质压力高，用聚四氟乙烯塑料密封圈时，弹簧比压可选高些。

③平衡形式的选择。由于端面比压与介质压力以及载荷系数有关，对内装式非平衡型机械密封来说，k 一定，所以端面比压随介质压力的升高而加大。因此，为了保持合理的端面比压，使之不致过大而导致磨损加剧，甚至发热咬死使密封失效，当介质压力较高时，必须降低 k 值即采用平衡型密封。从结构上来说，这时需要把轴制成台阶形，并使 $D_1<D_0$。一般介质压力 $p\geqslant67.84\times10^4$ Pa 时，就需采用平衡型。对黏度小、润滑性差的介质，介质压力为 49.03×10^4 Pa 时就应采用平衡型。

在正常情况下，β 值不宜超过 0.5，否则$(1-\beta-\lambda)$将成负值。一般 β 值的常用范围为 $\beta=0.15\sim0.45$。当介质黏度大、压力小时取低值；反之，取高值。有关部门对内装式机械密封系列中 β 值分五种，即 $\beta=15\%$、20%、25%、30%、40%。

④p_bv 值问题。影响摩擦副摩擦的参数不仅有端面比压 p_b，而且还有端面的线速度，一般用平均线速度 v 表示，二者的乘积 p_bv 值也是衡量一对摩擦副工作情况的重要参数。通常对不同介质、不同材料组成的摩擦副，根据经验总结了允许的最高$[p_bv]$值，载入有关密封手册中。对转速 2950r/min 的泵，在润滑良好的情况下，常用摩擦副材料的$[p_bv]$值很高，对摩擦副的选用影响不大。当轴径大、介质压力高以及转速高时，$[p_bv]$值是必须考虑的因素。一般应使实际的 $p_bv<(0.2\sim0.25)[p_bv]$。

⑤密封面宽度 b 的选择。密封面接触宽度太大，则磨损大，发热多，耗功大，冷却与润滑效果差，而且密封面的平直度不易保证，但宽度也不宜过小，否则强度太低。常用的宽度 b 为 2～6mm，轴径大时取大值。高速机械密封因滑动速度快，摩擦热量多，应取小值。对易挥发的介质，为避免发热多而造成介质挥发，也应取小值。在摩擦副中硬环宽度应大于软环，以免硬环棱角嵌入软环中．造成密封面的坑洼不平并引起剥落。

2.7 离心泵的选型

2.7.1 选型原则及步骤

泵的选用是根据用户的使用要求，从现有的泵系列产品中选择出一种能够满足使用要求、运行安全可靠、经济性好，且又便于操作和维修保养的泵，而尽量不再进行重新设计和制造。因此，在选择泵时，应综合考虑、精心筹划、准确判断，以使所选泵的型式、规格与使用的目的、要求相一致。但有特殊要求的泵，则需根据用户的要求进行专门的设计和制造。

(1)选型原则

选用泵包括选用泵的型式及其相配的传动部件、原动机等。正确选择泵是使用这类泵的关键。如果选择得不合适，就不能达到使用要求，或者造成设备、资金和能源的浪费，或者给泵的运行及所属系统带来不利的影响。

如果所选泵与原动机的转速不相适应，也会带来严重的后果。当转速超过泵的额定转速时，便可能使泵的叶轮破坏。当然，泵的选择与正常使用，还与管路系统的布置有关。因此，在选择泵时，一定要全面考虑，做较细致的工作，以便使所选的泵能满足所需要的流量和扬程，并在管路系统中处于最佳工况。

在选择泵时，一般应遵循下列原则：

①根据所输送的流体性质(如清水、黏性液体、含杂质的流体等)选择不同用途、不同类型的泵。

②流量、扬程必须满足工作中所需要的最大负荷。额定流量一般直接采用工作中的最大流量，如缺少最大流量值时，常取正常流量的 1.1～1.15 倍。额定扬程一般取装置所需扬程的 1.05～1.1 倍。因为裕量过大会使工作点偏离高效区，裕量过小满足不了工作要求。

③从节能观点选泵，一方面要尽可能选用效率高的泵，另一方面必须使泵的运行工作点长期位于高效区之内。如泵选用不当，虽然流量、扬程能满足用户的要求，但其工作点偏离高效工作区，则会造成过多的能耗，使生产成本增加。

④为防止发生汽蚀，要求泵的必需汽蚀余量 $NPSH_r$ 小于装置汽蚀余量 $NPSH_a$。如不合乎此要求，需设法增大 $NPSH_a$，如降低泵的安装高度等，或要求制造泵的厂家降低泵的 $NPSH_r$ 值，或双方同时采取措施，达到要求。

⑤按输送工质的特殊要求选泵，如工质易燃、易爆、有毒、腐蚀性强、含有气体、低温液化气、高温热油、药液等，它们有的对防泄漏的密封有特殊要求，有的要采用冷却措施，消毒措施等，因此，选用的泵型各有特殊要求。

⑥所选择的泵应具有结构简单、易于操作与维修、体积小、重量轻、设备投资少等特点。

⑦当符合用户要求的泵有两种以上的规格时，应以综合指标高者为最终选定的泵型号，如再比较以下参数：效率、可靠性、价格等。

(2)泵的选型方法

泵的实际选型方法有两种：

①利用“泵型谱”选择。将所需要的流量 Q 和扬程 H 画到该形式的系列型谱图上，看其交点 M 落在哪个切割工作区四边形中，即可读出该四边形内所标注的离心泵型号。如果交点 M 不是恰好落在四边形的上边线上，则选用该泵后，可应用切割叶轮直径或降低工作转速的方法改变泵的性能曲线，使其通过 M 点。这就应从泵样本或系列性能表中查出该泵的泵性能曲线，以便换算。如果交点 M 并不落在任一个工作区的四边形中，这说明没有一台泵能满足工作要求。在这种情况下，可适当改变泵的台数或改变泵所需要的流量和扬程(如用排出阀调节)等来满足要求。

②利用“泵性能表”选择。根据初步确定的泵的类型，在这种类型的泵性能表中查找与

所需要的流量和扬程相一致或接近的一种或几种型号泵。若有两种或两种以上都能满足基本要求，再对其进行比较，权衡利弊，最后选定一种。如果在这种形式泵系列中找不到合适的型号，则可换一种系列或暂选一种比较接近要求的型号，通过改变叶轮直径或改变转速等措施，使其满足适用要求。

(3)泵的选用步骤

①搜集原始数据。针对选型要求，搜集过程生产中所输送介质、流量和所需的扬程参数以及泵前泵后设备的有关参数的原始依据。

②泵参数的选择及计算。根据原始数据和实际需要，留出合理的裕量，合理确定运行参数，作为选择泵的计算依据。

③选型。按照工作要求和运行参数，采用合理的选择方法，选出均能满足适用要求的几种形式，然后进行全面的比较，最后确定一种形式。

④校核。形式选定后，进行有关校核计算，验证所选的泵是否满足使用要求。如所要求的工况点是否落在高效工作区，$NPSH_a$ 是否大于 $NPSH_r$ 等。

2.7.2 泵的选用实例

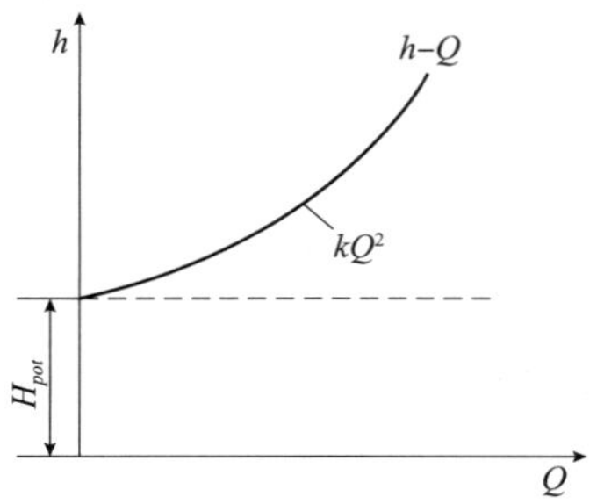

图 2－82　计算实例图

例 2－4　温度为 20℃的清水由地面送至水塔中，见图 2－82，要求流量 $Q=80\text{m}^3/\text{h}$。已知水泵安装时地形吸水高度 $H_g=3\text{m}$，押送高度 $H_p=35\text{m}$，管路沿程损失系数 $\lambda=0.018$，吸水管长 14m，其上装有吸水底阀(带滤网)1 个，90°弯头 1 个，锥形渐缩过渡接管 1 个。另外，压水管长 78m，其上装有闸板阀 1 个，止回阀 1 个，90°弯头 6 个，锥形渐扩过渡接管 1 个。要求选用恰当的水泵。

解：(1)先选定管道直径

由 $v=\dfrac{Q}{A}=\dfrac{Q}{\dfrac{\pi}{4}d^2}$ 得：$d=\sqrt{\dfrac{4}{\pi}\dfrac{Q}{v}}$

其中 $Q=\dfrac{80}{3600}=0.0222\text{m}^3/\text{s}$

一般取吸水管中流速 $v_1=1.0\text{m/s}$，

则吸水管径 $d_1=\sqrt{\dfrac{4}{\pi}\dfrac{Q}{v_1}}=\sqrt{\dfrac{4}{\pi}\dfrac{0.0222}{1}}=0.168\text{m}$

出水管中流速 $v_2=1.8\text{m/s}$，则出水管径 $d_2=\sqrt{\dfrac{4}{\pi}\dfrac{Q}{v_2}}=\sqrt{\dfrac{4}{\pi}\dfrac{0.0222}{1.8}}=0.125\text{m}$

根据市场上工业用管实际情况选定 $d_1=200\text{mm}$(8in)，$d_2=150\text{mm}$(6in)，从而有：

$$v_1=\frac{4Q}{\pi d_1^2}=\frac{4\times0.0222}{\pi\times0.2^2}=0.707\text{m/s}$$

$$v_2=\frac{4Q}{\pi d_2^2}=\frac{4\times0.0222}{\pi\times0.15^2}=1.256\text{m/s}$$

(2)计算水泵所需扬程

①吸水管水头损失可分为沿程阻力损失和局部阻力损失两部分。查得局部损失系数如下：

吸水底阀 $\zeta=7.5$，　90°弯头 $\zeta=0.9$，　锥形渐缩管 $\zeta=0.04$

吸水管水头损失　$\sum h_1=h_{f1}+\sum h_{\xi1}=\lambda\dfrac{l_1}{d_1}\dfrac{v_1^2}{2g}+\sum\zeta\dfrac{v_1^2}{2g}$

$$=\left[0.018\frac{14}{0.2}+(7.5+0.9+0.04)\right]\frac{0.707^2}{2\times9.81}=0.25\text{m}$$

②压水管水头损失也分为沿程和局部损失两部分。查得局部损失系数如下：

闸板阀　$\zeta=0.10$，　止回阀 $\zeta=2.5$，　锥形渐扩管　$\zeta=0.05$

出水管水头损失为　$\sum h_2=h_{f2}+\sum h_{\xi2}=\lambda\frac{l_2}{d_2}\frac{v_2^2}{2g}+\sum\zeta\frac{v_2^2}{2g}$

$$=\left[0.018\frac{78}{0.150}+(0.10+2.5+0.9\times6+0.05)\right]\frac{1.256^2}{2\times9.81}=1.4\text{m}$$

③水泵所需扬程

$$H=(H_g+H_p)+\sum h_1+\sum h_2$$
$$=(3+35)+0.25+1.40$$
$$=39.65\text{m}\approx40\text{m}$$

(3)水泵选型

考虑一定的裕量，所需水泵扬程为：$1.10H=1.10\times40\approx44\text{m}$

流量为　$1.05Q=1.05\times80=84\text{m}^3/\text{h}$

在单级离心泵系列型谱图上查得 100－65－200，如用 IS100－65－200 型水泵，则最佳工况点

$$H=50\text{m},\ Q=100\text{m}^3/\text{h},\ n=2900\text{r/min},$$
$$\eta=76\%,\ P=17.9\text{kW},\ P_T=22\text{kW},\ H_s=6.4\text{m}$$

如用 IB100－65－200 型水泵，则

$H=50\text{m}$，$Q=100\text{m}^3/\text{h}$，$n=2900\text{r/min}$，$\eta=78\%$，$P=17.5\text{kW}$，$P_T=22\text{kW}$，$H_{S\max}=6.8\text{m}$，$NPSH_r=3.6\text{m}$

相比之下，IB 泵稍佳，因为效率高 2%，价格便宜。

(4)吸程校核

如果手头一时暂缺 IB100－65－200 泵的性能曲线，无法确定工作点($Q<100\text{m}^3/\text{h}$)的位置，可用 $Q=100\text{m}^3/\text{h}$ 校核吸程(偏安全)

$$v_1=\frac{4Q}{\pi d_1^2}=\frac{4\times100}{\pi\times0.150^2\times3600}=1.57\text{m/s}$$

$$\sum h_1=h_{f1}+\sum h_{\xi1}=\lambda\frac{l_1}{d_1}\frac{v_1^2}{2g}+\sum\zeta\frac{v_1^2}{2g}$$

$$=\left[0.018\frac{14}{0.150}+(7.5+0.9+0.04)\right]\frac{1.57^2}{2\times9.81}=1.27\text{m}$$

$$H_S=H_g+\frac{v_1^2}{2g}+\sum h_1=3+\frac{1.57^2}{2\times9.81}+1.27=4.39\text{m}<H_{S\max}=6.8\text{m}$$

故能保证水泵正常吸水。

例 2－5　乙烯装置用泵选用。

石油化学工业的核心是乙烯工业。乙烯工业生产的乙烯、丙烯、丁二烯、苯、甲苯、二甲苯等是各种重要石油化工产品的原料。因此，许多国家都很重视乙烯工业的发展，把乙烯的产量作为衡量国家经济发展水平的标志之一，我国当然也不例外。从 20 世纪 70 年代起，我国陆续从国外引进了十多套乙烯装置。其中以先后在燕山、齐鲁、扬子、上海等地建成的鲁姆斯(LUMMUS)工艺流程年产 30×10^4t 乙烯装置为我国乙烯工业的骨干企业。根据国情，我国采用鲁姆斯工艺流程以石脑油和轻柴油裂解方式制取乙烯的最佳经济规模是至少年产 30×10^4t。按照目前我国乙烯工业的状况及发展趋势，现讨论鲁姆斯工艺

年产 30×10^{4}t 乙烯装置中的用泵情况。

目前世界上以石脑油和轻柴油裂解方式制取乙烯，为了节省分离单元能耗，大部分采用顺序流程。鲁姆斯工艺也采用了这种流程。所谓顺序流程就是对裂解产生的从 C_1 到 C_{18} 以上的各项馏分，按从轻到重逐次加以利用，生产出乙烯、丙烯、C_4 馏分和裂解汽油等各种石油化工产品。

扬子石化乙烯装置的工艺流程主要包括裂解、油急冷、汽油分馏、水急冷、裂解气压缩、脱酸性气体、裂解气再压缩、脱苯、干燥、脱甲烷、乙烯精馏、脱丙烷、丙烯精馏、脱丁烯、丁二烯抽提、汽油加氢等工序。其工艺流程框图见图 2-83。

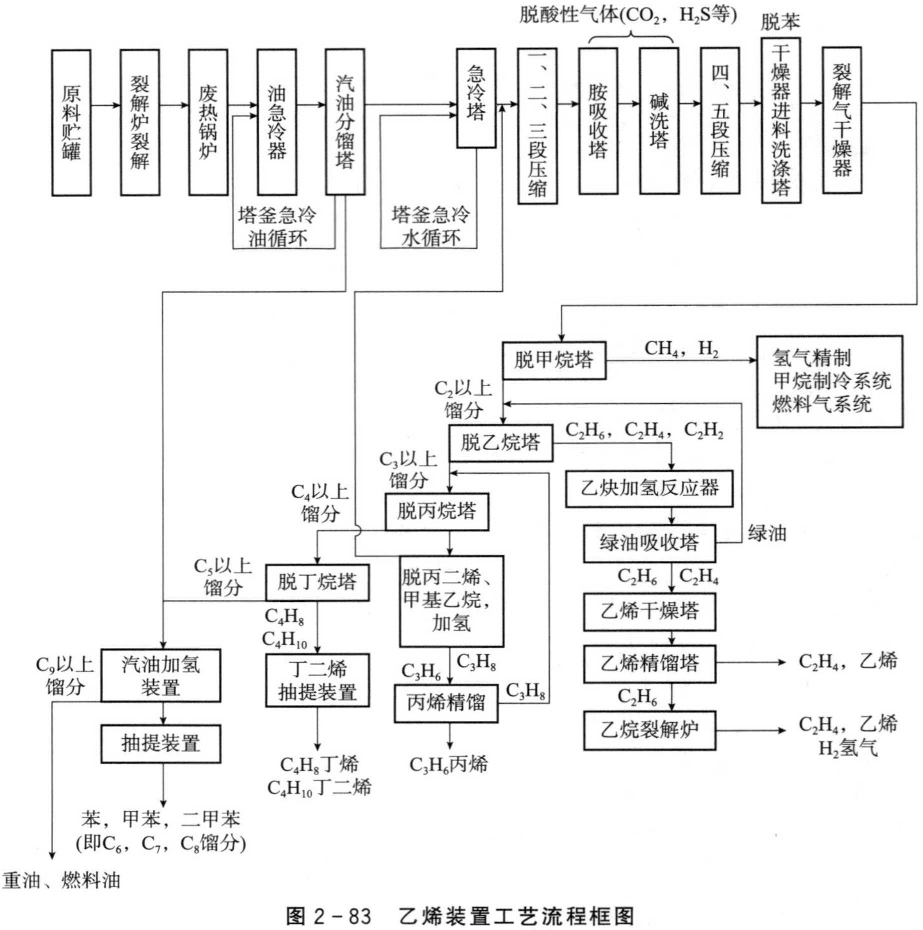

图 2-83　乙烯装置工艺流程框图

丁二烯抽提和汽油加氢并不属于乙烯单元，但是按照顺序流程概念，它们在整套装置中占有重要地位，且也是用泵大户，因此将它们也列入讨论范围，因此本次讨论涉及乙烯、丁烯抽提及汽油加氢三个单元用泵情况，对于公用工程、锅炉给水、废水处理等工程单元，因其不具特殊性，将不予讨论。

乙烯、丁二烯抽提和汽油加氢三个单元的用泵一览见表 2-4、表 2-5。这三个单元的主要输送介质有各种烃类、酸、碱、水和一些助剂等。从表 2-4 可见，装置中使用的泵大部分是中、轻型化工流程泵和重型化工流程泵，其他种类泵只占一小部分。

表 2-4 乙烯装置用泵一览

泵种类	流量范围/(m^3/h)	扬程范围/m	温度范围/℃	进口压力范围/MPa(G)	功率范围/kW	过流部件材料	轴封型式	台数
中、轻型化工流程泵	8～218.8	13～131	常温～200	-0.053～1.05	0.75～90	碳钢、铸铁、铸钢、不锈钢、20合金、13Cr	机械密封	49
重型化工流程泵	6.8～762	40～167	-40～185	-0.01～3.555	7.5～200	碳钢、铸铁、铸钢、不锈钢	机械密封	15
立式筒袋泵	41～160	69.3～486	-56～52	-0.0861～1.88	18～175	碳钢、铸铁、不锈钢	机械密封	6
高速泵	5～7	301～463	30～40	-0.01～1.276	18.5～22	碳钢、不锈钢	机械密封	2
高扬程小流量多级泵	25～28	322～352	42～185	0.073～2.64	45	铸钢	机械密封	2
卧式双吸泵	1700～1900	98～100	85～210	0.1～0.11	670～950	碳钢、铸铁、13Cr	机械密封 填料密封	2
隔膜计量泵	0.00236～1	0.3～3.14 MPa	常温～85	-0.01～0.212	0.2～3.7	碳钢、不锈钢、20合金、聚四氟乙烯	无	13

表 2-5 乙烯装置部分关键泵一览

名称	类型	型号	扬程/m	流量/(m^3/h)	效率/%	轴功率/kW	入口压力/MPa(G)	介质温度/℃	$NPSH_a$/m	材料		轴封
										泵体	叶轮	
甲烷塔塔底泵	立式筒袋泵	4×12 LWY-11st	446	160	57	155.6	0.6	-53	6.7	ZG1Cr18Ni9	ZG1Cr18Ni9	串联式机械密封
高压乙烯输送泵	立式筒袋泵	150×100 VPCS13m	486	79.7	57	68	1.8	-30	0.8	SCPL1 STPL39（筒体）	ZG1Cr18Ni9	单端面内装平衡型
聚合级丙烯输送泵	立式筒袋泵	100×80V PCS12m	340.4	49.5	64	33.6	1.7	44	0.7	ZG35 STPG38（筒体）	HT200	单端面内装平衡型
丙二烯转化器进料泵	立式筒袋泵	100×80V PCS15m	463	48	65	50.2	0.7	10	3.7	ZG35 STPG38（筒体）	HT200	单端面内装平衡型
再蒸塔回流泵	高速泵	LMV322	463	7	28	14.7	1.3	40	2.3	ZG35	ZG1Cr18Ni12Mo2	单端面内装平衡型
C10 洗油注入泵	高速泵	LMV322	301	5	2	17.7	-0.01	30～38	足够大	ZG35	ZG1Cr18Ni12Mo2	单端面内装平衡型
BTX 一段反应器进料泵	高扬程小流量多级泵	2WTF-87	352	25	57	34.9	0.7	42	5	ZG35	ZG35	单端面内装平衡型
BTX 二段反应器进料泵	高扬程小流量多级泵	2WTF-87	322	28	59	32.5	2.6	81～185	3.9	ZG35	ZG35	单端面内装平衡型

(1)中、轻型化工流程泵

中、轻型化工流程泵主要指一些符合 ISO 519 或 GB 5656 或 DIN 24256 或 ANSI/ASMEB 73.1 的单级单吸轴向吸入化工离心泵。这种泵在设计、制造和检验过程中，质量控制点比符合 AP 610 的泵少，可靠性不及 AP 泵，但是能够满足一般化工用途的要求，使用非常广泛。通常在石化行业中，这类泵常用在对易燃、易爆及可靠性要求不太高的场合。一般流量小于 $2000m^3/h$、扬程小于 160m、功率小于 160kW、温度小于 300℃、工作压力小于 2.5MPa 的场合，可考虑选用该类泵。美国 GOULDS 公司的 3196 系列，DURCO 公司的 MARKⅢ系列，瑞士苏尔寿的 CZ、CZN 系列，日本荏原的 IFW、IFS 系列以及我国的 IH 系列等均属于此类泵。

(2)重型化工流程泵

重型化工流程泵指符合 API 610 或 VDMA 24297 标准的单级、双级离心泵。这类泵可靠性比中、轻型泵高得多，但价格是中、轻型泵的 1.5 倍以上。属于这类泵的主要泵系列有 Goulds 公司 3700、3710，瑞士苏尔寿的 ZA、E、EF、ZU，日本荏原的 UCW、UCWF、UCWD、UC2，沈阳水泵厂的 SJA、DSJH、GSJH，大连耐酸泵厂的 ZA、ZE、ZF、ZU 等。我国国内还有两个很著名的 Y 系列和 AY 系列泵，这两种泵符合 GB 3215 标准。在 Y 系列基础上改进发展而来，轴的刚性好，效率和可靠性更高，接近国外同类泵水平。

(3)其他类型泵

除以上两类泵外，其余为立式筒袋泵、高速泵、高扬程小流量多级泵、隔膜计量泵、液下泵、往复泵等，其所占数量较少，但不少都属乙烯装置的关键泵。乙烯装置的关键泵一览表见表 2-6、表 2-7、表 2-8。

表 2-6 立式筒袋泵性能范围和结构特点

制造厂商	系列编号	出口口径/mm	流量范围/(m^3/h)	扬程范围/m	介质温度/℃	工作压力/MPa	结构特点						
							叶轮形式	节段形式	轴向力平衡形式	内壳结构	联轴器形式	排出段形式	轴封形式
美国 Goulds	VIC	3″～14″	～18168	～1070	液态烃～371	15	混流叶轮	接力固定碗形节段	重型泵、电机联合推力轴承	法兰连接圆筒	加长可调型	铸造或焊接	机械密封
苏尔寿	VCR	2″～12″	～5900	～800	−95～200	9.5	径流叶轮(小泵)混流叶轮(大泵)	接力固定碗形节段	平衡孔加泵、电动机联合推力轴承	法兰连接圆筒	加长可调型	焊接	机械密封
苏尔寿	TTMC	40～200	～800	～800	−180～180	10	径流叶轮	穿缸固定环形节段	平衡鼓加一对油润滑向心推力球轴承	法兰连接圆筒	加长可调型	焊接	机械密封
大连耐酸泵厂/日本荏原	VPCS	50～600	～4570	～483	−105～340	15	混流叶轮	接力固定碗形节段	平衡孔加泵、电动机联合推力轴承	法兰连接带筋板圆筒	加长可调型	铸造	机械密封
日本荏原	VPCH	40～250	～665	～1105	−105～340	15	径流叶轮	穿缸固定环形节段	平衡鼓加泵、电动机联合推力轴承	法兰连接圆筒	加长可调型	焊接	机械密封

续表

制造厂商	系列编号	出口口径/mm	流量范围/(m³/h)	扬程范围/m	介质温度/℃	工作压力/MPa	结构特点						
							叶轮形式	节段形式	轴向力平衡形式	内壳结构	联轴器形式	排出段形式	轴封形式
大连耐酸泵厂	DL	32～175	25～280	15～600	－162～360	4	径流叶轮	接力固定碗形节段	向心推力球轴承	法兰连接圆筒	加长型	铸造	机械密封
沈阳水泵厂	YT	40	6～25	400～1200	－45～400		径流叶轮	穿缸固定环形节段	叶轮对称布置加泵、电机联合推力轴承		加长可调型	铸造	机械密封

表 2－7 高速泵性能范围和结构特点

制造厂	系列编号	流量范围/(m³/h)	扬程范围/m	介质温度/℃	泵形式	齿轮型式	增速箱规格	叶轮形式	诱导轮	润滑方式
美国、法国、日本 Sundt-and 公司	LMV	0.5～90	11～1760	－130～260	立式，大泵卧式	直齿	一级、二级增速	开式直叶片、闭式	可选装	压力润滑
美国 Inger－soll－rand 泵公司	HSP	≤90	≤1400		卧式	斜齿	一级增速	开式后弯片、闭式	可选装	油浴润滑
沈阳水泵厂	GL	≤90	≤1500	－130～250	立式	直齿	一级、二级增速	开式直叶片	可选装	压力润滑

表 2－8 高扬程、小流量多级泵性能范围和结构特点

制造厂	系列编号	出口口径/mm	流量范围/(m³/h)	扬程范围/m	介质温度/℃	最高工作压力/MPa	结构特点					
							泵体支撑位置	体结构	轴承冷却形式	轴向力平衡方式	径向力平衡方式	轴封
苏尔寿	MSE	2″～3″	13～66	910	－45～205	11.5	中心线	中开单壳体	双侧浸没式水冷却管	叶轮对称布置	蜗壳对称布置	机械密封
苏尔寿	MSD	3″～8″	24～2659	2900	－45～260	30	中心线	中开单壳体	双侧浸没式水冷却管	叶轮对称布置	双蜗壳	机械密封
日本荏原	SPR	5～100	17～165	≤750	230	15	中心线	中开单壳体	推力轴承侧水冷夹套	平衡鼓	导叶	机械密封
日本荏原	SPRB	80～100	24～165	≤1036	230	15	中心线	中开单壳体	推力轴承侧水冷夹套	叶轮对称布置	导叶	机械密封
日本荏原	SP/SPD	80～300	18～1300	≤1500	205	20	中心线	中开单壳体	推力轴承侧水冷夹套	叶轮对称布置	双蜗壳	机械密封
沈阳水泵厂等	Y 型多级泵	50～67	15～200	≤650	－45～400	8	中心线	径向剖分	轴承箱水冷夹套	平衡盘	导叶	机械密封
北京水泵厂沈阳工业泵厂等	YD 型多级泵	35	3.6～15	≤450	－45～400	6.4	中心线	径向剖分	轴承箱水冷夹套	平衡盘	导叶	机械密封

续表

制造厂	系列编号	出口口径/mm	流量范围/(m^3/h)	扬程范围/m	介质温度/℃	最高工作压力/MPa	结构特点					
							泵体支撑位置	体结构	轴承冷却形式	轴向力平衡方式	径向力平衡方式	轴封
大连耐酸泵厂/苏尔寿	YD型多级泵	40～150	5～500	≤1200	−80～180	15	110～150℃中心线	径向剖分	可风冷	平衡盘或平衡鼓	导叶	机械密封

注：表中所列性能数据参数指电源频率50Hz情况。

拓展阅读

离心泵的演变和发展

离心泵的演变历程可以追溯到古代的灌溉和排水系统，但真正意义上的现代化离心泵，被认为是1818年在美国出现的具有径向直叶片、半开式双吸叶轮和蜗壳的马萨诸塞泵。在工业革命时期，随着机械制造业的发展，离心泵迅速发展起来，应用于多种工业生产中。早期的离心泵主要由泵壳、叶轮和轴等组成，结构简单、易于制造，在许多场合得到了广泛应用。

随着工业生产规模的扩大和流体输送要求的提高，诞生了多级离心泵，解决了高扬程输送的问题，极大地扩展了离心泵的应用范围，特别是在石油、化工等重工业领域。针对特殊工况的离心泵，如耐腐蚀泵、高温泵等，采用新型材料和加工工艺，提升了泵的适应性和耐用性。

近年来，随着CFD技术应用于离心泵的设计，有助于研究人员对离心泵内部流场进行更为精确的分析，进一步减少了泵内流动损失，提高了泵的性能，缩短了新型离心泵的开发周期。

目前，随着电子技术和信息技术的飞速发展，离心泵进入了智能化时代，传感器、控制器和执行器的集成使得离心泵实现了远程监控、故障诊断和自动调节，显著提高了离心泵的效率和安全性。

未来离心泵的发展将更加注重环保、节能和智能化。一方面，随着环保意识的不断提高，低噪声、低振动和低能耗的离心泵将成为未来的发展方向。另一方面，随着无线传感、物联网、云计算和人工智能等技术的发展，离心泵将更加智能化，通过数据传输、远程运维和故障预警等功能，实现真正的智慧泵网。此外，随着新材料和新工艺的不断涌现，离心泵的材料和性能也将得到进一步优化和提升。

随着科技的不断进步和工业应用的不断拓展，离心泵作为流体输送的重要设备，也在不断地发展和演变。离心泵的发展史是一部技术与人类文明进步相互交织的史诗，从最初的萌芽到现今的智能化，每一步都见证了人类对流体传输技术的不懈探索和创新。

思考题

1. 离心泵的工作原理是什么？其结构主要包括哪几个部分？
2. 什么叫气缚？离心泵为什么要先灌泵后启动？
3. 离心泵为什么多采用后弯型叶片形式的叶轮？
4. 离心泵中主要有哪些损失？分别影响哪些工作参数？

5. 两种理论扬程 $H_{T\infty}$ 和 H_T 为什么会有差别？是不是由于泵内的损失造成的？

6. $NPSH_a$ 和 $NPSH_r$ 各代表什么含义？离心泵的汽蚀判别式是什么？

7. 提高离心泵抗汽蚀性能的措施有哪些？

8. 离心泵的全性能曲线有几条？各有什么作用？

9. 介质黏性对离心泵的性能参数有哪些影响？

10. 离心泵的相似条件是什么？为什么不用考虑介质黏性的影响？

11. 什么是切割定律？叶轮切割前后符合相似条件吗？

12. 什么是离心泵的比转数？有哪些用途？

13. 两台离心泵并联后的总排量为什么小于单泵运行时的排量之和？要想达到理想的并联效果，应该选择何种形式的管路特性？

14. 离心泵的工况调节方式有哪些？哪一种节能效果比较好？

15. 离心泵轴向力产生的原因是什么？设计中常采用哪些方法进行平衡？

习题

2-1　一台离心泵从开口水池内吸水，其装置如题图 2-1 所示：安装高度 $Z_g=4\text{m}$，吸入管直径 $D_1=0.1\text{m}$，若泵的流量为 $34\text{m}^3/\text{h}$，吸入管内摩擦阻力系数 $\lambda=0.02$，吸入管总当量长度为 18m，试计算输水时，泵入口处真空表的读数为多少汞柱？其绝对压力为多少水柱？

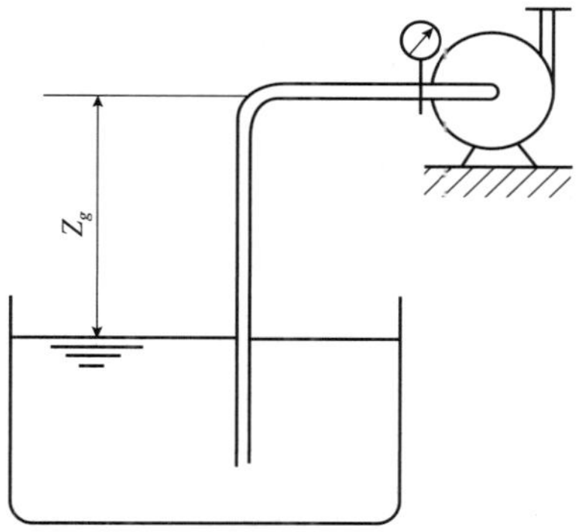

题图 2-1

2-2　某离心泵输送密度为 750kg/m^3 的汽油，实测得泵出口压力表读数为 147100Pa，入口真空表读数为 300mm 汞柱，两表测点的垂直距离为 0.5m，吸入管与排出管直径相同。试求以液柱表示的实际扬程。

2-3　设某离心泵流量 $Q=0.025\text{m}^3/\text{s}$，排出管压力表读数为 323730Pa，吸入管真空表读数为 39240Pa，表位差为 0.8m。吸入管直径为 100mm，排出管直径为 75mm。电动机功率表读数为 12.5kW，电动机效率为 0.93，泵与电机采用直联。试计算离心泵的轴功率，有效功率和泵的总效率各为多少？

2-4　某输送油品的离心泵装置如题图 2-4 所示。试计算泵需要提供的实际扬程为多少？已知：油品密度为 800kg/m^3，罐内压力 $p_1=196133\text{Pa}$(绝)，罐外压力 $p_2=176479.7\text{Pa}$(绝)，$Z_1=8\text{m}$；$Z_2=8\text{m}$；$Z_3=4\text{m}$；吸入管内损失 $h_s=1\text{m}$；排出管内损失 $h_d=25\text{m}$，经过加热炉时的压降为 $\Delta p=1372930\text{Pa}$。吸入管与排出管管径相同。

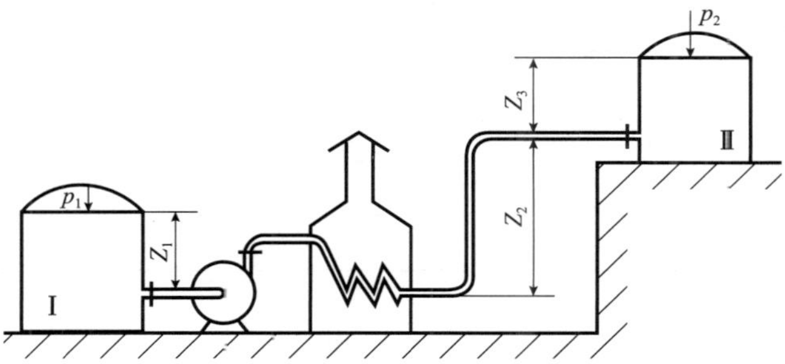

题图 2-4

2-5　某离心泵从样本上查得允许吸上真空度$[H_s]=7m$，现将该泵安装在海拔600m的地区，输水温度40℃，问修正后的$[H_s]'$应为多少？

2-6　一台离心水泵，输水时泵的允许吸上真空度$[H_s]=5m$。现用来输送$\rho=700kg/m^3$的汽油(黏度与水相近)，输送温度为20℃。汽油在20℃时的饱和蒸气压为150mmHg；当地大气压为98066.5Pa。试求此时泵的允许吸上真空度为多少？

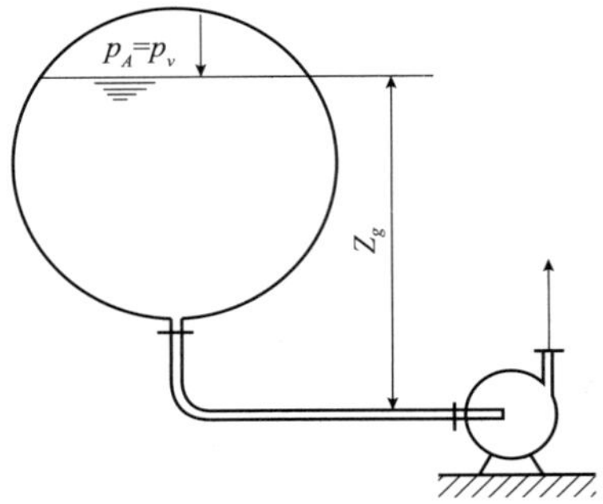

题图 2-7

2-7　某离心油泵装置如题图2-7所示。已知罐内油面压力p_A与油品饱和蒸气压p_v相等，该泵转速$n=1450r/min$，最小汽蚀余量$NPSH_r=k_0Q^2$，吸入管内流动损失$h_s=k_1Q^2$，试分别计算：

(1)当$Z_g=8m$，$Q=0.5m^3/min$时，泵的$[NPSH_r]=4.4m$，吸入管路阻力损失$h_s=2m$，此时泵能否正常吸入？

(2)保持$Q=0.5m^3/min$时，液面下降到什么位置泵开始发生汽蚀？

(3)当$Z_g=4m$时，若保证泵安全运转，泵的最大流量是多少(设k_0，k_1不变)？

(4)若将泵的转速提高到$n'=2900r/min$，还能否正常吸入？

2-8　有一吸入管径为500mm单级双吸泵，输送常温清水(20℃)时，$Q=0.3m^3/min$，$n=970r/min$，$H=47m$，汽蚀比转数$c=900$，试求：

(1)在吸水罐液面压力为大气压($p_A=98066.5Pa$)时，泵的允许吸上真空度$[H_s]$为多少？

(2)泵的海拔1500m的地方抽送$t=40℃$的清水、泵的允许吸上真空度$[H_s]$为多少？

2-9　某离心泵的$[H_s]=4.5m$。现用它来输送$\rho=700kg/m^3$的油品(黏度与水相近)，油品的饱和蒸气压$p_v=2942Pa$。泵的工作流量$Q=25L/s$，吸入罐内压力$p_A=95124.5Pa$，吸入管直径为150mm，管长15m，局部阻力系数$\sum\xi=6$，沿程阻力系数$\lambda=0.037$，当地大气压$p_a=p_A$。试计算泵的允许安装高度$[Z_g]$为多少？

2-10　有一离心泵，设计点参数为：扬程$H=100m$，流量$Q=0.17m^3/h$，轴功率$N=183.8kW$，转速$n=2900r/min$。现有一台D_2为该泵2倍的相似泵，当转速$n'=1450r/min$时，求相似设计点参数(Q'，H'，N')各应为多少？

2-11　有一台转速$n=1450r/min$的离心泵，当流量$Q=35m^3/h$时的扬程$H=62m$，功率$N=7.6kW$。现若流量增至$Q'=52.5m^3/h$，问原动机的转速应提高到多少？此时泵的扬程和轴功率各为多少？

2-12　某离心泵$D_2=220mm$，当转速$n=2900r/min$时，其性能参数如下表所示：

$Q/(m^3/h)$	0	15	30	50	60
H/m	68	67.5	65	60	55
N/kW	/	/	10	13	14.5
$\eta/\%$	0	33	54	62	60

试求：

(1)将转速降到2320r/min时的性能参数(Q'、H'、N'、η')，并画出两种转速下泵的$H-Q$、$N-Q$和$\eta-Q$曲线。

(2)若要求 $Q=40m^3/h$，$H=50m$，问该泵应在何种转速下运转？

2-13 有一单吸四级离心水泵，额定流量 $Q_0=64m^3/h$，扬程 $H_0=280m$，转速 $n=2900r/min$。问：

(1)该泵比转速 n_s 为多少？该泵属于什么类型？

(2)当此泵在 1450r/min 下运转时，比转数 n_s 为多大？

2-14 已知离心水泵的性能参数同题 2-12。试分别计算：

(1)转速不变(2900r/min)，将叶轮外径 D_2 切割到 208mm，求各对应点的参数并绘出性能曲线；

(2)若要求工作点 $Q=40m^3/h$，$H=50m$，此时泵叶轮应切割到多少？是否在允许切割范围内？

2-15 有一台七级离心泵 $D_2=180mm$，在 $n=2950r/min$ 时的性能参数为下表所示：

$Q/(L/s)$	0.73	3.09	4.23	5.1	5.8	6.66	7.67
H/m	238.3	275.57	205.95	186.48	167.35	138.46	99
$\eta/\%$	13.9	42	47.58	48.68	47.84	43.67	25.18

(1)绘出该泵的 $H-Q$，$\eta-Q$ 曲线，计算比较数 n_s；

(2)绘出转速变化到 $n'=1450r/min$、效率下降 $\Delta\eta=5\%$ 时泵的工作范围；

(3)泵在 $Q=4.5L/s$、$H=180m$ 点工作时泵的转速；

(4)如果用车削叶轮外径的办法使泵达(3)中的工况下运转，求切削后的 D_2'，并作出切割后的 $H-Q$、$\eta-Q$ 曲线(设 η 不变)，并指出切割后最高效率点的 Q、H 为多少？

2-16 已知某离心水泵性能曲线。若用此泵输水时，管路特性方程为 $h=30+0.02Q^2$，输油时管路特性方程为 $h=30+0.04Q^2$，(式中单位 Q——L/s、h——m)试确定：

(1)用一台泵输水的工作点流量 Q 和扬程 H 各为多少？

(2)用一台泵输油时的流量 Q_o 和扬程 H_o 各为多少？

(3)若保持输油时的流量 Q_o 不低于输水时的流量 Q，试分析从泵或管安装上可以采用哪些措施？

2-17 某水泵运行时的参数为：扬程 $H=35m$，流量 $Q=10m^3/h$，转速 $n=1440r/min$，现要求把流量调节为 $6.6m^3/h$(这时泵的扬程约为 44m)，试比较采用节流调节和变速调节各自所消耗的功率。假设水泵效率 $\eta=0.6$。

2-18 某水泵性能参数如下表所示：

$Q/(L/s)$	0	1	2	3	4	5	6	7	8	9	10	11
H/m	33.8	34.7	35	34.6	33.4	31.7	29.3	27.4	24.8	21.8	18.5	15
$\eta/\%$	0	27.5	43	52.5	58.5	62.4	64.5	65	64.5	63	59	53

管路特性方程为 $h=20+0.078Q^2$，求：

(1)工作点流量及泵轴功率为多少？

(2)若系统所需最大流量 $Q=6L/s$，(泵叶轮直径 $D_2=162mm$)，今采用切割叶轮的方法来达到调节目的。试比较切割叶轮比节流调节可节省多少功率(认为叶轮切割后泵效率不变)？

第 3 章　容积泵

3.1　往复泵

往复泵是依靠活塞在泵缸中的往复运动，使得泵缸工作腔容积周期性变化，实现液体吸排的一种容积式泵。由于往复泵结构复杂、易损件多、大流量时机器笨重，在很多场合被离心泵所代替；但在高压力、小流量、流体黏度较大，要求流量随压力变化小且需要精确计量时，仍采用各种形式的往复泵。

3.1.1　往复泵的工作原理及分类

(1)往复泵的基本构成

图 3-1 所示为往复泵的基本构件。往复泵通常包含两个基本组成部分，一部分是实现机械能向压力能转换并直接输送液体的部分，叫作液缸；另一部分是动力或传动部分，叫作动力端。

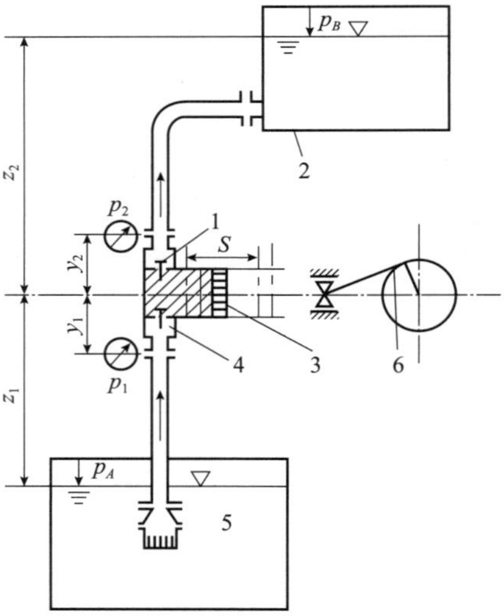

图 3-1　往复泵的基本构件

1—排出阀；2—排出罐；3—活塞；4—吸入阀；5—吸入罐；6—传动部分

(2)往复泵的工作原理

①工作原理

往复泵的工作介质为液体，故其工作原理与往复活塞式压缩机类似但又存在区别，区别在于它的工作循环只有吸入和排出两个过程。活塞工作腔中的液体压力在整个吸入过程保持不变，等于吸入压力 p_1'(泵基准面上的平均绝对压力，卧式泵的基准面是过液缸中心线的水平面，立式泵的基准面是行程中点的水平面)。在排出过程开始的瞬间，液体压力

骤增至排出压力 p_2'（泵基准面上的平均绝对压力），并在整个排出过程保持不变，直至吸入过程开始的瞬间，又骤降至 p_1'。

往复泵工作过程中，工作腔内液体压力随活塞位移的变化情况如图 3-2 所示。图中 $abcd$ 为理想工作过程的示功图，a 点是排出终点，b 点是吸入始点，c 点是吸入终点，d 点是排出始点。$abcda$ 所包围的面积 A_i 是理想情况下活塞往复运动一次对液体所做的功。

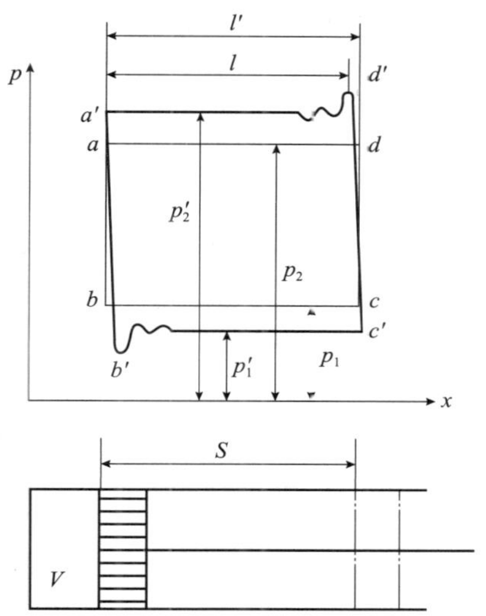

图 3-2 往复泵的示功图

在实际过程中，由于阀的滞后现象（阀在活塞行至内、外止点位置时不能及时关闭，而要落后一段时间的现象叫作滞后现象）、液体通过阀密封面及活塞与液缸密封面的泄漏、外界空气通过密封不严密处进入工作腔、溶解在液体中的气体因压力降低而析出等原因，活塞从外止点右移时工作腔中压力不可能骤降，而沿 $a'b'$ 斜线下降，降至压力低于 p_1'。随后吸入过程开始，吸入过程沿 $b'c'$ 进行。同样，排出过程开始瞬间压力并不能骤增，而沿 $c'd'$ 斜线上升，直到排出压力大于 p_2'，排出过程开始，并沿 $d'a'$ 进行。在 b' 和 d' 点出现小的峰值及脉动，这是由于水力阻力、阀的惯性及开启过程中的阻力所造成的。$a'b'c'd'a'$ 的面积 A_i' 大于理想情况下 $abcda$ 的面积 A_i；表明实际过程中活塞对液体所做的功比理想过程中活塞对液体所做的功大。

②运动规律

驱动装置决定了往复泵的运动规律。对于采用电动机驱动的往复泵，它是通过曲柄连杆机构把电动机的旋转运动变为活塞的往复运动。活塞在液缸中往复运动与吸入、排出阀配合进行工作循环。这种泵的运动规律与活塞式压缩机完全相同。

以流体为驱动力的往复泵常见的是蒸汽直接作用泵。这种泵的运动规律可用下式表示。

$$ma=(p_{V2}-p_{V1})A_V-(p_2-p_1)A-R \tag{3-1}$$

式中，m 为运动部分的质量，kg；a 为活塞的加速度，m/s^2；p_{V2}、p_{V1} 分别为作用于蒸气缸活塞上的新汽与乏汽的压力，Pa；p_2、p_1 分别为液缸排出压力与吸入压力，Pa；A_V、A 分别为蒸气缸活塞和液缸活塞面积，m^2；R 为运动部分的摩擦阻力，N。

可见，泵的结构尺寸一定时，活塞运动速度主要取决于液缸排出压力 p_2 及气缸新汽压力 p_{V2}。改变 p_{V2} 及 p_2 就可改变活塞运动情况，这也是蒸汽直接作用泵流量及压力调节的依据。

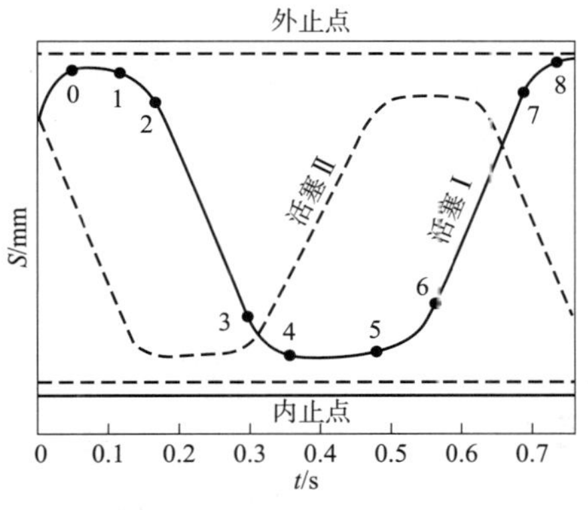

图 3-3 双缸双作用蒸汽往复泵活塞位移与时间的关系图

活塞停顿时间（0～1，4～5）；加速阶段（1～2，5～6）；等速阶段（2～3，6～7）；减速阶段（3～4，7～8）

蒸汽直接作用泵的活塞运动受液体及运动机构的惯性力、摩擦阻力、蒸汽压缩等因素的影响。图 3-3 所示为一双缸双作用蒸汽往复泵活塞位移与时间的关系，可见，当蒸汽压力及液缸内压力保持不变时，往复泵的活塞在单位时间的位移(活塞速度)是不均匀的，大致分为四个阶段。活塞从静止开始运动时，最初为加速运动。随着速度增加，阻力也增加，当达到一定速度时，活塞等速运动。活塞接近止点时，蒸汽的进、排汽口关闭，活塞靠本身的惯性到达终点，同时还压缩残留在气缸中的蒸汽，逐步减速直到停止，这部分残留在气缸中的蒸汽起了防止撞缸的汽垫作用。由于配汽控制杆有一段间隙(或称游隙)，所以造成一段空程，此时气缸活塞两侧既不进汽，又不排汽，故活塞有一段停顿时间。待配汽阀动作后，反向充汽，活塞便开始返回运动。

(3)往复泵的分类

根据往复泵的液缸形式、动力及传动方式、缸数及液缸布置方式等，可将往复泵分为活塞式、柱塞式和隔膜式等类型，具体的分类见表 3-1。

表 3-1　往复泵的分类

类别	动力	传动及调节方式	液缸结构
往复泵	电动	曲柄传动	活塞式
			柱塞式
		凸轮传动	柱塞式
	流体动力	蒸汽作用	活塞式
		气体作用 液压作用	柱塞式
	隔膜式	机械传动 液压传动	单隔膜 双隔膜
计量泵	电动	手动行程调节 气功行程调节 液动行程调节	柱塞式 隔膜式

图 3-4 所示为几种常见的往复泵的结构形式，柱塞泵一般为单作用结构，活塞泵一

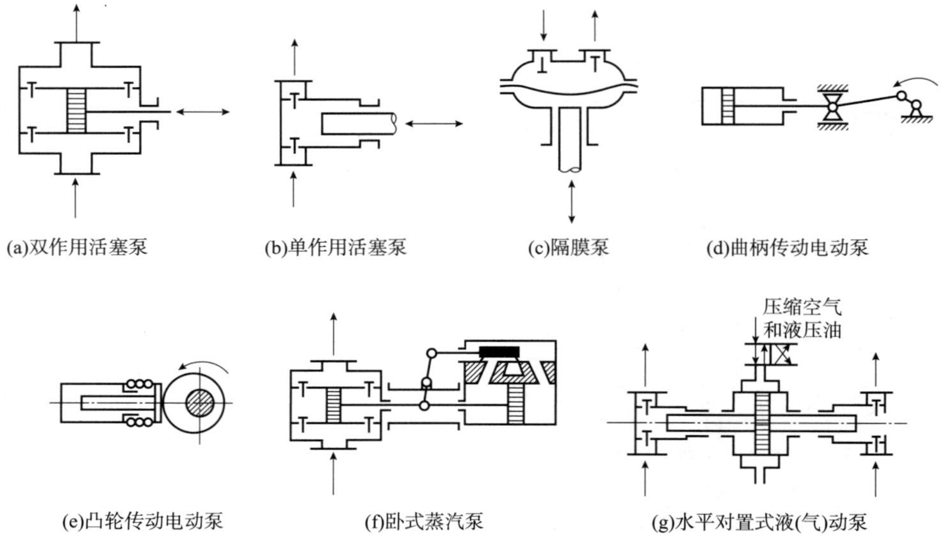

(a)双作用活塞泵　(b)单作用活塞泵　(c)隔膜泵　(d)曲柄传动电动泵

(e)凸轮传动电动泵　(f)卧式蒸汽泵　(g)水平对置式液(气)动泵

图 3-4　往复泵结构形式

般为双作用结构，隔膜泵也有单隔膜和双隔膜之分。活塞泵只有单缸及双缸结构，而柱塞泵有单缸及多缸结构，以三缸柱塞泵最常见。缸数最多有采用十二缸的。液缸布置方式有卧式及立式，偶数缸的多缸柱塞泵也有水平对置式结构。

在生产中经常以其用途命名，如注水泵、油泵、液态烃泵、酸泵、碱泵、计量泵、氨泵、酮液泵、清焦泵和试压泵等。按排量、压力的要求也可做成不同的形式。

3.1.2　往复泵的主要性能参数

(1)往复泵的流量

往复泵的理论流量是单位时间内活塞所排出的液体体积，在理论上等于活塞工作面在吸入行程中单位时间内在泵缸中扫过的体积(泵的理论平均流量)，按下式计算：

$$Q_T = iASn \tag{3-2}$$

式中，Q_T 为理论平均流量，m^3/min；A 为活塞工作面积，m^2；S 为活塞行程，m；i 为缸数；n 为转数(往复次数)，r/min。

实际上泵内有流量损失 ΔQ，泵的实际流量 Q 与理论流量 Q_T 之比称为流量系数 α。

$$\alpha = \frac{Q}{Q_T} = \frac{Q}{Q+\Delta Q} \tag{3-3}$$

ΔQ 由两部分组成，一部分是液体通过各密封点由高压侧向低压侧的泄漏，以 ΔQ_1 表示，这部分流量损失要消耗能量。因此，将泵的实际流量与泵内接受能量的液体量($Q+\Delta Q_1$)之比称为泵的容积效率 η_V。

$$\eta_V = \frac{Q}{Q+\Delta Q_1} \tag{3-4}$$

另一部分流量损失是由于缸内有少量气体(漏入缸内或由液体带入缸内)占去了泵缸容积，或者在高压下液体的可压缩及泵缸弹性变形等原因，导致的泵流量的减少，以 ΔQ_2 表示。这部分流量损失几乎没有能量损失，用充满系数 β 表示。

$$\beta = \frac{Q+\Delta Q}{Q+\Delta Q_1+\Delta Q_2} = \frac{Q+\Delta Q_1}{Q_T} \tag{3-5}$$

流量系数值一般为 0.8～0.99。

(2)往复泵的功率

有效功率 N_e 的计算方法与离心泵相同。

$$N_e = \frac{1}{1000} g\rho QH \tag{3-6}$$

式中，N_e 为有效功率，kW；Q 为泵的实际流量，m^3/s；H 为泵的实际扬程，J/kg；ρ 为液体的密度，kg/m^3；g 为重力加速度，$g=9.81m/s^2$。

轴功率 N 为：

$$N = \frac{N_e}{\eta} \tag{3-7}$$

式中，η 为泵的效率，机动往复泵的 η 为 0.6～0.9，蒸汽往复泵的 η 为 0.8～0.95。

例 3-1：已知某钻井用三缸往复泵的活塞直径为 160mm，冲次为 120/min，曲柄半径 152.5mm，排出口表压力为 14MPa，吸入口真空度为 0.03MPa，两表距高度差为 1.2m，流量系数 $\alpha=0.92$，泵的效率为 0.81，泥浆密度为 $1200kg/m^3$，试求：(1)泵流量；(2)泵的有效功率、轴功率。

解：往复泵实际流量：

$$Q = \alpha Q_T = \alpha\frac{3\times(\pi D^2/4)Sn}{60} = 0.92\times\frac{3\times(\pi\times0.160^2/4)\times2\times0.1525\times120}{60} = 0.0338m^3/s$$

泵的扬程：

$$H=(Z_2-Z_1)+\frac{p_2-p_1}{\rho g}+\frac{v_2^2-v_1^2}{2g}\approx 1.2+\frac{(14+0.03)\times 10^6}{1200\times 9.8}=1194.23\text{m}$$

有效功率：

$$N_e=\frac{\rho gQH}{1000}=\frac{1200\times 9.8\times 0.0338\times 1194.23}{1000}=474.69\text{kW}$$

轴功率：$$N=\frac{N_e}{\eta}=\frac{474.69}{0.81}=586\text{kW}$$

3.1.3 往复泵的特点

(1)流量不均匀性

往复泵的瞬时流量是不均匀的，图 3－5 所示为不同缸数的单作用泵的流量曲线。可见，单缸泵的流量脉动与活塞的加速度有相同的波形。多缸泵的瞬时流量等于同一瞬时各缸瞬时流量之和。缸数增多脉动减小，奇数缸效果比偶数缸好。故为使叠加后的瞬时流量脉动减小，可取电动机驱动泵各缸曲柄的相位差为$\frac{2\pi}{i}\left(\text{双作用泵为}\frac{\pi}{i}\right)$。

瞬时流量的脉动会引起吸入和排出管路内液体的非匀速流动，从而产生加速度和惯性力，增加泵的吸入及排出阻力。吸入阻力会导致泵的吸入性能降低，排出阻力则会使得泵及管路承受额外负荷。当排出管路细长，系统背压不够大时，脉动的惯性力可能引起吸入和排出阀一起打开，造成液体直接由吸入管冲向排出管的过流现象，还会引起管路压力脉动及管路振动，破坏泵的稳定操作。

消除脉动及减小惯性力的办法如下：

①采用多缸泵或无脉动泵。多缸泵的流量变化情况如图 3－5 所示，利用各缸瞬时流量的叠加，可减小脉动。双缸凸轮泵是一种无脉动泵，可用凸轮形状保证活塞在相当长行程内做匀速运动，在排出行程开始及终了的很短时间内做等加速和等减速运动，整个排出行程对应的转角大于 180°，两凸轮相位使加速段与减速段重合而实现无脉动。

②改变管路特性及往复次数。加速度引起的惯性能头 ΔH_i 可由下式进行理论分析。

$$\Delta H_i=\frac{l}{g}a=R\omega^2\ \frac{l}{g}\left(\frac{D^2}{d}\right)[\cos\alpha+\lambda\cos(2\alpha)] \tag{3-8}$$

式中，l 为管路长度，m；d 为管内径，m；D 为活塞直径，m；ω 为曲柄角速度，rad/s。

由上式可知，缩短管路长度、增大管路内径、减少往复次数(降低曲柄角速度)均可减小惯性能头。注意，在列伯努利方程时必须考虑惯性能头，这是往复泵中液体流动的特点。

③使系统有效扬程大于排出终了时的惯性能头，以免出现过流现象。

④在靠近泵进出口管路上设置空气室，以减小管路上液流脉动。图 3－6 是空气室作用原理图。

如图 3－6 所示，吸入空气室的作用为当泵的瞬时流量大于平均流量时，空气室内气体膨胀，向泵放出一部分液体；当泵的瞬时流量小于平均流量时，吸入压力升高，空气室内气体被压缩，吸入管路中一部分液体流入空气室，这样可使吸入空气室前管路中的流量比较稳定。排出空气室的作用正好相反，是当泵的瞬时流量大于平均流量时，泵的排出压力升高，空气室中气体被压缩，一部分液体(超过平均流量的部分)进入空气室储存；当瞬时流量小于平均流量时，排出压力降低，空气室向排出管路放出一部分液体，从而使空气室后管路中的流量比较稳定。

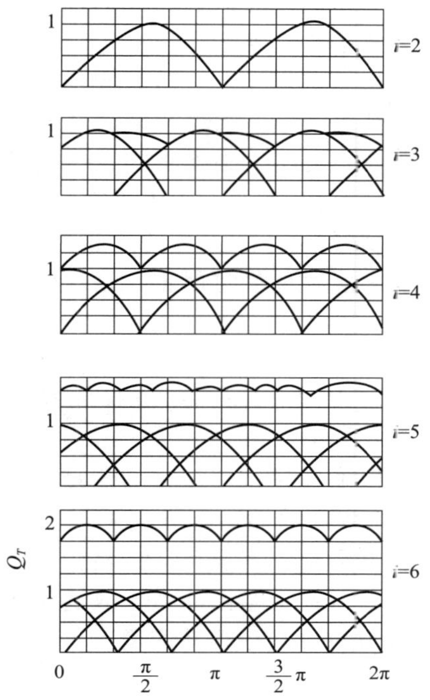

图 3－5　2～6 缸单作用泵的流量曲线

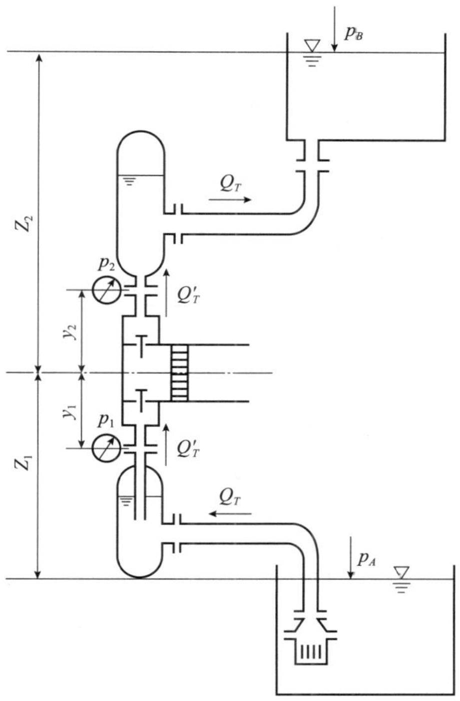

图 3－6　空气室装置示意图

在装有空气室的泵装置中，液体的不稳定流动只发生在泵的工作室到相应的空气室之间的一段距离，而在空气室以外的吸入与排出管路内液体流动较为稳定。空气室中压力是变化的，不可能完全消除流量脉动。

(2)排出压力与结构尺寸和转速无关

往复泵的最大排出压力仅取决于泵本身的动力、强度和密封性能。机动往复泵的流量几乎与排出压力无关。图 3－7 所示为机动往复泵在恒转速下的特性，在压力较高时，由于液体中所含气体溶于其中、阀及填料泄漏损失等，泵流量稍有变化。因此往复泵不能用关闭出口阀调节流量。关闭排出阀时，会因排出压力急增而造成电机过载或泵的损坏。

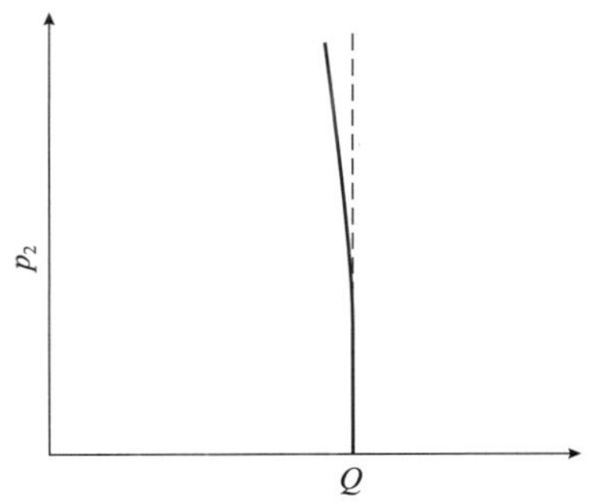

图 3－7　机动往复泵在恒转速下的特性

(3)具有自吸能力

往复泵启动前不需要灌泵便能自行吸入液体，具有自吸能力。但实际使用时仍希望泵缸内有液体，一方面可以立刻吸、排液体，另一方面避免活塞(或柱塞)在泵缸(或与填料箱)产生干摩擦，减少磨损。往复泵的吸入能力与转速有关。转速提高时不仅液体流动阻力增加，而且液体流动中的惯性损失也加大。当泵缸内压力低于液体汽化压力时，会造成泵的抽空而失去吸入能力，因此往复泵转速不能太高，一般泵转速 n＝80～200r/min，吸入高度 4～6m。

往复泵吸入真空度计算与离心泵相同，在确定几何安装高度时要考虑惯性损失的影响。

(4)阀的运动落后于活塞运动

往复泵阀大多数是自动阀，靠阀上、下的压差开启，靠自重和弹簧力关闭。图 3－8

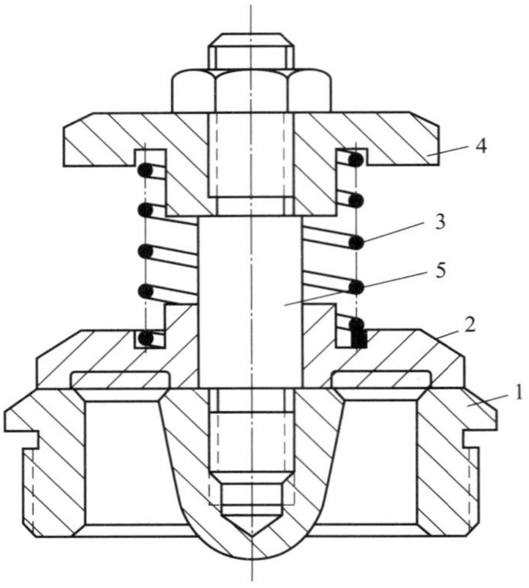

图 3-8 往复泵阀结构

1—阀座；2—阀盘；3—弹簧；4—弹簧座；5—导向螺柱

是泵阀的一种，由阀座、阀盘、导向螺柱、弹簧及弹簧座等主要零件组成。

往复泵阀与活塞运动不一致，阀的运动落后于活塞运动。其原因是，阀盘升起后在阀盘下面充满液体，要使阀关闭，必须将阀盘下的液体排出或倒回缸内，排除这部分液体要有一定时间。因此，阀的关闭要落后于活塞到达止点的时间。活塞速度愈快，落后现象愈严重。这是阻碍往复泵转速提高的原因之一。

(5)其他特点

①往复泵适用于高压、小流量和高黏度的液体。

②流量可精确计量。往复泵的流量可采用各种调节机构达到精确计量，如计量泵。

③流体动力泵具有安全可靠的特点。流体动力泵结构简单，不需要电作动力，故适用于要求防火、防爆、停电维修及无电源的工作场合，在有些腐蚀性介质中也有应用。

3.1.4 其他几种往复泵的结构特点

(1)蒸汽直接作用泵

油气储运及石油化工工业中常用的蒸汽直接作用泵(简称蒸汽泵)有双缸双作用和单缸双作用两种，已成系列产品，有 1QY，1QYR，2QS 及 2QYR 几个系列。下面以 2QYR 系列为例说明型号意义。

例如型号：2QYR25－10/40

其中，2 为缸数；Q 为蒸汽驱动；YR25 为热油泵，25 代表介质温度为 250℃；10 为泵流量，$10m^3/h$；40 为排出压力(表)，40×10^5 Pa。

其他系列中字母含义如下：

Y 代表输送介质为冷油(t<200℃)；S 代表输送介质为水。

图 3-9 所示为 2QYR25 蒸汽直接作用热油泵的结构。这种泵在生产中用来输送 250℃以下的原油及重油产品。可见，双缸蒸汽直接作用泵的配汽室中有四条孔道与气缸相通，

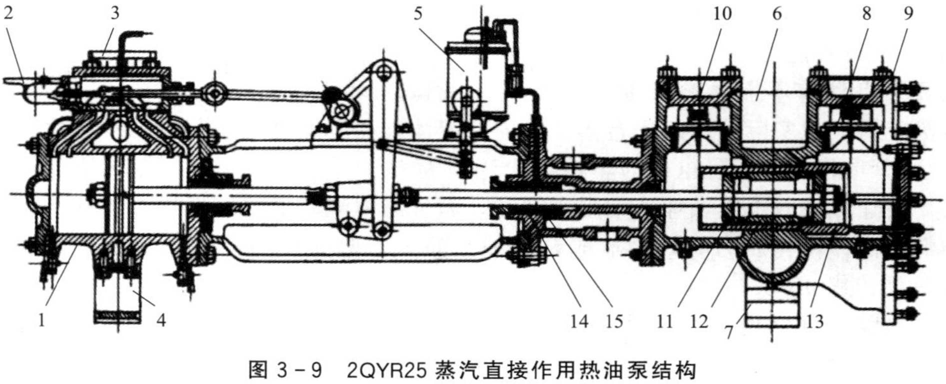

图 3-9 2QYR25 蒸汽直接作用热油泵结构

1—气缸；2—进汽口；3—排气口；4，7—支座；5—注油器；6—泵缸；8—泵阀；9—阀盖；10—弹簧；11—活塞；12—活塞环；13—缸套；14—填料；15—封油环

靠外侧的两条孔道分别为气缸中新鲜蒸汽的进气孔道，靠里侧的两条孔道分别为气缸排出乏汽的孔道。双缸泵是依靠活塞杆与配汽阀相互交叉运动来实现配汽的，泵工作过程中，一个缸的活塞杆带动另一缸的配汽阀实现运动。当Ⅰ缸的活塞向左行至终点时，通过摇臂将Ⅱ缸的配汽阀杆向左推，新蒸汽从配汽室进入Ⅱ缸右侧，推动Ⅱ缸的活塞向左运动。相反，当Ⅱ缸活塞行至终点时，将Ⅰ缸活塞的配汽阀向右推，Ⅰ缸左侧进汽，Ⅰ缸的活塞向右运动，如此重复进行，实现蒸汽的泵送作用。

图 3－10 所示为双缸蒸汽泵的配汽阀板。阀板与拉杆并不是紧固连接的，而是靠螺块或两个调节螺母来带动的。因此配汽阀板到达止点后并不立刻开始反向运动，而是阀杆走过“2y”路程后才开始运动，此间隙称为“休歇”或“游隙”，停留 0.1～0.3s 以保证两活塞相差半个行程。此间隙的存在使活塞到达止点后不立刻返回，有利于吸、排液阀从容地关闭。

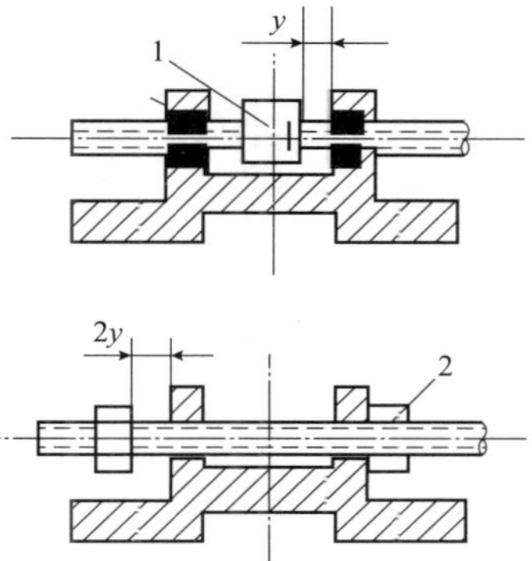

图 3－10　双缸蒸汽泵配汽阀游隙结构

1—螺块；2—调节螺母

蒸汽往复泵的流量可通过蒸汽压力和蒸汽量来控制冲程数进行调节，也可通过调节配汽机构中的螺母，以调节游隙来控制冲程长度进行调节。

单缸泵只有一个活塞杆，不可能由两个活塞杆带动配汽阀交替配汽。所以单缸泵的配汽机构与双缸泵有所不同，如图 3－11 所示。它有主阀与副阀两个配汽阀，都呈圆柱形。主阀控制气缸配汽，而本身又依靠两端蒸汽压差来推动；副阀控制主阀两侧换汽，副阀由活塞杆控制运动。

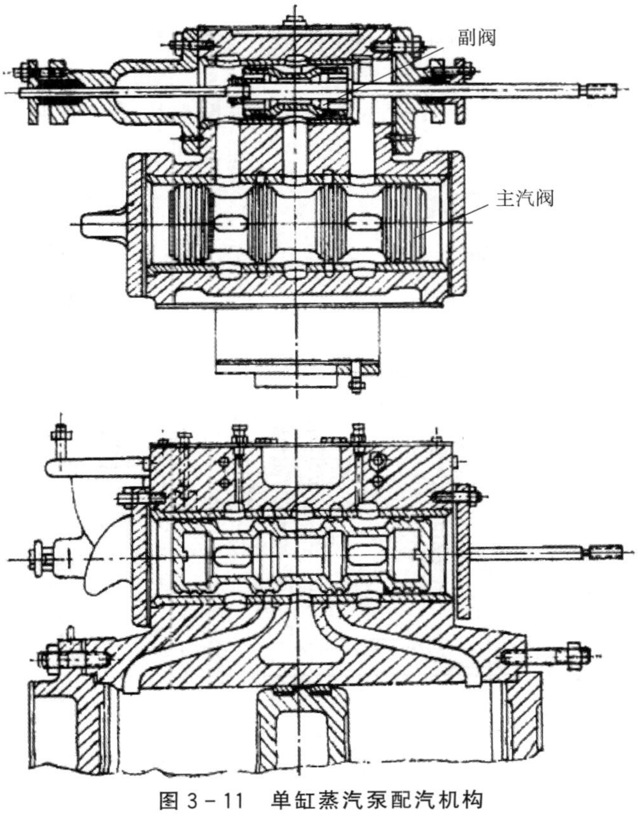

图 3－11　单缸蒸汽泵配汽机构

(2)卧式三柱塞高压泵

图 3-12 所示为 3W-B 型柱塞泵，是卧式三柱塞泵的基本类型。该泵可用于输送高压油、乳化液及清水等介质。经过改型设计后可发展成油气储运用泵，如酮液泵、尿素泵、丙烯泵和高黏度硅酸铝泵等。

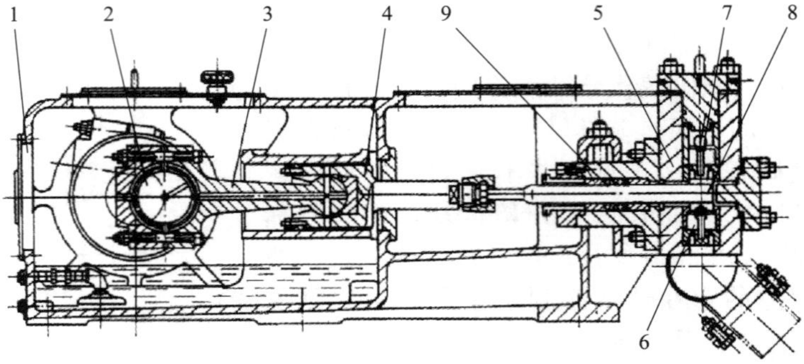

图 3-12　3W-B 系列卧式三柱塞高压泵

1—机座；2—曲轴；3—连杆；4—十字头；5—液缸；6—吸入阀；7—排出阀；8—柱塞；9—填料箱

该泵由传动部分和液缸部分组成。其中传动部分包括单级圆弧齿轮减速器、三个曲柄销互成 120°的曲轴、十字头、连杆(小头与十字头为球窝连接)及箱体等部件。液缸部分则由液缸、阀、柱塞及填料箱组成。液缸中有三个垂直阀孔，每个孔下部为吸入阀，上部为排出阀。阀座与阀盘用不锈钢制成，并经过热处理和研磨，接触面有较高硬度，保证阀有足够的使用寿命和密封性。柱塞由优质合金钢制造，经表面氮化处理及精加工，有较高的硬度和很高的表面光洁度，以提高耐磨性。填料箱与液缸是可拆结构，但填料箱外圆与机座配合应保证柱塞、十字头与填料箱三者同轴，以延长使用寿命和保证密封。

(3)计量泵

油气储运工业中有时需要计量所输送的介质，这时会用到计量泵。图 3-13 所示是有 N 形曲轴调节机构的计量泵，由泵缸、传动装置、驱动机及行程调节机构组成。

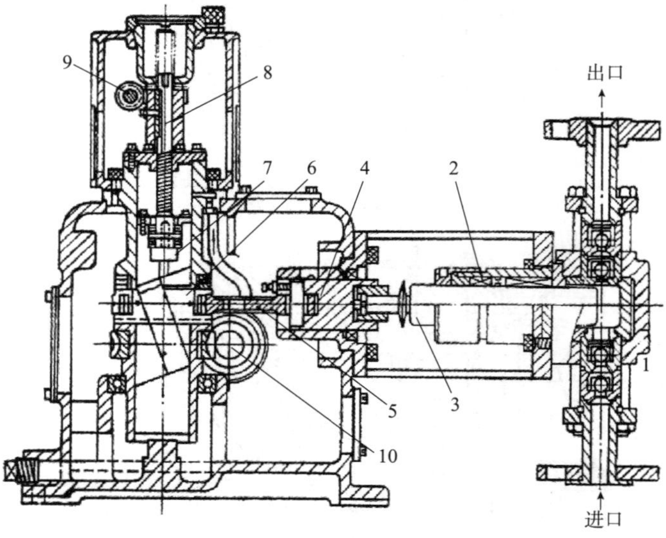

图 3-13　计量泵

1—泵缸；2—填料箱；3—柱塞；4—十字头；5—连杆；6—偏心套；7—N 形曲轴；8—调节螺杆；9—调节用蜗轮蜗杆；10—传动用蜗轮蜗杆

泵缸部分包括缸体、柱塞、进出口阀及填料箱等组件，为提高流量精度，一般将吸入阀和排出阀设计成双层球阀结构。

传动部分：电机经蜗杆蜗轮减速装置带动下套筒，下套筒用滑键带动 N 形曲轴转动，偏心套抱在 N 形曲轴的斜杆上，随轴一起转动，通过连杆带动十字头及柱塞做往复运动。

偏心套的偏心距是可以调节的，转动上端调节螺杆，可使 N 形曲轴在上下套内移动，从而达到改变偏心套偏心距的目的。图 3－14 是调节机构调节原理图。图 3－14(a)中，N 形曲轴在下部，此时 N 形曲轴的偏心度与偏心套的偏心度互相抵消，总的偏心度为零，故行程长度为零。图 3－14(b)中，N 形曲轴与偏心套偏心度相加，偏心半径为行程长的一半，此时泵在全行程工作。由于行程可在 0～100%范围内变化，因而流量也可在 0～100%的范围内调节。

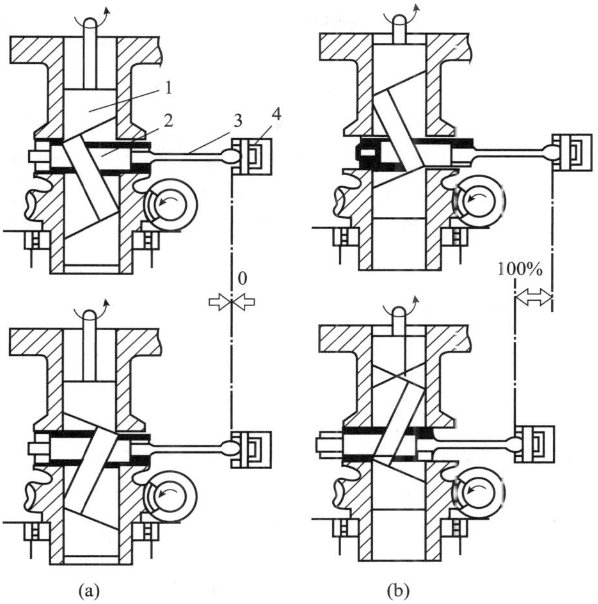

图 3－14　N 形曲轴调节原理

1—N 形曲轴；2—偏心套；3—连杆；4—十字头

(4)隔膜泵

隔膜泵是在往复活塞式泵的基础上，增加隔膜室演变而来的，隔膜室的增加实现了输送介质与活塞的隔离。

①隔膜泵结构及工作原理

作为容积泵，隔膜泵是依靠一个隔膜片的来回鼓动而改变工作室容积实现液体的吸入和排出的。隔膜泵按其所配执行机构使用的动力，可以分为气动、电动、液动三种，即以压缩空气为动力源的气动隔膜泵，以电为动力源的电动隔膜泵，以液体介质(如油等)压力为动力的液动隔膜泵。

隔膜泵主要由传动部分和泵体两大部分组成。传动部分是带动隔膜片来回鼓动的驱动机构，它的传动形式有机械传动、液压传动和气压传动等，其中应用较为广泛的是液压传动。泵体的工作部分主要由曲柄连杆机构、十字头、柱塞、液缸、隔膜、泵体、吸入阀和排出阀等组成，其中由曲柄连杆、柱塞和液缸构成的驱动机构与往复柱塞泵十分相似。

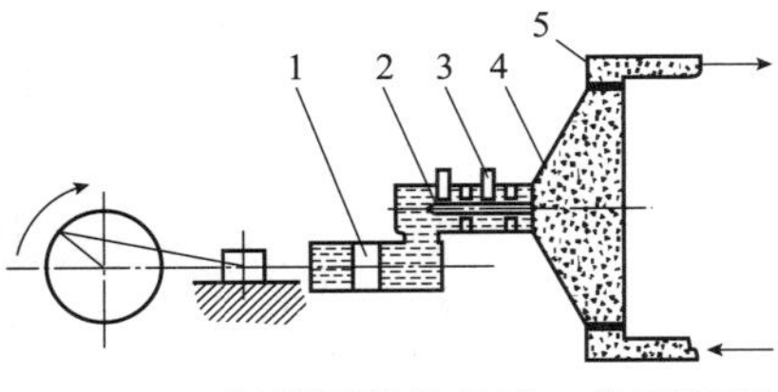

图 3－15　隔膜泵的结构及工作原理图

1—活塞；2—导杆；3—探头；
4—隔膜；5—出料阀

图 3－15 所示为隔膜泵的结构及工作原理图。隔膜泵的主要结构包括活塞、导杆、探头、隔膜和排出阀等。工作过程中，电动机通过减速机驱动曲柄滑块机构，将电动机的旋转运动变为活塞的往复运动。活塞借助油介质使橡胶隔膜(以下简称隔膜)凹凸运动，隔膜腔内容积周期变化。当活塞 1 带着隔膜片 4 向后运动时，泵腔容积增大，形成局部真空，排出阀 5 关闭，吸入口的液体在压差作用下，顶开吸入阀，液体被吸入泵腔。当活塞 1 带动隔膜

片 4 向前运动时，泵腔容积减少，压力升高，吸入阀关闭，泵腔内的液体顶开排出阀 5 排出液体。由于被输送液体只与泵缸、吸入阀、排出阀及隔膜的一边接触，与活塞及密封装置不接触，输送含有固体颗粒泥浆一类杂质的介质时，工作状态良好，使泵缸、柱塞和密封装置等零件减少磨损，保证了这些运动部件的使用寿命。

由于隔膜泵中与输送介质直接接触的只有隔膜和进出料阀件，克服了活塞泵中活塞密封件易磨损的缺点。在隔膜泵中隔膜片被称为易损件，但可以定期更换。一般隔膜片需要有良好的柔韧性，还要有较好的耐腐蚀性能，通常用聚四氟乙烯、橡胶等材质制成。隔膜片两侧带有网孔的锅底状零件是为了防止膜片局部产生过大的变形而设置的，一般称为膜片限制器。隔膜泵中另一类易损件为进出口阀。通过合理的设计，可使阀件、隔膜更换迅速、方便。

隔膜泵的独特结构使其具有以下特点：

a. 无轴封、无泄漏、流道宽敞，所以输送含颗粒、高黏度(黏度可达 10^4cP)、易挥发和腐蚀性介质时，不会造成环境污染和危害人身安全。

b. 无旋转部件，通过性能好，允许通过最大颗粒直径达 10mm；液体无剪切流动，泵自身部件磨损小；对输送物损伤小，可输送污泥和生命体如小鱼苗之类。

c. 不需灌引水，自吸能力强，吸程高达 7m，长时间干呼吸，对泵不损坏；一旦超负荷，泵便会自动停机，负荷恢复正常时，能自动启动运行，具有自我保护功能。

d. 气动泵扬程可达 50m，电动泵扬程可达 30m，出口压力可达 0.6MPa。

e. 气动泵可以浸没在介质中工作，无电源通过，安全可靠。

f. 气动泵不需电源，更适合易燃、易爆场合的介质输送。

②技术参数

隔膜泵的技术参数是指其基本性能参数、连续运转率及易损件寿命、输送介质及运行工况参数。基本性能参数是指输送的流量、吸入压力、排出压力、电动机功率及调速性能、泵的重量、泵的外形尺寸等。连续运转率是指泵的工作制及效率。易损件寿命是指橡胶件及阀件等的寿命，这两个参数是相互关联的。输送介质参数是指所输送的介质的密度、粒度、黏度、酸碱性、温度、质量浓度等。运行工况参数涉及隔膜泵选型的经济性、合理性。

隔膜泵的流量可分为理论平均输出流量、实际平均输出流量及瞬时输出流量。泵的活塞在每个往复行程中排出的液体体积是相等的，泵的理论平均输出流量是恒定的，其值为：

$$Q_{th}=kzAsn\tau/60 \tag{3-9}$$

式中，Q_{th} 为理论平均输出流量，m^3/s；k 为作用数，单作用泵 $k=1$，双作用泵 $k=2$；z 为活塞缸数；A 为活塞面积，m^2；s 为活塞行程，m；n 为活塞每分钟的往复次数，min^{-1}；τ 为排挤系数，为考虑活塞杆面积 A_d 对流量减少的系数，$\tau=1-A_d/2A$。

泵阀的开启、关闭及液体中含气等原因，使泵的实际排出流量要小于其理论平均输出流量，实际的平均输出流量值：

$$Q=Q_{th}\eta=\eta kzAsn\tau/60 \tag{3-10}$$

式中，Q 为实际平均输出流量，m^3/s；η 为流量系数，$\eta=0.88\sim0.98$。

隔膜泵瞬时输出流量是周期性变化的，其值可按下式计算：

$$Q_s=AR\omega\sin\varphi \tag{3-11}$$

式中，R 为曲柄半径，m；ω 为曲柄角速度，rad/s；φ 为曲柄转角，rad。

单缸单作用隔膜泵的瞬时理论流量是脉动的。工业生产中普遍应用的隔膜泵结构形式为卧式双缸双作用及卧式三缸单作用(以下简称双缸双作用、三缸单作用)泵，其瞬时流量曲线可由单缸单作用的瞬时流量曲线叠加得到(图 3－16)，对于双缸双作用，两缸的活塞的相角差 $\varphi=90°$。

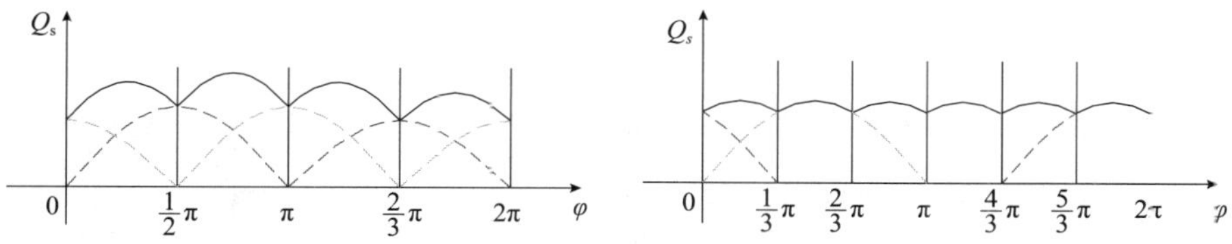

(a)双缸双作用泵瞬时流量曲线图　　(b)三缸单作用泵瞬时流量曲线图

图 3－16　双缸双作用及三缸单作用泵瞬时流量曲线

流量不均匀系数 δ_q 表示瞬时流量不均匀程度，其表达式如下：

$$\delta_q=(Q_{smax}-Q_{smin})/Q_{sm} \tag{3-12}$$

式中，Q_{smax} 为最大瞬时流量，m^3/s；Q_{smin} 为最小瞬时流量，m^3/s；Q_{sm} 为平均流量，m^3/s。

隔膜泵工作过程中流量脉动必然造成压力脉动，并且是二次方放大的关系。在实际工业生产中，一般压力不均匀系数值为 0.01～0.05，高压时取小值，低压时取大值。为保证隔膜泵及管路的正常使用，必须设置进出料补偿装置。进出料补偿装置形式很多，常用的有圆筒补偿罐及球形空气室、筒式空气室。大多数往复泵经过补偿装置后，其压力不均匀系数大多能达到 0.01～0.05 的要求。

③型号及规格参数

油气储运工程中常用隔膜泵的结构有单缸单作用、双缸双作用、三缸单作用等几种，已成系列产品。下面详细说明其型号意义。

其中双缸双作用隔膜泵的型号为 SGMB　XX　/＊＊形式，各部分意义如下：

S——双缸双作用；GMB——隔膜泵；XX——最大流量，m^3/h；＊＊——最大压力，MPa。

三缸单作用隔膜泵的型号为 DGMBXX/＊＊形式，各部分意义如下：

D——三缸单作用；GMB——隔膜泵；XX——最大流量，m^3/h；＊＊——最大压力，MPa。

合理选择输送泵型是保证整个工艺系统可靠、经济运行的关键，应具体考虑如下因素：

a. 输送介质的密度、粒度、介质的浓度、温度和磨蚀性；

b. 泵型对管路运行工况变化的适用性；

c. 泵的吸入性能及效率；

d. 安全可靠性；

e. 运行的经济性。

3.2　螺杆泵

螺杆泵也是容积式泵的一种，其工作过程中依靠螺杆与衬套或几根相互啮合的螺杆间容积变化来实现液体的输送。按照结构的不同螺杆泵可分为单螺杆泵和多螺杆泵(双螺杆、三螺杆、五螺杆等)，下面针对不同结构的螺杆泵具体分析其工作原理、分类及特点。

3.2.1　螺杆泵的工作原理和分类

(1)单螺杆泵

单螺杆泵是一种较新的水力机械，目前在石油钻采和石油输送中有较广泛的应用。图 3－17 所示是一个单螺杆泵的结构简图。单螺杆泵中最重要的元件是衬套 2 和螺杆 3 组成的衬套螺杆副。由于单螺杆在衬套中进行复杂的行星运动，所以在螺杆与中间传动轴之间有一个偏心联轴节 4，也可以用万向联轴节或挠性轴代替偏心联轴节。偏心联轴节或挠性轴的尺寸根据所传递的功率及转速确定。

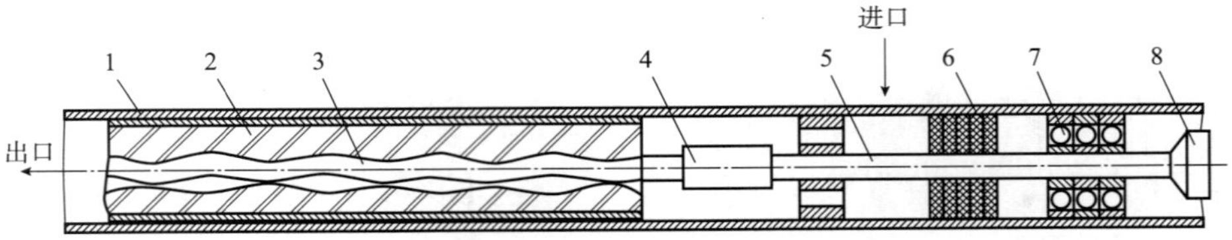

图 3-17　单螺杆泵结构简图

1—泵壳；2—衬套；3—螺杆；4—偏心联轴节；5—中间传动轴；6—密封装置；7—径向止推轴承；8—普通联轴节

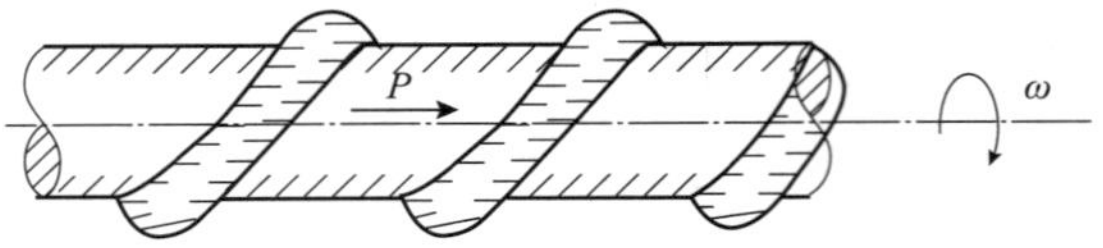

图 3-18　单螺杆泵作用原理

单螺杆泵是依靠一根螺杆的旋转实现向前推送液体的，如同螺旋输送机的螺旋桨。如图 3-18 所示，ω 是螺杆旋转方向，P 是液体被推进的方向。单螺杆泵工作时，螺杆和具有内螺旋面的衬套相互配合，依靠螺杆的棱线推挤液体前移，达到一定的排量和扬程。旋转过程中，螺杆与衬套把液体沿轴向分开，又在径向把液流一分为二，形成一个个密封腔。所以，在每个螺杆衬套副中，螺杆是单线螺旋面，衬套内表面是双线螺旋面，两者的旋向相同，即同为右旋或左旋。螺杆形状的旋向与传动轴的转向决定液体在泵中的流向，如果螺杆为左旋形状，观察者由螺杆衬套副的任一端看去，传动轴顺时针旋转，则液体远离观察者；如果逆时针旋转，液体将流向观察者。如果是右旋螺杆则情况相反。

螺杆的任一断面都是半径为 R 的圆，如图 3-19 所示。整个螺杆的形状可看成是由很多半径为 R 的极薄圆盘组成的，不过这些圆盘的中心 O_1，以偏心距 e 绕螺杆本身的轴线 O_2Z 一边旋转、一边按一定螺距 t 向前移动。也就是说，圆盘圆心 O_1 的轨迹是螺距为 t，距 O_2Z 偏心距为 e 的螺旋线。

衬套的材料是橡胶，它的断面是由两个半径为 R（等于螺杆断面半径）的半圆和两个长为 $4e$ 的直线段组成的长圆形，如图 3-20 所示。衬套的双线内螺旋面就是由上述断面绕衬套的轴线 OZ 旋转的同时，按一定的导程 $T=2t$ 向前移动所形成的。

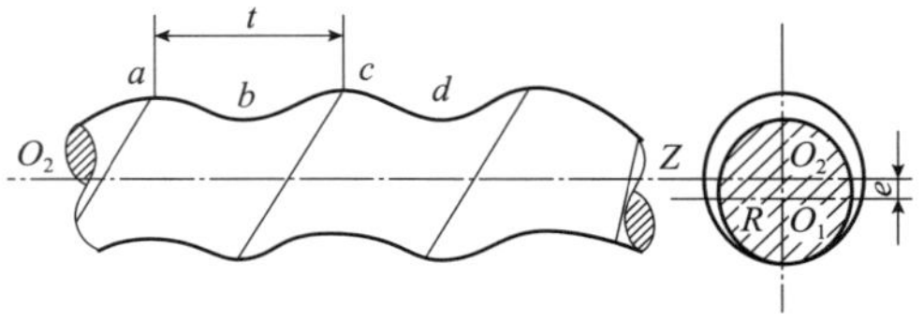

图 3-19　单螺杆泵的螺杆图

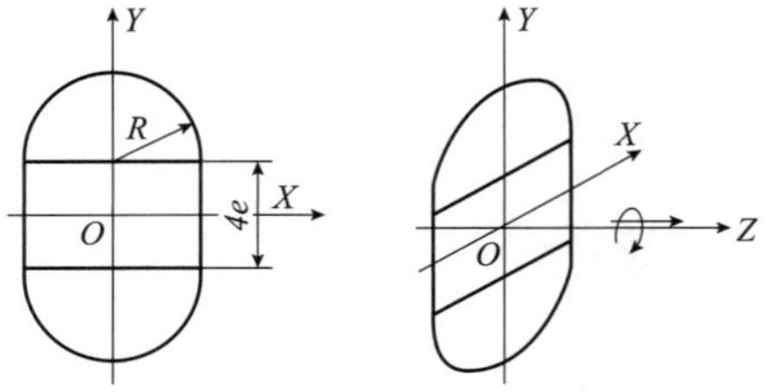

图 3-20　衬套横断面形状及螺旋面的形成

螺杆在衬套中的位置不同时它们之间的接触点也不同。螺杆断面在衬套长圆形断面的两端时，螺杆和衬套的接触为半圆弧；在衬套其他位置时，螺杆和衬套仅有两点接触。由于螺杆和衬套是连续啮合的，这些接触点就构成了空间密封线，在衬套的一个导程 T 内形成一个密封腔室。这样在单螺杆泵的轴向，衬套内螺旋面与螺杆的螺旋面形成了一个一个封闭腔室。可见，设计中衬套螺杆副的长度必须大于衬套的一个导程 $L \geqslant T=2t$，才能形成完整的密封腔以保证泵有一定的流量和扬程。

单螺杆泵的理论排量为：

$$Q_T = 4eDTn \times 10^{-6} \tag{3-13}$$

式中，e 为螺杆转子的偏心距（现有结构的单螺杆泵的偏心距在 1～8mm 范围内变化），mm；D 为螺杆截面的直径，$D=2R$，mm；T 为衬套的导程，$T=2t$，mm；n 为螺杆转速，r/min。

单螺杆泵的实际排量为：

$$Q = Q_T\eta_V = 4eTn\eta_V \times 10^{-6} \tag{3-14}$$

式中，η_V 为容积效率。

由上述公式可见单螺杆泵的排量与结构参数 e、D、T、n 有关。对现有单螺杆泵结构和使用情况的分析表明，在 e、D、T 三参数之间存在一定的联系，三参数维持一定比值时才能保证泵长期高效地工作。对小排量、高扬程单螺杆泵，其比值为：$2 \leqslant T/D \leqslant 2.5$，$28 \leqslant T/e \leqslant 32$。在实际排量的初步计算时，容积效率的选取可按如下确定：对具有过盈值的螺杆衬套副取 $\eta_V = 0.8 \sim 0.85$；对具有间隙值的螺杆衬套副取 $\eta_V = 0.7$。

（2）多螺杆泵

多螺杆泵有双螺杆、三螺杆、五螺杆等。其中一根螺杆是主动螺杆，呈右旋凸螺杆；其余为从动螺杆，呈左旋凹螺杆。其工作原理如图 3－21 所示。当螺杆转动时，吸入腔一端的密封线连续地向排出腔一端做轴向移动，使吸入腔容积增大，压力降低，液体在泵内外压差作用下沿吸入管进入吸入腔。随着螺杆的转动，密封腔内的液体连续而均匀地沿轴向移动到排出腔。随着排出腔一端的容积逐渐缩小，即将液体排出。

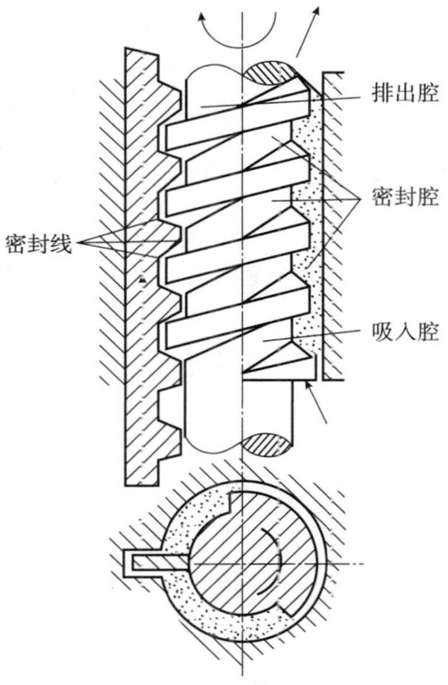

图 3－21 多螺杆泵输液原理

①双螺杆泵

双螺杆泵是多螺杆泵的一种，其结构如图 3－22 所示，主要由主动螺杆、从动螺杆、泵体、安全阀、同步齿轮和滚动轴承等组成。两根螺杆相互啮合形成工作腔，依靠密封工作腔容积的变化实现吸入和排出流体。其分类方式很多，如根据密封性可分为密封型和非密封型；根据泵体内安放轴承的位置分为内置轴承和外置轴承两种形式；根据螺杆转子头数分为单头和双头；还可以根据不同的螺杆螺旋端面（型线）形状来划分，如 A 型、B 型等。密封型产品目前主要是 B 型齿双螺杆泵和由摆线三螺杆泵衍生出的摆线啮合双螺杆泵。非密封型是指 A 型、C 型和 Ω 型双螺杆泵。双螺杆泵可以输送黏度范围非常宽广的各种介质，还可以气液混输、固液混输，广泛应用于油气储运、石油化工等领域。

双螺杆泵工作过程中，主动螺杆由原动机驱动，并且通过同步齿轮带动从动螺杆旋转，实现外啮合。并且每根螺杆轴上有两个可以左右旋转的螺旋套与之配合。双螺杆泵作为一种容积式泵，泵体孔壁和螺旋槽之间形成多个啮合空腔。螺杆转动时，吸入腔一端不断吸入液体，在螺杆的作用下，啮合空腔产生平行移动，液体不断被推向前，直到排出泵体，进入输出管道，实现泵输送液体的目的。双螺杆泵通常由一对模数和齿数都相同的同步齿轮传动，以保证两螺杆工作型面间互相不接触，避免金属之间的摩擦，提高泵运行的可靠性。

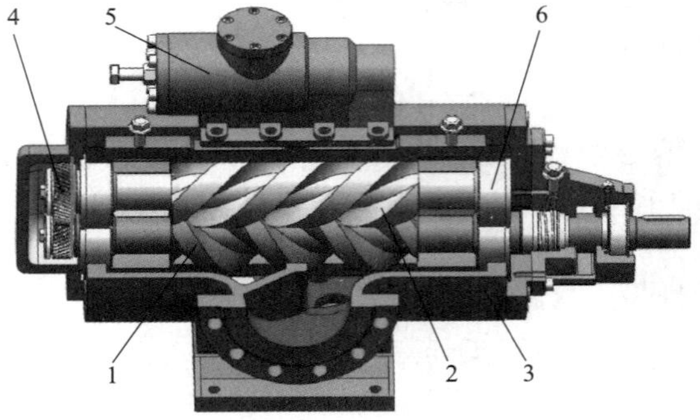

图 3－22　双螺杆泵结构图

1—主动螺杆；2—从动螺杆；3—泵体；4—同步齿轮；5—安全阀；6—滚动轴承

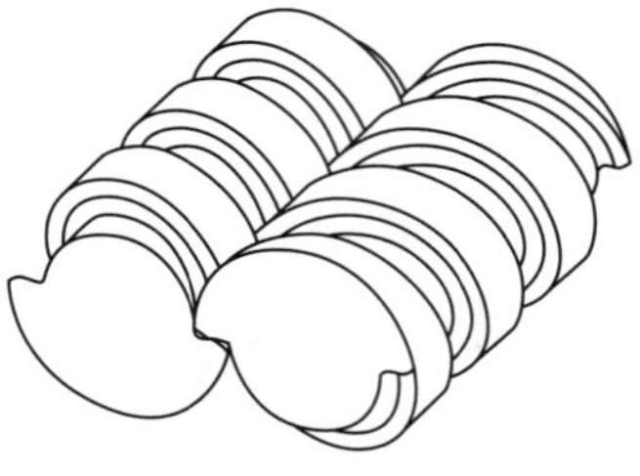

图 3－23　双螺杆泵转子端面型线

根据上述工作原理可知，双螺杆泵的性能主要受相互啮合的两螺杆转子的结构影响，不同的转子型线可以形成不同结构类型的螺杆转子。图 3－23 所示为相互啮合双螺杆转子型线图，螺杆转子的型线是构成转子端面的曲线，也是转子的螺旋面与轴线相垂直面的交线。目前双螺杆泵常见型线的组成曲线有多种类型，如摆线、圆弧、点、椭圆、渐开线等，不同类型组合而成的齿形曲线构成不同品种的螺杆泵。摆线综合了多种曲线的性能优点，在实际中被广泛使用。

在确定了双螺杆泵转子端面型线后，其实际流量可由螺杆转子的过流断面面积 A、螺杆转子的节距或导程 T、转子的转速 n，三者共同决定，计算公式如下：

$$Q_T = ATn \tag{3-15}$$

式中，A 为螺杆转子的过流断面面积，m^2；T 为转子的导程或节距，m；n 为转子的转速，r/min。

②三螺杆泵

在多螺杆泵中最常见的是三螺杆泵。三螺杆泵在油库和泵站中常作为辅助用泵来输送润滑油及中等黏度的原油，在石油化工厂中常用来输送机泵装置的润滑油和密封油。油气混输用的双吸卧式三螺杆泵广泛用于各油田的油气集输。

图 3－24 所示为一台卧式双吸三螺杆泵结构图。它的主要构件有主动螺杆 1、两个从动螺杆 2 和 7、衬套 3、泵体 4、填料箱 5、轴承 6 等。衬套外面是圆柱形，与泵体配合形成吸油腔与排油腔，衬套内有三个相互连接的圆孔，三个孔与三个螺杆相配合。为了使轴端便于密封并减小由伸出端引起的不平衡轴向力，通常都是两边吸油中间排油。轴向力基本上得到平衡，未平衡的只是主动螺杆伸出端为大气压、另一端为吸入腔压力而引起的轴向力。

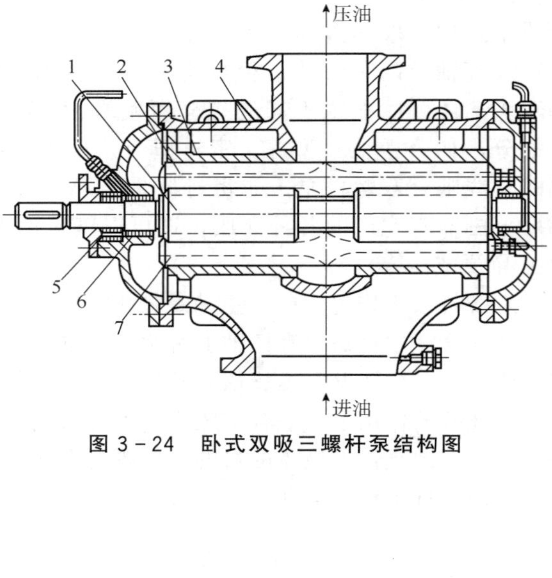

图 3－24　卧式双吸三螺杆泵结构图

为保证在任一瞬时至少有一条密封

线来隔开泵的吸入腔与排出腔，螺杆和泵套的最小长度 L 应大于形成两条密封线之间的轴向距离。一般根据泵的压力不同按表 3-2 选取。表中，t 为螺距($t=T/2$)，适用于输送黏度为 3～80°E(恩氏黏度)的液体。黏度为 1.2～3°E 的液体，螺杆和泵套长度还应适当增加。

表 3-2 螺杆与泵套长度

$p/(\times10^5 Pa)$	长度 L
10	$2.2t$
25	$4t$
64	$6t$
160	$12t$
320	$24t$

三螺杆泵的流量按下式计算：

$$Q=1.243\times10^{-3}Td_i^2n\eta_V \tag{3-16}$$

式中，d_i 为螺杆节圆直径，cm；n 为转速，r/min；T 为螺杆导程，一般 $T=\left(\frac{4}{3}\sim\frac{10}{3}\right)d_i$，cm；$\eta_V$ 为容积效率，一般 $\eta_V=0.75\sim0.95$，在压力低、d_i 大时，η_V 取大值。

三螺杆泵的型号与规格。目前我国生产的三螺杆泵主要是由 G、U 表示的螺杆泵，另加一些附加字母，其意义见表 3-3。国内生产的三螺杆泵很多，其技术规格范围见表 3-4 及表 3-5。

表 3-3 油气混输双吸卧式三螺杆泵的技术规格

符号	意义	适用范围
G	螺杆泵	不含固体颗粒、无腐蚀、黏度 3～80°E、温度不超过 80℃的油类及润滑性液体如润滑油、燃料油、原油、化纤黏胶等
U	螺杆泵	
L	立式	
R	一般结构	
Y	一般结构	输送 3～50°E 的燃料油如重油、渣油输送润滑性较差的液体如轻柴油等
S	双吸式	
W	一般结构	适用于大流量泵使用温度最高为 150℃与船舶配套用黏度 1000～500000cP(1cP=1×10⁻³Pa·s)的高黏度液体
C	船用结构	
N	高黏度泵	
K	含固体颗粒	输送含有小固体颗粒或纤维的液体
F	耐腐蚀	输送腐蚀性液体

表 3-4 三螺杆泵主要技术规格范围

型号	黏度	流量/($m^3\cdot h^{-1}$)	压力/($\times10^5$Pa)	转速/($r\cdot min^{-1}$)	电机功率/kW
3G	3～50°E	0.2～590	4～100	3000	0.6～225
				1500	
				970	
3U	1.5～80°E	2.0～380	4～100	3000	1.5～200
				1500	
				960	
3GH	1～500Pa·s	0.4～21	5～16	100～600	

表 3-5 油气混输双吸卧式三螺杆泵

型号	理论排量/($m^3 \cdot h^{-1}$)	转速/($r \cdot min^{-1}$)
双吸 12-15 型	12	1500
	24	3000
双吸 40-15 型	40	1500
	80	3000
双吸 150-15 型	150	1500
	300	3000

型号举例：3GR25×4—1.6/25，3GC50×10/5，3GS160D×3—280/16

其中，3G——三螺杆泵；R，C，S——分别代表一般结构、船用结构和双吸结构；25×4，50×2，160D×3——主动螺杆外径(mm)×螺纹工作长度的螺距数(D表示导程不等)；1.6/25，10/5，280/16——设计点流量(m^3/h)/设计点压力($\times 10^5 Pa$)。

3.2.2 螺杆泵的工作特点

(1)螺杆泵流量均匀。当螺杆旋转时，密封腔连续向前推进，各瞬时排出量相同。因此，它的流量比往复泵、齿轮泵要均匀。

(2)受力情况良好。多数螺杆泵的主动螺杆不受径向力的作用，所有从动螺杆不受扭转力矩的作用。因此，泵的使用寿命较长。有些泵做成双吸结构，还可以平衡轴向力。

(3)除单螺杆泵外，其他螺杆泵无往复运动，不受惯性力影响，故转速可以较高，一般转速度为1500～3000r/min。同样排量下，机器的体积、质量均小于往复泵。单螺杆泵因有星形运动，所以有惯性力，但由于偏心距很小，惯性力也很小。目前单螺杆泵转速高的可达3000r/min。由于单螺杆泵体积小，呈管状结构，故可深入井下，制成电动潜油泵。

(4)运转平稳，噪声小，被输送液体不受搅拌作用。螺杆泵密封腔空间较大，有少量杂质颗粒也不会妨碍工作。

(5)具有良好的自吸能力。因螺杆密封性好，可以排送气体，启动时可不用灌泵，可用于气液混相输送。

3.3 齿轮泵

3.3.1 齿轮泵的工作原理及分类

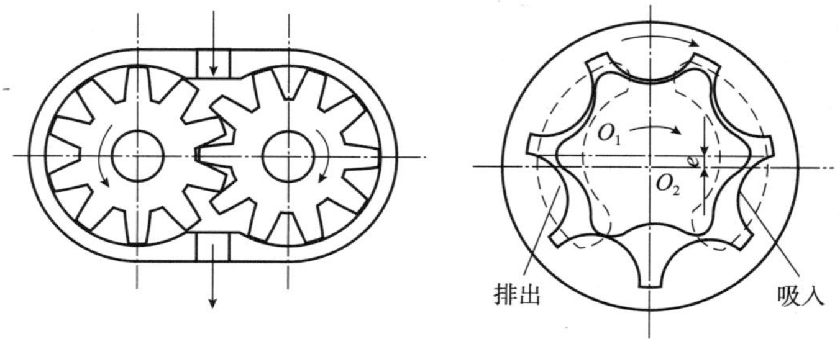

(a) 外啮合　　(b) 内啮合

图 3-25 齿轮泵分类

(1)齿轮泵的基本构成

齿轮泵的工作机构是一对互相啮合的齿轮，根据啮合特点，可分为外啮合和内啮合两种，如图3-25所示。齿轮泵的齿形有渐开线齿形和圆弧—摆线齿形。常见的外啮合齿轮泵多采用渐开线齿形，有直齿、斜齿、人字齿几种。在相同流量下，内啮合齿轮泵尺寸小于外啮合齿轮泵。内啮合齿轮泵的流量也比外啮合齿轮泵均匀，但制造加工比外啮合齿轮泵复杂。外啮合齿轮泵的齿轮数目为 2～5 个，以两个齿轮者最常用。内啮合齿轮泵只有两个齿轮。

图 3－26 所示是一台外啮合直齿型齿轮泵，由泵体、主动齿轮、从动齿轮、轴承、前后盖板、传动轴及安全阀组成。

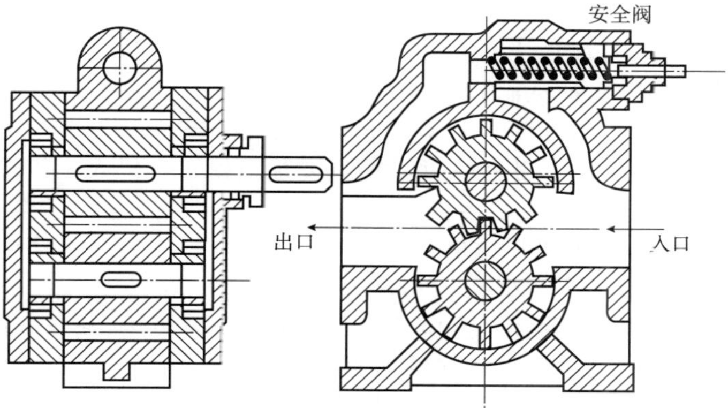

图 3－26　齿轮泵结构

(2)齿轮泵的工作原理

齿轮泵是容积式泵的一种，它依靠两齿轮相互啮合过程中所形成的工作容积的变化来输送液体，如图 3－27 所示。工作容积由泵体、侧盖及齿轮的各齿间槽构成，啮合齿 A、B、C 将此空间分隔成吸入腔和排出腔两部分。当一对齿按图示方向转动时，位于吸入腔的 C 齿逐渐退出啮合，使吸入腔容积逐渐增大，压力降低，液体沿管道进入吸入腔，并充满齿间容积。随着齿轮转动，进入齿间的液体被带到排出腔。由于齿的啮合占据了齿间容积，使排出腔容积变小，液体被排出。因此，齿轮泵的特点是：流量与排出压力基本上无关；流量和压力有脉动；无进、排液阀，结构比往复泵简单，制造容易，维修方便；运转可靠，流量比往复泵均匀。但是由于齿轮泵在工作过程中，输送介质与啮合齿接触，故对输送介质的清洁度要求较高，故一般齿轮泵适用于不含固体杂质的高黏度(常大于 2200mm²/s)液体。

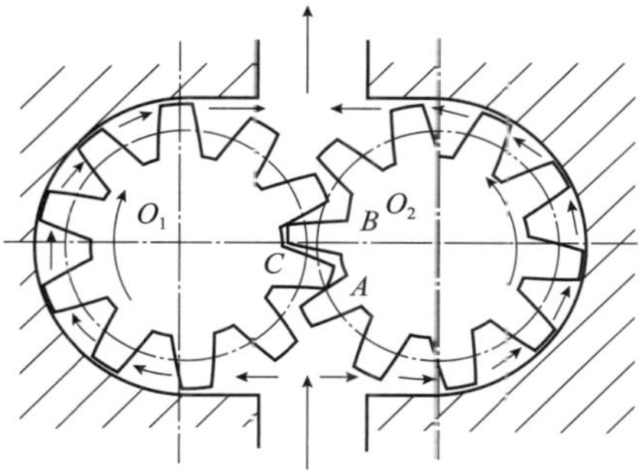

图 3－27　齿轮泵工作原理图

3.3.2　齿轮泵的型号

目前我国生产的齿轮泵有 Ch 型、2CY 型和 KCB 型三种。这些泵适用于输送无腐蚀性、无固体颗粒的各种油类及有润滑性的液体。液体温度一般不超 70℃，特殊要求的泵也可达 300℃左右，可用作油料输送及机器润滑系统供油。

Ch 型齿轮泵输送液体黏度可达 200°E，一般用于 30°E 左右。

齿轮泵型号的意义如下：

Ch－4.5　Ch——齿轮泵；　4.5——每 100 转的体积流量，L。

KCB－300　K——带安全阀；　CB——齿轮泵；　300——流量，L/min。

2CY－2.1/25　2C——双齿轮；Y——油泵；2.1——流量，m^3/h；25——排出压力，$\times 10^5$Pa。

3.3.3 齿轮泵的主要性能参数

(1)流量

齿轮泵的理论流量常用近似公式计算。假定泵每转压出的液体量等于两个齿轮齿谷容积的总和，并假定齿谷容积等于齿的体积。由于齿高一般为 $2m$，故泵每转的排容 V_h 为：

$$V_h = 2\pi Dmb \times 10^{-6} \tag{3-17}$$

式中，V_h 为泵每一转的排容，L/r；m 为齿轮模数，mm；b 为齿宽，mm；D 为齿轮节圆直径，$D=mz$，mm；z 为齿数。

泵每分钟的理论流量为每转排容 V_h 与泵转速的乘积：

$$Q_T = V_h n = 2\pi m^2 zbn \times 10^{-6} \tag{3-18}$$

实际上齿谷的容积比齿的体积稍大些，所以要加以修正，代入 π 值得：

$$Q_T = 6.66 m^2 zbn \times 10^{-6} \tag{3-19}$$

考虑容积效率的影响后得实际排量为：

$$Q = 6.66 m^2 zbn \eta_V \times 10^{-6} \tag{3-20}$$

式中，Q_T、Q 分别表示理论流量和实际流量，L/min；n 为转速，r/min；η_V 为容积效率，一般为 0.7～0.9，高压小流量泵 η_V 值取较小值。

通过上述公式可知，影响齿轮泵流量的因素主要有转速、模数和齿数及齿宽。转速越高，在同样结构尺寸下流量越大，一般由选配电动机来确定。若转速过高，离心力太大，会使齿谷中不能充满流体，影响泵的流量，故对节圆上的线速度有一定限制。模数和齿数对流量的影响为在外形尺寸一定时，齿数越小、模数越大，流量就越大。因此，齿轮泵中齿轮的齿数比一般传动齿轮的齿数少，而模数较大。常见齿数在 8～14 范围。模数大齿数少，则流量脉动振幅大。一般中低压齿轮泵的模数见表 3-6。为了减少齿数且避免齿轮根切，一般采用修正齿轮，最少齿数可达到 6。齿宽与流量成正比，但齿宽越大，轴承所承受的负荷也越大，使泵的尺寸增大、寿命缩短。齿宽 b 与顶圆直径 D_c 之比按表 3-7 确定。

表 3-6 一般中低压齿轮泵的模数

流量 $Q/(\mathrm{L\cdot min^{-1}})$	4—6—10	10—15—32	40—50—63	80—100—126
模数 m/mm	1.5～2	2.5～3	3.5～4	4.2～5

表 3-7 齿轮泵的 b/D_c 值

排出压力 $p_2/(\times 10^5\,\mathrm{Pa})$	35	70	105	140
b/D_c	1	0.8	0.6	0.4

(2)功率

齿轮泵的有效功率 N_c 为：

$$N_c = \frac{1}{1000} pQ \tag{3-21}$$

式中，N_c 为有效功率，kW；Q 为实际流量，$\mathrm{m^3/s}$；p 为泵的全压力，Pa。

齿轮泵的轴功率 N 为：

$$N = \frac{1}{1000\eta} pQ \tag{3-22}$$

式中，η 为泵效率，$\eta=\eta_V\eta_m=0.6$～0.8，η_V 为容积效率，η_m 为机械效率。

3.3.4 齿轮泵的典型问题

(1)齿轮泵的困液现象和卸荷措施

为保证齿轮泵连续输送液体和啮合时运动平稳，必须使齿轮啮合的重叠系数大于 1，即要求前一对齿尚未脱开，后一对齿就进入啮合。在一段时间中两对齿轮同时啮合，有两条啮合线，因而有一部分液体被困在两啮合线及两端盖形成的封闭容积内，此容积称为“闭死容积”，如图 3－28(a)所示；当齿轮继续转动时，闭死容积逐渐减小并达到最小值，如图 3－28(b)所示；随后这一容积又逐渐增大，直到第一对啮合齿脱开时，容积增至最大，如图 3－28(c)所示；闭死容积的变化规律如图 3－28(d)所示。

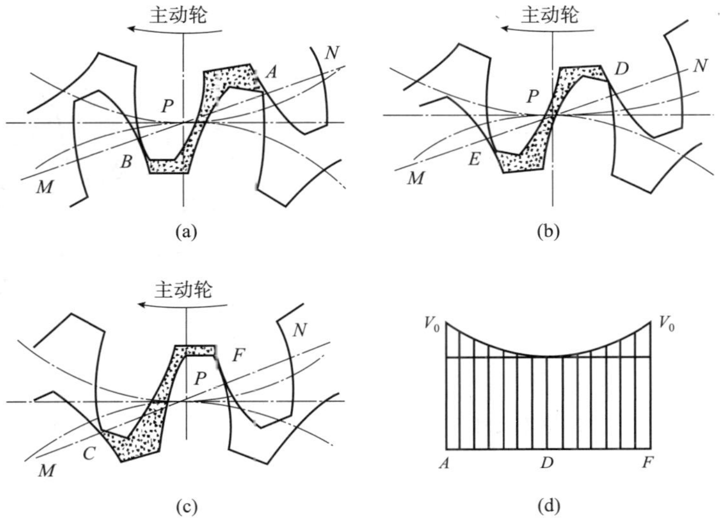

图 3－28　齿轮泵的闭死容积

当闭死容积由大变小时，被困在容积内的液体受到挤压，压力急剧升高，达到远大于泵排出压力(可以超过 10 倍以上)的程度。于是被困液体从一切可以泄漏的缝隙中强行挤出，这时齿轮和轴承受到很大的脉冲径向力，功率损失增加，磨损加剧。当闭死容积由小变大时，剩余的被困液体压力下降，形成局部真空，使溶解在液体中的气体析出，或液体本身汽化形成汽蚀，使泵产生振动和噪声，这种现象称为“困液现象”。困液现象对齿轮工作性能及寿命的危害很大。为消除困液现象，可以采取一些卸荷措施，使闭死容积与吸入或排出腔连通。

第一种措施是开卸荷槽，图 3－29 中虚线表示在两端盖上的卸荷槽位置，有对称式与非对称式两种，$C-C$ 断面表示卸荷槽的深度。非对称式在齿侧间隙很小时采用，其位置向吸入腔偏移一段距离，其卸荷槽间距为 $y=\pi\dfrac{m^2z}{A}\cos^2\alpha$。$m$ 为齿轮的模数。当压力角 $\alpha=20°$，齿轮中心距 A 为标准值($A=zm$)时，$y=2.78m$。对称式 $y'=\dfrac{1}{2}y$，非对称式 $y'=0.8m$，$e=1.2m$，$c>2.5m$。图中 h' 是槽的深度，根据模数 m 的大小选取。

第二种措施是开卸荷孔，如图 3－30 所示，从动轴固定不动，从动齿轮在轴上空转，轴上铣出两个凹槽 P，在从动齿轮的每个齿顶和齿谷底部开卸荷孔。当闭死容积变小时，卸荷孔通过轴上凹槽与排液腔连通。当闭死容积变大时，卸荷孔通过轴上凹槽与吸液腔相通，这样就消除了困液现象。

除此之外，还可采取其他措施，如斜齿齿轮泵的闭死容积几乎不变，困液现象不严重。

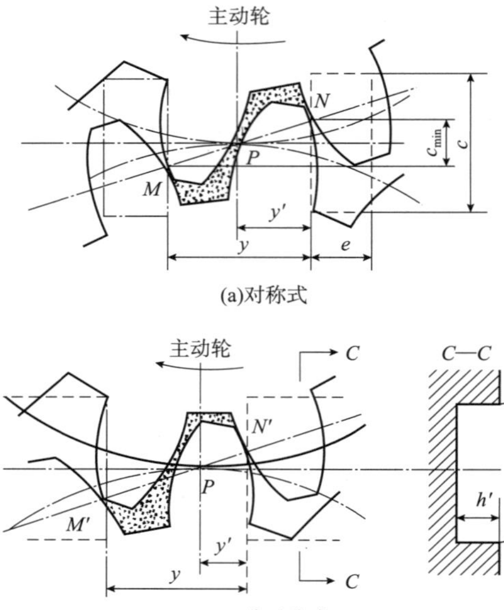

图 3-29 卸荷槽尺寸

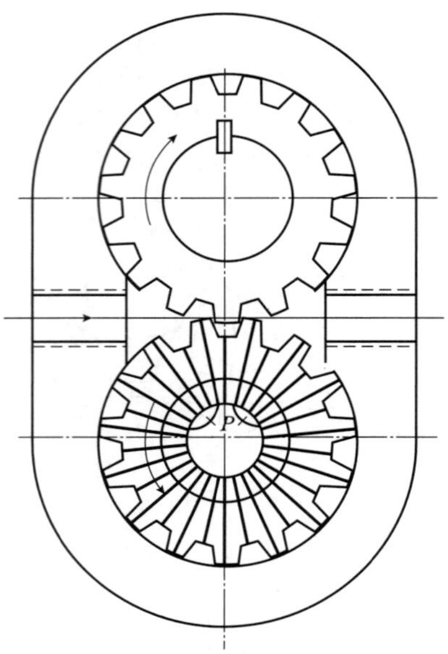

图 3-30 卸荷孔

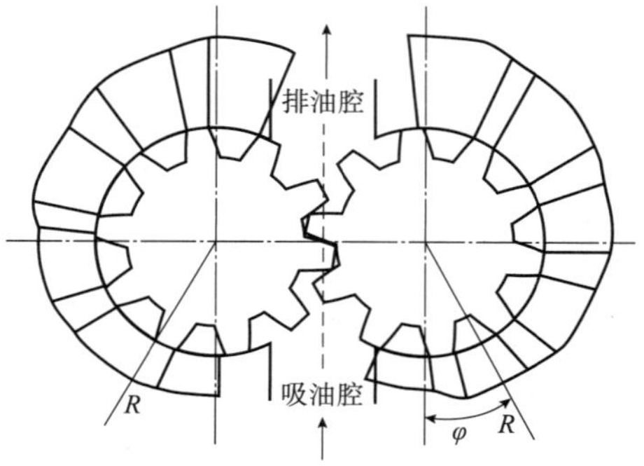

图 3-31 齿轮泵径向力分布情况

(2)径向力及其平衡措施

由于齿轮泵存在高压腔与低压腔，沿齿轮外圆与泵体之间的液体压力从吸入腔顺转动方向增加到排出压力。这种压力差使齿轮产生不平衡的径向力，如图 3-31 所示。图中 R 是径向力合力的方向，φ 为 50°～60°。径向力使得轴承受很大负荷，导致泵轴变形，使齿轮与泵体接触而引起泵体与齿轮的磨损。

消除径向力的措施有：

①使压出腔孔道尺寸比吸入腔小，减小高压部分液体的推力；加大径向间隙，以补偿径向力引起的轴变形。采用较大的径向间隙似乎增加了泄漏的可能性，但由于齿轮工作中总是被推向吸入腔一侧，其单向间隙仍很小，同时泄漏方向与旋转方向相反，实际上泄漏不会太大。

②在轴承座圈或在泵体上开压力平衡槽。图 3-32 是在轴承座圈上开平衡槽的情况，图 3-33 是在泵体上开平衡槽的情况。两者都是将排液腔或吸液腔的液体引到对称位置的齿间容积，平衡掉一部分径向力。这种方法会使高压液体靠近吸入腔而增加泄漏，影响泵的容积效率。

(3)齿轮泵的密封问题

由于泵内有高、低压腔，所以存在串漏问题。为保证密封，必须选择适当的间隙。间隙大则漏损增加，但不易卡死，机械效率高。齿轮泵中轴向间隙较径向间隙重要，故一般轴向间隙应控制在 0.04～0.10mm，径向间隙应控制在 0.10～0.15mm。

由于齿轮泵间隙多，且密封面积较大，故密封性能不如往复泵，所能达到的压力也要低一些。齿轮泵的制造和装配质量对性能的影响较大。

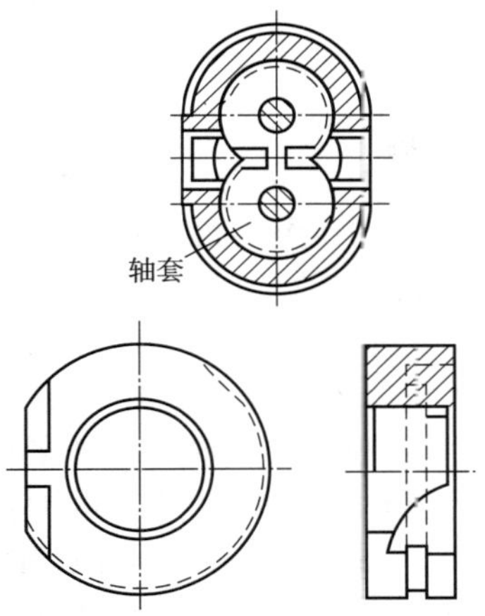

图 3－32　在轴承座上开平衡槽

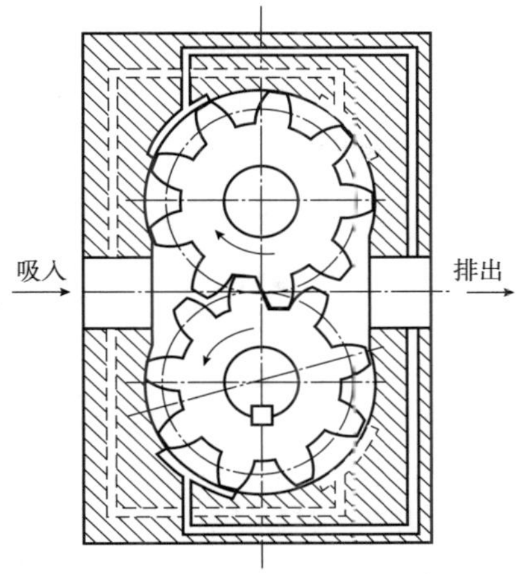

图 3－33　在泵体上开平衡槽

3.4　水环真空泵

3.4.1　工作原理及特点

(1)工作原理

液环式泵和压缩机主要用来抽真空及输送气体介质，是容积式流体机械的一种。由于液环式泵和压缩机工作过程中通常用水作密封液，大多用作真空泵，所以习惯上称作水环真空泵。其基本结构如图 3－34 所示，主要由带叶片的叶轮和缸体组成，并在缸体内引进一定量的液体。机器工作时，叶轮带动液体旋转并环布于缸体内壁，使叶片与液体共同形成若干工作腔。液环式泵和压缩机有两种不同的结构，其中缸体制成圆筒形，转子偏心配置于缸体内的结构称为单作用式；缸体制成椭圆形，转子置于中心的结构，称为双作用式。双作用式结构的机器，在其对称两侧均能形成若干工作腔进行工作，具有较大的排量。

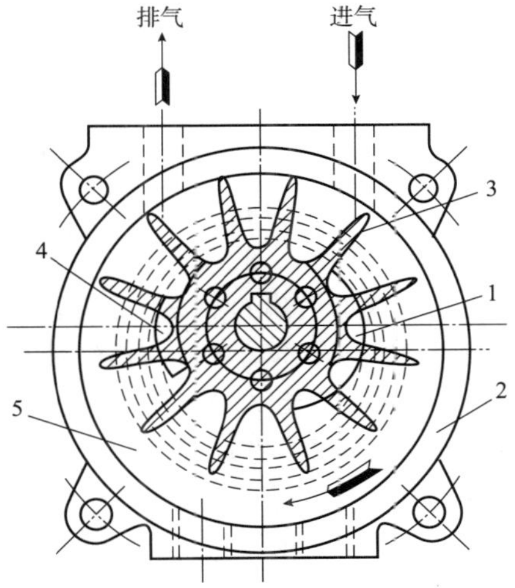

图 3－34　液环式压缩机工作原理图

1—吸入室；2—泵体；3—叶轮；4—排出室；5—液环

液环式泵和压缩机工作过程中，当工作轮旋转且达到一定转速时，离心力的作用将液体甩向四周，形成一个贴在缸体内表面的液环。上部液环的内表面与工作轮的轮毂相切，工作轮与液环之间形成一个月牙形空间，此空间被工作轮叶片分成若干容积不等的小室(基元容积)。工作轮旋转时，右面半圈的基元容积逐渐扩大，左半圈的基元容积逐渐缩小。相应地在缸体两侧端盖上开设镰刀形的吸、排气口。右边的大镰刀孔为吸入口，左边的小镰刀孔为排出口。这样，工作轮旋转一周，每个基元容积扩大、缩小一次，并与吸入、排出口各连通一次，实现吸气、压缩、排气及可能有的膨胀过程。

随着气体的排出，同时也夹带一部分液体排出，所以必须在吸入口补充一定量的液体，使液环保持恒定的体积，并借以带走热量，起冷却作用。

液环式泵和压缩机工作轮叶片可采用后弯叶片($\beta_{A2}<90°$)、径向叶片($\beta_{A2}=90°$)和前弯

叶片($\beta_{A2}>90°$)。试验证明，后弯叶片的液环泵和压缩机工作性能较差，而前弯叶片和径向叶片较好。

(2)特点

由液环式机械的工作原理可见，其工作过程中，气体直接与工作液环接触实现密封，液体的充分冷却作用使得压缩过程接近等温压缩，气体的压缩终温很低，泵内没有金属表面的互相摩擦，介质不与气缸直接接触，所以适合输送易燃、易爆、高温易分解及具有强烈腐蚀性的气体，如乙炔、硫化氢、氯气等。在使用过程中，要求选一种与被压缩气体不起作用的液体作密封液，如压缩氯气时用浓硫酸作密封液。除此之外，还可输送含有蒸汽、水分或固体微粒的气体。该机器结构简单，不需要吸、排气阀，工作平稳可靠，气量均匀。但是由于工作过程中叶片不断搅动液体，而产生很大的能量损失(水力损失)。在液环式压缩机中，损失的能量几乎等于压缩气体所耗之功。因此，液环式流体机械的效率很低。

另外，工作液体与输送介质的直接接触而吸收的热量，会使工作液体挥发成气体，并混入被压缩气体，使输送介质的清洁度受到影响，故在介质纯度要求较高的场合使用液环式泵和压缩机时，需要在排气侧安装气液分离装置。

3.4.2 排气量

液环式压缩机吸气压力不变，其排气量是经压缩后排出的气体量换算成吸气状态的容积值。

液环式真空泵的排气量是指泵出口为标准大气压状态(760mm 汞柱)时单位时间内通过泵进口的吸入状态下的气体容积(m^3/min)，也称抽气速率。

排气量决定于叶片间容积在与进气口脱离时容积的大小。一般均在基元容积达到最大值时与进气口脱离，此时排气量可按下式计算。

$$Q=\left\{\frac{\pi}{4}\left[(D_2-2a)^2-d_n^2\right]-z(L-a)s\right\}bn\,\eta_V \tag{3-23}$$

式中，Q 为排气量(进气状态)，m^3/min；D_2 为叶轮外径，m；a 为最大基元容积时叶片伸入液体的深度，m；d_n 为轮毂直径，m；z 为叶片数；L 为叶片高度，m；s 为叶片厚度，m；b 为叶片宽度，m；n 为转速，r/min；η_V 为容积效率，为 0.5～0.8。

实际上，液环真空泵的排气量与真空度有关。每设计生产一种新结构的真空泵，在制造厂必须进行性能试验，作出性能曲线，表示出各种真空度下所能得到的抽气量及所消耗的功率，以备使用者选用。

图 3-35 为 SZB-4 和 SZB-8 型水环真空泵性能曲线，横坐标是以毫米汞柱表示的真空度。

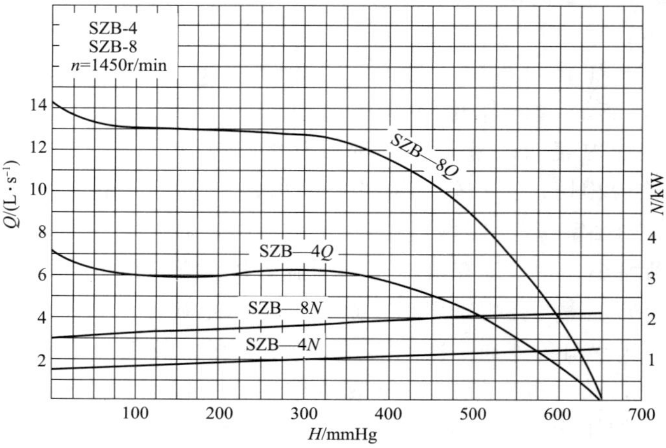

图 3-35　SZB-4 和 SZB-8 型水环真空泵性能曲线

3.4.3　极限真空度及最大排出压力

极限真空度是指液环式泵排气量为零时的真空度，也可用残余压力表示(残余压力=大气压－真空度)，残余压力就是绝对压力。因为容器中的压力不可能无限降低。当进气压力低于某一值后，由于泵中液体发生汽化，或是由于高压侧漏回气量与真空泵抽气量相等，或是由于真空泵的压力比过高而容积系数降为零，都会使泵无法继续吸入新鲜气体，容器中压力也不可能再下降。液环式真空泵主要用于真空蒸发、干燥及大型泵的引水灌泵等场合，其最大气量目前可达 300m^3/min，以 15℃ 的水作密封液时，单级泵残压可达 30mmHg(绝压 4×10^3Pa)，两级泵残压可达 15mmHg(绝压 2×10^3Pa)，与喷射泵串联使用，残压可达 2～5mmHg[绝压$(0.2\sim0.67)\times10^3$Pa]。

液环式压缩机的最高终压力可达 20×10^5Pa(三级压缩)，转速为 250～3500r/min。

3.4.4　功率和效率

液环式泵和压缩机工作过程中因有水或其他液体不断地补充与换新，被压缩介质与液体直接接触，冷却良好，故在泵内气体是等温压缩过程，指示功率为：

$$N_i=\frac{1}{1000}p_sQ\ln\frac{p_d}{p_s} \tag{3-24}$$

式中，p_s、p_d 分别为吸气压力和排气压力，Pa；Q 为吸气量(吸入状态)，m^3/s。

轴功率为：

$$N=\frac{N_i}{\eta_T}=\frac{N_i}{\eta_i\eta_V\eta_h\eta_m} \tag{3-25}$$

式中，η_T 为等温过程总效率，考虑机器中的各种能量损失，其值为 0.25～0.45；η_i 为等温理论效率，为 0.93～0.95；η_V 为容积效率，为 0.50～0.80；η_h 为水力效率，为 0.40～0.55；η_m 为机械效率，为 0.98～0.99。

由此可见，液环式流体机械的容积效率 η_V 和水力效率 η_h 较低，限制了等温总效率 η_T 的提高。液环式泵和压缩机工作时，叶片搅动液体而产生很大的能量损失，称为水力损失。在液环式压缩机中，损失的能量几乎等于压缩气体所耗之功。因此，液环压缩机效率很低，等温效率仅为 0.25～0.45，大型机器可达 0.48～0.52。因一般真空泵消耗功率较小，所以液环式流体机械常作真空泵使用。为避免水力损失过大，一般工作轮外端最大圆周速度限制在 14～16m/s，并尽可能选用黏度较小的液体作液环。为了进一步降低水力损失，还可采用带有可旋转壳体的结构。

3.4.5　典型结构

图 3-36 是 SZB 型水环泵结构。该泵由铸铁泵盖 1、铸铁泵体 2、铸铁或青铜叶轮 3、钢轴 4、托架 5、轴承 6 及弹性联轴器 7 组成。泵盖与泵体用螺栓紧固形成工作室，上方有进、排气口，下部有放水螺塞。叶轮上有 12 个径向叶片，叶轮套装在悬臂轴上，用键传动，叶轮可沿轴向滑动，自动调节间隙。叶轮上有 6 个平衡孔，以平衡轴向力。轴封采用软填料密封。为使水温不超过 40～50℃，并节约用水，在泵体上附有气、水分离器，使水循环使用。

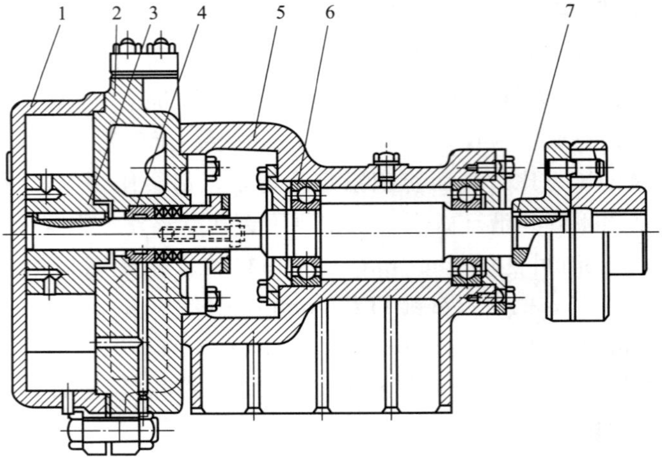

图 3-36 SZB 型水环真空泵结构图

3.5 容积式泵的选型

容积泵类型应根据装置的工艺参数、输送介质的物理和化学性质、操作周期和泵的结构特点等因素合理选择。容积式泵类型多，特性和适用范围不同(表 3-8)，在适合的工况下应用也很普遍。

表 3-8 容积式泵的特性及适用范围

指标		往复泵	转子泵
流量	均匀性	不均匀	比较均匀
	稳定性	恒定	
	范围/(m^3/h)	0～600	1～600
扬程	特点	对应一定流量，可达到不同扬程，由管路系统确定	
	范围	0.2～100MPa	0.2～60MPa
效率	特点	扬程高时，效率降低较小	扬程高时，效率降低较大
	范围(最高点)	0.7～0.85	0.6～0.8
结构特点		结构复杂，振动大，体积大，造价高	结构简单，造价低，体积小，安装检修方便
操作与维修	流量调节方法	不能用出口阀调节，只能用旁路调节，还可调节转速和行程	不能用出口阀调节，只能用旁路调节
	自吸作用	有	
	启动	出口阀全开	
	维修	麻烦	简单
适用范围		适用于小流量、较高压力的清洁介质(含悬浮液或要求完全无泄漏可用隔膜泵)	适用于中低压力、中小流量油气、黏性高的介质

一般在下列情况下，优先考虑选用容积式泵：

①有计量要求时，选用计量泵。

②扬程要求很高，流量很小时，可选用往复泵。

③介质黏度较大（$>650\sim1000mm^2/s$）时，可考虑选用转子泵，如螺杆泵或往复泵；黏度特别大时，可选用特殊设计的高黏度螺杆泵和高黏度往复泵。

④输送无腐蚀、无固体颗粒的各种油类及有润滑性的液体，大型设备的润滑系统供油，可选齿轮泵。

⑤介质含气量大于5%，流量较小且黏度小于$37.4mm^2/s$时，如允许流量有脉动，可选用往复泵。

⑥对启动频繁或灌泵不便的场合，需要具有自吸性能的泵，可选容积式泵。

例3-2：尿素装置高压氨泵选用

(1)工况特点

尿素是高效氮肥，在农业生产中占有极其重要的地位。尿素生产是用合成氨装置的氨和二氧化碳为原料，在高压(14～15MPa)和高温(180～190℃)下合成的。高压氨泵用来将液氨从大约2.3MPa升压到约22MPa，然后进入高压甲铵喷射器引射高压高温强腐蚀性的甲铵液，两者混合后一起进入尿素合成塔。该泵的工况特点如下：

①液氨的相对密度小，根据温度不同为0.58～0.63，因此，对相同压差，比水的扬程高得多。液氨蒸气压高，减压时极易汽化，机械密封选型时要特别注意。

②液氨有毒，轴封不允许泄漏。泄漏出的液氨汽化为氨气，是爆炸性气体。液氨汽化时产生低温会使机械密封冲洗水结冰，造成密封环损伤。

③属小流量、高扬程、高压泵。高压氨泵要求的压差高达20MPa左右，因液氨相对密度小，扬程高达3500m左右，而泵的流量又很小，对日产1765t大型尿素装置，正常流量仅$103m^3/h$，泵的最大工作压力约为25MPa(表)。

④液氨腐蚀性小，过流件材质可用碳钢。当液氨减压到常压时，可能出现－33℃的低温。因铜和氮能形成爆炸性的混合物，因此泵的零件中禁止使用铜或铜合金(巴氏合金和淀硬化不锈钢除外)。

⑤可靠性要求高。该泵是合成塔液氨进料泵，一旦出故障，整个尿素装置全部停产，经济损失巨大。此外，该泵价格昂贵，功率大，运行费用高，因此对其可靠性要求高。

(2)泵型的选择

决定高压氨泵形式的重要因素是装置生产能力和合成塔压力。20世纪70年代以前，世界上的尿素生产大多采用水溶液全循环法工艺，合成压力约为20MPa，因高压氨泵压差大，基本上使用往复式泵。70年代开发出CO_2汽提和氨汽提工艺，合成压力降为14～15MPa，氨泵压差相应减小，在大型尿素装置中，往复式和离心式高压氨泵并存；装置能力小于750t/d的中小型尿素装置，因泵的流量很小，离心泵效率过低，年运行费用高，故多选用往复式泵。泵选型时，要结合建厂地的电价、维修能力和备件供应情况，从以下方面进行综合比较。

①效率对比。往复泵本身效率高达90%，比离心泵高得多，但往复泵流量的调节不如离心泵方便。通常用液力变矩器调速，液力变矩器效率低(<80%)，抵消了往复泵的部分节能效果，如采用变频电机驱动的往复泵，以日产1750t尿素装置为例，可比离心泵功率降低35.6%～40.8%。

②投资比较。往复式高压氨泵结构复杂，重量大，投资高于离心泵。根据德国伍德公司资料，两者的相对投资比例相差12.5%。

③维修费比较。往复泵结构复杂，填料、柱塞、阀门等易损件多，检修工作量大，费用高。而离心泵除机械密封、密封环为易损件外，日常维修工作量小、操作方便、可长周期运行。据国外公司统计，往复泵的年维修费是离心泵的5～6倍。

④运转性能。往复泵排压有脉动，要避免管道的共振或水击现象。往复泵轴封如使用油密封，若填料函内漏油量过大，对工艺生产有不利影响。离心泵的故障比往复泵少，运转可靠性高，能保证尿素生产长周期运行。

中小型尿素装置现仍普遍使用往复式三柱塞泵，选型过程中还要对不同机型的技术参数和结构特点进行比较。表3－9列出三家有代表性厂家生产的往复式高压氨泵的技术性能，从表中可以看出，Worthington公司采用流量减半的泵，用开两台备用一台的方式，配管增多，占地面积加大，三者的功耗相近。影响柱塞和填料寿命的柱塞速度，以Peroni公司的最低。泵材质以Peroni公司的产品稍好。综合来看，这三家泵公司的产品技术性能相近，选用时要重点考虑价格因素。

表3－9　日产1100t尿素装置用高压氨泵的技术性能

技术性能	泵制造厂		
	Worthington	Peroni	BPCL/Uraca
输送介质	液氨		
温度(最低/正常/设计)/℃	－33/36～33/60		
流量(最小/正常/最大)/(m^3/h)	12.5/32.7/41.5(开二台)	25/65.6/83	25/65.6/83
流量调节范围/%	30～100		
进口压力(最低/正常/设计)/atm	20/21/29		
出口压力(正常)/MPa	24		
压差(正常)/MPa	21.9		
$NPSH_a/NPSH_r$/m	116/8.3	116/20	116/9.6
泵型号	VQEH86/178	PQ0125/190	KD827
柱塞数量/布置方式	5/立式	5/卧式	5/卧式
柱塞直径/行程/mm	86/178	125/190	150/270
柱塞速度/(m/s)	0.26～0.86	0.25～0.81	0.27～0.9
泵转速(最低/正常/最高)/(r/min)	44/115/145	38.8/101.8/128	30/79/100
泵额定轴功率/kW	275×2＝550	562	552
减速器轴功率/kW	283×2＝566	580	569
电动机功率/kW	350×2＝700	700	650
重量(泵/底座)/kg	10.3/1.1(每台)	14/3.2	13.2/1.5
安全阀设定压力/MPa	26.9		
轴封形式	双级填料密封，编织聚四氟乙烯填料		
填料圈数	6＋6	10＋6	9＋8
缸体材料	CK22(AIS11023)	ASTM A350LF2	C22
柱塞材料	1.4034 镀铬	AISI420 镀铬	CK35 镀 CO/moly6
阀片材料	1.4034(AISI420)	钛合金	1.4112 不锈钢
阀座材料	1.4034(AISI420)	38NCD4 钢	1.4112 不锈钢
填料箱材料	C22(AISI1020)	38NCD4 钢	C22 锻钢

拓展阅读

容积式泵的应用

容积式泵通过泵内工作容积的变化来实现液体的输送，其工作原理多种多样，主要分为往复泵和转子泵，往复泵主要包括活塞泵、柱塞泵、隔膜泵，转子泵中常见的有齿轮泵、螺杆泵、滑片泵、罗茨泵、旋转活塞泵等。作为流体输送机械家族的重要一员，其历史亦可追溯至工业革命时期。19 世纪末至 20 世纪初，随着石油工业和化学工业的兴起，容积式泵在设计和应用上都有了显著的发展。随着电子技术和材料科学的飞速发展，容积式泵在控制精度、能效比以及材料应用上都有了质的飞跃。

容积式泵的应用非常广泛，涵盖了多个行业和领域，而且随着工业生产和技术的进步，容积式泵逐渐形成了各自的行业特色。往复柱塞泵因为其具有高精度、宽流量范围、强适应性以及操作简便等特点，在化工、冶金、制药等领域被广泛用作计量泵。双螺杆泵因其高效稳定的输送能力、对高黏度液体的良好适应性以及在油气混输中的应用特点，成为输油泵的理想选择。三缸单作用活塞泵排出压力高、流量脉动较小、工作效率高，用作油田钻井泥浆泵，被誉为钻探设备“心脏”。S 阀液压往复泵容忍度大、密封性好、输送压高，典型应用为建筑行业的混凝土泵、矿山行业的尾矿回填泵以及隧道盾构施工中的渣土输送泵。软管泵无阀门、无密封设计，自吸能力强，耐磨耐腐蚀，噪声低，维护简便，运行稳定，用于一些特殊的固液输送领域。在溢油回收领域，针对油品黏度高、含有杂质的特点，汇集了独具特色的几种容积泵，包括星轮密封单螺杆泵、圆盘密封螺旋泵、橡胶包覆凸轮转子泵和引流隔膜泵等，甚至是一些组合泵，例如离心泵与隔膜泵的组合泵等。

由于容积泵的工作容积与其输送特性有密切联系，因此，在容积泵领域具有更多的创新机遇，可以通过改变产品的结构、形状、材料等方面，以提高性能和功能，同时降低成本和能耗。当然，随着计算机和信息技术的迅速发展，传统的泵制造业已向着节能化、智能化、现代化的方向发展，将进一步加快容积式泵的发展。

思考题

1. 简述往复泵的工作原理和特点。
2. 往复泵的吸排气管路为什么要设置空气室，它的作用是什么？
3. 蒸汽往复泵的流量是如何调节的？
4. 简述单螺杆泵的工作原理。
5. 试说明多螺杆泵的输液原理，双螺杆泵为什么要两端进液？
6. 螺杆泵的工作特点有哪些？
7. 简述齿轮泵的工作原理和特点。
8. 齿轮泵为什么会发生困液现象，通常采取何种措施消除？
9. 齿轮泵为什么会产生径向力，如何平衡？
10. 影响齿轮泵流量的因素有哪些？
11. 简述水环真空泵的工作原理和特点。
12. 与离心泵相比，水环真空泵的叶片弯曲形式有什么不同？
13. 什么是极限真空度？为什么水环真空泵存在最大排出压力？
14. 容积式泵启动前，能否与离心泵一样关闭出口阀门，为什么？
15. 螺杆泵和螺杆压缩机的工作原理有何不同？

习题

1. 一台双缸双作用蒸汽往复泵，其液缸直径 $D=130\text{mm}$，行程 $S=150\text{mm}$，活塞杆直径 $d=30\text{mm}$，泵的行程次数为 40 次/min，流量系数 $\alpha=0.873$。若用该泵为 9m^3 的罐送液体，需多长时间才能充满？

2. 某双缸双作用往复泵的液缸直径 $D=200\text{mm}$，行程与缸径之比 $S/D=1.2$，活塞杆直径 $d=30\text{mm}$，转速 $n=60\text{r/min}$，实测流量为 $64\text{m}^3/\text{h}$，此时流量系数 α 为多大？若泵未向外泄漏，其原因何在？应采取什么措施？

3. 有一台大型油泵，工作时需要 40L/min 的润滑油进行冷却和润滑。现采用一台齿轮泵供油，该泵齿宽 $B=60\text{mm}$，齿数为 14，齿轮模数 $m=6\text{mm}$，泵的容积效率为 0.8，转速为 585r/min。此泵是否能满足要求？

4. 某单作用往复泵活塞的直径为 160mm，冲程为 200mm，现用该泵将密度为 930kg/m^3 的液体从敞口储槽输送到一设备中。要求流量为 $25.8\text{m}^3/\text{h}$，设备的液体入口处比储槽液面高 19.5m，设备内压力为 $3.14\times10^5\text{Pa}$(表)，外界大气压为 98kPa，管路总压头损失为 10.3m。当有 15%的液体漏损和泵的效率为 72%时，试计算该泵每分钟活塞往复次数与轴功率，计算时可忽略液体速度头。

5. 一台输水用双缸双作用往复泵活塞直径 $D=80\text{mm}$，活塞杆直径 $d=25\text{mm}$，冲程 $S=450\text{mm}$，往复频率 $n=45\text{min}^{-1}$，流量系数 $\alpha=0.9$，泵总效率 $\eta=0.9$，求该泵的理论平均流量、实际流量和轴功率。

第4章 离心压缩机

离心式压缩机属于速度式透平压缩机的一种，通过叶轮的高速旋转增加气体的速度、压力和温度。早期的离心压缩机只适用于低、中压力和气量很大的场合，一般用来压缩空气。随着石油化工工业的迅速发展，离心压缩机的应用范围有了很大提高，广泛用于压缩和输送各种石油、化工生产过程中的气体。尤其是近几十年来，离心压缩机在设计、制造方面，不断采用新技术、新结构和新工艺：采用高转速和磁浮轴承，减少了叶轮的串联，简化了压缩机的结构；采用干气密封结构，较好地解决了高压下的轴端密封问题；采用多油楔径向轴承及可倾瓦止推轴承，减少了油膜振荡；圆筒形机壳的使用提高了高压气缸的强度和密封性；电蚀加工使小流量下窄流道叶轮的加工得到解决。所有这些改进，都使离心压缩机的使用范围得到日益扩大，不仅在石油化工生产中得到广泛应用，而且在石油气输送中也越来越多地被采用。因此，掌握离心压缩机的内容是很必要的。

4.1 离心压缩机的主要结构和基本工作原理

4.1.1 离心压缩机的主要结构

图4－1是EI120－6.35/0.95型离心压缩机剖面图。该机的设计参数是：进口流量125m^3/min，排气压力6.23×10^5Pa；工作转速13900r/min；压缩机功率为660kW。它可用于输送空气或其他无腐蚀性工业气体。由图4－1可看出，该机由一个带有6个叶轮的转子及与其相配合的固定元件组成，其主要构件有：

(1)叶轮。叶轮是离心压缩机中唯一的做功部件。由于叶轮对气体做功，增加了气体的能量，因此气体流出叶轮时的压力和速度都有明显增加。

(2)扩压器。扩压器是离心压缩机中的转能装置。气体从叶轮流出时速度很大，为了将速度能有效地转变为压力能，在叶轮出口后设置了通流截面逐渐扩大的扩压器。

(3)弯道。弯道是设置于扩压器后的气流通道。它的作用是将扩压后的气体由离心方向改变为向心方向，以便引入下一级叶轮中去继续进行压缩。

(4)回流器。回流器的作用是使气流以一定方向均匀地进入下一级叶轮入口。在回流器中一般都装有导向叶片。

(5)吸气室。吸气室的作用是将进气管(或中间冷却器出口)中的气体均匀地导入叶轮。

(6)蜗壳。蜗壳的主要作用是将从扩压器(或直接从叶轮)出来的气体收集起来，并引出机器。在蜗壳收集气体的过程中，由于蜗壳外径及通流截面的逐渐扩大，它也起着降速扩压的作用。

除了上述组件外，为减少气体向外泄漏，在机壳两端还装有轴封；为减少内部泄漏，在隔板内孔和叶轮轮盖进口外圆面上还分别装有密封装置；为了平衡轴向力，在机器的一端装有平衡盘，等等。

习惯上将叶轮、轴等工作时旋转的部件总称为转子；将扩压器、弯道、回流器、吸气室和蜗壳等称为固定元件。

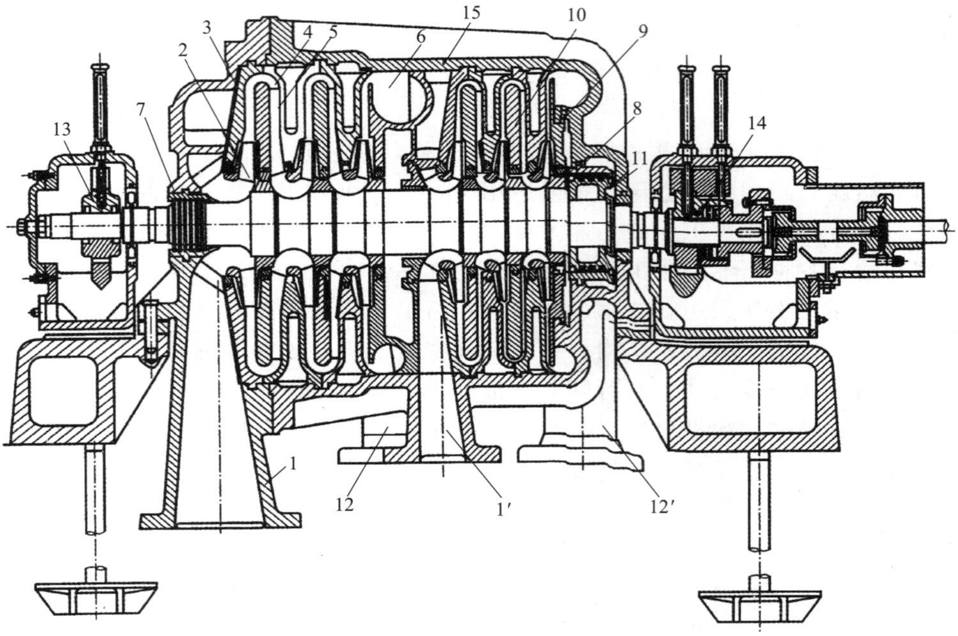

图 4－1　EI120－6.35/0.95 型离心压缩机

1、1′——一段、二段吸气室；2—叶轮；3—扩压器；4—弯道；5—回流器；
6—蜗壳；7、8—前后轴封；9—级间密封；10—叶轮进口密封；11—平衡盘；
12、12′——一段、二段排出管；13—径向轴承；14—径向推力轴承；15—机壳

4.1.2　基本工作原理

离心压缩机的基本工作原理如图 4－1 所示。气体由吸气室 1 吸入，通过叶轮 2 时，气体在高速旋转的叶轮离心力的作用下压力、速度、温度都得到提高，然后再进入扩压器 3，将气体的速度能转变为压力能。当通过一个叶轮对气体做功、扩压后不能满足输送要求时，就必须把气体引入下一级继续进行压缩。为此，在扩压器后设置了弯道 4 和回流器 5，使气体由离心方向变为向心方向，均匀地进入下一级叶轮进口。至此，气体流过了一个“级”，再继续进入第二、第三级压缩后，经蜗壳 6 及排出管 12 引至中间冷却器。冷却后的气体再经吸气室 1′进入第四级及以后各级继续压缩，最后由排出管 12′输出。气体在离心压缩机中是沿着与压缩机轴线垂直的半径方向流动的。

还可看出，该机的六个级都装在一个机壳 15 中，这就构成一个“缸”；中间冷却器把“缸”中全部级分成两个“段”，一至三级为第一段，四至六级为第二段，故 EI 120－6.35/0.95 型离心压缩机是一台“一缸、两段、六级”的压缩机。当所要求的气体压力较高、需用叶轮数目较多时，往往制成多缸压缩机。各缸的转速可以相同，也可以不同。

一台离心压缩机总是由一个或几个级组成的，所以“级”是离心压缩机的基本单元。在本章中“级”将是主要研究对象，在以后级的分析和计算中，将着重分析、计算几个关键截面上的参数，这些关键截面的位置如图 4－2 所示。

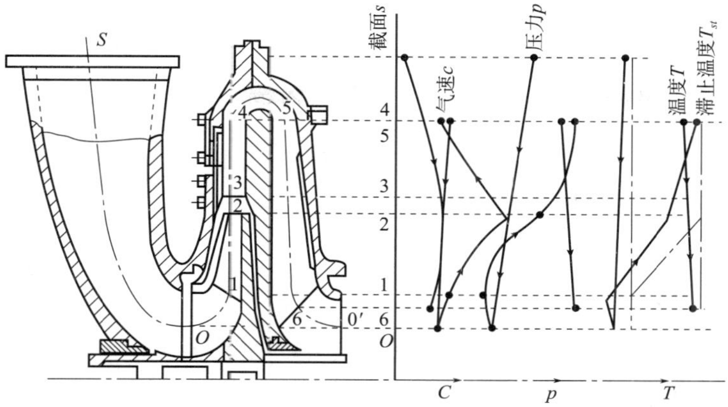

图 4-2　级的关键截面位置

S—吸气室进口法兰截面；O—叶轮进口截面；1—叶轮叶道进口截面；2—叶轮出口截面；3—扩压器进口截面；4—扩压器出口截面；5—回流器进口截面；6—回流器出口截面(级的出口截面 d)

4.2　级中气体的流动及基本参数计算

4.2.1　级中气体的流动

由于离心式压缩机的级中流道形状比较复杂，并存在气流的摩擦和边界层，气体参数不仅沿流道每一个截面变化，而且在任一截面上的各点，参数亦是变化的。这就是说，级中气体是一个三元流动。另外由于叶轮的叶片数是有限的，在气流所占空间的任一点上，气体参数周期地随时间而变化，气体的运动是周期的不稳定流动。在气流做三元不稳定运动的情况下，要研究级中气体的流动是十分复杂的。压缩机厂家一般有自己的专用三元流动设计软件，也有一些通用的商业软件例如 CFX、FLUENT 等，可以对离心压缩机的三维流动进行模拟计算。

在工程上，为了便于分析研究，常假设级中气体做一元定常流动，即在压缩机的进气状态、排气压力以及转速不变的情况下，认为流道中同一截面上各点的气流参数是均一的，而且在保持稳定工作条件下，气流参数不随时间而变。将级中气体流动假设为一元定常流动是一种科学的简化，在工程上具有良好的实用价值。本章就以这种简化为前提，讨论离心压缩机叶轮中气体流动的基本方程和一些基本概念。

与离心泵类似，假设叶轮为理想叶轮，即为有无限多叶片的叶轮，叶轮内的流动损失不计，并且叶片为无限薄，气体在级中做一元定常流动，气体在叶轮中的流动也可以分解为牵连运动和相对运动，即流体质点相对于静止的壳体的运动速度(绝对速度)可以分解为沿叶片切向的相对流速和沿圆周方向的牵连速度。

4.2.2　叶轮的理论能头计算

离心压缩机中的叶轮对气体做功原理与离心泵相同，是高速旋转的叶轮带动气体一同旋转产生的离心力，把机械能传递给气体，造成气体压力升高气流速度加快。根据欧拉方程可导得叶轮对单位质量气体所做功的计算关系式：

$$H_{T\infty}=u_2c_{2u\infty}-u_1c_{1u\infty} \tag{4-1}$$

式中，u 是圆周速度，$u=r\omega$；$c_{u\infty}$ 是绝对速度在圆周速度方向的投影，$c_{u\infty}=c_\infty\cdot\cos\alpha$；下标 1 表示叶片进口，下标 2 表示叶片出口。

式(4－1)说明，$H_{T\infty}$表示的大小仅与圆周速度 u 和绝对速度在圆周速度方向的投影 $c_{u\infty}$有关，而与输送气体的种类无关。由于实际叶轮的叶片为有限个，叶片数有限叶轮的理论能头可以写成：

$$H_T = u_2 c_{2u} - u_1 c_{1u} \tag{4-2}$$

在离心压缩机中，当设计成气体径向进入叶轮叶道时，有 $\alpha_1 = 90°$、$c_{1u} = 0$，这称为无预旋。故式(4－2)可写成：

$$H_T = u_2 c_{2u} = \varphi_{2u} u_2{}^2 \tag{4-3}$$

式中，φ_{2u}为周速系数，$\varphi_{2u} = \dfrac{c_{2u}}{u_2}$。

c_{2u}和 $c_{2u\infty}$的主要差别是由于叶片数有限叶轮中产生轴向旋涡，使液流在 u_2 反方向产生了滑移。离心压缩机中常用于斯陀道拉(Stodola)公式来反映轴向旋涡对圆周分速的影响。斯陀道拉认为，轴向旋涡的转速与叶轮转速相等，但方向相反；并假设轴向旋涡的直径近似等于叶轮叶道的有效宽度。轴向旋涡导致叶轮出口处气流产生平均附加圆周分速 Δw_{2u}，其数值为：

$$\Delta w_{2u} = \frac{\pi n}{60}\left(\frac{\pi D_2}{z}\sin\beta_{2A}\right) = \frac{\pi u_2}{z}\sin\beta_{2A} \tag{4-4}$$

式中，n 为叶轮转速，r/min；D_2 为叶轮出口处直径，m；z 为叶轮叶片数；β_{2A}为叶轮出口处叶片角。

斯陀道拉公式(4－4)适用于后弯叶片型离心压缩机叶轮的能头计算；对于 $\beta_{2A} = 90°$的径向直叶片叶轮，不宜采用。

因此，叶片数有限时叶片出口绝对速度在圆周速度方向的投影：

$$c_{2u} = u_2 - c_{2r}\cot\beta_{2A} - \frac{\pi}{z}u_2\sin\beta_{2A} \tag{4-5}$$

叶片数有限，入口无预选叶轮的理论能头为：

$$H_T = u_2 c_{2u} = u_2^2\left(1 - \varphi_{2r}\cot\beta_{2A} - \frac{\pi}{z}\sin\beta_{2A}\right) \tag{4-6}$$

式中，φ_{2r}为流量系数，$\varphi_{2r} = \dfrac{c_{2r}}{u_2}$。

根据连续性方程式，在定常流动时，通过任意截面 i 的气体质量流量是一定的，即 $m = m_i$。它与体积流量的关系为：

$$Q_i = \frac{Q_s}{v_s}v_i = \frac{Q_s}{\dfrac{v_s}{v_i}} = \frac{Q_s}{k_{vi}} \tag{4-7}$$

式中，Q_s 为压缩机进口处的气体流量，也就是进口状态下的体积流量，m^3/s；v_s，v_i 分别为压缩机进口与 i 截面上的气体比体积，$v = \dfrac{1}{\rho}$，m^3/kg；k_{vi}为比体积比，$k_{vi} = \dfrac{v_s}{v_i}$。

叶轮出口处气流的径向分速 c_{2r}及流量系数 φ_{2r}可写为：

$$\left.\begin{aligned} c_{2r} &= \frac{Q_2}{F_2} = \frac{Q_s}{\pi D_2 b_2 \tau_2 k_{v2} u_2} \\ \varphi_{2r} &= \frac{Q_s}{\pi D_2 b_2 \tau_2 k_{v2} u_2} \end{aligned}\right\} \tag{4-8}$$

式中，τ_2 为叶轮出口处叶片阻塞系数。

对叶片数为 z、叶片厚度为 δ 和摺边宽度为 Δ 的叶轮(图 4－3)，阻塞系数 τ 可用下式计算：

$$\tau=\frac{\pi Db-\dfrac{z\delta b}{\sin\beta_A}-\dfrac{2z\delta\Delta}{\sin\beta_A}}{\pi Db}=1-\frac{z\delta\left(1+\dfrac{2\Delta}{b}\right)}{\pi D\sin\beta_A} \tag{4-9}$$

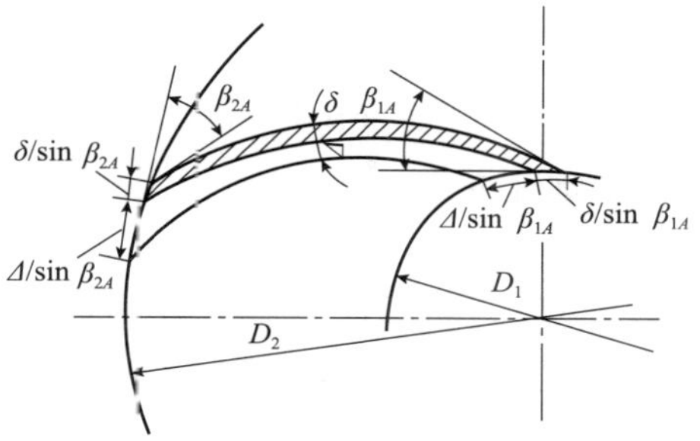

图 4－3　叶片几何参数

将叶道进口 1 或叶轮出口 2 截面的几何参数代入式(4－9)，便可得叶道进口处叶片阻塞系数 τ_1 和叶轮出口处叶片阻塞系数 τ_2。

例题 4－1：离心压缩机 DA350－61 第一级叶轮的外径 $D_2=600$mm，叶片出口角 $\beta_{2A}=45°$，叶片数 $z=18$，流量系数 $\varphi_{2r}=0.248$，转速 $n=8600$r/min。求叶轮使 1kg 气体所获得的理论能头。

解：根据式(4－6)可直接计算：

$$u_2=\frac{\pi D_2 n}{60}=\frac{\pi\times 0.6\times 8600}{60}=270.2(\text{m/s})$$

$$H_T=u_2^2\left(1-\varphi_{2r}\cot\beta_{2A}-\frac{\pi}{z}\sin\beta_{2A}\right)=270.2^2\times\left(1-0.248\cot 45°-\frac{\pi}{18}\sin 45°\right)$$

$$=73008.4\times 0.6286=45892.85(\text{J/kg})$$

4.2.3　级的总耗功和功率

在离心压缩机级中，叶轮是唯一的做功元件，叶轮工作时所消耗的功用于两方面。一方面是叶轮通过叶片对叶道内的气体做功，称为叶片功，它就是气体获得的理论能头。另一方面是叶轮本身在旋转时存在两项损失所消耗的功即轮阻损失功和内漏气损失功，这两项损失也转变成热量而被气体吸收，气体从叶轮中得到相应的总能头 H_{tot} 为：

$$H_{tot}=H_T+H_{df}+H_l \tag{4-10}$$

从上面分析可以看出，气体在级中获得的总能头 H_{tot} 是以两种方式得到的：一种是叶片直接对气体做功，以机械能形式传给气体的理论能头 H_T；另一种是由于轮阻及内漏气损失消耗的功，以热能形式传给气体，使气体获得能头 $H_{df}+H_l$，它不包括在理论能头 H_T 中。

叶轮的有效质量流量为 m，叶片对它做功消耗的理论功率 N_T 为：

$$N_T=\frac{mH_T}{1000} \tag{4-11}$$

轮阻损失消耗的功率为 N_{df}，内漏气损失消耗的功率为 N_l。由于轮盖处的内漏气，故经过叶道的实际流量为 m_{tot}，等于有效流量 m 和内漏气流量 m_l 之和：

$$m_{tot}=m+m_l$$

因此，在考虑了轮阻损失及内漏气损失后，叶轮的总功率消耗 N_{tot} 为：

$$N_{tot}=N_T+N_l+N_{df}=\frac{m_{tot}H_T}{1000}+N_{df}=\frac{mH_T}{1000}\left(1+\frac{m_l}{m}+\frac{1000}{mH_T}N_{df}\right)$$

式中，令 $\beta_l=m_l/m$ 为内漏气损失系数，$\beta_{df}=1000N_{df}/mH_T$ 为轮阻损失系数。

于是有：

$$N_{tot}=\frac{mH_T}{1000}(1+\beta_l+\beta_{df}) \tag{4-12}$$

β_l 和 β_{df} 两个系数需要计算得到。在压缩机结构设计之前可根据实践经验先假设其值，待结构设计后再进行验算。一般情况下，取 $\beta_l+\beta_{df}=0.02\sim0.13$。对高压小流量的级取较大值，对低压大流量的级取较小值。

单位质量有效气体的总耗功 H_{tot}、轮阻损失耗功 H_{df} 和内漏气损失耗功 H_l 以及相应的轮阻损失功率 N_{df} 和内漏气损失 N_l 可分别表示为：

$$H_{tot}=(1+\beta_l+\beta_{df})H_T \tag{4-13}$$

$$H_{df}=\beta_{df}H_T \tag{4-14}$$

$$N_{df}=\frac{\beta_{df}mH_T}{1000} \tag{4-15}$$

$$H_l=\beta_l H_T \tag{4-16}$$

$$N_l=\frac{\beta_l mH_T}{1000} \tag{4-17}$$

例题 4-2：计算离心压缩机 DA350-61 第一级叶轮的总功率消耗 N_{tot}、漏气损失功率 N_l、轮阻损失功率 N_{df} 和叶轮对气体做功所消耗的功率 N_T，以及单位质量有效气体的总耗功。设已知该级叶轮的理论能头 $H_T=45892\text{J/kg}$，取内漏气损失系数 $\beta_l=0.012$，轮阻损失系数 $\beta_{df}=0.03$，通过叶轮的有效气体流量 $m=6.95\text{kg/s}$。

解：根据式(4-12)～式(4-17)可分别求出：

叶轮的总消耗功率：

$$N_{tot}=\frac{mH_T}{1000}(1+\beta_l+\beta_{df})=\frac{6.95\times45892}{1000}(1+0.012+0.03)=332.35(\text{kW})$$

漏气损失消耗的功率：

$$N_l=\frac{\beta_l mH_T}{1000}=\frac{0.012\times6.95\times45892}{1000}=3.83(\text{kW})$$

轮阻损失消耗的功率：

$$N_{df}=\frac{\beta_{df}mH_T}{1000}=\frac{0.03\times6.95\times45892}{1000}=9.57(\text{kW})$$

叶轮对气体做功消耗的功率：

$$N_T=\frac{mH_T}{1000}=\frac{6.95\times45892}{1000}=318.95(\text{kW})$$

单位质量有效气体的总耗功：

$$H_{tot}=(1+\beta_l+\beta_{df})H_T=(1+0.012+0.03)\times45892=47819.5(\text{J/kg})$$

4.2.4 级效率

单位质量有效气体经过叶轮后，获得了总能头 H_{tot}，这将使气体的状态参数发生变化，且这些变化都遵循能量守恒定律。下面分别以热量形式和机械能形式分析级中的能量转换，从而进一步了解级中能量的分配及级效率。

4.2.4.1 热焓方程分析

当气体在级中稳定流动时，取级中任意两截面 a，b 间气体作为所研究的开口热力系统，如图 4-4 所示。气体由 a 截面流进系统，由 b 截面流出系统，a、b 截面上气体的状态参数分别为 p_a、T_a、v_a、p_b、T_b、v_b 及气流速度分别为 c_a 及 c_b。

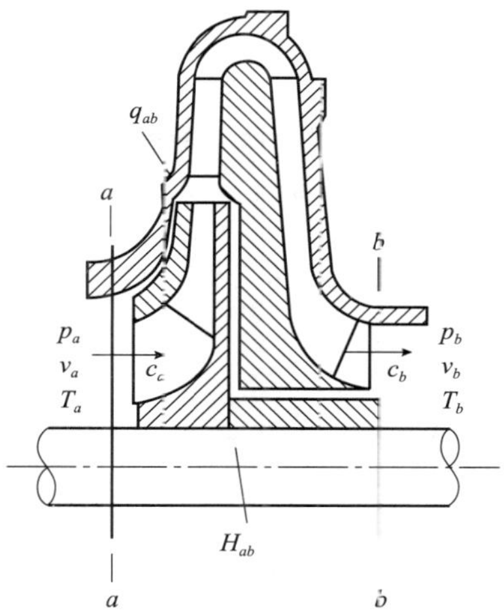

图 4-4 推导热焓方程

根据热力学稳定流动能量方程，对离心压缩机来说，a、b 截面的位置高差 z_b-z_a 相对很小，可以忽略不计，对 a、b 两截面间的单位质量气体有下列方程式：

$$H_{ab}+q_{ab}=(i_b-i_a)-\frac{c_b^2-c_a^2}{2} \tag{4-18}$$

式中，H_{ab} 为单位质量气体在 a，b 两截面间对外界输出或输入的功，在离心压缩机中规定外界对气体做功时 H 为正，气体对外界做功时 H 为负，J/kg；q_{ab} 为单位质量气体在 a、b 两截面间对外界输出或输入的热，J/kg；i_a、i_b 为单位质量气体分别在 a、b 截面的焓，J/kg；c_c、c_b 为气体分别在 a、b 截面的速度，m/s。

对理想气体，有 $\Delta i=c_p\Delta T$，$k=\dfrac{c_p}{c_v}$，$c_p-c_v=R$（c_p 为质量定压热容，c_v 为质量定容热容），并忽略气体与外界的传热量 q_{ab}，故有：

$$H_{ab}=c_p(T_b-T_a)+\frac{c_b^2-c_a^2}{2}=\frac{kR}{k-1}(T_b-T_a)+\frac{c_b^2-c_a^2}{2} \tag{4-19}$$

式中，k 为气体绝热指数；T_a、T_b 分别为 a、b 截面的气体温度，K；R 为气体常数，J/(kg·K)。

式(4-19)称为稳定流动能量方程式或热焓方程式，它将能头、传热量与气流的温度和速度等参数联系起来。

对于当 s、d 截面分别为级的进、出口截面时，公式中的 $H_{ab}=H_{tot}$，一个级的热焓方程式可写为：

$$H_{tot}=c_p(T_d-T_s)+\frac{c_d^2-c_s^2}{2}=\frac{kR}{k-1}(T_d-T_s)+\frac{c_d^2-c_s^2}{2} \tag{4-20}$$

式中，H_{tot} 为级的总能头，J/kg；T_s、T_d 分别为级进、出口处气体的实际温度，K；c_s、c_d 外分别为级进、出口处气体速度，m/s。

显然，式(4-20)中级进、出口处气体的实际温度包括了由于级中轮阻损失和内漏气损失所引起的气体温度变化。

同理，若 a、b 截面分别为扩压器进、出口截面 3 和 4 时，因扩压器内没有外功加入，即 $H_{ab}=0$，于是扩压器的热焓方程式为：

$$c_p(T_4-T_3)=\frac{c_3^2-c_4^2}{2}$$

这说明扩压器中绝对速度的减小增加了气体的热焓。

4.2.4.2 伯努利方程分析

当气体在 a、b 截面间稳定流动时，如观察坐标取在该气流上，则此气流也是封闭系统，应用热力学第一定律，积分后得：

$$Q_{ab}=i_b-i_a-\int_{p_a}^{p_b}v\mathrm{d}p \tag{4-21}$$

式中，Q_{ab}为单位质量气体从a截面流至b截面所得到的热量，包括外界传给气体的热量q_{ab}及气体由a截面流至b截面时所有的能量损失h_{losab}转化的热量q_{losab}：

$$Q_{ab}=q_{ab}+q_{losab}=q_{ab}+h_{losab}$$

因此，式(4－21)变为：

$$i_b-i_a=q_{ab}+h_{losab}+\int_{p_a}^{p_b}v\mathrm{d}p \tag{4-22}$$

将上式代入热焓方程式(4－18)，得：

$$H_{ab}=\int_{p_a}^{p_b}v\mathrm{d}p+\frac{c_b^2-c_a^2}{2}+h_{losab} \tag{4-23}$$

式(4－23)就是伯努利方程，是以机械能形式表示的能量平衡方程。它表明，在稳定流动中外界对气体所做的功，表现为气体静压头的提高$\left(\int_{p_a}^{p_b}v\mathrm{d}p\right)$、速度头的提高$\left(\frac{c_b^2-c_a^2}{2}\right)$及克服各种能量损失$h_{losab}$。显然，式(4－23)中第3项为无效功(损失)，这部分损失是不可避免的，故应采取措施尽量减少它。

若式(4－23)中a，b截面分别为级的进、出口截面时，则有：

$$H_{ab}=\int_{p_s}^{p_d}v\mathrm{d}p+\frac{c_d^2-c_s^2}{2}+h_{los} \tag{4-24}$$

式中，p_s、p_d分别为级进、出口处气体压力，Pa；h_{los}为从级进口到级出口的全部能量损失，J/kg；v为气体比容，m^3/kg。

气体从级进口到级出口的全部能量损失h_{los}包括轮阻损失h_{df}($h_{df}=H_{df}$)，内漏气损失h_l($h_l=H_l$)以及气体在流道中流动所引起的摩擦、冲击、旋涡等流动损失h_{hyd}。代入式(4－24)得：

$$H_{tot}=\int_{p_s}^{p_d}v\mathrm{d}p+\frac{c_d^2-c_s^2}{2}+h_{df}+h_l+h_{hyd} \tag{4-25}$$

将式(4－10)与式(4－25)比较，得到：

$$H_T=\int_{p_s}^{p_d}v\mathrm{d}p+\frac{c_d^2-c_s^2}{2}+h_{hyd} \tag{4-26}$$

式(4－25)及式(4－26)表示了气体获得的总能头的分配，如图4－5所示。

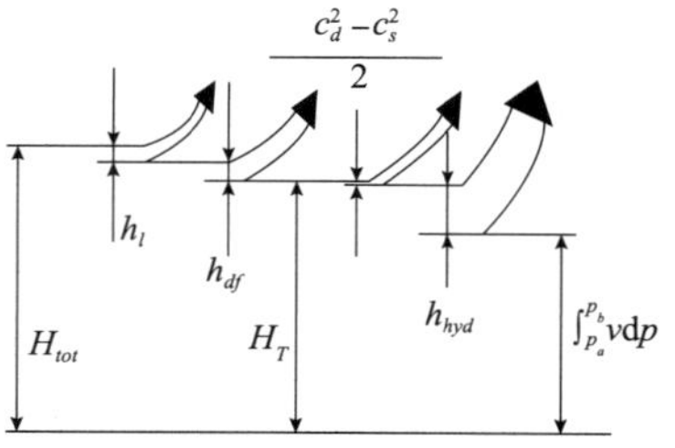

图4－5　级的总能头分配

在离心压缩机计算中，总是将包括温度的热焓方程式与包括气流压力及损失能头的伯努利方程同时使用，互相补充，以求得级中气流参数的变化规律。

若式(4－23)中a、b截面分别为扩压器的进、出口截面3和4时，则有：

$$\frac{c_4^2-c_3^2}{2}=\int_{p_3}^{p_4}v\mathrm{d}p+h_{los} \tag{4-27}$$

此式说明扩压器中速度头减小的结果，并没有全部转化为气体的静压头，而是有一部分用于克服扩压器中的能量损失。

4.2.4.3　多变效率

静压头 $\int_{p_s}^{p_b} v\mathrm{d}p$ 的大小与气体玉缩过程有关，被压缩的气体静压头的提高也就是压缩机对气体所做的压缩功，通常称为压缩能头或压缩功。

由伯努利方程式(4-23)有：

$$H_{ab}-\frac{c_b^2-c_a^2}{2}=\int_{p_a}^{p_b} v\mathrm{d}p+h_{losab}$$

上式中 $H_{ab}-\frac{c_b^2-c_a^2}{2}$ 是外功中可以用来使气体压力升高并克服损失的能头，称为可用能头。由于气体在压缩机级中流动时，能量损失是不可避免的，因此，可用能头不能全部变成使气体压力升高的压缩能头，可用能头中真正用于压缩气体的能头所占的比例称为效率。

效率可表示为：

$$\eta_{ab}=\frac{\int_{p_a}^{p_b} v\mathrm{d}p}{H_{ab}-\frac{c_b^2-c_a^2}{2}}=1-\frac{h_{losab}}{H_{ab}-\frac{c_b^2-c_a^2}{2}} \tag{4-28}$$

式(4-28)中 a、b 可为级中仨意两截面。若 a、b 分别为级的进口 s 和出口 d 截面时，则称 η 为级效率，表达式为：

$$\eta=\frac{\int_{p_s}^{p_d} v\mathrm{d}p}{H_{tot}-\frac{c_d^2-c_s^2}{2}} \tag{4-29}$$

气体在级中的实际压缩过程，不仅没有对外传热，反而将所有损失消耗的能头 h_{los} 又以热量形式 q_{los} 传给了气体，因此在离心压缩机中气体的压缩过程为吸热压缩，多变压缩指数 m 大于绝热压缩过程指数 k。多变压缩功 H_{pol} 为：

$$H_{pol}=\int_{p_s}^{p_d} v\mathrm{d}p=\frac{m}{m-1}RT_s\left[\left(\frac{p_d}{p_s}\right)^{\frac{m-1}{m}}-1\right]=\frac{m}{m-1}R(T_d-T_s) \tag{4-30}$$

式中，m 为多变压缩指数；T_d 为级中气体压缩为多变过程时的级出口处气体温度，K。

多变效率 η_{pol} 为式(4-31)，表示级的多变压缩功与级的可用能头之比：

$$\eta_{pol}=\frac{H_{pol}}{H_{tot}-\frac{c_d^2-c_s^2}{2}} \tag{4-31}$$

将热焓方程式(4-20)及多变压缩功式(4-30)代入式(4-31)，则有：

$$\eta_{pol}=\frac{\frac{mR}{m-1}(T_d-T_s)}{\frac{kR}{k-1}(T_d-T_s)}=\frac{\frac{m}{m-1}}{\frac{k}{k-1}} \tag{4-32}$$

由于 $m>k$，故级的多变效率 η_{pol} 总是小于 1。一般压缩机级的多变效率为 $\eta_{pol}=0.7\sim0.84$。

对于离心压缩机的级来说，用流动效率反映气体在级的各元件中流动时流动阻力损失的大小，流动效率 η_{hyd} 是指级的多变压缩功 H_{pol} 与叶轮对气体做功所获得的理论能头 H_T 之比：

$$\eta_{hyd}=\frac{H_{pol}}{H_T}=\frac{H_T-\frac{c_d^2-c_s^2}{2}-h_{hyd}}{H_T} \tag{4-33}$$

动能差很小，可以忽略，则：

$$\eta_{hyd} \approx \frac{H_{tot}\eta_{pol}}{H_T} = (1+\beta_1+\beta_{df})\eta_{pol} \tag{4-34}$$

根据流动效率的定义，H_{pol}可写成：

$$H_{pol} = \eta_{hyd} H_T = \eta_{hyd}\varphi_{2u} u_2^2$$

令 $\varphi_{pol} = \eta_{hyd}\varphi_{2u}$，称为多变能头系数，于是：

$$H_{pol} = \varphi_{pol} u_2^2 \tag{4-35}$$

因此，在圆周速度 u_2 相同的条件下，可以用能头系数来表示压缩机级多变压缩功的大小。一般 $\varphi_{pol}=0.45 \sim 0.7$，由此可以估算级的多变能头。在已知总压力比时，便能确定压缩机需要的级数。

例题 4-3：某空气离心压缩机，空气进口参数 $t_s=20℃$，$p_s=101.3\times10^3$Pa，$p_d=155\times10^3$Pa。试计算压缩 1kg 空气需要的多变压缩功 $H_{pol}(m=1.59)$。

解：空气的气体常数 $R=287.64$J/(kg·K)；$T_s=273+20=293$(K)

$$H_{pol} = \frac{m}{m-1}RT_s\left[\left(\frac{p_d}{p_s}\right)^{\frac{m-1}{m}}-1\right]$$

$$=\frac{1.59}{1.59-1}\times287.64\times293\times\left[\left(\frac{155\times10^3}{101.3\times10^3}\right)^{\frac{1.59-1}{1.59}}-1\right]$$

$$=38830(\text{J/kg})$$

例题 4-4：对某一单级离心鼓风机的性能要求为：$p_s=10\times10^4$Pa，$p_d=15\times10^4$Pa，$T_s=293$K，$R=288.3$J/(kg·K)，$k=1.4$。知该机叶片数 $z=18$，叶片出口角 $\beta_{2A}=45°$，流量系数 $\varphi_{2r}=0.23$，取机器转速 $n=8200$r/min，$\beta_l+\beta_{df}=0.04$。试计算叶轮的圆周速度 u_2 和外径 D_2。

解：根据相类似级的多变效率，选取 $\eta_{pol}=0.77$，则：

$$\frac{m}{m-1}=\frac{k}{k-1}\eta_{pol}=\frac{1.4}{1.4-1}\times0.77=2.695$$

多变压缩功 H_{pol} 为：

$$H_{pol}=\frac{m}{m-1}RT_s\left[\left(\frac{p_d}{p_s}\right)^{\frac{m-1}{m}}-1\right]=2.695\times288.3\times293\times(1.5^{\frac{1}{2.695}}-1)=36961(\text{J/kg})$$

流动效率 η_{hyd} 为：

$$\eta_{hyd}=(1+\beta_l+\beta_{df})\eta_{pol}=1.04\times0.77=0.8$$

周速系数 φ_{2u} 为：

$$\varphi_{2u}=1-\varphi_{2r}\cot\beta_{2A}-\frac{\pi}{z}\sin\beta_{2A}=1-0.23\cos45°-\frac{\pi}{18}\sin45°=$$

$$1-0.23-0.1234=0.6466$$

由式(4-35)计算叶轮圆周速度 u_2 为：

$$u_2=\sqrt{\frac{H_{pol}}{\varphi_{2u}\eta_{hyd}}}=\sqrt{\frac{36961}{0.6466\times0.8}}=267.3\text{m/s}$$

外径 D_2 为：

$$D_2=\frac{60u_2}{\pi n}=\frac{60\times267.3}{\pi\times8200}=0.623\text{m}$$

4.2.5 级中气体状态参数的变化

4.2.5.1 级中气体温度的变化

流动的气体所具有的焓与动能之和，即 $c_pT+0.5c^2$，是它的总能量。也就是说，气体的总能量取决于气体的状态参数温度 T 与速度 c。当气流与外界无热交换(但可以有损失)，其速度被滞止到零时，此气流的温度叫作滞止温度(又称总温)，以 T_{st} 表示。它也是气体的一个状态参数。如果流动着的气流与速度被滞止到零的气流具有相同的总能量，则可用一个气体状态参数 T_{st} 来表示总能量，即：

$$c_p T+\frac{c^2}{2}=c_p T_{st}$$

级中任意截面 i 的气流温度 T_i 为：

$$T_i=T_{sti}-\frac{c_i^2}{2c_p}=T_{sti}-\frac{c_i^2}{2\dfrac{kR}{k-1}}$$

若吸气室进口法兰 s 截面的气体温度为 T_s，利用热焓方程，可以求得级中任意截面 i 的气流温升 ΔT_i：

$$\Delta T_i=\frac{k-1}{kR}\left(H_{tot}-\frac{c_i^2-c_s^2}{2}\right) \tag{4-36}$$

4.2.5.2　级中气流压力和比容的变化

当气体流经压缩机级的不同元件时，由于流动状态各不相同，在这些元件中，气体多变过程的多变指数是不相同的。即使同一元件中，过程的多变指数也是变化的。在计算级的各截面上气体的压力 p 和比容 v 时，一般把整个级中的气体状态参数的变化看作按照同一个多变过程(用同一个平均多变指数 m)来进行计算。也就是说，在一个级中的多变效率是不变的。这种计算方法称为级效率法。

气体在级中状态参数的变化服从多变过程方程，可表示为：

$$\frac{p_i}{p_s}=\left(\frac{T_i}{T_s}\right)^{\frac{m}{m-1}}=\left(\frac{T_i}{T_s}\right)^{\sigma}=\left(1+\frac{\Delta T_i}{T_s}\right)^{\sigma} \tag{4-37}$$

式中，$\sigma=\dfrac{m}{m-1}$，称为多变指数系数。

因级的进、出口处动能差很小，可以忽略，故级进、出口的压力比 ε 可写成：

$$\varepsilon\approx1+\frac{H_{pol}}{RT_s} \tag{4-38}$$

比容比 k_{vi} 为：

$$k_{vi}=\frac{v_s}{v_i}=\left(\frac{T_i}{T_s}\right)^{\frac{1}{m-1}}=\left(\frac{T_i}{T_s}\right)^{\sigma-1}=\left(1+\frac{\Delta T_i}{T_s}\right)^{\sigma-1} \tag{4-39}$$

从上面分析可以看出，在离心压缩机的级效率法计算中，往往将气流在级中关键截面处的压力、比容等参数与 ΔT_i 联系起来，以便在算出 ΔT_i 后，其他状态参数可以随之算出。除级效率法外，还有流道法等方法，但这些方法在工程上应用不多。

4.2.5.3　级中关键截面气流参数计算举例

若已知离心压缩机的几何尺寸、工作转速 n、进气状态(p_s、T_s、c_s)及压缩机的气量 Q_s，可以计算各级给气体的总能头 H_{tot} 和各级压力比 ε。

首先要算出级的总能头 H_{tot}，根据式(4－6)和式(4－13)，有：

$$H_{tot}=(1+\beta_l+\beta_{df})\cdot\left(1-\varphi_{2r}\cot\beta_{2A}-\frac{\pi}{z}\sin\beta_{2A}\right)u_2^2 \tag{4-40}$$

流量系数 φ_{2r} 按式(4－41)计算：

$$\varphi_{2r}=\frac{Q}{\pi D_2 b_2 \tau_2 k_{v2} u_2} \tag{4-41}$$

比容比 k_{v2} 应按公式(4－42)计算：

$$k_{v2}=\left(1+\frac{\Delta T_2}{T_s}\right)^{\sigma-1} \tag{4-42}$$

ΔT_2 根据式(4－43)计算：

$$\Delta T_2=\frac{k-1}{kR}\left(H_{tot}-\frac{c_2^2-c_s^2}{2}\right) \tag{4-43}$$

式中，c_2 可根据叶轮出口处速度三角形几何关系求出：

$$c_2=\sqrt{c_{2r}^2+c_{2u}^2}=u_2\sqrt{\varphi_{2r}^2+\varphi_{2u}^2} \tag{4-44}$$

总之，在用级效率法进行校核计算时，先按已知的级多变效率 η_{pol} 算出多变指数 m 或 σ 后，再由以上五式联立解出 H_{tot}，φ_{2r}，k_{v2}，ΔT_2 及 c_2 五个参数。求解时，一般得不到简单的解析式，要用试算法求解。算出级的 H_{tot} 后，其余气流参数(如 ρ，c，v 等)便可随之算出。

例题 4－5：用级效率法校核某六级离心压缩机中第一级的压力比、功率及叶轮叶道进口和出口截面的气流参数(级中关键截面如图 4－2 所示)。已知条件如下：

介　　质：空气，$k=1.4$，$R=288.3\text{J}/(\text{kg}\cdot\text{K})$；

进口流量：$Q_s=125\text{m}^3/\text{min}$(吸入状态)；

进气压力：$p_s=9.32\times10^4\text{Pa}$；

进气温度：$T_s=293\text{K}$；

工作转速：$n=13900\text{r/min}$；

第一级多变效率：$\eta_{pol}=0.78$；

第一级几何参数见表 4－1。

表 4－1　第一级几何参数

名称	符号	数值
进气管截面积	F_s/m^2	0.0914
叶轮出口直径	D_2/mm	380
叶轮叶道入口直径	D_1/mm	202
叶轮出口宽度	b_2/mm	25
叶轮入口宽度	b_1/mm	35
叶轮叶片出口角	$\beta_{2A}/(°)$	42
叶轮叶片入口角	$\beta_{1A}/(°)$	35
叶轮叶片厚度	δ_1，δ_2/mm	4.5
叶轮叶片数	z_1	16
扩压器出口直径	D_4/mm	620
回流器出口直径	D_6/mm	225
回流器叶片入口角	α_{5A}/mm	22.5
回流器叶片出口角	α_{6A}/mm	90
回流器叶片入口宽度	b_5/mm	24
回流器叶片出口宽度	b_6/mm	34
回流器叶片厚度	δ_5，δ_6/mm	5
回流器叶片数	z_5，z_6	16

解：在以下计算中，下标表示关键截面。

$$Q_s = 125\text{m}^3/\text{min} = 2.083\text{m}^3/\text{s}$$

$$\rho_s = \frac{p_s}{RT_s} = \frac{9.32\times10^4}{288.3\times293} = 1.103\text{kg/m}^3$$

$$c_s = \frac{Q_s}{F_s} = \frac{2.083}{0.0914} = 22.79\text{m/s}$$

$$\sigma = \frac{m}{m-1} = \frac{k}{k-1}\eta_{pol} = \frac{1.4}{1.4-1}\times0.78 = 2.73$$

(1)叶轮出口"1"截面气流参数计算：

$$u_1 = \frac{\pi D_1 n}{60} = \frac{\pi\times0.202\times13900}{60} = 147(\text{m/s})$$

$$\tau_1 = 1-\frac{z_1\delta_1}{\pi D_1\sin\beta_{1A}} = 1-\frac{16\times4.5}{\pi\times202\times\sin35^\circ} = 0.802$$

用试算法计算，设 $k_{v1}=0.9583$，则：

$$c_1 = c_{1r} = \frac{Q_s}{\pi D_1 b_1 \tau_1 k_{v1}} = \frac{2.038}{\pi\times0.202\times0.035\times0.802\times0.9583} = 122.02(\text{m/s})$$

$$\Delta T_1 = \frac{k-1}{kR}\left(-\frac{c_1^2-c_s^2}{2}\right) = \frac{1.4-1}{1.4\times288.3}\times\left(-\frac{122.02^2-22.79^2}{2}\right) = -7.12(\text{K})$$

验算 k_{v1}：

$$k_{v1} = \left(1+\frac{\Delta T_1}{T_s}\right)^{\sigma-1} = \left(1-\frac{7.12}{293}\right)^{2.73-1} = 0.9583$$

与所设值相符，以上计算正确。若验算所得的 k_{v1} 与假设的不符，必须重新假设，按以上步骤再计算，直至验算相符为止。

$$T_1 = T_s + \Delta T_1 = 293+(-7.12) = 285.88(\text{K})$$

$$\omega_1 = \sqrt{c_1^2+u_1^2} = \sqrt{122.02^2+147^2} = 191(\text{m/s})$$

$$\beta_1 = \arctan\frac{c_1}{u_1} = \arctan\frac{122.02}{147} = 39^\circ41'$$

气流冲角为：

$$\Delta\beta = \beta_{1A}-\beta_1 = 35^\circ-39^\circ41' = -4^\circ41'$$

(2)叶轮出口"2"截面参数计算：

$$u_2 = \frac{\pi D_2 n}{60} = \frac{\pi\times0.38\times13900}{60} = 276.56(\text{m/s})$$

$$\tau_2 = 1-\frac{z_2\delta_2}{\pi D_2\sin\beta_{2A}} = 1-\frac{16\times4.5}{\pi\times380\times\sin42^\circ} = 0.9098$$

在粗略计算时，内漏气系数 β_l 及轮阻系数 β_{df} 可近似地取为常数。本题中取 $\beta_l+\beta_{df}$ 为 0.042。

用试算法计算，设 $k_{v2}=1.1986$，则：

$$\varphi_{2r} = \frac{Q_s}{\pi D_2 b_2 \tau_2 k_{v2} u_2} = \frac{2.083}{\pi\times0.38\times0.025\times0.9098\times1.1986\times276.56} = 0.2314$$

$$\varphi_{2u} = 1-\varphi_{2r}\cot\beta_{2A}-\frac{\pi}{z}\sin\beta_{2A} = 1-0.2314\times\cot42^\circ-\frac{\pi}{16}\sin42^\circ = 0.6115$$

$$H_{tot} = (1+\beta_l+\beta_{df})H_T = (1+\beta_l+\beta_{df})\varphi_{2u}u_2^2 =$$
$$(1+0.042)\times0.6115\times276.56^2 = 48735.2(\text{J/kg})$$

$$c_2=u_2\sqrt{\phi_{3r}^2+\phi_{2u}^2}=276.56\times\sqrt{0.2314^2+0.6115^2}=180.82(\text{m/s})$$

$$\Delta T_2=\frac{k-1}{kR}\left(H_{tot}-\frac{c_2^2-c_s^2}{2}\right)=$$

$$\frac{1.4-1}{1.4\times288.3}\times\left(48735.2-\frac{180.82^2-22.79^2}{2}\right)=32.35(\text{K})$$

验算 k_{v2}：

$$k_{v2}=\left(1+\frac{\Delta T_2}{T_s}\right)^{\sigma-1}=\left(1+\frac{32.35}{293}\right)^{2.73-1}=1.1986$$

与所设值相符，以上计算正确。

$$w_2=u_2\sqrt{\varphi_{2r}^2-(1-\varphi_{2u})^2}=276.56\times\sqrt{0.2314^2-(1-0.6115)^2}=125(\text{m/s})$$

$$T_2=T_s+\Delta T_2=293+32.35=325.35(\text{K})$$

$\frac{w_1}{w_2}=\frac{191}{125}=1.528<2$，在允许范围内。

(3)回流器出口“6”截面(可近似认为是级出口截面)气流参数计算：

$$\tau_6=1-\frac{z_6\delta_6}{\pi D_6\sin\alpha_{6A}}=1-\frac{16\times5}{\pi\times225\times\sin90^\circ}=0.8868$$

$$F_6=\pi D_6 b_6\tau_6=\pi\times0.225\times0.034\times0.8868=0.0213(\text{m}^2)$$

设 $k_{v6}=1.2847$，则：

$$c_6=\frac{Q_s}{F_6 k_{v6}}=\frac{2.083}{0.0213\times1.2847}=76.12(\text{m/s})$$

$$\Delta T_6=\frac{k-1}{kR}\left(H_{tot}-\frac{c_6^2-c_s^2}{2}\right)=$$

$$\frac{1.4-1}{1.4\times288.3}\times\left(48735.2-\frac{76.12^2-22.79^2}{2}\right)=45.68(\text{K})$$

验算 k_{v6}：

$$k_{v6}=\left(1+\frac{\Delta T_6}{T_s}\right)^{\sigma-1}=\left(1+\frac{45.68}{293}\right)^{2.73-1}=1.2848$$

与假设相符，以上计算正确。

$$p_6=p_s\left(1+\frac{\Delta T_6}{T_s}\right)^{\sigma}=9.32\times10^4\times\left(1+\frac{45.68}{293}\right)^{2.73}=13.84\times10^4(\text{Pa})$$

第一级压力比为：

$$\varepsilon=\frac{p_6}{p_s}=\frac{13.84\times10^4}{9.32\times10^4}=1.485$$

第一级消耗总功率为：

$$N_{tot}=\frac{\rho Q_s H_{tot}}{1000}=\frac{1.103\times2.083\times48735.2}{1000}=111.97(\text{kW})$$

4.3 级中能量损失和级性能曲线

4.3.1 级中能量损失

实际上气体在叶轮和压缩机机壳中流动与理论还存在很大差异，流动损失、内漏气损失和轮阻损失都是不可避免的，为了提高级效率，必须尽量减少这些能量损失。

叶轮是在机壳内的气体中高速旋转的，叶轮的轮盘和轮盖两外侧壁将与气体发生摩擦功耗，这部分无用功的消耗称为轮阻损失。在离心压缩机中，高速旋转的轴、叶轮与固定元件之间有间隙，气体在压力差作用下产生泄漏，叶轮功耗增加，此部分损失为泄漏损失。

由于气体存在黏性，被压缩的气体在离心压缩机的通流部件中流动时与叶片、轮盘、轮盖和扩压器的壁面之间相互摩擦，产生摩阻损失；当气体流动方向与叶轮叶片安放角度不一致时，气流与通流部件间将产生冲击，引发冲击损失；气体在扩压器中速度逐渐减小压力增加，此时可能产生边界层分离，引发分离损失；在流道中流动的气流产生旋涡引发的二次涡流损失以及气流流出叶片时发生的尾迹损失；当气速超过声速后产生激波所引起的波阻损失，这些损失都是互相联系、互相影响的，统称为流动损失，其中摩阻损失和冲击损失在离心泵中进行了讲解，下面仅对几种特殊的流动损失进行说明。

(1)分离损失

压缩机的叶轮叶道是一个有能量加入的扩压流道，除了上面分析的影响因素外，由于叶轮在旋转，边界层中气流还受到离心力的作用，从而减缓了边界层的分离。叶道中边界层分离大多发生在非工作面，特别是接近叶轮出口处，如图 4-6 所示。

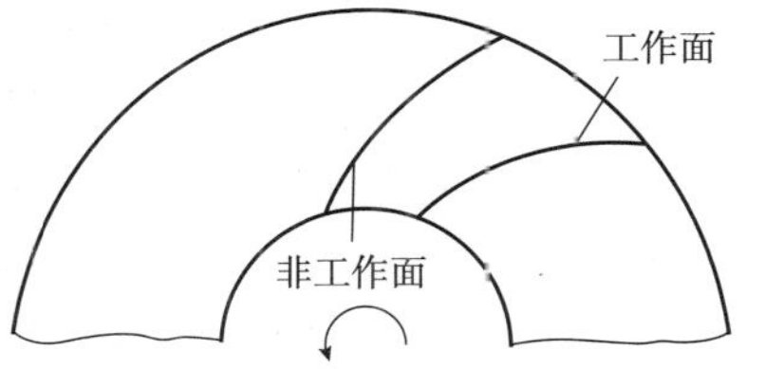

图 4-6　非工作面的气流分离

在叶片扩压器流道中，因无能量加入，该处比叶轮叶道中更容易发生气流的边界层分离。

(2)二次涡流及尾迹损失

二次涡流发生在速度方向急剧变化处，如叶轮叶道、吸入室、弯道等。有关二次涡流的基本概念分析如下：由于叶道是弯曲的，并存在轴向涡流，因此在同一直径的叶道截面上气流速度是不均匀的(图 4-7)。对后弯叶片型叶轮，叶片工作面(X 面)气速小、压力高，而叶片非工作面(Y 面)气速大、压力低。这样，叶道两侧壁处气体在压力差作用下，就会产生由工作面向非工作面的流动。这种流动的方向与主气流方向 w 相垂直，称为二次涡流。它干扰了主气流的流动，并造成能量损失。同时由于二次涡流的存在，工作面侧因补充了新的具有较大动能的气流，使其边界层减薄；非工作面侧则相反，边界层增厚更加速了边界层分离。

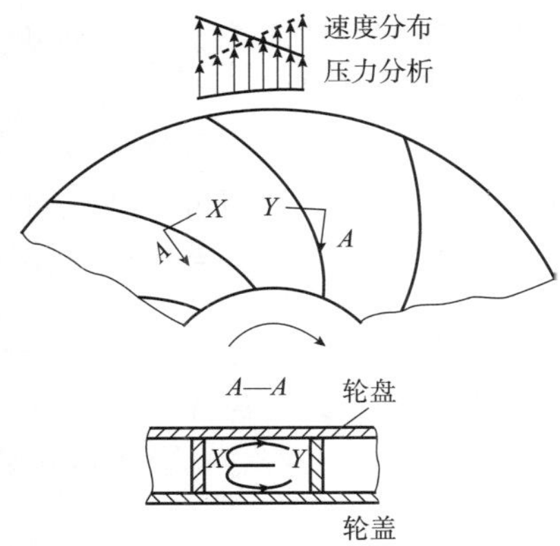

图 4-7　叶道中的二次涡流

对一个混流式闭式叶轮进行测量而得到的叶轮顶部通道截面上二次涡流示意图(图 4-8)说明，由于叶片工作面与非工作面间有压力差，所以会有气流沿轮盖及轮盘的两侧壁从工作面流向非工作面的二次涡流，同时由主气流向工作面侧作补充。因此在非工作面 A 处存在一个较强的旋涡。经测试证明，在旋涡处气流的能量损失最大。

另外，在离心压缩机的弯道及进气室等流道中，气体流动方向发生急剧变化也会引起边界层分离及二次涡流。

除了上述能量损失外，在离心压缩机级中，还存在尾迹损失。尾迹的产生是由于叶片有一定的厚度，当气流从叶道中流出叶轮时，通流截面突然扩大，在叶片尾部形成了充满旋涡的气流，称为尾迹，由此而产生的能量损失称为尾迹损失，如图 4-9 所示。显然，尾迹损失与叶道出口处气速、叶片尾部厚度及边界层流态有关。采用翼形叶片代替等厚度叶片可大大减小尾迹损失。若用等厚度叶片时，削薄叶轮出口处叶片厚度也是减小尾迹损失的一个有效方法。实验证明，削薄后级多变效率 η_{pol} 可提高 2%。

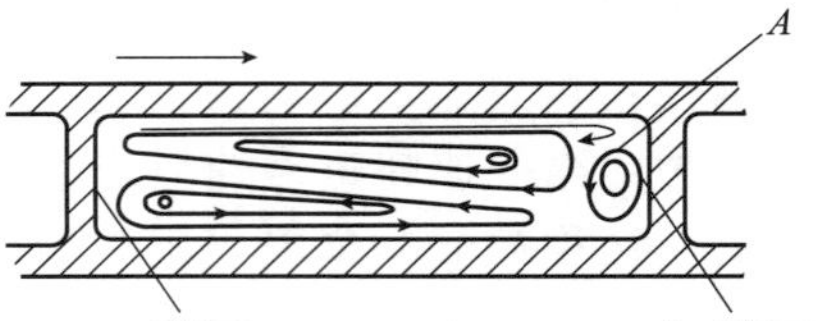

图 4－8　闭式叶轮顶部的二次涡流

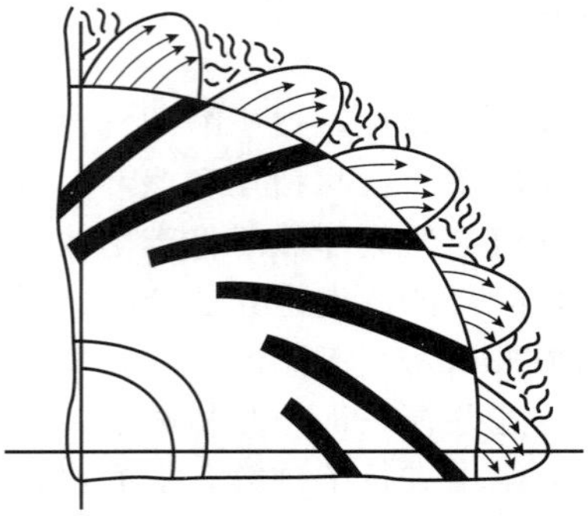

图 4－9　叶轮出口处尾迹

(3)激波和波阻损失

亚声速和超声速气流有根本差别，在亚声速($M<1$)气流中，扰动的效应虽然随距离的增加而减弱，但它能到达物体周围空间的任意点；在超声速($M>1$)气流中，扰动的效应只能在马赫锥内起作用，锥前的气流是不受影响的，除前述损失外，还有一种特殊的能量损失——激波及波阻。

当超声速气流绕物体流动时，强扰动的波峰表面上将会有很大的压力及密度的突然变化，即在流场中往往出现突跃的压缩波。气流通过这种压缩波时，压力、温度、密度都突跃地升高，速度则突跃地下降，气流受到突然的压缩。这种突跃压缩波叫作激波。超声速气流被压缩时，一般都会产生激波，所以激波是超声速气流中的重要现象。

因为气流通过激波时，有不连续的压力、密度、温度及速度的突跃，因此从热力学观点分析，这是一个不可逆过程，有很大的能量损失。同时由于激波波面压力的突增，大大加速了边界层分离，引起更大的能量损失。由激波引起的这些能量损失的总和称为波阻损失。

在离心压缩机中，随着气流马赫数 M 的增大，气流在流道中压力递增程度也加大，这就使边界层分离的可能性增大。当 M 接近 1 时，在压缩机流道的某个局部区域，气流速度可能达到声速而形成激波，产生波阻损失。总之，当气速增大时，级中的能量损失将急剧增加。

(4)临界马赫数和最大马赫数

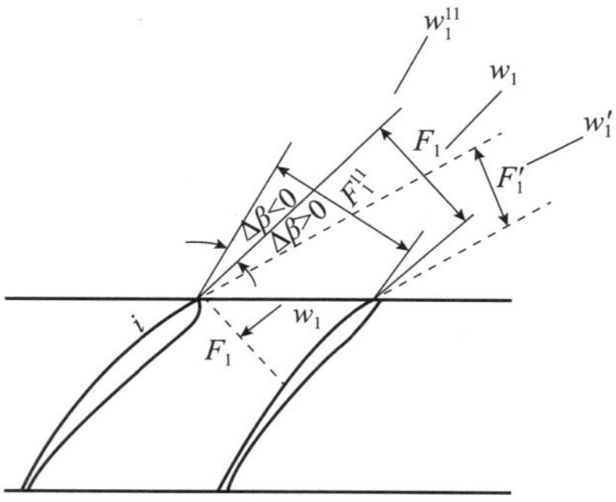

图 4－10　M_{max} 与冲角 $\Delta\beta$ 的关系

当气流流过平面叶栅时，进口气速为 w_1(图 4－10)。若 w_1 不断增大，可能使叶道某点的气流速度首先达到声速，这时进口气流的马赫数称为该叶栅的临界马赫数，以 M_{cr} 表示。当 w_1 再继续增大，使叶栅的最窄截面积 F_t 的平均气速 w_1 达到声速，这时进口气流的马赫数称为该叶栅的最大马赫数 M_{max}。这时，最窄截面(喉部)出现激波，并使气流沿整个叶型表面发生分离，使损失大大增加。实际上这时叶栅已不能正常工作，此时通过叶栅的气体流量达到最大值。这种工况称为“堵塞”工况。

M_{cr} 和 M_{max} 数值的大小与气流进入叶道时的方向角 β_1(或冲角 $\Delta\beta=\beta_{1A}-\beta_1$)有很大关系，如图 4－10 所示。

综上分析可得出如下结论：气体可压缩性对离心压缩机流动特性的影响可分为两个区域：当来流马赫数(M_{1w}或M_{1c})$M<M_{cr}$时，流道内全是亚声速气流，属于低速流动，这时M对流动特性影响很小；当$M_{max}>M>M_{cr}$时，流道内出现局部声速区，并会产生激波，引起较大的波阻能量损失。为了得到较高的效率，当然可选择$M<M_{cr}$，但这加大了机器的尺寸和质量。实际使用中常选$M_{max}>M>M_{cr}$。对离心压缩机，根据经验，在一般情况下要求设计工况时进叶轮叶道的气流马赫数$M_{1w}=\frac{w_1}{a}\leqslant 0.75\sim 0.85$。

4.3.2　级的性能曲线

在一般情况下，压缩机级的工作状况是由进口流量Q_s、进气压力p_s、进气温度T_s及工作转速n等四个参数决定的。级的性能曲线是指在进气状态一定、转速不变的条件下，级的压力比ε、多变效率η_{pol}、功率N_{tot}随该级进气量Q_s而变化的关系曲线，即包括$\varepsilon-Q_s$，$\eta-Q_s$和$N_{tot}-Q_s$三条曲线。

实际上，虽然离心压缩机级的性能曲线可以通过理论计算得到，但是目前离心压缩机性能曲线一般通过试验测量的方法得到。对于一定几何尺寸叶轮的级，在转速n、进气温度T_s、气体常数R一定的条件下，测出压缩机在不同流量时，级的压缩比ε和多变效率η_{pol}，用$\varepsilon-Q_s$曲线和$\eta-Q_s$曲线表示出来，就得到离心压缩机级的性能曲线，如图 4－11 所示。一般来说需要在常温、常压吸入条件下，用空气介质进行试验测试，测试时的温度会略有变化，在实测级的性能曲线图上，必须注明转速、进气温度及介质。

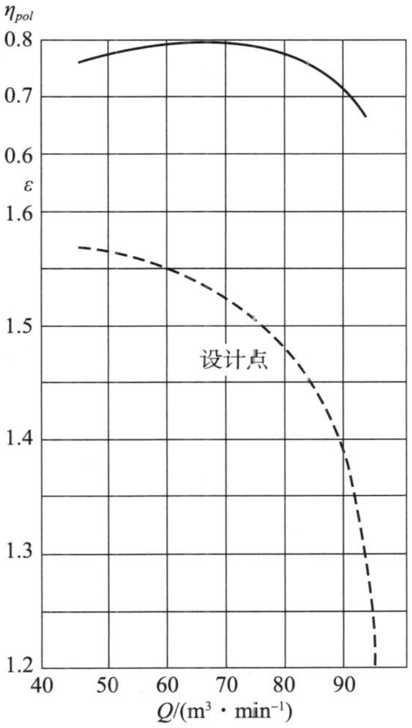

图 4－11　某压缩机级的性能曲线

(1)喘振工况

从图 4－11 看出，离心压缩机级的性能曲线不能达到$Q_s=0$的点。当流量减小到某一值(称为最小流量Q_{min})时，离心压缩机就不能稳定工作，发生强烈振动及噪声。这种不稳定工况称为“喘振工况”，这一流量极限Q_{min}称为“喘振流量”。压缩机级的性能曲线的左端只能到Q_{min}，流量不能再减小了。

(2)阻塞工况

当级中流量不断增大时，气流冲角不断减小，以致变成较大的负值，在叶片的工作面上发生边界层分离，不易扩展。流量加大，摩擦损失及冲击损失都很大。当流量达到某最大值Q_{max}时，气体获得的理论能头H_T全部消耗在流动损失上，使级中气体压力得不到提高，即ε=1。或者，当流量增大到Q_{max}时，叶道喉部截面上的气速达到声速，这时流量再也不可能增大了，称级达到堵塞工况。由于堵塞工况出现，压缩机级的性能曲线右端只能到Q_{max}。

(3)稳定工况区

性能曲线上喘振工况与堵塞工况之间的区域称为稳定工况区。这个区域的大小可用比值$K_Q=Q_{max}/Q_{min}$来表示。K_Q愈大，表示级的稳定工况区愈宽。同时还用比值Q_{min}/Q_d来衡量设计工况离开喘振工况的程度。比值愈小，说明设计工况离喘振点较远，工作稳定。

衡量一个级性能的好坏，不仅要求在设计流量下有最高的效率和较高的压力比，还要有较宽的稳定工作范围。影响稳定工作范围的因素很多，主要与叶片出口角 β_{2A} 密切相关。试验证明，由 β_{2A} 小的后弯叶片型叶轮组成的级，具有较宽的稳定工作范围。原因是叶道中气流速度比较均匀，具有较小的喘振流量，再加上它的 M_{2c} 较小，改善了叶片扩压器的进口条件，因而当考虑流动损失后，性能曲线下降较径向叶片型叶轮缓慢。

4.3.3 多级离心压缩机的性能曲线

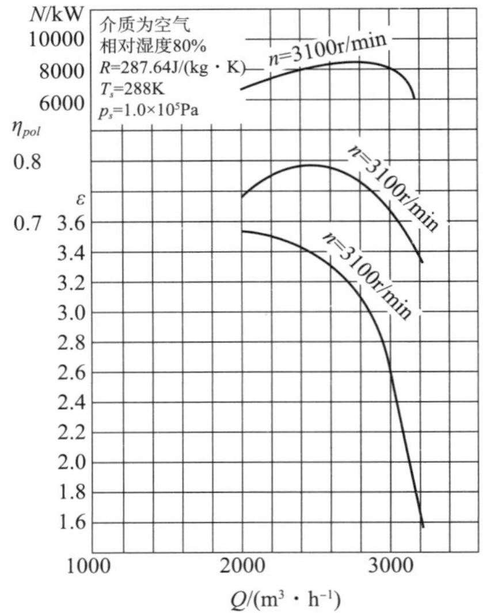

图 4－12 离心压缩机的性能曲线

气体通过一级叶轮所获得的能头（或压力比）是有限的，这是因为理论能头 H_T 与 u_2^2 成正比，但选用高的圆周速度 u_2 不仅受材料强度和叶轮进、出口气流马赫数太高的限制，而且受转速一定而必须增大 D_2 的限制，结果使叶道相对宽度 b_2/D_2 减小，效率下降。因此，一般合金钢材料制成的闭式叶轮的圆周速度 u_2 不宜大于 320m/s。为了满足一定的压力比要求，常采用多级离心压缩机。

整台离心压缩机的性能曲线形状大致与级的性能曲线相似。它是在一定转速、一定进气状态下，对一定的气体介质进行试验测得的，如图 4－12 所示。两级串联工作时，由于气体密度的变化使喘振流量增大，而堵塞流量减小，$\varepsilon-Q_s$ 曲线变陡，稳定工况区变窄。级数越多，密度变化越大，稳定工况区也就越窄。由上可知，多级离心压缩机稳定工况区的宽窄主要取决于最后几级的特性。为了扩大多级压缩机的稳定工况区，应尽量使后面几级叶轮的 β_{2A} 较小，以具有较平坦的性能曲线。

4.3.4 转速变化对压缩机性能曲线的影响

离心压缩机或级在不同转速下可以得到不同的性能曲线，如图 4－13 所示。当转速 n 增大时，压缩机的压力比将显著增加，$\varepsilon-Q_s$ 曲线向右上方移动。另外，当 n 增大时，气流马赫数也增大，这时流量若偏离设计工况，就会使损失大大增加，性能曲线变陡，使稳定工况范围变窄。

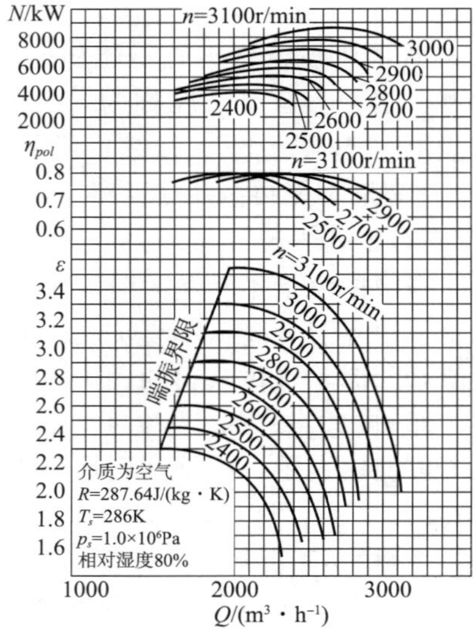

图 4－13 不同转速下离心压缩机的性能曲线

由图 4－13 还可看出，在每一个转速下，每条 $\varepsilon-Q_s$ 曲线的左端都是各自的喘振点，将这些点连接起来，形成性能曲线图上的一条喘振界限。压缩机只能在喘振界限右边正常工作。

根据以上对压缩机性能曲线的分析，可得出以下结论：

（1）在一定转速下，增大流量，压缩机的压力比将下降，反之则上升。

（2）在一定转速下，当流量为设计流量时，压缩机效率达最高值。当流量大于或小于设计流量时，效率都将下降。

（3）压缩机的性能曲线左端受到喘振工况（Q_{min}）的限制，右端受到堵塞工况（Q_{max}）的限制，在这两者之间的区域为压缩机稳定工况区。稳定工况区的宽窄是衡量压缩机性能好坏的重要指标之一。

(4)压缩机级数越多则气体密度变化影响越大，性能曲线越陡，稳定工况区越窄。

(5)转速越高，压力比越大，但性能曲线越陡，稳定工况区越窄。随着转速的增高，压缩机的性能曲线向大流量、高压力方向移动。

此外还需指出，在一般情况下，只作出压缩机稳定工况区内的性能曲线。喘振区内的性能曲线，只有在做专门喘振试验时才表示出来。喘振点大多发生在性能曲线 $\varepsilon-Q_s$ 的最高点左边的下降线上，有时下降段也画在图上，但经常仍是以最高点作为喘振点，因为这样偏差不大且更安全。

4.4　相似原理在离心压缩机中的应用

4.4.1　压缩机相似应具备的条件

如前所述，离心压缩机的性能曲线是在厂内通过试验测得的，但实际应用中介质、吸入条件等会发生变化，需要进行换算；有时也需要进行相似设计，这些均需要依据离心压缩机的相似原理。

离心压缩机相似原理主要研究离心压缩机内流体流动过程中的相似问题，即流体流经几何相似的机器时，其任一对应点的司名物理量的比值相等，也就是要寻找满足流动相似的充分必要条件。对于离心压缩机来说，由于气体介质的可压缩性，只有两机的几何相似和进口运动相似，并不能保证其他对应截面上流动相似。离心压缩机内气流的雷诺数大于临界 Re_{cr}，摩擦阻力系数基本上不随流速变化而改变，雷诺数相等可以满足。气体在压缩过程中，气流参数还受到气体可压缩性的影响，并且随着马赫数的增大其影响更加显著，马赫数对应相等是保证压缩过程流动相似的重要条件。在实际使用中，只需压缩机的特征马赫数 $\overline{M}_{2u}$ 相等，其表达式为：

$$\overline{M}_{2u}=\frac{u_2}{\sqrt{kRT_s}} \tag{4-45}$$

从式(4－45)可知，如 $k\neq k'$，即使 $M_1=M_1'$，$M=M'$，对应参数之比也不会相等。由于对应的比容比不等，即使能保持原型机和模型机的进口速度三角形相似，它们的出口速度三角形也不会相似。因此，在相似流动过程中，绝热指数必须相等，即需要 $k=k'$。

因此，保持两机流动过程完全相似的条件为：①几何相似；②进口速度三角形相似；③特征马赫数相等，即 $\overline{M}_{2u}'=M_{2u}$；④绝热指数相等，即 $k'=k$。

其中，几何相似，$\overline{M}_{2u}'=\overline{M}_{2u}$和 $k'=k$ 是两机流动相似的先决条件。因为它们仅取决于两机的初始条件，与机器工作时的工况无关。加上进口速度三角形相似，统称为两机流动相似的充要条件。如果满足上述相似条件，则两机流动相似，各对应点参数之比相等。

相似原理在离心压缩机中主要用于两个方面：一是相似设计；二是相似机间的性能换算，或同一台机器设计条件与试验条件间的性能换算。性能换算又可分为完全符合相似条件的完全相似换算和部分符合相似条件的近似相似换算。

4.4.2　基于完全相似的性能换算

通常设计新机器前，一般要求先进行级或段的模型试验，再根据试验结果作为原型机设计的依据。模型机进行设计、制造以后，为了验证其性能是否达到设计要求，必须进行产品试验。不管是模型试验还是产品试验，试验条件(如进气条件、介质和转速等)和设计条件往往不能完全一致，但若两者完全满足相似条件，那么，试验条件下所得到的性能参数可以换算成设计条件下的性能参数。换算过程主要应用如下公式：

①转速间的关系：

$$n=\lambda_L\sqrt{\frac{RT_s}{R'T_s'}}n' \tag{4-46}$$

②流量间的关系：

$$Q_s=\frac{1}{\lambda_L^3}\frac{n}{n'}Q_s'=\frac{1}{\lambda_L^2}\sqrt{\frac{RT_s}{R'T_s'}}Q_s' \tag{4-47}$$

③压力比间的关系：

$$\varepsilon=\varepsilon' \tag{4-48}$$

④能头间的关系：

$$H_{tot}=\frac{RT_s}{R'T_s'}H_{tot}' \tag{4-49}$$

⑤功率间的关系：

$$N_{tot}=\frac{1}{\lambda_L^2}\sqrt{\frac{RT_s}{R'T_s'}}\frac{p_s}{p_s'}N_{tot}' \tag{4-50}$$

从式(4－50)可知，当进口条件相同时，功率与尺寸比例常数 λ_L($\lambda_L=D'/D$)的平方成正比，所以 λ_L 愈小，达到相同压力比时模型机所需要的功率也就愈小。为了减小模型试验时的功率，往往把模型机的尺寸做得比原型机的尺寸要小。但是，当 λ_L 较小时，由式(4－46)可知，这时模型机的转速就需相应增大。

例题 4－6 已知一模型机的试验转速为 3000r/min，$R'T_s'=79434$J/kg，试验测得的性能曲线如图 4－14(a)所示。要求按完全相似换算成原型机的性能曲线。原型机的尺寸是模型机的 1.2 倍，绝热指数 $k=k'$，$RT_s=84818$J/kg。试求原型机的性能参数。

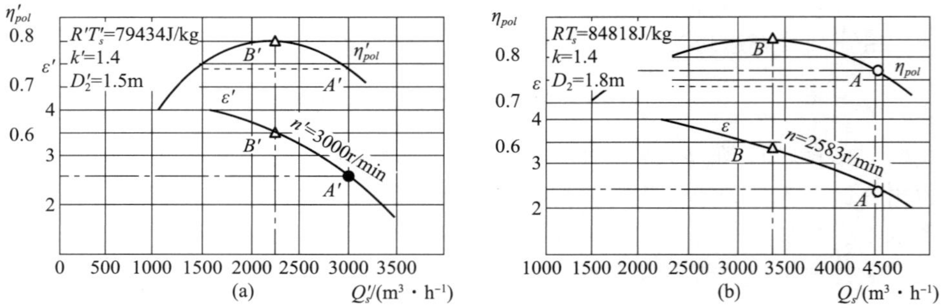

图 4－14 离心压缩机性能曲线的完全相似换算

解：从模型机的性能曲线上取 A'、B'点，参数列于表 4－2 中。

表 4－2 工况点参数

模型机			原型机		
工况点	A'	B'	工况点	A	B
$Q_s'/(m^3\cdot h^{-1})$	3000	2250	$Q_s/(m^3\cdot h^{-1})$	4464	3384
ε'	2.6	3.5	ε	2.6	3.5
η_{pol}'	0.74	0.80	η_{pol}	0.74	0.80

由模型机的性能参数换算成原型机的性能参数，其计算如下。

①流量换算：

$$Q_{sA}=\frac{1}{\lambda_L^2}\sqrt{\frac{RT_s}{R'T_s'}}Q'_{sA'}=1.2^2\times\sqrt{\frac{84818}{79434}}\times 3000=4464(\mathrm{m^3/h})$$

$$Q_{sB}=\frac{1}{\lambda_L^2}\sqrt{\frac{RT_s}{R'T_s'}}Q'_{sB'}=1.2^2\times\sqrt{\frac{84818}{79434}}\times 2250=3384(\mathrm{m^3/h})$$

②压力比换算：

$$\varepsilon_A=\varepsilon_{A'}=2.6;\qquad \varepsilon_B=\varepsilon_{B'}=3.5$$

③效率换算：

$$\eta_{polA}=\eta_{polA'}=0.74;\qquad \eta_{polB}=\eta_{polB'}=0.80$$

④转速换算：

$$n=\lambda_L\sqrt{\frac{RT_s}{R'T_s'}}n'=\frac{1}{1.2}\sqrt{\frac{84818}{79434}}\times 3000=2583(\mathrm{r/min})$$

⑤尺寸换算：

$$D_2=\frac{1}{\lambda_L}D_2'=1.2\times 1.5=1.8(\mathrm{m})$$

原型机性能参数列于表 4－2 的右侧。取适当多的工况点作相似换算，就可作出原型机的性能曲线，如图 4－14(b)所示。

4.4.3　基于完全相似的相似设计

相似设计时，采用经过实践证明具有较高效率、性能曲线较为平缓、稳定工况区较宽的机器(或级)作为模型机(或级)。根据模型机的主要几何尺寸和试验性能数据，以及原型机的设计参数，利用相似原理进行尺寸大小的换算，设计出流道形状相似的原型机。这种方法称为相似设计法。用这种方法设计的新机器，性能可靠，目前在设计中得到了广泛应用。

若已知原型机的设计条件 p_s、T_s，气体常数 R、绝热指数 k、压力比 ε 和流量 Q_s，设计时首先根据原型机压力比 ε 选取一个具有相同压力比 $\varepsilon'=\varepsilon$ 的性能良好的模型机，并把压力比相同的工况点作为原型机设计工况的模化点(相似点)。模化点除要求压力比相等外，还应有较高的效率和较宽的稳定工作范围。选定模化点后，就得到了模型机的进口条件 p_s'、T_s'、压力比 ε'、进口流量 Q_s'和转速 n'等。最后根据完全相似条件，计算出原型机的参数。根据模型机的尺寸和就可得出原型机的尺寸，但叶片角和叶片数应相等，具体公式如下：

①几何尺寸比例常数：

$$\lambda_L^2=\frac{Q_s'}{Q_s}\sqrt{\frac{RT_s}{R'T_s'}}\tag{4-51}$$

②压力比：

$$\varepsilon=\varepsilon'\tag{4-52}$$

③效率：

$$\eta_{pol}=\eta'_{pol}\tag{4-53}$$

④转速：

$$n=\lambda_L\sqrt{\frac{RT_s}{R'T_s'}}n'\tag{4-54}$$

⑤功率：

$$N_{tot}=\frac{p_s}{\lambda_L^2 p_s'}\sqrt{\frac{RT_s}{R'T_s'}}N_{tot}' \tag{4-55}$$

根据已有的模型机性能曲线并采用上述关系式，就可以换算出原型机的性能曲线。对于具有中间冷却的、各段转速相同的多段压缩机，在采用上述相似设计时，为保证两台整机及各段都工况相似，还需要满足对应各段的进气温度之比相等。

4.4.4 近似相似时的性能换算

无论是模型试验还是产品试验，往往受试验条件的限制，不可能保证产品试验条件与设计条件完全符合相似条件，而只能满足其中部分相似条件。这时，完全相似换算关系式就不再全部适用，只能从部分相似条件中找出某些联系，并适当地补充一些条件使两机工况保持一定的近似相似，从而解决生产实践中的性能换算问题。这种性能换算称为近似换算。下面讨论两种情况的性能换算。

4.4.4.1 $k=k'$ 和 $\overline{M}_{2u}\neq\overline{M}_{1u}'$ 的近似换算

在几何相似、$k=k'$ 的前提下，再有进口速度三角形相似，就可以近似地认为叶轮出口速度三角形也相似。这样，便可得到下列换算关系：

①流量换算关系，用于压力比小于 2.5 的情况：

$$Q_s=\frac{1}{\lambda_L^3}\frac{n}{n'}Q_s' \tag{4-56}$$

②效率、压力比换算关系：

$$\eta_{pol}=\eta_{pol}' \tag{4-57}$$

$$\varepsilon=\left[1+\frac{1}{\lambda_L^2}\left(\frac{n}{n'}\right)^2\frac{R'T_s'}{RT_s}\left(\varepsilon'^{\frac{m'-1}{m'}}-1\right)\right]^{\frac{m}{m-1}} \tag{4-58}$$

③功率换算关系：

$$N_{tot}=\frac{1}{\lambda_L^5}\left(\frac{n}{n'}\right)^3\frac{R'T_s'p_s}{RT_s p_s'}N_{tot}' \tag{4-59}$$

④压力比较高时进口流量的换算关系：

必须指出，流量换算式(4-56)用于压力比 $\varepsilon<2.5$ 的机器是符合实际情况的。当压力比较大时，误差就会比较大。对压力比较高的压缩机，不应再采用保持进口速度三角形相似的方法进行流量换算，可采用压缩机进、出口之间某一截面处速度三角形仍保持相似的方法，使在设计条件和试验条件下的各级速度三角形相差不至于太大。如果在进、出口中间 m 截面处速度三角形相似，则由流量系数相等得出：

$$Q_s=\frac{1}{\lambda_L^3}\frac{n}{n'}\frac{k_{v_m}}{k_{v_m}'}Q_s' \tag{4-60}$$

按式(4-60)计算时，需要知道 k_{v_m}/k_{v_m}' 的值。通常推荐用半温升平均比容法来计算：

$$\frac{k_{v_m}}{k_{v_m}'}=\frac{\sqrt{\left(1+\frac{\Delta T}{2T_s}\right)^{\frac{1}{m-1}}}}{\sqrt{\left(1+\frac{\Delta T'}{2T_s'}\right)^{\frac{1}{m'-1}}}} \tag{4-61}$$

当转速与完全相似时的试验转速相差 20%～30%时，上述公式换算结果误差在 3%以内。

4.4.4.2 绝热指数 $k\neq k'$ 时的近似换算

若离心压缩机试验时不能采用原设计气体，尤其是对易爆、腐蚀、有毒等介质，试验时常采用空气作为介质，这就会遇到 $k\neq k'$ 的问题。这时两个流动过程就不相似，为了尽可能使产品试验条件与设计条件之间近似相似，在几何相似、进口速度三角形相似前提下，可使压缩机进出口比容比相等。

①压力比换算关系：

$$\varepsilon^{\frac{1}{m}}=\varepsilon'^{\frac{1}{m'}} \tag{4-62}$$

②效率换算关系：

$$\eta_{pol}=\eta'_{pol} \tag{4-63}$$

③转速换算关系式：

$$n'=\frac{n}{\lambda_L}\sqrt{\frac{\frac{m'}{m'-1}R'T'_s\left(\varepsilon'^{\frac{m'-1}{m'}}-1\right)}{\frac{m}{m-1}RT_s\left(\varepsilon^{\frac{m-1}{m}}-1\right)}}=\frac{n}{\lambda_L}\sqrt{\frac{\frac{m'}{m'-1}R'T'_s\left(\varepsilon^{\frac{m'-1}{m'}}-1\right)}{\frac{m}{m-1}RT_s\left(\varepsilon^{\frac{m-1}{m}}-1\right)}} \tag{4-64}$$

④流量换算关系式：

$$Q_s=\frac{1}{\lambda_L^3}\frac{n}{n'}Q'_s \tag{4-65}$$

⑤功率换算关系式：

$$N_{tot}=\frac{1}{\lambda_L^5}\left(\frac{n}{n'}\right)^3\frac{R'T'_sp_s}{RT_sp'_s}N'_{tot} \tag{4-66}$$

等比容比换算法是有一定使用范围的。当压力比较大时，试验时应采用与设计条件下 k 值相同或相近的气体来进行试验。因为 k 值相差越大，中间截面上的比容比差别就越大；压缩机进出口比容比越大，中间截面上的比容比差别就越大，换算误差也就越大。

具体换算说明：

(1)对于完全相似，或 k 相等的近似相似，根据条件确定属于哪种相似关系，应用相应系列公式，进行换算。

(2)对于 k 不相等的换算，首先应用相应系列公式，进行换算得到对应点的参数；然后按照 k 相等近似换算，换算为转速为某一恒定转速的参数；最后再画出该转速下的性能曲线。

例题 4-7：已知离心压缩机的性能曲线如图 4-15(a)所示。机器工作时转速不变，被压缩气体 $k=1.4$ 不变，但因工艺上的原因，使 $RT_s=79434\text{J/kg}$，这时的气量是 $3350\text{m}^3/\text{h}$，问对应的压力比 ε 及多变效率 η_{pol} 应为多少？并将原型机的性能曲线换算出来。

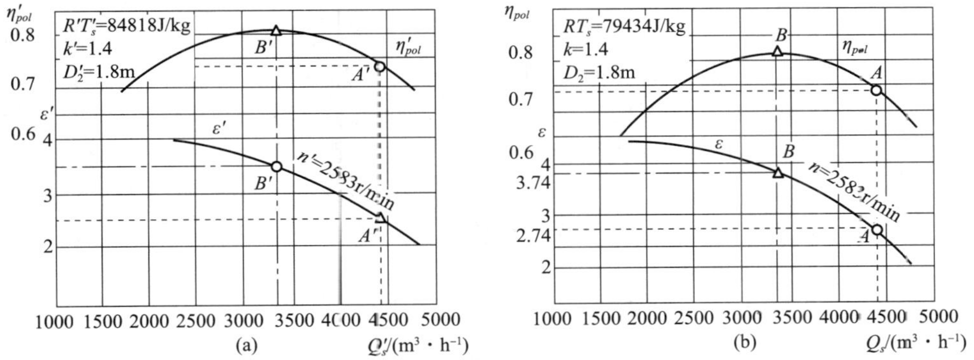

图 4-15 离心压缩机性能的近似相似换算

解：将图 4-15(a)的压缩机视为模型机，其参数以右上角加撇号表示。现两机(实为同一机)尺寸及转速不变，故有 $u_2=u'_2$。因 $R'T'_s=84818\text{J/kg}$，而 $RT_s=79434\text{J/kg}$，所以两机只能用近似相似换算。

①求原型机的 ε 与 η_{pol}

与原型机 $Q_s=3350\text{m}^3/\text{h}$ 近似相似对应的气量是 $Q_s'=\lambda_L^3\dfrac{n'}{n}Q_s$ 其中 $\lambda_L=1$，$n=n'$，故模型机的对应气量 $Q_s'=Q_s=3350\text{m}^3/\text{h}$。按 Q_s' 值在模型机性能曲线图 4－15(a)上查得压力比 $\varepsilon'=3.5$，多变效率 $\eta_{pol}'=0.8$。这样便可算出 $\dfrac{m}{m-1}=\dfrac{k}{k-1}\eta_{pol}'=\dfrac{1.4}{1.4-1}\times0.8=2.8$。根据压力比多变换算式(4－58)，可算出原型机的对应压力比为：

$$\varepsilon=\left[1+\frac{1}{\lambda_L^2}\left(\frac{n}{n'}\right)^2\frac{R'T_s'}{RT_s}\left(\varepsilon'^{\frac{m'-1}{m'}}-1\right)\right]^{\frac{m}{m-1}}=\left[1+\frac{84818}{79434}\times\left(3.5^{\frac{1}{2.8}}-1\right)\right]^{2.8}=3.745$$

根据相似时对应工况效率应相等的要求，原型机的多变效率 $\eta_{pol}=\eta_{pol}'=0.8$。

②换算原型机的性能曲线

在模型机性能曲线上，任选 $Q_{sA'}'=4460\text{m}^3/\text{h}$，$Q_{sB'}'=3350\text{m}^3/\text{h}$，…

读出对应的 $\varepsilon_{A'}'=2.6$，$\varepsilon_{B'}'=3.5$，…以及 $\eta_{polA'}'=0.74$，$\eta_{polB'}'=0.8$，…

按 $\dfrac{m'}{m'-1}=\dfrac{k}{k-1}\eta_{pol}'$ 分别算出：

$$\left(\frac{m'}{m'-1}\right)_{A'}=\frac{k}{k-1}\eta_{polA'}'=\frac{1.4}{1.4-1}\times0.74=2.59$$

$$\left(\frac{m'}{m'-1}\right)_{B'}=\frac{k}{k-1}\eta_{polB'}'=\frac{1.4}{1.4-1}\times0.8=2.8$$

代入压力比多变换算式(4－58)，便可算出原型机对应的压力比，其中 $\lambda_L=1$，$n=n'$，故有：

$$\varepsilon_A=\left[1+\frac{R'T_s'}{RT_s}\left(\varepsilon_{A'}'^{\left(\frac{m'-1}{m'}\right)_{A'}}-1\right)\right]^{\left(\frac{m'}{m'-1}\right)_{A'}}=\left[1+\frac{84818}{79434}\times\left(2.6^{\frac{1}{2.59}}-1\right)\right]^{2.59}=2.743$$

$$\varepsilon_B=\left[1+\frac{R'T_s'}{RT_s}\left(\varepsilon_{B'}'^{\left(\frac{m'-1}{m'}\right)_{A'}}-1\right)\right]^{\left(\frac{m'}{m'-1}\right)_{B'}}=\left[1+\frac{84818}{79434}\times\left(3.5^{\frac{1}{2.8}}-1\right)\right]^{2.8}=3.745$$

根据 $Q_s=\dfrac{1}{\lambda_L^3}\dfrac{n}{n'}Q_s'$，得出相应的流量为：

$$Q_{sA}=Q_{sA'}'=4460\text{m}^3/\text{h}$$

$$Q_{sB}=Q_{sB'}'=3350\text{m}^3/\text{h}$$

将算出 ε_A，Q_{sA}；ε_B，Q_{sB}；…画到图 4－15(b)上，连成光滑曲线，便得到原型机的 $\varepsilon-Q_s$ 性能曲线。由于对应相似工况点的 η_{pol} 相等，故 $\eta_{pol}-Q_s$ 性能曲线不变。

例题 4－8：已知某离心压缩机的设计条件为：介质是生成气，$R=237.3\text{J/(kg·K)}$，$k=1.21$。进气条件 $p_s=1.02\times10^5\text{Pa}$，$T_s=313\text{K}$。设计点的参数 $Q_s=123.3\text{m}^3/\text{min}$，$\varepsilon=1.65$，$\eta_{pol}=0.75$，$N_{tot}=151.8\text{kW}$，工作转速 $n=12000\text{r/min}$，叶轮外径 $D_2=0.42\text{m}$。现制造一个 $D_2'=0.34\text{m}$ 的几何相似模型级，试验时拟用 $k'=1.4$，$R'=288.3\text{J/(kg·K)}$的空气介质，进气 $p_s'=1.013\times10^5\text{Pa}$，$T_s'=293\text{K}$。试求试验时应采用的转速，并估算与设计点对应时的气量及试验所需的功率。

解：按式(4－64)计算模型级的对应转速为：

$$n'=\frac{n}{\lambda_L}\sqrt{\frac{\frac{m'}{m'-1}R'T_s'\left(\varepsilon'^{\frac{m'-1}{m'}}-1\right)}{\frac{m}{m-1}RT_s\left(\varepsilon^{\frac{m-1}{m}}-1\right)}}$$

式中，$n=12000\text{r/min}$，$\lambda_L=\frac{D_2'}{D_2}=\frac{0.34}{0.42}=0.81$。

$$\frac{m}{m-1}=\frac{k}{k-1}\eta_{pol}=\frac{1.21}{1.21-1}\times 0.75=4.32;\ m=1.3012$$

$$\frac{m'}{m'-1}=\frac{k'}{k'-1}\eta_{pol}'=\frac{1.4}{1.4-1}\times 0.75=2.625;\ m'=1.615$$

$$\varepsilon'=\varepsilon^{\frac{m'}{m}}=1.65^{\frac{1.615}{1.3012}}=1.86$$

于是有：

$$n'=\frac{12000}{0.81}\times\sqrt{\frac{2.625\times 288.3\times 293\times(1.86^{\frac{1}{2.626}}-1)}{4.32\times 237.3\times 313\times(1.65^{\frac{1}{4.32}}-1)}}=18141(\text{r/min})$$

气量的近似换算可按式(4－56)计算：

$$Q_s'=\lambda_L^3\frac{n'}{n}Q_s=0.81^3\times\frac{18141}{12000}\times 123.3=99.06(\text{m}^3/\text{min})$$

与设计点对应的功率按式(4－59)计算：

$$N_{tot}'=\lambda_L^5\left(\frac{n'}{n}\right)^3\frac{RT_s p_s'}{R'T_s' p_s}N_{tot}$$

$$=0.81^5\times\left(\frac{18141}{12000}\right)^3\times\frac{237.3\times 313\times 1.013\times 10^5}{288.3\times 293\times 1.02\times 10^5}\times 151.8=159.7(\text{kW})$$

4.5　离心压缩机和管路的联合工作及工况调节

离心压缩机总是与管道联合工作的。通过压缩机的气体流量和通过管道的气体流量相等；经过压缩机后，气体压力的增加 $\Delta p=p_d-p_s$，与气体通过管道时由于流动阻力引起的压降 $\Delta p'$ 也是相等的。这样，由压缩机性能曲线和管路特性的交点 M 确定工作点。为了讨论方便，假设全部管路都在压缩机的排气侧。

离心压缩机的工作点，既随管路特性的变化而改变，又随压缩机性能曲线的变化而改变。所以，在前述所分析的影响工作点的各种因素，如出口节流、旁路调节、切割叶轮外径、改变转速调节等，原则上对离心压缩机也适用，故本节不再重复。这里仅就离心压缩机和管网联合工作中的几个特殊问题进行讨论。

4.5.1　离心压缩机的串联和并联工作

(1)离心压缩机的串联工作

当一台离心压缩机工作时，其压力不能达到输气工艺要求时，可以再用一台压缩机和原来的一台串联起来。当两台压缩机串联工作时，由于气体的可压缩性，特别要注意两机的气量协调问题。这时两台压缩机的质量流量是相同的，但两机进口容积流量不同，而应符合 $Q_{s\text{II}}=\frac{\rho_{s\text{I}}}{\rho_{s\text{II}}}Q_{s\text{I}}$。其中，$\frac{\rho_{s\text{I}}}{\rho_{s\text{II}}}$为第Ⅰ台压缩机进、出口的密度比。

两台压缩机串联后，正如分析多级离心压缩机性能曲线时所指出的那样，其总的性能曲线比单机时要陡些，稳定工况区比单机要窄些，所以为了保证足够大的稳定工况范围，第Ⅱ台压缩机应选用稳定工况区比第Ⅰ台宽的。

图 4－16 所示为两台不同性能的压缩机的串联。串联后总压力比 ε_c 为同一流量下两机压力比 ε_a、ε_b 的乘积，即 $\varepsilon_c=\varepsilon_a\varepsilon_b$。串联后的总性能曲线Ⅰ＋Ⅱ与管路特性曲线 1 交于 M 点。则 M 点对应的流量 m_{I}' 比单机工作时的流量大，压力比也比单机工作时高。如果管路阻力系数降低，管路特性移到曲线 2 位置，这时串联工作将毫无意义。因为串联后的工作

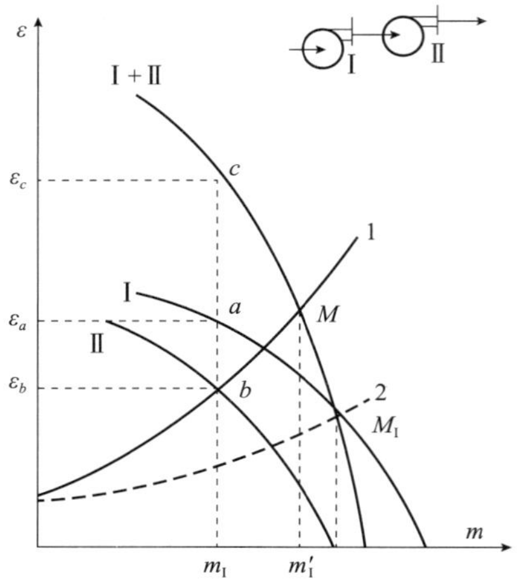

图 4-16 离心压缩机的串联工作

点 M_{I} 同压缩机Ⅰ单独工作时工作点相同，压缩机Ⅱ的压力比 $\varepsilon=1$，并未起到增加压力的作用。因此这时应将第Ⅱ台串联机器停下来，否则第Ⅱ台机器白白浪费功耗。

在大的输气管道中，考虑到输气量在投产后的逐渐增加，常用串联的方法。但压缩机的串联增加了整个压缩机站的复杂性，只有在已有的压缩机中选用一台满足不了技术、经济要求时才考虑串联。此外，高压压缩机一般是不串联使用的，因为串联后第Ⅱ台压缩机的强度和密封不能适应，除非在选择机组时已经考虑到串联使用后的高压要求。

(2)离心压缩机的并联工作

压缩机的并联工作一般用于下列几种情况：

①必须增加气体供应量，而原有的压缩机仍然继续使用；

②气体需用量很大，若设计成一台压缩机则可能造成尺寸过大或制造困难；

③用气量经常变动，这时可考虑几台压缩机并联工作。在需气量大时，几台机器同时并联工作；需气量小时，可根据具体情况逐台停机，退出并联。压缩机并联后的总性能曲线，可根据两台压缩机各自的性能曲线在同样压力比下流量叠加而得。图 4-17 中曲线Ⅰ和曲线Ⅱ为两台压缩机各自的性能曲线，曲线Ⅰ＋Ⅱ为并联后的总性能曲线。

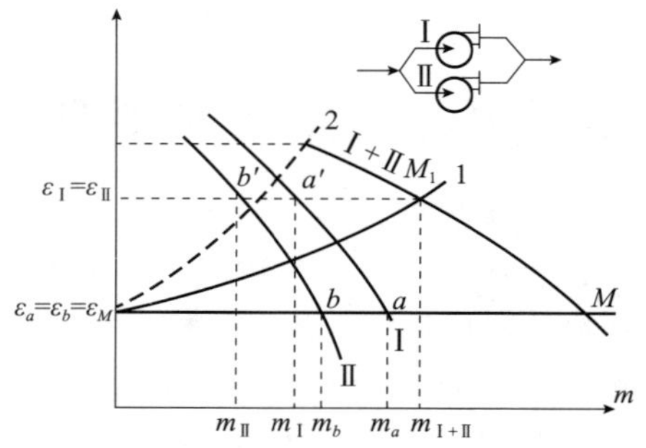

图 4-17 离心压缩机的并联工作

压缩机并联工作效果与管路特性有关。如果与压缩机联合工作的是等压容器(排气侧管路较短，流阻损失忽略不计)，压力比为 ε_M，则在并联中工作的压缩机Ⅰ将提供流量 m_a，压力比 $\varepsilon_a=\varepsilon_M$；压缩机Ⅱ提供流量 m_b，压力比 $\varepsilon_b=\varepsilon_M$，并联后的总流量为 $m_M=m_a+m_b$。如果与压缩机联合工作的是管路系统，管路特性为 1，工作点为 M_1，流量为 $m_{\mathrm{I+II}}$，压力比为 $\varepsilon_{\mathrm{I}}=\varepsilon_{\mathrm{II}}$。此时压缩机Ⅰ的工作点移到 a'，压缩机Ⅱ的工作点移到 b'。这里看到，两台压缩机并联工作后，总流量增加了，但每台压缩机的流量比单独工作时减少了，所以，并联后的总流量要比每台机器单独在管路系统上工作的流量之和小。如果管路阻力系数增加，管路特性移到位置 2，压缩机Ⅱ就达到最小流量而开始喘振，这时应使压缩机Ⅱ停止运转，让压缩机Ⅰ单独工作。

在天然气输送管道的压缩机站中，离心压缩机和管道的联合工作目前有两种不同的设计安排：一种是采用多级(二级或三级)压缩机并联使用；另一种是采用四台单级压缩机，每两台串联成一组，两组并联使用。第一种设计安排的优点是系统简单、管理方便、建设费用较低，但流量调节幅度和管道压力调节幅度稍小；第二种设计安排的系统复杂、操作管理上较烦琐、建设费用较高，但流量调节幅度和管道压力调节范围较大，且机组备用量可以较少，便于组织维修。

例题 4-9：某输气管线折合全长 100km，用 $\phi426\times7$mm 焊缝钢管铺设，埋于地下。以 400m^3/min 油井伴生气和 400m^3/min 气井天然气送往化肥厂作为原料。油井伴生气从集气站引来，储气罐中压力保持 $p_s=1.13\times10^5$ Pa，$t_s=20$℃，通过两台同样的离心压缩机送入管线；气井天然气由于原来是高压的，通过减压阀进入管道，流程图如图 4－18 所示。天然气与伴生气的成分基本一样，其物理性质为：相对分子质量 $M=19.403$，气体常数 $R=428$J/(kg·K)。设压缩过程是绝热的，且绝热指数 $k_T=1.265$，平均压缩性系数 $z=0.97$。

管路特性方程式为：

$$p_d^2-p_D^2=16\frac{\lambda m^2 zRT}{\pi^2 D^5}L$$

式中，p_d 为管道起点，即压缩机出口压力，Pa；p_D 为管道终点压力，此处要求管道终点压力不小于 7.85×10^5 Pa；λ 为摩阻系数，取 $\lambda=0.0119$；D 为管道内径，$D=0.412$m；m 为质量流量，kg/s。

压缩机在额定转速 $n=8700$r/min 下的性能参数列于表 4－3 中。

表 4－3　$n=8700$r/min 下的性能参数

测点	1	2	3	4	5	6	7	8
流量 Q_s/(m³·min⁻¹)	220	218	214	208	200	187	160	150
压力比 ε	7	8.7	10.44	12.18	13.19	15.65	17.40	17.40
功率/kW		1620	1770	1880	1810	1790	1600	1500

求：

①只开动一台离心压缩机(不输气井气)时的工作参数。

②两台压缩机并联运行(不输气井气)时工作点的参数。

③两台压缩机并联运行，要求总输气量为 800m³/min(吸入状态)，求工作点及每台离心压缩机的工作参数，并求从气井补充的气量。

④若将两台并联运行的离心压缩机的转速提高到 9000r/min，维持管道流量不变，则仍需从气井补充多少气量？

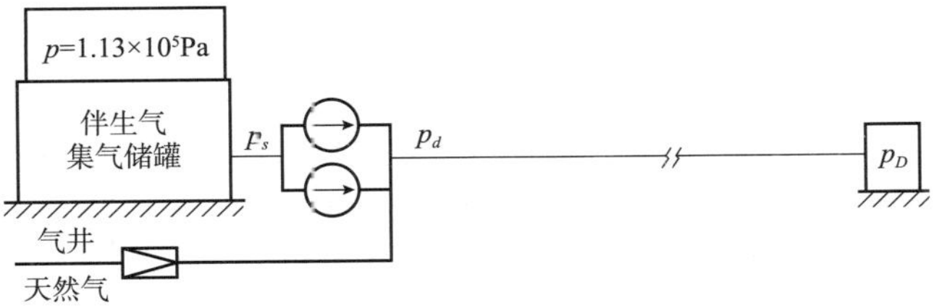

图 4－18　输气流程图

解：这是保持离心压缩机入口压力不变的压缩机和管道联合运行的工况。

①画出压缩机的性能曲线，并将纵坐标同时用压力比和压力表示出来。

$$\varepsilon=\frac{p_d}{p_s}=\frac{p_d}{1.13\times10^5}$$

$$p_d=1.13\times10^5$$

此外，把横坐标同时用体积流量和质量流量表示出来。压缩机入口气体的密度为：

$$\rho_s=\frac{p_s}{RT_s}=\frac{1.13\times10^5}{428\times293}=0.9(\text{kg/m}^3)$$

$$m=\rho_s Q_s=\{0.9Q_s\}_{\text{kg/min}}=\{0.015Q_s\}_{\text{kg/s}}$$

于是，性能参数换算见表 4-4。

表 4-4　性能参数换算

测点	1	2	3	4	5	6	7	8
流量 $Q_s/(m^3 \cdot min^{-1})$	220	218	214	208	200	187	160	150
$m/(kg \cdot s^{-1})$	3.3	3.27	3.21	3.12	3.0	2.895	2.4	2.25
压力比 ε	7	8.7	10.44	12.18	13.19	15.65	17.40	17.40
出口压力 $p_d/(\times 10^5 Pa)$	7.91	9.83	11.8	13.76	14.9	17.68	19.66	19.66

将表 4-4 中的数值画到图 4-19 上并连成光滑曲线。

②画管路特性。由管路特性方程 $p_d^2 - p_D^2 = 16\dfrac{\lambda m^2 zRT}{\pi^2 D^5}L$，得：

$$p_d^2 = (7.85\times10^5)^2 + \frac{16\times0.0119\times m^2\times0.97\times428\times293}{\pi^2\times0.412^5}\times100\times10^3 =$$

$$61.62\times10^{10} + 1.98\times10^{10} m^2$$

故有：

$$p_d = 10^5 \times \sqrt{61.62 + 1.98m^2}$$

由此可得出管路特性 $p_d - m$ 数据，见表 4-5。

表 4-5　管路特性数据

$m/(kg \cdot s^{-1})$	m^2	$1.98m^2$	$\sqrt{61.62+1.98m^2}$	$p_d = 10^5 \times \sqrt{61.62+1.98m^2}$	$\Delta p = p_d - p_D$
0	0	0	7.85	7.85×10^5	0
2.0	4.0	7.92	8.34	8.34×10^5	0.49×20^5
3.0	9.0	17.82	8.91	8.91×10^5	1.06×10^5
40	16.0	31.68	9.66	9.66×10^5	1.81×10^5
5.0	25.0	49.5	10.54	10.54×10^5	2.69×10^5
6.0	36.0	71.28	11.53	11.53×10^5	3.68×10^5
7.0	49.0	97.02	12.60	12.60×10^5	4.75×10^5
8.0	64.0	126.72	13.72	13.72×10^5	5.87×10^5
9.0	81.0	160.38	14.90	14.90×10^5	7.05×10^5
12.0	144.0	285.12	18.62	18.62×10^5	10.77×10^5

③由工作点确定工作参数列于表 4-6(图 4-19)。

表 4-6　工作参数

工作情况	工作点	p_d/Pa	$Q_s/(m^3 \cdot min^{-1})$	管道流量/$(m^3 \cdot min^{-1})$	单机功率/kW	总功率/kW
只启动一台	A	10.17×10^5	216	210	1730	
两台并联	B	13.2×10^5	208	416	1880	3760
两台并联，管道气量为 $800m^3/min$	C	18.6×10^5	177	800(从气井补充446)	1750	3500

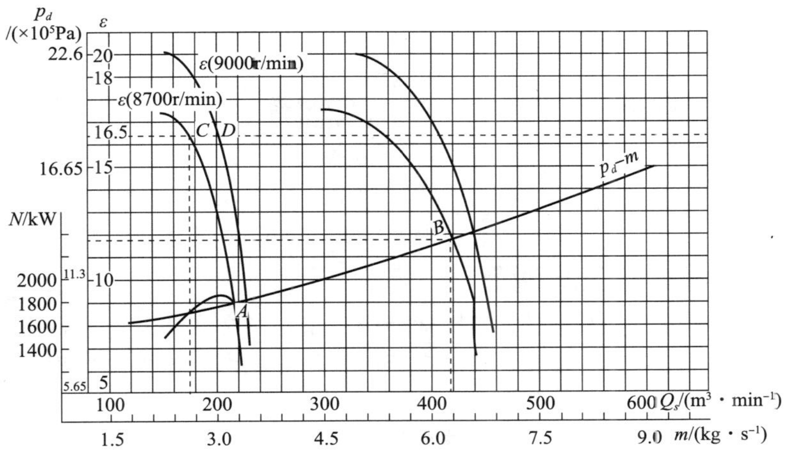

图 4－19　并联工作性能曲线

④换算离心压缩机在 9000r/min 时的性能曲线。根据近似相似换算式可知，当 $n=8700\text{r/min}$，$n'=9000\text{r/min}$ 时，有：

$$\frac{n'}{n}=\frac{9000}{8700}=1.0345$$

$$\left(\frac{n'}{n}\right)^2=1.07$$

$$\frac{k_T-1}{k_T}=\frac{1.265-1}{1.265}=0.2095$$

$$Q_s'=\frac{n'}{n}Q_s=1.0345Q_s$$

$$\varepsilon'=\left[1+\left(\frac{n'}{n}\right)^2\left(\varepsilon^{\frac{k_T-1}{k_T}}-1\right)\right]^{\frac{k_T}{k_T-1}}=[1+1.07\times(\varepsilon^{0.2095}-1)]^{4.774}$$

$$p_d'=p_s\varepsilon'$$

$$N'=\left(\frac{n'}{n}\right)^3N=1.107N$$

按照上述各式进行逐点换算，结果列于表 4－7，并将各对应点画在图 4－19 上，得到提高转速后的性能曲线。

表 4－7　计算结果

计算点	1	2	3	4	5	6	7	8
Q_s	220	218	214	208	200	187	160	150
$Q_s'=1.0345Q_s$	227.58	225.2	221.4	215.2	206.9	193.45	165.5	155.2
ε	7	8.7	10.44	12.18	13.19	15.65	17.40	17.40
ε′	7.82	9.81	11.87	13.94	15.14	18.08	20.2	20.2
$p_d'=p_s\varepsilon'$	8.84×10^5	11.08×10^5	13.41×10^5	15.75×10^5	17.1×10^5	20.43×10^5	22.8×10^5	22.8×10^5
N	—	1520	1770	1880	1810	1790	1600	1500
$N'=1.107N$	—	1683	1959.4	2081.2	2004	1981.5	1771.2	1660.5

⑤确定提高转速后压缩机的工作点参数。由图 4－19 可知，这时工作点为 D，每台压缩机的工作参数为：

$$p_d' = 18.65 \times 10^5 \text{Pa}$$
$$Q_s' = 204 \text{m}^3/\text{min}$$
$$N' = 1860 \text{kW}$$

需要补充的气量为：

$$800 - 2 \times 204 = 392(\text{m}^3/\text{min})$$

4.5.2　离心压缩机的工况调节

离心压缩机和管路联合工作时，实际运行中气量是经常变化的，出口压力也可能发生变化，从而引起压缩机工况的改变，使其在新的工作点工作。这种改变工作点的方法叫作工况调节。

离心压缩机工况调节的方法，除前述出口节流(用于小型鼓风机或通风机)、旁路调节和变转速调节(经济性好、降转速调节可减小喘振区等)外，还常用以下几种方法。

(1)入口节流调节

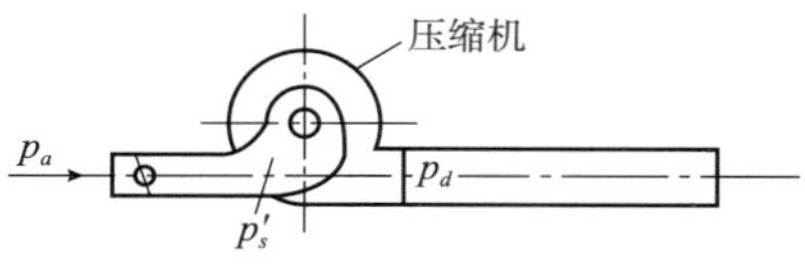

图 4－20　入口节流装置示意图

在压缩机进口管道上安装调节阀(常采用碟形阀，使节流后的气体沿圆周方向能均匀流动)，如图 4－20 所示。当改变调节阀开度大小时，吸气压力将从 p_a 降为 p_s'，且 p_s'的大小随流量的大小而变化。流量大，通过调节阀的阻力损失越大，p_s'就越小，如图 4－21 中 $p_s'-m'$曲线所示。因此，对应调节阀的各种开度可作出各自相应的进气节流性能曲线 $(p_s'-m')_1$、$(p_s'-m')_2$ 等。

当节流前后两工况相似时，各对应的无因次参数应各自对应相等，故在 $Q_s = Q_s'$的相似对应点有 $\varepsilon = \varepsilon'$。当已知压缩机的性能曲线 $p-m$ 和节流后的几条 $p_s'-m'$曲线后，根据 $\varepsilon = \varepsilon'$的关系，就可得到几条进气节流后压缩机的性能曲线 $p'-m'$(图 4－21)。可见，入口节流改变了机器性能曲线。若管路特性不变，则工作点由 M 变为 M_1、M_2 等，从而达到了调节的目的。

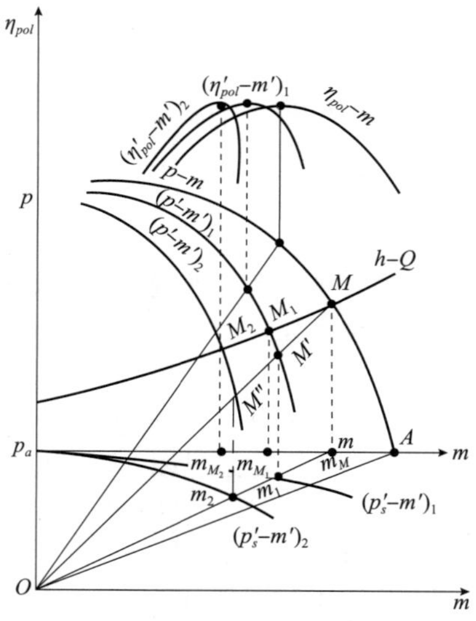

图 4－21　入口节流调节

入口节流调节是一种很简便的调节方法，同出口节流相比，它虽然有一定的附加损失，但经济性要好些。例如某压缩机采用入口节流比出口节流少消耗功率 4%～5%。因为当把同样质量流量 m 调节到 m'时，由于采用入口节流使压缩机进口处气体压力 p_s'低，则容积流量 Q_s 就比出口节流时大。根据压缩机的性能曲线特点，容积流量大时压力比较小，这样，当用入口节流和出口节流来完成同样的调节任务时，入口节流后压缩机的压力比可比出口节流时的压力比小，入口节流后压缩机所消耗的功也就比出口节流时少。

入口节流的另一优点是节流后的喘振流量也向小流量方向移动，使得采用入口节流后压缩机有可能在更小的质量流量下工作。

当压缩机所输送的气体与空气相混后会引起爆炸危险时，应避免使用入口节流调节气量，以防因节流可能使吸气管处出现负压而漏入空气。

采用入口节流时，常常会使机器进口处的流场发生变化，气流分布不均匀而影响压缩机的性能，为此，最好在机器进口前安装稳流箱或保证调节阀安装的位置距叶轮进口有足够的距离，以便使节流后的气流重新均匀化。

(2)转动可调进口导叶调节

转动可调进口导叶的调节原理可用欧拉方程式 $H_T = u_2 c_{2u} - u_1 c_{1u}$ 来解释。如果使进入叶道的气体具有一定程度的预旋($c_{1u} \neq 0$)，则可以使同一流量下机器产生的能头改变，从而使机器的性能曲线变动。通常，使气体在叶道进口产生预旋的方法是在叶轮前安装一个可转动的导叶，将导叶调至不同位置就可使流体经过它产生不同程度的预旋。当产生正预旋($c_{1u} > 0$)时，能头减小；当产生负预旋($c_{1u} < 0$)时，能头增加。这样，在机器转速不变的情况下，利用预旋使机器的性能曲线改变。若管路特性不变，则预旋后的性能曲线交点变化，即工作点改变，从而达到工况调节的目的。

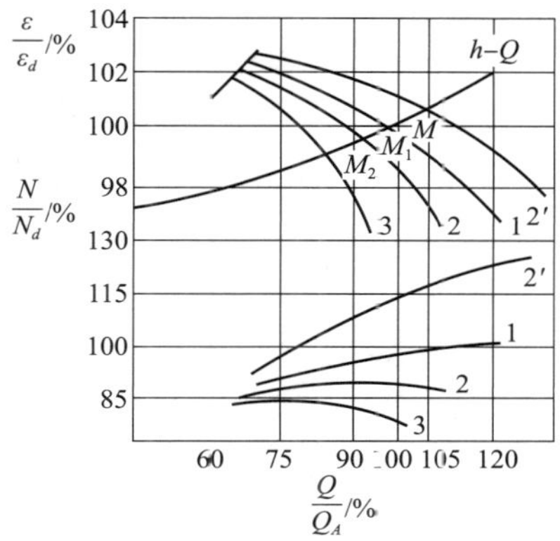

图 4-22　转动可调进口导叶调节

图 4-22 中曲线 1 是离心压缩机无预旋($\alpha_1 = 90°$)时的性能曲线。当调节进口导叶，使进口气流具有不同程度正预旋时，便得到性能曲线 2 和 3。正预旋度越大(c_{1u}越大)，机器的性能曲线便相应地越向下移动。若将进气导叶向与上述相反方向转动，使气流得到负预旋($c_{1u} < 0$)，则在同一气量下，机器产生的能头增大，对应的性能曲线 2′位于无预旋时曲线 1 的右上方。但负预旋时转动可调导叶的叶片角度不能太大，以免使同一气量下叶道进口处相对速度 w_1 变大，致使气流在流道中的流动损失增加，并使叶道中的扩压度 w_1/w_2 增大，叶轮效率不高。尤其要注意防止叶道进口处相对速度马赫数 M_{1w} 过大，否则会使压缩机效率大大下降。

由于改变预旋来调节能头大小是依靠 $u_1 c_{1u}$ 的变化，所以，如果 u_1 值相对 u_2 值很小(D_1/D_2 值很小)时，这种调节效果较差。在通风机中 u_1/u_2 的比值很大，采用这种调节方法效果比较明显。但对强后弯叶片型叶轮的压缩机，一般 D_1/D_2 值较小，用这种调节就不很理想。

此外，气流通过入口导叶是有阻力损失的，因此这种调节方法在使气流产生预旋的同时，还使气体受到节流。为了减少这种进气节流所产生的损失，一般把导叶设计成具有流动阻力较小的机翼型叶片。

装了进气导叶的离心压缩机，即便导叶处于使 $c_{1u} = 0$ 的无预旋位置，但由于导叶的阻力，在同一气量下机器的压力比也会比不装导叶时稍有降低，功耗略有增加。如果气量不变而改变导叶位置，使气流进入叶道时方向改变，与叶片的方向不一致，则会产生冲击损失。当用调节气量的大小使有预旋的气流进入叶道时冲角为零而不产生冲击，则这时气量就与调节前的设计流量大小不同，这样在扩压器和回流器中便会由于流量不等于设计流量而增加了损失。所以，用可转动的进气导叶调节时，因叶轮和固定元件的配合性能较差而使压缩机效率有所降低。即使这样，这种调节方法的经济性仍比较好。图 4-23 所示为采用进口旋绕方法比采用进口节流少消耗功的情况。当流量减小到 60%时，采用进口旋绕比进口节流少耗功约 17%。

利用正预旋调节，能在相当大的调节范围内使机器的效率无明显的下降，且这种调节方法可使喘振工况区变小，有可能使压缩机在较小的气量下工作。这种调节方法的缺点是装置复杂。若在多级压缩机的每级叶轮前都装可调进气导叶时，整个调节装置就更复杂。如只装在第一级，调节效果又不明显。图 4 - 24 所示是装在第一级叶轮前的轴向可转动进气导叶装置。

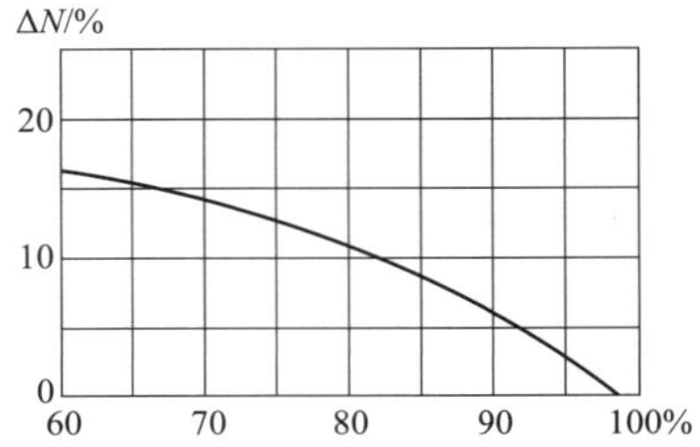

图 4 - 23　进口旋转比进口节流少消耗的功

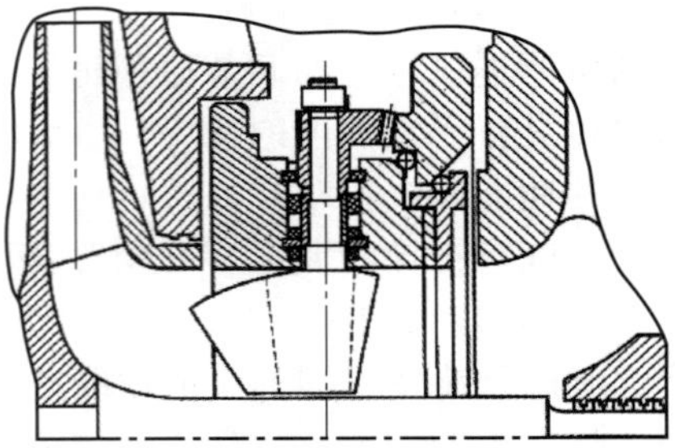

图 4 - 24　轴向可转动的进气导叶装置

(3)转动扩压器叶片调节

对具有叶片扩压器的离心式压缩机，影响其能头(或压力比)性能曲线的因素主要是冲击损失 $\sum h_s$ 。冲击损失包括气流进叶轮的冲击损失及进扩压器时的冲击损失两部分，且进扩压器的冲击损失往往是主要的。扩压器叶片的进口角是按设计气量下气流出叶轮的方向确定的。气量变化对扩压器叶片会产生冲击，这时如设法调整扩压器叶片角 α_{3A}，即调整冲角 $\Delta\beta_3=\alpha_{3A}-\alpha_3$，就可以减小进扩压器的冲击损失。然而，这时进扩压器叶片的流量与原设计气量不同，机器的性能曲线随之发生变动，如图 4 - 25 所示。图中由叶轮的 H_T-Q_s 曲线减去摩擦损失 h_f 及冲击损失 $\sum h_s$ 后得到压缩机的 $H_{pol}-Q_s$ 曲线。前面已说明，冲击损失 $\sum h_s$ 由进叶轮的冲击损失 h_{s1} 和进扩压器的冲击损失 h_{s2} 两部分组成。当调节扩压器叶片角时，进叶轮的 $h_{s1}=Q_s$ 关系不变，但进扩压器叶道的 $h_{s2}-Q_s$ 关系曲线变动。图中 $h_{s1}-Q_s$ 是设计气量下的冲击损失曲线。当气量改变后，如果调整扩压器叶片角 α_{3A}，使进入扩压器叶片的气流不产生冲击，则对应的冲击损失曲线变为图中的 $(h_{s2}-Q_s)'$。由 $(H_T-h_f-h_{s1})-Q_s$ 曲线中减去 $(h_{s2}-Q_s)'$ 后，便得到转动扩压器叶片后机器的性能曲线 $(H_{pol}-Q_s)'$。所以，压缩机的性能曲线会因扩压器叶片角的变动而相应的变动。如果管路特性不变，则这时工作点 M 将变为 M_1，从而达到调节的要求。

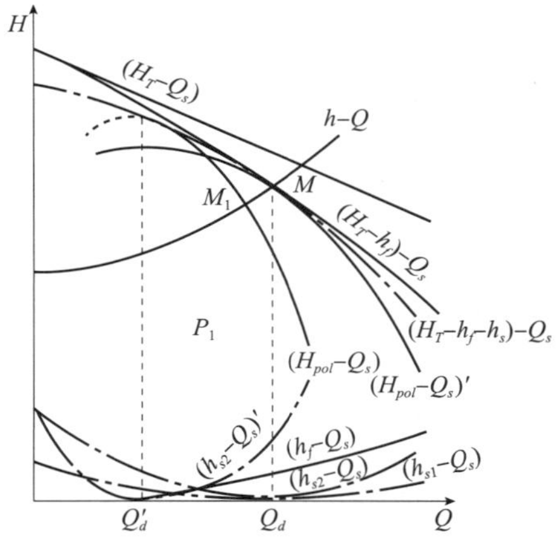

图 4 - 25　转动扩压器叶片的调节

由于调速扩压器叶片角度对压缩机的 H_{pol} 大小影响不大，只使性能曲线移动，因此单独用这种方法来调节气量，其效果与出口节流调节相似，经济性较差。所以，目前很少把它作为单独的调节方法来使用，通常是和其他方法联合使用。一般扩压器叶片做成可调的目的是改变机器的喘振点，以扩大压缩机稳定工况范围。

转动扩压器叶片的传动机构是比较复杂的，如图 4 - 26 所示。当对多级离心压缩机的各级都进行调节时，机构就更复杂。

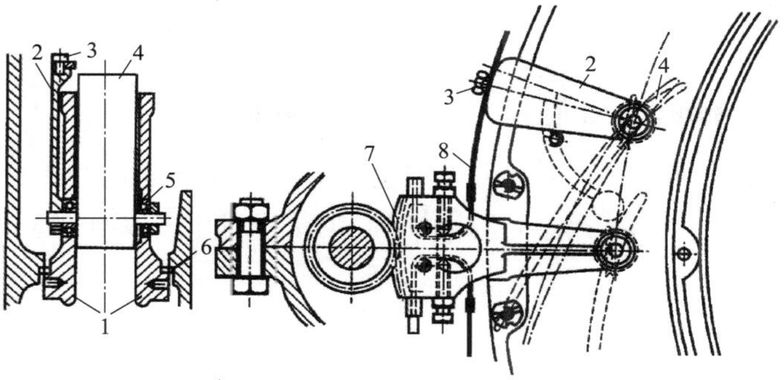

图 4-26　转动扩压器叶片的结构

1—扩压器侧壁；2—转动叶片杠杆；3—围带固定螺丝；4—转动扩压器叶片；
5—滚珠轴承；6—密封；7—传动齿轮；8—传动围带

除上述影响工作点变化的各种因素外，离心压缩机在操作过程中，还会因气体相对分子质量、进气温度、吸气压力的变化，以及管道积垢或堵塞使管路阻力增大等，引起机器性能曲线或管路特性的变化，从而导致工作点改变。

4.5.3　天然气输送中压缩机与管道的联合工作

前面所分析的压缩机与管道的联合工作，大多以压缩机进口压力不变为依据，而压缩机出口压力却是随着流量的不同而改变的。但是，天然气输送管道的工作方式却多为保持管道起点压力不变，即压缩机出口压力不变。这样做的好处是：①输气管道处于尽可能高的(允许的)压力下，因而有最大的储气能力；②输气管道中各分气节点的气体压力得以基本稳定，不致有很大的波动；③便于压气站本身的调节和控制；④输气动力消耗较少。

从压缩机的进口压力不变改为出口压力不变，压缩机、管路特性的表示方法，参数的改变和压缩机串联、并联对联合工作的影响都将发生很大的变化。控制压缩机出口压力不变时，分析对象是压缩机和它进口前的一段管道，如图 4-27 所示。这与保持进口压力不变时的概念有所不同。

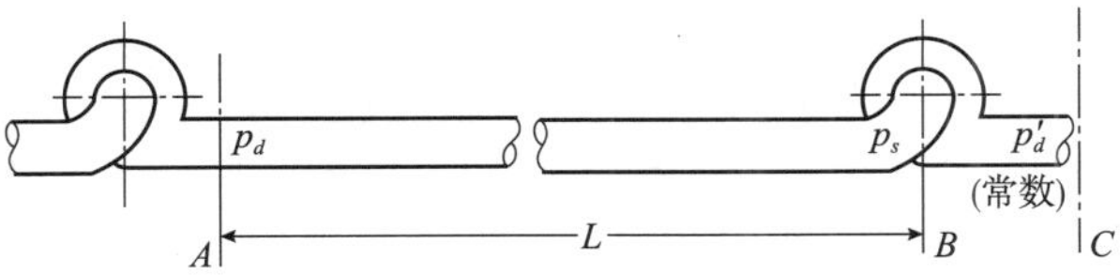

图 4-27　保持压缩机出口压力不变时和管道联合工作的组成范围($A-C$)

p_d—上游出站压力；p_s—压缩机入口压力；p_d'—压缩机出口压力

(1)管道特性——管道负荷曲线

在保持压缩机出口压力 p'_d 不变的情况下，压缩机压缩气体的能量消耗于压缩机前面一段长度为 L 的管道中的摩擦阻力损失。由于摩擦而引起的这段管道中的压降为：

$$\Delta p = p_d - p_s$$

这个压降是流量的函数。当流量增大时，压降也增大；当流量减小时，压降也减小；当流量接近于零时，压降也接近于零。也就是说，这时压缩机的吸入压力 p_s，接近于上游出站压力 p_d。流量与上游出站压力及压缩机吸入压力的关系如图 4-28 所示，这种关系又称为管道负荷曲线。在管道负荷曲线上的任一点的横、纵坐标，表明了管道的流量和在该流量下的压缩机吸入压力 p_s。图 4-28 中曲线 a 和 b 的相对位置，表明当上游的出站压力 p_d 发生变化后管道负荷曲线的移动变化情况。这种变化将影响到压缩机的安全运行范围。

(2)压缩机性能曲线的转换

由压缩机进口压力不变改为出口压力不变时，其性能曲线需加以转换。其中最主要的转换是与管道及压缩机联合工作时有关的压力比－流量关系，即 $\varepsilon=\frac{p_d'}{p_s}=f(Q_s)$。从关系式可以看出，当流量为一定值时，压力比值也是一定的。如果进口压力 p_s 不变，且等于大气压，则此式的关系就可用 $p_d'=f(Q_s)$ 代替；如果出口压力 p_d' 不变，则进口压力就是变化的，且有：

$$p_s=\frac{p_d'}{\varepsilon}$$

从而得到了 $p_s=\varphi(Q_s)$ 的关系，可用图 4－29 表示。

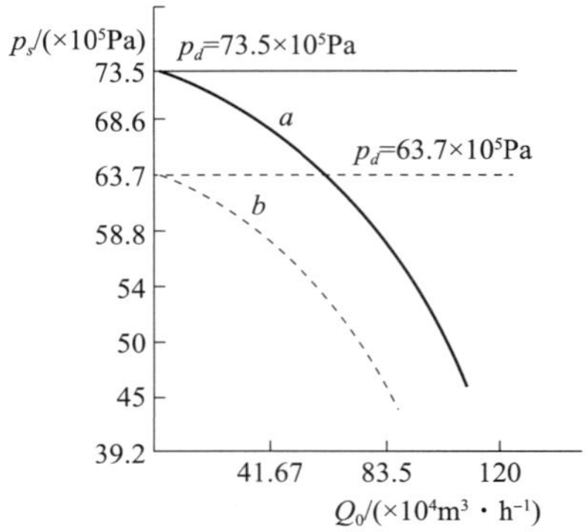

图 4－28　管道负荷曲线

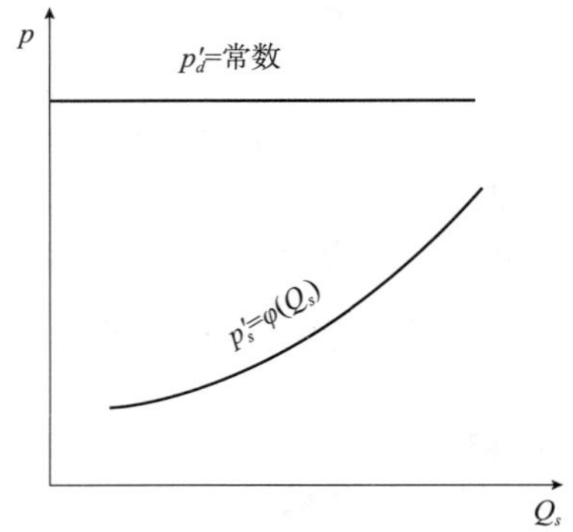

图 4－29　$\varepsilon-Q_s$ 性能曲线转换成 p_s-Q_s 曲线

进口流量是指容积流量。假如进口压力 p_s 和温度 T_s 改变了，则此容积所代表的质量流量也就改变了。在 $\varepsilon-Q_s$ 的关系中，Q_s 的单位有时采用标准状态下的气体容积(m^3/h)，这实际上是指质量流量。由于压缩机进口压力 p_s 和温度 T_s 的改变而导致流量改变的换算关系为：

$$Q_0=Q_s\frac{p_sT_0z_0}{p_0T_sz_s}=Q_s\frac{T_0p_s}{p_0T_sz_s}$$

式中，p_s，T_s，z_s，Q_s 为分别为吸入状态下气体的压力、温度、压缩系数和吸入容积；p_0，T_0，z_0，Q_0 为分别为标准状态下气体的压力、温度、压缩系数($z_0=1$)和折合成标准状态时的吸入容积。

如前所述，当压缩机的转速改变时，可得到相应于各个转速的多条性能曲线，如图 4－30 所示。转换后压缩机性能曲线(图 4－31)具有下列性质：

①在一定的上游出站压力 p_d 下，压缩机的 $\varepsilon-Q_s$ 关系曲线(或 p_s-Q_s 关系曲线)转换后如图 4－31 所示。转速高的曲线在下面，且流量范围较宽；转速低的曲线在上面，且流量范围较窄。可以想象，当转速降至零时，这个流量范围将缩短成为在纵坐标轴上压力为 p_d 的一个点。这表明当压缩机的转速趋于零时，压缩机的吸入压力将趋于接近于上游压气站的出站压力。也就是说，两个压气站之间的压力降趋近于零。

②在最大转速、最低转速、喘振工况界限、阻塞工况界限之间(图 4－31)，是压缩机运行可以调节的最大范围(这里没有考虑管道特性和驱动机的匹配)。

③当上游出站压力 p_d 发生变化时，转换后的压缩机性能曲线也发生变化，即运行的可调节范围发生变化。例如，p_d 从 73.5×10^5 Pa 降至 63.7×10^5 Pa 时，整个运行可调节范围将向左下方偏移，而且向左偏移的幅度与 p_d 的降低有一定关系。

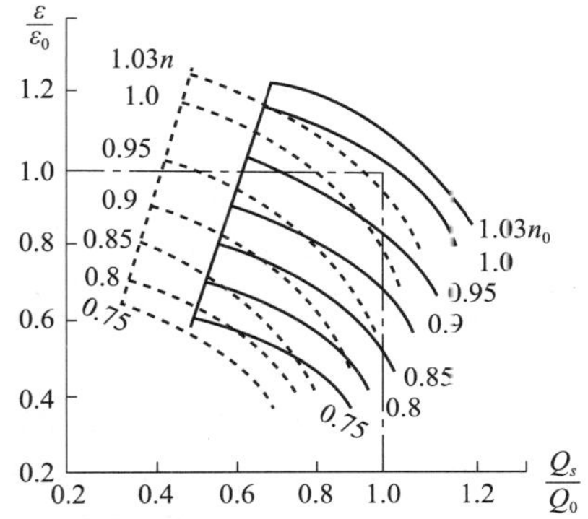

图 4－30　变转速时的 $\varepsilon-Q_s$ 曲线

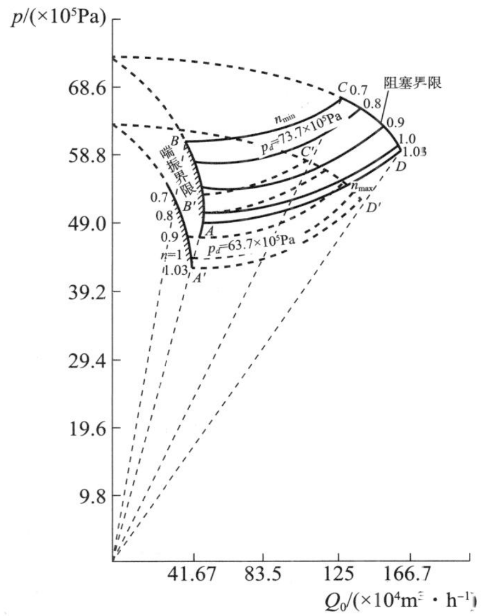

图 4－31　转换后的 p_s-Q_s 曲线

(3)压缩机和管道的联合运行及上游出站压力 p_d、本站出口压力 p_d'对运行工况的影响

压缩机和管道的联合运行工作，就是把图 4－28 所示的管道负荷曲线和图 4－31 所示的压缩机性能转换曲线画到同一个坐标图上(图 4－32)，两曲线的交点便是工作点，例如图中的 M_1 点。M_1 点的横坐标表示通过压缩机的流量，纵坐标表示压缩机进口的吸气压力。从 M_1 点所在的压缩机的某一等转速线上可知这时压缩机的转速。

假如上游出站压力改变，例如 p_d 由原来的 73.5×10⁵ Pa 降至 63.7×10⁵ Pa，而压缩机出口压力仍为 73.5×10⁵ Pa，则这时管道负荷曲线由 a 移至 b，与压缩机性能曲线 1 的交点(即工作点)也由 M_1 移至 M_2。由图可见，这时压缩机的压力比将增加，而流量却大为减少，以致压缩机的工况移到接近或落入喘振范围。

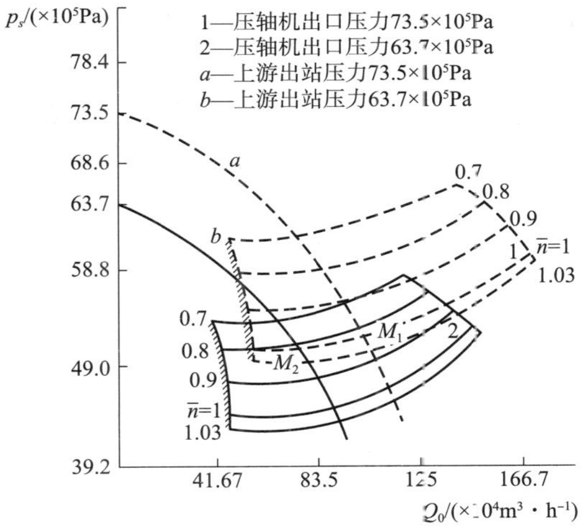

图 4－32　管道与压缩机的联合工作

假如上游出站压力不变，仍为 73.5×10⁵ Pa，而压缩机出口压力由原来的 73.5×10⁵ Pa 降为 63.7×10⁵ Pa，则转换的压缩机性能曲线向左下方移动了。从图 4－32 可以看出，工作点 M_1 原来离压缩机性能曲线的阻塞工况界限线较远，而现在却离压缩机新的性能曲线 2 的阻塞工况界限较近了。如果压缩机出口压力 p_d'继续降低，则工作点 M_1 有可能落入阻塞工况范围；反之，如果压缩机出口压力升高，则使新的工况向着压缩机的喘振区接近。

由此便得到压缩机和管道联合工作的运行调节范围，如图 4－33 所示。这个范围是由四条线组成的：①最大的压缩机出口压力 p_d'下出现阻塞工况线；②最小的压缩机出口压力 p_d'下出现喘振工况线；③最大转速下的性能曲线；④最小转速下的性能曲线。所以，对于良好的压缩机和管道性能的匹配来说，管道负荷曲线应当从所要求的压缩机出口压力

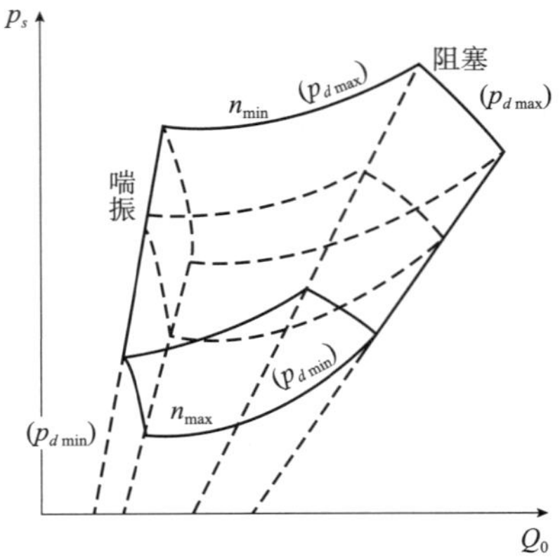

图 4-33　压缩机与管道联合工作时的调节范围

p_d'的性能范围的中央部分通过。这样可离喘振和阻塞工况都有较大的余地。

(4)压缩机串联后与管道的联合工作

在保持压缩机出口压力不变时，离心压缩机串联后性能曲线的转换与前述单台压缩机性能曲线转换的方法一样，将性能曲线上各点的压力和流量参数逐点地加以换算，但这时有：

$$p_s=\frac{p_d'}{\varepsilon^2}$$

$$Q_0=Q_s\frac{T_0}{T_s}\frac{p_0}{p_s}\frac{1}{z_s}$$

式中，ε 为一台压缩机的压力比，此处串联的两机性能相同。

现在把串联的两台压缩机看作一个整体，它的出口压力 p_d'就是第二台压缩机的出口压力，而进口压力 p_s 就是串联的第一台压缩机的进口压力。保持出口压力 p_d'不变，两机串联后由于其总压力比增加了，串联在前面的压缩机入口压力 p_s 便降低了，这就造成串联后入口的质量流量减小，使性能曲线向左下方偏移，如图 4-34 所示。

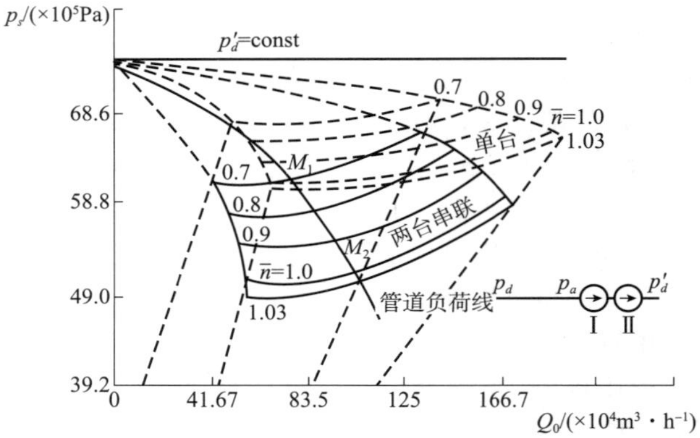

图 4-34　两机串联后与管道的联合工作

从图中还可看出，当压缩机串联后与管道联合工作时，压力比增加了，流量也增加了。流量的增加主要是由于压缩机的吸入压力降低了，因而能够在管道负荷曲线的较低部分得到工作点。例如，采用一台压缩机时，工作点为 M_1，而采用两台串联时，工作点移到了 M_2。

(5)两台压缩机并联后与管道的联合工作

在保持压缩机出口压力 p_d'不变时，两台或两台以上的压缩机并联后的性能曲线也是把同样压力下的流量相加，逐点将坐标加以换算后得到的。图 4-35 就表示保持压缩机出口压力 p_d'不变时，单台、两台并联和三台并联的性能曲线。当与管道联合工作时，两台压缩机并联和三台压缩机并联的性能曲线有重叠。例如，当流量为 1.54×10^6 m^3/h 时，工作点为 M，这时用两台或三台压缩机并联工作都可满足流量要求。那么，选择哪种工作方式，应当看哪种方式能使全站的效率最高，同时要考虑尽可能使用较少的设备。假如流量增加到 1.67×10^6 m^3/h 时，则只有用三台压缩机并联工作，而且将转速降低至额定转速的 91%。

在离心压缩机并联运转时，每台压缩机分担的流量最好相等，这样各台机器的工况都一样。若流量分配不均匀或差别很大，则可能出现一台压缩机趋向于阻塞工况而另一台压缩机却趋向于喘振工况等情况。

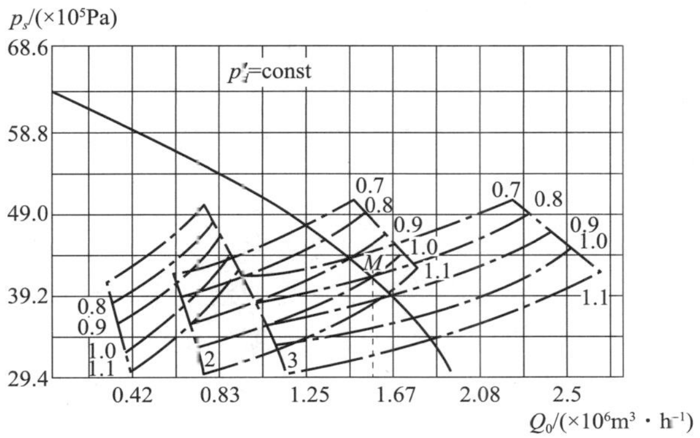

图 4-35　压缩机并联后的性能曲线及其与管道的联合二作

4.6　离心压缩机的主要零部件

离心压缩机由很多零件组成，包括转子和固定元件，这里仅对主轴、叶轮、扩压器及密封装置进行分析。

4.6.1　主轴

主轴是离心压缩机的主要零部件之一，其作用是传递功率、支承旋转部件、定位元件的位置，保证机器的正常工作。主轴上一般要安装叶轮、平衡盘、推力盘、联轴器、轴套等部件，与其一起旋转，通常把工作时与轴一起转动的零部件总称为转子。离心压缩机转子轴结构如图 4-36 所示。

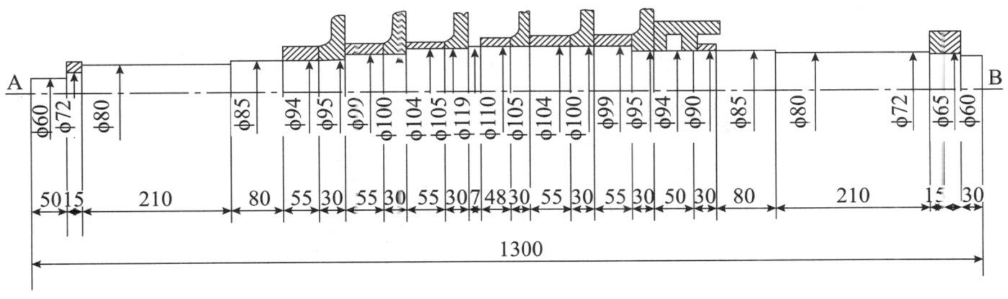

图 4-36　离心压缩机转子轴简图

离心压缩机工作时，转子处于高速旋转状态，不平衡质量会产生径向力，造成转子振动。高速回转机械运行中有一种特殊的现象，即转子在某一转速下会产生强烈的振动。而且转子高于或低于该转速都不会产生强烈振动。这个产生强烈振动的转速称为"临界转速"。因此，离心压缩机的主轴除满足静态刚度、强度外，还必须满足动力稳定性。

高速转子轴的临界转速对应于相应阶的固有频率，因此计算出转子的各阶固有频率非常重要，计算方法有解析法、能量法、传递矩阵法等。压缩机的工作转速与各阶临界转速不能接近，所以在设计时除对轴进行强度计算以外，还必须计算出轴的各阶临界转速的数值，以避开各阶临界转速，特别是第一、二次临界转速。

当轴的转速到达临界转速时，轴的挠度很大，应力也很大，轴将受到破坏。实践证明，如果通过临界转速的时间进行得很快，轴并不破坏，也不出现危险变形，顺利地通过临界转速，在临界转速以上安全运行。

根据转轴的工作转速小于还是大于一阶临界转速 n_{c1}，把轴分为刚性轴和挠性轴，即轴转速低于一阶临界转速时，称为刚性轴；轴转速大于一阶临界转速时，称为挠性轴。在临界转速工作是不允许的，为了使转轴在工作时平稳、安全，工作转速应远离临界值，一般要求：

刚性轴工作转速：$n<0.75n_{c1}$；挠性轴工作转速：$1.4n_{c1}<n<0.7n_{c2}$

4.6.2 叶轮

叶轮是离心压缩机的传能部件。对叶轮的要求主要有：①单级叶轮能使气体获得较大的理论能头或压力增值；②叶轮所组成的级有较高的级效率，且性能曲线的稳定工况区较宽；③叶轮要有较高的强度，以便有较大的圆周速度，使气体获得较高的单级压力比。若要满足上述要求，则与叶轮的结构形式、几何参数和流动参数有关。下面仅就结构形式进行分析。

(1)叶片弯曲形式

叶轮通常分为前弯叶片型叶轮、径向叶片型叶轮和后弯叶片型叶轮，如图 4－37 所示。径向叶片型叶轮又分两种形式：一种是气体径向进入叶道，具有弯曲叶片的径向(出口)叶片型叶轮；另一种是径向直叶片型叶轮，在叶轮入口处设有一个导风轮，气体是轴向进入叶轮的。后弯叶片型叶轮中，通常将叶片出口角 $\beta_{2A}=30°\sim60°$的叶轮称为压缩机型叶轮，将 $\beta_{2A}=15°\sim30°$的叶轮称为水泵型叶轮。由于它们的叶片形状不同，因而就有不同的性能。

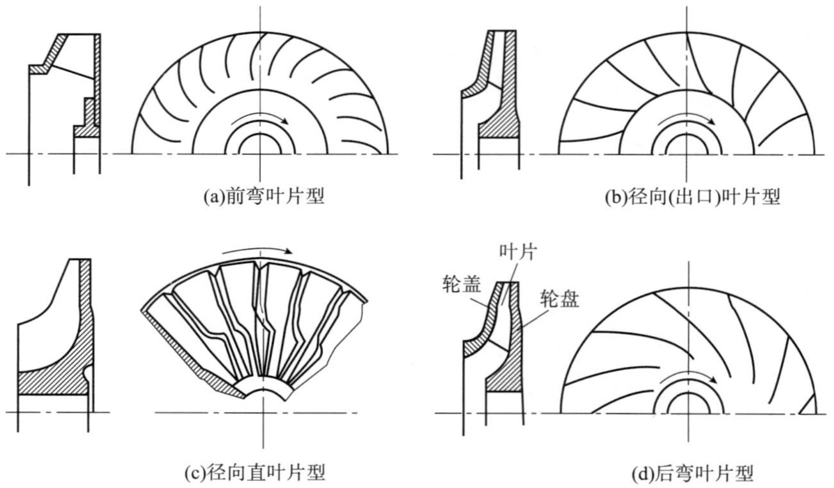

(a)前弯叶片型　(b)径向(出口)叶片型　(c)径向直叶片型　(d)后弯叶片型

图 4－37　不同叶片弯曲形式的叶轮

①从叶轮使气体获得理论能头 H_T 大小分析

根据欧拉方程，理论能头 H_T 的大小与 β_{2A} 有关。在其他条件相同时，前弯叶片型叶轮的 H_T 最大，后弯叶片型叶轮的 H_T 最小，径向叶片型叶轮的 H_T 居中。

②从级效率方面分析

前弯叶片型叶轮的级效率最低，后弯叶片型叶轮的级效率最高，径向叶片型叶轮居中。

因为反作用度 $\rho_{R\infty}=\frac{1}{2}+\frac{1}{2}\varphi_{2r}\cot\beta_{2A}$，所以在相同的 u_2、c_{2r} 条件下，后弯叶片型叶轮具有最大的反作用度，前弯叶片型叶轮的反作用度最小，径向叶片型叶轮居中。反作用度最小，表明叶轮使气体获得的能量主要表现为动能的增加，这部分动能在其后的扩压流动中逐渐降速转换为静压能时，要产生较大的流动损失。尤其在 u_2 较高的离心压缩机中，前弯叶片型叶轮出口的气流绝对速度要比后弯叶片型叶轮大得多，这会使 M 数较高而产生相当大的流动损失，使级效率明显下降。反之，后弯叶片型叶轮的反作用度大，叶轮出口处气流动能小，在扩压流动时的流动损失也小。气体的压力升高主要是在叶轮内完成的。叶轮内的气体由于受离心力的作用，不易产生边界层分离，所以叶轮内的流动损失要比在固定元件中小，其级效率就高。径向叶片型叶轮介于两者之间。

从叶道扩压度和当量扩张角来分析，在相同的叶轮结构尺寸条件下，前弯叶片型叶轮具有较大的叶片弯曲度和较短的叶道，叶道的截面积增加较快，如图 4－38 所示。因此，它的叶道扩压度和当量扩张角较大，使气体流动时易产生边界层分离，故效率较低。后弯叶片型叶轮则相反，效率较高。径向叶片型叶轮介于两者之间。

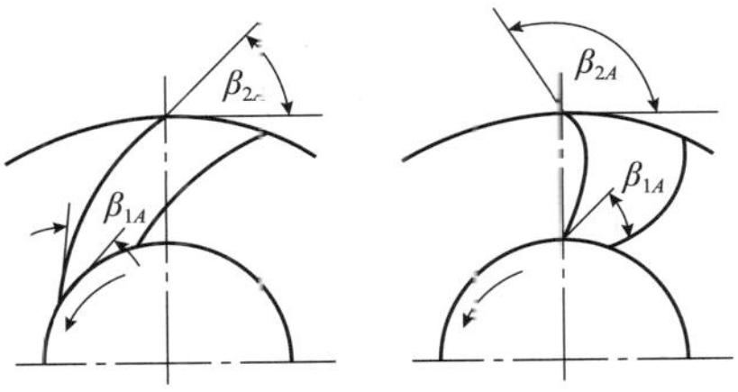

(a)后弯叶片型叶轮　(b)前弯叶片型叶轮

图 4－38　前、后弯叶片型叶轮的叶道

从叶道中速度分布不均匀程度来分析。前弯叶片型叶轮比后弯叶片型叶轮具有较大的速度分布不均匀程度。这是由于前弯叶片型叶轮中轴向涡流在叶道两侧产生的相对速度，与气体流过曲线形叶道时受离心力作用所形成的相对速度正好叠加，如图 4－39 所示。这种较大的速度不均匀性不但使叶道易于产生边界层分离和增大二次涡流影响，而且恶化了后面固定元件的进口状况，导致效率下降。后弯叶片型叶轮，其轴向涡流的影响和曲线叶道形成的速度，两者正好抵消了一部分，所以它的分布不均匀程度就比较小，效率也就比较高。径向叶片型叶轮介于两者之间。

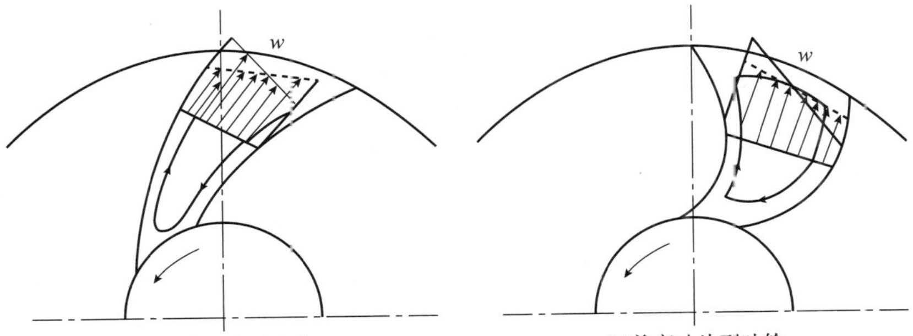

(a)后弯叶片型叶轮　(b)前弯叶片型叶轮

图 4－39　前、后弯叶片型叶轮叶道中的速度分布

③从叶轮使气体获得静压能头 H_{pot} 的大小分析

我们不仅希望叶轮有较高的级效率，还希望它能使气体获得较大的静压能头，以便有较高的级压力比。

为了分析比较各种叶轮的静压能头 H_{pot} 的大小，将 H_{pot} 表示成 u_2 的函数关系，即：

$$H_{pot}=\varphi_{pot}u_2^2 \tag{4-67}$$

式中，φ_{pot} 为静压能头系数。

根据反作用度的定义，φ_{pot} 也可表示为：

$$\varphi_{pot}=\rho_R\varphi_{2u}$$

对于理想叶轮，相应有：

$$\varphi_{pot\infty}=\rho_{R\infty}\varphi_{2u\infty}=\rho_{R\infty}\frac{H_{T\infty}}{u_2^2}=\frac{H_{T\infty}-\frac{(\Delta c^2)_\infty}{2}}{u_2^2}$$

因为 $\rho_{R\infty}=1-\frac{c_{2u\infty}}{2u_2}=1-\frac{\varphi_{2u\infty}}{2}$ 或 $\varphi_{2u\infty}=2(1-\rho_{R\infty})$，所以有：

$$\varphi_{pot\infty}=2\rho_{R\infty}(1-\rho_{R\infty}) \tag{4-68}$$

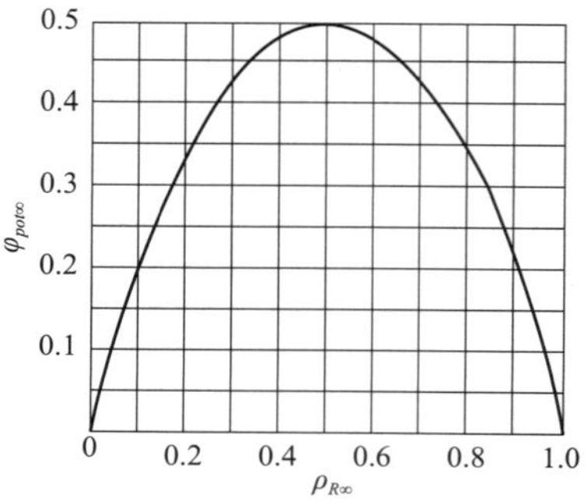

图 4-40　$\varphi_{pot\infty}$ 与 $\rho_{R\infty}$ 的关系曲线

将式(4-68)所表示的 $\varphi_{pot\infty}$ 与 $\rho_{R\infty}$ 的关系绘成曲线，如图 4-40 所示。从曲线可看出，反作用度 $\rho_{R\infty}=\frac{1}{2}$ 的径向叶片型叶轮具有最大的静压能头系数，而前、后弯叶片型叶轮的静压能头系数均较小。由式(4-67)不难看出，在 u_2 相同的条件下，气体在径向叶片型叶轮中可获得最大的静压能头 H_{pot}，这意味着气体在叶轮中相对速度的降落最大，可获得较高的级压力比。但在径向叶轮中气流的动能增量 $\frac{(\Delta c^2)_\infty}{2}$ 也较大，所以 $\left(H_{T\infty}-\frac{(\Delta c^2)_\infty}{2}\right)$ 项在 $H_{T\infty}$ 中所占的比例($\rho_{R\infty}$)不如后弯叶片型叶轮大，故其级效率不如后弯叶片型叶轮高。前弯叶片型叶轮尽管有最大的 $H_{T\infty}$，但它的 φ_{pot} 比径向叶片型叶轮小，因而其静压能头也小。此外，它的叶轮出口绝对速度 c_2 最大，c_2 值受允许 M 数的限制，不能采用较高的 u_2 来获得较高的理论能头和级压力比。后弯叶片型叶轮虽然 φ_{pot} 较小，但在 u_2 相同时，其 c_2 值较小，故可以采用适当提高 u_2 的方法来增加静压能头，甚至可得到比前弯叶片型叶轮稍高的级压力比。

因此，从提高级压力比的角度出发，在离心压缩机中一般只用后弯叶片型和径向叶片型叶轮。只有在通风机中有时才用前弯叶片型叶轮。

④从级的稳定工况范围分析

前已分析，试验证明由尾 β_{2A} 小的后弯叶片型叶轮组成的级具有较宽的稳定工况范围。

(2)叶轮结构

在离心压缩机中常采用的是闭式叶轮和半开式叶轮。

闭式叶轮由轮盘、叶片和轮盖三部分组成，如图 4-41(a)(b)(d)所示。闭式叶轮的轮盖开孔大，强度低，这就限制了叶轮圆周速度 u_2 的提高，一般都在 320m/s 以下。要想提高级压力比，提高圆周速度 u_2 是一个有效途径，这时可采用半开式叶轮。

半开式叶轮没有轮盖，如图 4-41(c)所示。通常采用径向直叶片，叶片直接连在轮毂上。工作时叶片本身不产生弯曲应力，叶片所受到的离心力也不完全要通过轮盘才传到轮毂。相反，叶片本身会起到加强筋的作用，这有利于提高轮盘的强度。所以，这种叶轮的强度高，可采用较大的圆周速度来获得较高的单级压力比。对于常用钢材，最大允许圆周速度 u_2 可达 450～540m/s，单级压力比可达 6.5。但从级效率来看，由于没有轮盖，叶轮侧面间隙较大，内泄漏损失较大，故级效率比后弯闭式叶轮低一些。

径向直叶片半开式叶轮由叶轮本体(直叶片部分)和导风轮部分(扭曲叶片部分)组成。导风轮是叶轮的进气部分，气流在导风轮进口处的圆周速度是从叶片根部向顶部逐渐增加的，因此气流角的大小也是随半径的增加而减小的。为了减少气流进入叶道时的冲击损失，导风轮进口处的叶片做成空间扭曲形的。

从制造工艺来看，叶轮有铆接、焊接、精密铸造、钎焊及电蚀加工等结构形式。精密铸造多用于铝合金叶轮；钢制的叶轮多采用铆接或焊接结构；对叶道宽度很小(可小到2mm)的叶轮可用电蚀加工，且尺寸精度高、表面质量好。就叶片的结构形式来看，铆接叶轮的叶片通常采用槽形和 Z 形结构形式。为了减少轮盖的受力和去掉叶片摺边及铆钉头等凸起部分对叶道光洁度的影响，采用整体铣制叶片的结构形式，即叶片与轮盘一起从整块锻件中铣出，然后用贯穿的铆钉将轮盖铆上。此外，铆接叶片的结构形式还有图 4-41(d)(e)所示的两种。图 4-41(d)所示为单独铣成的穿孔叶片；图 4-41(e)所示为带有铆接榫头的铣制叶片。当叶片厚度 δ 较大时，为减少气流进入叶道的冲击损失和流出时的尾迹损失，将叶片进出口处削薄(出口处削薄非工作面，使 β_{2A} 有增大的趋势)。

综上所述，后弯叶片闭式叶轮具有较高的效率，是固定式离心压缩机和鼓风机叶轮的主要结构形式。其中的水泵型叶轮具有较宽的稳定工况范围，可选用较小的流量系数 φ_{2r} 来获得较宽的叶道，有利于减小流动损失，所以常用于小流量级和高压级。径向直叶片半开式叶轮主要用于运输式离心压缩机和鼓风机中，因为这时把单级压力比大小、质量和结构尺寸大小作为衡量机器好坏的一个主要指标。

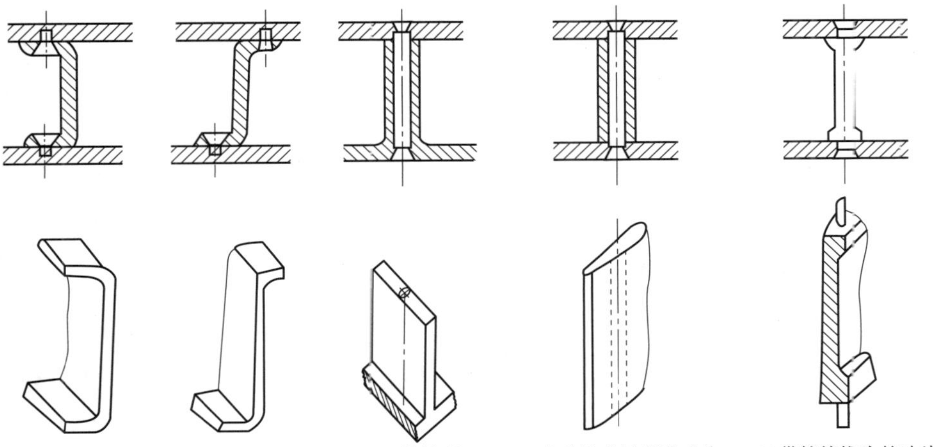

(a)槽形 (b)Z形 (c)整体铣制 (d)单独铣成的穿孔叶片 (e)带铆接榫头的叶片

图 4-41 几种铆接叶轮的型式

4.6.3 扩压器

离心压缩机叶轮出口的气流绝对速度 c_2 一般为 200～300m/s。高能头的叶轮的气流速度可高达 500m/s 以上。这部分动能占叶轮给气体的总能头的相当大的比例。例如，径向直叶片型叶轮占 50%，水泵型或玉缩机型叶轮也占 25%～40%。所以，这部分动能必须有效地转换为静压能，这就是扩压器的任务。扩压器同时还起着收集及引出气体的作用。

扩压器一般分为无叶扩压器、叶片扩压器和直壁扩压器三种。

(1)无叶扩压器

①结构和工作原理

无叶扩压器通常由两个平行壁面构成的环形通道组成，如图 4-42 所示。从叶轮流出的气体经过扩压器通道时，若不考虑气体的黏性所产生的摩擦力，则气体流动应遵循动量矩守恒定律，故任意截面(直径 D、宽度 b、密度 ρ)上的周向分速 c_u 和扩压器进口截面 3-3 的周向分速 c_{3u} 间有如下关系：

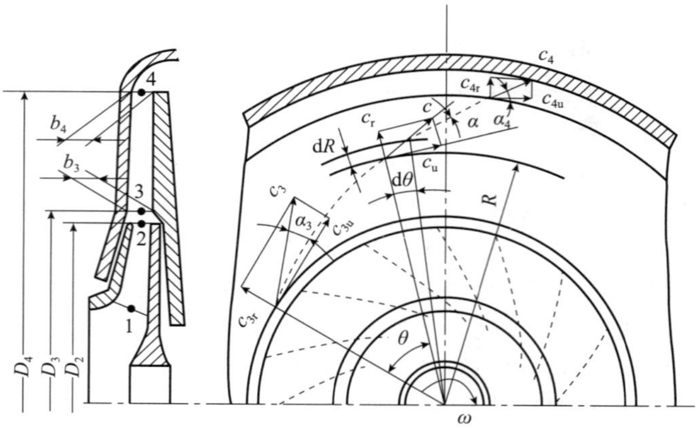

图 4-42　无叶扩压器及其内部的流动

$$c_u \frac{D}{2} = c_{3u} \frac{D_3}{2}$$

$$c_u = c_{3u} \frac{D_3}{D} \tag{4-69}$$

按照连续性定理，气流在 3-3 截面上的径向分速 c_{3r} 和任意截面上的径向分速 c_r 间的关系为：

$$m = \pi D_3 b_3 \rho_3 c_{3r} = \pi D b \rho c_r$$

$$c_r = \frac{D_3}{D} \frac{b_3}{b} \frac{\rho_3}{\rho} c_{3r} \tag{4-70}$$

一般无叶扩压器的宽度是不变的，若不考虑气体密度变化，则为：

$$c_r = \frac{D_3}{D} c_{3r} \tag{4-71}$$

式(4-70)和式(4-71)说明，在无叶扩压器中，气流的周向分速 c_u 和径向分速 c_r 都随直径 D 的增大而减小。因为气流速度 $c = \sqrt{c_r^2 + c_u^2}$，于是：

$$c = \sqrt{\left(\frac{D_3}{D} c_{3r}\right)^2 + \left(\frac{D_3}{D} c_{3u}\right)^2} = \frac{D_3}{D} c_3 \tag{4-72}$$

即无叶扩压器的扩压(降速)能力主要是依靠直径 D 的增大来达到的，这就是扩压器的扩压原理。气体流动时方向角 α 为常数。

在实际扩压流动中，由于直径的增大，气体的压力随流速的减小而增加，气体的密度也相应增加，即 $\rho > \rho_3$，所以 c_r 随直径的增大而下降得更快。考虑摩擦力的影响，使气流动量矩减小，使 c_u 随直径的增大而下降更快。也就是说，这时气流速度的下降程度要比直径的增加程度更快。

②无叶扩压器的特点

无叶扩压器结构简单，造价低。它对工况变化的适宜性很好，因为工况变化时虽然叶轮出口气流速度的大小和方向要改变，但不会像有叶扩压器那样，在叶片进口处要发生冲击损失，所以其性能曲线比较平坦，稳定工况区较宽。无叶扩压器的通用性好，只要扩压器的 D_3 及 b_3 合适，同一个扩压器可用于不同 β_{2A} 的叶轮。它的另一个重要特点是当进入扩压器的气流速度 c_{3u} 为超声速时，在扩压器内是不会形成激波的，因为无法形成与 c_{3u} 垂直的激波面。

无叶扩压器的缺点是因为它主要是利用增加直径来达到扩压目的，为了增加扩压效果，必然要增大直径 D_4，这就使机器的径向尺寸较大。据资料介绍，当$\frac{D_4}{D_2}>2$后，增加 D_4 对扩压的作用就不大了，所以一般限制$\frac{D_4}{D_2}\leqslant 1.5\sim1.7$。无叶扩压器的另一个缺点是由于气流方向角 α 基本不变，使流动路程较长，摩擦损失较大，故设计工况下的效率要比叶片扩压器低。α 越小，效率降低越明显。

(2)叶片扩压器

①结构和工作原理

如果在无叶扩压器的环形通道中沿圆周装有均匀分布的叶片，就成为叶片扩压器，如图 4－43 所示。在环形通道中装了叶片后，气流受到叶片的引导，迫使气流按照叶片方向运动，其运动轨迹基本上与叶片形状一致，气流方向角与叶片角 α_4 一样，是由进口向出口逐渐增加的，即 $\alpha_3<\alpha<\alpha_4$。由于叶片对气流有作用力，使气流的动量矩发生变化。

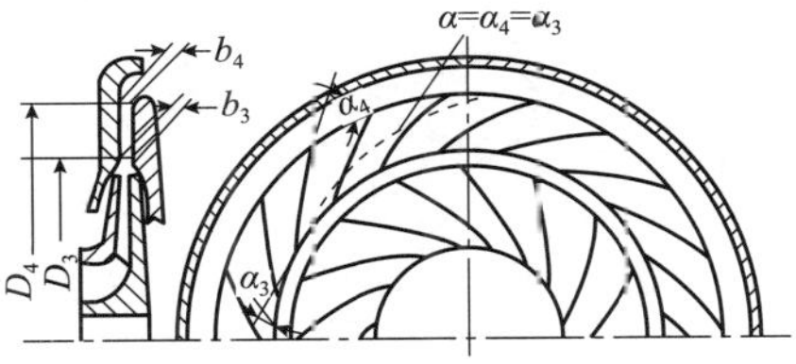

图 4－43 叶片扩压器及其内部的流动

按照连续性定律，径向分速 c_r 的变化规律为：

$$c_r=\frac{D_3}{D}\frac{b_3}{b}\frac{\tau_3}{\tau}\frac{\rho_3}{\rho}c_{3r}$$

因为 $c=\frac{c_r}{\sin\alpha}$，$c_3=\frac{c_{3r}}{\sin\alpha_3}$，所以有：

$$\frac{c}{c_3}=\frac{D_3}{D}\frac{b_3}{b}\frac{\tau_3}{\tau}\frac{\rho_3}{\rho}\frac{\sin\alpha_3}{\sin\alpha}$$

如认为 $\tau_3\approx\tau$，当 $b_3=b$ 时，叶片扩压器中气流速度的变化为：

$$\frac{c}{c_3}=\frac{D_3\rho_3}{D\rho}\frac{\sin\alpha_3}{\sin\alpha} \tag{4-73}$$

由上式可以看出，叶片扩压器内气速的降低除了利用直径增大外，还依靠叶片强迫气流转弯，使 $\alpha>\alpha_3$。因此，在相同的$\frac{D_4}{D_3}$下，它的减速能力要比无叶扩压器大。反之，如果两者的扩压度相等，则叶片扩压器的$\frac{D_4}{D_3}$要比无叶扩压器小。

叶片扩压器的叶片数通常为 $z_3=16\sim22$，最好少于叶轮叶片数 z，并不应成整数倍，以免发生共振。

②叶片扩压器的特点

叶片扩压器具有扩压程度大而尺寸小的优点。此外，叶片扩压器中的气流由于受到叶片的引导，使气流角不断增大，因此，它的流道长度短，流动损失小。在设计工况下，其效率一般要比无叶扩压器高 3%～5%。当 α_2 较小时，两者的效率差别就大些；当 α_2 较大时，两者的效率差别就小些，因这时无叶扩压器中的流线长度也不长。所以，叶片扩压器适用于 α_2 较小的情况，以及径向直叶片叶轮的级。但在 $\alpha_2<11^\circ\sim13^\circ$时，它的工作性能也不好，这时要采用直壁扩压器。

叶片扩压器的缺点是当工况偏离设计工况时，由于 α_3 与 α_{3A} 不一致，要产生冲击损失，使效率下降。当冲角增大到一定值后，会因发生强烈的分离现象而导致压缩机喘振。因此，叶片扩压器的级或压缩机，其性能曲线较陡，稳定工况区较窄。

(3)直壁扩压器

它也是一种叶片扩压器。由叶片形成的流道前端是一小段接近于对数螺旋线形的曲壁通道，以便很好地引导气流进入扩压器，后面是一段接近于直线形的直壁通道，故称为直壁扩压器。由于直壁扩压器的壁道基本上是直线形的，通道中的气流速度、压力分布要比弯曲形通道的叶片扩压器均匀得多，不易产生边界层分离和二次涡流，故流动损失小，在设计工况下有很高的效率(即使在高扩压度下仍有较高的效率)，特别适用于高能头级。此外，泵型叶轮的气流方向角 α_2 小，在 $\alpha_2 <$ 11°～13°时，如采用直壁扩压器可以提高效率。此时由于 α_2 小，通道数仅有 4～12 个，故也称为少通道扩压器，如图 4－44 所示，它把后面的弯道和回流器连成一个整体。

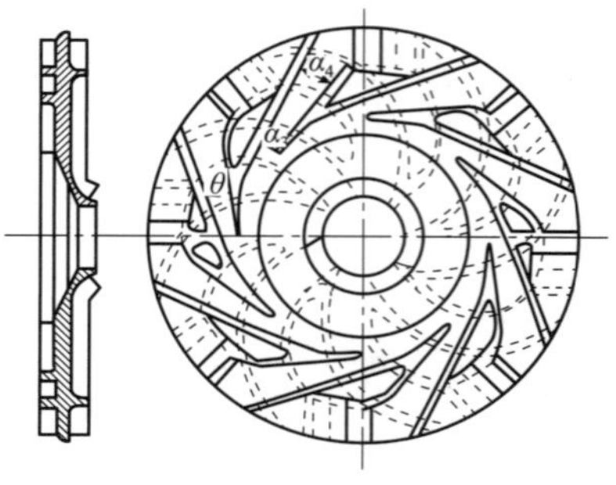

图 4－44　少通道扩压器

直壁扩压器在设计工况下的效率较高，但当偏离设计工况时，气流在进口处发生冲击，效率下降。它的结构复杂，加工比较麻烦，应用还不太多。

4.6.4　密封装置

为了防止离心压缩机内的气体漏到机外，以及级间、轮盖、平衡盘等处的泄漏，必须设置密封装置。目前用于离心压缩机的密封结构除机械密封外，还常用迷宫密封、浮环密封、抽气密封等。本书仅简介迷宫密封、浮环密封和干气密封的结构和工作原理。

(1)迷宫密封

迷宫密封又称梳齿密封，在离心压缩机中应用很普遍，它不仅用于空气、氮气、二氧化碳等无毒害气体的压缩机轴封装置，而且广泛用作压缩机内部的级间密封、轮盖密封以及平衡盘密封。图 4－45 所示为几种常用的曲折形迷宫密封的结构，其中以图 4－45(d)的密封效果最好，但因加工及装配要求较高，应用不普遍。为了制造方便，密封段的轴颈也可做成光轴，如图 4－46 所示，这种平滑形密封效果较差。叶轮轮盖密封可采用图 4－47 所示的阶梯形密封。有时为了节省迷宫的轴向尺寸，还采用密封片径向排列的形式，如图 4－48 所示。近年来，平衡盘外缘与机壳间的密封出现了蜂窝迷宫密封，由 0.2mm 厚的不锈钢片焊成蜂窝状密封环，其结构如图 4－49 所示。

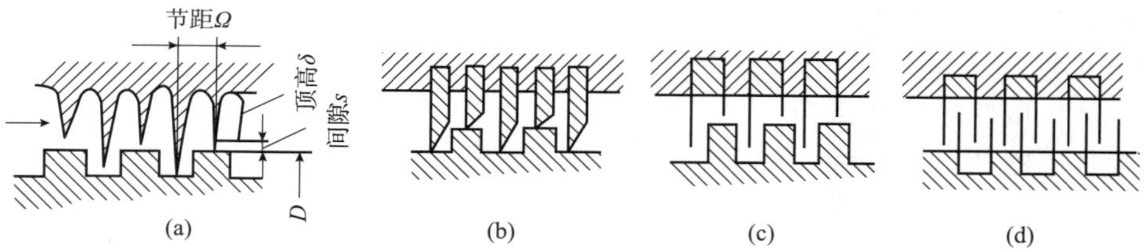

图 4－45　由折形迷宫密封

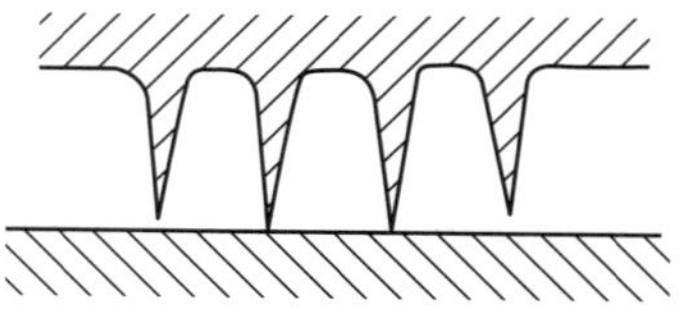

图 4－46　平滑形迷宫密封

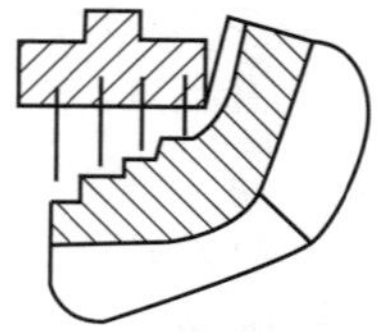

图 4－47　阶梯形迷宫密封

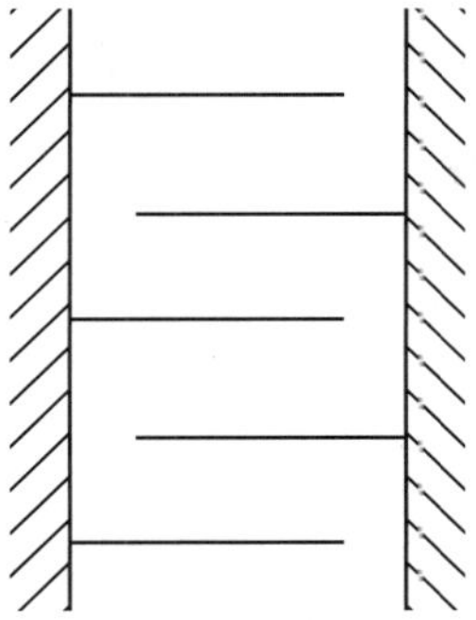

图 4－48　径向排列密封片

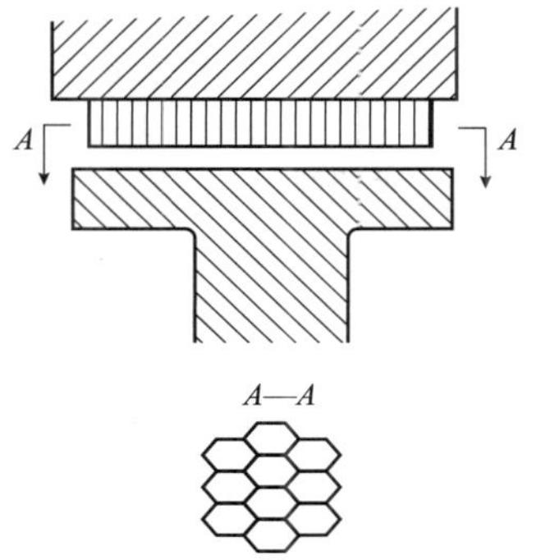

图 4－49　蜂窝密封

迷宫密封的工作原理如下：当气流通过齿缝时，认为其近似于绝热膨胀过程，气流加速降压。气流从齿缝进入密封片间空腔时，通流面积突然扩大，气流形成很强的旋涡，从而使速度几乎完全消失，而且动能不能变为压力能而是转化为热量，即在空腔中进行等压膨胀过程，压力不变而温度上升，回复到密封片前的温度。气流每通过一个齿缝和空腔时，气流的变化都重复上述过程，如图 4－50 所示。把这一过程表示在温熵图上即如图 4－51 所示。气流通过第 1 齿后，压力由 p_a 降到 1 点的 p_1，然后等压升温至 1_0 点，再经第 2 齿降压至 2 点的 p_2。如此逐齿重复直至通过全部密封，压力越来越低，比体积越来越大，气流速度越来越高，最后压力趋近于背压，但温度却保持不变，达到密封目的。

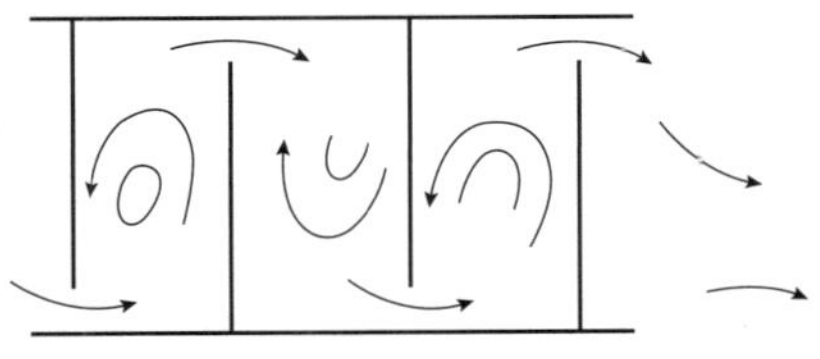

图 4－50　气体在密封中的流动

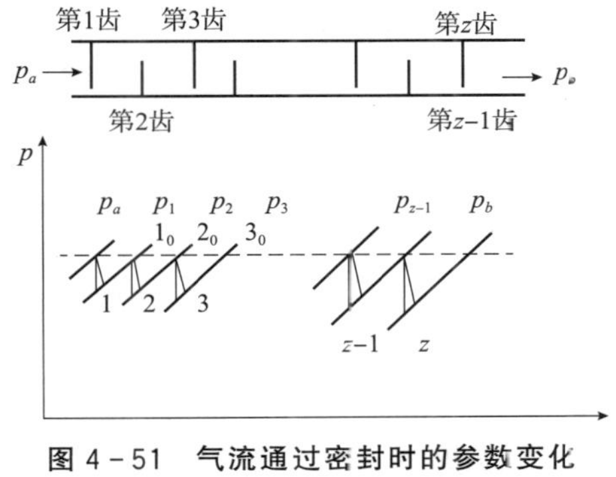

图 4－51　气流通过密封时的参数变化

由此可见，迷宫密封的特点是有一定的漏气量，并依靠漏气经过密封装置所造成的压力降来平衡密封前后的压力差。要想达到良好的密封效果，即漏气量小，应从三方面入手：第一是减小齿缝面积；第二是增加密封片数，减小每个密封片前后的压力差；第三是增大局部阻力，使气流进入空腔时动能尽可能转变为热量而不是恢复为压力能，曲折形迷宫密封效果之所以较好，原因就在于此。

通常轮盖处密封齿数较少，一般 $z<4\sim6$。在一般密封结构中，为了减少漏气量，齿数 z 不应少于 6，但也不宜过多($z<35$)，否则轴向尺寸增大，而效果并不显著。齿顶处间隙 s(图 4－52)的最小值可取为：

$$s=0.2+(0.3\sim0.6)\frac{D}{1000}$$

式中，D 为密封直径，mm。

此外，齿顶应削薄并制成尖角，这样既可减弱转轴与密封片可能相碰时发生的危害，又可降低漏气量。圆角的漏气量较大。齿顶与气流方向应如图 4－52 所示。梳齿应与转子同心，偏心将增大漏气量。齿片一般用铝、青铜等比轴软的材料制造，且应与被输送气体性质相适应，以防因摩擦产生火花而引起爆炸。

有关漏气量的计算，本书只给出计算公式。

①齿缝间隙中气速小于声速时，漏气量用下式计算：

$$m_1=\overline{\alpha}Ds\sqrt{\frac{(p_a+p_b)(p_a-p_b)\rho_a}{zp_a}} \tag{4-74}$$

式中，m_1 为漏气量，kg/s；D 为平均密封直径，m；s 为齿缝间隙，mm；ρ_a 为密度，kg/m^3；z 为齿数；p_a、p_b 为密封前后的压力，Pa；$\overline{\alpha}$ 为泄漏修正系数。

曲折形迷宫密封 $\overline{\alpha}=0.67\sim0.73$。平滑形密封效果较差，$\overline{\alpha}=0.67\sim0.73\dfrac{\overline{\alpha}_{smo}}{\overline{\alpha}_{step}}$。$\dfrac{\overline{\alpha}_{smo}}{\overline{\alpha}_{step}}$表示平滑形和曲折形泄漏修正系数的比值。它与$\dfrac{s}{\Omega}$（$\Omega$ 为密封节距）、z 有关的实验曲线如图 4－53 所示。阶梯形密封的 $\overline{\alpha}$ 可取与曲折形相同或稍大一些。

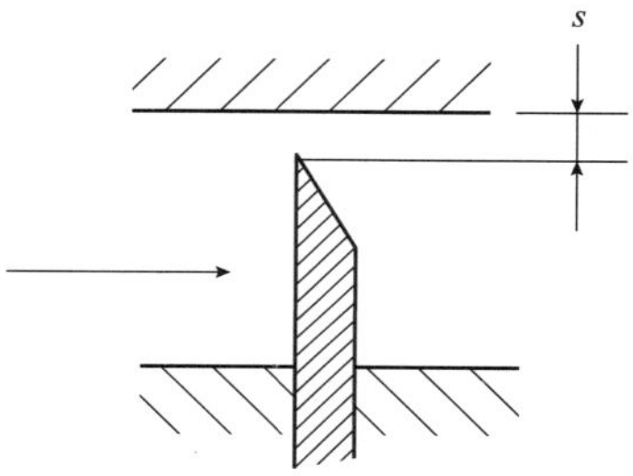

图 4－52　梳齿安装的正确方向

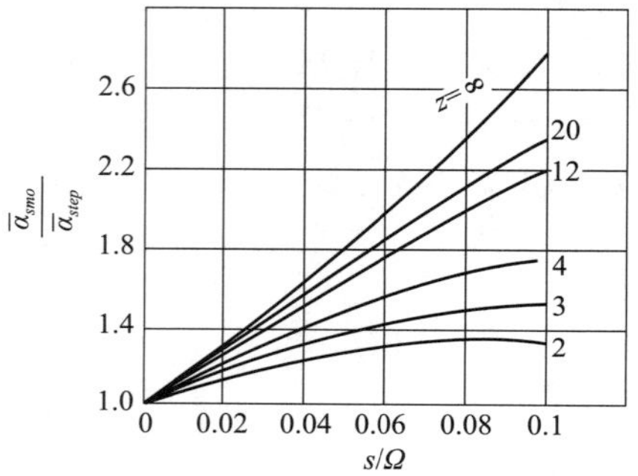

图 4－53　平滑形迷宫密封的泄漏修正系数

②齿缝中气流为音速时，漏气量用下式计算：

$$m_{1cr}=\alpha Ds\sqrt{\frac{p_a\rho_a}{(z-1)+1/\alpha^2}} \tag{4-75}$$

式中，α 为系数，$\alpha=\sqrt{2\dfrac{k}{k+1}\left(\dfrac{2}{k+1}\right)^{\frac{1}{k-1}}}$。

齿缝中是否出现临界声速，取决于 p_a 和 p_b 的比值。当 p_a/p_b 增大到某一临界比值 $\left(\dfrac{p_a}{p_b}\right)_{cr}$ 时，末齿缝中出现声速。这时的$\left(\dfrac{p_a}{p_b}\right)_{cr}$可用下式计算：

$$\left(\frac{p_a}{p_b}\right)_{cr}=\left(\frac{k+1}{2}\right)^{\frac{k}{k-1}}\sqrt{\alpha^2(z-1)+1} \tag{4-76}$$

密封前后的实际压力比$\dfrac{p_a}{p_b}<\left(\dfrac{p_a}{p_b}\right)_{cr}$，表示齿缝中不出现声速。用式(4－76)计算漏气量；反之，已出现声速时，应用式(4－77)计算漏气量。

③轮盖密封的漏气量计算：

$$m_1=\alpha\pi Ds\rho_m u_2\sqrt{\frac{3}{4z}\left(1-\frac{D_1^2}{D_2^2}\right)} \tag{4-77}$$

式中，ρ_m 为轮盖密封中气体的平均密度，计算时可近似取 $\rho_m=\dfrac{\rho_2}{\sqrt{k_{v_2}}}$，kg/m^3。

由此，可求得叶轮的漏气损失系数 β_l 为：

$$\beta_l=\frac{m_1}{m}\frac{\bar{\alpha}\frac{D}{D_2}\frac{1000s}{D_2}\sqrt{\frac{3}{4z}\left(1-\frac{D_1^2}{D_2^2}\right)}}{1000\tau_2\frac{b_2}{D_2}\varphi_{2r}\sqrt{k_{v_2}}} \tag{4-78}$$

(2)浮环密封

浮环密封主要用在离心压缩机的轴封上。如果运转良好，可以做到气体绝对不泄漏到大气中。它特别适用于高压、高速情况，用于密封各种贵重的气体以及各种易燃、易爆和有毒气体，对吸入压力较高的锅炉给水泵、化工泵等也较适用。

浮环密封的结构简图如图 4－54 所示。它由几个浮环(浮动环)组成。工作时环能浮动，但受销钉限制不能转动。密封液体从进油口 13 注入后，通过浮环和轴之间的间隙，沿轴向左右两端流动。密封液体的压力一般应严格控制在比压缩机内气体介质压力高 5×10^4 Pa 左右。通常用高位槽的液位来保持这个压差，槽内液面上与被密封的气体相通，便可保持密封液体的压力。图中左侧是高压端，右侧是低压端。流经高压端的密封液通过高压浮环 5、挡油环 6 及甩油环 7，由混合腔 11 排至油气分离器。由于密封液与高压气体间的压差很小，故向高压端的漏液量也很少。这部分液体是与机内泄漏气体混合排出的，必须经过液气分离处理后才能继续使用。因为密封液与低压侧的压差可达几个甚至几十个兆帕，所以大部分密封液体都通过低压侧浮环 1 流至空腔 14，再通过回油管排至回油箱。这部分液体没有与压缩气体接触，因此是干净的，可以继续使用。浮动环一般装在 L 形固定环 2 中。有些浮环密封装置为了使浮环与固定环向贴紧，用弹簧 4 将浮环压向固定环。

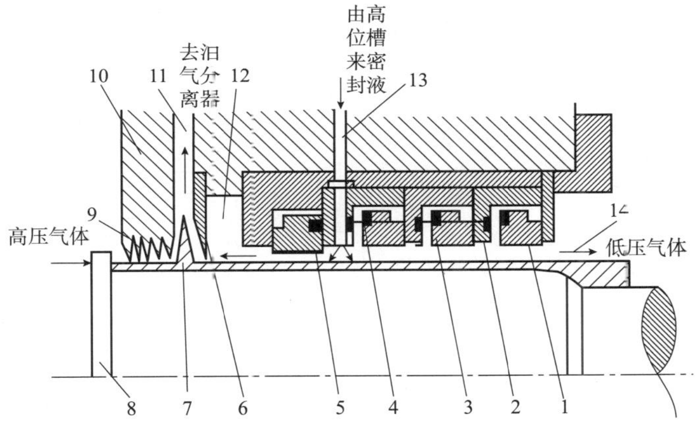

图 4－54　浮环密封结构简图

1—低压侧浮环；2—L 形固定环；3—销钉；4—弹簧；5—高压侧浮环，6—挡油环；7—甩油环；8—轴；9—高压侧预密封梳齿；10—梳齿座；11—高压侧回油孔；12—泄油腔；13—进油口；14—低压侧回油空腔

高压侧浮环一般只有一个，低压侧压差大，可以用 2～3 个甚至更多，由被密封气体的压力大小而定。浮环与轴套之间的直径间隙 δ 与轴径 D 之比 δ/D 为 0.0005～0.002，其具体值与操作条件、浮环结构有关。高压侧浮环的间隙较小，低压侧浮环间隙较大。按照浮环结构，可分为宽环和窄环两种。宽环的宽度 l 和内径 D(即轴套直径)之比为 $l/D=0.4$～0.6，窄环的 $l/D=0.1$～0.2。在压差一定、泄漏量一定时，宽环数比窄环数少，结构简单，但由于环两端压差较大，端面摩擦力大，较窄环更难浮动。

为了防止密封液从浮环与固定环间短路，在浮环与固定环接触的端面处装有橡胶密封圈，如图 4－55(a)所示。这种浮环结构因密封圈摩擦力大，使浮环的浮动性较差，在开车时容易损坏。高压侧的浮环，因流过的液量少，环易发热，严重时会使浮环与轴套相互摩擦而烧坏。故有的在浮环上开有许多轴向孔，同时使进液口偏置在高压侧，使密封液通过浮环上的轴向孔以加强环的冷却[图 4－55(b)]。也有在高压浮环上开若干条径向槽来代替孔，如图 4－55(c)所示。考虑到启动和通过临界转速时，浮环与轴套会有短暂的摩擦接触，故最好在浮环端面镀锡青铜，环内侧浇巴氏合金。如密封液用水时，则浮环应当用防锈材料制造(密封液体在多数情况下用润滑油)。

浮动环密封的原理是：由于浮环与轴套之间充满了密封液体，当轴转动时，类似于滑动轴承工作原理，在偏心圆柱间隙内将形成油膜，产生流体动压力，将浮环托起(图 4－56)。浮环只能浮动而不能转动。油膜的节流降压作用阻止了高压侧气体向低压侧泄漏。因为主要是油膜起作用，所以浮环密封又称油膜密封。由轴承油膜原理可知，如浮环与轴完全同心，则不会产生油膜浮力；如浮环与轴偏心，则轴转动时将产生油膜浮力。浮力将使浮环浮起，从而使偏心减小。当偏心减小到一定程度，这时产生的浮力正好与浮环重力相等，便达到了动态平衡。由于浮环很轻，动态平衡时的偏心很小，即浮环和轴自动保持基本同心，又形成了二者之间的液体摩擦状态，避免了轴和浮环的磨损。因为浮环与轴有自动同心作用，故间隙可以很小，大大减少了泄漏量。

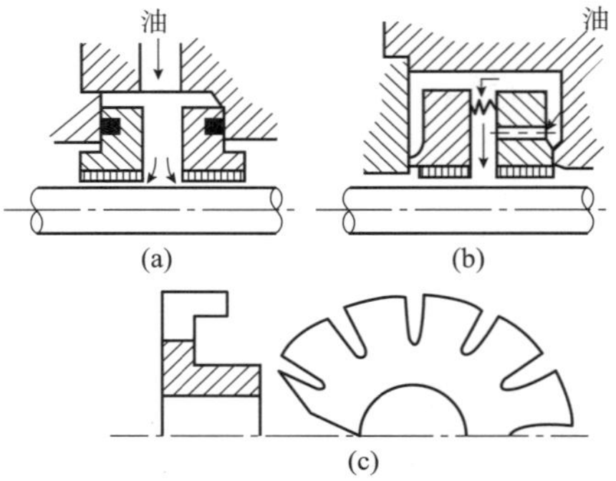

图 4－55　几种浮环的结构

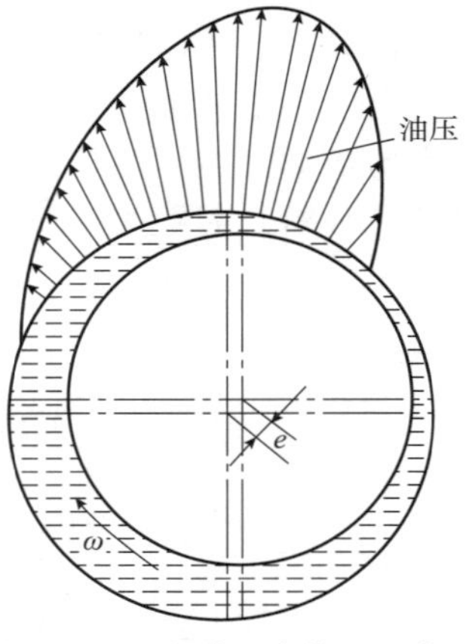

图 4－56　油膜压力作用示意图

根据润滑理论，可以推出层流状态

下密封油的泄漏量公式为：

$$Q=\frac{\pi Dc^3\Delta p}{12\mu l}\left(1+\frac{3}{2}\varepsilon^2\right) \tag{4-79}$$

式中，Q 为泄油量，m^3/s；D 为轴径，m；c 为半径间隙，m；Δp 为单个浮环密封油压差，Pa；μ 为密封油的动力黏度，Pa·s；l 为单个浮环的节流长度，m；ε 为相对偏心度。

$c=\dfrac{D_0-D}{2}$，D_0 为浮环内径；$\varepsilon=\dfrac{e}{c}$，e 为浮环中心与轴心的间距，称偏心距(图 4－56)。

由式(4－79)可知泄油量与半径间隙 c 的立方成正比。减小 c 对降低泄油量作用很大，但 c 也不能太小，以免环磨损。泄油量也与偏心度 ε 有关，偏心越大，泄油量越大。最大泄油量(即 $\varepsilon=1$ 时)可为同心时的 2.5 倍。

(3)干气密封

干气密封(干运转气体密封，Dry Gas Seal)是一种新型非接触式机械密封。机械密封一直不能干运转，但干气密封利用表面改形技术，利用表面蚀刻的流体动压槽在运转过程中产生的流体动压效应，使两个密封环分离，在运转过程中不接触，而被密封介质泄漏量很少，从而实现了既能密封气体又能干运转操作。

在压缩机应用领域，无论离心压缩机、轴流式压缩机、齿轮传动压缩机还是透平膨胀机，干气密封正逐渐替代浮环密封、迷宫密封和油润滑机械密封。在泵和反应釜上干气密封应用也越来越广泛。

①密封原理

干气密封和普通平衡型机械密封结构相似，也由静环和动环组成，见图 4－57。其中：静环由弹簧加载，并靠 O 形圈辅助密封。端面材料可采用碳化硅、氮化硅、硬质合金或石墨。

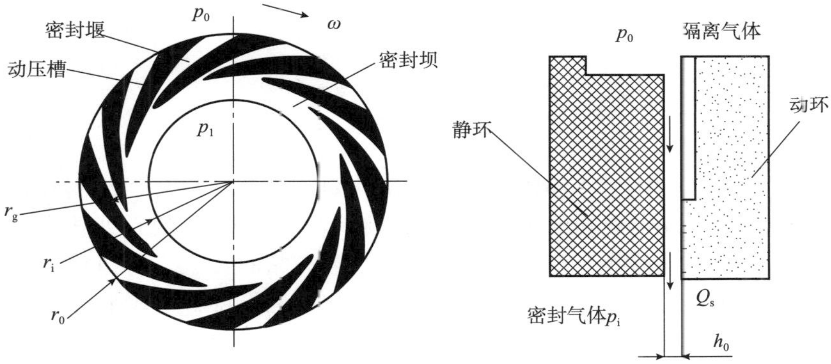

(a)密封端面结构 (b)下游泵送原理

图 4－57 干气密封工作原理

干气密封与液体普通平衡型机械密封的区别在于：动、静环密封端面较宽；在动环或静环端面上加工出特殊形状的流体动压槽，如螺旋槽，槽深一般在 3～10μm 之间；端面间必须有洁净的气体，以保证在两个端面之间形成一个稳定的气膜使密封端面完全分离。气膜厚度一般为几微米，这个稳定的气膜可以使密封端面间保持一定的密封间隙，间隙太大，密封效果变差；而间隙太小会使密封面发生接触，因干气密封的摩擦热不能散失，端面间无润滑接触将很快引起密封端面的变形，从而使密封失效。

当动环高速旋转时，动环或静环端面上的螺旋槽将外径处的高压气体向下泵入密封端面间，气体由外径向中心流动，而密封坝节制气体流向中心，于是气体被压缩引起压力升高，在槽根处形成高压区。因端面膜压增加使所形成的开启力大于作用在密封环上的闭合力，迫使在静止状态下保持接触的两端面分离，当开启力与闭合力平衡时，密封环处于稳定的非接触状态，形成一层很薄的气膜，此气膜厚度一般在 3μm 左右。气体动力学研究表明，当干气密封两端面间的间隙在 2～3μm 时，通过间隙的气体流动层最为稳定。

由中性高压隔离气体所形成的气膜完全阻塞了相对低压的密封介质泄漏通道，实现了密封介质的零泄漏。

动环和静环组件配合表面平面度和光洁度很高，动环组件配合表面上有一系列螺旋槽，槽的旋转方向与轴旋转方向具有一定关系。干气密封是由开在动环表面的流体动压槽在旋转条件下产生的流体动压效应而实现密封的非接触运转。开在动环表面的流体动压槽型对于干气密封的性能具有很大的影响，常见的槽型有阿基米德螺旋线型、对数螺旋线型、圆弧线型等。槽的压力分布介于两者之间。对数螺线是内外圆等槽角螺旋线，阿基米德螺线是变槽角螺旋线。在实际生产中，不同的公司有自己的专利槽型，如 John Crane 公司干气密封的槽型为单列螺旋槽和枞树形槽、Burgmann 公司干气密封的槽型为单列 V 形槽和 U 形槽、Flowsever 公司干气密封则是 T 形槽，见图 4－58。

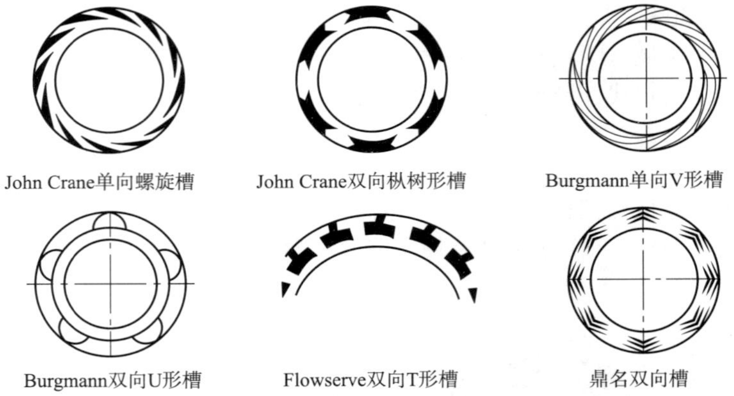

图 4-58　端面槽型

②技术特征

干气密封最早于 20 世纪 70 年代中期由英国约翰·克兰密封公司研制开发，首先应用于高速透平压缩机上。连续成功的工业应用充分展示了干气密封的系列技术优势：可实现密封介质的零逸出，基本消除对环境的污染和对工艺产品的污染，密封稳定性和可靠性显著提高，对工艺气体无污染，密封辅助系统大大简化，运行维护费用显著下降等。表 4-8 对非接触式双端面干气密封和接触式双端面液膜机械密封进行了全面比较，从中可以清楚地看出干气密封的技术优势。

表 4-8　干气密封与液膜机械密封对比

基本特征	液体密封	干气密封
介质泄漏、逸出	零	零
环境污染	无	无
使用寿命/年	1	＞5
工艺介质污染	有	无
隔离流体损失	大	小
摩擦功耗/单位	20	1
运行费用	高	低
承受反压能力	低	高
辅助系统	复杂	简单
系统定期维护	较频繁	不频繁
隔离流体循环、冷却	需要	不需要

技术优势归纳如下：

a. 密封效果好，几乎达到轴端无泄漏；

b. 能耗小，仅相当于接触式机械密封能耗的 60%，是浮环密封的十几分之一；

c. 降低了对润滑油的污染，由于采用氮气作密封气，因此对润滑油无污染，润滑油可以循环使用；

d. 使用寿命长，动环与静环之间几乎没有磨损；

e. 综合造价和运行维护费用低，因为气源和控制系统比较简单，投资费用约为油膜密封的 2/3，运行费用低，检修维护工作量小。

4.7 离心压缩机的选型

本节介绍离心压缩机选型的基本原则、选型分类、选型方法和选型示例。

4.7.1 选型的基本原则

4.7.1.1 提出产品应达到的技术指标

(1)性能指标

①明确性能参数的定义、数值，并作必要的说明。性能参数主要是流量、压力比、效率、功率和变工况的适用范围等。

流量是指质量流量或进口容积流量。如指进口容积流量，则需注明进口的气体状态(压力和温度)。如指标准容积流量，则指在气体压力为 1 标准大气压、温度为 0℃下的容积流量。

压力比是指气体在压缩机出口法兰处的压力与进口法兰处的压力之比。

如过程装置中在远离压缩机的进出口管道上或某设备上安装压力表测量压力作为压力比，则应进行进出口两段管网的阻力压降计算，方可确知压缩机的进出口压力。显然，压缩机的进出口压力比要大于由于远离压缩机管道上两压力表读出的压力比。

效率应指明效率的定义和要求的数值。功率可指出具体数值，亦可不必提出而用以上参数值即可计算出来。

提出变工况稳定工作的适用范围，说明其定义，亦可再提出大流量和小流量各占的比例。

②明确经常运行的工况点。选型者应知道离心压缩机是仅按一个工况点的性能参数进行设计与制造的。该工况点通常也是最佳工况点即最高效率点。随着流量离开这一点而增加或减小的程度越大，其效率下降能耗增加的程度越大，且越接近于喘振或堵塞不稳定工况。因此，从节能与安全运行的观点出发，都要求选准经常运行工况点的流量与压力比位于最佳工况点上。人们出于担心制造出的机器使用时的最佳工况点与设计制造的最佳工况点可能有偏差，特别是担心压力比和流量达不到性能参数所规定的要求，适当加上一个余量是必要的。通常流量多加 1%～5%的余量。即其中流量大的、压力比小的压缩机选取小的数值，流量小的、压力比大的选取大的数值；进出口的压力升多加 2%～6%的余量。即其中压力升较大时，选取小的数值，压力升较小时，选取大的数值。

应当指出，机器的使用单位、整个过程生产的设计单位和离心压缩机的设计制造单位往往都要加余量，甚至加的余量比以上提出的还要大，以为这样才确有把握。但如果这样层层追加余量，可能会使机器的实际运行工况点远离最佳工况点，造成效率下降，能耗增加，且接近于不稳定工况，要么稍减流量运行就喘振，或者稍加流量运行就堵塞。显然这也是不够妥当的。因此，使用单位选型时，应实事求是地给出经常运行的最佳工况的流量和压力比，并说明该数值是否加了余量，或其中已加了多少余量。显然，这样做是十分必要的。

(2)安全指标

合理商定主要零部件的材料(机器承受的压力)，转子动平衡允许的残留不平衡量，工作转速离开第一、二阶转子临界转速的数值，主要零部件的装配尺寸及其间隙值，机器运行的振动值等，其中最主要的是振动值。国际标准化组织(ISO)、国际电工委员会(IEC)联合推荐了汽轮机(压缩机、鼓风机)主轴颈允许的双振幅振动值。

4.7.1.2 提出产品的经济指标

(1)产品价格

虽然过程生产中所需的离心压缩机不算多，但离心压缩机的价格却相当可观，往往占设备总投资相当大的比例。例如现今一般通用的空气离心压缩机一台价值一至数百万元，而年产 52 万吨尿素装置中的一台 CO_2 两缸串联离心压缩机组的价格约 1600 万元，年产 48 万吨乙烯装置中的一套裂解气三缸串联离心压缩机组的价格约 2400 万元。因此，合理比较各厂商的报价是一件十分重要的工作。但产品的质量(满足使用工况要求的程度、效率、安全可靠性、寿命等)尤为重要，所以不能一味追求廉价，而要产品质量和价格统筹兼顾。

(2)供货时间

离心压缩机多为单台或小批量生产，生产厂商往往没有正合用户需要的机器马上予以供货。合理商定供货时间是必要的，这一方面取决于生产厂商按质按量提供机器所需的时间，显然如果生产厂商的技术储备(如系列模型级的实验数据、设计软件包等)和物资储备(如主轴和叶轮锻件毛坯等)充足，则交货期就可较短。另一方面也取决于使用单位计划开工生产的时间(如厂房建设、设备仪表的到货、生产原料到厂的时间等)。如若机器推迟交货，则会影响开工生产，倘若机器提早交货，而生产单位尚不具备开工生产的条件，则可能白白浪费了机器运行考核验收的时间，而过了保险期后机器开车运行出了问题，提供机器的厂商往往就不再负责了。

(3)使用寿命

一般动设备如汽轮机、内燃机、压缩机等，其使用寿命应有 10～15 年。但由于这种机器价格昂贵，较多的机器超期还继续使用，或者只需更换个别的零部件。然而，现今科技进步快，10 年后又可能生产出更好的、节能更多的新机器，即使花钱更换机器，也会更为经济合算；另外，过程生产有了新工艺、产品质量可提高，产量可增加，亦需另换机器，这往往也是可能的。故使用寿命不必要求过长，否则机器的价格就会增加。

4.7.1.3 选用性能调节方式

由于过程生产所提供的原料品质、成分、数量的改变，以及物理过程、化学反应等生产工艺的改变等，往往要求压缩机相应改变进气流量和排气压力，这就需要调节压缩机以改变运行工况点；显然利用出口管道上的阀门开度进行调节，只在等转速下的一条性能曲线上改变工况点是有限的、不经济的。若要获得相当宽的变工况范围，且压缩机仍能在较高效率下工作，则需选用变转速调节、进气导叶调节等调节方式，相应地要求原动机可变转速，或增加进气导叶可调辅助装置等。这在选型时也要合理地予以确定。

4.7.1.4 提出必须配备的设备仪表

压缩机附属系统(如冷却器、油站等)、检测系统(如测量压力、温度、流量、转速、振动量等，确定其测量部位，选择测量仪器、仪表等)和控制系统(开停车、防喘振、联锁紧急停车、自动调节保持高效运行工况点等)这些设备仪表的合理选型及由谁供货均需相应地确定下来。

4.7.1.5 其他事项

由于压缩机往往是单台或小批量生产，生产厂商可以满足使用单位所提出的各种更为具体的要求。如确定压缩机的转子转向、进排气管的方位、机体的高度等、提供拆装机器的专用工具，以及上面所提到的必须配备的设备仪表等也由压缩机制造厂商一同供货。双方均可充分协商加以确定，这将给使用单位今后的工作带来很大的方便。

4.7.2 选型分类

用户可按所需的气体流量、压力、气体介质的特点、机器的结构形式等选用合适的机器。

4.7.2.1 按气体流量与压力选型

(1)各类压缩机的流量和压力适用范围

容积式压缩机(活塞式、回转式)适用于小流量，其中活塞式还适用于很高的排气压力，而透平压缩机(离心式、斜流式、轴流式)适用于大流量，其中离心式还适用于较高的排气压力。图 1－3 给出了各类压缩机的进气流量和排气压力的适用范围。这是在压缩机选型中首先应该加以选择的。

随着科学技术的迅速发展，各类压缩机在其适用边界处都有扩展和交叉，故图 1－3 只是一个初步选型的参考。

(2)按流量选型

这里所指流量的大小，不完全是数量的绝对概念，而还是与机器类型和结构的相对几何尺寸有关的相对概念。

①较小流量选用窄叶轮的离心压缩机。如果所需的流量接近于图 1－3 离心压缩机适用范围左边的边界，则只好选用较窄的叶轮，即 $b_2/D_2 \leqslant 0.025$，若为小流量高压力比的机器，其级数较多，末级叶轮将更窄，有的 $b_2/D_2 \leqslant 0.005$，叶轮出口的叶片宽度甚至仅为 1～2mm，显然这样的叶轮一方面加工制造需采用特殊的工艺(如电火花加工)，另一方面级效率将是很低的，甚至 η_{pol} 仅约 60%，如果流量更小，应考虑选用容积式的压缩机了。

②在流量为 50～5×10³ m³/min 范围内，选用离心压缩机较为合适，其叶轮的相对宽度可选在 $0.025 \leqslant b_2/D_2 \leqslant 0.065$ 范围内。这种机器的性能良好，效率较高。

③较大流量的压缩机或级，可选用双面进气的叶轮，不仅适用较大的流量，且作用在叶轮上的轴向推力可自行平衡。

④较大流量的压缩机或级，如 $b_2/D_2 \geqslant 0.06$ 可选用具有空间扭曲型叶片的三元叶轮，以改善宽叶轮的性能，使其具有较高的效率，具有三元叶轮的级 η_{pol} 达 80%～86%。

⑤若流量更大，(1～20)×10³ m³/min，而排气压力不高，约在 1MPa 以下或压力比约在 10 以下，则可选用轴流式压缩机。

(3)按压力选型

按排气压力的大小选型，相对于进口为一个大气压(进口压力约为 0.1MPa)的空气而言，选用：

压缩机　排气压力在 0.2MPa 以上；

鼓风机　排气压力在 0.115～0.2MPa；

通风机　排气压力在 0.115MPa 以下。

需要说明的是鼓风机、通风机大多为离心式，少部分为轴流式，其工作原理、结构形式等与压缩机类同，但由于压升不大，机器简单，此不赘述。

4.7.2.2　按工作介质选型

(1)按轻气体与重气体选型

由于提高气体压力比所需的压缩功与气体常数 R 成正比，压缩轻气体所需的有效压缩功就大，因而选用的压缩机级数就多。甚至需要选用多缸串联的压缩机机组，为了使结构紧凑，应尽可能选用优质材料以提高叶轮的 u_2，并选用叶片出口角较大，叶片数较多的叶轮，以尽可能提高单级的压力比，从而减少级数。而压缩重气体所需的压缩功就小，则可选用较少的级数，甚至选用单级离心压缩机，但应注意 u_2 的数值不能太大，否则还将受马赫数较大的影响而使效率下降，变工况范围缩小。

(2)按工作介质的性质及排气压力是否很高选型

如工作介质有毒、易燃、易爆、贵重和排气压力很高，则选用的机器应具有密封严密的轴端密封装置，对防介质泄漏可提出极小的允许漏量，甚至不允许有丝毫的泄漏。

另外，为了工作的稳定与安全，在气体被压缩不断提高压力的同时，应对温度的提高有一定的限制，这就需要选用带有中间冷却的压缩机。其压缩机如何分段，则需按对温度升高的限制程度和节省能耗的多少进行综合考虑。

(3)按气固、气液两相介质选型

对于气体中含有固体颗粒或液滴的两相介质，用户应提供气体中所含颗粒或液滴的浓度、大小等参数，要求机器的设计制造单位按两相流理论进行设计，而过流部件特别是叶轮、叶片应选用耐磨损、耐锈蚀的材料或表面喷涂硬质合金等进行特殊的表面处理。

4.7.2.3 按机器结构特点选型

(1)单级离心压缩机

如工作介质相对分子质量大或要求的压力比不高，则应尽量选用结构简单的单级离心压缩机。为了提高单级离心压缩机的压力比，可选用半开式径向型叶片的叶轮，它的显著特点是强度高，允许的圆周速度大，u_2 可达 550m/s，进入导风轮和叶片扩压器的来流速度有的可达超声速，其压缩空气的压力比 ε 可达 6.5。这种离心压缩机已在小功率燃气轮机和离心增压器中得到广泛采用。

(2)多级多轴结构

由于多级离心压缩机逐级容积流量不断减小，而一个转子或直线式串联的多个转子上的叶轮转速都相同，则前级和后级叶轮的 b_2/D_2 很难满足性能好、效率高的要求，为此可采用多轴结构，使各轴的转速不同来满足各级 b_2/D_2 的要求。

(3)多缸串联机组

对于要求高增压比(如尿素装置用的 CO_2 压缩机的增压比可达 150)或输送轻气体因气体常数 R 很大(即使增压比不大)，但耗功却很大(如氢气压缩机)的机器需要选用两缸或多缸压缩机串联的机组。

(4)气缸结构

①上下中分型气缸：一般多级离心压缩机多选用上、下中分型的气缸，并将进气管和排气管与下半缸相连，这样拆装方便。

②竖直剖分型：这种形式多用于叶轮安装于轴端的单级压缩机。也有多级压缩机采用这种形式，或者既采用上、下中分型又采用竖直剖分型的结构。

③高压筒型气缸：图 4－59 是沈阳鼓风机厂生产的 BCL 系列高压筒形离心压缩机。该机的结构特点是外气缸由锻造厚壁圆筒与端盖构成。因装配需要还有内气缸，不分段无间冷却器，轴端有严防漏气的特殊密封。这种高压压缩机往往还与低、中压压缩机串联成机组使用。该系列的机器最高压力可达 70MPa。

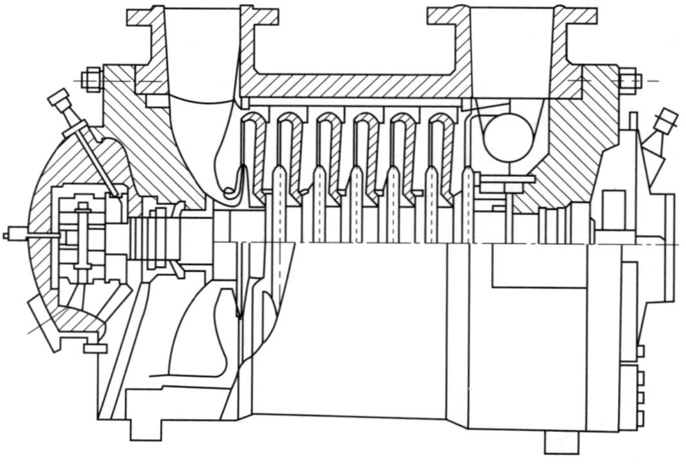

图 4－59 BCL 系列高压筒形压缩机实物部分剖视图

(5)叶轮结构与排列

①一般多采用闭式叶片后弯式的叶轮，因它的性能好，效率高。其中一般后弯型叶轮的 $\beta_{2A}=30°\sim60°$，适用于前几级和中间级，强后弯型叶轮的 $\beta_{2A}\leqslant30°$，适用于后几级。

②为了提高单级压力比，使结构简单紧凑，可选用半开式径向直叶片的叶轮，其前面加上一个沿径向叶片扭曲的导风轮，以适应气流进入叶轮时沿径向不同的圆周速度 u_1。

③为适应较大的流量，当前几级 $b_2/D_2\geqslant0.06$ 时，可选用具有叶片扭曲的三元叶轮，以改善性能提高效率。

④为了提高叶轮的做功能力而又减少叶片进口区的叶片堵塞，有的叶轮可选用长、短叶片相间排列的结构，以增加叶片数。

⑤多级压缩机的叶轮可以顺向排列、也可以对向排列。选用对向排列结构，可以消除转子上的轴向推力，而不必另加平衡盘。但增加了进气管和排气管，而这正符合选用分段中间冷却的要求。

(6)扩压器结构

①一般多级离心压缩机多选用无叶扩压器，因为它结构简单，变工况的适应性好，但在最佳工况点上的效率低一点。

②有的单级或个别的多级离心压缩机选用有叶扩压器。这种扩压器的外径尺寸小，结构紧凑，最佳工况点的效率高。但变工况的工作范围小，效率低。如若再选用扩压器叶片角度可调装置，则变工况的范围亦可很宽，效率仍然较高。

4.7.2.4　原动机选型

(1)选用高速、变速的工业汽轮机或燃气轮机

为适应透平压缩机的高转速和变工况的要求，应尽量选用具有可变速的高速工业汽轮机或燃气轮机。这种原动机与压缩机直联具有相同的转速，变工况调节方便，效率高，省去了增速齿轮和其他变工况的调节装置。在大型冶金、炼油、化工厂中往往都有蒸汽管网系统或储油站，选用工业汽轮机或燃气轮机是较为方便、可行的。有关工业汽轮机或燃气轮机的选型这里从略。

(2)选用交流电动机

若选用交流电动机驱动透平压缩机，可从电网输电，且电动机运转维护简单方便，这是有利之处。但交流电动机只有一个固定的转速，不能采取变转速的调节方式改变工况，且转速较低需要增加一个增速齿轮箱，这是不利之处。

(3)选用可变转速的电动机

①选用直流电动机。采用可控硅整流，变交流电为直流电输给直流电动机，而直流电动机可通过改变电阻等调节方式改变转速。

②选用变频交流电动机。采用改变励磁等调节方式改变交流电的频率，可使交流电动机改变转速。

以上两种方式或者需要增加设备，或者增加电动机的造价，且现今输出的功率还不太大，故一般还较少应用。

4.7.3　选型方法

①用户可根据已知介质、流量、进出口压力、温度等条件和要求直接查找其生产厂家的产品目录来选型。

②用户根据已知条件和要求，进行初步的方案计算，以选择合适的机器、形式、结构和级数等，并与制造厂商商讨选型。

③用户提出已知条件和要求，委托制造厂利用现成的软件(例如美国北方研究工程中

心 NREC，中国科学院、西安交通大学为沈阳鼓风机厂提供的软件）进行产品优化选型与性能预测，使选型的机器效果最佳。

4.7.4　选型示例

例题 4-10：通用空气压缩机选型实例

某炼油厂动力站需要一台离心压缩机，输送空气流量 $Q=10200\text{m}^3/\text{h}$，进口压力 $p_{\text{in}}=0.0931\text{MPa}$，进口温度 $t_{\text{in}}=30℃$，要求出口压力 $p_{\text{out}}=0.084\text{MPa}$，出口温度 $t_{\text{out}}=42℃$。交流电动机驱动，试作初步方案计算与选型。

解：由于要求的压力比 $\varepsilon=p_{\text{out}}/p_{\text{in}}=9.1$ 较大，为了节能，宜选用多级中间冷却型的压缩机。级数约为 6 级或 7 级。可采用两级中间冷却，但即使末级前设第二个中间冷却器，末级出口空气的温度也将大于 42℃，为此只能在压缩机中采用一个中间冷却器，而在压缩机出口之后设置第二个中间冷却器，使排出的空气冷却至接近于常温的 42℃。经查文献，压力比为 9，一次中间冷却的省功比为 18%。

取流量余量系数为 1.02，则该压缩机输送的空气质量流量为

$$Q_m=1.02Q_{VN}\rho_N=1.02\times\frac{10200}{3600}\times\frac{101355}{287\times273}=3.7385\text{kg/s}$$

取压力升余量系数为 1.04，则压缩机进、出口压力比为

$$\varepsilon=\frac{p_{\text{out}}}{p_{\text{in}}}=\frac{0.0931+1.04(0.848-0.0931)}{0.0931}=9.4328$$

前三级为第一段，取相同的参数为 $D_2=450\text{mm}$，$n=12238\text{r/mim}$，$u_2=288.35\text{m/s}$，$\beta_{2A}=50°$，$z=22$ 片，$\delta_2=4\text{mm}$，$\tau_2=1-\dfrac{z\tau_2}{\pi D_2\sin\beta_{2A}}=0.9187$。

后三级为第二段，取相同的参数为 $D_2=410\text{mm}$，$n=12238\text{r/mim}$，$u_2=262.72\text{m/s}$，$\beta_{2A}=45°$，$z=22$ 片，$\delta_2=4\text{mm}$，$\tau_2=1-\dfrac{z\tau_2}{\pi D_2\sin\beta_{2A}}=0.8937$。

下面逐级参数的计算列于表 4-9 中。

表 4-9　逐级选型参数

名称	单位	公式（或选取）	1 级	2 级	3 级	4 级	5 级	6 级	备注
φ_{2r}		选取	0.284	0.26	0.24	0.22	0.20	0.18	
H_T	kJ/kg	$(1-\varphi_{2r}\cot\beta_{2A}-\frac{\pi}{z}\sin\beta_{2A})u_2{}^2$	54.237	55.911	57.306	46.868	48.248	49.628	
β_{df}/β_l	—	选取	0.022/0.01	0.023/0.013	0.026/0.015	0.032/0.018	0.035/0.02	0.037/0.023	未校核
H_{tot}	kJ/kg	$(1+\beta_{df}+\beta_l)H_T$	55.973	57.924	59.656	49.211	50.902	52.606	
η_{pol}	—	H_{tot}	0.78	0.77	0.76	0.77	0.76	0.75	
H_{pol}	kJ/kg	$H_{tot}\eta_{pol}$	43.659	44.602	45.339	37.893	38.685	39.455	
ε	—	$\left[\frac{m-1}{m}\frac{H_{pol}}{T_0}\right]^{\frac{m}{m-1}}$	1.5854	1.4945	1.4256	1.4764	1.4143	1.3665	
$p_0{}'=p_{0+1}$	MPa	$p_0\varepsilon$	0.1476	0.2206	0.3145 *(0.3082)	0.4550	0.6435	0.8793	* 为冷却器后进口处

续表

名称	单位	公式(或选取)	1 级	2 级	3 级	4 级	5 级	6 级	备注
$T_0'=T_{0+1}$	K	$T_0(\varepsilon)\frac{m-1}{m}$	358.7	416.4	475 *(315)	364	414.7	467.1	*为冷却器后进口处
Q_{V0}	m^3/s	$Q_m\frac{RT_0}{p_0}$	3.4920	2.6076	2.0254	1.0967	0.8584	0.6915	级进口
Q_{V0}'	m^3/s	$Q_m\frac{RT_0'}{p_0'}$			1.6205			0.57	级出口
k_{v2}	—	选取	1.2	1.18	1.16	1.17	1.155	1.14	未校核
$\frac{b_2}{D_2}$	—	$\frac{(1+\beta_l)Q_{V0}}{k_{v2}\tau_2\varphi_{2r}u_2^3}\times\left(\frac{n}{33.9}\right)^2$	0.0612	0.051	0.0437	0.0349	0.0305	0.0277	
N_i	kW	$Q_m\sum_1^6 H_{tot}$	1220						内功率
η_m	—	选取	0.97(压缩机包括齿轮箱的机械效率)						
N_s	kW		1258						轴功率
N_d	kW	选取	1600						电动机输出功率

根据以上计算、两个冷却器应按进口流量 $Q_{VI}=1.62m^3/s$，冷前温度 $T=475K$，冷后温度 $T=315K$ 和 $Q_{V0}=0.57m^3/s$、冲前温度 $T=467.1K$，冷后温度 $T=315K$ 选型与设计。

根据以上方案计算结果，这台离心压缩机可参照沈阳鼓风机厂 MCL 系列空气压缩机型号参数(表 4－10)选择 2MCL450。气缸为水平中分型，级内和轴端均为梳齿型密封。方案计算中第一级的叶轮 $b_2/D_2=0.0612$ 稍大了一些，如该级选用三元扭曲型叶轮更为合适，这样该级的多变效率还可取得更大，机器功率消耗还可减少。其他具体要求，选型者可与制造厂商商定。

表 4－10　沈阳鼓风机厂离心压缩机部分产品型号参数

型号	级数	机壳设计压力/atm(=1.01325×10³Pa)	吸入流量/(m^3/h)	工作转速/(r/min)
空气压缩机				
MCL450	7	40	4000	8500
2MCL450	7	40	12500	12200
MCL600	7	40	7000	5900
2MCL600	6	15	30000	8500
氨合成气压缩机				
BCL407	7	100	5300	13200
BCL407/A	7	200	2400	13200
BCL306/A	6	200	1250	13200
BCL/B	6	350	1100	13200
2BCL508	8	90	9100	11300
BCL407/A	7	200	1500	10900
2BCL408/A	8	200	3100	11300

例 4－11 合成氨装置高压压缩机选型实例

某大型化肥厂年产 30×10⁴t 合成氨装置中，需要一台压缩机将合成气增压输送到反应器中合成为氨气。合成气的成分为 N_2＝1436kmol/h，H_2＝4428kmol/h，CH_4＝39kmol/h，C_2H_4＝13kmol/h，C_3H_6＝11kmol/h，H_2O＝16kmol/h。进口压力为 $p_{in}=64.87$atm（1atm＝1.01325×10^5Pa），进口温度为 $T_m=324$K，要求出口压力为 $p_{out}=141.8$atm，选用汽轮机驱动，试作该机器的选型。

解：计算混合气体的相对分子质量和气体常数，令 x_i 为单一介质的摩尔分数，M_i 为单一介质的相对分子质量，则混合气体的相对分子质量和气体常数为

$$M=\sum x_iM_i=8.569$$

$$R=\frac{8314.3}{8.569}=970.3[\text{J}/(\text{kJ}\cdot\text{K})]$$

由于该气体的进口压力和出口压力均较高，又含烃类气体，则该气体应按实际气体处理，求得压缩性系数 Z 和容积多变指数 n_V。作为机器的选型，可按经验预估，或选择合适的混合法则，按对比态三参数或四参数法求压缩性系数 Z，按熵平衡法求容积多变指数 n_V，这需编程上机计算，由此得出机器进口处的压缩性系数 $Z_{in}=1.055$，容积多变指数 $n_V=1.9586$。总的多变压缩功为

$$H_{pol}=\frac{n_V}{n_V-1}Z_{in}RT_{in}\left[\left(\frac{p_{out}}{p_{in}}\right)^{\frac{n_V-1}{n_V}}-1\right]=316(\text{kJ/kg})$$

由于逐级特别是压力更高的后几级叶轮相对宽度$\frac{b_2}{D_2}$较小，故取平均级多变效率 $\eta_{pol}=0.72$，则整台压缩机的总能量头为

$$H_{tot}=\frac{H_{pol}}{\eta_{pol}}=439(\text{kJ/kg})$$

考虑到闭式后弯型叶轮所能允许的 u_2 值和通常经验选取的值 φ_{2r}、β_{2A}和 Z 等参数，平均每级所能提供的 H_{toti} 取为 55kJ/kg 或 50kJ/kg，则级数 i 为

$$i=\frac{H_{tot}}{H_{toti}}=\frac{439}{55}=7.98\approx 8$$

$$\text{或 } i=\frac{H_{tot}}{H_{toti}}=\frac{439}{50}=8.78\approx 9$$

进口容积流量 $q_{V\text{in}}$ 为

$$q_{V\text{in}}=\frac{Mq_m}{p_{\text{in}}}=\frac{Mq_mZ_{\text{in}}RT_{\text{in}}}{p_{\text{in}}}=$$

$$\frac{8.569\times5943\times1.055\times970.3\times324}{64.87\times101325}=2568(\text{m}^3/\text{h})$$

初步分析，该机器具有以下特点。

①因为氢气组分占混合气体的 74.5%，所以该混合气体属于轻气体。虽然所需的压力比 ε＝2.186 并不大，但因气体常数 R 比空气的大 3.38 倍。故所需的多变压缩功就很大，这是级数为 8 或 9 级的主要原因，另外压缩性系数 Z 增加了 5.5%，而 n_V 使 H_{pol} 减少了 3.8%，它们对 H_{pol} 影响不太大，且相互抵消了一部分。

②该压缩机的进口容积流量仅为 2568m³/h，为例 4－10 中空气压缩机 10200m³/h 的 1/4，故属于小流量的离心压缩机，其特点为逐级叶轮更加变窄，叶轮直径 D_2 较小，而转速较高，流量系数 φ_{2r} 较小，β_{2A} 较小，较$\frac{b_2}{D_2}$小，因而多变效率较低，这也是级数较多的

原因。

③由于机器内的气体压力大，最高达 141.8atm，为了安全，应选用合金钢锻造筒形和端盖结构的气缸，该介质多为可燃气体，压力又大，故轴端应选用浮环式密封或机械密封，严防气体泄漏。

④由于排出气体送往反应器，那里的气体在高压高温下合成为氨气，故该压缩机不必采用中间冷却措施。

根据以上计算和特点分析，这台高压压缩机可参照沈阳鼓风机厂 BCL 系列(表 4－10)，型号为 BCL407/A 和 2BCL408/A，其他具体要求，选型者可与制造厂商商定。

拓展阅读

创新驱动企业发展

沈鼓集团作为中国装备制造业战略型、领军型企业，把发展主动权、创新主动权牢牢掌握在自己手中，不断打造“大国重器”。近年来，在百万吨级乙烯压缩机、千万吨级炼油压缩机、大型长输管线电驱压缩机等领域，实现了核心设备国产化突破，并曾创造数十项业内第一；获誉“国家砝码”，被称作“没有备份的企业”。

沈鼓集团坚持创新驱动的理念，一直保持销售额 6%左右的科研投入，拥有国家级企业技术中心、国家级工业设计中心、国家能源大型透平压缩机组研发中心等专业科技创新平台，并构建了科学、高效的科技研发体系，成立了院士工作站和博士后工作站，在多所高校设立研究分院和技术分中心，建立起“两站四院五中心”的产学研创新体系，利用高校的智力资源开展单元技术攻关，同时加快创新成果转化，持续为企业发展和市场开拓贡献力量。

人才是支撑企业发展的最宝贵力量。沈鼓集团始终坚持发展是第一要务、人才是第一资源、创新是第一动力。沈鼓全面加强人才队伍建设，截至 2021 年底，沈鼓集团有科技人员 1358 人，占员工总数 26%左右。近 5 年从海内外高校和知名企业引进技术和管理高端人才 110 人，使企业人才队伍进一步优化。同时，沈鼓集团还建立了科学的人才培养体系，助力人才培养。建立了专家型人才管理体系，选聘 1 名透平压缩机技术首席专家和 3 名专业领域高级专家。

有了强有力的技术创新作为支撑，沈鼓集团一系列重大产品实现井喷式爆发，在中国重大技术装备国产化进程中树起新的里程碑：完成了国内首台套 10 万等级空分压缩机组开发；完成了 140 万吨/年乙烯压缩机、380 万吨/年重整循环氢压缩机组、400 万吨/年蜡油加氢裂化装置用压缩机组、500 万吨/年循环氢压缩机组的研制，完成了我国首套 150 吨活塞力往复式压缩机研制，完成了国内首套 17MPa 储气库用离心压缩机，有力捍卫了我国压缩机产业链供应链的安全、自主、可控。

沈鼓集团以新一代信息技术为抓手，通过持续创新和自我更新，使“老”沈鼓不断“新生”世界级产品，技术水平已经赶超国际知名企业，相信我国的离心压缩机的研发和制造水平终将位于世界领先水平。

思考题

1. 何谓离心压缩机的级？它由哪些部分组成？各部件有何作用？
2. 离心压缩机与活塞压缩机相比，它有何特点？

3. 何谓连续方程？试写出叶轮出口的连续方程表达式，并说明式中$\frac{b_2}{D_2}$和φ_{2r}的数值应在何范围之内？

4. 何谓欧拉方程？试写出它的理论表达式与使用表达式，并说明该方程的物理意义。

5. 何谓能量方程？试写出级的能量表达式，并说明能量方程的意义。

6. 试说明级内有哪些能量损失？流量大于或小于设计流量时冲角有何变化？由此会产生什么损失？若冲角的绝对值相等，谁的损失更大？为什么？

7. 多级压缩机为何要采用分段和中间冷却？

8. 如何计算确定实际气体的压缩性系数Z？

9. 示意画出离心压缩机的性能曲线，并标出最佳工况点和稳定工况范围。

10. 简述旋转脱离和喘振现象，说明两者之间有什么关系？说明喘振的危害，为防喘振可采取哪些措施？

11. 试简要比较各种调节方法的优缺点。

12. 离心压缩机的流动相似应具备哪些条件？相似理论有何用处？

13. 离心压缩机有哪些附属系统？它们分别起什么作用？它们由哪些部件组成？

14. 何谓转子的临界转速？采用什么方法计算？工作转速如何校核？

15. 轴端密封有哪几种？试简述它们的密封原理和特点。

16. 试简述选型的基本原则，为何要确定经常运行的工况点？

17. 选型分类有哪几种？为何按流量选型？为何按结构分类？

18. 离心压缩机组运行的基本条件是什么？在什么情况下机组禁止启动开车？

习题

1. 已知某离心式空气压缩机第一级叶轮直径$D_2=380$mm，$D_1=202$mm；叶轮出口叶片角$\beta_{2A}=40°$，出口叶片数$z=16$；设流量系数$\varphi_{2r}=0.233$，叶轮转速$n=13800$r/min，$\alpha_1=90°$求叶轮对单位质量气体的理论能头H_T及叶片无限多的叶轮理论能头$H_{T\infty}$，并加以比较。

2. 已知某离心式空气压缩机某级叶轮的有效流量$m=6.95$kg/s，漏气损失系数为$\beta_l=0.013$，轮阻损失系数为$\beta_{df}=0.03$。叶轮对单位质量气体做功$H_T=45895$J/kg。试计算叶轮做功消耗的理论功率、漏气损失功率、轮阻损失功率，以及叶轮对气体做功消耗的总功率和叶轮对单位质量有效气体的总耗功。

3. 已知单级离心式鼓风机的性能要求为：进口压力$p_s=98066.5$Pa，出口压力$p_d=147009.7$Pa，进气温度$t_s=20$℃，进口容积流量$Q_s=200\text{m}^3/\text{min}$，气体常数$R=288.4$J/(kg·K)，绝热指数$k=1.4$。多变效率$\eta_{pol}$一般为0.7～0.84，多变能头系数$\varphi_{pol}=0.6$～0.7。此处选取$\eta_{pol}=0.77$，$\varphi_{pol}=0.65$。试确定叶轮的圆周速度$u_2$。

4. 题3中的鼓风机压缩过程若分别为等温压缩、绝热压缩和多变压缩($n=1.95$)时，试计算单位质量气体的压缩功各为多少？

5. 已知某离心式空气压缩机进口截面s处气流参数为：$t_s=30$℃，$c_s=13.64$m/s，$p_s=89240$Pa，气体常数$R=287$J/(kg·K)，绝热指数$k=1.4$，叶轮总耗功为57297J/kg，指数系数$\sigma=2.73$。各关键截面处的气速为：叶轮进口截面$c_0=87.4$m/s，叶轮叶道进口截面$c_1=133.4$m/s，叶轮出口截面$c_2=199.8$m/s，扩压器出口截面$c_3=122.5$m/s，次级叶轮进口截面$c_0'=4.05$m/s。

（1）试计算各关键截面处的气流温度和气流压力。

（2）以截面为横坐标、各参数为纵坐标作曲线表示参数沿截面的变化，并予以分析。

6. 有一个四级离心压缩机，已知参数为：介质为空气，$k=1.4$，$R=291.5\mathrm{J/(kg\cdot K)}$，流量 $Q_s=414000\mathrm{m^3/min}$（进气状态），吸入压力 $p_{s1}=89760\mathrm{Pa}$，吸入温度 $t_{s1}=30℃$，多变效率 $\eta_{pol}=0.82$，转速 $n=7714\mathrm{r/min}$，级后冷却器阻力损失 $\Delta p=1471\mathrm{Pa}$，试用级效率法核算第一级的压力比、功率及关键截面处的气流参数。第一级的几何参数列于题 6 表中。

题 6 表

序号	名称	数值
1	轮毂直径 d/mm	195
2	叶轮进口直径 D_0/mm	405
3	叶片进口直径 D_1/mm	437
4	叶轮进口宽度 b_1/mm	48.55
5	叶片进口角 β_{1A}	33°
6	叶轮外径 D_2/mm	780
7	叶轮出口宽度 b_2/mm	28.5
8	叶片出口角 β_{2A}	43°40′
9	叶片数 z	22
10	叶片厚度 δ/mm	3.5
11	扩压器进口直径 D_3/mm	820
12	扩压器出口直径 D_4/mm	1060
13	无叶扩压器宽度 $b_3=b_4$/mm	54.8
14	轮盖密封齿数 z'	6
15	轮盖密封直径 D/mm	455.45
16	密封齿缝间隙 s/mm	0.45
17	进口管道面积 $F_s/\mathrm{m^2}$	0.925
18	冷却器出口面积 $F_s'/\mathrm{m^2}$	0.53475
19	冷却器进口（级出口）面积 $F_d/\mathrm{m^2}$	1.74225

7. 已知离心压缩机的性能曲线如图 4－13 所示。现机器工作转速 $n=3000\mathrm{r/min}$，吸入气体，吸入压力 p_s 与图上标注的相同，但吸入温度变为 $T_s=330.7\mathrm{K}$。如工作气量 $Q_s=2400\mathrm{m^3/h}$，则其对应的压力比 ε 及多变效率 η_{pol} 各为多少？

8. 某离心空气压缩机性能曲线如图 4－12 所示。设工作转速 n、吸气压力 p_s 和介质均不变，而吸气温度 $T_s=332\mathrm{K}$ 流量为 $2400\mathrm{m^3/h}$ 时压力比是多少？（要求换算时取进、出口截面之间的中间截面流量系数相等）

9. 题 8 的离心空气压缩机，如在 $Q_s'=2440\mathrm{m^3/h}$，$p_d'=274590\mathrm{Pa}$ 工况下工作，试确定转速 n' 应调为多少。

10. 有一台离心式压缩机，用汽轮机驱动压缩油田气。油田气中含甲烷 80%，气体常数 $R=470.7\mathrm{J/(kg\cdot K)}$，绝热指数 $k=1.30$，其中某级进气压力 $p_s=29.42\times10^4\mathrm{Pa}$，进气温度 $T_s=363.8\mathrm{K}$。现用空气做试验，得性能曲线如图 4－12 所示，并知试验时与设计点对应的流量为 $2500\mathrm{m^3/h}$。试按等比容比将此曲线换算为油田气的性能曲线。

第 5 章　往复活塞式压缩机

往复活塞式压缩机用途非常广泛，在石油、天然气的加工、输送、制冷、空调及其他工业部门中占有非常重要的地位。往复活塞式压缩机与其他类型压缩机相比，有其独特的优点：压力范围最广，从低压到高压都适用；热效率较高；适应性强，排气量可在较广泛的范围内变化；对制造压缩机的金属材料要求不苛刻。这种压缩机也有其缺点，如外形尺寸及质量大，结构复杂，易损件多，安装及基础工作量大，气流有脉动，运转中有振动等。它一般适用于中、小流量及压力较高的情况。

目前我国往复活塞式压缩机的应用仍然是最广泛的，所以对该类压缩机应进行较深入的学习。本章主要讨论往复活塞式压缩机的工作原理、基本结构、热力计算、机型选择及运行维护的知识。

5.1　压缩机的结构和基本原理

5.1.1　基本构成和工作原理

图 5－1 是一单作用往复活塞式压缩机的示意图。气缸呈圆筒形，其上装有若干吸气阀与排气阀，由气缸内壁、气缸盖和活塞顶面所构成的空间称为工作容积，运动机构带动活塞在气缸内来回运动，工作容积将发生周期性变化。

活塞的往复运动是通过运动机构实现的，运动机构可以为曲柄连杆机构或者凸轮机构，一般为曲柄连杆机构。如图 5－1 所示，曲轴主轴中心线到连杆连接端中心的部分为曲柄，曲柄半径为 r，则活塞从左到右移动的最大距离就为 $2r$，称为行程 S。曲柄从气缸中心线开始，沿曲轴旋转方向所扫过的角度称为曲柄转角 α，α 在 $0°\sim360°$之间。

如图 5－2 所示，活塞从气缸盖处(外止点——活塞离曲轴旋转中心最远距离处)开始向右移动。位于活塞左侧(盖侧)的缸内容积就逐步增大，气缸内压力降低，直至外界的气体推开进气阀沿进气管道进入气缸，活塞到达最右位置(内止点——活塞离曲轴旋转中心最近位置)，进气阀开始关闭。然后活塞开始向左运动，气缸内工作容积缩小，气体压力逐渐升高，当气体压力能够克服排气阀和管道的阻力时，气体推开排气阀，进入排气管道，直到活塞运动到最左位置，排气阀关闭。当活塞再次向右运动，上述过程重复进行。曲轴旋转一周，活塞往复运动一次，气缸内相继实现膨胀、吸气、压缩、排气四个过程，即完成一个工作循环。

如图 5－2 所示曲线 $abcd$ 表示了压缩、排气、膨胀、吸气的过程。实际上由于多种因素的限制，对盖侧工作容积而言，活塞到达最左位置时，缸内的空间并不能被完全占据，还存在一定的空隙，称为余隙容积。由于余隙容积的存在，排气结束时，气缸内还存在没有排尽的残余气体，当活塞开始向右移动时这部分气体开始逐渐膨胀降压。

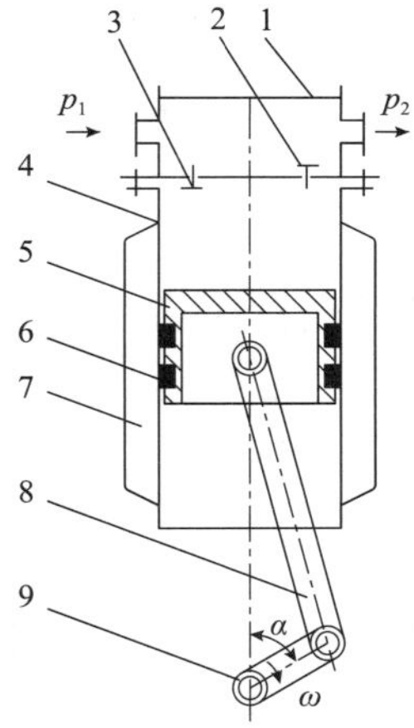

图 5－1　单作用往复活塞式压缩机示意图

1—气缸盖；2—排气阀；3—进气阀；4—气缸；5—活塞；6—活塞环；7—冷却套；8—连杆；9—曲轴

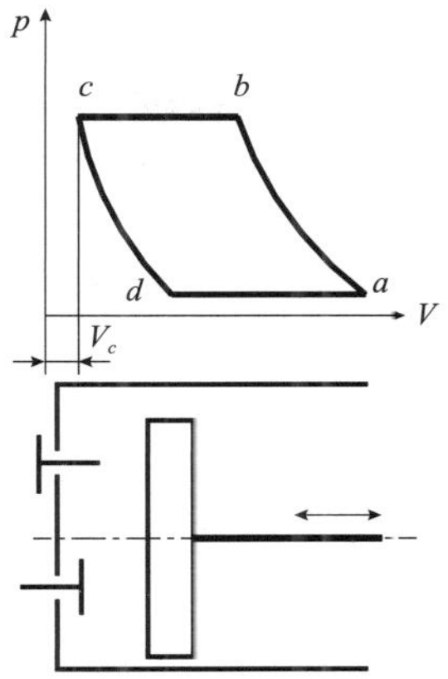

图 5－2　活塞式压缩机的工作过程

ab—压缩；*bc*—排气；*cd*—膨胀；*da*—吸气；V_c—余隙容积的大小

当然如果活塞右侧也形成一个封闭的空间（轴侧工作容积），并装有气阀，曲轴旋转一周，活塞左右往复一次，盖侧与轴侧容积各自完成一个循环，但同一时刻两侧的工作过程恰好相反，这种结构称为双作用气缸。

气体也可以在压缩机中进行两次或更多次升压压缩，达到最终排气压力后再排入排气管道，称为多级压缩。

气缸的盖侧与轴侧都分别布置有一定数量的吸气阀及排气阀，这些气阀控制气流只做单向流动。吸气阀只能吸气，排气阀只能排气，不能同时动作。气阀的启闭是依靠缸内外压力差实现的，称为自动阀。一般吸气或排气管道内的压力是维持恒定的。因此，只有依靠活塞的往复运动，改变缸内容积，从而使缸内压力发生变化，才在缸内外造成一定压差，该压差使气阀时开时闭。

归纳起来，往复活塞式压缩机的简单工作原理是：活塞在气缸内的来回运动与气阀相应的开闭动作相配合，使缸内气体依次实现膨胀、吸气、压缩、排气四个过程，如此不断循环，将低压气体升压而源源输出。

了解了活塞式压缩机的工作过程，就可以进一步研究其主要工作参数，如排气量、功率、压力、温度之间的关系，从而完成排气量、功率和温度的计算，即热力计算。

活塞压缩机的热力计算包括两个方面，一是根据要求的排气量和工作压力来确定所需的功率、气缸直径、行程和转速等，称为设计性热力计算；或是对已有压缩机进行性能核算，称为复算性热力计算。活塞压缩机的热力计算是压缩机选型的基本内容之一。

5.1.2　往复活塞式压缩机的分类

往复活塞式压缩机常见的驱动机构为曲柄连杆机构，在此也主要以此类压缩机为研究对象，其分类和型号见表 5－1。

往复活塞式压缩机的系列化、通用化和标准化工作对压缩机的设计、制造、使用维修和管理均有重要的作用。国内现有的压缩机系列有四类，其他气体压缩机，特别是石油化工用气体压缩机，由于种类繁多，批量少而且变化大，故没有形成系列。我国往复活塞式压缩机的型号参见 JB/T 2589《容积式压缩机型号编制方法》。

表 5-1 往复活塞式压缩机的分类及型号

分类	型号	参数范围或结构特点
排气量	微型 小型 中型 大型	<1m³/min 1～10m³/min 10～100m³/min >100m³/min
排气压力	低压 中压 高压 超高压	0.3～1MPa 1～10MPa 10～100MPa >100MPa
级数	单级 多级	气体经过一次压缩即达排气终压 气体经过多次压缩达到排气终压
气缸排列方式	直列式 对置式 角度式	气缸中心线夹角为 0°，又分立式和卧式 气缸中心线夹角为 180°，气缸水平布置 气缸中心线间具有一定夹角，有 L、V、W 和 S 型
气缸工作容积	单作用 双作用 级差式	仅活塞一侧的气缸为工作容积 活塞两侧气缸均为工作容积，并为同级 同一气缸与活塞多个端面形成多个工作容积，为不同级
冷却方式	风冷 水冷	气缸以空气为冷却介质 气缸以水为冷却介质
润滑方式	有油润滑 无油润滑	气缸和填料处需要润滑油 活塞环和填料采用自润滑材料
用途	动力用 工艺用	提供动力或仪表用压缩气体 在工艺流程中输送工艺气体

5.1.3 压缩机的结构与主要部件

往复活塞式压缩机的实际结构是比较复杂的，零部件很多。这里仅以 L 型空气压缩机为例，介绍压缩机的组成以及曲轴、连杆、十字头、气缸、气阀、活塞和填料等主要零部件的结构及工作原理。

图 5-3 是一台我国自行设计与制造的 L 型空气压缩机总图。该 L 型压缩机有两个气缸，垂直列为一级缸，水平列为二级缸。空气由一级缸吸入，经过压缩升压到约 2×10^5Pa(表)排出，经中间冷却器降温后被二级缸吸入，再经压缩升压到 8×10^5Pa(表)，排出到输气管路中供使用。活塞式压缩机的结构主要包括三大部分：运动机构(曲轴、轴承、连杆、十字头、皮带轮或联轴器等)、工作机构(气缸、活塞、气阀等)、机身。运动机构是一种曲柄连杆机构，把曲轴的旋转运动变为十字头的往复运动。机身用来支承和安装整个运动机构和工作机构，又兼作润滑油箱用。工作机构是实现压缩机工作原理的主要部件。此外，还有三个辅助系统，即润滑系统、冷却系统、调节系统。

(1)曲轴

曲轴是往复活塞式压缩机的重要运动部件。外界输入的转矩要通过曲轴传给连杆、十字头，从而推动活塞做往复运动。它承受从连杆传来的周期变化的气体力与惯性力等。

曲轴的基本结构如图 5-4 所示，每个曲轴由主轴颈 1(安装主轴承部位)、曲柄销 3(与连杆大头相连部位)、曲柄 2 及平衡铁 4 组成。根据气缸数及气缸排列形式的不同，有单拐曲轴和多拐曲轴之分。

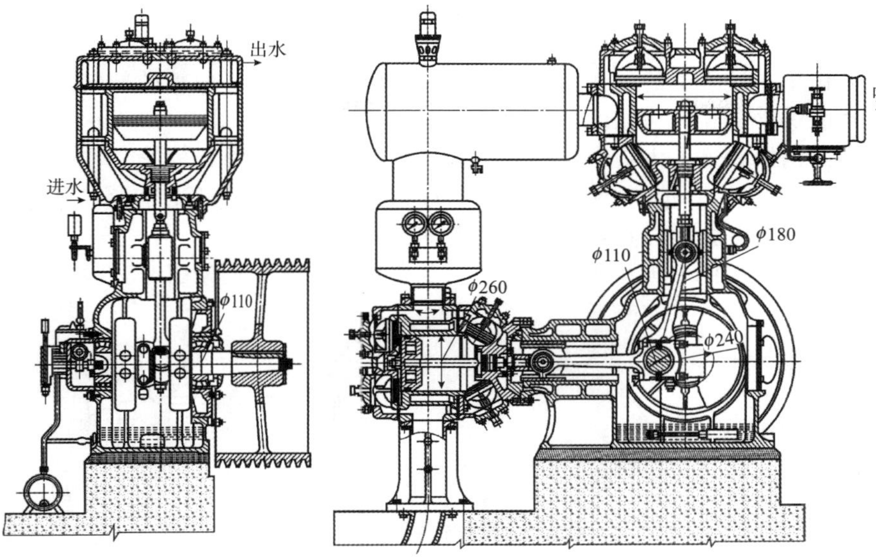

图 5－3　L 型空气压缩机

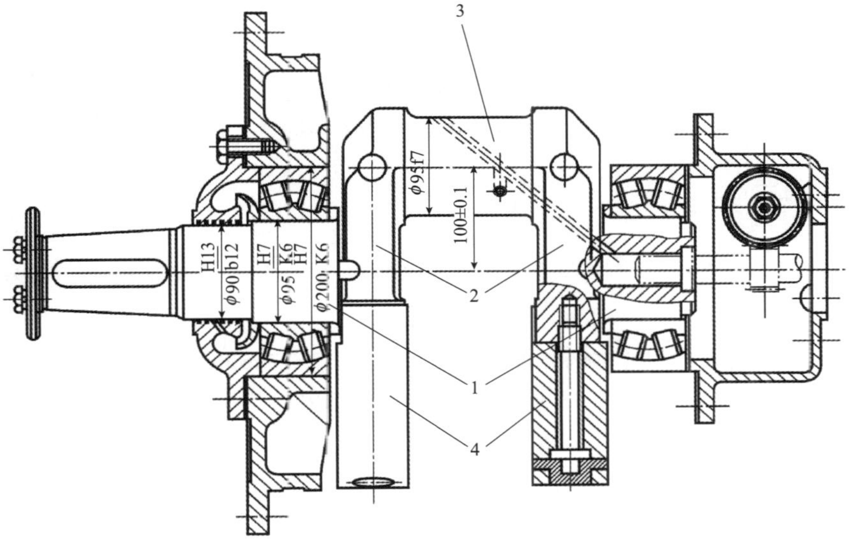

图 5－4　曲轴组件

1—主轴颈；2—曲柄；3—曲柄销；4—平衡铁

曲轴各部分几何形状应尽量避免突变，使应力分布均匀，提高抗疲劳强度，且应有足够的刚度。压缩机用的较多的是中碳钢锻造曲轴，现在球墨铸铁铸造曲轴的应用越来越多，特别在中、小型压缩机中使用广泛。

曲轴运转中，主轴颈与轴瓦、曲柄销与连杆大头瓦间由于相对运动而产生磨损，故应有良好的润滑。所需压力润滑油的油道多在曲轴内钻成(图 5－4 中虚线所示)，由曲轴轴头润滑油泵将压力润滑油分别送到主轴瓦和曲柄销处。

曲轴上只有两点支承时可用滚动轴承。图 5－4 所示是国产 L 型空压机的一个曲轴，常用双列球面向心轴承。多曲拐由轴采用多点支承时，必须用滑动轴承。一般在相邻两主轴承间只配置 1～2 个曲拐，以免曲轴产生过大挠度而导致轴承的不均匀磨损。

曲柄上装有平衡铁，用以平衡惯性力和惯性力矩。

(2)连杆

连杆是将作用在活塞上的气体力等各种力传递给曲轴，并将曲轴的旋转运动转换为活塞的往复运动的机件。连杆包括大头、小头、杆体三部分。如图 5 - 5 所示，大头一端装有大头瓦，与曲柄销相连。大头常用剖分结构，装配时用连杆螺栓固紧。小头一端装有小头瓦，与十字头销(或活塞销)相连。杆体截面形状有圆形、矩形和工字形几种，其中工字形截面受力较好，节省金属材料，最为经济合理。

考虑润滑要求，连杆小头瓦所需润滑油大多数从连杆大头瓦处引来，故杆身往往钻有油孔。

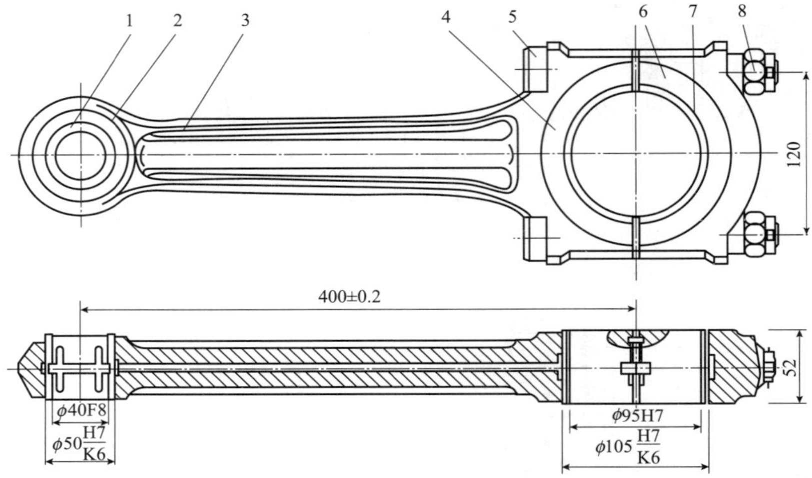

图 5 - 5　连杆组件

1—小头瓦；2—小头；3—杆体；4—大头；5—连杆螺栓；6—大头盖；7—大头瓦；8—连杆螺母

(3)十字头

十字头是连接活塞杆与连杆的零件，具有导向作用。压缩机中大量采用连杆小头放在十字头体内的闭式十字头，如图 5 - 6 所示。少数压缩机采用与叉形连杆相配的开式十字头。

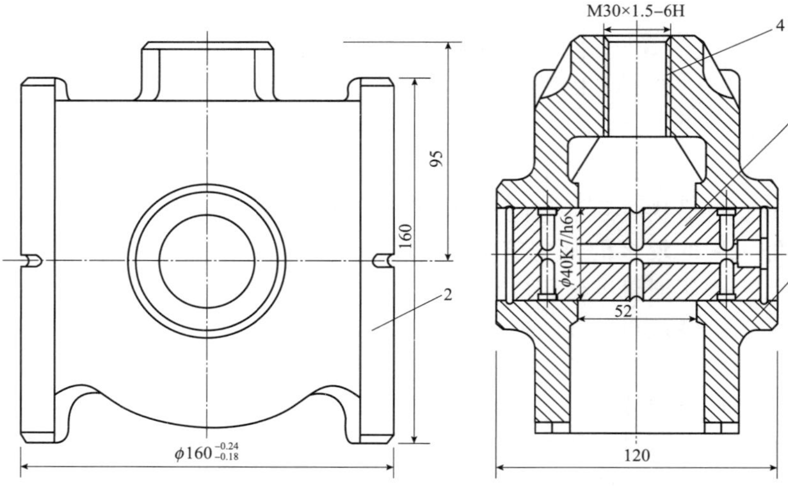

图 5 - 6　十字头

1—十字头体；2—滑板；3—十字头销；2—连接螺纹

十字头与活塞杆的连接形式分为螺纹连接、连接器连接、法兰连接等。螺纹连接结构简单，易调节气缸中的止点间隙。但在调整时需转动活塞，且在十字头体上切削螺纹时，经多次拆装后极易磨损，不易保证精度要求，故这种结构常用于中、小型压缩机上。不在十字头体上切削螺纹而采用两螺母夹持固定的结构，可用于大、中型压缩机。连接器和法兰连接结构，使用可靠，调整方便，使活塞杆与十字头容易对中，但结构复杂且笨重，多用在大型压缩机上。十字头与连杆的连接由十字头销来完成。

(4)气缸

气缸是活塞式压缩机工作部件中的主要部分。根据压缩机不同的压力、排气量、气体性质等需要，应选用不同的材料与结构形式。基本要求是：应具有足够的强度与刚度；应具有良好的冷却、润滑及耐磨性；应尽可能地减少余隙容积和气体阻力；应有利于制造和便于检修；应符合系列化、通用化、标准化的要求以便于互换。

一般来说，工作压力低于 60×10^5 Pa 的气缸用铸铁制造，工作压力$(60\sim200)\times10^5$ Pa 的气缸用稀土球墨铸铁或铸钢，更高压力用碳钢或合金钢锻造。

与活塞外圆相配合的气缸(或缸套)的内壁表面称为工作表面(也称镜面)。为增加气缸耐磨性和密封性，工作表面的加工要求较高，一般表面粗糙度 Ra 不大于 0.2μm；中等直径($D\leqslant600$mm)的气缸，表面粗糙度 $Ra=0.2\sim0.8$μm；大直径($D>600$mm)的气缸，表面粗糙度不大于 1.6μm。

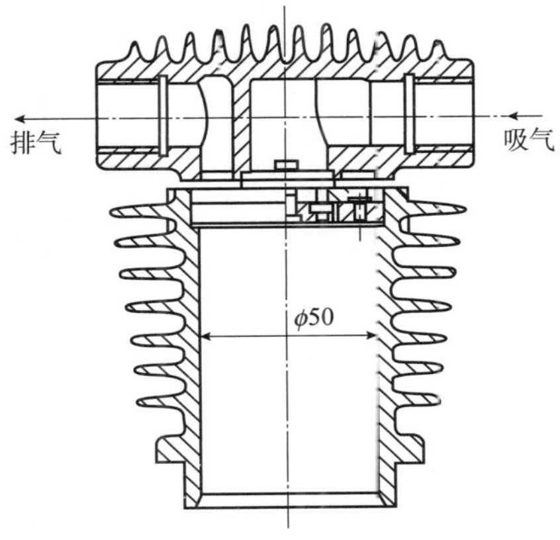

图 5－7　风冷式气缸

根据气缸的冷却方式，可分为风冷和水冷两种。风冷式气缸一般用于小型低压移动式压缩机。它的结构简单，质量轻，靠气缸外所铸环向或纵向散热片强化散热，如图 5－7 所示。大部分压缩机的气缸用水冷却，铸铁气缸可铸成有冷却水道的双层壁(图 5－8)或三层壁(图 5－9)结构。冷却水道包围着气缸工作容积、阀室及填料函。多层气缸冷却效果好，但铸造较困难。

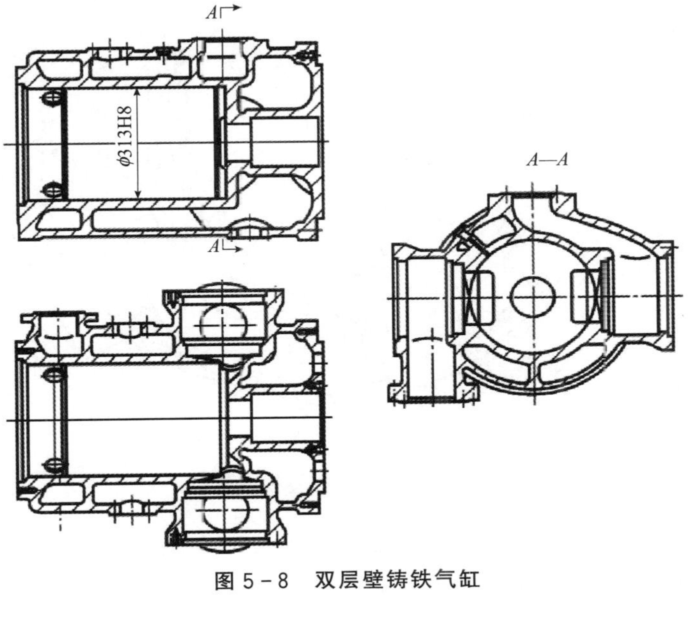

图 5－8　双层壁铸铁气缸

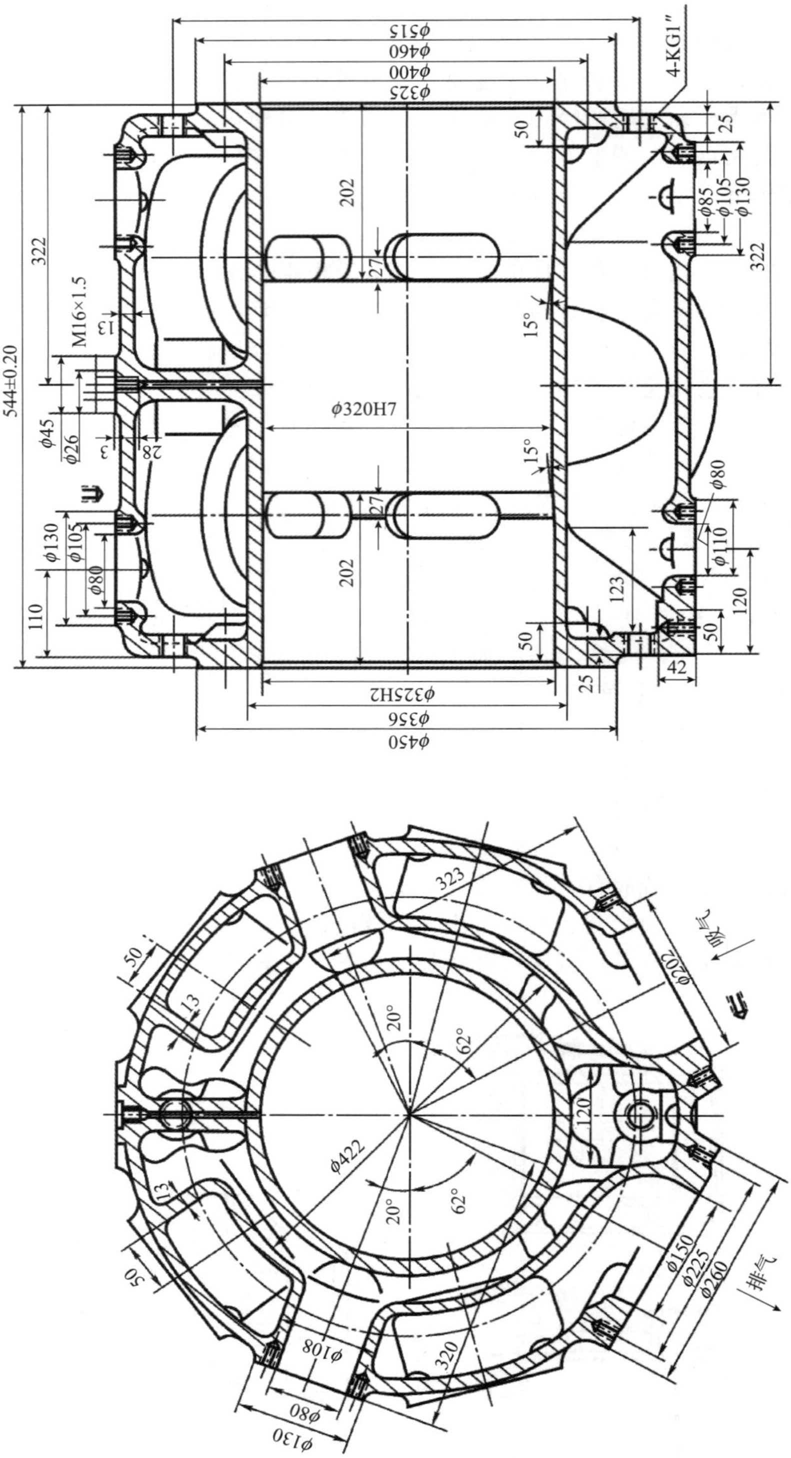

图 5-9 三层壁铸铁气缸

此外，气阀在气缸上的布置方式对气缸结构有很大影响。布置气阀的主要要求是：通道截面大，余隙容积小，安装和修理方便。气阀在气缸盖上(图 5-3、图 5-10)，其轴线与气缸轴线平行或成角度，称轴向或斜向布置。另一种是气阀配置在气缸体上(图 5－8)，气阀轴线与气缸轴线相垂直，称径向布置。再一种是混合布置，如图 5－3 所示，常用于双作用气缸。盖侧气阀采用轴向配置，轴侧气阀采用径向或斜向布置，以减小余隙容积和气缸长度。

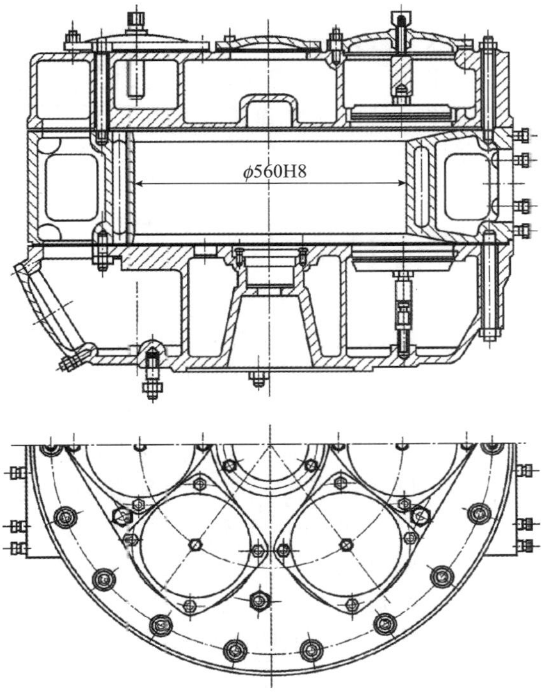

图 5－10　气阀轴线与气缸轴线平行布置

为简化气缸结构，小型无十字头的压缩机可用组合气阀，安装在缸盖上(图 5－7)。组合阀是把吸气阀与排气阀组合在一起，比单个阀更好地利用了端盖面积，且余隙容积也较小。

(5)气阀

气阀是往复活塞式压缩机中的重要部件，也是易损坏的部件之一。它的好坏直接影响压缩机的排气量、功率消耗及运转的可靠性。目前压缩机正向高转速方向发展，而限制转速提高的关键问题之一就是气阀。

往复活塞式压缩机一般都采用“自动阀”，也就是气阀的开启与关闭是依靠阀片两边的压力差实现的，没有其他的驱动机构。

压缩机的气阀种类很多，图 5－11 所示为国内最常用的环状阀。它由阀座、阀片、弹簧及升程限制器等零件组成。阀片是圆环形薄片，一般为 1～5 环。阀座由几个同心的环形通道组成，由筋条连成一体，气体可经环形通道流过。升程限制器上有导向块，对阀片的启、闭运动起导向作用。限制器上凸台高度控制阀片的开启高度，弹簧放在升程限制

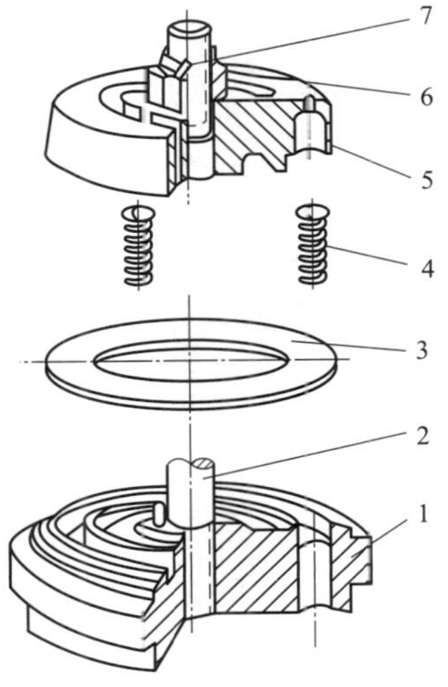

图 5－11　环状阀

1—阀座；2—连接螺栓；3—阀片；4—弹簧；5—升程限制器；6—螺母；7—开口销

器的凹槽(或孔)中。为便于安装及防止气阀工作时松动，用连接螺栓紧固，并有防松措施。

图 5－12 是进气阀工作示意图。在进气过程中，活塞向内止点运动，使气缸内气体膨胀，压力不断降低。当缸内压力低于进气管内压力，阀片上的压差足以克服弹簧力及阀片的惯性力时，阀片便离开阀座开启，气体进入气缸；当活塞快接近内止点时，活塞速度和气流速度急剧变小，阀片上的压差也减小，直到压差不足以克服弹簧力时，阀片就离开升程限制器回到阀座上，气阀关闭。这样就完成了一次吸气过程。至于排气阀的启闭，道理与吸气阀完全一样，只是运动方向相反而已。

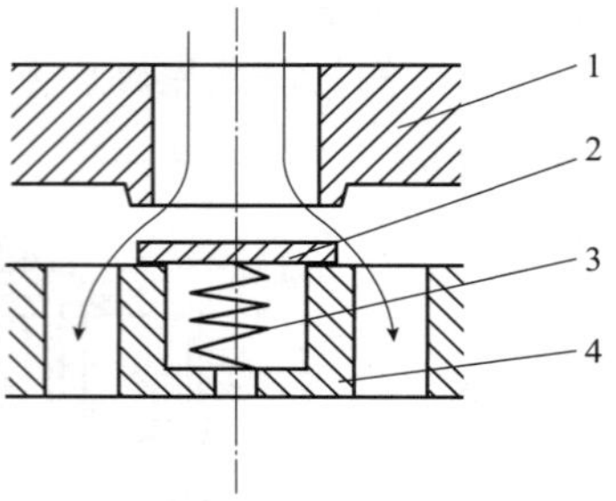

图 5－12 进气阀工作示意图

1—阀座；2—阀片；3—弹簧；4—升程限制器

从气阀工作原理来看，气阀工作性能将直接影响压缩机气缸的工作，因此对气阀有如下要求：

①损失小。气阀阻力损失大小与气流的阀隙速度及弹簧力大小有关。气速越高，能量损失越大；弹簧力过大，阻力损失也大，其大小按气阀运动规律的合理性准则设计确定。②阀关闭及时、迅速，关闭时不漏气，以提高机器的效率，延长使用期。③寿命长、工作可靠。限制气阀寿命的主要因素是阀片及弹簧质量。对长期连续运转的压缩机，一般希望寿命达 8000h 以上；对移动式、短期或间歇运转的压缩机，要求可稍低些。④形成的余隙容积要小。⑤噪声小。

此外，还要求气阀装配、安装、维修方便，加工容易等。

压缩机气阀除环状阀外，还有网状阀(图 5－13)、碟形阀(图 5－14)、孔阀(图 5－15)及直流阀(图 5－16)等。它们的作用原理与环状阀大体相同，但各有不同的特点。

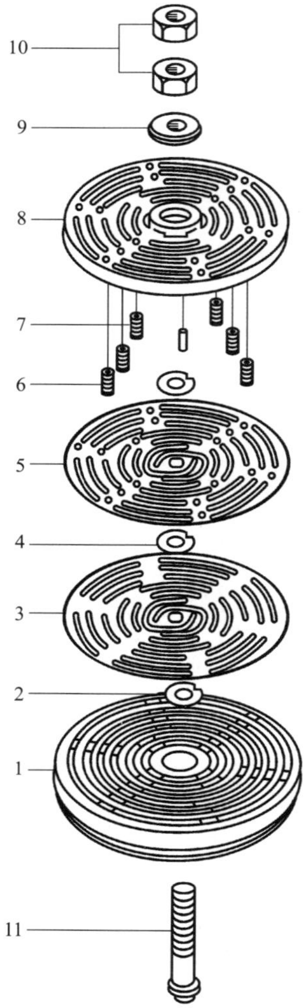

图 5－13 网状阀(排气阀)

1—阀座；2，4，6—垫片；3—阀片；5—缓冲片；7—弹簧；8—升程限制器；9—螺母垫圈；10—螺母；11—螺栓

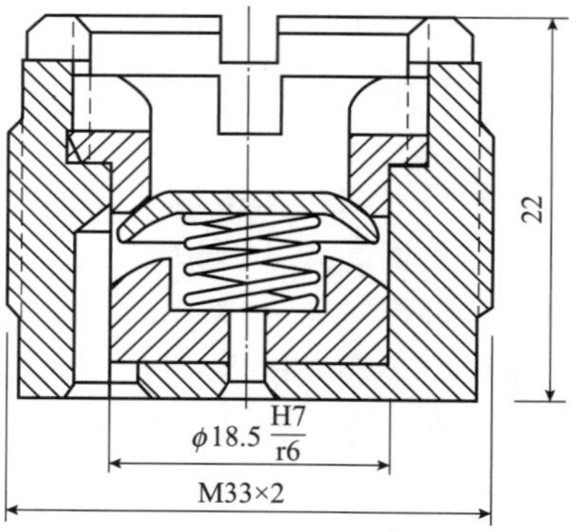

图 5－14 碟形阀(吸气阀)

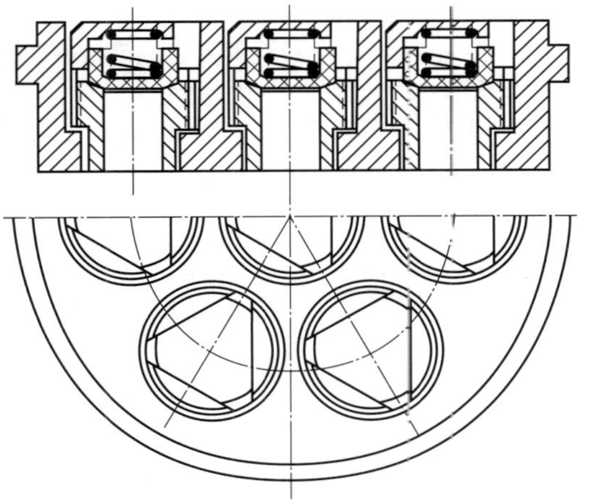

图 5－15　共同阀座组合孔阀

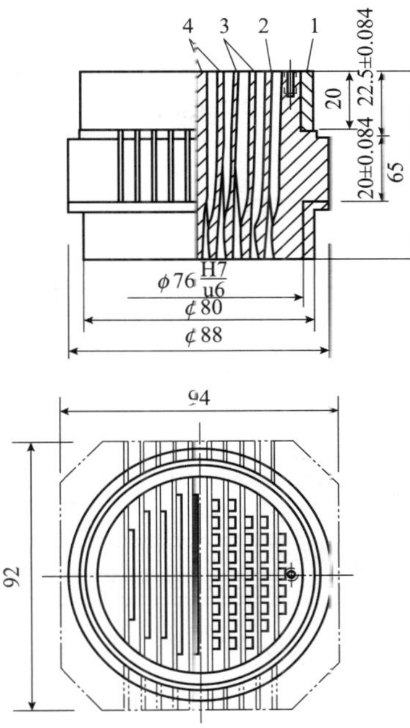

图 5－16　圆形直流阀

1—固紧圈；2—阀片；3，4—阀座(升程限制器)

(6)活塞组件

活塞与气缸构成压缩工作容积，是压缩机中重要的工作部件。活塞可分为两大类。

①筒形活塞。常为单作用活塞，用于小型无十字头的压缩机。通过活塞销与连杆直接相连，筒形活塞的典型结构如图 5－17 所示，活塞顶部直接承受缸内气体压力。环部上方装有活塞环以保证密封。裙部下方装 1～2 道刮油环，活塞上行时刮油环起均布润滑油作用，下行时起刮油作用。筒形活塞裙部用于承受侧向力。

②盘形活塞。用于中、低压双作用气缸。盘形活塞通过活塞杆与十字头相连，它不承受侧向力。为减轻往复运动质量，活塞可铸成空心结构，两端面间用筋板加强，如图 5－18 所示。在大直径的卧式气缸中，活塞质量较大，常在活塞下部 90°～120°范围内浇有巴氏合金，作为承压面。

活塞与气缸镜面之间的间隙采用活塞环密封。活塞环还起布油与导热的作用。气缸中有油润滑时，活塞环材料采用灰铸铁。在无油润滑时，采用石墨、填充聚四氟乙烯等具有自润滑性能的材料做活塞环。活塞环常用的切口形式有直切口、搭接切口和斜切口三种。为减少切口间隙的泄漏，安装活塞环时必须使相邻两环的切口互相错开 180°左右。

③级差式活塞。在串联两个以上压缩机级的级差式气缸中，应采用两个不同直径活塞组合的级差活塞。图 5－19 是对称平衡 H 型氮氢混合气压缩机中Ⅲ级与Ⅴ级的级差活塞。低压级为铸铁盘形活塞，一般由该部分支承活塞质量力，故下部铸有轴承合金的承压面。头部为Ⅴ级活塞。为保证各级串在一起时的同轴度和垂直度，以及防止长期运行后盘形活塞因磨损而下沉，造成整个活塞质量力全由高压级支承，加剧高压缸及活塞的磨损，故两级之间的连接做成球形关节，使小活塞相对于大活塞能做径向移动。高压级活塞可能发生弯曲，为避免导致活塞与气缸摩擦，高压级活塞直径应比气缸直径小 0.8～1.2mm。在压缩机中，采用级差式活塞，使压缩机的结构更紧凑。

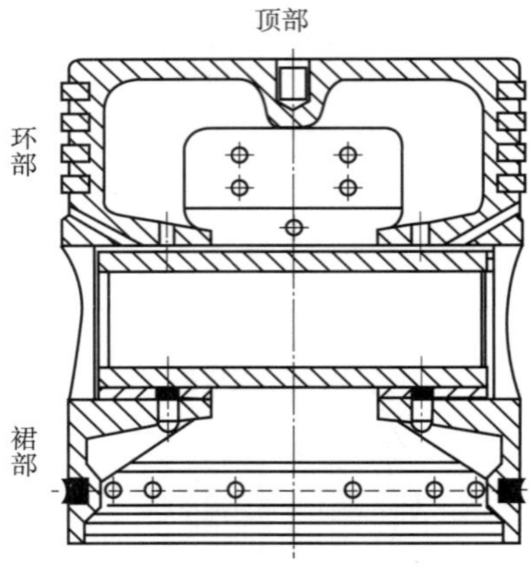

图 5－17　筒形活塞

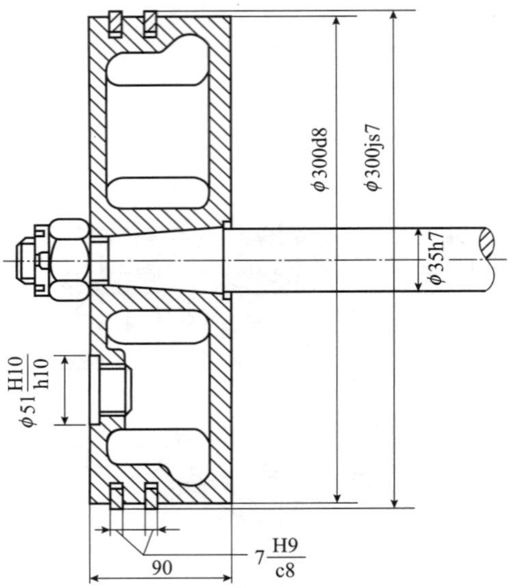

图 5－18　盘形活塞

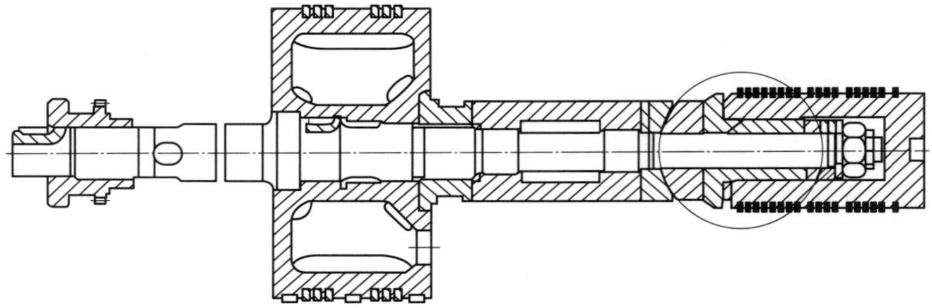

图 5－19　级差活塞

④活塞环。典型的金属活塞环是一个具有弹力的开口环，在自由状态下开口间隙为 A'，装入气缸后被迫合拢成圆环状，仅在切口处有热膨胀间隙 δ，如图 5－20 所示。由于环有弹力，使环紧贴缸壁，活塞环外表面受到压力 p_k，即缸壁对环的约束力。压缩机工作时，气缸内气体压力 p_1 会把活塞环推向槽的一侧，如图 5－21 所示。

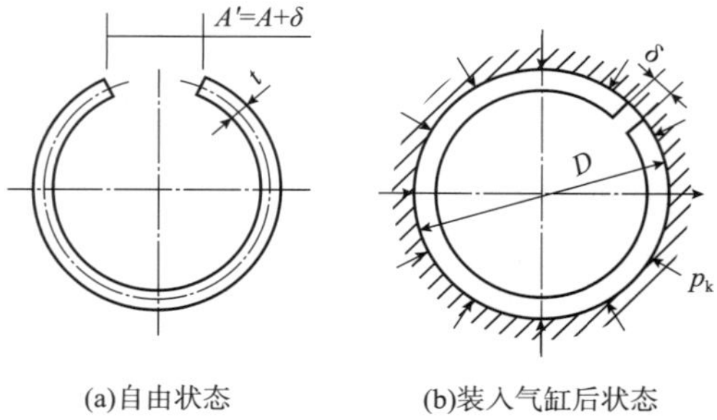

图 5－20　活塞环

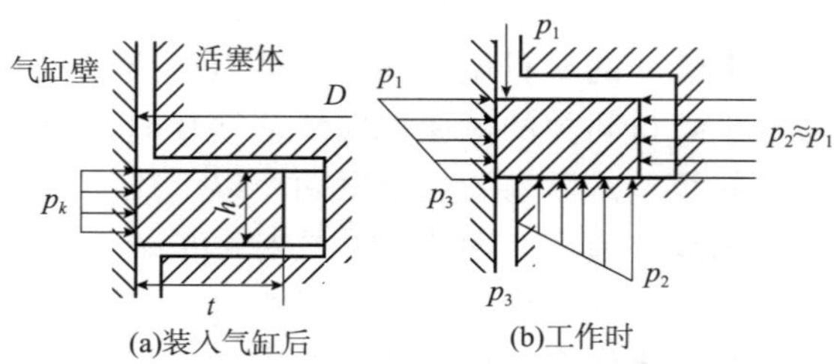

图 5－21　活塞环上的作用力

这时，活塞环作用于缸壁的压力主要由气体压力形成。由图 5－21(b)可知，由于气体在环外圆与缸壁间的流通受阻，气体压力由环前的 p_1 降到环后的 p_3，压力分布可近似看作直线。环内缘压力 p_2 约等于 p_1。因 p_1 大于 p_3，故使活塞环紧紧地压向气缸壁，这个压紧力要比初始压紧力 p_k 大得多，气体压力 p_1 越大，环与缸壁贴得越紧。

活塞环数随活塞两侧压差的增大而增多，使压差负荷由各环负担。实际上各活塞环所受压差并不平均，前 2～3 个环压差最大，磨损最快。所以当前面的环磨损失效后由后面的环起主要作用，以延长使用寿命。装配活塞环时为减少泄漏量，各环的切口应相互错开。

最常用的金属活塞环材料为铸铁，须采用合理的加工工艺保证一定开口尺寸以产生初始弹力 p_k，装入气缸后要保证为圆形与缸壁贴合。

无油润滑是指气缸内不注润滑油。为此作为密封组件的活塞环要采用具有自润滑性能的非金属材料，最常用的材料是填充聚四氟乙烯。纯聚四氟乙烯有良好的自润滑性能，但导热性差、强度低、耐磨性也不理想，不宜作动密封组件，需要填充其他材料以改善其性能，如填充青铜粉、玻璃纤维、石墨及二硫化钼等改善其强度、导热性和耐磨性。填充聚四氟乙烯活塞环一般也制成矩形截面的开口环，但由于塑料环强度低、耐磨性差，所以环断面尺寸要比铸铁环大，同时需安装支承环以支承活塞的质量力。聚四氟乙烯常简写为 PTFE。

(7)填料

活塞杆与气缸间隙采用填料密封，常用的密封元件有平面填料和锥面填料。它们的密封原理都是靠气体压力使填料紧抱活塞杆，阻止气体泄漏。

①平面填料。国内常用平面填料是三、六瓣结构，如图 5 - 22 所示。在填料盒每个小室内装有两个金属环：一个为三瓣环；另一个为六瓣环，由三段圆弧及三块扇形组成。环外面都用镯形弹簧把环箍紧在活塞杆上。安装时，三瓣环紧靠气缸侧，六瓣环的切口必须与三瓣环切口互相错开。

气缸内的高压气体沿三瓣环与活塞杆的径向间隙外漏，从三瓣环的径向切口处漏入小室内。由于六瓣环的径向切口被扇形块盖住，在轴向被三瓣环挡住，所以小室内的压力气体不会从六瓣环处再向外泄漏。相反，却可将六瓣环紧紧抱在活塞杆上而起到密封作用。气缸内压力越高，六瓣环在活塞杆上抱得越紧，所以有自紧密封作用。三、六瓣环常用耐磨材料、铸铁或青铜等制成。

平面填料只适用于压力 $p<2\times10^5$ Pa 的条件，高压下采用锥面填料。

②锥面填料。锥面填料的结构如图 5 - 23 所示。它的基本密封元件由 T 形环和两个锥形环组成。三者各有一个切口，安装时切口彼此错开 120°，用定位销固定位置，并放置在具有锥面的整体环(支承环与压紧环)组成的小室中。轴向弹簧起预密封作用。

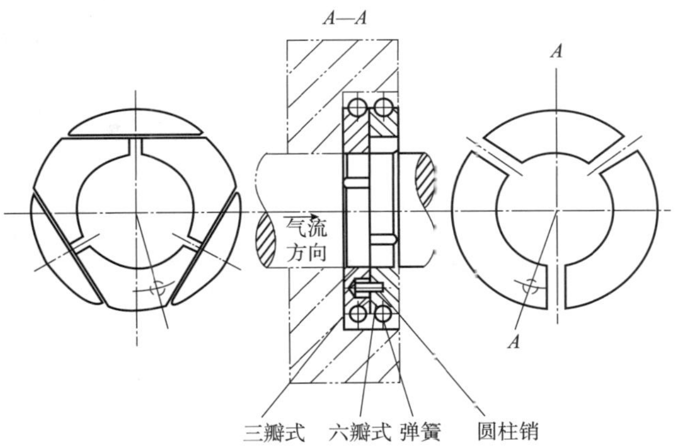

图 5 - 22　三、六瓣平面填料

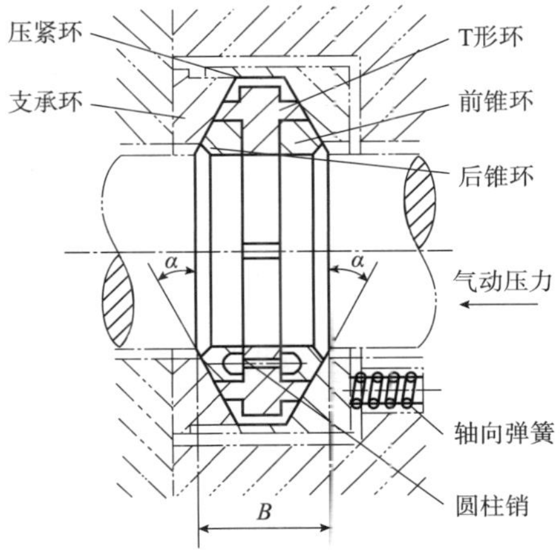

图 5 - 23　锥面填料结构

气体压力轴向作用于支承环及压紧环的两端面上，通过锥面将力传给T形环与两个锥形环。若气体压力 p 从轴向作用在压紧环端面时，通过锥面分解成一个径向分压力 $p\tan\alpha$，此力使密封环抱紧在活塞杆上。α 角越大，径向力也越大。因此，这种密封也是靠气体压力来实现自紧密封的。在一组锥面填料的组合中，靠气缸侧的密封环所承受的压差大，其径向分力也大。为使各道密封环所受径向力较均匀，从而使磨损均匀，可取前几道密封环的 α 角较小，后面较大(常取 α 为10°、20°、30°的组合)。密封环的材料常用青铜或巴氏合金，锥面的表面粗糙度要求 $Ra=0.2\sim0.2\mu m$。整体的支承环和压环用碳钢制造。

锥面填料的主要优点是能调整 α 角以适应不同工作要求，但结构复杂，加工困难。锥面填料密封的压差大，密封环与活塞杆的比压也较大，故要求良好的润滑。此外，还要注意冷却，以改善填料工作条件，延长使用寿命。对于无油润滑压缩机，其关键是用自润滑材料来制造活塞环及填料密封元件。目前使用较多的有石墨和聚四氟乙烯塑料等。

5.2 单级压缩热力计算

分析活塞式压缩机的工作过程，其目的在于研究其主要工作参数，如排气量、功率、压力、温度之间的关系，从而完成排气量、功率和温度的计算。

进行压缩机热力计算的任务是根据要求的排气量和工作压力来确定所需的功率、气缸直径、行程和转数等；或是对已有压缩机进行改造，确定其所能达到的排气量和消耗的功率。在生产实践中，后者较多。

5.2.1 理论工作循环和实际工作循环

(1)理想化假设

压缩机在每转中，气缸内都有膨胀、吸气、压缩、排气四个过程组成一个工作循环，其过程服从热力学规律。为方便研究起见，先讨论压缩机的理论工作循环。所谓理论工作循环，就是作了如下理想化假设：

①在进、排气过程中没有阻力损失，且气体状态保持不变。在压缩过程中，多变指数保持不变；

②压缩机没有余隙容积，因而被压缩的气体能够完全排净；

③没有漏气现象；

④被压缩气体是理想气体。

在上述假设的前提下，压缩机的工作过程可以简化为图5-24中的三个热力过程。

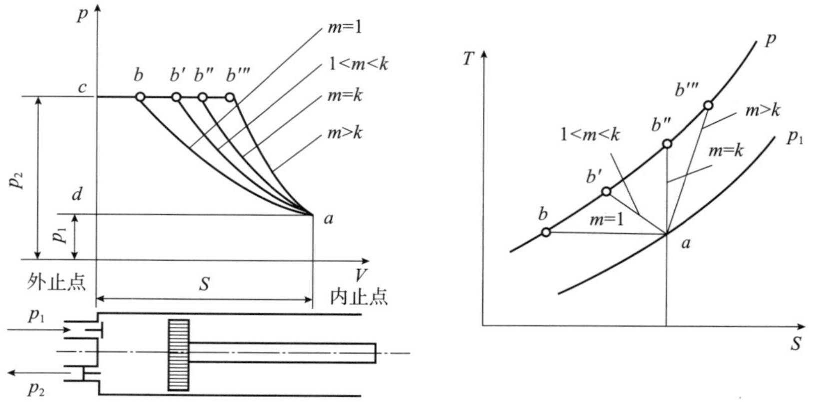

图5-24 压缩机理论工作过程

吸气：活塞自外止点 d 移到内止点 a，吸气阀打开，气体在 p_1 压力下进入气缸，为等压过程 $d—a$。这时气体以压力 p_1 推着活塞移动，气体对活塞做功为 p_1V_1。

压缩：活塞从内止点开始向左移动，吸、排气阀均关闭，气缸内气体压力逐步升高，一般是多变过程 $a—b'$。气体状态从开始点 $a(p_1, V_1, T_1)$变到终点 $b(p_2, V_2, T_2)$。这时活塞对气体做功为 $\int_1^2 p\mathrm{d}V$。

排气：活塞继续向左移动，排气阀打开，气体在 p_2 压力下从缸内排出，为等压过程 $b'—c$。这时活塞将气体在等压下排出，活塞对气体做功为 p_2V_2。活塞到外止点时，缸内气体被排尽，到此完成了一个理论工作循环。

在理论工作循环中，缸内的瞬时压力和容积做周期性变化。描述理论工作循环的 $p-V$ 图称为理论指示图。由于吸、排气过程是气体的流动过程，缸内的气量是改变的，故图中横坐标是气体容积 V，而不是比体积。压缩过程是一定量气体的热力过程。压缩线的曲率取决于过程指数 m。当压缩过程冷却完全，即进行等温压缩时，$m=1$，如图中 $a—b$ 线所示，此时压缩线较平缓。当压缩过程与外界无热交换时为绝热压缩，$m=k$(k 为绝热指数)，如图中 $a—b''$所示，此时压缩线较陡。当压缩过程中与外界有部分热交换时为多变过程。若气体放热则 $m<k$，压缩过程线为 $a—b'$；若气体吸热则 $m>k$，压缩过程线为 $a—b'''$。活塞式压缩机中 m 值一般介于 1 与 k 之间。图 5-24 中右图表示在 $T-S$ 图上的不同压缩过程线。

(2)理论循环性能参数计算

①级的理论进气量

在理论循环中，级每转的理论吸气量就是在内、外止点位置间的气缸工作腔容积，称为气缸的工作容积，又称为每一转的气缸行程容积 V_h。此容积也是级的压缩元件在一转内所扫过的容积，其值为：

$$V_h = iA_pS \tag{5-1}$$

式中，A_p 为活塞工作面积，m^2；i 为同级的气缸数；S 为活塞行程，m；V_h 为每转的理论吸气量，即气缸的工作容积，m^3。

单作用活塞的工作面积为活塞的盖侧端面积 A；双作用活塞则为两侧二作面积之和，即 $A_p=2A-a$(a 为活塞杆截面积)；级差活塞则根据具体几何尺寸计算。

②压缩过程中容积、温度与压力的关系

由热力学的过程方程可知，理想气体自状态 p_1、V_1 压缩到 p_2 时，其容积 V_2 可由下式求得：

$$\frac{V_1}{V_2}=\left(\frac{p_2}{p_1}\right)^{\frac{1}{m}} \tag{5-2}$$

压缩终了气体的温度 T_2 与压力或容积的关系为：

$$\frac{T_2}{T_1}=\left(\frac{p_2}{p_1}\right)^{\frac{m-1}{m}}=\left(\frac{V_1}{V_2}\right)^{m-1} \tag{5-3}$$

式中，m 为多边过程指数，绝热过程 $m=k$，等温过程 $m=1$。

③理论功率

压缩机每一循环所需的理论指示功是吸气、压缩、排气三部分指示功之和。在压缩机中设活塞对气体做功为正，气体对活塞做功为负，则循环的理论指示功为：

$$W=-p_1V_1+\left|\int_1^2 p\mathrm{d}V\right|+p_2V_2=\int_1^2 V\mathrm{d}p \tag{5-4}$$

即相当于图 5 - 24 中 $abcda$ 所包围的面积。

由此可见，压缩机的功耗取决于压缩过程曲线 $a—b$ 的形状。若压缩过程始点一样，则等温过程($m=1$)曲线的斜率最小，为 $a—b$ 线。绝热过程($m=k$)曲线斜率较大，为 $a—b''$。多变过程($1<m<k$)曲线介于二者之间，为 $a—b'$ 线。从图中看出：等温压缩时面积 $a—b—c—d$ 最小，即功耗最少；绝热压缩时面积 $a—b''—c—d$ 较大，即功耗较大。所以压缩机需要良好的冷却，使之尽量接近等温压缩过程以节省功耗。压缩机的实际压缩过程中，由于气缸散热速率限制，冷却效果远离等温过程，往往较接近绝热过程，故需要不断改进。

根据压缩功 $W=\int_1^2 V\mathrm{d}p$ 及各种热力过程的过程方程，可算得不同压缩过程时压缩机每一理论工作循环所需的功，进而得出理论功率的计算式。

等温压缩每一理论工作循环的压缩功见式(5 - 5)。前已述及行程容积 V_h 代表每一转的理论吸气量。若压缩机的转速为 n，则可求得等温压缩理论功率的表达式见式(5 - 6)：

$$W_T=\int_1^2 V\mathrm{d}p=\int_{p_1}^{p_2}\frac{p_1V_1}{p}\mathrm{d}p=p_1V_1\ln\frac{p_2}{p_1} \tag{5-5}$$

$$N_T=\frac{1}{1000}p_1V_hn\ln\frac{p_2}{p_1} \tag{5-6}$$

式中，W_T 为每一理论工作循环等温压缩耗功，N·m；N_T 为压缩机等温压缩理论功率，kW；p_1、p_2 分别为标准吸、排气状态的吸、排气压力，Pa；V_1，V_h 分别为一个循环和每转的理论吸气量，m^3；n 为压缩机转速，r/s。

绝热压缩可求得每一理论工作循环的绝热压缩功，见式(5 - 7)，绝热压缩理论功率见式(5 - 8)。

$$W_s=\int_{p_1}^{p_2}V\mathrm{d}p=\int_{p_1}^{p_2}p_1^{\frac{1}{k}}V_1p^{-\frac{1}{k}}\mathrm{d}p=\frac{k}{k-1}p_1V_1\left[\left(\frac{p_2}{p_1}\right)^{\frac{k-1}{k}}-1\right] \tag{5-7}$$

$$N_s=\frac{1}{1000}p_1V_hn\,\frac{k}{k-1}\left[\left(\frac{p_2}{p_1}\right)^{\frac{k-1}{k}}-1\right] \tag{5-8}$$

式中，W_s 为每一理论工作循环绝热压缩耗功，N·m；N_s 为压缩机绝热压缩理论功率，kW；k 为气体绝热指数。

多变压缩过程每一理论工作循环的多变压缩功及压缩机多变压缩理论功率分别见式(5 - 9)和式(5 - 10)。

$$W_{pol}=\frac{m}{m-1}p_1V_1\left[\left(\frac{p_2}{p_1}\right)^{\frac{m-1}{m}}-1\right] \tag{5-9}$$

$$N_{pol}=\frac{1}{1000}p_1V_hn\,\frac{m}{m-1}\left[\left(\frac{p_2}{p_1}\right)^{\frac{m-1}{m}}-1\right] \tag{5-10}$$

式中，W_{pol} 为每一理论工作循环绝热压缩耗功，N·m；N_{pol} 为压缩机绝热压缩理论功率，kW；m 为多变指数。

实际压缩机中多变指数 m 很难确定，它与气缸传热效率有关。热量不易导出者 m 值高，接近于绝热指数 k；反之 m 值低。如水冷气缸比风冷气缸导热好，低转速比高转速容易导出热量，小尺寸气缸比大尺寸气缸相对散热面大而易导出热量。各种情况都要具体分析后根据经验合理确定。

例题 5 - 1：已知单级空压机的吸气压力为 1×10^5 Pa，吸气温度为 20℃，排气压力为 7×10^5 Pa(表)。试求吸每 1m^3 空气的理论工作循环耗功及排气温度。按等温、绝热、多变($m=1.25$)过程分别计算，并比较其结果。

解：因排气压力不高，可按理想气体来计算。用式(5－5)、式(5－7)和式(5－9)计算功耗。

等温过程：

$$W_T = p_1V_1\ln\frac{p_2}{p_1}$$
$$=1\times10^5\times1\times\ln\left[\frac{7\times10^5+1\times10^5}{1\times10^5}\right]=207944(\mathrm{N\cdot m})$$

绝热过程：

$$W_s = \frac{k}{k-1}p_1V_1\left[\left(\frac{p_2}{p_1}\right)^{\frac{k-1}{k}}-1\right]$$
$$=1\times10^5\times1\times\frac{1.4}{1.4-1}\times\left[\left(\frac{7\times10^5+1\times10^5}{1\times10^5}\right)^{\frac{1.4-1}{1.4}}-1\right]=284007(\mathrm{N\cdot m})$$

多变过程：

$$W_{pol} = \frac{m}{m-1}p_1V_1\left[\left(\frac{p_2}{p_1}\right)^{\frac{m-1}{m}}-1\right]$$
$$=1\times10^5\times1\times\frac{1.25}{1.25-1}\times\left[\left(\frac{7\times10^5+1\times10^5}{1\times10^5}\right)^{\frac{1.25-1}{1.25}}-1\right]=257858(\mathrm{N\cdot m})$$

排气温度按式(5－3)计算。

等温过程：

$$T_2=T_1=273+20=293(\mathrm{K})$$

绝热过程：

$$T_2=T_1\left(\frac{p_2}{p_1}\right)^{\frac{k-1}{k}}=(273+20)\times\left(\frac{7\times10^5+1\times10^5}{1\times10^5}\right)^{\frac{1.4-1}{1.4}}=513(\mathrm{K})$$

多变过程：

$$T_2=T_1\left(\frac{p_2}{p_1}\right)^{\frac{m-1}{m}}=(273+20)\times\left(\frac{7\times10^5+1\times10^5}{1\times10^5}\right)^{\frac{1.25-1}{1.25}}=444(\mathrm{K})$$

由以上计算可知：等温压缩功耗最省，终温最低；绝热压缩功耗最大，终温最高；多变压缩介于两者之间。

当用理想气体状态方程式 $p_1V_1=mRT_1$，将上述公式中的 p_1V_1 用 mRT_1 代入，则可以看出 W 与 T_1 成正比，也与 R 成正比。这说明初温较低的气体压缩功耗较省。压缩同样质量的气体(如 1kg)时，密度小的气体功耗大，因气体常数 R 与相对分子质量成反比。

(3)实际工作循环

前述简化假设在实际压缩机中是不可能实现的。为避免活塞与缸盖相撞以及满足气阀结构、气阀安装的需要，实际压缩机中在气缸端部都留有一定的余隙容积。此外，在压缩机吸、排气过程中有阻力损失，缸内气体与外界有热交换，这些因素都使实际工况比理论工况复杂。

图 5－25 为压缩机一个单作用级的实际工作循环。由于存在余隙容积，排气终了时缸内还有气体残留在余隙内。当活塞自外止点右行时，缸内工作容积增大，残留气体的容积随之增大而压力降低，进行膨胀过程，膨胀线为 CD。由于气阀主要依靠缸内外气体压力差控制启闭，只有当缸内气体膨胀到压力低于吸气管内压力 p_1 并足以克服流动阻力时，才能顶开吸气阀，开始吸气过程。在吸气过程中，缸内压力有波动，活塞到内止点 A 时吸气终了，吸气阀关闭。活塞自内止点回行时，缸内容积减小，气体进行压缩过程，压缩线

为 AB。当缸内压力 p 高于排气管内压力 p_2 并足以克服阻力而顶开排气阀时才开始排气过程。当活塞回到外止点时，排气过程终了，如此完成了一个工作循环。在 $p-V$ 图上表示的实际循环称为实际指示图。利用示功仪可实测出压缩机的指示图。指示图上 $ABCDA$ 所包围的面积代表压缩机每个实际工作循环所需的指示功。

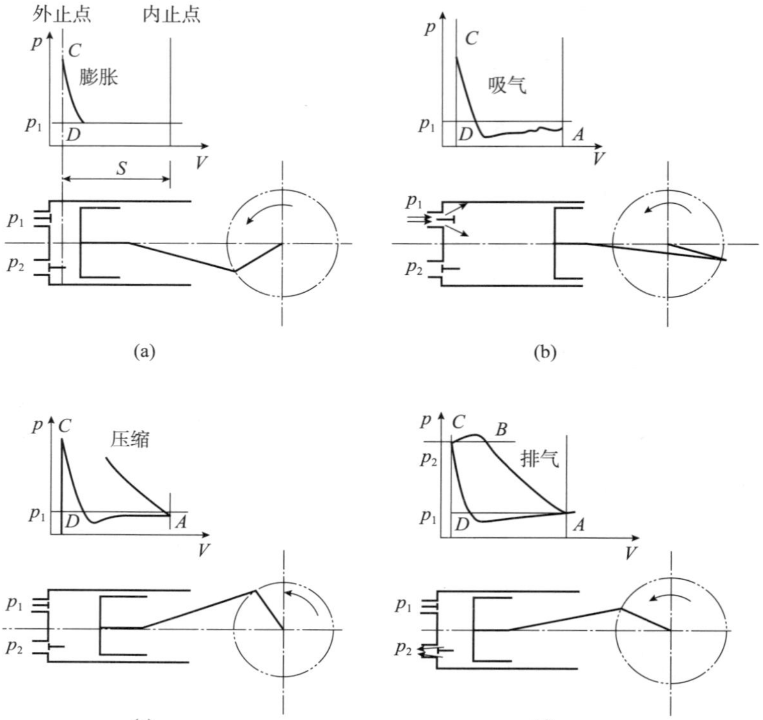

图 5－25　实际工作循环

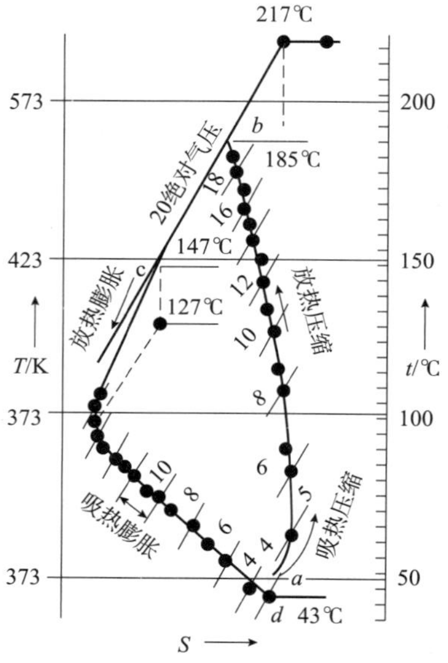

图 5－26　温熵图

压缩机工作时，缸内气体的温度在不断变化。图 5－26 所示为某压缩机二级缸的膨胀和压缩过程的温熵图。由于气体的热力性质，一般在压缩终了时温度最高，膨胀终了时温度最低。气缸壁面温度则由于热惰性及缸外冷却而保持基本稳定，大约处于吸、排气温度的平均值。因此，在膨胀开始阶段，缸内残留气体的温度高于缸壁温度，气体把热量传给缸壁，是放热膨胀，膨胀过程 $m'>k$。随着膨胀过程的进行，气体温度逐渐降低，到了后期，气体温度低于缸壁温度，气体从缸壁吸热，成为吸热膨胀，$m'<k$。一般情况下，吸热膨胀部分是主要的。压缩过程则相反，开始阶段是吸热压缩，压缩过程 $m>k$，到后期则成为放热压缩，$m<k$。一般情况下，放热压缩部分是主要的。

(4)实际循环与理论循环的区别

综上所述，实际循环与理论循环的区别可概括为：

①由于存在余隙容积，实际工作循环由膨胀、吸

气、压缩和排气四个过程组成，而理论循环则无膨胀过程，这就使实际吸气量比理论值少。

②实际吸、排气过程存在阻力损失，使实际吸气压力低于吸气管内压力 p_1，实际排气压力高于排气管内压力 p_2。吸、排气管内的压力取决于外界系统压力，与缸内过程无关，此压力是在压缩机标准吸、排气位置上测得的压力，叫作标准吸、排气压力，也称为名义吸、排气压力。气缸内气体的瞬时工作压力 p 是周期性变化的。

③压缩机工作中，活塞环、填料和气阀等不可避免会有泄漏。

④在实际循环膨胀和压缩过程中，气体与缸壁间的热交换使膨胀过程指数 m' 和压缩过程指数 m 不断变化。

(5)过程指数的简化

为计算方便，工程上常把过程指数简化成常数。常用的方法有两种。

一种是等端点法。如图 5－27 所示，保持指示图上各端点的位置不变，用假想的 m 等于常数的过程线来代替实际过程线，这样得出的过程指数称等端点过程指数。这种方法维持简化前后的端点位置不变，但指示图的面积略有减少，故适用于计算吸气量。

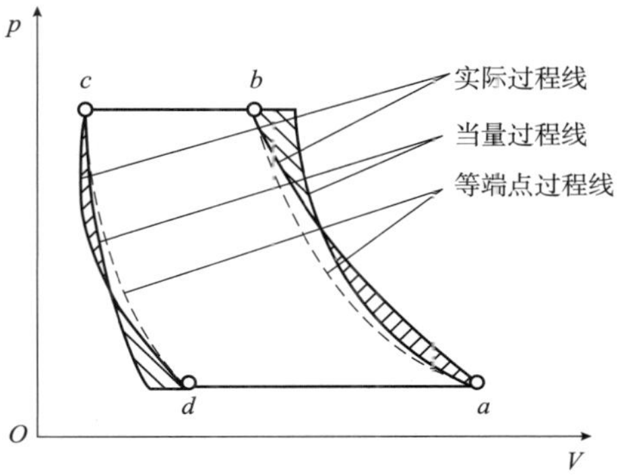

图 5－27　过程指数简化图

另一种是等功法。如图 5－27 所示，简化的原则是维持指示图的面积不变。假想从膨胀过程始点(或压缩过程始点 a)出发，作 m 等于常数的膨胀线(或压缩线)。此线代替实际的过程线而保持指示图的面积不变。这样的过程指数称为当量过程指数，过程线称为当量过程线。因它保持指示图面积不变，常用来计算指示功。

5.2.2　压缩机实际吸气量和排气量

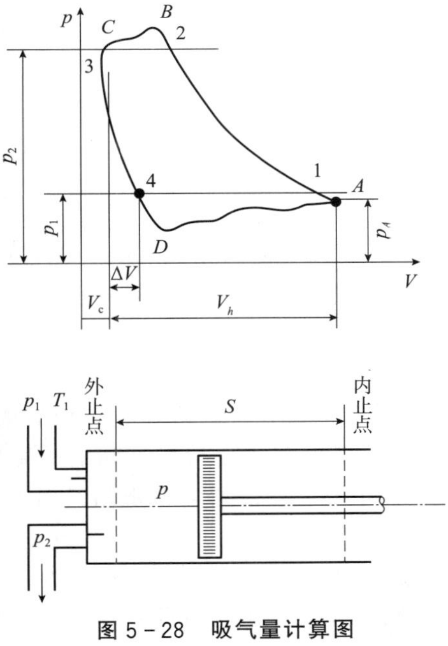

图 5－28　吸气量计算图

(1)实际吸气量

由式(5－1)可知，在理论工作循环中压缩机每转的理论吸气量就是气缸的工作容积 V_h。在实际循环中由于有余隙容积、吸气阻力损失以及气体与缸壁之间的热交换等原因，使实际吸气量总小于理论吸气量。

压缩机工作时，缸内气体的压力、温度是不断变化的，而标准吸气位置的压力和温度是基本稳定的，故压缩机的吸气量是折算到标准吸气位置状态(也称名义吸气状态)的气体容积。

压缩机实际工作循环图可用来分析气缸存在的余隙容积 V_c，气缸的工作容积为 V_h，如图 5－28 所示。在吸气过程中，缸内不断吸入新气体。活塞到内止点时，吸气过程终了，此时缸内实有的气体容积即为气缸的总容积 V_h+V_c，气体处于吸气终了 A 点的状态 p_A 和 T_A。缸内气体容积 V_h+V_c 包括了吸入的新气体和排气终了时残留在余隙容积中的气体。

排气终了点是 C 点，缸内残留气体的容积为 V_c。在膨胀过程中，这部分气体的体积膨胀，在开始吸气时所占容积为 $V_c+\Delta V$。因此，吸入的新气体容积为 $(V_h+V_c)-(V_c+\Delta V)=V_h-\Delta V$。这说明由于余隙容积的影响，使气缸有效吸气容积比理论值减少了 ΔV。余隙容积对气缸有效利用系数的影响用容积系数 λ_V 表示：

$$\lambda_V=\frac{V_h-\Delta V}{V_h}=1-\frac{\Delta V}{V_h} \tag{5-11}$$

于是，由于余隙容积的影响而可能吸入的新气量只有 $\lambda_V V_h$。此外，吸气终了点是 A 点，此时的状态为 p_A、T_A，其 $p_A<p_1$、$T_A>T_1$。根据吸气量的定义，要从 A 点状态换算到标准吸气状态 p_1、T_1，所得每转的实际吸气量为 V_1。

$$V_1=\lambda_V V_h\frac{p_A}{p_1}\frac{T_1}{T_A}$$

设 $\lambda_p=\dfrac{p_A}{p_1}$ 为压力系数，$\lambda_T=\dfrac{T_1}{T_A}$ 为温度系数。由此可得实际吸气量为：

$$V_1=\lambda_V\lambda_p\lambda_T V_h \tag{5-12}$$

下面分别讨论这些系数。

①容积系数 λ_V

设膨胀过程的多变指数为 m'，压力以标准吸、排气状态压力(或称名义压力)为基准，可写出余隙容积中残留气体的膨胀过程方程为：

$$p_2 V_c^{m'}=p_1(V_c+\Delta V)^{m'}$$

由此式可得：

$$\Delta V=V_c\left[\left(\frac{p_2}{p_1}\right)^{\frac{1}{m'}}-1\right]$$

将 ΔV 代入式(5－11)得：

$$\lambda_V=1-\frac{\Delta V}{V_h}=1-\frac{V_c}{V_h}\left[\left(\frac{p_2}{p_1}\right)^{\frac{1}{m'}}-1\right] \tag{5-13}$$

或

$$\lambda_V=1-\alpha(\varepsilon^{\frac{1}{m'}}-1) \tag{5-14}$$

式中，α 为相对余隙容积，$\alpha=\dfrac{V_c}{V_h}$；ε 为名义压力比，$\varepsilon=\dfrac{p_2}{p_1}$；$p_1$，$p_2$ 分别为标准吸、排气状态的压力；m' 为膨胀过程多变指数。

可见，影响 λ_V 的主要因素是 α、ε 及 m' 值。因气缸中有余隙容积存在，故其 λ_V 是小于 1 的值。为提高气缸的有效利用程度，设计使用中应尽可能提高 λ_V 值。下面逐项进行分析。

A. 相对余隙容积 α

气缸余隙容积取决于气缸的实际结构，通常包括以下三个部分：活塞在止点位置时，活塞端面与缸盖(或缸座)之间的间隙容积；第一道活塞环前活塞外圆与气缸间的间隙容积；气缸盖内端面或气缸内壁圆柱面到气阀阀片间的通道容积，包括阀窝容积和气阀内部余隙容积两部分。

据统计，气阀通道容积占总余隙容积的一半以上，是最主要的部分。它的值取决于气阀结构及气阀在气缸上的布置情况。一般网状阀、环状阀的 α 值小于直流阀；环状进、排气阀放在一起的组合阀 α 值最小。气阀在缸上径向布置时 α 值较大，轴向布置时 α 值最小，斜向布置时处于两者之间。

在相同活塞线速度下，高转速短行程压缩机比低转速长行程压缩机 α 值大。在相同排量下 $\alpha=\frac{V_c}{V_h}$，两者 V_c 相差不大，而高转速短行程的 V_h 较小，故其 α 值比低转速长行程的大。

一般大直径低压级气缸相对余隙容积小，而高压级气缸直径小，相对余隙容积较大。循环压缩机压力高，压力比小，α 值对吸气量的影响较小，其值可取到 0.20 或更大。

据统计，现有压缩机的相对余隙容积大致范围为：压力 $<20\times10^5$ Pa，$\alpha=0.07\sim0.12$；压力 $(20\sim321)\times10^5$ Pa，$\alpha=0.12\sim0.16$。

B. 压力比 ε

对同一级气缸来说，相对余隙容积和过程指数一定时，压力比越大，残留气体膨胀后所占的容积越大，λ_V 越小，如图 5－29 所示。极限情况下，残留气体膨胀后占据整个气缸工作容积 V_h，此时气缸已完全不能吸入新气体，容积系数 $\lambda_V=0$，此时的压力比称为极限压力比 ε_{max}。根据式(5－14)，若令 $\lambda_V=0$，则有：

$$\varepsilon_{max}=\left(\frac{1}{\alpha}+1\right)^{m'}$$

当 $\alpha=0.1$，$m'=1.2$ 时，$\varepsilon_{max}=17.8$。

C. 膨胀过程指数 m'

由于残留气体与缸壁间的热交换，在膨胀过程中指数 m' 是变化的。膨胀初期，气体温度高于缸壁及活塞温度，气体放热膨胀，$m'>k$；膨胀中期，两者温度相同，没有热交换，$m'=k$；膨胀后期，气体温度低于缸壁温度，气体吸热膨胀，$m'<k$。在工程计算中近似取端点位置不变的等端点过程指数来代替实际的膨胀指数。m' 值的大小取决于膨胀过程中热交换情况。若膨胀过程中气体吸收的热量多，则较近似于等温膨胀，m' 值就小，膨胀线平坦，λ_V 值就小；反之，当气缸冷却良好，缸壁温度较低，气体在膨胀中吸收的热量少，m' 值大，膨胀线陡，λ_V 值就大，如图 5－30 所示。

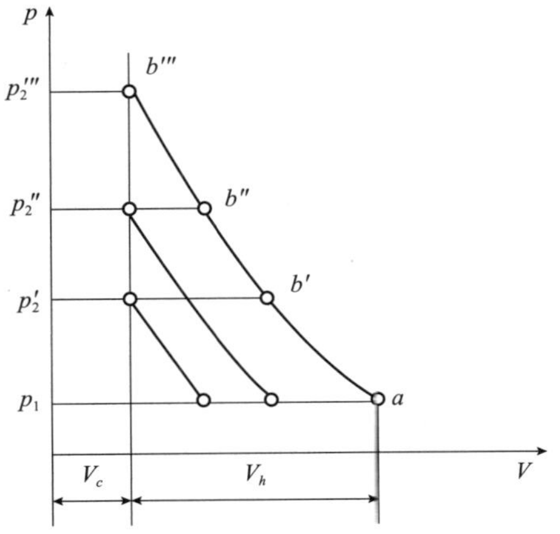

图 5－29　压力比对容积系数的影响

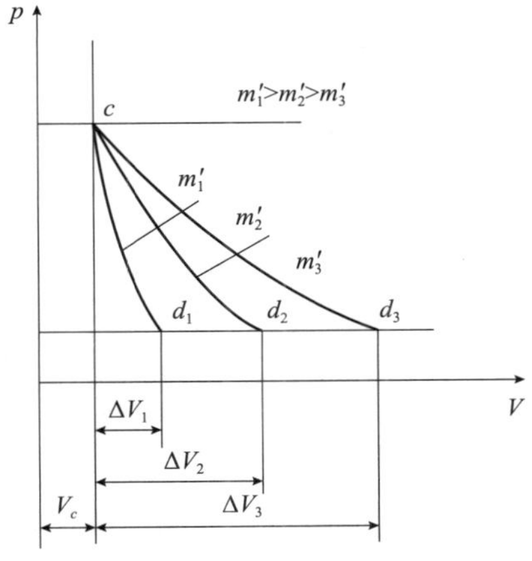

图 5－30　膨胀过程指数 m' 对 λ_V 的影响

设计压缩机时，等端点膨胀过程指数可参照表 5－2 选取。当吸气压力较高时，气体的比体积小，单位质量气体膨胀时吸收的热量少，m' 值较高。

表 5-2　膨胀过程多变指数 m'

吸气压力/$\times10^5$Pa	k 为任意值时	$k=1.2$ 时
≤1.5	$m'=1+0.5(k-1)$	$m'=1.2$
1.5～2.0	$m'=1+0.62(k-1)$	$m'=1.25$
2.0～10	$m'=1+0.75(k-1)$	$m'=1.30$
2.0～30	$m'=1+0.88(k-1)$	$m'=1.35$
>30	$m'=k$	$m'=1.2$

注："容积式压缩机名词术语"规定，吸气压力是在标准吸气位置气体的平均绝对全压。

②压力系数 λ_p

压缩机的吸气量取决于吸气终了时的状态。由于吸气管道及气阀的阻力，吸气终了时缸内实有压力 p_A，低于标准吸气位置的压力(定义为吸气压力)p_1。因此，p_A 下的气体比容较大，折算到吸气压力 p_1 时吸气量就会有所减少。考虑这部分因压力损失而影响的吸气量用压力系数 λ_p 表示。

影响 λ_p 的主要因素是气阀弹簧力。过强的弹簧力会使吸气阀提前关闭，导致 p_A 降低，λ_p 值变小。λ_p 尚无精确计算方法，一般按经验确定。对于正确设计的气阀，常压进气时 $\lambda_p=0.95\sim0.98$；以后各级进气压力较高，弹簧力与气体压力的相对比值减小，相对压力损失减小，可取 $\lambda_p=0.98\sim1.0$。

此外，吸气管道中的压力波动也会影响 λ_p 值。若吸气终了时正处于波峰，λ_p 就较大，甚至能大于 1；若处于波谷，λ_p 就较小。当导管长、气速高、导管与气缸间缓冲容积不够大时，λ_p 值要实际测定。

③温度系数 λ_T

气体在气缸中被压缩，温度升高，同时加热了缸壁和活塞。缸壁温度约为吸、排气温度的平均值，总是高于吸气管道中气体的温度。因此，在吸气过程中新鲜气体将从缸壁和活塞吸收热量而使吸气终了 A 点的温度高于吸气温度，即 $T_A>T_1$，使气体比容增大，折算到标准吸气状态的吸气量就要减少。气体被加热而对气缸吸气能力的影响用温度系数 λ_T 表示。

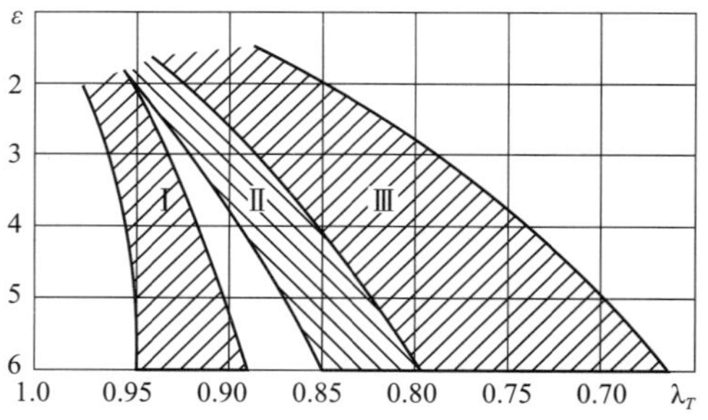

图 5-31　温度系数 λ_T 与压力比 ε 的关系

影响 λ_T 的主要因素是气体性质及缸壁温度。缸壁温度又与压力比及气缸冷却程度有关。图 5-31 表示 λ_T 与压力比的关系曲线。Ⅰ区适用于双原子气体、空气等。当气量大、气缸冷却良好及转速高时，可取其中的较高值；氢气等导热性能好的气体，则宜取其中较低值。多原子气体一般绝热指数较低，其缸壁温度也较低，可参考Ⅰ区取较高值。Ⅱ区适用于气缸不冷却的制冷用压缩机。Ⅲ区适用于吸气温度低于−25℃的筒形活塞制冷压缩机，如氨压缩机。

(2)实际循环的排气量

①排气量的定义

由于实际要求与换算方法的不同，压缩机排气量(或称流量)有实际容积流量(实际排气量)与标准容积流量(标准排气量)两种。

实际容积流量即实际排气量，是经压缩机压缩并在标准排气位置排出气体的容积流量，换算到第一级进口标准吸气位置的全温度、全压力及全组分(如湿度)状态的气体容积值。标准吸、排气位置是压缩机上认为有代表性的吸、排气位置。此位置随压缩机的结构及安装方式而变化，在有关压缩机试验方法的标准中有明确规定。排气量的常用单位为 m^3/min 或 m^3/s。

压缩机铭牌上的排气量叫作额定排气量，是在特定进口状态(吸气压力为 1×10^5Pa，温度为 20℃)的排气量。

若气体加压冷却后有水或凝液析出或多组分混合气体在化工生产中加压后洗涤、净化，除去部分工艺不需要的组分，在计算排气量时也要把这些中途分出的水分和气体换算成进口状态容积加进去。

标准容积流量也称为标准排气量。在化工工艺中使用的压缩机，由于工艺计算的需要，将压缩机压缩并排出的气体在标准排气位置的实际容积流量换算到标准工况(760mmHg，0℃)的干燥气体容积值叫作标准排气量，也称供气量。压缩机的实际排气量表征压缩机的大小，而不表明压缩机所能提供的有效气体的数量。

②排气量的计算

由于压缩机的气阀、活塞环、填料、管道及附属设备等密封不严而造成气体的泄漏，所以压缩机的实际排气量总是比吸气量小。每一转的排气量 V_2、吸气量 V_1 和外漏 V_l(标准吸入状态)的关系是：

$$V_2=V_1-V_l$$

单位时间的排气量为：

$$Q=V_2n$$

压缩机泄漏量的大小用泄漏系数 λ_l 表示。压缩机的泄漏有外泄漏和内泄漏两种。外泄漏是指直接漏到机外损失掉或直接影响到排气量的漏失量。如填料处、管道密封处及单作用活塞的活塞环处等向外部的漏失量。还有从其他级漏到一级吸入系统的漏失量，如一级气阀、活塞环的泄漏。内泄漏是指从高压级漏到低压级或级间管道等的泄漏。这部分气体仍在机内，以后又被压送回高压级，它不直接影响排气量，但会影响级间压力分配。通常用泄漏系数 λ_l 来表示外泄漏量的影响。

单级压缩机的泄漏系数为：

$$\lambda_l=\frac{V_2}{V_1}=\frac{V_2}{V_2+V_l}=\frac{1}{1+\dfrac{V_l}{V_2}}$$

式中，$\dfrac{V_l}{V_2}$为相对泄漏量，包括全部外泄漏。

实际影响泄漏系数的因素是很复杂的，主要取决于填料、活塞环及气阀的严密性，一般可按经验选取 $\lambda_l=0.90\sim0.98$。制造质量好、密封结构可靠的可取其中较高值，压力高、级数多时要取得低些；无油润滑的压缩机要取得低些；气体介质的分子小或黏度低时，其渗透性大，易泄漏，也宜取得小些。如氢气分子小，石油气黏度低，都易泄漏。

当压缩机结构尺寸一定时，单级压缩机的排气系数和实际排气量可按下式计算。

排气系数：

$$\lambda=\lambda_V\lambda_p\lambda_T\lambda_l \tag{5-15}$$

实际排气量：

$$Q=V_2n=\lambda_lV_1n=\lambda_V\lambda_p\lambda_T\lambda_lV_hn=\lambda_VV_hn \tag{5-16}$$

式中，λ 为排气系数；Q 为压缩机实际排气量，m^3/s；V_h 为气缸的工作容积，m^3；n 为转速，r/s。

(3)影响排气量的因素

由排气量计算公式可知，当压缩机结构尺寸一定(即 V_h 一定)时，影响排气量的主要因素是转速 n 和排气系数 λ。λ 综合了各种系数对排气量的影响，可归纳为：

①λ_V 是排气系数中最主要的因素。在 λ_V 中，气缸余隙影响较大，故在结构设计时应尽可能减少余隙容积。生产中也常利用改变余隙容积的方法来调节排气量。

②改善气缸的冷却效果，以提高膨胀过程指数 m'，来增大 λ_V，同时提高 λ_T，增加实际排气量。

③良好的密封可以减少泄漏，所以寻求有效且寿命长的密封结构和元件是保证压缩机排气量的重要条件。

④压缩机的转速直接影响排气量的大小。电动机驱动的压缩机，若电网电压不稳定，将会影响转速而使排气量不稳定。内燃机带动的压缩机转速更易发生变化。有时生产中也用适当提高转速的办法增加排气量，但排气量增加后，使气流速度增加，从而使流动阻力损失增加，所以功耗的增加会比排气量的增加更大。

例题 5-2：试确定 3L-10/8 空压机的排气系数。已知两级压缩，各级名义压力比 $\varepsilon=3$，一级标准吸气状态 $p_{1\text{I}}=1\times10^5$ Pa(绝)，$t_{1\text{I}}=40$℃；二级标准排气状态 $p_{2\text{I}}=8\times10^5$ Pa(表)；相对余隙容积 $\alpha_1=0.095$，$\alpha_2=0.098$，用水冷却。

解：排气系数 $\lambda=\lambda_V\lambda_p\lambda_T\lambda_l$ 分别计算如下。

①容积系数 $\lambda_V=1-\alpha(\varepsilon^{\frac{1}{m'}}-1)$：

已知一级吸气压力 $p_{1\text{I}}=1\times10^5$ Pa(绝)，二级吸气压力 $p_{2\text{I}}=9\times10^5$ Pa(绝)，低压下空气为理想气体，$k=1.4$。

查表 5-2，计算各级多变膨胀指数为：

$$m'_{\text{I}}=1+0.5(k-1)=1+0.5\times(1.4-1)=1.2$$

$$m'_{\text{II}}=1+0.62(k-1)=1+0.62\times(1.4-1)=1.25$$

得各级容积系数为：

$$\lambda_{V1}=1-0.095\times(3^{\frac{1}{1.2}}-1)=0.8577$$

$$\lambda_{V\text{II}}=1-0.098\times(3^{\frac{1}{1.2}}-1)=0.8620$$

②压力系数 λ_p：

由于采用环片阀，弹簧力不很强，两级压力差别不大，可取 $\lambda_{p\text{I}}=0.97$，$\lambda_{p\text{II}}=0.98$。

③温度系数 λ_T：

根据压力比 $\varepsilon=3$，从图 5-31 的Ⅰ区查取，为 0.93～0.97。由水冷却，效果较好，取较高值 $\lambda_{T\text{I}}=\lambda_{T\text{II}}=0.96$。

④泄漏系数 λ_l：

此压缩机为两级压缩，两级均为双作用活塞，缸径中等，采用有油润滑，压力不高，参考经验可取 $\lambda_{l1}=0.974$，$\lambda_{l\text{II}}=0.973$。于是各级气缸的排气系数为：

$$\lambda_{\text{I}}=\lambda_V\lambda_p\lambda_T\lambda_l=0.8577\times0.97\times0.96\times0.974=0.778$$

$$\lambda_{\text{II}}=\lambda_V\lambda_p\lambda_T\lambda_l=0.8620\times0.98\times0.96\times0.973=0.789$$

5.2.3 排气温度及排气压力

(1)排气温度

压缩机的排气温度由气体被压缩的热力过程决定。气体压缩终温不易测定，可将热电偶埋在排气阀内测得较近似的压缩终温。一般所说的排气温度是指在标准排气位置测得的温度。

由于散热的影响，该温度低于实际压缩终温。根据热力关系，排气温度按下式计算。

$$T_2 = T_1 \varepsilon^{\frac{m-1}{m}} \tag{5-17}$$

式中，T_2 为排气温度，K；T_1 为吸气温度，K；ε 为级压力比；m 为压缩过程多变指数。

m 与气体性质及气缸冷却情况有关。用水套冷却时，取较低值。

由此可见，在介质、冷却条件及吸气温度一定时，压缩机压力比越高则排气温度越高。但由于各种原因，需要限制排气温度。

在有油润滑的压缩机中，温度过高会降低润滑油黏度，使润滑性能恶化。过高温度会使润滑油分解出挥发组分，在缸内及气阀上形成积炭加剧磨损，在 180～200℃时尤为严重。压缩机润滑油的闪点温度一般不低于 200～220℃。压缩机排气温度必须比润滑油闪点温度低 20～40℃。因此，国内一般规定固定式压缩机排气温度不超过 160℃，移动式压缩机不超过 180℃。无油润滑压缩机的排气温度取决于自润滑材料，如用填充聚四氟乙烯材料时，排气温度限制在 170～180℃以下。

工艺用压缩机排气温度受被压缩介质性质的限制。石油裂解气是多组分气体，高温下有些组分聚合成胶状物，堵塞气阀，卡住活塞环等，排气温度一般不超过 100℃；乙炔是不饱和的碳氢化合物，高温时既可能分解，也可能聚合，分解时放出大量热，易引起爆炸，故排气温度不得超过 100℃；乙烯气在高温时也易分解，排气温度限制在 80～100℃；含水汽的氧气和氯气会引起严重的腐蚀，高温时会更加严重，故湿氯气排气温度限制在 100℃以下；干燥氯气的排气温度不超过 130℃。

排气温度超过规定值时，必须采用多级压缩以降低单级压力比；同时，改善气缸的冷却条件以降低压缩过程多变指数 m，也有助于降低排气温度。

(2)排气压力

压缩机铭牌上的压力是设计额定压力，在压缩机上是指标准排气位置的压力。压缩机实际运转中的排气压力并不总是符合设计压力，其值取决于排气系统的压力，如储气罐压力或排气端工艺系统的压力。

由于气体服从状态方程，压缩机气量的供求关系变化表现为排气压力的变化。当压缩机排气量正好满足用户需要时，系统稳定在所需要的压力下运行。如果用气量减小，而压缩机照常工作，气罐内气体越积越多，罐内压力上升。但是气缸内气体压力高于排气管道内压力时才能顶开排气阀排出气体，所以排气压力也要升高。若压力升高过多，超过了机器的压力限制或排气温度限制时就会出现事故。反之，当用气量增加时，压缩机排气量不变，则表现为气罐中气体减少，压力下降，排气压力也下降。由此可见，压缩机需要设有调节系统以保持稳定操作。

5.2.4 功率和效率

活塞式压缩机是一种大量消耗动力的机器，所消耗的能量在油气回收、天然气输送以及在石油化工厂中均占相当大的比例。降低压缩机的功耗、提高压缩机的经济性能，对节约能源有十分重要的意义。

(1)指示功率

压缩机中直接消耗于压缩气体的功(即由示功器记录的压力-容积图所对应的功)称指示功。单位时间消耗的指示功为指示功率。对已有压缩机用实测法进行标定检验，如果压缩机为双作用气缸，应取两侧气缸指示功率之和。在新设计时则用解析法进行计算。

①实测法确定指示功率

在运转的压缩机上，用示功器测得气缸的指示图。目前指示图采用机械示功器、电子示功器及计算机采集数据再绘制指示图等方法测得。测得指示图后用求积仪或计算机求出面积 A，则可得压缩机每转的指示功 W_i 为：

$$W_i = A m_p m_V$$

于是得指示功率为：

$$N_i = W_i n = \frac{1}{1000} A m_p m_V n \tag{5-18}$$

式中，N_i 为指示功率，kW；A 为实测指示图面积，cm^2；m_p 为指示图上压力坐标比例尺，即压力坐标 1cm 代表 m_p（单位为 Pa）压力；m_V 为指示图上容积坐标比例尺，即压力坐标 1cm 代表 m_V（单位为 m^3）容积；n 为压缩机转速，r/s。

②解析法确定指示功率

在设计时要求算出指示功率，但实际指示图很复杂，很难直接得到计算公式。为此先将实际指示图简化成类似理论指示图的形式，以便找到计算公式。常用的方法是等功法，也叫等面积法，其原则是简化前后指示图的面积不变，即功量不变。

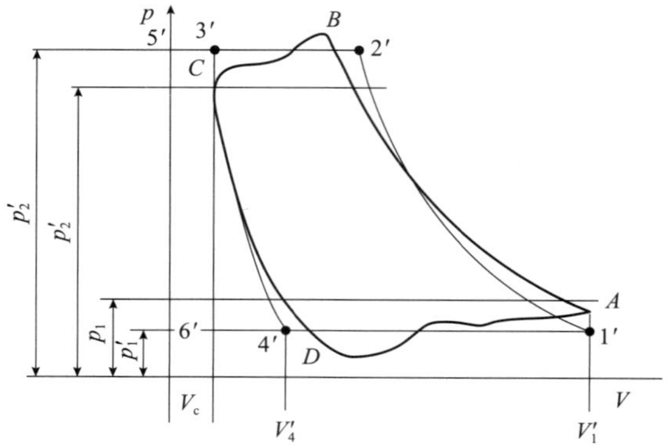

图 5-32　简化指示图

A. 由于吸、排气过程有阻力损失及压力脉动影响，假想用水平线代替实际的不规则的吸、排气线，以保持简化前后指示图面积不变，如图 5-32 所示。简化后的压力 p_1' 称为气缸内平均实际吸气压力；p_2' 称为气缸内平均实际排气压力；p_1，p_2 则是吸、排气压力（标准吸、排气位置的压力）。$\Delta p_1 = p_1 - p_1'$ 称为平均吸气压力损失；$\Delta p_2 = p_2' - p_2$ 称为平均排气压力损失。这两项压力损失与气阀的结构、尺寸、通道布置，气体的流速、密度、压力等因素有关，不易精确计算。设计时从图 5-33 中的实验曲线选取。图 5-33 是在活塞平均速度 $c_m = 3.5$m/s 的条件下，对空气介质作出的一组相对压力损失实验曲线。图中横坐标是吸、排气压力值；纵坐标为相对压力损失 $\delta_1 = \Delta p_1 / p_1$，$\delta_2 = \Delta p_2 / p_2$。由此可得气缸内实际平均吸、排气压力为：

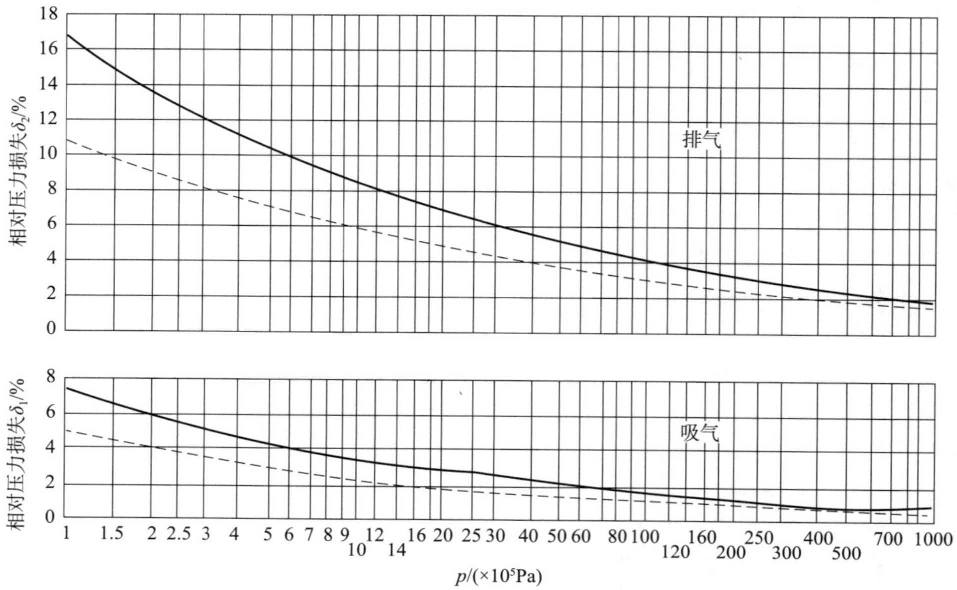

图 5-33　相对压力损失参考值

$$p_1' = p_1 - \Delta p_1 = p_1(1-\delta_1)$$
$$p_2' = p_2 + \Delta p_2 = p_2(1+\delta_2)$$

图中实线是按 $\delta_0 = 0.24/p^{0.3}$ 绘出的，虚线是按 $\delta_0 = 0.15/p^{0.25}$ 绘出的（δ_0 是进、排气阻力损失之和），并认为进气相对压力损失 $\delta_1 = 0.3\delta_0$，排气相对压力损失 $\delta_2 = 0.7\delta_0$。

这是因排气阻力中除气阀、通道的阻力损失外，还包括中间冷却器和分离器等的阻力损失。图中实线适用于阻力损失较大的情况，虚线适用于阻力损失较小的情况，但在设计中结构应保证气阀及通流部分的压力损失不超过上述指标。

当活塞平均速度 c_m 与实验条件 $c_m = 3.5\text{m/s}$ 差别较大时，相对压力损失值需要修正。

$$\delta' = \delta\left(\frac{c_m}{3.5}\right)^2$$

当气体实际密度与空气相差远时，也应对图上所得相对压力损失值加以修正。

$$\delta' = \delta\left(\frac{\rho'}{\rho}\right)^2$$

式中，ρ 为空气密度；ρ' 为气体实际密度。

B. 如图 5－32 所示，按等功的原则把实际的膨胀、压缩过程指数简化为常数，所得膨胀及压缩过程线称为当量过程曲线，其过程指数称为当量过程指数。经验表明，膨胀与压缩过程的当量过程指数可近似取为相等，用 m 表示。

经过以上简化所得的指示图称为简化指示图。图 5－32 中 $1'2'3'4'$ 所包围的面积 $S_{1'2'3'4'}$ 就代表每转的指示功。

$$W_i = S_{1'2'5'6'1'} - S_{3'4'6'5'3} = \int_{1'}^{2'} V\mathrm{d}p - \int_{4'}^{3'} V\mathrm{d}p$$

将多变过程指示功代入上式得：

$$W_i = \frac{m}{m-1} p_1' V_1' \left[\left(\frac{p_2'}{p_1'}\right)^{\frac{m-1}{m}} - 1\right] - \frac{m}{m-1} p_1' V_4' \left[\left(\frac{p_2'}{p_1'}\right)^{\frac{m-1}{m}} - 1\right]$$
$$= \frac{m}{m-1} p_1' \left[\left(\frac{p_2'}{p_1'}\right)^{\frac{m-1}{m}} - 1\right](V_1' - V_4')$$

$V_1' - V_4'$ 相当于在气缸中实际吸气状态（p_1'，T_1'）下的吸气量，它与标准吸气状态的吸气量 V，有如下关系：

$$V_1' - V_4' = V_1 \frac{p_1}{p_1'} \frac{T_1'}{T_1}$$

近似取 $\frac{p_1'}{p_1} \approx \lambda_p$，$\frac{T_1}{T_1'} \approx \lambda_T$，则有：

$$V_1' - V_4' \approx \frac{1}{\lambda_p \lambda_T} V_1 = \frac{\lambda_V \lambda_P \lambda_T}{\lambda_P \lambda_T} V_h = \lambda_V V_h$$

由此得每转的指示功为：

$$W_i = \frac{m}{m-1} p_1' V_h \lambda_V \left[\left(\frac{p_2'}{p_1'}\right)^{\frac{m-1}{m}} - 1\right]$$

级的指示功率用单位 kW 表示时为：

$$N_i = \frac{n}{1000} W_i = \frac{1}{1000} \frac{m}{m-1} p_1' \lambda_V V_h n \left[\left(\frac{p_2'}{p_1'}\right)^{\frac{m-1}{m}} - 1\right] \quad (5-19)$$

式中，λ_V 为容积系数；V_h 为气缸工作容积，双作用气缸为两侧气缸工作容积之和，m^3；m 为当量过程指数；n 为压缩机转速，r/s；p_1'，p_2' 为分别为平均实际吸、排气压力，Pa。

实际压力比 $\varepsilon'=\frac{p_2'}{p_1'}$。根据经验，低压级可取 $m=(0.95\sim0.99)k$，高压级可取 $m=k$。

例题 5-3：已知 3L-10/8 空气压缩机排量为 $10m^3/min$；一级吸气压力为 1×10^5Pa，吸气温度为 40℃；相对湿度 $\psi_1=0.8$；二级吸气温度为 50℃，二级吸气压力为 9×10^5Pa；各级名义压力比 $\varepsilon=3$，行程 $S=200mm$，压缩机转速 $n=450r/min$；各级相对余隙容积为 $\alpha_{\rm I}=0.095$，$\alpha_{\rm II}=0.098$；各级工作容积 $V_{h\rm I}=0.02856m^3$；$V_{h\rm II}=0.0095m^3$。

求各级指示功率。

解：由例题 5-2 求得各级容积系数 $\lambda_{V1}=0.8577$，$\lambda_{V\rm II}=0.8620$；

取各级当量多变指数 $m_{\rm I}=0.95\times1.4=1.33$，$m_{\rm II}=k=1.4$。先求各级缸内平均实际吸排气压力，再求各级指示功率。

(1)一级缸内平均实际吸气压力 $p_{1\rm I}'$：

从图 5-33 按 $p_{1\rm I}=1\times10^5Pa$ 查得 $\delta_{1\rm I}=5\%$(虚线，下同)，则

$$p_{1\rm I}'=p_{1\rm I}(1-\delta_{1\rm I})=1\times10^5\times(1-0.05)=0.95\times10^5Pa。$$

(2)一级缸内平均实际吸气压力 $p_{2\rm I}'$：

从图 5-33 按 $p_{2\rm I}=3\times10^5Pa$ 查得 $\delta_{2\rm I}=8\%$，则

$$p_{2\rm I}'=p_{2\rm I}(1+\delta_{2\rm I})=3\times10^5\times(1+0.08)=3.24\times10^5Pa。$$

(3)二级缸内平均实际吸气压力 $p_{1\rm II}'$：

从图 5-33 按 $p_{1\rm II}=1\times10^5Pa$ 查得 $\delta_{1\rm II}=3.5\%$，则

$$p_{1\rm II}'=p_{1\rm II}(1-\delta_{1\rm II})=3\times10^5\times(1-0.035)=2.895\times10^5Pa。$$

(4)二级缸内平均实际吸气压力 $p_{2\rm II}'$：

从图 5-33 按 $p_{2\rm II}=9\times10^5Pa$ 查得 $\delta_{2\rm I}=6.5\%$，则

$$p_{2\rm II}'=p_{2\rm II}(1+\delta_{2\rm II})=9\times10^5\times(1+0.065)=9.585\times10^5Pa。$$

(5)一级缸的指示功率 $N_{i\rm I}$：

$$N_{i\rm I}=\frac{1}{1000}\frac{m_{\rm I}}{m_{\rm I}-1}p_{1\rm I}'\lambda_{V\rm I}V_{h\rm I}n\left[\left(\frac{p_{2\rm I}'}{p_{1\rm I}'}\right)^{\frac{m_{\rm I}-1}{m_{\rm I}}}-1\right]$$

$$=\frac{1}{1000}\times\frac{1.33}{1.33-1}\times0.95\times10^5\times0.8577\times0.02856$$

$$\times\frac{450}{60}\times\left[\left(\frac{3.24}{0.95}\right)^{\frac{1.88-1}{1.88}}-1\right]=25(kW)$$

(6)二级缸的指示功率 $N_{i\rm II}$：

$$N_{i\rm II}=\frac{1}{1000}\frac{m_{\rm II}}{m_{\rm II}-1}p_{1\rm II}'\lambda_{V\rm II}V_{h\rm II}n\left[\left(\frac{p_{2\rm II}'}{p_{1\rm II}'}\right)^{\frac{m_{\rm II}-1}{m_{\rm II}}}-1\right]$$

$$=\frac{1}{1000}\times\frac{1.4}{1.4-1}\times2.895\times10^5\times0.862\times0.0095$$

$$\times\frac{450}{60}\times\left[\left(\frac{9.585}{2.895}\right)^{\frac{1.4-1}{1.4}}-1\right]=25.4(kW)$$

(2)轴功率和驱动机功率

活塞式压缩机中，若驱动机输出功率为 N_0，由于传动装置(如皮带轮、联轴器、齿轮箱等)的能量消耗，使压缩机曲轴上所得到的输入功率减小为 N，此值称为轴功率。又由于压缩机内有摩擦损失，消耗摩擦功率 N_m，因此传到气缸内的功率称为内功率 N_n。在气缸内又有热传递和泄漏损失功率，最后在示功器记录的压力—容积图上对应的功率才是指

示功率 N_i，如图 5－34 所示。

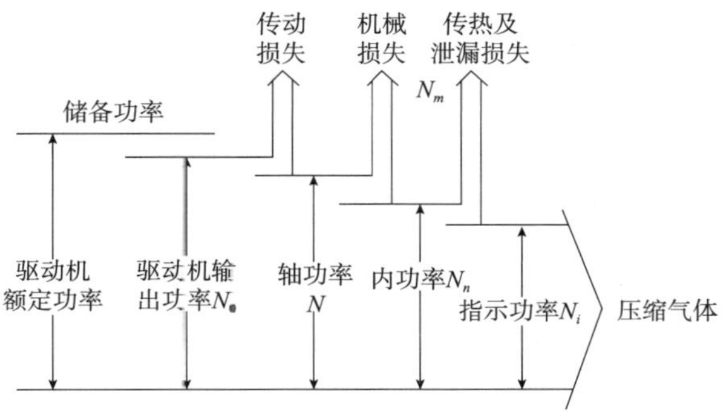

图 5－34 压缩机能量分配图

①轴功率

轴功率是压缩机驱动轴所需要的功率。它等于内功率加上机械损失功率。内功率又是指示功率和传热及泄漏损失功率之和。因此，轴功率包括指示功率、传热及泄漏损失功率、机械损失功率三部分。现在定义内功率与轴功率之比为机械效率。由于内功率不易测定，故在以往资料中定义指示功率与轴功率的比值为机械效率 η_m。为便于计算，我们仍采用后一种定义。

$$\eta_m = \frac{N_i}{N} \tag{5-20}$$

根据现有压缩机的统计有如下数据：大、中型压缩机的 $\eta_m = 0.90 \sim 0.96$；小型压缩机的 $\eta_m = 0.85 \sim 0.92$；微型压缩机的 $\eta_m = 0.85 \sim 0.90$。高压循环机（填料摩擦损失相对较大）的 $\eta_m = 0.82 \sim 0.85$；摩托压缩机的发动机连杆和压缩机连杆共装在一个曲拐上时 $\eta_m = 0.92 \sim 0.96$。

气缸无油润滑的压缩机，或主轴驱动机油泵、注油器、风扇等，若不另计算功耗时则机械效率取下限。小型压缩机的摩擦功耗所占的相对比值较大型压缩机大，故 η_m 较低。

②驱动功率

驱动功率与轴功率的差别在于传动机构的功耗，用传动效率 η_e 表示该相对损失的大小。

$$\eta_e = \frac{N}{N_0}$$

通常，皮带传动机构的 $\eta_e = 0.96 \sim 0.99$；齿轮传动机构的 $\eta_e = 0.97 \sim 0.99$。

实际选用驱动机功率时，考虑到操作条件和运转负荷的波动，须留 5%～15%的储备功率，即取驱动机额定功率为 $(1.05 \sim 1.15)N_0$，最后按现有驱动机标准规格选取。

(3)效率和比功率

压缩机的经济性能可用热效率来衡量。根据不同的基准，可分为如下几种。

①等温理论效率和等温总效率

压缩机理论循环所需的等温理论功率 N_T 是理想的最小功率。以此为基准，与相同吸气压力、相同吸气量下的实际指示功率之比为等温理论效率 η_{i-T}（也称等温指示效率），即：

$$\eta_{i-T} = \frac{N_T}{N_i} \tag{5-21}$$

等温理论功率 N_T 与相应条件下的轴功率 N 之比为等温总效率 η_T，即：

$$\eta_T = \frac{N_T}{N} \tag{5-22}$$

等温理论效率反映了实际循环中热交换以及吸、排气过程阻力造成的损失情况，常用来评价水冷式压缩机的经济性能。等温总效率包含了机械损失。一般压缩机的等温总效率为0.60～0.75。

②绝热理论效率和绝热总效率

压缩机的绝热理论功率 N_s 与相同吸气压力、相同吸气量下的实际指示功率 N_i 之比称为绝热理论效率 η_{i-s}（也称绝热指示效率），即：

$$\eta_{i-s}=\frac{N_s}{N_i} \tag{5-23}$$

绝热理论功率与相同条件下的轴功率 N 之比为绝热总效率 η_s，即：

$$\eta_s=\frac{N_s}{N} \tag{5-24}$$

压缩机的实际压缩过程更接近于绝热过程，故绝热效率较好地反映了压缩机吸、排气过程阻力损失所造成的影响，但它并未直接反映压缩机的功率指标是否先进。同一台压缩机的绝热效率总比相应的等温效率高。

③比功率 N_r

比功率是单位排气量所消耗的轴功率，即：

$$N_r=\frac{N}{Q} \tag{5-25}$$

这个指示反映了同类型压缩机在相同吸、排气条件下能量消耗指标的先进性，它是动力用空气压缩机中用来衡量经济性的重要指标。应注意，在比较时冷却水入口温度及水耗量也应相同。

5.3 多级压缩

气体工作压力较高时，采用单级压缩不仅不经济，有时甚至是不可能实现的，所以必须采用多级压缩。工业应用的压缩机的级数可达6～7级。多级压缩机各个级的参数计算完全可以应用前面单级压缩的理论和公式。但是多级压缩机也有自己的特点，如级与级之间设有冷却器，气体冷却后可能有液体析出；有时级间会抽出部分气体，导致各级气体质量不等；低压级气体可按理想气体处理，但高压级可能需要按实际气体处理。另外，多级压缩机的泄漏和性能变化规律也比单级压缩机复杂。

图5-35(a)是一台三级压缩机工作示意图。气体在进入下一级气缸进行压缩之前，必须经过中间冷却器进行等压冷却，并分离出凝液及润滑油。

5.3.1 多级压缩的特点

(1)节省压缩气体的指示功。图5-35(b)是图5-35(a)所示压缩机的理论工作循环指示图。图中1-2线是绝热压缩线，1-2″线是等温压缩线。气体经一级压缩后（1-a 线），再经等压冷却（$a-a'$线），使 a' 点温度等于一级入口温度 $T_a=T_1$，a' 点落在等温线上，以后各级经绝热压缩、中间冷却后均落在等温线上。所以有中间冷却的分级压缩，其功耗是面积 $1aa'bb'2'341$，而在相同吸排气压力下的单级压缩，其功耗为面积12341。两者相比，多级压缩的功耗较单级压缩小了图5-35(b)中阴影部分的面积。级数越多，且中间冷却后气温越接近一级入口温度时，压缩过程越接近等温压缩，也就越省功。

(2)提高气缸容积利用率。若每级压力比较小，余隙内残留气体膨胀后所占的气缸容积就小，容积系数 λ_V 就可提高。

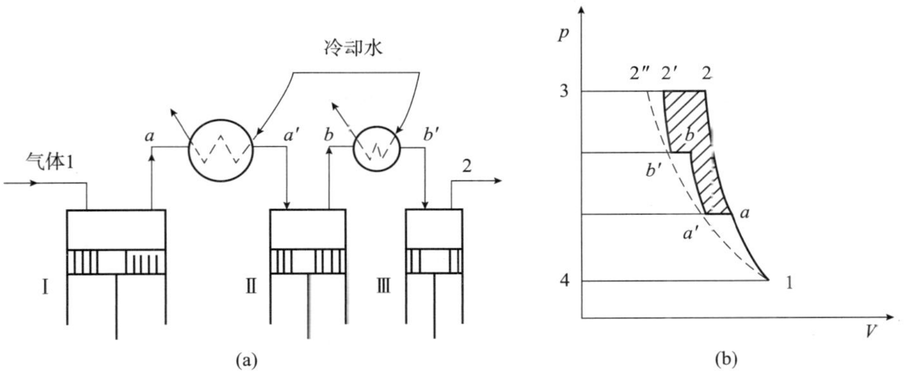

图 5－35　多级压缩

(3)降低排气温度，每级压力比小，又有中间冷却，排气温度能满足各种限制要求。

(4)降低活塞上的最大气体力(即活塞力)。多级压缩时，高压级活塞直径小，作用在活塞上的力也小，使结构轻便。

多级压缩结构复杂，辅助设备多，级数过多还会使消耗于管路系统的摩擦功的比例增大。因此，如何合理地选择级数、确定各级的压力比，是多级压缩的要重点解决的问题。

5.3.2　级数选择及压力比分配

(1)压力比分配

压力比的分配应按最省功的原则进行。设有一台 z 级压缩机，各级工作容积分别为 V_{I}，V_{II}，V_{III}，…，V_z，各级的吸气压力分别为 $p_{1\mathrm{I}}$，$p_{1\mathrm{II}}$，$p_{1\mathrm{III}}$，…，p_{1z}，末级排气压力为 p_{2z}。假设各级吸气温度相同，并假设各级的过程指数 m 相同，若忽略级间冷却器阻力损失，则可知各级的多变理论压缩功为：

$$W_{\mathrm{I}}=p_{1\mathrm{I}}V_{\mathrm{I}}\frac{m}{m-1}\left[\left(\frac{p_{1\mathrm{II}}}{p_{1\mathrm{I}}}\right)^{\frac{m-1}{m}}-1\right]$$

$$W_{\mathrm{II}}=p_{1\mathrm{II}}V_{\mathrm{II}}\frac{m}{m-1}\left[\left(\frac{p_{1\mathrm{III}}}{p_{1\mathrm{II}}}\right)^{\frac{m-1}{m}}-1\right]$$

$$\vdots$$

$$W_z=p_{1z}V_z\frac{m}{m-1}\left[\left(\frac{p_{2z}}{p_{1z}}\right)^{\frac{m-1}{m}}-1\right]$$

当各级吸气温度相同时，有 $p_{1\mathrm{I}}V_{\mathrm{I}}=p_{1\mathrm{II}}V_{\mathrm{II}}=\cdots=p_{1z}V_z$，则理论的多变功为：

$$W=W_{\mathrm{I}}+W_{\mathrm{II}}+\cdots+W_z=p_{1\mathrm{I}}V_{\mathrm{I}}\frac{m}{m-1}\left[\left(\frac{p_{1\mathrm{II}}}{p_{1\mathrm{I}}}\right)^{\frac{m-1}{m}}+\left(\frac{p_{1\mathrm{III}}}{p_{1\mathrm{II}}}\right)^{\frac{m-1}{m}}+\cdots+\left(\frac{p_{2z}}{p_{1z}}\right)^{\frac{m-1}{m}}-z\right]$$

为求最省功的各级压力比，可将上式分别对各级间压力求一阶偏导数并令其等于零，即 $\frac{\partial W}{\partial p_{1\mathrm{II}}}=0$，于是可得：

$$p_{1\mathrm{I}}V_{\mathrm{I}}\frac{m}{m-1}\left[\frac{m-1}{m}p_{1\mathrm{I}}^{\left(-\frac{m-1}{m}\right)}p_{1\mathrm{II}}^{\left(\frac{m-1}{m}-1\right)}-\frac{m-1}{m}p_{1\mathrm{III}}^{\left(\frac{m-1}{m}\right)}p_{1\mathrm{II}}^{\left(-\frac{m-1}{m}-1\right)}\right]=0$$

化简整理得：

$$p_{1\mathrm{II}}^2=p_{1\mathrm{I}}\,p_{1\mathrm{III}}$$

或写成：

$$\frac{p_{1\mathrm{II}}}{p_{1\mathrm{I}}}=\frac{p_{1\mathrm{III}}}{p_{1\mathrm{II}}}$$

同理，由$\frac{\partial W}{\partial p_{1Ⅲ}}=0$可得$\frac{p_{1Ⅲ}}{p_{1Ⅱ}}=\frac{p_{1Ⅱ}}{p_{1Ⅲ}}$，…，由$\frac{\partial W}{\partial p_{1z}}=0$可得$\frac{p_{1z}}{p_{1(z-1)}}=\frac{p_{2z}}{p_{1z}}$。

由此得：

$$\frac{p_{1Ⅱ}}{p_{1Ⅰ}}=\frac{p_{1Ⅲ}}{p_{1Ⅱ}}=\frac{p_{Ⅳ}}{p_{1Ⅲ}}=\cdots=\frac{p_{1z}}{p_{1(z-1)}}=\frac{p_{2z}}{p_{1z}}$$

总压力比为：

$$\varepsilon_t=\frac{p_{1Ⅱ}}{p_{1Ⅰ}}\frac{p_{1Ⅲ}}{p_{1Ⅱ}}\cdots\frac{p_{1z}}{p_{1(z-1)}}\frac{p_{2z}}{p_{1z}}=\frac{p_{2z}}{p_{1Ⅰ}}$$

故有：

$$\frac{p_{1Ⅱ}}{p_{1Ⅰ}}=\frac{p_{1Ⅲ}}{p_{1Ⅱ}}=\cdots=\frac{p_{2z}}{p_{1z}}=\varepsilon_t^{\frac{1}{z}} \tag{5-26}$$

式(5－26)说明各级压力比相等，且吸气温度相同时总指示功最小，这就是等压力比分配原则。对理想气体，各级消耗的功也相等。

(2)最佳压力比和级数选择

等压力比原则只说明各级压力比间的关系，而要确定压力比的大小还要找出它的最佳值。由于理论等温压缩功最小，因此把实际压缩机的理论等温效率η_{i-T}最大时的压力比称为最佳压力比ε_0，此时最省功。

理论等温效率为：

$$\eta_{i-T}=\frac{N_T}{N_i}=\frac{p_1V_h\ln\varepsilon}{p_1V_h'\frac{m}{m-1}[(\varepsilon')^{\frac{m-1}{m}}-1]}$$

式中，$\varepsilon'=\frac{p_2'}{p_1'}=\frac{p_2(1+\delta_2)}{p_1(1-\delta_1)}=\frac{p_2}{p_1}\left(1+\frac{\delta_2+\delta_1}{1-\delta_1}\right)$

因为与1相比，δ_1值很小，可忽略不计。同时$\delta_2+\delta_1=\delta_0$，故得：

$$\varepsilon'=\varepsilon(1+\delta_2+\delta_1)=\varepsilon(1+\delta_0)$$

代入理论等温效率公式得：

$$\eta_{i-T}=\frac{\ln\varepsilon}{\frac{m}{m-1}\{\varepsilon(1+\delta_0)^{\frac{m-1}{m}}-1\}}$$

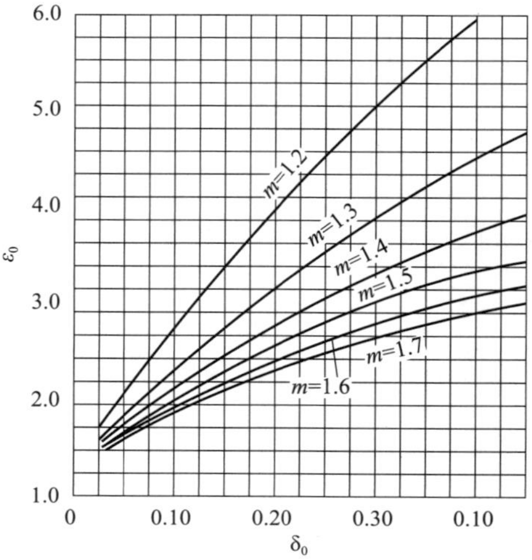

图5－36　最佳压力比曲线

令$\frac{d\eta_{i-T}}{d\varepsilon}=0$，整理得：

$$\varepsilon^{\frac{m-1}{m}}\left[1-\frac{m-1}{m}\ln\varepsilon\right]=\frac{1}{(1+\delta_0)^{\frac{m-1}{m}}} \tag{5-27}$$

方程(5－27)的解就是最佳压力比ε_0。此方程中有ε、m、δ_0三个参数，工程上用图解法求解。将此方程做成图5－36的形式，由图可求得不同相对压力损失和过程指数时的最佳压力比ε_0。初步估算时，可取$\delta_0=10\%\sim20\%$。

由图可知，当m值较大时，由于偏离等温过程而多耗的功相对较大，所以最佳压力比较小而级数较多。当相对压力损失较大(即管路系统阻力损失较大)时，每级的压力比ε_0较大，压缩机级数较少。

最佳压力比ε_0确定后，即可根据等压力比原则确定压缩机的级数。对式(5－26)两边取对数就可求得最适宜的级数 z。

$$z=\frac{\ln\varepsilon_t}{\ln\varepsilon_0} \tag{5-28}$$

z 值不是整数时应圆整成整数。

设计中选择级数和各级压力时，省功的等压力比分配并不是唯一的原则，还要考虑其他因素。

小型移动式压缩机，虽然应注意节省功的消耗，但质量往往是主要矛盾，故选择级少为好。选择的根据取决于每级允许的排气温度，而不是根据省功原则。在排气温度允许的范围内，尽量采用较少的级数，以利于减轻质量。

某些气体如烃类、氯气等，要首先考虑排气温度的限制来选定级数及压力比。

又如多级压缩中的第一级压力比往往比其他级低 5%～10%，以提高容积系数，使气缸尺寸不至于过大；末级压力比也不宜过大，以防背压变化时末级压力比过高。此外，还要使各级活塞力尽可能均衡。

设计计算中由于缸径要圆整为系列缸径尺寸，各级气缸的工作容积间比例关系发生了变化，使各级压力比随之变化，其变化规律服从气体流动的连续性原理。

另外，在实际运转中，各级压力比是随背压和外界条件自动调整的。压缩机的总吸气量取决于一级入口条件，而末级压力由系统的背压决定，中间各级间压力的变化按气体流动连续性原理及状态方程自动调整。

现有的压缩机，当进气压力为大气压时，终压与级数的统计值列于表 5－3。

表 5－3　终压与级数统计表

终压/($\times10^5$Pa)	3～10	6～60	12～150	36～200	150～1000	800～1500
级数	1	2	3	2	5～6	7

5.3.3　多级压缩参数计算

(1)排气量

多级压缩机的排气量也是经过压缩机压缩，并在末级标准排气位置排出气体的容积流量，换算到第一级进口标准吸气位置的全温度、全压力及全组分(如湿度)状态的气体容积值。

在多级压缩机中，整台压缩机的排气量取决于一级缸能吸入的气量，因此用一级缸的各项系数代入计算，即：

$$Q=V_2n=\lambda_{\mathrm{I}}V_{h\mathrm{I}}n=\lambda_{V\mathrm{I}}\lambda_{p\mathrm{I}}\lambda_{T\mathrm{I}}\lambda_{l\mathrm{I}}V_{h\mathrm{I}}n \tag{5-29}$$

式中，$V_{h\mathrm{I}}$ 为一级缸的工作容积，m^3；λ_{I} 为一级缸的排气系数；$\lambda_{V\mathrm{I}}$，$\lambda_{p\mathrm{I}}$，$\lambda_{T\mathrm{I}}$，$\lambda_{l\mathrm{I}}$ 分别为一级缸的容积系数、压力系数、温度系数和泄漏系数。

多级压缩时，任意第 i 级的泄漏系数为：

$$\lambda_{li}=\frac{V_2}{V_{1i}}=\frac{V_2}{V_2+\sum V_{li}}\text{（均指一级标准吸入状态容积）}$$

式中，V_{1i} 为第 i 级的实际吸入容积；$\sum V_{li}$ 为第 i 级及其以后各级的外泄漏量之和。

根据现有压缩机的统计，各类压缩的排气系数范围见表 5－4，可供粗略估算时参考。

表 5－4　各类压缩机的排气系数(参考值)

类型		排气量/(m^3/min)	排气压力(表)/($\times 10^5$Pa)	级数	排气系数 λ
空气压缩机		0.15～0.90	7	1	0.58～0.60
	微型	0.015～0.06	7	1	0.33～0.20
	小型，V，W	1～3	7	2	0.60～0.70
	L 型	3～12	7	2	0.79～0.86
		10～100	7	2	0.70～0.82
氮氢气压缩机		≤20	150～320	2～6	0.73～0.79
		＞100	320	6	0.75～0.80
石油气压缩机		10～117	10～22	2～2	0.65～0.80
CO_2 压缩机		25～65	210	5	0.75～0.76
O_2 压缩机		33～120	20～22	2～2	0.65～0.73

(2)排气压力和排气温度

多级压缩机一般采用级间冷却措施，降低压缩机的排气温度，节约压缩功。因此，压缩机的最终排气温度取决于末级的压力比、压缩过程指数和级间冷却后的气体温度。排气温度的计算公式也可用式(5－17)。

多级压缩机铭牌上的压力是设计额定压力，在压缩机上是指标准排气位置的压力。如果压缩机的密封性能和强度满足要求，实际运转中的排气压力取决于排气系统的压力，如储气罐压力或排气端工艺系统的压力，并受气量供求关系变化影响。

额定排气压力是保证压缩机正常工作前提下，压缩机的最高工作压力。额定排气量是在额定工作压力下的正常排气量。实际使用中，压缩机的排气压力一般不大于额定压力。

(3)功率

多级压缩机的总指示功率，等于各级气缸指示功率之和。可以用实测法或解析法得到各级的指示功率，测量方法和计算公式与单级压缩机完全相同。

5.3.4　凝析和凝析系数

若压缩机吸入气体中含有水蒸气(或其他易凝组分，如烃类)，这些气体经过压缩后，其中的水蒸气或其他易凝组分的分压随气体压力的提高而相应增大，经过级间冷却后，易凝组分的分压大于该温度下的饱和蒸气压时，就会有凝液析出，并通过分离器排出。这样，后面的气缸实际吸入的气量减少，这种影响可用凝析系数来表示。

(1)凝析条件

现以干空气和水蒸气的混合物(即湿空气)为例来分析。$1m^3$ 湿空气中所含水蒸气的质量称湿空气的绝对湿度，也就是湿空气中水蒸气在该温度、该水汽分压下的密度。湿空气的潮湿程度常用相对湿度 φ 来表示。相对湿度是湿空气中的实际湿度与同温度下可能含有的最大湿度之比。若把湿空气中的水蒸气视为理想气体，则有：

$$\varphi = \frac{\dfrac{p_b}{R_b T}}{\dfrac{p_v}{R_b T}} = \frac{p_b}{p_v} \tag{5-30}$$

式中，p_b 为湿空气中实际水蒸气分压；p_v 为该温度下饱和蒸气压。相对湿度 φ 值常用湿球温度计测定，其大小反映了湿气的饱和程度：

$\varphi=1$，即 $p_b=p_v$，是饱和状态的湿气；

$\varphi<1$，即 $p_b<p_v$，是不饱和状态的湿气，无凝液析出；

$\varphi>1$，即 $p_b>p_v$，是过饱和状态的湿气，会有凝液析出，直到 $\varphi=1$ 时析出过程停止。

重要的任务是要判断压缩机中什么情况下会有凝液析出。该空压机第一级标准吸入状态 $p_{1\text{I}}$、$T_{1\text{I}}$，一级吸入的湿气总容积为 $V_{1\text{I}}$，相对湿度 φ_{I}，此时湿空气中水蒸气的分压为 $p_{b\text{I}}=\varphi_{\text{I}}p_{v\text{I}}$，干气分压为 $p_{1\text{I}}-\varphi_{\text{I}}p_{v\text{I}}$。经一级压缩后排出压力为 $p_{2\text{I}}$，也就是二级吸入压力 $p_{b\text{II}}$，此时湿空气中的水蒸气分压也相应变为 $p_{b\text{II}}=\varphi_{\text{I}}p_{v\text{I}}\dfrac{p_{1\text{II}}}{p_{1\text{I}}}$，再经过中间冷却器冷却到二级吸入温度 $T_{1\text{II}}$，该温度下的饱和蒸气压为 $p_{v\text{II}}$。下面比较 $p_{b\text{II}}$ 与 $p_{v\text{II}}$。

若 $p_{b\text{II}}>p_{v\text{II}}$，说明二级吸入前有凝液析出，析出过程中 $p_{b\text{II}}$ 不断下降，一直到饱和状态 $p_{b\text{II}}=p_{v\text{II}}$ 为止，即此时二级吸入口 $\varphi_{\text{II}}=1$，并且此后各级也必将有凝液析出。

若 $p_{b\text{II}}<p_{v\text{II}}$，说明二级吸入前无凝液析出，需要再逐级判断。若到第 i 级前开始出现 $p_{bi}>p_{vi}$ 的情况，说明第 i 级前的冷却器中开始有凝析，第 i 级吸入时 $\varphi_i=1$ 且在第 i 级以后各级也有凝析，此后不必再做判断。

由于凝液析出，后面各级的实际吸入的湿气容积将减少。

(2)凝析系数

若经判断，已知在第 i 级前有凝液析出，则第 i 级吸入的湿气容积 V_{1i} 与一级吸入的湿气容积之比(均折算到一级标准吸入状态容积)称为该级的凝析系数。

由于湿气中水蒸气分压不大，可认为理想气体混合气的分压定律也可适用于湿空气。分压定律指出：多组分混合气体的压力等于各组分气体的分压之和，因而有：

总容积×分压力＝总压力×分容积

在一级吸入的湿气中，干气分压为 $p_{1\text{I}}-\varphi_{\text{I}}p_{v\text{I}}$，根据分压定律，可知其中干气的分容积 $V'_{1\text{I}}$ 为：

$$V'_{1\text{I}}=V_{1\text{I}}\frac{p_{1\text{I}}-\varphi_{\text{I}}p_{v\text{I}}}{p_{1\text{I}}} \tag{5-31}$$

第 i 级吸入时，总压为 p_{1i}，干气压为 $p_{1i}-\varphi_i p_{vi}$(有凝析，则 $\varphi_i=1$)，其中干气容积 V'_{1i} 为：

$$V'_{1i}=V_{1i}\frac{p_{1i}-\varphi_i p_{vi}}{p_{1i}} \tag{5-32}$$

若不计泄漏，则不论析出多少凝液，其干气量总是不变的，即折算到一级吸入状态的干容积 $V'_{1\text{I}}=V'_{1i}$。将式(5－31)与式(5－32)代入得：

$$V_{1\text{I}}\frac{p_{1\text{I}}-\varphi_{\text{I}}p_{v\text{I}}}{p_{1\text{I}}}=V_{1i}\frac{p_{1i}-\varphi_i p_{vi}}{p_{1i}}$$

由前述及 V_{1i} 与 $V_{1\text{I}}$ 之比称第 i 级的凝析系数 μ_{di}，即 $\mu_{di}=\dfrac{V_{1i}}{V_{1\text{I}}}$。此值反映了由凝析造成的第 i 级吸气量与第一级吸气量的差别，于是得：

$$\mu_{di}=\frac{V_{1i}}{V_{1\text{I}}}=\frac{p_{1\text{I}}-\varphi_{\text{I}}p_{v\text{I}}}{p_{1i}-\varphi_{1i}p_{vi}}\cdot\frac{p_{1i}}{p_{1\text{I}}} \tag{5-33}$$

式中 $p_{1\text{I}}$、p_{1i} 分别为第Ⅰ级、第 i 级吸气压力；$p_{v\text{I}}$、p_{vi} 分别为第Ⅰ级、第 i 级吸入温度下的饱和蒸气压；φ_{I}、φ_i 分别为第Ⅰ级、第 i 级吸入气体的相对湿度，第 i 级前有凝析则 $\varphi_i=1$；$V_{1\text{I}}$、V_{1i} 分别为第Ⅰ级、第 i 级吸入的湿气容积(均指在一级标准吸入状态下)。

开始有凝液析出前的各级，其凝析系数 $\mu_d=1$。经过若干级析出凝液后(例如三级)，其后析出的凝液量将越来越少，甚至可忽略，故其后各级的 μ_{di} 可看作常数。实际上此时吸气压力已较高，p_{vi} 与 p_{1i} 相比很小，可以忽略，故此时凝析系数可近似表示为：

$$\mu_{di}\frac{V_{1i}}{V_{1\text{I}}}\approx\frac{p_{1\text{I}}-\varphi_{\text{I}}p_{v\text{I}}}{p_{1\text{I}}} \tag{5-34}$$

若被压缩介质中含有易凝烃类组分，则需按气、液相平衡关系来计算凝析系数。

凝析系数不影响整机排气量，这是由于排气量的定义是指一级吸入状态下的湿气容积而并不扣除凝液量。生产中或试车中需要实测气量时，不仅用喷嘴等专用装置测出末级排出的气体量，而且还要加上各级分离器排放出的凝液量，均换算到一级标准吸入状态才得到整机的排气量。若在级间有气体抽出，则还应加上该抽出气量。

当对压缩机提出的是供气量要求(即要求标准状态干气量)Q_N 时，应根据状态方程及分压定律换算为标准吸气状态的湿气量。排气量为：

$$Q=\frac{p_0 T_{1\mathrm{I}}}{(p_{1\mathrm{I}}-\varphi_{\mathrm{I}} p_{v\mathrm{I}})T_0}Q_N \tag{5-35}$$

式中，Q_N 为供气量(标准状态干气量)，m^3/min；p_0 为标准大气压，即 1.01325×10^5Pa；T_0 为标准状态温度，$T_0=273K$。

例题 5-4：已知某两级空气压缩机的一级吸气温度为 40℃，吸气压力 1×10^5Pa，吸气相对湿度 0.8，一级排气压力(即二级吸气压力)3×10^5Pa，一级排气温度 140℃，经中间冷却器降温至 50℃，试判断何时有凝液析出？计算凝析系数。

解：

由已知条件查得不同温度的饱和蒸气压为：

$$40℃时\quad p_{v(40)}=7.375\times10^3Pa$$

$$140℃时\quad p_{v(140)}=3.614\times10^5Pa$$

$$50℃时\quad p_{v(50)}=12.335\times10^3Pa$$

判断凝析条件

一级入口 $\varphi_{\mathrm{I}}=0.8<1$ 无凝液析出

一级排出口 无凝液析出

$$p_{b\mathrm{II}}=\varphi_{\mathrm{I}} p_{v\mathrm{I}}\frac{p_{2\mathrm{I}}}{p_{1\mathrm{I}}}=0.8\times7.375\times10^3\times\frac{3\times10^5}{1\times10^5}=0.177\times10^5Pa<p_{v(140)}=3.614\times10^5Pa$$

冷却器出口 $p_{b\mathrm{II}}=0.177\times10^5Pa>p_{v(50)}=0.12335\times10^5Pa$ 有凝析液析出

凝析系数：

一级前无凝析液析出 $\mu_{d\mathrm{I}}=1$

二级前有凝析液析出

$$\mu_{d\mathrm{II}}=\frac{p_{1\mathrm{I}}-\varphi_{\mathrm{I}} p_{v\mathrm{I}}}{p_{1\mathrm{II}}-p_{v\mathrm{II}}}\cdot\frac{p_{1\mathrm{II}}}{p_{1\mathrm{I}}}=\frac{1\times10^5-0.8\times7375}{3\times10^5-1\times12335}\cdot\frac{3\times10^5}{1\times10^5}=0.981$$

例题 5-5：某空气压缩机进气压力为 1.0×10^5Pa，进气温度 25℃，排气量(进气状态)$100m^3/min$，进气相对湿度为 65%。气体被压缩到 3.5×10^5Pa，随后冷却到 30℃，试问有水汽凝析否，凝析水为多少？

解： 查附录 2 $t_{1\mathrm{I}}=25℃$时 $p_{v\mathrm{I}}=3.167kPa$；$t_2=30℃$时，$p_v=4.241kPa$

①根据 $\varphi_{1\mathrm{I}} p_{v\mathrm{I}}\varepsilon_{\mathrm{I}}>p_v$，判断是否有凝析水。

$$0.65\times3.167\times\frac{3.5}{1.0}=7.2kPa>p_v，故有凝析水。$$

②按式(5-33)，求得

$$\mu_{dk}=\frac{p_{1\mathrm{I}}-\varphi_{1\mathrm{I}} p_{v\mathrm{I}}}{p_{1k}-p_{vk}}\frac{p_{1k}}{p_{1\mathrm{I}}}=\frac{1.0\times10^5-0.65\times3.167\times10^3}{3.5\times10^5-4.241\times10^3}\ \frac{3.5}{1.0}=0.9914$$

③析水量

$$m=\frac{p_{1\mathrm{I}}\Delta V}{RT}=\frac{10^5\times(1-0.9914)\times100\times60}{461.5\times298}=37.5\mathrm{kg/h}$$

5.3.5　气缸工作容积及缸径的确定

确定压缩机排气量 Q 后，就可算出各级气缸的工作容积。由于排气量是按一级吸入状态给定的，所以可以直接求出第Ⅰ级缸工作容积。

$$V_{h\mathrm{I}}=\frac{Q}{\lambda_{V\mathrm{I}}\lambda_{p\mathrm{I}}\lambda_{T\mathrm{I}}\lambda_{l\mathrm{I}}n} \tag{5-36}$$

计算第 i 级气缸工作容积时，要把气量换算成第 i 级吸入状态所占的容积，并考虑凝析所造成的吸气量的减少，即得：

$$V_{hi}=\frac{\mu_{di}}{\lambda_{Vi}\lambda_{pi}\lambda_{Ti}\lambda_{Li}}\frac{p_{1\mathrm{I}}}{p_{1i}}\frac{T_{1i}}{T_{1\mathrm{I}}}\frac{Q}{n} \tag{5-37}$$

式中，Q 为一级标准吸入状态（压力、温度、组分）下的排气量，$\mathrm{m^3/s}$；n 为转速，r/s；$V_{h\mathrm{I}}$、V_{hi} 分别为第Ⅰ级及第 i 级的气缸工作容积，$\mathrm{m^3}$；$p_{1\mathrm{I}}$、p_{1i} 分别为第Ⅰ级及第 i 级的吸入压力，Pa；$T_{1\mathrm{I}}$、T_{1i} 分别为第Ⅰ级及第 i 级的吸气温度，K；λ_{Vi}、λ_{pi}、λ_{Ti}、λ_{1i} 分别为第 i 级的容积系数、压力系数、温度系数及泄漏系数；μ_{di} 为第 i 级的凝析系数。

若在第 i 级前因工艺要求而有气体抽出，则在计算第 i 级工作容积时在排气量 Q 中要除去该抽气量。

算出气缸工作容积后，就可按各种形式气缸的几何关系求得缸径。

单作用筒形活塞[图 5-37(a)]：

$$D=\sqrt{\frac{4V_h}{\pi si}} \tag{5-38}$$

双作用盘形活塞[图 5-37(b)]：

$$D=\sqrt{\frac{2V_h}{\pi si}+\frac{d^2}{2}} \tag{5-39}$$

双作用级差活塞[图 5-37(c)]：

$$D=\sqrt{\frac{2V_h}{\pi si}+\frac{D_1{}^2+d^2}{2}} \tag{5-40}$$

式中，V_h 为所计算的气缸每转工作容积，$\mathrm{m^3}$；D 为所计算气缸的直径，m；s 为活塞行程，m；i 为同级气缸数；d 为活塞杆直径，m。

d 可根据表 5-5 初步选取。

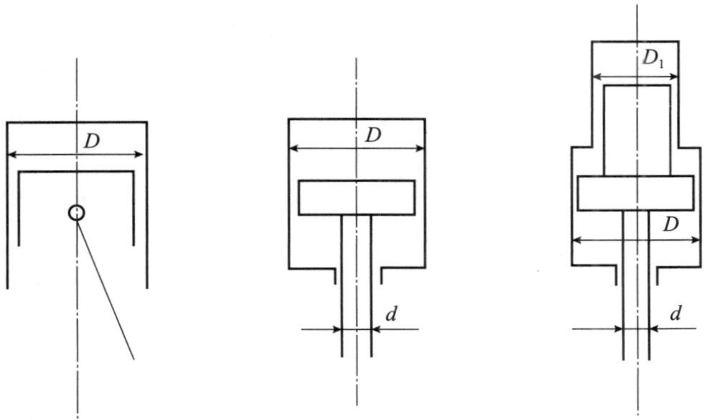

(a)单作用筒形活塞　(b)双作用盘形活塞　(c)双作用级差活塞

图 5-37　行程容积计算图

表 5-5　活塞力与活塞杆直径关系

活塞力/(×10^8N)	1	2	3.5	5.5	8	12	16	22	32	25
活塞杆直径/mm	25	30 35	40 45	50 55	60 65	70 80	80 90	90 100	110 120	130

注：同一活塞力中，较大的活塞杆直径用于活塞杆长度较大者。

计算出气缸直径后还应圆整到相近的气缸标准系列尺寸。圆整时应尽可能保证所要求的排气量。

例题 5-6：试确定 3L-10/8 空气压缩机的气缸工作容积及气缸直径。已知要求排气量 $Q=10\text{m}^3/\text{min}$；最终压力为 8×10^5Pa(表)，采用两级压缩，各级压力比 $\varepsilon=3$，选定转速 $n=450$r/min，活塞行程 $S=200$mm。其余条件同例 5-2 及例 5-4。

解：由例 5-2 求得 $\lambda_{\text{I}}=0.778$，$\lambda_{\text{II}}=0.789$；由例 5-4 求得两级凝析系数 $\mu_{d\text{I}}=1$，$\mu_{d\text{II}}=0.981$。

根据式(5-36)及式(5-37)求得各级缸的工作容积 V_h 为：

$$V_{h\text{I}}=\frac{Q}{\lambda_{\text{I}}n}=\frac{10}{0.778\times450}=0.02856(\text{m}^3)$$

$$V_{h\text{II}}=\frac{\mu_{d\text{II}}}{\lambda_{\text{II}}}\frac{p_{1\text{I}}}{p_{1\text{II}}}\cdot\frac{T_{1\text{II}}}{T_{1\text{I}}}\cdot\frac{Q}{n}$$

$$=\frac{0.981}{0.789}\times\frac{1\times10^5}{3\times10^5}\times\frac{323}{313}\times\frac{10}{450}=0.0095(\text{m}^3)$$

结构选用双作用盘形活塞。要确定气缸直径需先初选活塞杆直径，根据强度计算最后确定活塞杆直径。现估算出 3L-10/8 空压机的最大气体力为 1.5×10^8N，根据表 5-5 初选活塞杆直径 $d=35$mm，即可算出各缸直径：

$$D_{\text{I}}=\sqrt{\frac{2V_{h\text{I}}}{\pi si}+\frac{d^2}{2}}=\sqrt{\frac{2\times0.02856}{3.1416\times0.2\times1}+\frac{0.035^2}{2}}=0.303(\text{m})$$

$$D_{\text{II}}=\sqrt{\frac{2V_{h\text{II}}}{\pi si}+\frac{d^2}{2}}=\sqrt{\frac{2\times0.0095}{3.1416\times0.2\times1}+\frac{0.035^2}{2}}=0.176(\text{m})$$

根据气缸系列圆整，取 $D_{\text{I}}=300$mm，$D_{\text{II}}=0.180$mm。

5.3.6　多级压缩机复算性热力计算

按照前面的理论和公式，根据已知压缩机的进气参数、排气量及排气压力等条件，可以求取各级的气体参数、各级气缸行程容积及主要尺寸、压缩机的功率及效率等，这种计算即为设计性热力计算。

除设计性热力计算外的计算均属复算性计算。按额定工况设计的压缩机(尺寸已定)如果遇到工况有较大的改变，使压缩机的级间压力、温度以至压缩机的功率、排气量等发生变化，为了掌握变化的程度，就必须进行复算性热力计算，首先是算出级间的压力。再例如生产上常遇到代用某些现成的压缩机来压缩非原定气体或非额定工况的情况，也应进行复算。其实在压缩机的设计性热力计算过程中由于圆整气缸直径也是需要做复算性热力计算的。

不考虑抽气和加气造成的气量变化，从排气量公式可建立各级之间的关系式：

$$\begin{aligned}&V_{h\text{I}}\lambda_{V\text{I}}\cdot\lambda_{p\text{I}}\cdot\lambda_{T\text{I}}\cdot\lambda_{l\text{I}}\\&=V_{h\text{II}}\frac{\lambda_{V\text{II}}\lambda_{p\text{II}}\lambda_{T\text{II}}\lambda_{l\text{II}}}{\mu_{d\text{II}}}\cdot\frac{p_{1\text{II}}T_{1\text{I}}Z_{1\text{I}}}{p_{1\text{I}}T_{1\text{II}}Z_{1\text{II}}}=\cdots=V_{hk}\frac{\lambda_{Vk}\lambda_{pk}\lambda_{Tk}\lambda_{lk}}{\mu_{dk}}\cdot\frac{p_{1k}T_{1\text{I}}Z_{1\text{I}}}{p_{1\text{I}}T_{1k}Z_{1k}}\\&=\cdots=V_{hz}\frac{\lambda_{Vn}\lambda_{pn}\lambda_{Tn}\lambda_{ln}}{\mu_{dn}}\cdot\frac{p_{1n}T_{1\text{I}}Z_{1\text{I}}}{p_{1\text{I}}T_{1n}Z_{1n}}\end{aligned}\qquad(5-41)$$

共 $z-1$ 个方程。以通式表示则为：

$$V_{hk}\frac{\lambda_{Vk}\lambda_{pk}\lambda_{Tk}\lambda_{lk}}{\mu_{dk}}\cdot\frac{p_{k1}T_{1\text{I}}Z_{1\text{I}}}{P_{1\text{I}}T_{1k}Z_{1k}}-V_{h\text{I}}\lambda_{V\text{I}}\lambda_{p\text{I}}\lambda_{T\text{I}}\lambda_{l\text{I}}=0$$

$$(k=2\cdots\cdots n) \tag{5-42}$$

这些式子中有$(n-1)$个中间压力 p_{1k} 未知，还有许多系数均与中间压力有关，所以这些方程是带有隐含变量的一组非线性方程组，难以用解析方法求解，只能用逐步逼近法(即迭代法)解决。求解的步骤是：先设法把上述方法简化，然后确定初值，代入方程，检验计算精度。如精度不够再采用迭代格式修正初值，如此计算下去，直至精度满意为止，具体计算步骤如下：

第一，简化方程

因各级的 λ_p、λ_T 及 λ_l 差别不会太大，可设

$\lambda_{pk}\lambda_{tk}\lambda_{lk}\approx\lambda_{p\text{I}}\lambda_{T\text{I}}\lambda_{l\text{I}}$，并取 $\mu_{dz}=1$，这样方程(5-42)可化简为

$$V_{hk}\lambda_{Vk}\frac{p_{1k}T_{1\text{I}}Z_{1\text{I}}}{p_{1\text{I}}T_{1e}Z_{1k}}-V_{h\text{I}}\lambda_{V\text{I}}=0\qquad(k=2\cdots\cdots n) \tag{5-43}$$

令上式的前一项为 C_k，后一项为 C_I，称为工况常数，则式(5-43)可简写成

$$C_k-C_\text{I}=0 \tag{5-44}$$

此式表示多级压缩机维持稳定工作时，各级参数应保持的关系。

第二，确定初值 p_{1k}，根据粗略估计，各中间级的进气压力与其行程容积约成反比，即：

$$p_{1k}=p_{1\text{I}}\frac{V_{h\text{I}}}{V_{hk}}\quad(k=2\cdots\cdots n) \tag{5-45}$$

将 $p_{1\text{I}}$、$p_{1\text{II}}\cdots p_{1k}\cdots p_{1z}$ 各初值代入 λ_V 式得到各级的 λ_V 值：

$$\lambda_{V\text{I}}=1-\alpha_\text{I}\left[\left(\frac{p_{1\text{II}}}{p_{1\text{I}}}\right)^{\frac{1}{m}}-1\right]$$

$$\vdots$$

$$\lambda_{Vk}=1-\alpha_k\left[\left(\frac{p_{1(k+1)}}{p_{1k}}\right)^{\frac{1}{m}}-1\right]$$

$$\vdots$$

$$\lambda_{Vz}=1-\alpha_z\left[\left(\frac{p_2}{p_{1k}}\right)^{\frac{1}{m}}-1\right]$$

第三，将 p_{1k} 及 λ_{Vk} 值代入工况常数式中：

$$C_\text{I}=V_{h\text{I}}\cdot\lambda_{V\text{I}}$$

$$C_k=V_{hk}\frac{\lambda_{vk}}{\mu_{dk}}\cdot\frac{p_{1k}T_{1\text{I}}Z_{1\text{I}}}{p_{1\text{I}}T_{1k}Z_{1k}}(k=2\cdots\cdots n) \tag{5-46}$$

得到 C_I、$\cdots C_k$ 值。

第四，检验计算精度在以上 n 个工况常数中，取最小值与最大值相比，如果比值 B 为：

$$B=\frac{C_{\min}}{C_{\max}}>0.97 \tag{5-47}$$

则说明符合式(5-43)，因此所取初值 p_{1k} 即为该式的解。如果 C_k 与 C_I 相差较大，说明所取初值 p_{1k} 精度不够，则需重新取值，再进行复算。

第五，重新确定初值重复以上第二、三、四步。

确定初值的迭代公式为：

$$p_{1k}^{(\nu+1)}=\frac{1}{2}p_{1k}^{(\nu)}\left(1+\frac{C_{\mathrm{I}}^{(\nu)}}{C_k^{(\nu)}}\right) \tag{5-48}$$

式中　k 为压缩机级次，$k=2$、$\cdots n$。ν 为复算的次数，第一次试算时可取 $\nu=0$，此时初值为 p_{1k}，第一次复算初值为 $p_{1k}^{(1)}$，第二次复算为 $p_{1k}^{(2)}$。每次复算均以前次的计算值为其基础。

这个迭代格式比较简单，计算次数可能较多，须复算 1～3 次。当然，可采用更复杂的迭代格式，计算速度较快。

例题 5－7：某原料气压缩机排气量为 $120\mathrm{m^3/min}$，共三级压缩，三级气缸的行程容积分别为：$V_{h\mathrm{I}}=148.5\mathrm{m^3/min}$，$V_{h\mathrm{II}}=50.4\mathrm{m^3/min}$，$V_{h\mathrm{III}}=18.5\mathrm{m^3/min}$。

三级缸的相对余隙容积分别为 $\alpha_{\mathrm{I}}=0.085$，$\alpha_{\mathrm{II}}=0.07$，$\alpha_{\mathrm{III}}=0.085$，三级的进、排气压力列于下表：

级别	名义进气压力/($\times10^5$Pa)	名义排气压力/($\times10^5$Pa)
Ⅰ	1.02	2.85
Ⅱ	2.85	8.20
Ⅲ	8.20	24.0

三级的进气温度为 $T_{1\mathrm{I}}=310\mathrm{K}$，$T_{1\mathrm{II}}=T_{1\mathrm{III}}=313\mathrm{K}$。原料气的等熵指数 $k=1.365$。现因操作条件改变，$p_{1\mathrm{I}}=1.02\times10^5\mathrm{Pa}$，$p_{2\mathrm{III}}=26.5\times10^5\mathrm{Pa}$，试确定在新工况下各级的压力。

解：

(1)第一次试算

①按式(5－45)初定各级压力比

$$p_{1\mathrm{I}}=1.02\times10^5\mathrm{Pa}$$

$$p_{1\mathrm{II}}=p_{1\mathrm{I}}\cdot\frac{V_{\mathrm{hI}}}{V_{\mathrm{hII}}}=1.02\times10^5\times\frac{148.5}{50.4}=3.00\times10^5\mathrm{Pa}$$

$$p_{2\mathrm{II}}=p_{1\mathrm{III}}=p_{1\mathrm{I}}\cdot\frac{V_{\mathrm{hI}}}{V_{\mathrm{hIII}}}=1.02\times10^5\times\frac{148.5}{18.5}=8.18\times10^5\mathrm{Pa}$$

$$p_{2\mathrm{III}}=26.5\times10^5\mathrm{Pa}$$

三级的名义压力比为：

$$\varepsilon_{\mathrm{I}}=\frac{3.00}{1.02}=2.94,\ \varepsilon_{\mathrm{II}}=\frac{8.18}{3.00}=2.72,\ \varepsilon_{\mathrm{III}}=\frac{26.5}{8.18}=3.23$$

②确定各级新的容积系数

先确定各级等端点多变膨胀指数，按表 5－2 查取。

$$m_{\mathrm{I}}=1+0.5(1.365-1)=1.182$$

$$m_{\mathrm{II}}=1+0.62(1.365-1)=1.226$$

$$m_{\mathrm{III}}=1+0.75(1.365-1)=1.273$$

$$\lambda_{V\mathrm{I}}=1-a(\varepsilon_{\mathrm{I}}^{1/m}-1)=1-0.085(2.94^{1/1.182}-1)=0.873$$

$$\lambda_{V\mathrm{II}}=1-0.07(2.72^{1/1.182}-1)=0.912$$

$$\lambda_{V\mathrm{III}}=1-0.085(3.23^{1/1.273}-1)=0.871$$

③确定各级工况常数 C

按式(5－46)，忽略压缩性系数的影响。

$$C_{\mathrm{I}}=V_{h\mathrm{I}}\cdot\lambda_{V\mathrm{I}}=148.5\times0.873=129.64$$

$$C_{\mathrm{II}}=V_{h\mathrm{II}}\frac{\lambda_{V\mathrm{II}}}{\mu_{0\mathrm{II}}}\frac{p_{1\mathrm{II}}}{p_{1\mathrm{I}}}\frac{T_{1\mathrm{I}}}{T_{1\mathrm{II}}}\frac{Z_{1\mathrm{I}}}{Z_{1\mathrm{II}}}=50.4\times0.912\times\frac{3.00\times310}{1.02\times313}=133.89$$

$$C_{Ⅲ}=V_{hⅢ}\frac{\lambda_{VⅢ}}{\mu_{0Ⅲ}}\frac{p_{1Ⅲ}}{p_{1Ⅰ}}\frac{T_{1Ⅰ}}{T_{1Ⅲ}}\frac{Z_{1Ⅰ}}{Z_{1Ⅲ}}=18.5\times0.871\times\frac{8.18\times310}{1.02\times313}=127.98$$

$$B=\frac{C_{min}}{C_{max}}=\frac{127.98}{133.89}=0.955<0.097\text{，应再复算。}$$

(2)第一次复算

①重新按式(5-48)确定初值 p_{1k}

$$p_{1Ⅰ}^{(1)}=\frac{1}{2}p_{1Ⅰ}\left(1+\frac{C_Ⅰ}{C_Ⅰ}\right)=1.02\times10^5\,\text{Pa}$$

$$p_{1Ⅱ}^{(1)}=\frac{1}{2}p_{1Ⅱ}\left(1+\frac{C_Ⅰ}{C_Ⅱ}\right)=\frac{1}{2}\times3.00\times10^5\left(1+\frac{129.64}{133.89}\right)=2.95\times10^5\,\text{Pa}$$

$$p_{1Ⅲ}^{(1)}=\frac{1}{2}p_{1Ⅲ}\left(1+\frac{C_Ⅰ}{C_Ⅲ}\right)=\frac{1}{2}\times8.18\times10^5\left(1+\frac{129.64}{127.98}\right)=8.23\times10^5\,\text{Pa}$$

得

$$\varepsilon_Ⅰ=\frac{2.95}{1.02}=2.89,\quad \varepsilon_Ⅱ=\frac{8.23}{2.95}=2.79,\quad \varepsilon_Ⅲ=\frac{26.5}{8.23}=3.22$$

②确定各级容积系数

$$\lambda_{VⅠ}=1-0.085(2.89^{1/1.182}-1)=0.876$$
$$\lambda_{VⅡ}=1-0.07(2.79^{1/1.226}-1)=0.908$$
$$\lambda_{VⅢ}=1-0.085(3.23^{1/1.273}-1)=0.872$$

③确定各级工况常数

$$C_Ⅰ=148.5\times0.876=130.0$$

$$C_Ⅱ=50.4\times0.908\times\frac{2.95\times310}{1.02\times313}=131.1$$

$$C_Ⅲ=18.5\times0.872\times\frac{8.23\times310}{1.02\times313}=128.92$$

$$B=\frac{128.92}{131.1}=0.983>0.97$$

精度已够，所确定的初值 p_{1k} 成立。

复算得到各级压力分配为：

级次	名义进气压力/($\times10^5$ Pa)	名义排气压力/($\times10^5$ Pa)
Ⅰ	1.02	2.95
Ⅱ	2.95	8.23
Ⅲ	8.23	26.5

5.4　实际气体压缩热力计算

热力学上把不能按理想气体处理的气体都称为实际气体。临界温度较低的气体，在低压下可按理想气体处理，但在压力超过 100×10^5 Pa 时，按理想气体处理误差较大，应按实际气体处理，如氧、氮、氢、空气等。有些临界温度高的气体，即使压力不太高也应按实际气体处理，如二氧化碳、乙烯、石油气和氨等。

5.4.1　实际气体的特点

在理想气体状态方程中忽略了气体分子本身体积及分子之间的相互作用。当压力较低、温度较高时，这样处理造成的偏差不大。当压力增高、温度降低，即越接近于液体状态时，其分子体积与分子间相互作用力的影响越大，若按理想气体处理，其偏差就越大。为修正这些影响，近百年来进行了大量的理论研究和实验工作，提出了很多状态方程，如范德瓦尔方程等。但这些方程计算复杂且准确性也不够，故在工程上常用在理想气体状态方程基础上修正的状态方程，即：

$$pv=ZRT \tag{5-49}$$

$$pV=ZmRT \tag{5-50}$$

式中，R 为气体常数，J/(kg·K)；m 为质量，kg；Z 为气体的压缩性系数。

Z 值是气体的一种特性，其数值大小表示实际气体偏离理想气体的程度。Z 值由实验测定，其值与气体性质有关，且随温度和压力而变化。有些气体实验作出了压力与压缩性系数的关系曲线。对所有气体都进行实验测定是困难的，希望根据较少的实验数据估算出各种气体的压缩性系数 Z 值，这就是根据对比态定律作实际气体通用压缩性系数图的出发点。

每一种气体都有自己固定的临界状态参数，即临界压力 p_c、临界温度 T_c 和临界比体积 v_c。介质实际所处状态参数 p、T、v 与临界参数之比称为对比参数，即对比压力 p_r、对比温度 T_r 及对比比体积 v_r。

$$p_r=\frac{p}{p_c}\quad T_r=\frac{T}{T_c}\quad v_r=\frac{v}{v_c}$$

对比参数可用来表征气体的状态。用对比参数表示的状态方程称为对比态方程。

热力学的对比态定律指出：对于能满足同一对比态方程的两种或几种介质，若它们的对比参数中有两个相同，则第三个对比参数就一定相同。

由实际气体状态方程及对比参数定义，得：

$$Z=\frac{pv}{RT}=\frac{p_cv_c}{RT_c}\frac{p_rv_r}{T_r}=Z_c\frac{p_rv_r}{T_r}$$

式中，Z_c 为临界压缩系数，$Z_c=\frac{p_cv_c}{RT_c}$。

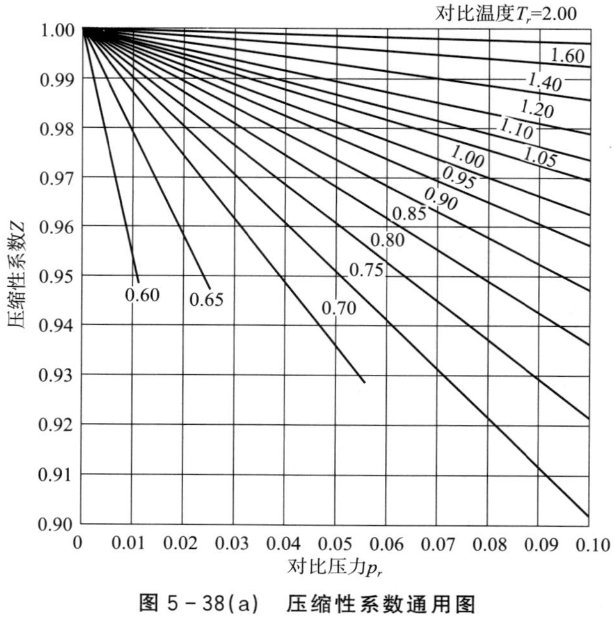

图 5-38(a)　压缩性系数通用图

对任一种气体，其临界参数 p_c、v_c、T_c 都是定值，故 Z_c 也是定值。根据对比态定律，只要各种气体的 p_r、T_r 相同，则 $\frac{p_rv_r}{T_r}$ 也必然相同。因此在相同 p_r、T_r 下，气体压缩性系数 Z 就取决于临界压缩性系数 Z_c。由此推断出，凡是临界压缩性系数相同或相近的气体，只要它们的两个对比参数相同，则压缩性系数也相同或相近。实验表明：大多数气体特别是烃类的 Z_c 值很相近，为 0.25～0.29。因此，p_r、T_r 由两对比参数为坐标的通用压缩性系数图，就可以估算出 Z_c 相近的各种气体的压缩性系数 Z。图 5-38 就是根据这一原理由实验得出的，一般使用误差在 2.5%～5%范围内。在没有单独的实验曲线时，可用图 5-38 求 Z 值。

对于氢、氦这两种气体，只有 $T_r > 2.5$ 时误差才较小，而且要用假临界温度 $T'_c = T_c + 8$ 及假临界压力 $p'_c = p_c + 8$ 来计算 p_r，T_r。故该图不适用于氨及水蒸气。

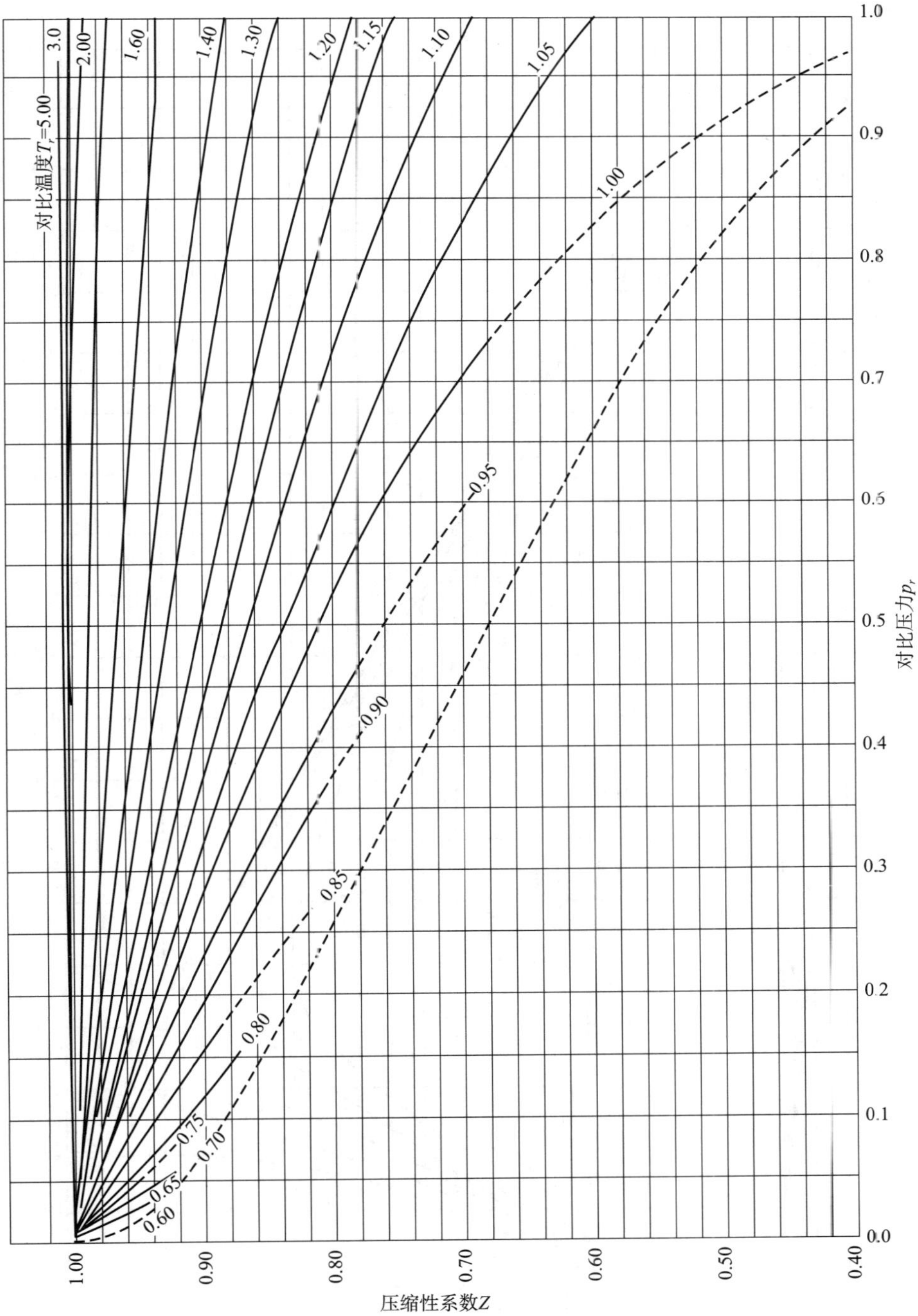

图 5-38(b)　压缩性系数通用图

实际上，各种气体的临界压缩性系数并不完全相等，因此用 p_r、T_r 为参数的通用特性曲线就有一定误差。有人研究以 p_r、T_r 和 Z_c 三个参数表达的 Z 值，即 $Z=f(p_r、T_rZ_c)$ 或以 p_r、T_r 和偏心因子 ω 三个参数表达的 Z 值，即 $Z=f(p_r、T_r\omega)$。偏心因子 ω 表征气体的非对称球形性质与简单球形分子的分子间作用力的偏差程度。三参数法考虑的因素更全面，结果将更精确。

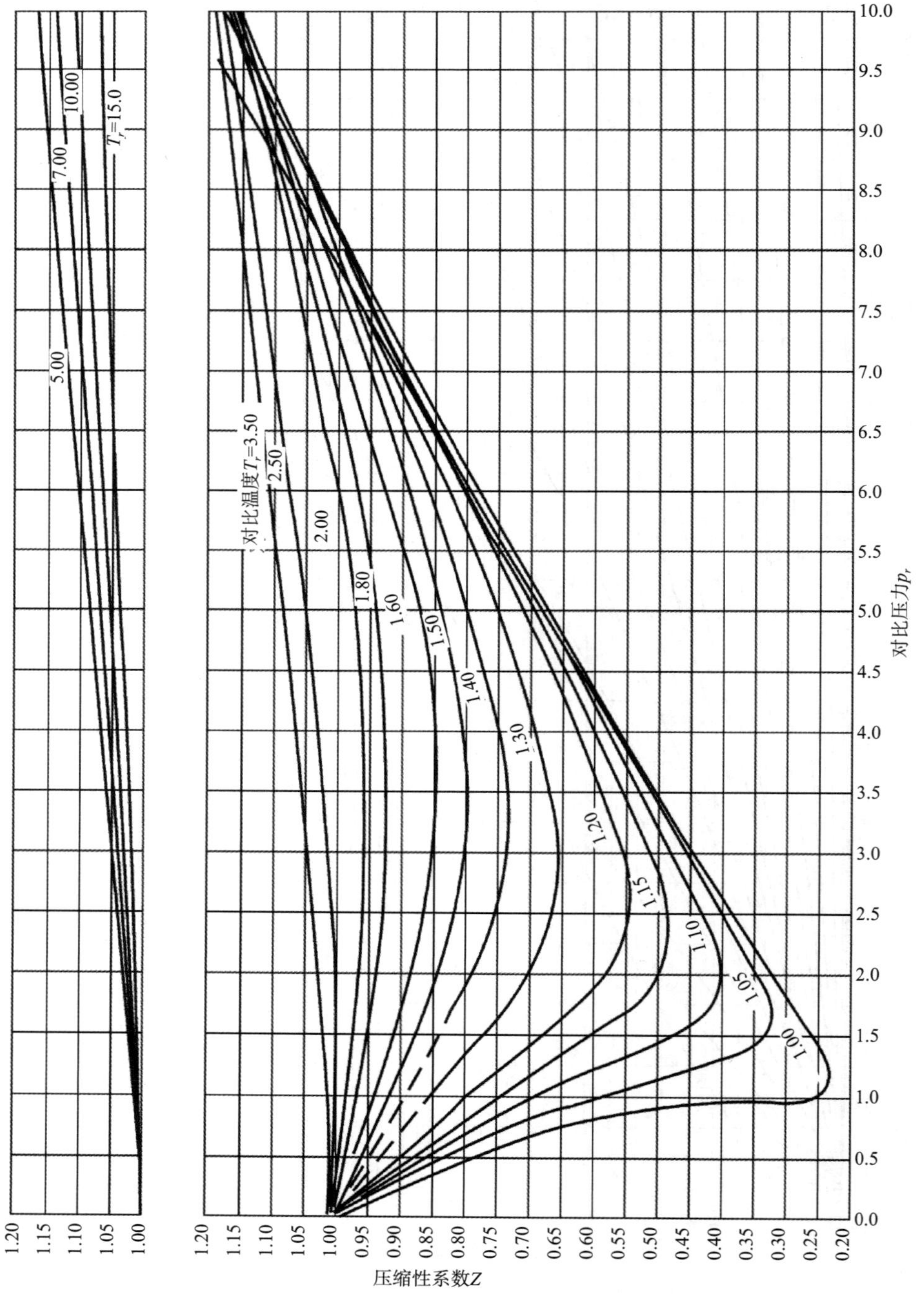

图 5－38(c)　压缩性系数通用图

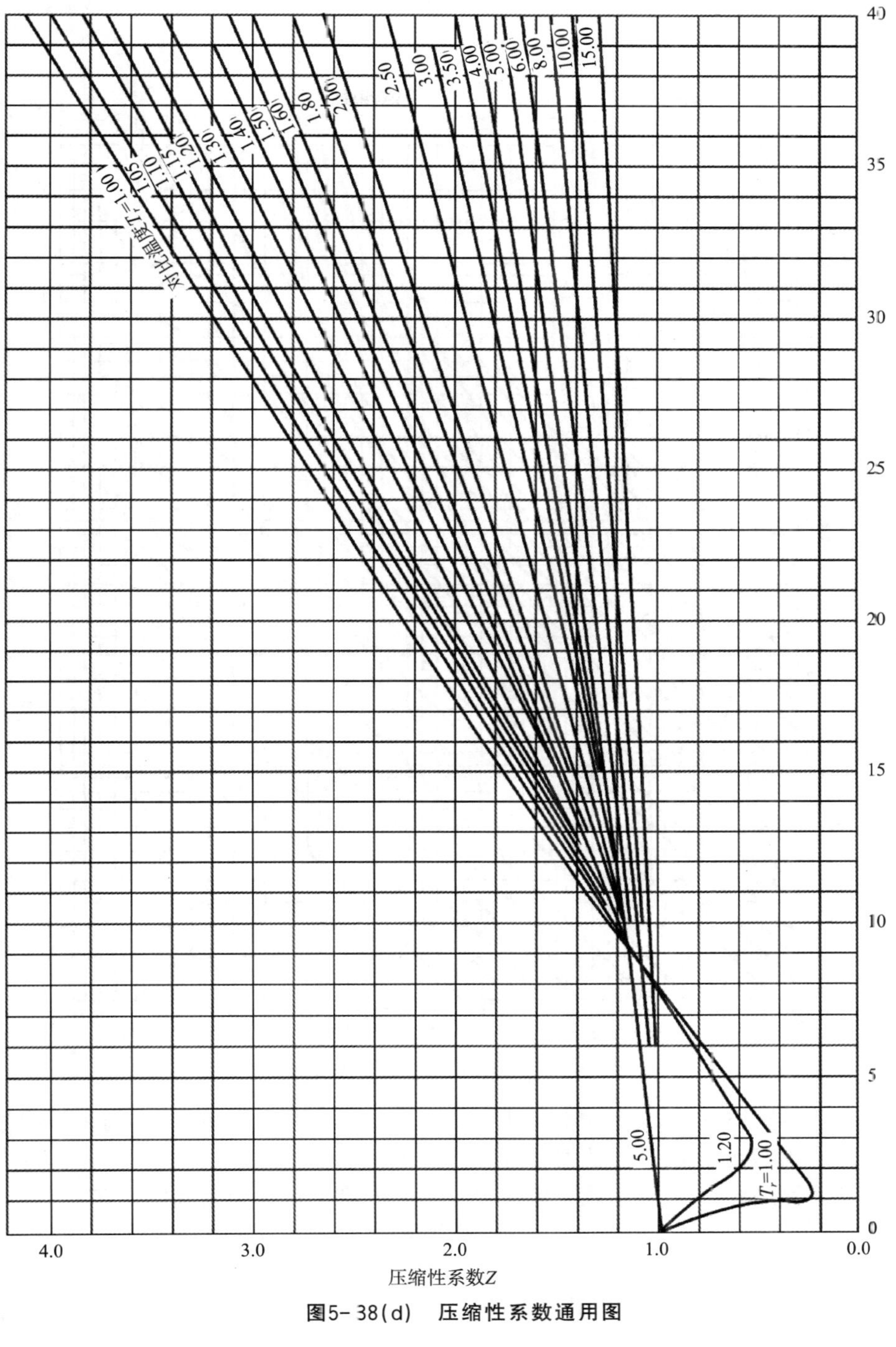

图5-38(d) 压缩性系数通用图

5.4.2 热力过程及绝热指数

(1)实际气体的比热容

理想气体的比热容可认为只随温度而变化，实际气体的比热容不仅与温度有关，而且随压力而变化。实际气体的质量定压热容可表示为：

$$c_p = c_{p0} + \Delta c_p$$

式中，c_{p0}为理想状态，即表压力趋于0，温度为0℃的质量定压热容，kJ/(kg·K)；Δc_p为考虑压力影响的修正项，由图5-39查得。

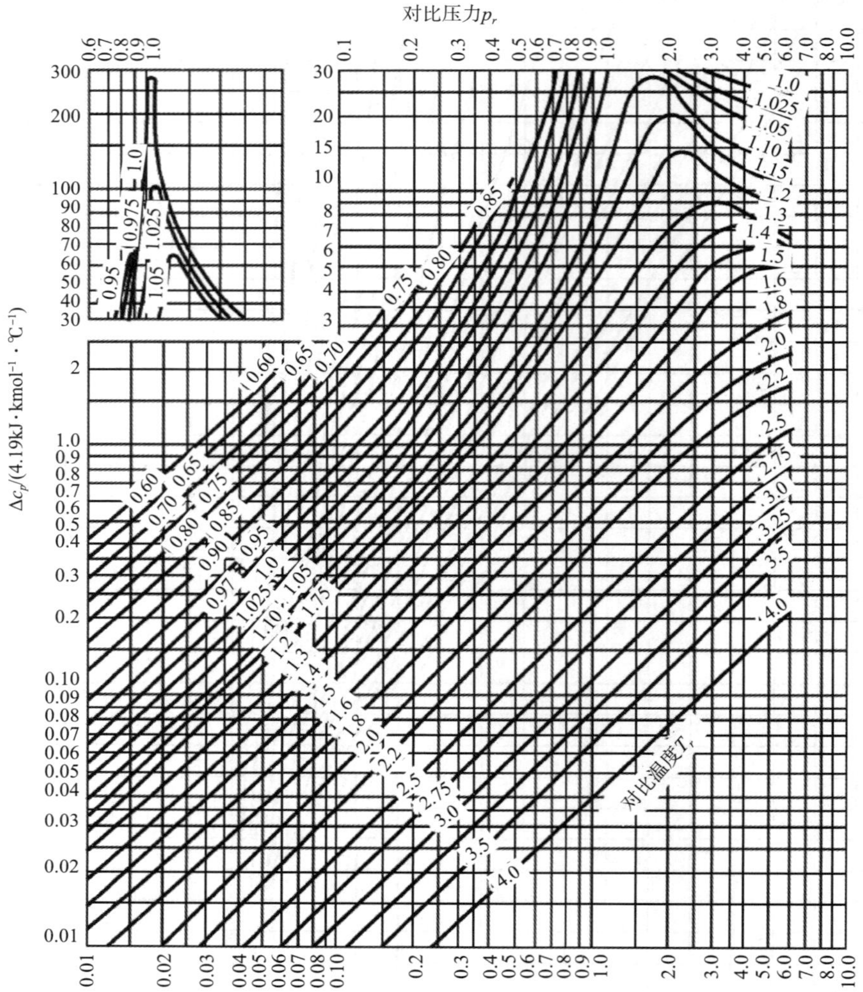

图5-39　由p_r、T_r确定Δc_p

图5-39是根据烃类气体的数据整理得来的，以对比态参数p_r、T_r为坐标，故适用于不同气体。当找不到c_p的具体数据时可查该图求c_p。

测定质量定容热容c_V比测定质量定压热容更为困难。对于理想气体，有

$$c_p - c_V = R$$

用此式可求得c_V。

实际气体并不符合以上关系，其$c_p - c_V = \Delta c$，Δc值由图5-40查得。实际气体的比热容可表示为：

$$\frac{c_p}{c_V} = \frac{c_{p0} + \Delta c_p}{c_p - \Delta c} = \frac{c_{p0} + \Delta c_p}{c_{p0} + \Delta c_p - \Delta c} \tag{5-51}$$

它是随温度和压力而变化的。该比值并不等于实际气体的绝热过程指数。

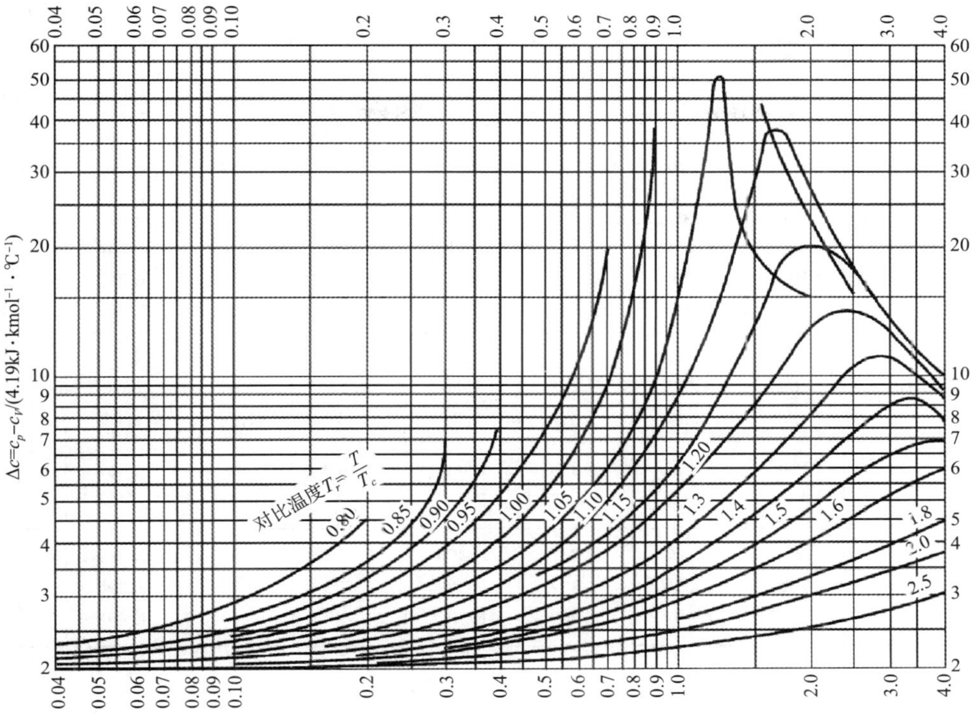

图 5-40　由 p_r、T_r 确定 Δc

(2)实际气体的过程方程

由于实际气体的状态方程与理想气体不同，因而过程方程也不同。仿照理想气体过程方程形式，把实际气体绝热过程方程表示为如下形式：

$$pv^{k_V}=c \tag{5-52}$$

$$\frac{T_2}{T_1}=\left(\frac{p_2}{p_1}\right)^{\frac{k_T-1}{k_T}}$$

或

$$Tp^{-\frac{k_T-1}{k_T}}=c \tag{5-53}$$

若把实际气体状态方程 $pv=ZRT$ 代入上式，则可得：

$$\frac{v_2}{v_1}=\frac{Z_2}{Z_1}\left(\frac{p_1}{p_2}\right)^{\frac{1}{k_T}} \tag{5-54}$$

式中，k_V 为容积绝热指数，反映绝热压缩中压力与比体积间的关系；k_T 为温度绝热指数，反映绝热压缩中压力与温度间的关系；Z_1、Z_2 分别为始态与终态的压缩性系数。

k_T 值随温度、压力的变化较小。几种常用气体的 k_T 值列于表 5-6 中，计算时可近似取始态与终态的平均值。k_V 值随温度、压力的变化较大，一般不直接用式(5-52)进行计算。

表 5-6　不同温度和压力下的温度绝热指数 k_T

气体名称	温度/℃	压力/($\times10^5$Pa)						
		1	100	200	300	600	800	1000
氮(N_2)	20	1.210	1.216	1.200	1.397	1.325	1.320	1.326
	100	1.206	1.219	1.226	1.219	1.377	1.372	1.373
	200	1.209	1.209	1.209	1.208	1.387	1.380	1.372

续表

气体名称	温度/℃	压力/(×10^5 Pa)						
		1	100	200	300	600	800	1000
氢(H_2)	25	1.2072	1.207	1.208	1.207	1.202	1.392	1.390
	100	1.398	1.399	1.200	1.201	1.396	1.393	1.388
	200	1.396	1.397	1.398	1.399	1.396	1.392	1.392
一氧化碳(CO)	25	1.200	1.233	1.212	1.392	1.329	1.322	1.321
	100	1.200	1.222	1.222	1.222	1.359	1.390	1.390
	20	1.399	1.207	1.215	1.222	1.208	1.203	1.398
甲烷(CH_4)	25	1.32	1.36	1.28	1.22	1.22	1.21	1.21
	100	1.27	1.30	1.30	1.28	1.25	1.23	1.22
	20	1.23	1.26	1.25	1.25	1.22	1.22	1.23
氨(NH_3)	150	1.271	1.335	1.086	1.073	1.079	1.083	1.092
	300	1.232	1.252	1.286	1.283	1.216	1.187	1.179
氮氢气混合气(N_2+3H_2)	25	1.205	1.207	1.206	1.202	1.397	1.393	1.395
	100	1.399	1.397	1.202	1.203	1.200	1.396	1.395
	20	1.398	1.200	1.202	1.207	1.203	1.398	1.395

由热力学的基本关系可直接导出 k_T 和 k_V 的普遍关系式。

对方程式(5-53)两边取对数求导，得：

$$\frac{k_T-1}{k_T}=\frac{\partial \ln T}{\partial \ln p}=\frac{p}{T}\left(\frac{\partial T}{\partial p}\right) \tag{5-55}$$

又对实际气体状态方程 $pv=ZRT$ 求导，得：

$$\left(\frac{\partial v}{\partial T}\right)_p=\frac{R}{p}\left[Z+T\left(\frac{\partial Z}{\partial T}\right)_p\right]$$

将上式带入热力学有关微分方程，经演算整理，对等熵过程得：

$$\left(\frac{\partial T}{\partial p}\right)_s=\frac{RTZ}{c_p p}\left[1+\frac{T}{Z}\left(\frac{\partial Z}{\partial T}\right)_p\right]$$

将上式代入式(5-55)得：

$$\frac{k_T-1}{k_T}=\frac{RTZ}{c_p}\left[1+\frac{T}{Z}\left(\frac{\partial Z}{\partial T}\right)_p\right] \tag{5-56}$$

令 $X=\frac{T}{Z}\left(\frac{\partial Z}{\partial T}\right)_p$，得：

$$\frac{k_T-1}{k_T}=\frac{RZ}{c_p}[1+X] \tag{5-57}$$

X 值与压力和温度有关系，按对比态两参数(p_r，T_r)做成曲线图可以查取，如图 5-41 所示。

如果对过程式(5-52)两边取对数求导，得：

$$k_V=\frac{v}{p}\left(\frac{\partial p}{\partial v}\right)_s \tag{5-58}$$

又对实际气体状态方程求导，得：

$$\left(\frac{\partial v}{\partial p}\right)_T=-\frac{v}{p}\left[1-\frac{p}{Z}\left(\frac{\partial Z}{\partial p}\right)_T\right]$$

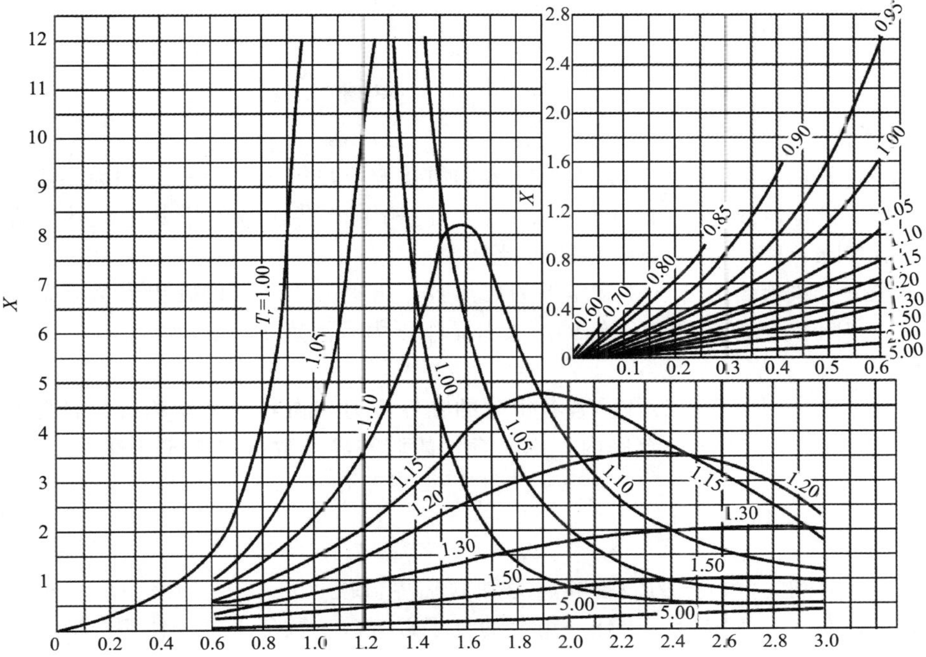

图 5-41　X 系数图

将上式及有关热力学微分方程代入式(5-58)，并经演算整理，对等熵过程得：

$$k_V=-\frac{v}{p}\frac{c_p}{c_V}\left(\frac{\partial p}{\partial v}\right)_T=\frac{c_p}{c_V}\frac{1}{\left[1-\frac{p}{Z}\left(\frac{\partial Z}{\partial p}\right)_T\right]} \tag{5-59}$$

令 $Y=-\frac{p}{v}\left(\frac{\partial v}{\partial p}\right)_T=1-\frac{p}{Z}\left(\frac{\partial Z}{\partial p}\right)_T$，得：

$$k_V=\frac{c_p}{c_V}\frac{1}{Y} \tag{5-60}$$

Y 值与压力和温度的关系，按对比态两参数的关系列于图 5-42 中。

实际气体 $k_V\neq k_T\neq k$。因理想气体 $Z=1$，由式(5-56)得 $X=0$，由式(5-59)得 $Y=1$，故 $k_V=k_T=k$。因此式(5-57)和式(5-60)可用于任何气体。

5.4.3　混合气体参数计算

实际气体的混合气参数计算综合了理想气体混合气和实际气体的特点，分述如下。

(1)混合气的相对分子质量 M

$$M=\sum M_i r_i$$

式中，M_i 为各组分的相对分子质量；r_i 为各组分的体积分数。

(2)混合气的密度 ρ

$$\rho=\sum \rho_i r_i$$

式中，ρ_i 为各组分的密度。

(3)混合气的气体常数 R

$$R=\frac{R_0}{M}$$

式中，R_0 为通用气体常数，对任何气体来说，其相对分子量与气体常数的乘积(MR)都近似等于 8310J/(kmol·K)；M 为混合气相对分子质量。

(4)混合气的比热容

$$c_p = \sum c'_{pi} r_i = \sum c_{pi} g_i$$

$$c_V = \sum c'_{Vi} r_i = \sum c_{Vi} g_i$$

式中，c_p、c_V 分别为混合气的质量定压热容和质量定容热容；c'_{pi}、c'_{Vi} 分别为各组分的质量定压热容和质量定容热容，kJ/(m^3·K)；c_{pi}、c_{Vi} 分别为各组分的质量定压热容和质量定容热容，kJ/(kg·K)；g_i 为各组分的质量分数。

一般先按上式求出混合气在常压下的比热容，再根据混合气的临界参数及对比态参数从图 5－39 和图 5－40 查得 Δc_p 及 Δc，求出操作压力和温度下的比热容。

(5)混合气体的临界参数

混合气体需采用假临界参数。若各组分的临界压力和临界比体积相近，且任意两组分的临界温度之比在 0.5～2 的范围内，则混合气的假临界参数可按下式计算：

$$p'_{\mathrm{c}} = \sum x_i p_{\mathrm{c}i} = \sum r_i p_{\mathrm{c}i}$$

$$T'_{\mathrm{c}} = \sum x_i T_{\mathrm{c}i} = \sum r_i T_{\mathrm{c}i}$$

式中，p'_{c}、T'_{c} 分别为混合气的假临界压力和假临界温度；$p_{\mathrm{c}i}$、$T_{\mathrm{c}i}$ 分别为任一组分的临界压力和临界温度；x_i 为混合气中任一组分的分子百分数，数值上等于体积分数 r_i。

(6)混合气的温度绝热指数 k_T 和容积绝热指数 k_V

根据混合气的假临界参数求得混合气的对比参数，从图 5－41 和图 5－42 中查得系数 X 和 Y，再用式(5－57)和式(5－60)求出 k_T、k_V。

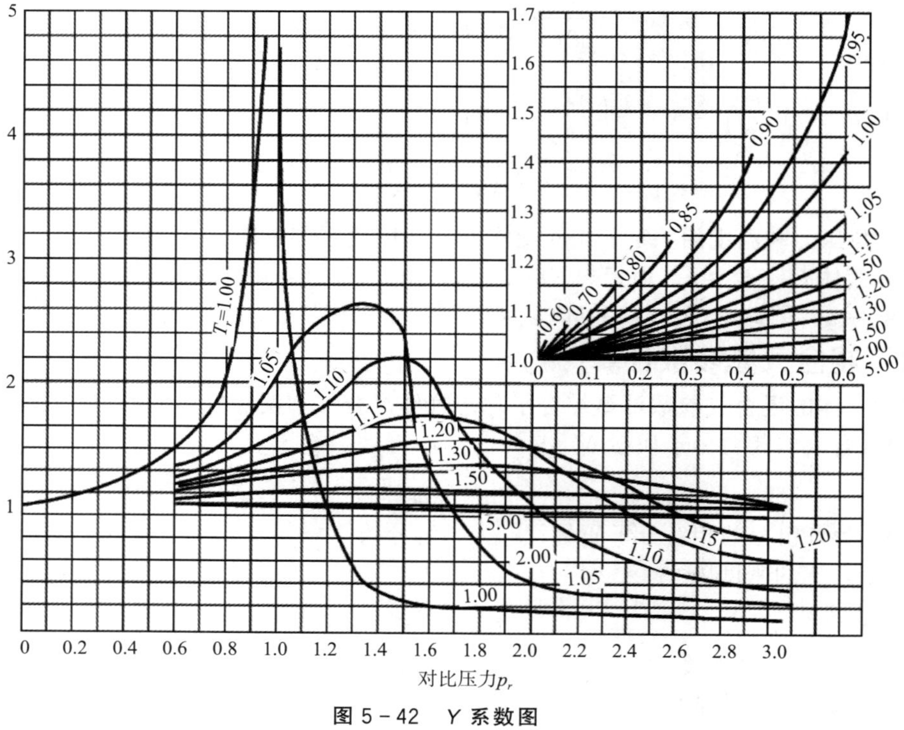

图 5－42　Y 系数图

例题 5－8：试确定某油田气在压力为 30×10^5Pa，温度为 90℃时的温度绝热指数 k_T 及容积绝热指数 k_V。已知油田气的组分为：

介质	CH_4	C_2H_6	C_3H_8	CO_2
体积分数/%	85.12	6.22	6.56	2.1

解：本题是求实际气体混合气的 k_T、k_V。查气体性质表(附录 3)得：

气体组成	CH_4	C_2H_6	C_3H_8	CO_2
体积分数 r_i/%	85.12	6.22	6.56	2.1
临界压力 $p_{ci}/(1\times10^5\,\mathrm{Pa})$	44.91	47.26	41.19	71.48
临界温度 T_{ci}/K	190.5	305.27	369.81	304
相对分子质量 M_i	16	30	44.09	44
零压比下比热容 c_{p0i}/[kJ/(kg·K)]	2.169	1.650	1.549	0.816
质量分数 $g_i=\dfrac{r_iM_i}{M}$/%	70.56	9.67	14.98	4.79

混合气的相对分子质量为：

$$M=\sum M_ir_i=16\times0.8512+30\times0.0622+44.09\times0.0656+44\times0.021=19.30$$

油田气的假临界温度 T'_{ci} 为：

$$T'_c=\sum T_{ci}r_i=190.5\times0.8512+305.27\times0.0622+369.81\times0.0656+304.3\times0.021=211.79(\mathrm{K})$$

油田气的假临界压力 p'_c 为：

$$p_c'=\sum p_{ci}r_i=44.91\times0.8512+47.26\times0.0622+41.19\times0.0656+71.48\times0.021=15.37\times10^5(\mathrm{Pa})$$

对比压力为：$p_r=\dfrac{p}{p_c'}=\dfrac{30\times10^5}{45.37\times10^5}=0.661$

对比温度为：$T_r=\dfrac{T}{T_c'}=\dfrac{273+90}{211.79}=1.714$

混合气零压比下比热容 c_{p0} 为：

$$c_{p0}=\sum g_ic_{p0i}=0.7056\times2.169+0.0967\times1.650+0.1498\times1.549+0.0479\times0.816=1.961[\mathrm{kJ/(kg\cdot K)}]$$

查图 5－39 得 Δc_p 为：

$$\Delta c_p=0.58\times4.19[\mathrm{kJ/(kmol\cdot K)}]=\frac{0.58\times4.19}{19.3}=0.126[\mathrm{kJ/(kg\cdot K)}]$$

查图 5－40 得 Δc 为：

$$\Delta c=2.4\times1.49[\mathrm{kJ/(kmol\cdot K)}]=\frac{0.59\times4.19}{19.3}=0.126[\mathrm{kJ/(kg\cdot K)}]$$

$$c_p=c_{p0}+\Delta c_p=1.961+0.126=2.087[\mathrm{kJ/(kg\cdot K)}]$$

$$c_p=c_{V0}-\Delta c_V=2.087-0.512=1.566[\mathrm{kJ/(kg\cdot K)}]$$

由 p_i、T_i 查图 5－41 及图 5－42 得 $X=0.2$，$Y=1.02$。

混合气的气体常数为：

$$R=\frac{8310}{M}=\frac{8310}{19.3}=430.6c_p=c_{p0}+\Delta c_p=1.961+0.126=2.087[\mathrm{kJ/(kg\cdot K)}]$$

由图 5－38 查得压缩性系数 $Z=0.97$，最后求得：

$$\frac{k_T-1}{k_T}=\frac{ZR}{c_p}(1+X)=\frac{0.97\times0.4306}{2.087}\times(1+0.2)=0.2402$$

$$k_T=\frac{1}{1-0.2402}=1.316$$

$$k_V=\frac{1}{Y}\frac{c_p}{c_V}=\frac{1}{1.02}\times1.333=1.306$$

由以上计算可以看出 $k_T\neq k_V\neq\frac{c_p}{c_V}$。

5.4.4 实际气体压缩参数计算

由于实际气体的状态方程和过程方程与理想气体不同，导致下列几个热力参数的计算公式与理想气体有所不同。其余参数的分析和计算与理想气体相同。

(1)容积系数 λ_V

经过膨胀过程，余隙内残留的气体容积 V_c 变为 $V_c+\Delta V$，根据实际气体的过程方程式(5-54)得：

$$V_c+\Delta V=V_c\frac{Z_1}{Z_2}\left(\frac{p_2}{p_1}\right)^{\frac{1}{m_T}}$$

根据容积系数的定义得：

$$\lambda_V=1-\frac{\Delta V}{V_h}=1-\alpha\left[\frac{Z_1}{Z_2}\left(\frac{p_2}{p_1}\right)^{\frac{1}{m_T}}-1\right] \tag{5-61}$$

式中，α 为相对余隙容积；Z_1，Z_2 分别为标准吸气状态、标准排气状态下的气体压缩性系数；p_1，p_2 分别为标准吸、排气压力，Pa；m_T 为多变过程指数，压力较高时取 $m_T=k_T$。

其他系数 λ_p，λ_T，λ_l 的选取与理想气体相同。

(2)气缸工作容积的确定

在计算任一级(第 i 级)气缸所需工作容积时，要用实际气体的状态方程把气量换算成第 i 级吸气状态时的容积，故第 i 级所需工作容积为：

$$V_{hi}=\frac{\mu_{di}}{\lambda_i}\frac{T_{1i}}{p_{1\mathrm{I}}}\frac{Q}{n}\frac{p_{1\mathrm{I}}}{p_{1i}}\frac{Z_{1i}}{z_{1\mathrm{I}}} \tag{5-62}$$

式中，Q 为排气量，m^3/s；$Z_{1\mathrm{I}}$，Z_{1i}为分别为第Ⅰ级、第 i 级吸气状态的气体压缩性系数；n 为转速，r/s。

(3)指示功

根据实际气体的过程方程式(5-54)，理论循环功为：

$$W=\int_{p_1}^{p}V\mathrm{d}p=\frac{V_h}{Z_1}p^{\frac{1}{k_T}}\int_{p_1}^{p_2}Zp^{\frac{1}{k_T}}\mathrm{d}p$$

由于 Z 是 p 的函数，其积分复杂，可近似取为吸、排气状态的平均值，即 $Z=\frac{1}{2}(Z_1+Z_2)$或 $Z=\sqrt{Z_1Z_2}$，于是有：

$$W=p_1V_h\frac{k_T}{k_T-1}\left[\left(\frac{p_2}{p_1}\right)^{\frac{k_T-1}{k_T}}-1\right]\frac{Z_1+Z_2}{2Z_1}$$

采用与理想气体类似的分析方法，可得压缩实际气体时级的指示功率为：

$$N_i=\frac{1}{1000}p_1'\lambda_V\frac{k_T}{k_T-1}\left[\left(\frac{p_2'}{p_1'}\right)^{\frac{k_T-1}{k_T}}-1\right]\frac{Z_1+Z_2}{2Z_1}V_hn \tag{5-63}$$

式中，p_1'、p_2'分别为气缸内平均实际吸、排气压力，Pa；k_T 为温度绝热指数；Z_1、Z_2 分别为吸气和排气状态下的气体压缩性系数。

例题 5-9：某输送天然气的加压用单级压缩机，进口压力为 16.8×10^5Pa(绝)，进口温度为 25℃，出口压力为 45×10^5 Pa（绝），出口温度为 90℃；气缸直径 $D=200$mm，行程 $S=320$mm，相对余隙容积 $\alpha=0.14$，压缩机为双作用，活塞杆直径 $d=70$mm，压缩机转速 $n=500$r/min $=8.33$r/s；天然气的假临界温度 $T_c'=210$K，假临界压力 $p_c'=45.5\times10^5$Pa，温度绝热指数 $k_T=1.316$。求此压缩机的排气量及指示功率。

解：

(1)因已有压缩机，故先求出压缩机的工作容积 V_h：

$$V_h=\frac{\pi}{4}(2D^2-d^2)S=\frac{\pi}{4}(2\times0.2^2-0.07^2)\times0.32=0.0189(\text{m}^3)$$

(2)求容积系数。由于天然气压力较高，故按实际气体计算。

出口对比压力为：$p_r=\dfrac{p_2}{p_c'}=\dfrac{43}{45.5}=0.945$

出口对比温度为：$T_r=\dfrac{T_2}{T_c'}=\dfrac{273+90}{210}=1.728$

查图 5－38，出口状态压缩性系数为 $Z_2=0.95$。

入口对比压力为：$p_r=\dfrac{p_1}{p_c'}=\dfrac{16.8}{45.5}=0.369$

入口对比温度为：$T_r=\dfrac{T_2}{T_c'}=\dfrac{273+25}{210}=1.419$

查图 5－38，出口状态压缩性系数为 $Z_2=0.96$。

已知天然气温度绝热指数 $k_T=1.316$，有：

多变膨胀指数为：

$$m_T=1+0.88(k_T-1)=1+0.88\times(1.316-1)=1.278$$

容积系数为：

$$\lambda_V=1-\alpha\left[\frac{Z_1}{Z_2}\left(\frac{p_2}{p_1}\right)^{\frac{1}{m_T}}-1\right]=1-0.14\times\left[\frac{0.96}{0.95}\left(\frac{43}{16.8}\right)^{\frac{1}{1.278}}-1\right]=0.845$$

(3)选取 λ_p，λ_T，λ_l 系数。取 $\lambda_p=0.97$，$\lambda_T=0.96$，$\lambda_l=0.94$。

(4)计算排气量 Q：

$$\begin{aligned}Q&=V_h\lambda_V\lambda_p\lambda_T\lambda_l n=0.0189\times0.845\times0.97\times0.96\times0.94\times8.33\\&=0.1165(\text{m}^3/\text{s})=6.99(\text{m}^3/\text{min})\end{aligned}$$

(5)求缸内实际平均吸、排气压力：

由吸气压力 $p_1=16.8\times10^5$Pa，查得 $\delta_1=0.03$，得实际平均吸气压力为：

$$p_1'=p_1(1-\delta_1)=16.8\times10^5\times(1-0.03)=16.29\times10^5(\text{Pa})$$

由排气压力 $p_2=43\times10^5$Pa，查得 $\delta_1=0.05$，得实际平均吸气压力为：

$$p_2'=p_2(1+\delta_2)=43\times10^5\times(1+0.05)=45.15\times10^5(\text{Pa})$$

(6)指示功率计算：

$$N_{i\text{II}}=\frac{1}{1000}p_1'\lambda_V V_h n\,\frac{k_T}{k_T-1}\left[\left(\frac{p_2'}{p_1'}\right)^{\frac{k_T}{k_T-1}}-1\right]\frac{Z_1+Z_2}{2Z_1}=$$

$$\frac{1}{1000}\times16.29\times10^5\times0.845\times0.0189\times8.33\times$$

$$\frac{1.316}{1.316-1}\times\left[\left(\frac{45.15}{16.29}\right)^{\frac{1.316}{1.316-1}}-1\right]\times\frac{0.95+0.95}{2\times0.96}=249(\text{kW})$$

5.5 压缩机的排气量调节

5.5.1 变工况工作

压缩机在偏离原设计条件情况下工作时，其热力性能将与原设计不同，称为变工况工作。下面是几种常见的变工况条件。

(1)吸气压力改变

在高原地区工作的压缩机，因当地大气压力低而使压缩机吸气压力降低，如图 5－43 所示。对单级压缩机，若排气压力不变，将导致压力比上升，容积系数降低，排气量将随之减少。对多级压缩机，主要导致总压力比升高，引起各级压力比改变，一级排气量将有所降低。但级数越多，压力比改变的影响也越小，对排气量的影响也越小。根据两级压缩机的试验可知：在海拔 2500m 以下，海拔每升高 1000m，容积系数降低 2%～3%，排气量也相应降低。

应注意的是吸气压力变化时，从指示功率计算公式表明，指示功率与吸气压力成正比。但从图 5－43 可看出，在吸气压力变化的同时，压力比也发生了变化。当设计压力比大于 1.1(k+1)时(k 为气体绝热指数)，若吸气压力降低，因吸气压力下降所减少的功率超过因压力比上升所增加的功率，所以功率要降低。但是，当设计压力比低于 1.1(k+1)时，若吸气压力降低，因压力比上升所增加的功率大于吸气压力下降所减少的功率，其功率反而要增大。

(2)排气压力改变

如果使用中要提高排气压力而吸气压力不变时，一般因压力比提高而使吸气量有所减少(因容积系数下降)，其功率大多是增加的。

(3)被压缩介质改变

被压缩介质的改变有可能是由一种介质换为另一种介质，也可能是工艺混合气中的成分发生变化。

气体的绝热指数 k 直接影响膨胀过程指数和压缩过程指数，如图 5－44 所示，从而影响排气量、功率和排气温度。在其他条件不变时，绝热指数高的气体，膨胀过程指数和压缩过程指数也高，因此排气量有所增加，其功率消耗加大。

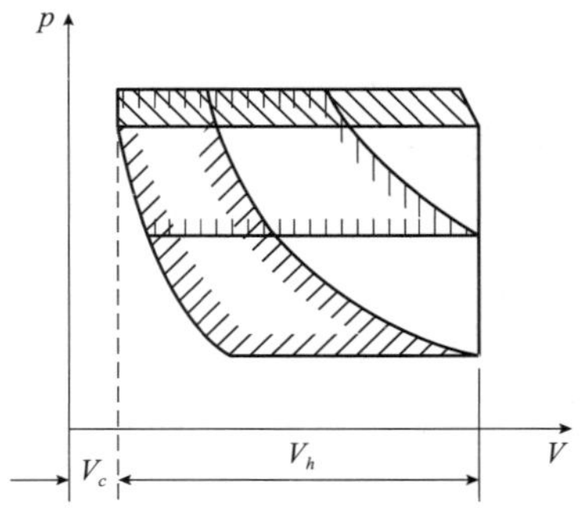

图 5－43 不同吸气压力的指示图

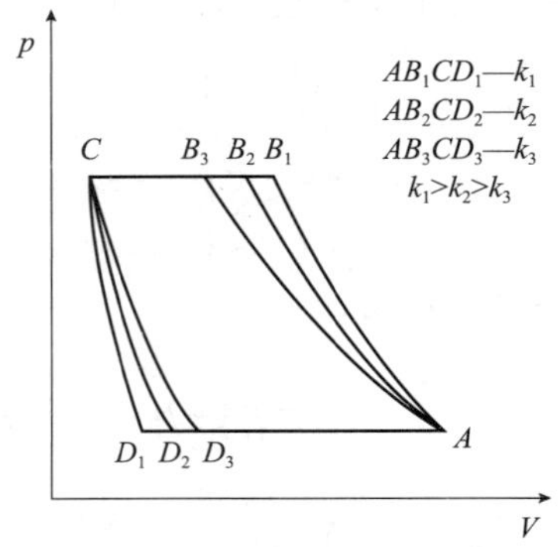

图 5－44 不同绝热指数的指示图

气体密度增加时，阻力损失变大，因气缸内吸气终压下降而使排气量略有降低，缸内实际压力比上升而使功率消耗增加。例如氢气压缩机用空气试车时，所需功率比压缩氢气时要大，需注意电动机过载。

导热系数大的气体，吸气过程中气体容易受热膨胀，温度系数较小。

5.5.2　排气量调节

用气单位常常因为生产条件的改变而要求压缩机的排气量能在一定范围内调节。一般情况下，用户总是按最大需要量来选用压缩机，因此，排气量的调节是指调节到低于额定的气量。个别情况下因生产过程处理量增加而要求压缩机的排气量加大，此时无法调节，必须采用其他措施，如提高转速、增加进气压力、增大气缸直径等挖潜方法。

根据使用要求的不同，排气量调节可分为连续调节、间断调节、分等级调节等。排气量调节的主要依据是排气量计算公式(5－16)，在缸径和行程一定的情况下，利用改变排气系数、改变转速等方法来实现。调节方式应当结构简单、工作可靠、经济合理。

(1)改变转速和间歇停车

由可变速的驱动机驱动的压缩机，可以连续改变转速来调节排量。由不可变速的交流电动机驱动时则不能无级调速，而应采用间歇停车的方法。停车可不消耗动力，但是频繁的启动与停车会使机器的工作条件变坏，一般只适用于微型压缩机或空压机站。

改变转速调节的方法有时需改造现有压缩机。在一定范围内增加转速，排气量会有所增加。但在不改变有关气体流通部件(如气阀、中间管道及冷却器等)的情况下增加转速，功率的增加速度要大大超过排气量的增加速度，是不经济的。这是因为，转速提高，气流速度也增加，阻力损失加大；转速提高后为延长阀片寿命，应增加气阀弹簧力，这就导致气缸中实际压力比上升，容积系数和压力系数下降。由于压力比上升、排气温度上升、气缸温度上升及流动损失等原因，吸气温度上升、温度系数下降，所以用提高转速方法增加排气量时，应对压缩机的有关气体通流部件进行相应的改造。

(2)切断进气调节

图 5－45 所示是切断进气的减荷阀装置。当储气罐中压力超过规定值时，高压气体将压力调节器中的阀顶开，气体经调节阀进入减荷阀的活塞缸内，推动活塞向上，并推动蝶形阀向上关闭进气通道，使压缩机停止进气而进入空转，其指示图如图 5－46 中虚线所示。当气罐中压力低于规定值时，压力调节阀关闭、减荷阀活塞缸中压力下降，在弹簧力及阀盘重力作用下使蝶阀向下，吸气通路打开，压缩机重新正常吸气。

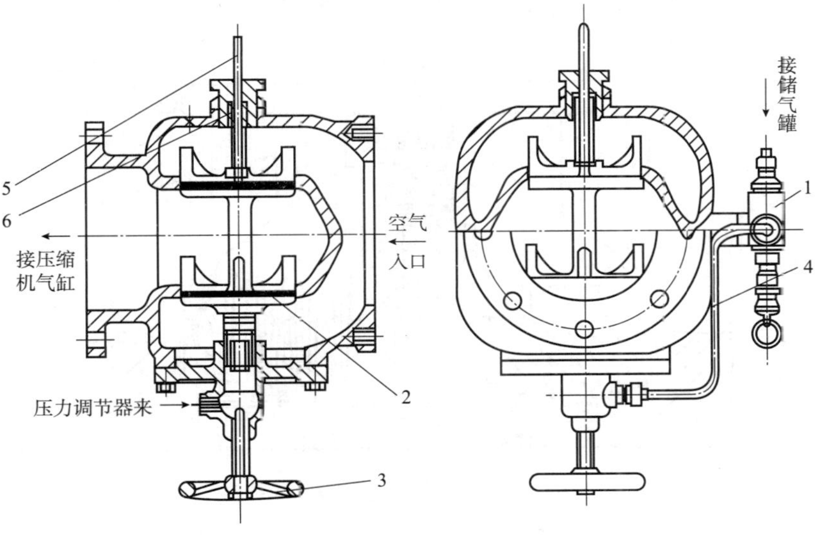

图 5－45　减荷阀

1—压力调节器；2—蝶形阀；3—手轮；4—连接管；5—导杆；6—弹簧

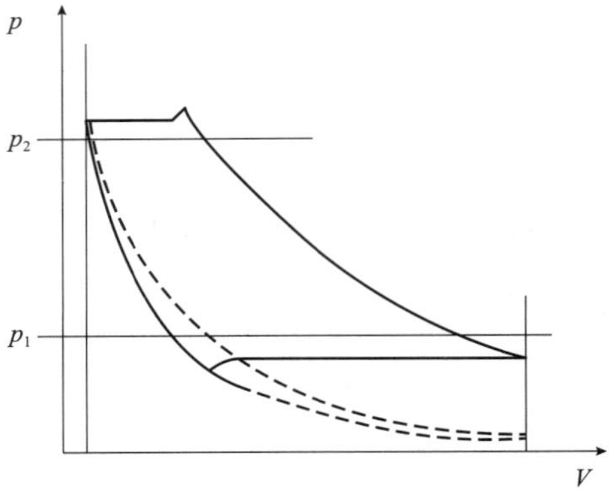

图 5-46 切断进气调节指示图

实线—全排气量指示图；
虚线—切断进气后指示图

减荷阀切断进气后会使吸气压力降低，导致压力比增大，排气温度短时升高，活塞力加大。由于缸内出现真空度，可能会有空气漏入吸入系统，所以，对不允许有空气混入被压缩气体的压缩机不能采用此法。对无十字头的单作用压缩机，为防止过多的润滑油抽入气缸，也不宜用此法。这种方法结构简单，工作可靠，故仍广泛用于中小型空气压缩机上。减荷阀也可用手动操作，开车时也可作减荷启动用。

(3)旁路调节

旁路调节就是将排出管与吸入管连通，将压缩机已排出的气体全部或部分地引回一级入口或本级入口，从而达到连续调节的目的。这种方法简单方便，但浪费能量、不经济，故常用来作为压缩机空载启动用的辅助手段，也可用作调节多级压缩机的各级压力比。

(4)顶开吸气阀调节

这是在全部或部分排气行程中强制顶开吸气阀，使已吸入缸内的气体未经压缩而全部或部分返到吸入管道的调节方法。图 5-47 所示是一种完全顶开吸气阀的装置。当储气罐内压力超过规定值时，由压力调节器来的高压气源推动小活塞 4 向下运动，压叉 2 也随之向下而将吸气阀片顶开，被吸入缸内的气体又从吸气阀排到吸入管道，排气量为零，此时压缩机相当于空转。当气罐中压力低于规定值时，压力调节器切断气源，小活塞上部的气体放空，压叉借助弹簧 3 而升起，吸气阀关闭并开始正常工作，压缩机又恢复正常排气量。这是一种间断性调节，顶开吸气阀后的指示图如图 5-48 中阴影线所示。若只在双作用气缸的一侧装上顶开吸气阀装置，则相当于单作用气缸，实现 50%气量的调节要求。

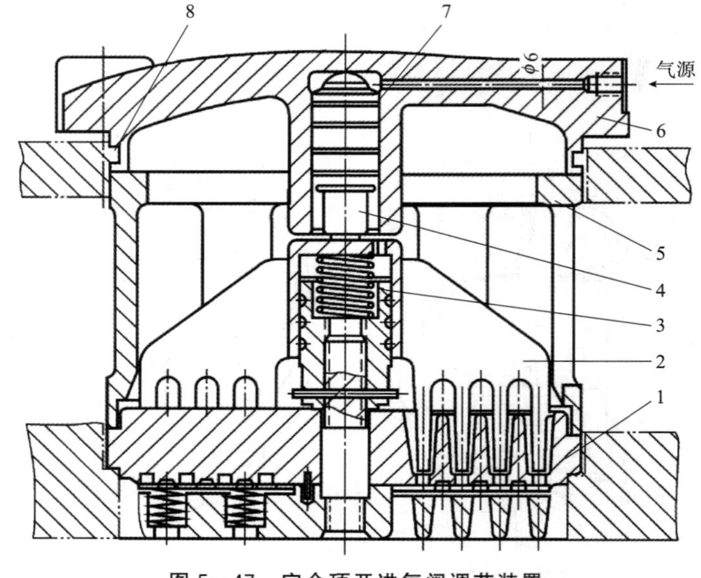

图 5-47 完全顶开进气阀调节装置

1—阀座；2—压叉；3—弹簧；4—小活塞；5—压阀罩；6—阀孔盖；7，8—密封圈

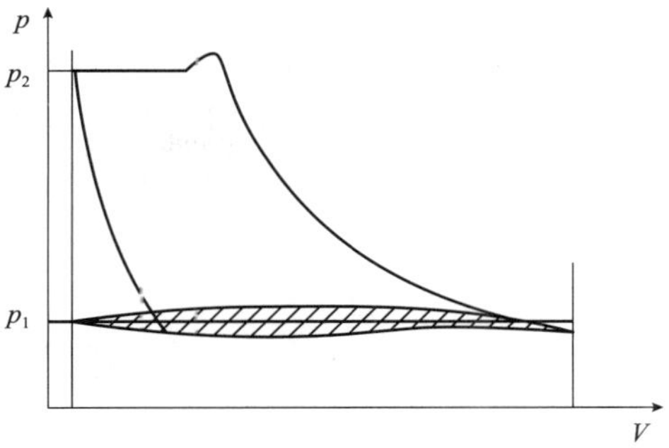

图 5-48 完全顶开吸气阀调节指示图

实线—全排气量指示图；阴影线—顶开吸气阀后指示图

图 5-49 所示是部分行程顶开吸气阀装置。当吸气终了时，弹簧 3 的弹簧力大于气阀弹簧力，阀片被顶开。当活塞回程运动时，缸内气体从阀隙流出，产生阻力降，使阀片受到与弹簧 3 相反的推力。随活塞速度加大，阻力降也增大，到某一活塞位置时，阀片所受推力(气流推力及气阀弹簧力之和)大于弹簧 3 的弹簧力时，气阀重新关闭，气缸内进行压缩排气过程。在每个循环仍重复上述部分行程顶开吸气阀的过程。转动手轮可以调节压叉构件 2 的上下位置，即调节弹簧 3 的压缩量，从而控制被顶开的行程大小。一部分行程顶开吸气阀的指示图如图 5-50 所示。

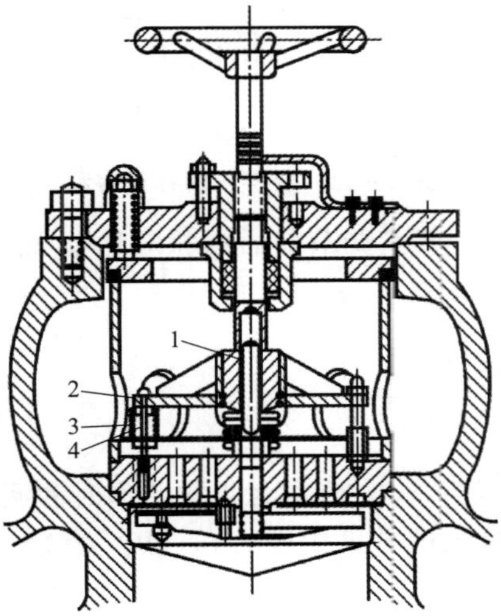

图 5-49 部分行程顶开吸气阀装置图

1—导向杆；2—压叉构件；3—小弹簧；4—压阀小杆

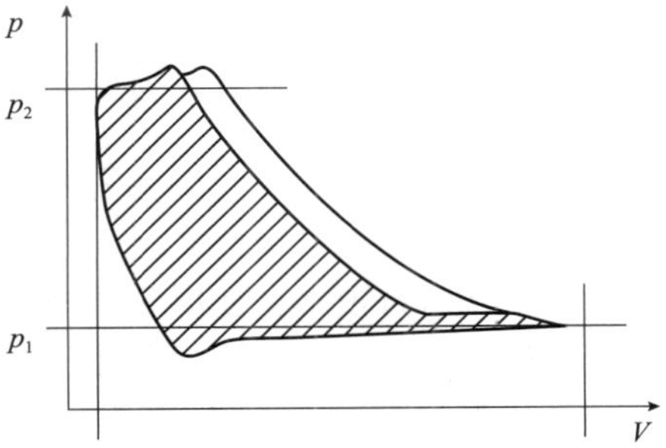

图 5-50 部分行程顶开吸气阀的指示图

实线—全排气量指示图；

阴影线—部分行程顶开吸气阀指示图

顶开吸气阀的方法结构较简单，其调节后功率主要消耗于气流通过气阀的阻力损失，因而也比较经济。但压叉压开阀片时，使阀片受力及变形情况变坏，会缩短阀片的寿命，故该方法只适用于转速不高的情况。

(5)连通补助余隙容积调节

此方法是在气缸上连通一补助的余隙容积，根据容积系数 $\lambda_V=1-\alpha(\varepsilon^{\frac{1}{m}}-1)$，其中相对余隙容积增大，使容积系数 λ_V 减小，从而达到调节气量的目的。补助容积有不变容积和可变容积两种。前者只能调节到一固定值，后者可分级调节。

图 5－51 所示是一固定补助余隙容积的结构图。旋转手轮打开锥形阀时，补助余隙容积与气缸连通，使容积系数下降而达到调节的目的。

图 5－52 所示是可变余隙腔的结构图。旋转手轮可使小活塞退出。小活塞退出的容积就是余隙腔。由于小活塞退出位置可随螺杆的退出长短而定，所以余隙腔大小可变，调节量也可变化。

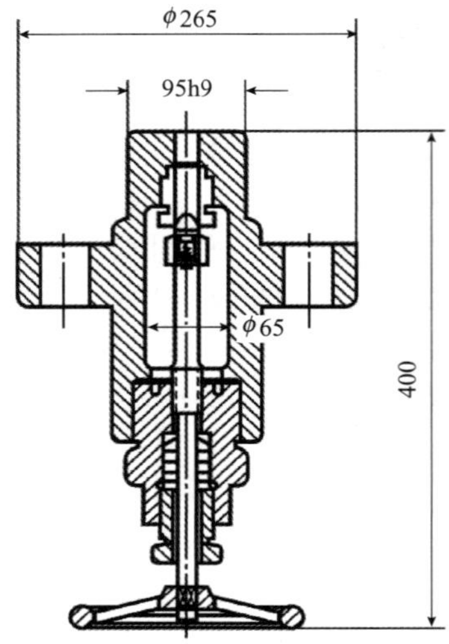

图 5－51　不变容积的补助容积和连通阀

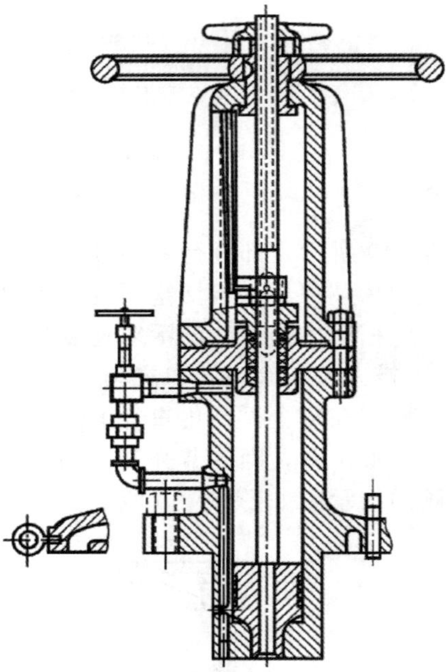

图 5－52　变容积的补助容积

若忽略压力系数和温度系数的影响，在低压下，气量调节前后的相对比值 B_V 可由调节前后容积系数的相对比值来确定即：

$$B_V=\frac{\lambda_V'}{\lambda_V}=\frac{1-\left(\alpha+\frac{V_a}{V_h}\right)\left(\varepsilon'^{\frac{1}{m}}-1\right)}{1-\alpha\left(\varepsilon^{\frac{1}{m}}-1\right)} \tag{5-64}$$

式中，λ_V，λ_V' 分别为正常工作时和调节后的容积系数；ε，ε' 分别为正常工作时和调节后的压力比；α 为正常工作时的相对余隙容积；V_a 为接入的补助余隙容积；V_h 为气缸的工作容积；m 为膨胀过程指数。

对单级压缩机，调节前后的总压力比是不变的，即式中 $\varepsilon=\varepsilon'$，此时可由式(5－64)求出气量调节到相对比值为 B_V 时所需的补助余隙容积为：

$$V_a=\frac{(1-B_V)\lambda_V}{\varepsilon^{\frac{1}{m}}-1}V_h$$

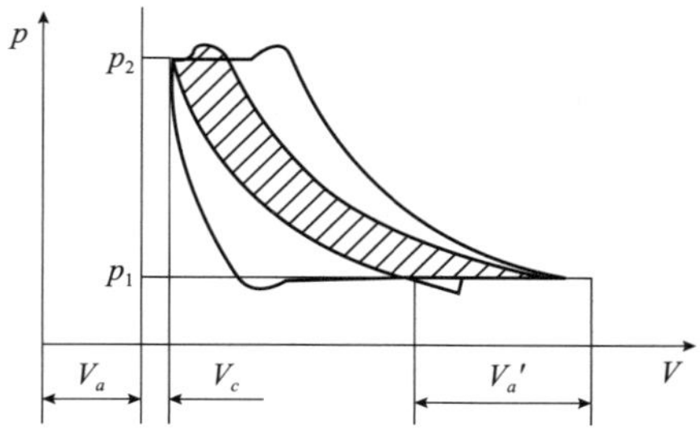

图 5－53　增加补助余隙容积的指示图

调节前后的指示图如图 5－53 所示。图中阴影部分为调节后的指示图。

对多级压缩机(例如三级)，当总的吸、排气压力不变，若只在第一级接入补助余隙容积，此时 λ_{V1} 变为 $\lambda_{V1}'=B_V\lambda_{V1}$，总吸气量降低。二、三级气缸容积未变，并忽略泄漏影响时，根据连续稳定流动的原则，二、三级的吸入压力将降低，变成：

$$p'_{\mathrm{II}}=B_V p_{1\mathrm{II}} \quad p'_{\mathrm{III}}=B_V p_{1\mathrm{III}}$$

因总的排气压力不变，则末级压力必升高，可见，末级压力比将随调节后气量的降低而增大。当调节范围很大时，其影响就相当大。为防止末级压力比过高，可在各级均设置调节机构，其中第一级为调节排气量用，而其余各级主要起调节压力比的作用。

这种方法比较经济，也不影响阀片寿命，但结构笨重，常用于大型工艺气体用压缩机。工艺用压缩机采用顶开吸气阀调节及增加补助容积的调节方法，并辅以旁路连通作降压启动之用。

5.6　压缩机的动力特性

往复活塞压缩机结构较复杂，易损件多，运转中有振动，因此要合理选择往复活塞压缩机，不仅应了解压缩机的热力性能，还必须概括了解压缩机的动力性能，以便在全面了解压缩机的基础上抓住主要要求进行选择。

本节以图 5－54 所示的单缸单作用立式压缩机为例来分析主要部件的受力情况，并简单介绍惯性力及其平衡、切向力及转矩均衡等方面的知识。

5.6.1　压缩机中作用力的分析

往复活塞式压缩机由驱动机带动曲柄连杆机构运动，输入的扭矩用以克服气体力产生的阻力矩。曲柄连杆机构带动活塞组件做直线往复运动。往复运动是一种变速运动，有加速度，必然存在惯性力。此外，相对运动的机构间存在摩擦力。

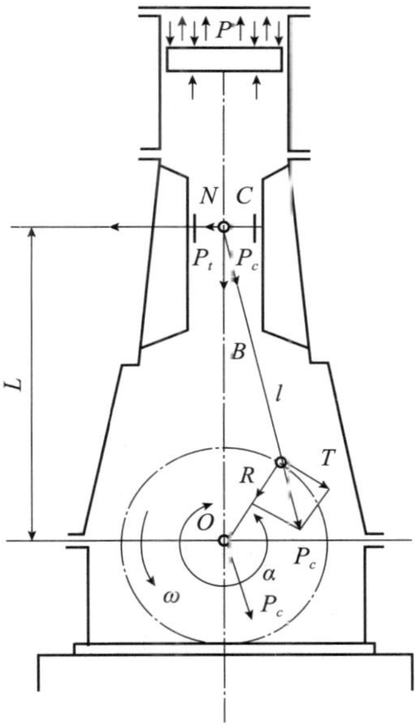

图 5－54　压缩机中作用力分析图

(1)活塞组件受力分析

活塞组件在气缸中做往复直线运动压缩气体，气缸内有气体压力 p，于是就有了大小相等、方向相反的力。该力称为气体力 P，分别作用在活塞顶部及气缸盖上。因气缸内的压力 p 是周期性变化的，所以气体力 P 也是周期性变化的。活塞在外止点时所受气体力最大。此外，把全部往复运动质量产生的惯性力总称为往复惯性力 I；把全部往复运动部件间的摩擦力总称为往复摩擦力 F_f。这些力都沿气缸中心线方向作用，它们的代数和称为综合活塞力 P_t。

$$P_t=P+I+F_f \tag{5-65}$$

综合活塞力 P_t 也是周期性变化的，其方向沿气缸中心线。在计算中规定，凡使活塞杆受拉的力取为正值，使活塞杆受压的力取为负值。受力情况如图 5－55 所示。

(2)十字头销和连杆受力分析

活塞杆是受拉、压的零件，它将综合活塞力 P_t 沿气缸中心线传给十字头并作用到十字头销上。在十字头销处，P_t 由两个力来平衡。一个沿连杆中心线，称为连杆力 P_c。因连杆是两端铰支的构件，作用力只能沿连杆中心线。另一个是十字头滑道的反力，方向垂直于十字头滑道且通过十字头销中心，此力的反作用力垂直加给滑道并传到机身，称为侧向力 N。十字头销上力的平衡如图 5－56 所示，C 点为十字头销中心。

根据力平衡关系得：

$$P_c=\frac{P_t}{\cos\beta} \tag{5-66}$$

$$N = P_c \sin\beta = P_t \tan\beta \tag{5-67}$$

式中，β 为连杆轴线与气缸中心线的夹角。

在转速不高时，连杆可简化为二力杆，受连杆力 P_c 作用。在高转速时要考虑平面运动的连杆质量引起的横向惯性力。压缩机中一般都按二力杆处理。

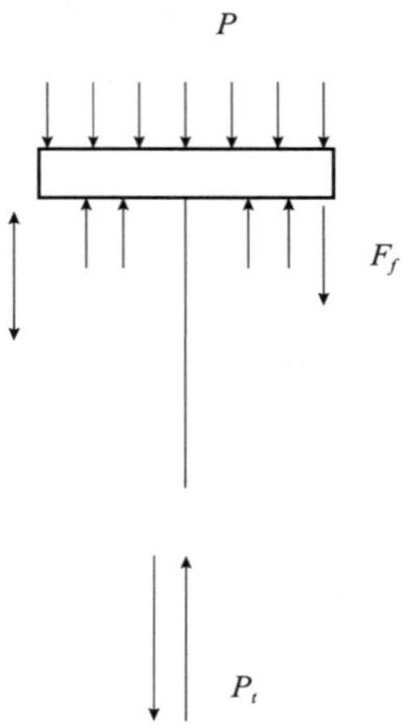

图 5-55　活塞受力组件

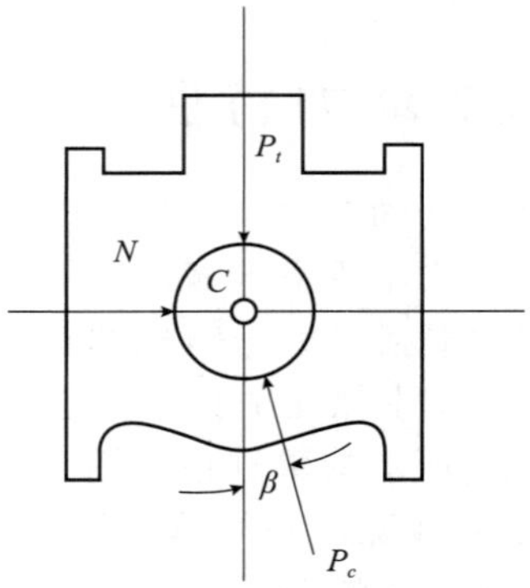

图 5-56　十字头销受力图

(3)曲轴受力分析

曲轴所受的力和力矩如图 5-57 所示。由连杆传来的连杆力 P_c 作用在曲柄销上，为便于分析，把连杆力 P_c 分解为两个力：一个是作用在曲柄销上且垂直于曲柄的力，称为切向力 T；另一个是沿曲柄方向的力，称为径向力 R。根据几何关系得：

$$T = P_c \sin(\alpha+\beta) = P_t \frac{\sin(\alpha+\beta)}{\cos\beta} \tag{5-68}$$

$$R = P_c \cos(\alpha+\beta) = P_t \frac{\cos(\alpha+\beta)}{\cos\beta} \tag{5-69}$$

由不平衡的旋转质量引起的旋转惯性力 I_r 作用在曲柄中心 D，方向与曲柄平行并离心外指。曲轴在机身的轴承上，受到支承反力 A、B。

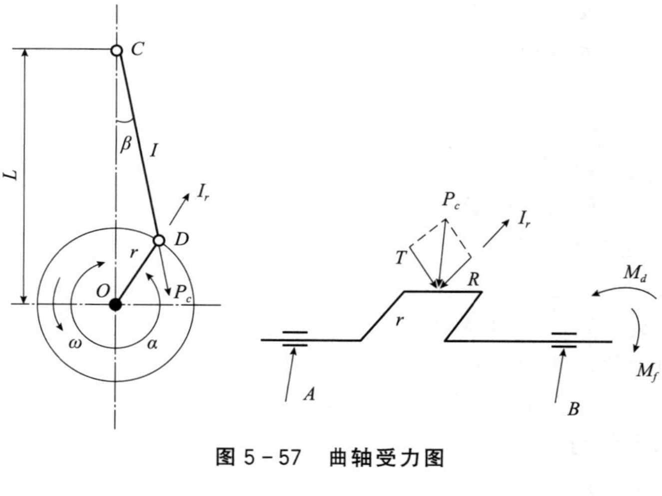

图 5-57　曲轴受力图

曲轴上还受到阻力矩 M_y、摩擦力矩 M_f 和驱动力矩 M_d 的作用。阻力矩 M_y 是由切向力 T 对曲轴旋转中心形成的力矩。$M_y = Tr$，r 是曲柄半径。阻力矩的大小做周期性的变化，其方向恒与曲轴旋转方向相反，起着阻止曲轴旋转的作用，故称阻力矩。旋转摩擦力构成的旋转摩擦力矩 M_f 也恒与曲轴转向相反。在设计计算中规定，凡与曲轴转向相反的力矩取为正值，反之为负值。M_d 是驱动机传来的驱动力矩。在曲轴每转中，M_y 及 M_f 所消耗的功与 M_d 输入功保持平衡，所以机器保持匀速转动。但是每一瞬时的阻力矩 M_y 是周期性变化的，而驱动力矩 M_d 则由驱动机特性决定。一般来说，两者的变化规律和数值大小不同，因此每一瞬时曲轴所受转矩不均衡，从而造成曲轴的瞬时加速与减速现象。根据刚体绕定轴转动方程，有：

$$M_y+M_f+M_d=-J\varepsilon \tag{5-70}$$

式中，J 为压缩机旋转组件中等效旋转质量的惯性矩；ε 为压缩机曲轴的瞬时角加速度。

瞬时角加速度过大会造成电网的电压波动和电流脉动，使压缩机运转不平衡，故需要装设飞轮(即加大惯性矩 J)来减小瞬时角加速度的变化幅度。

(4)机体和基础受力

图 5-58 所示是机体和基础受力情况图。机体受如下几个力和力矩：作用在气缸盖上的气体力 P 通过连接螺栓加给机体；十字头加给滑道的侧向力 N；曲轴加给主轴承的力有连杆力 P_c 和旋转惯性力 I_r；往复运动件加给机体的往复摩擦力 F_f；曲轴加给机体的摩擦力矩 M_f，其方向与曲轴转向相同。

加给机体的连杆力 P_c 可分解为沿气缸中心线与垂直于气缸中心线的两个力。

沿气缸中心线的分力为 $P_c\cos\beta$，且有 $P_c\cos\beta=P_t=P+I+F_f$。

其中的气体力 P 和往复摩擦力 F_f 在机体内部互相平衡。只有惯性力 I 不被平衡，称为自由力，将传给基础。

垂直于气缸中心线的分力为 $P_c\sin\beta$，且有 $P_c\sin\beta=P_t\tan\beta$。

此力作用在机体上主轴中心位置。它与侧向力 N 大小相等、方向相反，两力作用点的距离为 L，因此构成一个力矩 NL，可知：

$$NL=Tr \tag{5-71}$$

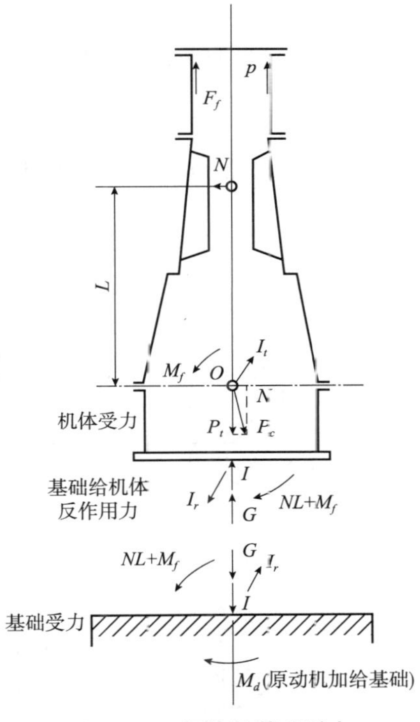

图 5-58　机体及基础受力

这个力矩在立式压缩机中有使机器顺曲轴转向倾覆的危险，故称倾覆力矩。由上式可知，倾覆力矩在数值上刚好与阻力矩相等，转向相反，但倾覆力矩作用在机体上，而阻力矩作用在主轴上，因此在压缩机内并不能平衡。它是一个自由力矩，也将引起机器的振动。如有的压缩机惯性力平衡较好，在空载时运转也较平稳，但刚性较差，满负荷时就出现摇晃，这就是由倾覆力矩所引起的振动。此外，曲轴加给机体的摩擦力 M_f 未被平衡；旋转惯性力 I_r 是自由力，也未被平衡。

基础上的力都是由机体传来的。除机器自重引起的重力外，凡是在机体内未被平衡的力和力矩均要传到基础上，同时还受到原动机传来的力和力矩。

基础上的受力有：未平衡的往复惯性力 I 和旋转惯性力 I_r；与曲轴转向相同的倾覆力矩 NL 和摩擦力矩 M_f；驱动机加给基础的反力矩，大小等于 M_d，转向与曲轴转向相反。

压缩机设计中常把原动机与压缩机装在联合基础上，这样，作用在基础上的力矩可互相抵消一部分。此时，通过基础传给土壤的力矩的代数和为：$M_d-(NL+M_f)=J\varepsilon$。

由此可见，压缩机传到基础上的自由力 I 和 I_r 的值做周期性变化，是机器振动的主要原因，故应使惯性力尽量得到平衡。此外，在每一瞬时的阻力矩与驱动力矩不相等，将造成曲轴转速不均匀，导致压缩机工作不平稳，需要采取措施使转矩尽量均衡。

5.6.2 惯性力及平衡

(1)运动质量的简化和加速度计算

惯性力等于运动质量与加速度的乘积，为计算惯性力，必须掌握压缩机中曲柄连杆机构的运动规律和相应的运动质量。

习惯上把压缩机中所有运动零件的质量简化为两类：一类质量集中在活塞销或十字头中心点处，且做往复运动；另一类质量集中在曲柄销中心处，且做绕曲柄中心点的旋转运动。

做往复运动的质量 m_p 包括做直线往复运动的活塞组件质量 m_{p1} 及十字头组件质量 m_{p2}，还把连杆质量 m_l 的 30%～40%看作参加往复运动，即：

$$m_p=m_{p1}+m_{p2}+(0.3\sim0.4)m_l \tag{5-72}$$

曲拐部分可以根据惯性力相等的条件进行转化，如图 5-59 所示。质量 m_{c1} 和 m_{c2} 相对于点 O 不对称，故在旋转时要产生离心力，转化到曲柄销中心的不平衡质量 m_c。

$$m_c=m_{c1}+m_{c2}\frac{\rho}{r} \tag{5-73}$$

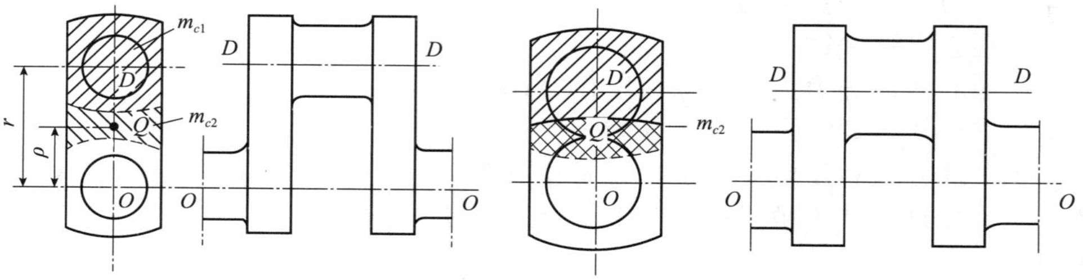

图 5-59 曲轴质量转化简图

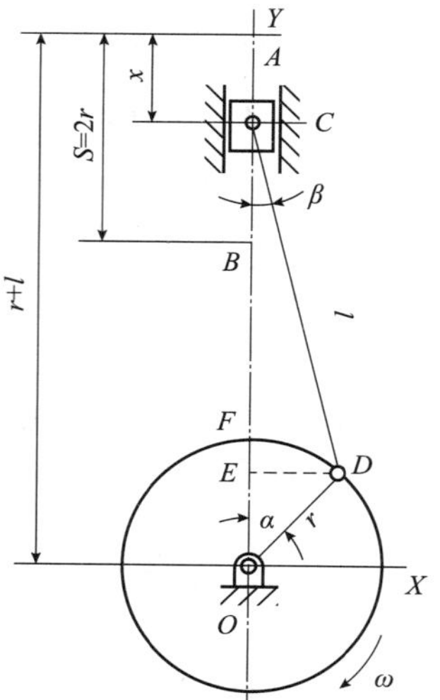

图 5-60 曲柄连杆机构示意图

不平衡的旋转总转化质量 m_r 包括曲拐部分转化质量 m_c 和连杆质量 m_l 的 60%～70%，见式(5-74)。对于高速压缩机，连杆做旋转运动部分的质量应取较大的值。

$$m_r=m_c+(0.6\sim0.7)m_l \tag{5-74}$$

如图 5-60 所示，曲轴绕主轴中心 O 旋转，带动曲柄(OD)、连杆(DC)、滑块(C)机构运动，取滑块中心 C 点的运动代表活塞组件的往复运动。A 点是活塞向盖行程的极限位置，即外止点。B 点是活塞向轴行程的极限位置，即内止点。A 和 B 两止点间距离为活塞运动的最大距离，称为活塞行程 S。$S=2r$，r 是曲柄销的旋转半径。

曲柄转角 α 从外止点开始算起，即在外止点时 $\alpha=0$，顺曲柄旋转方向量度。活塞位移 x 也以外止点为起点。$\alpha=0$ 时，$x=0$；活塞到内止点时，$\alpha=180°$，$x=S$。

在某一瞬时，曲柄转角为 α 活塞位移为 x，由图中几何关系得：

$$x=\overline{AO}-\overline{CO}=\overline{AO}-(\overline{OE}+\overline{EC})=r+l-(r\cos\alpha+l\cos\beta)$$

在△ODC 中，从几何关系得：

$$l\sin\beta=r\sin\alpha=\overline{DE}$$

设曲柄旋转半径 r 与连杆长度 l 之比为径长比 λ，即 $\lambda=\frac{r}{l}$，则：

$$\sin\beta=\frac{r}{l}\sin\alpha=\lambda\sin\alpha$$

由三角公式有：

$$\cos\beta=\sqrt{1-\sin^2\beta}=\sqrt{1-\lambda^2\sin^2\alpha}$$

根据二项式定理展开此式，因 $\lambda=\frac{r}{l}<1$，故略去 λ^4 项及以后的高次项得：

$$\cos\beta=1-\frac{1}{2}\lambda^2\sin^2\alpha$$

将 $\cos\beta$ 的关系式代入位移公式得：

$$x\approx r\left(1-\cos\alpha+\frac{\lambda}{2}\sin^2\alpha\right) \tag{5-75}$$

或

$$x\approx r\left\{1-\cos\alpha+\frac{\lambda}{4}[(1-\cos2\alpha)]\right\} \tag{5-76}$$

式中，x 为从外止点算起的活塞位移，m；r 为曲柄半径，m；l 为连杆长度，m；α 为曲柄转角，从气缸中心线开始，顺曲轴旋转方向到曲柄位置的角度；λ 为连杆径长比；β 为连杆摆角。

$\lambda=\frac{r}{l}$是压缩机中的一个重要参数，常取 $\lambda=\frac{1}{3.5}\sim\frac{1}{6}$。当取 $\lambda=\frac{1}{4}$时，位移计算误差为 2%。

从活塞位移与转角关系式可求得活塞往复运动的速度和加速度。活塞速度是位移对时间的导数，加速度是速度对时间的导数。

设曲轴以等角速度 ω 旋转，则有：

$$\omega=\frac{\mathrm{d}\alpha}{\mathrm{d}t}=\frac{\pi n}{30}$$

于是活塞瞬时速度 c 为：

$$c=\frac{\mathrm{d}x}{\mathrm{d}t}=\frac{\mathrm{d}x}{\mathrm{d}\alpha}\frac{\mathrm{d}\alpha}{\mathrm{d}t}=r\omega\left[\sin\alpha+\frac{\lambda}{2}\sin(2\alpha)\right] \tag{5-77}$$

于是活塞瞬时加速度 a 为：

$$a=\frac{\mathrm{d}c}{\mathrm{d}t}=\frac{\mathrm{d}c}{\mathrm{d}\alpha}\frac{\mathrm{d}\alpha}{\mathrm{d}t}=r\omega^2[\cos\alpha+\lambda\cos(2\alpha)] \tag{5-78}$$

由以上关系可以看出，活塞的位移、速度和加速度的大小和方向均随曲柄转角 α 而变化。把 x、c、a 随 α 变化的关系表示在图 5-61 中。从图中可看出：在外止点时，$x=0$，$c=0$，a 为最大值；在内止点时，$x=2r$，$c=0$，a 的绝对值也是最大值；速度 c 最大时其加速度为零。

需要指出，$\alpha=90°$时活塞并不处于行程中点，而是偏向内止点一侧。速度最大、加速度为零的转角并不在 90°或 270°处，而是在其附近，偏向外止点一侧。

另外，曲轴以等角速度 ω 旋转时，还有向心加速度 $a_r=r\omega^2$。

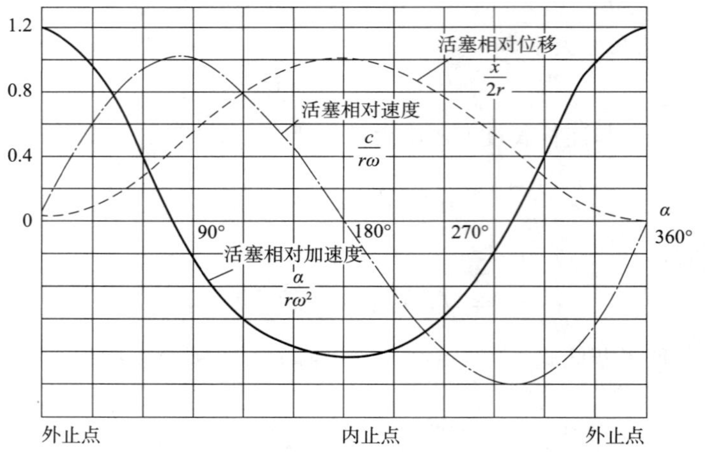

图 5-61　活塞相对位移、相对速度和相对加速度曲线

(2)惯性力的计算

在压缩机设计中总是先以列为单位求综合活塞力，此力是设计计算的基础。所以首先要计算列的往复惯性力。

$$I=m_p a=m_p r\omega^2[\cos\alpha+\lambda\cos(2\alpha)] \tag{5-79}$$

式中，m_p 为一列做往复运动部件的总质量，kg。

为了便于采取惯性力平衡措施，常把往复惯性力分解成两部分，即一阶往复惯性力 I' 和二阶往复惯性力 I''。

$$\begin{aligned}I&=m_p r\omega^2[\cos\alpha+\lambda\cos(2\alpha)]\\&=m_p r\omega^2\cos\alpha+\lambda m_p r\omega^2\cos(2\alpha)=I'+I''\end{aligned} \tag{5-80}$$

$$I'=m_p r\omega^2\cos\alpha \tag{5-81}$$

$$I''=\lambda m_p r\omega^2\cos(2\alpha) \tag{5-82}$$

I、I'、I''均为曲柄转角 α 的函数，可逐点计算其值，画成图 5-62 所示的曲线，可以看出往复惯性力有如下特点。

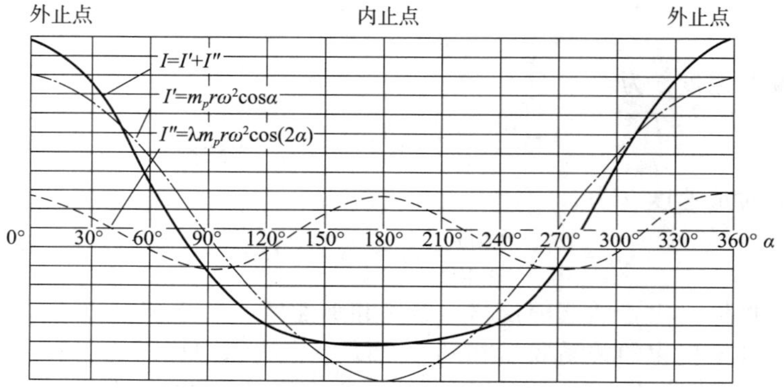

图 5-62　$\lambda=\frac{1}{4}$时往复惯性力与曲柄转角 α 的关系图

往复惯性力始终沿气缸中心线，可认为集中作用在十字头销上，其方向恒与加速度方向相反。若规定使连杆受拉的惯性力取为正值，使连杆受压的惯性力为负值，则用以上惯性力计算式所得结果的正负号与规定完全一致。往复惯性力的大小是周期性变化的。一阶

往复惯性力 I' 的变化周期相当于曲轴转 360°的转角；二阶往复惯性力 I'' 的变化周期相当于曲轴转 180°的转角。

一阶往复惯性力的最大值在 $\alpha=0°$ 处，$I'_{\max}=m_p r\omega^2$；二阶往复惯性力的最大值在 $\alpha=0°$ 或 180°处，因 $\lambda<1$，故二阶往复惯性力的最大值总较一阶往复惯性力的最大值小。往复惯性力最大值在 $\alpha=0°$ 处，$I'_{\max}=m_p r\omega^2(1+\lambda)$。

曲轴做等角速度旋转时，旋转惯性力为：

$$I_r=m_r a_r=m_r r\omega^2 \tag{5-83}$$

式中，m_r 为不平衡的旋转总转化质量，kg。

旋转惯性力的数值不变，方向则始终沿曲柄离心外指，此力集中作用在曲柄销中心。

(3)惯性力及力矩的平衡

由于惯性力是自由力，而且是周期性变化的，多列压缩机中惯性力还产生惯性力矩，它们将传到基础，引起机器的振动。消除此振动最有效的方法是在机器内部平衡惯性力和惯性力矩。由于惯性力和惯性力矩是周期性变化的，只有用变化周期相同但方向相反的另一个惯性力和惯性力矩来平衡。采用多列结构，合理选择各列的曲柄错角以及在曲柄上附加平衡重的办法，都可使惯性力矩部分或完全平衡，从而改善全机的动力平衡性能。

单列压缩机的惯性力包括旋转惯性力和往复惯性力。各列的往复惯性力沿各自的气缸中心线作用，旋转惯性力沿各自曲柄离心向外。多列压缩机内总的惯性力与力矩是由各列惯性力和力矩合成的。

惯性力合成是同一瞬时各列惯性力按矢量合成，要注意各列曲柄转角之间的相位关系。其合成的方法一般为：

先选定基准列，通常以远离动力输入端的第一列为基准列。

确定各列曲柄转角间的关系。设某一瞬时基准列的曲柄转角为 α_1，同一瞬时其余各列相应的曲柄转角为 α_2，α_3，…，都是从本列气缸中心线开始顺曲轴旋转方向量到本列曲柄该瞬时所在位置的角度。为了便于合成计算，把各列曲柄转角均表示成基准列转角 α_1 的函数。

确定往复惯性力 I 的矢量方向。各列往复惯性力的方向均以本列外止点位置时 I 的矢量方向标出，并将各列的 I 按此矢量方向合成。

各类压缩机两列气缸中心线的夹角用 γ 表示，两列曲柄错角用 θ 表示。下面分析几种常见的压缩机的惯性力及平衡情况。

①单列压缩机的惯性力平衡

A. 旋转惯性力的平衡

旋转惯性力的特点是数值大小不变，而方向随曲柄转动，这可以用加平衡重的办法来平衡它。在曲柄的相反方向加平衡质量，如图 5－63(c)所示，使平衡质量产生的离心力正好与旋转惯性力相等，方向始终与 I_r 相反，从而得到平衡，即：

$$m_0\omega^2 r_0=m_r\omega^2 r$$

由此得：

$$m_0=\frac{r}{r_0}m_r \tag{5-84}$$

式中，m_0 为平衡旋转惯性力所需的平衡质量；r_0 为平衡质量的质心到曲轴旋转中心的距离，即平衡质量旋转半径。

B. 往复惯性力的平衡

如图 5－63(b)所示，如果在曲柄的相反方向离曲轴旋转中心 r_0 处加一个质量为 m'_p 的平衡重，则沿曲柄相反方向产生离心力 $m'_p r_0 \omega^2$。当 $m'_p = m_p$，$r_0 = r$ 时，$m'_p r \omega^2$ 与往复惯性力并不相等，但是该力可分解成两个力。一个力沿气缸中心线方向，其值为：

$$m'_p r\omega^2 \cos\alpha = m_p r\omega^2 \cos\alpha = I'$$

此力恰好与一阶往复惯性力大小相等、方向相反，能得到平衡。但是垂直于气缸中心线的另一个分力 $m'_p r\omega^2 \sin\alpha$ 却无法平衡。因此，在单列压缩机中设置平衡重来平衡往复惯性力时，其结果是在与气缸中心线垂直方向形成不平衡的惯性力。此特点常用在卧式压缩机中，将一阶往复惯性力的 30%～50%转移到垂直方向以减少水平振动，这时平衡重的质量 $m'_p = (0.3 \sim 0.5) m_p$。在立式压缩机中，为减少轴承受力，用这种方法将一阶往复惯性力的 15%～20%转移到水平方向。

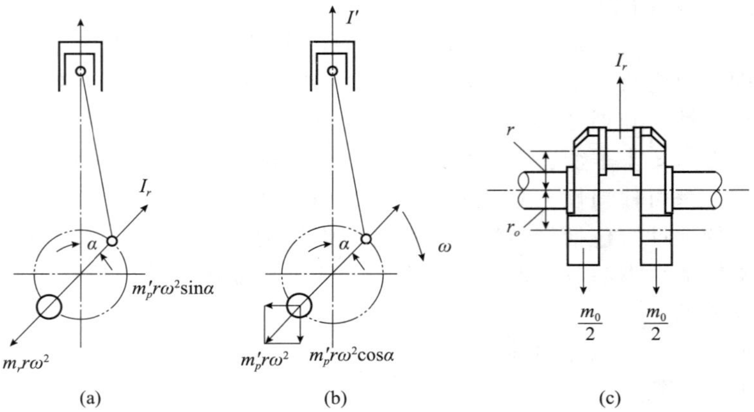

图 5-63　单列压缩机的惯性力平衡

实际设置的平衡重应把平衡旋转惯性力和往复惯性力的两部分加起来。平衡质量应在两个曲柄上均匀配置。

二阶往复惯性力 I'' 不能用加平衡质量的办法平衡，也不能改变方向，所以单列压缩机的平衡性较差。

②曲柄错角 $\theta = 180°$ 的两列直列式压缩机

直列式压缩机的气缸排列于主轴一侧，有立式与卧式两类。气缸中心线平行排成一条线，所以气缸中心线夹角 $\gamma = 0°$，如图 5-64 所示。

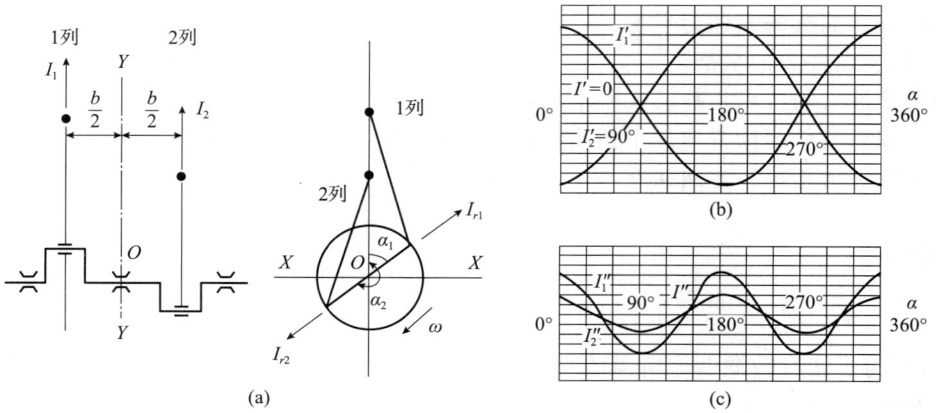

图 5-64　$\theta = 180°$直列式压缩机的惯性力平衡

先确定第 1 列为基准列，某瞬时曲柄转角为 α_1。确定各列瞬时曲柄转角间的关系。第 2 列曲柄转角为 α_2，表示成第 1 列曲柄转角 α_1 的函数则为 $\alpha_2=\alpha_1+180°$。

A. 一阶往复惯性力 I'：

第 1 列：

$$I_1'=m_{p1}r\omega^2\cos\alpha_1$$

第 2 列：

$$I_2'=m_{p2}r\omega^2\cos\alpha_2=m_{p2}r\omega^2\cos(\alpha_1+180°)=-m_{p2}r\omega^2\cos\alpha_1$$

合成一阶往复惯性力(两列惯性力正方向相同，故合成时相加)：

$$I'=I_1'+I_2'=(m_{p1}-m_{p2})r\omega^2\cos\alpha_1$$

若 $m_{p1}=m_{p2}$，则：

$$I'=I_1'+I_2'=0$$

B. 二阶往复惯性力 I''：

第 1 列：

$$I_1''=m_{p1}r\omega^2\lambda\cos(2\alpha_1)$$

第 2 列：

$$I_2''=m_{p2}r\omega^2\lambda\cos(2\alpha_2)=m_{p2}r\omega^2\lambda\cos[2\times(\alpha_1+180°)]=m_{p2}r\omega^2\lambda\cos(2\alpha_1)$$

合成二阶往复惯性力：

$$I''=I_1''+I_2''=(m_{p1}+m_{p2})r\omega^2\lambda\cos(2\alpha_1)$$

若 $m_{p1}=m_{p2}$，则：

$$I_2''=2m_{p1}r\omega^2\lambda\cos(2\alpha_1)$$

可见，一阶往复惯性力因相位差 180°，故同一瞬时两列 I' 正好抵消，达到平衡，如图 5-64(b)所示。二阶往复惯性力不能平衡，如图 5-64(c)所示。

C. 往复惯性力矩：

由于两列气缸的列间距为 b，Y 轴平分其间，各阶往复惯性力对 $X-X$ 轴的矩为：

一阶惯性力矩：

$$M'=I_1'\frac{b}{2}-I_2'\frac{b}{2}=(m_{p1}+m_{p2})r\omega^2\ \frac{b}{2}\cos\alpha_1$$

二阶惯性力矩：

$$M''=I_1''\frac{b}{2}-I_2''\frac{b}{2}=(m_{p1}-m_{p2})r\omega^2\ \frac{b}{2}\cos(2\alpha_1)$$

若取 $m_{p1}=m_{p2}$，则二阶惯性力矩 M'' 能得到平衡，而一阶惯性力矩无法平衡。

D. 旋转惯性力 I_r 及旋转惯性力矩 M_r：

由于曲柄错角 $\theta=180°$，当两列不平衡的旋转质量相等，即 $m_{r1}=m_{r2}$ 时，两列的旋转惯性力 $I_{r1}=I_{r2}$ 且方向相反，可以得到平衡。但对 O 点形成力矩为：

$$M_r=I_{r1}\frac{b}{2}+I_{r2}\frac{b}{2}=m_r r\omega^2 b$$

此力矩不能自动平衡，且此力矩的方向垂直于曲拐平面。因曲轴是旋转的，此力矩也连续变换方向，但此力矩的数值是常数，可以在每列曲柄对面离旋转中心 r_0 处加平衡质量来平衡此力矩，平衡质量为 $m_r\dfrac{r}{r_0}$。

综上分析，曲柄错角 $\theta=180°$，$\gamma=0$ 的两列直列式压缩机，当 $m_{p1}=m_{p2}=m_p$，$m_{r1}=m_{r2}=m_r$ 时，有：

一阶往复惯性力	$I'=0$，内部平衡；
一阶往复惯性力矩	$M'=m_p r\omega^2 b\cos\alpha_1$，不能平衡；
二阶往复惯性力	$I''=2m_p r\omega^2\lambda\cos\alpha_1$，不能平衡；
二阶往复惯性力矩	$M''=0$，内部平衡；
旋转惯性力	$I_r=0$，内部平衡；
旋转惯性力矩	$M_r=m_r r\omega^2 b$，可用平衡质量平衡。

③曲柄错角 $\theta=90°$的两列直列式压缩机

该机 $\theta=90°$，$\gamma=0°$，第 1 列为基准列，其曲柄转角为 α_1，第 2 列的曲柄转角 $\alpha_2=\alpha_1+90°$，如图 5-65(a)所示。可用与前文同样的分析方法。

A. 一阶往复惯性力 I'：

第 1 列：

$$I_1'=m_{p1}r\omega^2\cos\alpha_1$$

第 2 列：

$$I_2'=m_{p2}r\omega^2\cos\alpha_2=m_{p2}r\omega^2\cos(\alpha_1+90°)=-m_{p2}r\omega^2\sin\alpha_1$$

合成一阶往复惯性力：

$$I'=I_1'+I_2'=r\omega^2(m_{p1}\cos\alpha_1-m_{p2}\sin\alpha_1)$$

若 $m_{p1}=m_{p2}=m_p$，也不能平衡一阶往复惯性力，可以求得其极值及相应的曲柄转角。令 $\frac{dI'}{d\alpha}=0$，则得 $\tan\alpha_1=-1$，即 $\alpha_1=135°$或 315°时 I'有最大值。代入得：

$$\alpha_1=135° \quad I'_{max}=-\sqrt{2}m_p r\omega^2$$

$$\alpha_1=315° \quad I'_{max}=+\sqrt{2}m_p r\omega^2$$

B. 二阶往复惯性力 I''

第 1 列：

$$I_1''=m_{p1}r\omega^2\lambda\cos(2\alpha_1)$$

第 2 列：

$$I_2''=m_{p2}r\omega^2\lambda\cos[2\times(\alpha_1+90°)]=-m_{p2}r\omega^2\lambda\cos(2\alpha_1)$$

合成二阶往复惯性力：

$$I''=I_1''+I_2''=(m_{p1}-m_{p2})r\omega^2\lambda\cos(2\alpha_1)$$

若 $m_{p1}=m_{p2}$，则：$I''=0$，可得到平衡。

任一瞬时的往复惯性力及其合成关系可用曲线表示，如图 5-65(b)和(c)所示。

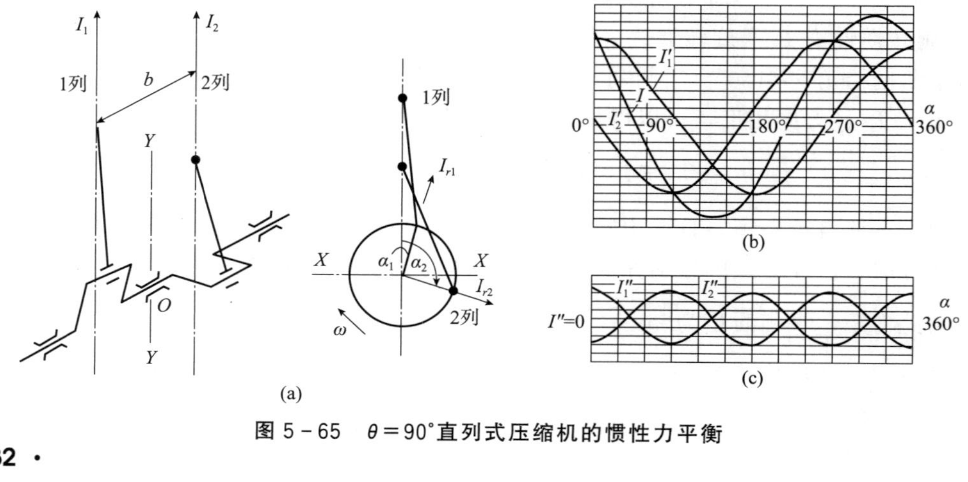

(a)　(b)　(c)

图 5-65　$\theta=90°$直列式压缩机的惯性力平衡

C. 往复惯性力矩(当 $m_{p1}=m_{p2}=m_p$ 时，对 $X-X$ 轴的惯性力矩)：

一阶往复惯性力矩：

$$M'=I_1'\frac{b}{2}-I_2'\frac{b}{2}=m_p r\omega^2\ \frac{b}{2}(\cos\alpha_1+\sin\alpha_1)$$

二阶往复惯性力矩：

$$M''=I_1''\frac{b}{2}-I_2''\frac{b}{2}=m_p r\omega^2\lambda b\cos(2\alpha_1)$$

往复惯性力矩不能平衡，也可用上述同样方法求得惯性力矩的极值及相应的曲柄转角。

D. 旋转惯性力及旋转惯性力矩：

若 $m_{r1}=m_{r2}=m_r$，两列的旋转惯性力相差 90°，合成为：

$$I_r=\sqrt{I_{r1}^{\ 2}+I_{r2}^{\ 2}}=\sqrt{2}m_r r\omega^2$$

此力是一个常数，合力方向在距 I_{r1} 与 I_{r2} 为 25°的方向，可用在相反方向加平衡质量的办法平衡。一般用在各列曲柄相反方向加平衡质量来平衡各列的旋转惯性力，总的旋转惯性力也就得到平衡。

旋转惯性力矩 $I_{r1}\dfrac{b}{2}$ 与 $I_{r2}\dfrac{b}{2}$ 不在一个平面内，是一个空间力矩的合成，且不断改变方向。但是此力矩随着旋转惯性力的平衡而得到平衡。

综上分析，此种压缩机只有二阶往复惯性力能内部平衡；旋转惯性力及旋转惯性力矩用平衡质量平衡；一阶往复惯性力及力矩和二阶往复惯性力矩均不能平衡。

④对称平衡型压缩机

图 5－66 所示为一对称平衡型压缩机示意图。它是对置式压缩机的特殊情况，其特点是 $\gamma=180°$，$\theta=180°$，两列同时到达外止点，又同时到达内止点，因此 $\alpha_1=\alpha_2=\alpha$。各惯性力平衡情况如下。

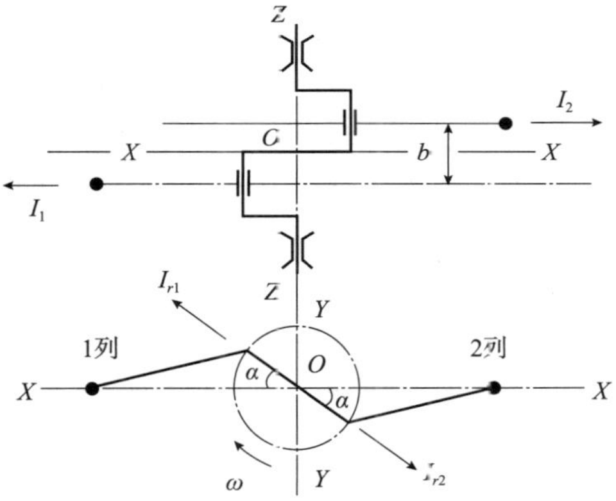

图 5－66　对称平衡型压缩机的惯性力平衡

A. 一阶往复惯性力 I'：

第 1 列：

$$I_1'=m_{p1}r\omega^2\cos\alpha_1$$

第 2 列：

$$I_2'=m_{p2}r\omega^2\cos\alpha_2=m_{p2}r\omega^2\cos\alpha_1$$

合成一阶往复惯性力：

$$I'=I_1'-I_2'=(m_{p1}-m_{p2})r\omega^2\cos\alpha_1$$

若 $m_{p1}=m_{p2}$，则 $I'=0$，即一阶往复惯性力得到平衡。

B. 二阶往复惯性力 I''

第 1 列：

$$I_1''=m_{p1}r\omega^2\lambda\cos(2\alpha_1)$$

第 2 列：

$$I_2''=m_{p2}r\omega^2\lambda\cos(2\alpha_2)=m_{p2}r\omega^2\lambda\cos(2\alpha_1)$$

合成二阶往复惯性力：

$$I''=I_1''-I_2''=(m_{p1}-m_{p2})r\omega^2\lambda\cos(2\alpha_1)$$

若 $m_{p1}=m_{p2}$，则：$I''=0$，即二阶往复惯性力也得到平衡。

C. 往复惯性力矩(两列往复惯性力对 O 点之矩):

一阶往复惯性力矩:

$$M'=I'_1\frac{b}{2}+I'_2\frac{b}{2}=(m_{p1}+m_{p2})r\omega^2\ \frac{b}{2}\cos\alpha_1$$

二阶往复惯性力矩:

$$M''=I''_1\frac{b}{2}+I''_2\frac{b}{2}=(m_{p1}+m_{p2})r\omega^2\ \frac{b}{2}\cos(2\alpha_1)$$

可见往复惯性力矩无法平衡。

D. 旋转惯性力及旋转惯性力矩:

因 $\theta=180°$,所以两列旋转惯性力在 XY 平面上的投影方向相反并在一条直线上,若 $m_{r1}=m_{r2}=m_r$,则旋转惯性力 $I_r=I_{r1}-I_{r2}=0$,能互相平衡。但 I_{r1} 与 I_{r2} 之间有一个距离 b,若对 O 点取力矩,得:

$$M_r=I_{r1}\frac{b}{2}+I_{r2}\frac{b}{2}=m_r r\omega^2 b$$

此力矩不能平衡,一般用配置平衡质量办法来平衡。

其他类似形式压缩机的惯性力平衡也可采用同样的方法分析。

比较上述几种机型可知,两列往复质量相同(即 $m_{r1}=m_{r2}$)时,$\theta=180°$的直列式压缩机一阶往复惯性力可得到平衡,而 $\theta=90°$的直列压缩机只能平衡二阶往复惯性力。

两列质量相等(即 $m_{r1}=m_{r2}$)时,$\gamma=180°$,$\theta=180°$的对称平衡型压缩机的一阶、二阶往复惯性力均能互相平衡,传到基础上的往复惯性力为零,这是该机型的优点。该机型往复惯性力矩虽不能平衡,但列间距 b 较小,力矩值不大。如果采用四列的对称平衡型压缩机,合理布置曲柄位置,也能使惯性力矩得到平衡,故对称平衡型压缩机经常做成四列。

各类压缩机的旋转惯性力或旋转惯性力矩都可用加平衡质量来平衡。

⑤两列 L 型角式压缩机的惯性力平衡

角式压缩机气缸中心线互成一定角度。根据气缸数和气缸位置的布置,可分为 L 型、W 型、V 型、扇型等。单重(单曲拐)角式压缩机,几列的连杆装在同一曲柄销上,故曲柄错角 $\theta=90°$。双重(双曲拐)角式压缩机,其曲柄错角 θ 可为 90°或 180°。

在分析角式压缩机的惯性力平衡时,为了便于计算,应先确定坐标轴(X,Y 轴),合成时先将各列的惯性力分别投影到 X、Y 轴上代数相加,然后将两坐标轴上的投影和进行矢量合成。

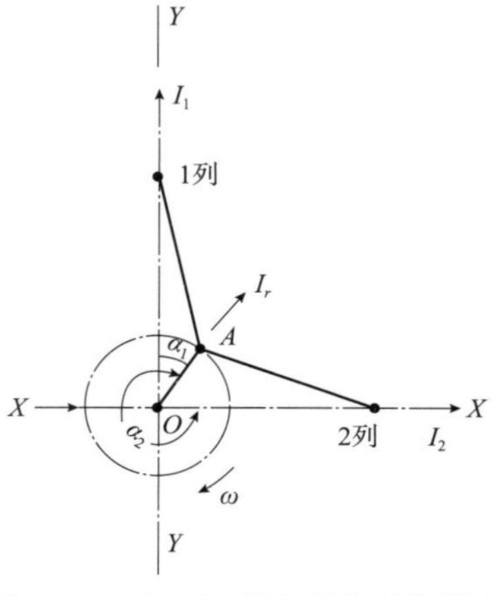

图 5-67　两列 L 型压缩机的惯性力

如图 5-67 所示,这种压缩机的气缸中心线夹角 $\gamma=90°$,曲柄错角 $\theta=0°$,且一个气缸水平布置,另一个气缸垂直布置。设水平坐标 $X-X$(与第 2 列气缸中心线重合),垂直坐标 $Y-Y$(与第 1 列气缸中心线重合),第 1 列曲柄转角为 α_1,第 2 列曲柄转角为 $\alpha_2=\alpha_1+270°$。

A. 一阶往复惯性力 I':

第 1 列在 X 轴上投影:

$$I'_{1x}=0$$

第 1 列在 Y 轴上投影:

$$I'_{1y}=m_{p1}r\omega^2\cos\alpha_1$$

第 2 列在 X 轴上投影:

$$I'_{2x}=m_{p2}r\omega^2\cos(\alpha_1+270°)=m_{p2}r\omega^2\sin\alpha_1$$

第 2 列在 Y 轴上投影:

$$I'_{2y}=0$$

一阶往复惯性力在各坐标轴上的投影和：

在 X 轴上投影之和：

$$I'_x=I'_{1x}+I'_{2x}=m_{p2}r\omega^2\sin\alpha_1$$

在 Y 轴上投影之和：

$$I'_y=I'_{1y}+I'_{2y}=m_{p1}r\omega^2\cos\alpha_1$$

合成：

$$I'=\sqrt{I'^2_x+I'^2_y}=\sqrt{(m_{p2}r\omega^2\sin\alpha_1)^2+(m_{p1}r\omega^2\cos\alpha_1)^2}$$

若 $m_{p1}=m_{p2}=m_p$，则有：

$$I'=m_pr\omega^2\sqrt{\sin^2\alpha_1+\cos^2\alpha_1}=m_pr\omega^2$$

设方向与 Y 轴成 φ 角，若 $m_{p_-}=m_p\alpha_2$，则有：

$$\tan\varphi=\frac{I'_x}{I'_y}=\frac{m_{p2}r\omega^2\sin\alpha_1}{m_{p1}r\omega^2\cos\alpha_1}=\tan\alpha_1$$

这说明一阶往复惯性力的合力是不随曲轴转角而变化的，其方向与曲柄方向重合并离心外指，因此可以用加平衡质量的办法来平衡。

B. 二阶往复惯性力 I''

第 1 列在 X 轴上投影：

$$I''_{1x}=0$$

第 1 列在 Y 轴上投影：

$$I''_{1y}=m_{p1}r\omega^2\lambda\cos(2\alpha_1)$$

第 2 列在 X 轴上投影：

$$I''_{2x}=m_{p2}r\omega^2\cos[2(\alpha_1+270°)]=-m_{p2}r\omega^2\lambda\cos(2\alpha_1)$$

第 2 列在 Y 轴上投影：

$$I''_{2y}=0$$

二阶往复惯性力在各坐标轴上的投影和：

在 X 轴上投影之和：

$$I''_x=I''_{1x}+I''_{2x}=-m_{p2}r\omega^2\lambda\cos(2\alpha_1)$$

在 Y 轴上投影之和：

$$I''_y=I''_{1y}+I''_{2y}=m_{p1}r\omega^2\lambda\cos(2\alpha_1)$$

合成：$(m_{p1}=m_{p2}=m_p)$

$$I''=\sqrt{I''^2_x+I''^2_y}=m_pr\omega^2\sqrt{\cos^2(2\alpha_1)+\cos^2(2\alpha_1)}=\sqrt{2}m_pr\omega^2\lambda\cos(2\alpha_1)$$

此力无法平衡。

C. 往复惯性力矩：

因两列连杆同装在一个曲柄销上，列间距很小，可忽略不计。

D. 旋转惯性力 I_r：

由于只有一个曲柄销，也只有一个 I_r 作用在曲柄销上，故可用加平衡质量的办法来平衡。

由此可见，L 型压缩机可用平衡质量平衡一阶往复惯性力及旋转惯性力。平衡用的质量 $m_0=(m_p+m_r)\dfrac{r}{r_0}$（$r_0$ 是平衡质量质心旋转半径）。总的来看，其平衡性能较好，而且切向力均衡，故我国动力用空压机系列的定型设计采用此种型式。气缸中心线夹角 $\gamma=90°$ 的 V 型压缩机惯性力平衡情况与 L 型相同，也是常用的一种机型。

如果 V 型压缩机的气缸夹角 $\gamma \neq 90°$，一阶往复惯性力不是常数，此时若 $m_{p1}=m_{p2}=m_p$，气缸夹角为 γ，Y 轴平分 γ 角，则一阶往复惯性力 I' 在 X，Y 轴上的投影为：

$$I'_x=-m_p\gamma\omega^2\cos\alpha_1\sin\frac{\gamma}{2}+m_p\gamma\omega^2\cos(\alpha_1-\gamma)\sin\frac{\gamma}{2}$$

$$=m_p\gamma\omega^2\sin\frac{\gamma}{2}[-\cos\alpha_1+\cos(\alpha_1-\gamma)]$$

利用和差化积公式，经整理得：

$$I'_x=2m_p\gamma\omega^2\ \sin^2\frac{\gamma}{2}\sin\left(\alpha_1-\frac{\gamma}{2}\right)$$

$$I'_y=2m_p\gamma\omega^2\ \cos^2\frac{\gamma}{2}\cos\left(\alpha_1-\frac{\gamma}{2}\right)$$

令 $A'_x=2m_p\gamma\omega^2\ \sin^2\frac{\gamma}{2}$，则 $\frac{I'_x}{A'_x}=\sin\left(\alpha_1-\frac{\gamma}{2}\right)$；令 $A'_y=2m_p\gamma\omega^2\ \cos^2\frac{\gamma}{2}$，则 $\frac{I'_y}{A'_y}=\cos\left(\alpha_1-\frac{\gamma}{2}\right)$。两式平方相加得 $\left(\frac{I'_x}{A'_x}\right)^2+\left(\frac{I'_y}{A'_y}\right)^2=\sin^2\left(\alpha_1-\frac{\gamma}{2}\right)+\cos^2\left(\alpha_1-\frac{\gamma}{2}\right)=1$

此为一椭圆方程。在曲轴旋转一周中，一阶合成惯性力 $I'=\sqrt{I'^2_x+I'^2_y}$ 的矢量按椭圆轨迹变化，不能简单用平衡质量平衡。

⑥三列 W 型角式压缩机的惯性力平衡

三列气缸中心线互成 60°，三列连杆同装在一个曲柄销上，所以 $\gamma=60°$，$\theta=0°$，如图 5-68 所示。

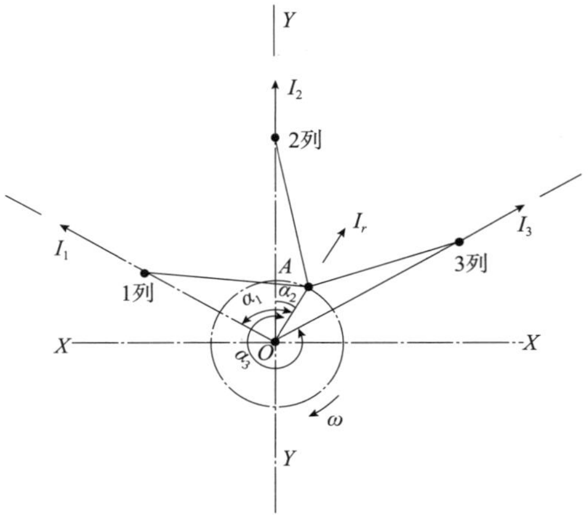

图 5-68　三列 W 型压缩机的惯性力平衡

首先确定各列曲柄转角。第 1 列曲柄转角为 α_1，第 2 列曲柄转角为 $\alpha_2=\alpha_1-60°$；

第 3 列曲柄转角为 $\alpha_3=\alpha_1+220°$。

A. 一阶往复惯性力 I'：

第 1 列：

$I'_1=m_{p1}r\omega^2\cos\alpha_1$（方向沿第 1 列气缸中心线）

在 X 轴上投影：

$$I'_{1x}=-I'_1\cos30°=-\frac{\sqrt{3}}{2}m_{p1}r\omega^2\cos\alpha_1$$

在 Y 轴上投影：

$$I'_{1y}=I'_1\sin30°=\frac{1}{2}m_{p1}r\omega^2\cos\alpha_1$$

第 2 列：

$$I'_2=m_{p2}r\omega^2\cos(\alpha_1-60°)\text{（方向沿第 2 列气缸中心线）}$$

在 X 轴上投影：

$$I'_{2x}=0$$

在 Y 轴上投影：

$$I'_{2y}=m_{p2}r\omega^2\cos(\alpha_1-60°)$$

第 3 列：

$$I'_3=m_{p3}r\omega^2\cos(\alpha_1+240°)\text{（方向沿第 3 列气缸中心线）}$$

在 X 轴上投影：

$$I'_{3x}=I'_3\cos30°=\frac{\sqrt{3}}{2}m_{p3}r\omega^2\cos(\alpha_1+240°)$$

在 Y 轴上投影：

$$I'_{3y}=I'_3\sin30°=\frac{1}{2}m_{p3}r\omega^2\cos(\alpha_1+240°)$$

设取以上 3 列的往复运动质量相等，$m_{p1}=m_{p2}=m_{p3}=m_p$，则一阶往复惯性力合成为：

在 X 轴上投影之和：

$$I'_x=I'_{1x}+I'_{2x}+I'_{3x}=$$

$$-\frac{\sqrt{3}}{2}m_pr\omega^2\cos\alpha_1+0+\frac{\sqrt{3}}{2}m_pr\omega^2\cos(\alpha_1+240°)=m_pr\omega^2\left(-\frac{3\sqrt{3}}{4}\cos\alpha_1+\frac{3}{4}\sin\alpha_1\right)$$

在 Y 轴上投影之和：

$$I'_y=I'_{1y}+I'_{2y}+I'_{3y}=$$

$$\frac{1}{2}m_pr\omega^2\cos\alpha_1-m_pr\omega^2\cos(\alpha_1-60°)+\frac{1}{2}m_pr\omega^2\cos(\alpha_1+240°)=m_pr\omega^2\left(\frac{3}{4}\cos\alpha_1+\frac{3\sqrt{3}}{4}\sin\alpha_1\right)$$

合成惯性力：

$$I'=\sqrt{I'^2_x+I'^2_y}=m_pr\omega^2\sqrt{\left(\frac{3}{4}\sin\alpha-\frac{3\sqrt{3}}{4}\cos\alpha_1\right)^2+\left(\frac{3}{4}\cos\alpha_1+\frac{3\sqrt{3}}{4}\sin\alpha_1\right)^2}=\frac{3}{2}m_pr\omega^2$$

设合成惯性力 I' 与 OY 轴夹角为 φ，则合成惯性力的方向为：

$$\tan\varphi=\frac{I'_x}{I'_y}=\frac{-\frac{3\sqrt{3}}{4}\cos\alpha_1+\frac{3}{4}\sin\alpha_1}{\frac{3}{4}\cos\alpha_1+\frac{3\sqrt{3}}{4}\sin\alpha_1}=\frac{\frac{1}{2}\sin\alpha-\frac{\sqrt{3}}{2}\cos\alpha_1}{\frac{1}{2}\cos\alpha_1+\frac{\sqrt{3}}{2}\sin\alpha_1}=$$

$$\frac{\sin(\alpha_1-60°)}{\cos(\alpha_1-60°)}=\tan(\alpha_1-60°)$$

$$\varphi=(\alpha_1-60°)$$

以上说明一阶往复惯性力 I' 是不随曲柄转角而变化的数值，其合力的方向与 OY 轴夹角为 $\varphi=(\alpha_1-60°)$，即沿着曲柄 OA 方向，所以 I' 可用加平衡质量的办法来平衡。

B. 二阶往复惯性力 I''

第 1 列

$$I''_1=m_{p1}r\omega^2\lambda\cos(2\alpha_1)$$

在 X 轴上投影：

$$I''_{1x}=-I''_1\cos30°=-\frac{\sqrt{3}}{2}m_{p1}r\omega^2\lambda\cos(2\alpha_1)$$

在 Y 轴上投影：

$$I''_{1y}=I''\sin30°=\frac{1}{2}m_{p1}r\omega^2\lambda\cos(2\alpha_1)$$

第 2 列

$$I''_2=0$$

在 X 轴上投影：

$$I''_{2x}=0$$

在 Y 轴上投影：

$$I''_{2y}=m_{p2}r\omega^2\lambda\cos[2(\alpha_1-120°)]$$

第 3 列

$$I_3''=m_{p3}r\omega^2\lambda\cos(2\alpha_3)=m_{p3}r\omega^2\lambda\cos(2\alpha_1+480°)$$

在 X 轴上投影：

$$I_{3x}''=I_3''\cos30°=\frac{\sqrt{3}}{2}m_{p3}r\omega^2\lambda\cos(2\alpha_1+480°)$$

在 Y 轴上投影：

$$I_{3y}''=I_3''\sin30°=\frac{1}{2}m_{p3}r\omega^2\lambda\cos(2\alpha_1+480°)$$

合成二阶惯性力，若 $m_{p1}=m_{p2}=m_{p3}=m_p$ 则：

$$I''=\sqrt{(I_{1x}''+I_{2x}''+I_{3x}'')^2+(I_{1y}''+I_{2y}''+I_{3y}'')^2}=$$

$$m_pr\omega^2\lambda\sqrt{\left[-\frac{\sqrt{3}}{2}\cos(2\alpha_1)+\frac{\sqrt{3}}{2}\cos(2\alpha_1+480°)\right]^2+\left[\frac{1}{2}\cos(2\alpha_1)+\cos(2\alpha_1-120°)+\frac{1}{2}\cos(2\alpha_1+480°)\right]^2}$$

$$=\frac{1}{2}m_pr\omega^2\lambda\sqrt{5+2\cos(4\alpha_1)+2\sqrt{3}\sin(4\alpha_1)}$$

二阶往复惯性力的合力随曲柄转角而变，故无法平衡。

C. 往复惯性力矩：

由于 3 列连杆同装在一个曲柄销上，列间距很小，可忽略不计。

D. 旋转惯性力：

可用加平衡质量的办法平衡。若平衡质量的质心旋转半径为 r_0，则平衡质量为：

$$m_0=\left(\frac{3}{2}m_p+m_r\right)\frac{r}{r_0}$$

总的来说，单列压缩机的惯性力平衡性能较差。角式压缩机四列气缸中心线夹角为 25°时也可用平衡质量平衡一阶往复惯性力的合力。多列角式压缩机，若用双重式，即有两个曲拐，曲柄夹角 $\theta=180°$时，则一阶往复惯性力也可自行平衡，旋转惯性力也可自行平衡，惯性力矩则用平衡质量平衡。所以，它总的平衡性能较好，一般常在小型高转速压缩机中采用。

多列式压缩机，当气缸中心线夹角及曲柄错角布置合理时，能得到较好的惯性力平衡性能。惯性力平衡的分析中，都要求各列往复质量相等。因此在设计时，各列活塞、十字头组件的质量相差要小。选择结构形式时，应首先解决一阶往复惯性力的平衡，因为它的值较大，影响也较大。在高转速时，二阶往复惯性力也要求平衡。当往复惯性力矩得不到平衡时，应尽量减小列间距，以减小惯性力矩。各种机型的旋转惯性力及旋转惯性力矩都可用平衡质量来平衡。

5.6.3 切向力及转矩均衡

在前述作用力分析中已知，在曲柄销处有一个与曲柄垂直的切向力 T。

$$T=P_c\sin(\alpha+\beta)=P_t\frac{\sin(\alpha+\beta)}{\cos\beta}$$

切向力 T 的数值随曲柄转角 α 而周期变化，且规定凡是构成与驱动力矩反方向阻力矩的切向力为正值，反之为负值。

图 5－69 所示是 V 型空压机的切向力图。作图时，首先按公式(5－68)列表计算出不同曲柄转角 α 时的切向力值，选定合适的比例尺定出坐标，将计算结果逐点画出连成曲线。图 5－69 上部两图分别表示第Ⅰ列和第Ⅱ列各自的切向力图。将各列切向力进行合成，合成时需将同一瞬时切向力叠加。故选第Ⅰ列曲柄转角 α_1 为基准，第Ⅱ列的曲柄转角 α_2 折算成 α_1 的函数(α 角的定义与计算惯性力时相同)，$\alpha_2=\gamma+\alpha_1$。将同一相位的切向

力相加并画在图上即为总切向力图。

由图可知，在曲柄每一转内，瞬时切向力值是随曲柄转角而变化的，但每一转内所需的功 W_T 可用平均切向力 T_m 所做的功来表示。假设平均切向力 T_m 是定值，则：

$$W_T = 2\pi r T_m = \pi s T_m$$

平均切向力 T_m 值可根据列表计算中每个角度切向力的代数平均值求得，也可用总切向力曲线与横坐标所包围的面积 A 求得。

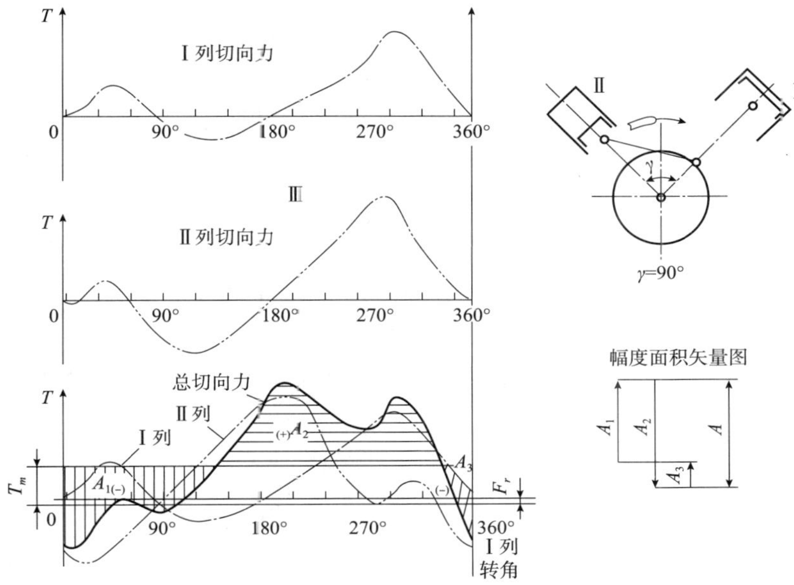

图 5－69　单重 V 型空压机的切向力图及幅度面积矢量图

图 5－70 中给出了几种机型在相同条件下的切向力曲线。各机型均为两列，它们的气缸中心线夹角 γ 及曲柄错角 θ 的布置不同，其切向力的变化规律不同。

图 5－70(a)和图 5－70(b)两种机型，两列切向力相位差为 90°，切向力叠加时波峰错开，波峰与波谷叠加，切向力比较均衡。图 5－70(c)和 5－70(d)两种机型，切向力同相位或相位差为 180°，两列波峰重合，叠加以后总切向力的峰值更高。从均衡切向力角度出发，配置曲柄错角与气缸中心线夹角时，希望各列相位差 90°为好。曲柄错角不等于 0°或 180°的多列压缩机中，变更列的排列顺序会改变切向力的相位关系，从而改变切向力的均衡程度。一般来说，单作用压缩机以气体力较大的列(称为重列)布置成超前列有利；双作用压缩机重列落后有利。在使用中，从切向力均衡角度出发，不应任意改变压缩机的旋转方向。

切向力的不均衡与缸内气体力周期变化有关。气缸内气体力较均衡时，切向力也会较均衡，因此，双作用活塞的压缩机、贯穿活塞杆的压缩机(活塞两侧带活塞杆，如高压循环压缩机)切向力较均衡。级差式活塞若合理布置，也可以改善气体力的均衡程度。

然而，切向力总是不均衡的。这种瞬时切向力变化造成瞬时阻力矩 $M_y = Tr$ 的变化，但驱动力矩 $M_d = T_m r$ 则可视为基本不变(如常用的电动机)，从而引起曲轴的瞬时加速和减速，造成转速的不均匀。

切向力曲线与水平轴所包围的面积代表功的大小。根据动能定理，动能的变化值等于功。因此，动能变化的最大幅度 ΔW_{max} 又称最大剩余功，可用切向力图上的面积矢量图来确定(图 5－70)。若以平均切向力线 T_m 为基准，位于 T_m 下方表示阻力矩小于驱动力矩，其面积 A_1 和 A_3 为驱动机富余的功，规定为负值，图中以箭头向上的矢量表示；位于 T_m

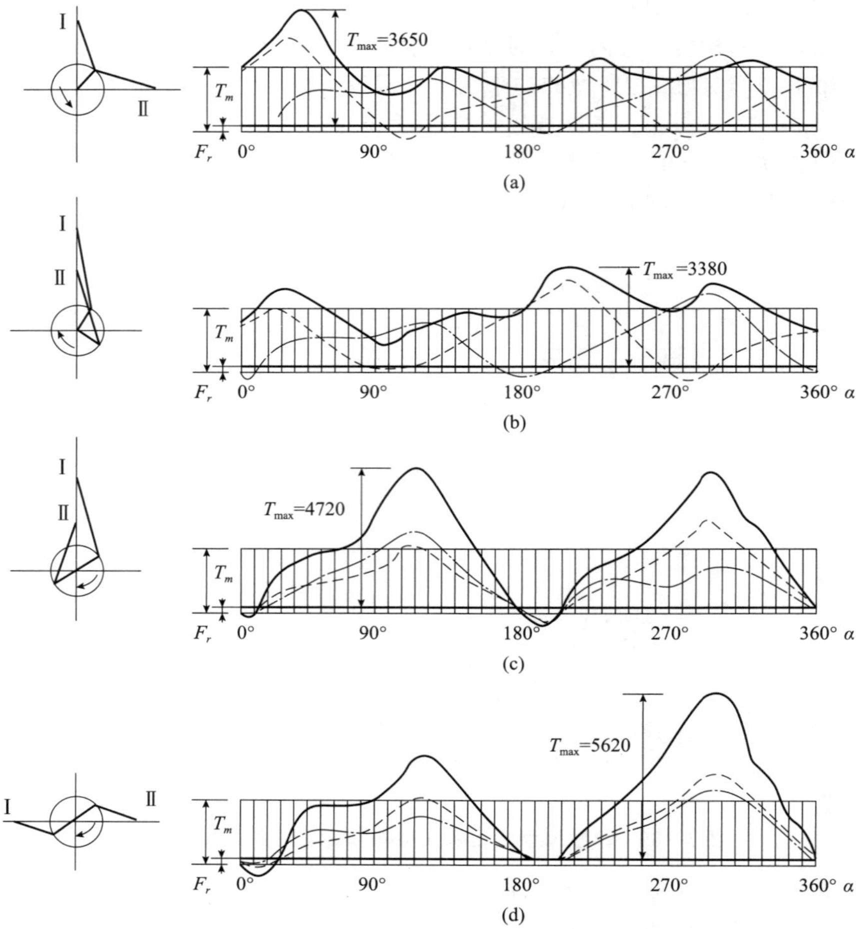

图 5－70　两列气缸不同布置的切向力曲线

上方表示阻力矩大于驱动力矩，面积 A_2 表示驱动机不足的功，规定为正值，并用箭头向下的矢量表示。把所有矢量依次首尾连接，平行作出，最末一个矢量的终点应与第一个矢量起点在同一水平线上，于是得到矢量图上最高点与最低点之间的差值 A。该差值所代表的面积就是一转中动能变化的最大幅度值 ΔW_{max}。由此看出 ΔW_{max} 是由切向力的均衡程度决定的。

用最大剩余功 ΔW_{max} 与总功 W_T 的比值来表示其切向力的均衡程度，称为最大相对剩余功，$A=\dfrac{\Delta W_{max}}{W_T}$。图 5－70 所示四种结构形式的 A 值列于表 5－7。按经验统计，各种机型的最大相对剩余功 A 可参考表 5－8。

表 5－7　四种两列压缩机的最大相对剩余功比较

形式		立式两级	L 型两级	立式两级	对称平衡两级
图例		图 5－70(a)	图 5－70(b)	图 5－70(c)	图 5－70(d)
机构标志	i	2	2	2	2
	γ	90°	0°	0°	180°
	θ	0°	90°	180°	180°
A/%		8.5	9.5	15.35	21.2

表 5-8　活塞式压缩机的最大相对剩余功 A 值

形式	结构标志				A/%
	γ	i	θ	作用数	
直立式	0°	2	180°/90°	单	～0.25
	0°	3	120°	双	～3.5
	0°	2	90°	双、级差	7～10
	0°	2	180°	单、双、级差	12～12.5
	0°	2	180°	双、级差	15～20
	0°	1	0°	双	15～30
	0°	2	180°	单	21～25
	0°	1	0°	单	50～60
对置式 对称平衡式	180°	6	180°/120°	双	2～3
	180°	2	180°/90°	双、级差	5～7.5
	180°	3	120°	级差	5～9
	180°	2	180°	双	18～22
	180°	2	180°	级差	2～5 60～80
角式	SS	3		单	0.2～9.23
	VV	2	180°	单	1.5～3
	LL	2	180°	级差	2.8～3.8
	WW	6	180°	单	2.5～6.5
	VV	2	180°	单	2～5
	L	3	0°	级差	～5.6
	L	2	0°	双	1.2～7
	W	3	0°	级差	～8
	VV	2	180°	单	9～15
	W	3	0°	单	35～20
	V	2	0°	单	50～60

从表中所列数据可知结构形式对切向力均衡程度影响很大。直立式压缩机中四列(θ=180°/90°)的单作用压缩机切向力较均衡，而单列压缩机和两列(θ=180°)的压缩机切向力均衡较差，其中单列单作用压缩机最差。对称平衡型压缩机中的六列对称平衡型(180°/90°)压缩机切向力较均衡，而两列对称平衡型级差活塞为最差。角式压缩机中，一般双重型切向力均衡较好，而单重 V 型及 W 型单作用压缩机为最差。

在工程设计中，常用的解决办法是在曲轴上加装飞轮。当驱动机的能量有余时，飞轮吸收并积蓄多余的能量；当驱动机能量不足时，飞轮放出多余的能量，起调节作用。显然，切向力较均衡的压缩机，飞轮质量可以减轻。习惯用飞轮矩 GD^2 表示飞轮的转动惯量，为

$$GD^2 = 3600\frac{\Delta W_{\max}}{n^2\delta} \tag{5-85}$$

式中，G 为转化到直径 D 处的飞轮重量，可近似取飞轮轮缘质量，它约等于整个飞轮质量的 90%，kg；D 为飞轮轮缘截面形心所组成圆的直径，m；ΔW_{max} 为最大盈亏功，等于动能变化量，J；n 为压缩机转速，r/min；δ 为旋转不均匀度，$\delta=\frac{\omega_{max}-\omega_{min}}{\omega_m}$，$\omega_m=\frac{\omega_{max}+\omega_{min}}{2}$。

5.7 压缩机总体结构分析与选型

压缩机的型式、结构特征、主要结构参数和驱动方式反映了压缩机的总体概貌。压缩机的总体结构和主要结构参数的确定是压缩机设计和选型的首要环节。当然要对往复活塞式压缩机进行合理的选型，更需要前面讲述的热力计算和动力计算的知识。

5.7.1 总体结构形式分析

往复活塞式压缩机的形式和结构特征主要包括：压缩机气缸轴线在空间的位置、级数、曲轴曲柄错角的分布、列数及列的布置、级在列中的配置方案、运动机构的构造和反映压缩机某些特点的内容。

往复活塞式压缩机的型式很多，根据各列气缸中心线之间的夹角和位置不同，可分为三大类。

(1)直列式压缩机

各列气缸中心线夹角为 0°，它又可分为立式(Z 型)和卧式(P 型)两类，如图 5－71 所示。

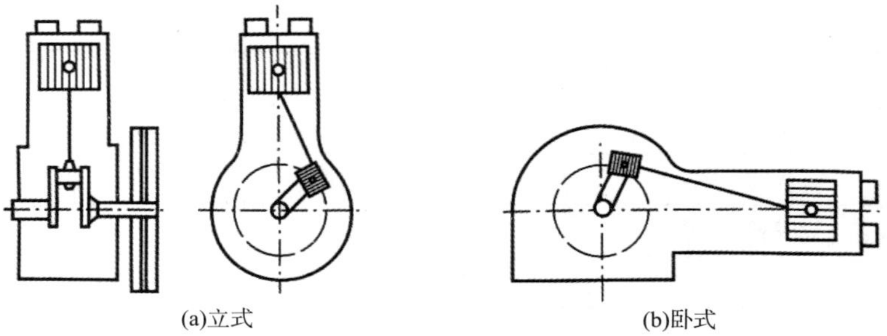

图 5－71 直列式压缩机

①立式压缩机

各列气缸中心线与地面垂直布置，可单列也可多列。列数多者可达六列。国内牌号是 Z。常见的有空分装置的三列立式氧气压缩机，小化肥厂用的两列立式循环压缩机等。

立式压缩机的优点是：气缸立式布置，活塞重力不作用在缸壁上，气缸与活塞、活塞杆与填料的磨损均匀且较小，使活塞环工作条件改善，使用寿命延长，密封效果也较好；往复惯性力垂直作用在基础上，受力情况好，振动小，基础可较小；机身承受的主要是简单拉、压应力，使机身形状简单，质量轻；占地面积小，厂房面积可较小；气缸与活塞拆装方便。

立式压缩机的缺点是：气缸列间距小，有些压缩机几列气缸做成一体，加工要求高，安装调整较困难；因受列间距的限制，气阀与级间管道不易布置，气缸不易变形改造；当制成级差式活塞而多级串联时，机组高度高，为拆装活塞，厂房也要高；大型立式压缩机机身太高，操作维修不方便。

②卧式压缩机

气缸中心线水平布置，国内牌号为 P，如小化肥用的 1P 型循环压缩机，中型化肥厂仍在使用老牌号 1Г266/320 氮氢气压缩机等。

卧式压缩机的优点是：高度小，操作管理和维修方便；可做成多级串联，减少列数，减少运动部件和填料数量，机身和曲轴结构也较简单；曲轴、连杆等拆装方便；大型压缩机的厂房高度可较低。

卧式压缩机的主要缺点是：惯性力平衡程度差，所以转速不能高，使得机器尺寸、质量较大，驱动机和基础的尺寸、质量都较大；多级串联时，气缸与活塞安装麻烦；气缸水平布置，活塞和十字头质量加在气缸壁及滑道上，磨损较严重。

因卧式压缩机的严重缺点，它在大、中型压缩机中已被淘汰，但在小型高压压缩机中仍有采用，以发挥其结构紧凑、运动部件少和避免高压填料等优点。循环压缩机中，因压力高，压力比小，气缸重而机身小，所以也常采用卧式结构。

(2)对置式压缩机

各列气缸中心线夹角 $\gamma=180°$，气缸水平布置。按曲柄错角的排列特点，又可分为对称平衡型和对置型两种，如图 5－72 所示。

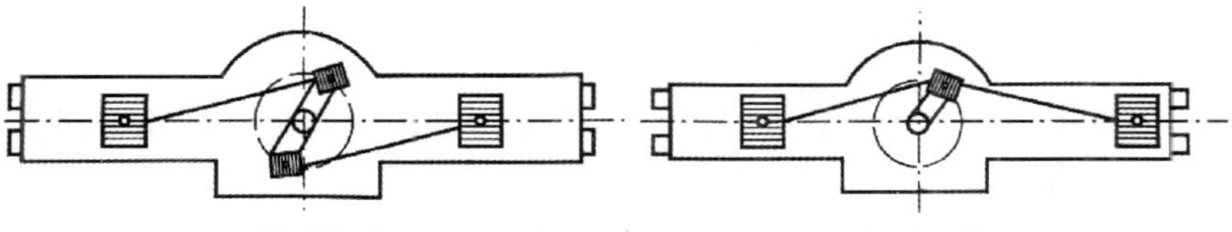

图 5－72　对置式压缩机

①对称平衡型压缩机

相邻两列曲柄错角 $\theta=180°$，如国内化肥厂常见的 2M12 型二氧化碳压缩机和 H22 型氮氢压缩机等。

这种压缩机除具有一般卧式压缩机的优点外，还具有独特的优点。这些优点主要是惯性力容易做到完全平衡，因而机器转速可提高，使机器和基础的尺寸、质量都可减小；相邻两列活塞力作用方向相反，使轴颈受力得到改善，可减轻主轴颈和主轴瓦的磨损；可制成多列结构，串联气缸少，安装方便。

这种压缩机的缺点是：运动部件多、填料盒数量多且受高压力作用；机身和曲轴结构也较复杂；两列结构的切向力均衡性差，根据电动机布置位置的不同，四列及四列以上的对称平衡型压缩机又有 M 型和 H 型两种。

电动机放在机身一侧的叫作 M 型压缩机，如图 5－73 所示。它的主要优点是安装简单，列数容易增加，产品容易变型；缺点是机身和曲轴的刚度差，制造较困难。

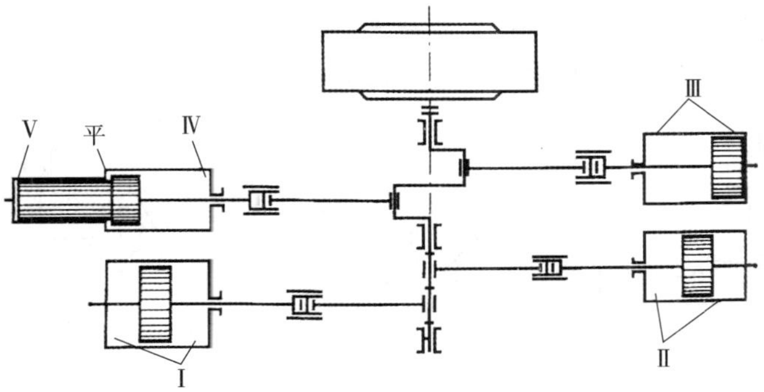

图 5－73　M 型压缩机

电机放在两个机身之间的叫作 H 型压缩机，如图 5－74 所示。这种压缩机的列间距较大，操作维修方便，机身与曲轴结构简单，易于制造，但列数只能是四列或八列，产品变型不容易，机身安装找正较难。

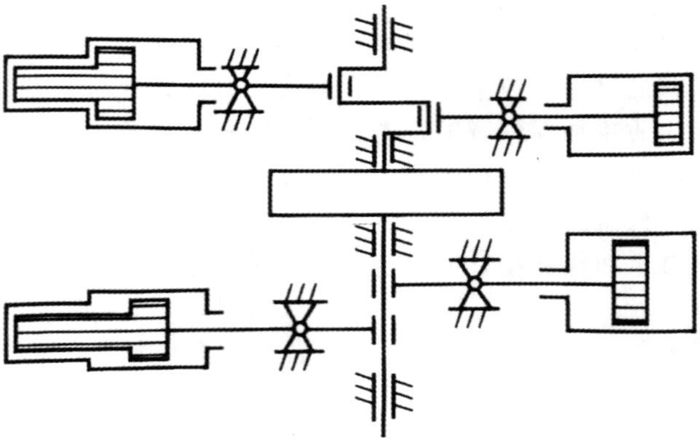

图 5－74 H 型压缩机

对称平衡型压缩机在大、中型压缩机中优势较明显，特别是对高压多级大型压缩机，它是一种较合理的结构形式，目前国内外应用均较广泛。对小型压缩机，由于惯性力平衡性能不太突出，所以很少用这种形式。

②对置型压缩机

相邻两列曲柄错角 $\theta \neq 180°$。根据气缸布置的不同又分为两种。一种是相对的气缸中心线不在一条直线上，制成 3、5、7、9 等奇数列。如化肥厂用 3D22 型氮氢气压缩机，三列气缸位于机身两侧，一侧有两列，另一侧只有一列，气缸中心线不在一条直线上，曲柄错角 $\theta = 120°$。另一种是曲轴两侧的气缸中心线在一条直线上，十字头为框架式结构，运动机构为两侧气缸所共用，两端柱塞分别固定在十字头的两侧。这种结构用在超高压压缩机上。

对置型压缩机具有卧式压缩机的优点，而且气缸可做成奇数排列，切向力较为均衡，但惯性力平衡较差；主轴承数多，机身、曲轴的刚度较好，但曲轴和机身的制造精度也相应的要求较高。

由于活塞力很大，大型超高压压缩机采用了气缸中心线在一条直线上的对置型结构，两相对列活塞上气体力可以相互抵消一部分，改善了运动部件的受力情况。同时，若采用多列结构，切向力的均衡性也可得到改善。

(3)角度式压缩机

气缸中心线间具有一定夹角，角度不等于 0°或 180°。按气缸数及中心线位置的不同，又有 L 型、V 型、W 型和扇型(S 型)等，如图 5－75 所示。

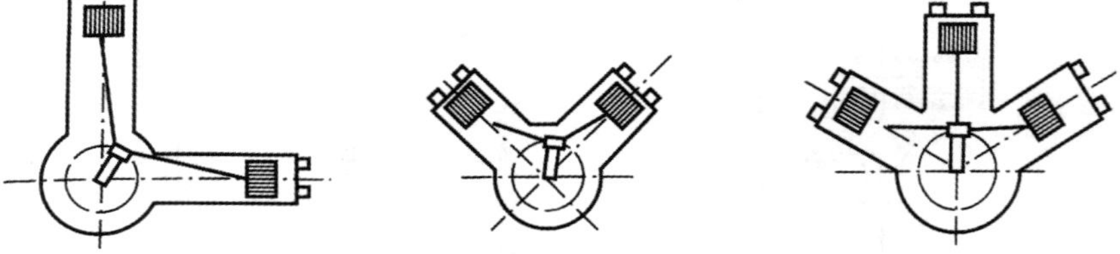

(a)L型　(b)V型　(c)扇型

图 5－75 角度式压缩机

V 型压缩机的同一曲柄销上装有两列连杆，两列气缸中心线夹角可为 25°、60°、75°、90°等。一般单级压缩机用 $\gamma=90°$的结构，惯性力平衡最好。为了使结构紧凑，也可用 $\gamma=60°$结构。为了改善惯性力平衡性能，可制成双重曲拐($\theta=180°$)的双 V 型(四列)压缩机。

L 型压缩机是 $\gamma=90°$的 V 型压缩机的特殊情况，即一缸中心线水平，一缸中心线垂直布置的 V 型压缩机。

W 型压缩机的三列连杆装在一个曲柄销上，相邻两气缸中心线夹角为 25°、60°、75°等。一般单级压缩机 $\gamma=60°$的惯性力平衡最好。该型压缩机也可做成双重形式(六列)，以改善惯性力平衡。

S 型压缩机的四列连杆装在一个曲柄销上，相邻气缸中心线夹角有 25°、60°等。当 $\gamma=60°$时，惯性力平衡最好。它也可以做成双 S 型(八列)结构，以进一步改善惯性力平衡。

角式压缩机的共同优点是：各列二阶往复惯性力的合力可用装平衡质量的办法达到大部分或完全平衡。双重角式压缩机可使惯性力与惯性力矩更趋于平衡。因此，角式压缩机可用于较高转速；气缸呈角度布置，使气阀容易布置与安装，气阀流通面积可增大，而且可将中间冷却器、分离器等辅助装置及级间管道直接装在机器上，使布置紧凑；由于几列连杆在同一曲柄销上，减少了曲拐数目，曲轴短，机器轴向尺寸小，因此，主轴颈可用滚动轴承。

此外 V 型、W 型、S 型的各列气缸近似在一个平面内呈扇形展开，可以采用轴端风扇鼓风冷却，迎风面大而效率好，因此，移动式风冷压缩机常用这种结构。

L 型压缩机的独特之处在于：二阶往复惯性力的合力($m_{p1}=m_{p2}$)处于与水平呈 25°角的方向，机器运转比 V 型平稳；机身受力情况好；辅助装置的安装空间大，使机器更紧凑。

各种形式压缩机在相同条件下的一般特点的比较见表 5-9。

表 5-9　各种形式压缩机的一般特点比较

形式		直列式		对称平衡 (四列 M 型)	角型 (双 L 型)
		P 型(两列)	Z 型(两列)		
相对转速		100	200	200	200
相对质量	机器	100	70	70	68
	基础	100	29	53	20
相对占地面积		100	25	62	50
操作维修		方便	不方便	方便	居中
零部件数量		少	较少	多	较少
气阀布置		容易	难	容易	容易
产品变型		难	难	容易	容易

多级压缩机往往做成多列的型式，其主要目的是通过曲柄错角的合理布置来均衡切向力及改善惯性力的平衡性能，从而提高机器转速，减轻质量，减小基础。列数增多时，功率相同的压缩机每列承受的气体力减小，各列运动机构减轻，有利于提高速转。每列气缸数减少，气缸与活塞便于拆装。但列数多则零部件数目增多，制造费工，机器发生故障的可能性增大，曲轴也较长，使曲轴与机身的刚度降低且制造复杂。

5.7.2 往复活塞式压缩机的选型步骤

要想合理地选择和使用往复活塞式压缩机，既要满足用途、排气量、进排气压力和温度等使用要求，还要有较高的经济性，即保证机器的尺寸小、质量轻、制造工艺性良好、便于维修，运行中消耗的电、水、油等尽可能低，运转平稳可靠，要求的基础小，对厂房和管线振动的影响小，对电网的影响小。

(1)选择压缩机的基本形式

能够满足排气压力及排气量的压缩机，除往复活塞式压缩机外，还有其他压缩机，如螺杆压缩机、滑片压缩机、离心压缩机等，使用中应具体分析选择。根据排气压力和排气量，选取压缩机的基本形式。

(2)选择压缩机的结构形式

①气缸结构形式的选择

按气缸布置形式，往复活塞式压缩机可分为直列式、对置式和角度式三种类型。直列式压缩机分为卧式和立式。角度式压缩机分为L型、V型、W型和S型(扇型)。

对于小型或移动式压缩机，一般选择立式或角度式；对于大型压缩机，宜选择对称平衡型。对称平衡型压缩机，按其驱动电动机配置部位不同，又分为M型和H型。H型的优点是列间距较宽，机身较短，便于制造和检修，但占地面积略大，两个机身安装比较困难。尤其是在基础高度有变化时，对压缩机主轴装配的同心性影响较大。在大型压缩机中多用H型，而M型曲轴相对较长，机身也较长，多适用于中型压缩机。对于中等输气量的情况，也可选用L型压缩机，它占地面积小，低压气缸为立式，高压气缸为卧式，气缸润滑及活塞和基础的受力均较好。

②运动机构结构形式的选择

往复活塞式压缩机的运动机构有：无十字头结构与有十字头结构。有十字头的运动机构，气缸工作面不承受连杆传来的侧压力，气缸与活塞的磨损和摩擦较小。能充分利用气缸容积，润滑油易于控制，可以设置填料密封，气体泄漏量较小，特别是对于易燃、易爆、有毒的气体，只能采用此种结构。当然有十字头结构增加了十字头、活塞及填料等部件，使机器的结构更复杂，高度和重量也相应增加。

一般固定式压缩机功率较大，特别是工艺流程用的压缩机，要求机器长期连续运转，所以多用有十字头的压缩机。我国固定动力压缩机都是有十字头的结构。有十字头的压缩机差不多都采用水冷方式。

③级数选择

选择级数时，一般应遵循以下原则：每一级压缩终了温度在允许范围内，以此确定所需的最少级数，当然应使压缩机的总功率最小，机器价格低，运行可靠。长期连续运行的大型化工用压缩机，在保证机器可靠运转的前提下，级数一般遵从最小功耗原则，以保证机器可靠运转的经济性。化工用压缩机的级数还与工艺流程密切相关。此外，还应考虑列数及各列的曲柄错角、级数与级数在列中的布置以及活塞力调整措施等。我国固定式空气压缩机一般选用L型两级压缩机。

(3)压缩机数量和种类的确定

考虑必要的备用机组，即采用适当的保证系数。一般认为相同压力参数的压缩机在同一压气站内不少于2台，但不宜多于4台，以免增加占地面积和操作维护的难度。若停气不影响生产时，也可只选用1台。为使压缩机操作、维护方便，应力求选用同一型号的压缩机。当用气量不同时，应选排气量大小不同的机组，以免经常停车和启动。同一压力参数时，不宜多于两种型号。应当充分利用库存和调用设备，以免积压浪费。通过压缩机的配置选择确定单机体积流量。

(4)复算性热力计算

选用常压进气的空气压缩机在高原地区使用时，因大气压力降低，将影响压缩机的排气量，石油化工用压缩机的工作介质和工作条件更是多种多样，这就需要对压缩机进行复算性热力计算。需要计算的参数主要包括各级活塞平均速度、各级气缸的行程容积、吸气压力、排气压力、吸气温度、排气温度、轴功率以及电动机功率等。依据各级的排气量、排气温度以及轴功率等参数进行对比判断。

(5)压缩机动力计算

动力计算的目的在于计算压缩机中的作用力，确定压缩机所需的飞轮矩以及综合活塞力等，验证压缩机主要运动部件的受力是否满足机型许用值。计算中，连杆长度、连杆重量、十字头重以及各列活塞组重等作为已知参数，并利用部分热力计算结果计算出旋转运动摩擦力、往复摩擦力和曲轴的旋转角速度等过程量。

(6)压缩机驱动方式选择

往复活塞压缩机的驱动机可以为电动机、内燃机或汽轮机。电动机价格最便宜，而且结构简单、操作方便，所以凡是有电能的地方应用电动机驱动。在没有电能的地方或具有天然气及可以利用可燃气体的地方应用内燃机。虽然内燃机价格昂贵，但用天然气的能源消耗费用最便宜，高的成本费用几年内便可用低的运行费用抵偿。汽轮机驱动，通常用在化工厂中因工艺流程本身需要蒸汽，因而有现成的蒸汽可用，也有很高的运行经济性。

例题 5-10：设计一台空气压缩机。已知数据：进气压力 0.1MPa(绝)，排气压力 0.8MPa(绝)，转速 1000r/min，排气量 $10m^3/min$，进气相对湿度 $\varphi=0.8$，一级进气温度 20℃，二级进气温度 25℃。

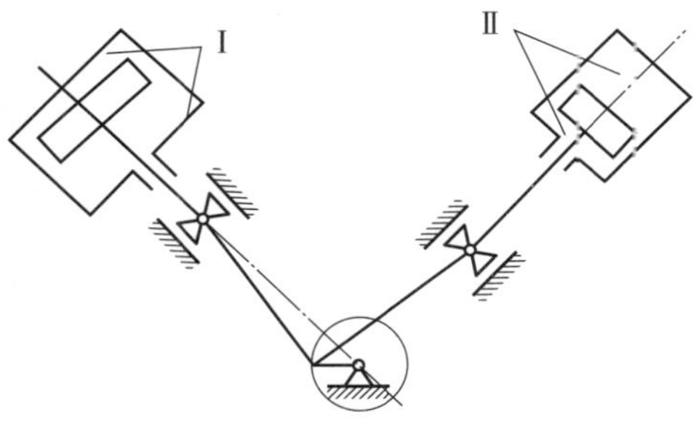

图 5-76　压缩机方案示意图

解：(1)结构形式及方案选择

根据总压比 $\varepsilon=8$，压缩机的级数取两级比较合适，为了获得较好的平衡性能，可选择 V 型结构，而且Ⅰ、Ⅱ级采用双作用气缸。另外，压缩机采用水冷方式。最后确定结构如图 5-76 所示。

(2)确定气缸直径

①初步确定各级名义压力

根据工况的需要，选择级数为两级，按照等压比分配的原则，$\varepsilon_1=\varepsilon_2=\sqrt{8}=2.828$，但为使第一级有较高的容积系数，第一级的压力比取稍低值，各级名义压力及压力比见表 5-10。

表 5-10　各级名义压力及压力比

级次	Ⅰ	Ⅱ
吸气压力 p_s^0/MPa	0.1	0.27
排气压力 p_d^0/MPa	0.27	0.8
压力比 $\varepsilon^0=p_s^0/p_d^0$	2.7	2.96

②确定各级容积效率

A. 确定各级容积系数。取各级相对余隙容积和膨胀系数指数如下：

$$\alpha_1=0.15\quad \alpha_2=0.17$$

$$m_1=1.20 \quad m_2=1.25$$

得 $\lambda_{V1}=1-\alpha(\varepsilon_1^{\frac{1}{m_1}}-1)=1-0.15(2.7^{\frac{1}{1.20}}-1)=0.807$，$\lambda_{V2}=0.765$

B. 选取压力系数：

$$\lambda_{p1}=0.97 \quad \lambda_{p2}=0.99$$

C. 选取温度系数：

$$\lambda_{T1}=0.96 \quad \lambda_{T2}=0.97$$

D. 选取泄漏系数：

$$\lambda_{l1}=0.971 \quad \lambda_{l2}=0.973$$

E. 确定容积效率：

$$\eta_V=\lambda_V\lambda_p\lambda_T\lambda_l$$

$$\eta_{V1}=0.729 \quad \eta_{V2}=0.715$$

③确定凝析系数 μ_d　第一级无水析出，故 $\mu_{d1}=1.0$。而各级进气温度下的饱和蒸气压 p_v，由文献查得 $p_{v1}=2337\text{Pa}$，$p_{v2}=3166\text{Pa}$

$$\mu_{d2}=\frac{p_{1\text{I}}-\varphi_{\text{I}}p_{v1}}{p_{12}-\varphi_{12}p_{v2}}\cdot\varepsilon_1=\frac{10^5-0.8\times2337}{2.7\times10^5-3166}\times2.7=0.99$$

④确定各级行程容积

$$V_{h1}=\frac{Q}{n\eta_{V1}}=\frac{10}{1000\times0.729}=0.01372\text{m}^3$$

$$V_{h2}=\frac{\mu_{d2}}{\eta_{V2}}\frac{p_{1\text{I}}}{p_{12}}\frac{T_{12}}{T_{1\text{I}}}\frac{Q}{n}=\frac{0.99}{0.715}\times\frac{10^5}{2.7\times10^5}\times\frac{298}{293}\times\frac{10}{1000}=0.0053\text{m}^3$$

⑤确定各级气缸直径、行程和实际行程容积　已知转速 $n=1000\text{r/min}$，取行程 $S=100\text{mm}$，得活塞平均速度

$$v=\frac{sn}{30}=3.33\text{m/s}$$

取活塞杆直径 $d=30\text{mm}$，得

$$D_1=\sqrt{\frac{2V_{h1}}{\pi s}+\frac{d^2}{2}}=0.296\text{m}$$

根据气缸直径标准，圆整为 $D_1=300\text{mm}$，实际行程容积为 $V_{h1}=0.01406\text{m}^3$。活塞有效面积为 $A'_{P1}=\frac{\pi}{2}D_1^2-\frac{\pi}{4}d^2=0.1406\text{m}^2$。

同理，$D_2=\sqrt{\frac{2V_{h2}}{\pi s}+\frac{d^2}{2}}=0.185(\text{m})$，据气缸直径标准，圆整为 $D_2=190\text{mm}$，实际行程容积为 $V_{h2}=0.0056\text{m}^3$，活塞有效面积为 $A'_{P2}=\frac{\pi}{2}D_2^2-\frac{\pi}{4}d^2=0.056\text{m}^2$。

考虑到圆整值与计算值之间有差值，这里采用维持压力比不变，调整相对余隙容积的方法，利用下式计算容积系数

$$\lambda'_V=\lambda_V\frac{A_P}{A_P{}'}$$

计算得到新的计算容积系数为 $\lambda_{V1}=0.787$　$\lambda_{V2}=0.724$。

再通过下式计算新的相对余隙

$$\alpha=\frac{1-\lambda_V}{\varepsilon^{\frac{1}{m}}-1}$$

结果为 $\alpha_1=0.165$　$\alpha_2=0.20$

(3)确定活塞力

①计算实际吸排气压力 各级进、排气相对压力损失取值，各级进、排气压力和实际压力比见表 5-11。

表 5-11 各级进、排气压力和实际压力比 MPa

级次	工程压力		压力损失		实际压力		实际压比
	p_s	p_d	δ_s'	δ_d'	p_s'	p_d'	ε'
Ⅰ	0.1	0.27	0.05	0.08	0.095	0.2916	3.07
Ⅱ	0.27	0.8	0.035	0.06	0.2606	0.848	3.25

②活塞力的计算 首先计算盖侧和轴侧活塞工作面积，见表 5-12；止点气体力计算见表 5-13。

表 5-12 盖侧和轴侧活塞工作面积

级次	轴侧/m^2 $A_w=\frac{\pi}{4}(D^2-d^2)$	盖侧/m^2 $A_c=\frac{\pi}{4}D^2$
Ⅰ	$A_{w1}=0.04$	$A_{c1}=0.0707$
Ⅱ	$A_{w2}=0.0276$	$A_{c2}=0.0284$

表 5-13 止点气体力计算

级次	外止点	内止点
Ⅰ-Ⅰ	$F_{w1}=p_{d1}'A_{w1}-p_{s1}'A_{c1}=-13.70$	$F_{c1}=-p_{d1}'A_{c1}+p_{s1}'A_{w1}=-13.96$
Ⅱ-Ⅱ	$F_{w2}=p_{d2}'A_{w2}-p_{s2}'A_{c2}=-16.00$	$F_{c2}=-p_{d2}'A_{c2}+p_{s2}'A_{w2}=-16.89$

(4)确定各级排气温度

因为排气压力不太高，所以可以看作理想气体，等熵绝热压缩指数 $k=1.4$，由于采用水冷的方式，近似地认为各级压缩指数为

$$m_1=1.35,\ m_2=1.4$$

取 $T_{s1}=293\text{K}$，$T_{s2}=298\text{K}$，排气温度由式(5-17)$T_2=T_1\varepsilon^{\frac{m-1}{m}}$，可得

$$T_{d1}=392\text{K},\ T_{d2}=417.3\text{K}$$

(5)计算轴功率并选配电动机

各级指示功率为

$$N_i=\frac{1}{1000}p_1'\lambda_V\frac{k_T}{k_T-1}\left[\left(\frac{p_2'}{p_1'}\right)^{\frac{k_T-1}{k_T}}-1\right]\frac{Z_1+Z_2}{2Z_1}V_h n$$

$$N_{i1}=22.08\text{kW}$$

$$N_{i2}=24.6\text{kW}$$

总的指示功率为 $N_i=N_{i1}+N_{i2}=46.88\text{kW}$

取机械效率 $\eta_m=0.94$，所以轴功率为

$$N=\frac{N_i}{\eta_m}=49.7\text{kW}$$

取电机功率裕量为 10%，则电动机功率为 55kW。

例题 5－11：某一工厂需要一台动力用空气压缩机，要求其排气量 10m³/min(标准排气量)，排气绝对压力 0.9MPa。请选择合适的压缩机。

解：考虑压缩介质空气，通常动力用空气压缩机已经有产品标准，因此根据标准工况下的排气量，了解压缩机型号的含义，查找压缩机产品目录及标准。

考虑压缩机的结构形式、冷却方式、驱动方式、占地大小、比功率、机器价格等，根据附录 4 可以看到 10m³(V_N)/min 的压缩机压力分别有 0.7MPa、1.0MPa、1.25MPa 等。故可以选择排气压力为 0.7MPa 或 1.0MPa 的机器的两级压缩机，如果对空气质量无特殊要求，在室内使用，从价格便宜的角度考虑应选有油润滑、水冷式、L 型或 V 型往复活塞压缩机，采用电动机驱动。

例题 5－12：某石化厂 170 万吨/年渣油加氢处理装置需要用往复活塞式压缩机，其工艺介质为氢气，气体总量为 51030 Nm³/min，进气压力为 2.4MPa(表)，排气压力 18.5MPa(表)，进气温度为 40℃，出口温度小于 135℃，备选机型为 4M80、4M100 以及 4M125 型，试进行机型选择。

解：对于大型工艺压缩机，宜选择对称平衡型，国际规范一般规定压缩机额定转速不超过 333r/min，活塞平均速度不超过 3.6m/s。所以，以下方案各机型平均速度定为 3.6m/s，转速 300r/min，行程 360mm。根据压比，机组采用 3 级或 4 级压缩，在这个方案前提下，针对流程采用一开一备或二开一备的机组配置，分别对 4M80、4M100 或 4M125 三种机型进行可行性方案分析。

机组采用一开一备，单机流量为 51030Nm³/min。采用 4M125 系列，经方案计算分析，机组可选用 3 级压缩，设计方案参数如表 5－14 所示，动力计算结果见表 5－15。由计算结果，可见压缩机排气量和排气温度满足要求，各项受力及曲轴安全系数均满足该机型许用值，可以选用。

表 5－14　4M125 系列热力计算参数

参数	1 级	2 级	3 级
转速/(r/min)	300		
行程/mm	360		
流量/(Nm³/h)	51030		
活塞平均速度/(m/s)	3.6		
进气压力/[MPa(A)]	2.5	5.8	11.3
排气压力/[MPa(A)]	5.8	11.3	18.6
进气温度/℃	40	40	40
排气温度/℃	128	110	92
缸径/mm	400×2	375	275
活塞杆直径/mm	160	160	160
轴功率/kW	4540		
电机功率/kW	5000		

表 5－15　4M125 系列动力计算参数

参数	气体力	综合活塞力	活塞杆载荷	十字头销载荷	曲轴安全系数
机型许用值/kN	1250	1000	1100	1050	≥2.0
实际最大值/kN	785	897	807	878	3.7

类似的可采用 4M100 系列一开一备机组，或者采用 4M80 系列二开一备机组。

三种机组的共同优点是：都是对称平衡型布置，平衡性好，受力状态及安全系数高。不同点是：4M80 机组需要 3 台，压缩机为 3 级，机组采购成本高，占地面积大，而且使用维护量大，易损件多，易发故障点多；4M100 机组需要 2 台压缩机，但需要 4 级压缩完成，相对于 3 级压缩，增加了一套中间设备，包括冷却器、分离器、过滤器、安全阀等，不仅使采购成本增高，而且增加了设备的故障点及使用维护量，同时易损件种类增加，给使用维护带来麻烦；4M125 机组需要 2 台压缩机，采用 3 级压缩，避免了上述两种机型的弊端，而且受力状态好，机组裕度大，所以从经济性、可靠性、安全性等因素综合比较，应优先选用 4M125 型压缩机。

拓展阅读

往复活塞式压缩机技术现状

往复活塞式压缩机在工业生产中占据着举足轻重的地位，是生产高压气体的核心设备。它能够高效地压缩空气、天然气、氧气等多种气体，为空气动力工程、汽车制造业、低温制冷、石油化工、化学工程及制药业等关键领域提供稳定可靠的气源保障。

国外往复式压缩机行业主要企业有艾里尔(Ariel)、西门子(Siemens)、通用电气(GE)、阿特拉斯·科普柯(Atlas Copco)、英格索兰(Ingersoll Rand)、日立(Hitachi)等。国外著名压缩机公司的起步时间普遍较早，产品质量较高，并拥有自主的创新技术，品牌在全球范围内享有较高的声誉。

我国在“十一五”期间，将特大型往复压缩机组作为压缩机行业重点发展的关键产品，体现了国家压缩机的技术水平。高压及大型往复活塞式压缩机新品种的开发，带动了行业骨干企业各自主要产品系列的拓展改进，使得压缩机性能参数覆盖领域更加宽泛，可靠性进一步提高。在特种压缩机的开发与改进方面也取得了重要的进步，国内产品在稳定质量的基础上正向特大型化、集成化和智能化方面发展。我国重大产业领域、国防、尖端科技领域用高压大型往复活塞式压缩机的技术已经取得了显著进步，特别是在特大型往复压缩机的制造技术方面已经接近国际水平。

在国内，沈阳鼓风机集团股份有限公司与上海电气集团股份有限公司是往复压缩机研发与生产领域的杰出代表。沈鼓集团，自 1934 年创立以来，已成长为中国压缩机制造业的领军者之一，通过不懈的技术革新与产品迭代，成功研发出多款高效节能的往复活塞式压缩机，为包括神华宁煤 400 万吨/年煤炭间接液化项目在内的国家重大工程提供了核心装备，打破了国外技术封锁，彰显了中国制造的强大实力与担当。上海电气作为中国装备制造业的翘楚，自 1902 年成立以来，在往复活塞式压缩机领域积累了深厚的技术底蕴，其产品广泛应用于石油、化工、电力等多个关键行业。上海电气不仅注重技术创新与人才培养，还积极推动产品的智能化转型，展现了中国高端装备制造的雄心与实力。

沈鼓集团和上海电气均是中国装备制造业的战略型、领军型企业，肩负着为国家石油、化工、电力、天然气、冶金、军工等领域提供重大核心设备和成套解决方案的任务。企业产品质量和水平关系到国家经济安全、战略安全，多项产品被党和国家誉为“大国重器”。我们要充分认识中国制造的强大，坚持民族自信，奋发图强，坚定不移地创新、发展。

思考题

1. 活塞式压缩机有何优缺点？主要应用在什么场合？

2. 活塞式压缩机是如何把电动机的旋转运动转化为活塞的往复运动的？

3. 活塞式压缩机中气体从入口到出口要经过哪些主要部件？活塞机由哪些机构和系统组成？

4. 活塞式压缩机的润滑有几种形式？画出其主要流程图。无油润滑压缩机不需要润滑油吗？

5. 活塞式压缩机气缸的冷却方式有几种？气缸为什么要进行冷却？

6. 活塞式压缩机中间冷却器有何作用？你所见到的压缩机的中间冷却器布置在何处？

7. 三、六瓣填料密封的工作原理是什么？安装中应注意什么问题？三、六填料多用什么材料制造？

8. 活塞式压缩机气阀是如何工作的？进排气阀打开的机理有什么不同？气阀漏气时现场会有什么表现？

9. 活塞式压缩机的理论工作循环和实际工作循环的差异是什么？

10. 活塞式压缩机的排气量是如何定义的？压缩过程中的凝析会使排气量降低吗？

11. 气缸余隙容积主要包括哪几部分？哪一部分最大？

12. 在实际工作中，气缸的膨胀过程气体吸热还是放热？对排气量会产生什么影响？

13. 对同一台活塞式压缩机而言，其等温指示效率和绝热指示效率哪一个更高？是不是可以说效率高的压缩过程更有利？

14. 多级压缩有何优点？为什么采用等压比分配原则？

15. 活塞式压缩机的排气量调节方式有哪些？相比较而言，哪一种的节能效果更好？

习题

1. 某压缩机压送理想气体，末级排出压力为 8×10^5Pa(表)，温度为 155℃，排出状态下的气量为 1.57m^3/min，假设压缩机的气体没有外泄漏。试求：(1)进气温度为 30℃，进气压力为 1×10^5Pa(绝)时进气状态下的进气量。(2)标准状况下进气量。

2. 某空气压缩机每分钟进气压力为 1×10^5Pa(绝)的空气 20m^3，进气温度为 20℃，如排气压力为 7×10^5Pa(表)，试按等温、多变($m=1.25$)、绝热三种理论压缩机循环计算其：(1)压缩机每分钟的排出状态容积；(2)压缩空气的排出温度；(3)压缩每 1m^3 进入空气所消耗的理论压缩功。

3. 某石油裂解气，绝热指数 $k=1.23$，进行绝热压缩，其进气温度为 30℃，排气温度要求不超过 100℃，试求允许的压力比。

4. 若压缩机的相对余隙容积 $\alpha=0.1$，若膨胀过程多变指数 $m'=1.2$，求当压力比 ε 分别为 6、12、17.8 时的容积系数 λ_V 值。又若压力比 $\varepsilon=6$，$m'=1.2$ 时，求当余隙容积 α 分别为 0.1、0.15、0.2、0.29 时的 λ_V 值，并说明 $\lambda_V=0$ 和 $\lambda_V=1$ 在什么情况下出现，出现这两种情况时气缸内的工作过程怎样？

5. 有三台压缩机结构尺寸相同，进、排气条件相同，常压进气，压力比为 4，相对余隙容积 α 分别为 0.08、0.10 和 0.12，求三者的吸气量之比。

6. 某单级空气压缩机的相对余隙容积 $\alpha=0.05$，该地区大气压力为 1×10^5Pa，气温为 20℃，设多变膨胀过程指数 $m'=1.2$，压缩机排气压力为 4×10^5Pa(表)，其质量排气量

m=200kg/h。现该机欲用于一地区，该地区大气压力为 0.94×10^5Pa，气温为 28℃。排气压力同前地区。若两地区使用中压力系数 λ_p，温度系数 λ_T 及泄漏系数 λ_l 不变，试求在两地区使用时该机的容积排量和质量排量各为多少？

7. 某压缩机为双缸立式单作用单级压缩机结构如题图 1 所示。已知名义进气压力为 1×10^5Pa(绝)，名义排气压力 8×10^5Pa(绝)，进气温度 25℃，活塞行程 S=128mm，缸径 D=125mm，气缸数 2，转速 n=620r/min，活塞外止点与缸盖间隙 1.5mm，气缸镜面倒角6×30°。实测每个缸气阀总余隙容积为 78cm³。

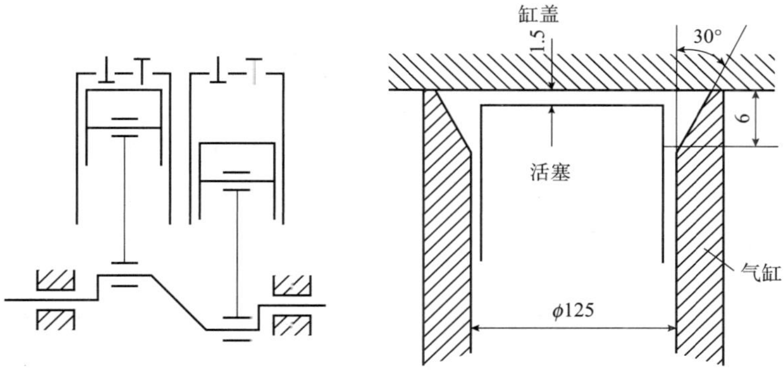

题图 1

试计算：(1)每个缸的相对余隙容积是多少？其中哪部分余隙占的比例最大？(2)计算容积系数 λ_V；(3)若实际使用中名义排气压力为 5×10^5Pa(绝)，此时容积系数 λ_V 为多大？

8. 第 7 题所给空压机，若排气压力 8×10^5Pa(绝)，计算排气量为多少？若将此空气压缩机的排气量提高到 1.5m³/min，若其他参数不变，试计算(1)采用提高转速方案需将转速提高到多少？(2)气缸数不变，采用加大缸径办法，则缸径应加大到多少？

9. 按题 4 的条件，计算该空压机轴功率及所配电动机功率(经皮带轮传动)，此时该机的比功率为多少？

10. 某空气压缩机，名义进气压力 1×10^5Pa(绝)，名义排气压力 4×10^5Pa(表)，进气温度 20℃。试计算(1)气缸进行绝热压缩时排气温度为多少？(2)现实测排气温度为 110℃，按名义压力计算多变压缩指数 m，分析实际排气温度低于绝热压缩排气温度的原因。

11. 某空气压缩机工作时，排气当地大气压力为 1×10^5Pa(绝)，大气温度为 20℃。已知压缩机的理论流量为 100m³/min，相对余隙容积系数 $\alpha=0.05$，多变膨胀指数 $m'=1.2$，$\lambda_P\lambda_T\lambda_l=0.9$，绝热压缩过程指数 $k=1.4$。试计算(1)若需要实际排气量为 80.2m³/min，其最高排出压力值可达多少？(2)若此时测得压缩机的指示功率 N_i=258kW，计算等温指示效率。

12. 某双列双作用单级空气压缩机，气缸缸径 D=240mm，活塞杆直径 d=40mm，行程 S=140mm，转速 n=375r/min，进气压力 1×10^5Pa(绝)，进气温度 t_1=25℃，排气压力 4.5×10^5Pa(绝)，相对余隙容积系数 $\alpha=0.10$，已知 $\lambda_P=0.96$，$\lambda_T=0.96$，$\lambda_l=0.97$，相对湿度为 0.8，求该空气压缩机的排气量与供气量。

13. 某两级空气压缩机，排气量为 20m³/min；进气压力为 1×10^5Pa(绝)，压缩到 26×10^5Pa(绝)，中间压力为 5.1×10^5Pa(绝)，一级进气温度为 35℃，相对湿度为 0.87，经中间冷却器冷却后进入二级缸的气体温度为 40℃。试判断经中间冷却器后气体中有无冷凝水析出？并确定二级缸的凝析系数；若有冷凝水析出，则 8h 内约凝析出多少公斤水？

第6章　螺杆压缩机

6.1　概述

螺杆压缩机一般是指双螺杆压缩机，主要用于中低流量、中低压力的场合，适合于含尘、湿、脏的气体。螺杆压缩机属于容积式压缩机，气量基本不随压力的变化而变化。

6.1.1　基本结构和工作原理

(1)基本结构

与活塞压缩机等其他类型的压缩机相比，螺杆压缩机是一种比较新颖的压缩机。

螺杆压缩机的基本结构如图6－1所示。在压缩机的机体中，平行地配置着一对相互啮合的螺旋形转子。通常把节圆外具有凸齿的转子，称为阳转子或阳螺杆；把节圆内具有凹齿的转子，称为阴转子或阴螺杆。一般阳转子与原动机连接，由阳转子带动阴转子转动。因此，阳转子又称为主动转子，阴转子又称为从动转子。转子上的球轴承使转子实现轴向定位，并承受压缩机中的轴向力。同样，转子两端的圆柱滚子轴承使转子实现径向定位，并承受压缩机中的径向力。在压缩机机体的两端，分别开设一定形状和大小的孔口。一个供吸气用，称作吸气孔口；另一个供排气用，称作排气孔口。

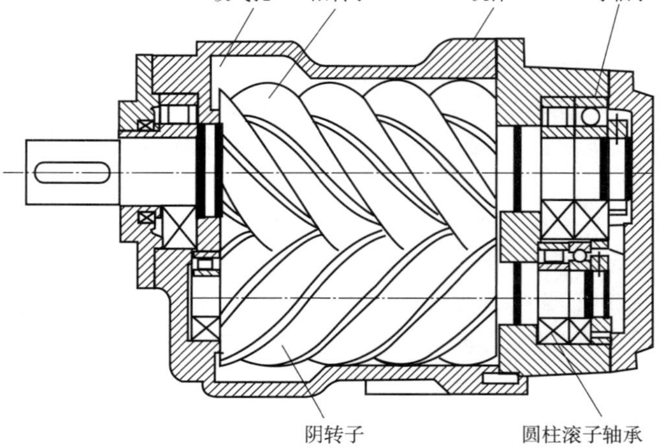

图6－1　螺杆压缩机结构示意图

(2)工作原理

螺杆压缩机的工作循环可分为吸气、压缩和排气三个过程。随着转子旋转，每对相互啮合的齿相继完成相同的工作循环，为简单起见，这里只研究其中的一对齿。

①吸气过程

图6－2示出螺杆压缩机的吸气过程，所研究的一对齿用箭头标出。在图6－2中，阳

转子按逆时针方向旋转，阴转子按顺时针方向旋转，图中的转子端面是吸气端面。机壳上有特定形状的吸气孔口，如图中粗实线所示。

(a)吸气过程即将开始　(b)吸气过程中　(c)吸气过程结束

图 6－2　螺杆压缩机的吸气过程

图 6－2(a)示出吸气过程即将开始时的转子位置。在这一时刻，这一对齿前端的型线完全啮合，且即将与吸气孔口连通。

随着转子开始运动，由于齿的一端逐渐脱离啮合而形成了齿间容积，这个齿间容积的扩大，在其内部形成了一定的真空，而此齿间容积又仅与吸气口连通，因此气体便在压差作用下流入其中，如图 6－2(b)中阴影部分所示。在随后的转子旋转过程中，阳转子齿不断从阴转子的齿槽中脱离出来，齿间容积不断扩大，并与吸气孔口保持连通。从某种意义上讲，也可以把这个过程看成是活塞(阳转子齿)在气缸(阴转子齿槽)中滑动。

吸气过程结束时的转子位置如图 6－2(c)所示，其最显著的特征是齿间容积达到最大值，随着转子的旋转，所研究的齿间容积不会再增加。齿间容积在此位置与吸气孔口断开，吸气过程结束。

②压缩过程

图 6－3 示出螺杆压缩机的压缩过程。这是从上面看相互啮合的转子。图中的转子端面是排气端面，机壳上的排气孔口如图中粗实线所示。在这里，阳转子沿顺时针方向旋转，阴转子沿逆时针方向旋转。

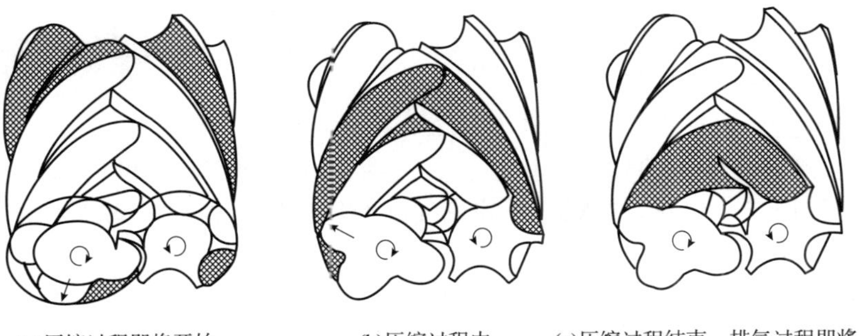

(a)压缩过程即将开始　(b)压缩过程中　(c)压缩过程结束、排气过程即将开始

图 6－3　螺杆压缩机的压缩过程

图 6－3(a)示出压缩过程即将开始时的转子位置。此时，气体被转子齿和机壳包围在一个封闭的空间中，齿间容积由于转子齿的啮合就要开始减小。

随着转子的旋转，齿间容积由于转子齿的啮合而不断减小。被密封在齿间容积中的气体所占据的体积也随之减小，导致压力升高，从而实现气体的压缩过程，如图 6－3(b)所示。压缩过程可一直持续到齿间容积即将与排气孔口连通之前，如图 6－3(c)所示。

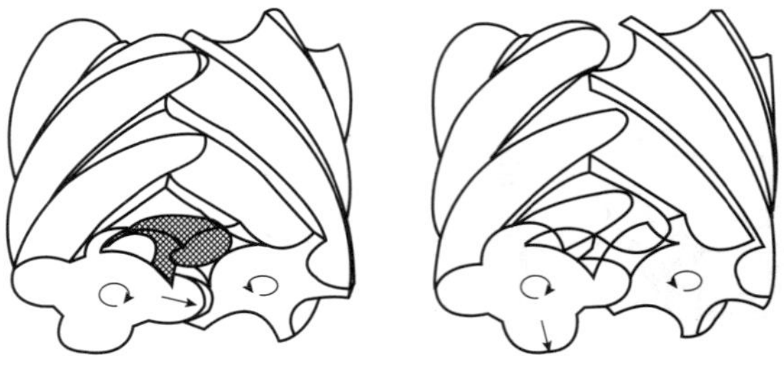

(a)排气过程中　　(b)排气过程结束

图 6-4　螺杆压缩机的排气过程

③排气过程

图 6-4 示出螺杆压缩机的排气过程。齿间容积与排气孔口连通后，即开始排气过程。随着齿间容积的不断缩小，具有排气压力的气体逐渐通过排气孔口被排出，见图 6-4(a)。这个过程一直持续到齿末端的型线完全啮合，见图 6-4(b)。此时，齿间容积内的气体通过排气孔口被完全排出，封闭的齿间容积的体积将变为零。

从上述工作原理可以看出，螺杆压缩机是一种工作容积做回转运动的容积式气体压缩机械。气体的压缩依靠容积的变化来实现，而容积的变化又是借助压缩机的一对转子在机壳内做回转运动来达到。与活塞压缩机的区别是，它的工作容积在周期性扩大和缩小的同时，其空间位置也在变更。只要在机壳上合理地配置吸、排气孔口，就能实现压缩机的基本工作过程——吸气、压缩及排气。

6.1.2　螺杆压缩机的特点

就气体压力提高的原理而言，螺杆压缩机与活塞压缩机相同，都属于容积式压缩机。就主要部件的运动形式而言，又与叶片式压缩机相似。所以，螺杆压缩机兼有上述两类压缩机的特点。

螺杆压缩机的优点：

(1)可靠性高。螺杆压缩机零部件少，没有易损件，因而它运转可靠，寿命长，大修间隔期可达 4 万～8 万 h。

(2)操作维护方便。操作人员不必经过长时间的专业培训，可实现无人值守运转。

(3)动力平衡性好。螺杆压缩机没有不平衡惯性力，机器可平稳地高速工作，可实现无基础运转，特别适合用作移动式压缩机，体积小、重量轻、占地面积少。

(4)适应性强。螺杆压缩机具有强制输气的特点，排气量几乎不受排气压力的影响，在宽广的范围内能保持较高的效率。

(5)多相混输。螺杆压缩机的转子齿面间实际上留有间隙，因而能耐液体冲击，可压送含液气体、含粉尘气体、易聚合气体等。

螺杆压缩机的主要缺点：

(1)造价高。螺杆压缩机的转子齿面是一空间曲面，需利用特制的刀具，在价格昂贵的专用设备上进行加工。另外，对螺杆压缩机气缸的加工精度也有较高的要求。所以，螺杆压缩机的造价较高。

(2)不能用于高压场合。由于受到转子刚度和轴承寿命等方面的限制，螺杆压缩机只能适用于中、低压范围，排气压力一般不能超过 4.5MPa。

(3)不能制成微型。螺杆压缩机依靠间隙密封气体，目前一般只有容积流量大于 $0.2m^3/min$ 时，螺杆压缩机才具有优越的性能。

6.1.3　螺杆压缩机的分类

螺杆压缩机有多种分类方法：按运行方式的不同，分为无油压缩机和喷油压缩机；按被压缩气体种类和用途的不同，分为空气压缩机、制冷压缩机和工艺压缩机；按结构形式的不同，分为移动式和固定式、开启式和封闭式等。具体分类如下：

- 螺杆压缩机
  - 喷油压缩机
    - 空气压缩机
      - 固定式压缩机
      - 移动式压缩机
    - 制冷压缩机
      - 开启式压缩机
      - 半封闭式压缩机
      - 全封闭式压缩机
    - 工艺压缩机
  - 无油压缩机
    - 干式压缩机
      - 空气压缩机
      - 工艺压缩机
    - 喷水压缩机
      - 空气压缩机
      - 工艺压缩机

(1)按运行方式分类

上述每种螺杆压缩机的工作原理完全相同，但在某个主要特征上又有显著的区别。每一种螺杆压缩机都有其固有的特点，满足一定的功能，并适用于一定的范围。

①无油螺杆压缩机

在无油螺杆压缩机中，气体在压缩时不与润滑油接触。图 6－5 为无油螺杆压缩机的结构示意图，无油机器的转子并不直接接触，相互间存在一定的间隙。阳转子通过同步齿轮带动阴转子高速旋转，同步齿轮在传输动力的同时，还确保了转子间的间隙。值得指出的是，所谓“无油”，指的是气体在被压缩过程中，完全不与油接触，即压缩机的压缩腔或转子之间没有油润滑。但压缩机中的轴承、齿轮等零部件，仍是用普通润滑方式进行润滑的，只是在这些润滑部位和压缩腔之间，采取了有效的隔离轴封。

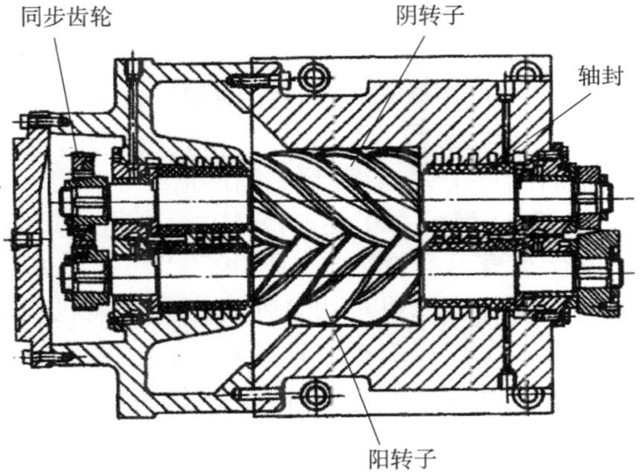

图 6－5　无油螺杆压缩机结构示意图

②喷油螺杆压缩机

在喷油螺杆压缩机中，大量的润滑油被喷入所压缩的气体介质中，起着润滑、密封、冷却和降低噪声的作用。喷油机器中不设同步齿轮，一对转子就像一对齿轮一样，由阳转子直接带动阴转子旋转。所以，喷油机器的结构更为简单。

(2)按被压缩气体种类和用途分类

①喷油螺杆空气压缩机

喷油螺杆空气压缩机分为固定式和移动式两类。固定式的使用场所不变，用电动机驱动，具有较好的消声措施，主要为各种气动工具及气控仪表提供压缩空气。移动式适合于在野外流动作业场所，采用内燃机或电动机驱动。

动力用的喷油螺杆空气压缩机已系列化，一般都是在大气压力下吸入气体，单级排气压力有 0.8MPa、1.1MPa 和 1.4MPa 等不同形式。少数用于驱动大型风钻的两级压缩机，排气压力可达到 2.6MPa。喷油螺杆空气压缩机目前的体积流量为 0.2～100m^3/min。由于油气分离和气体净化技术的发展，喷油螺杆空气压缩机越来越多地被用到对空气品质要求非常高的应用场合，如食品、医药及棉纺企业，占据了许多原属无油压缩机的市场。

②喷油螺杆制冷压缩机

螺杆制冷压缩机都采用喷油润滑的方式运行。按与电动机连接方式的不同，分为开启式、半封闭式和全封闭式三种。开启式通过联轴器与电动机相连，要求在压缩机伸出轴上加装可靠的轴封，以防制冷剂和润滑油泄漏。半封闭式的电动机与压缩机作为一体，中间用法兰连接，能有效防止制冷剂和润滑油的泄漏，并采用制冷剂冷却电动机，消除了开启式机组中电动机冷却风扇的噪声。全封闭式把电动机与压缩机封闭在一容器内，彻底消除了制冷剂和润滑油的泄漏，噪声也比较低。目前，半封闭和全封闭式螺杆制冷压缩机广泛应用于民用住宅和商用楼房的中央空调系统，产量远远超过开启式。此外，螺杆制冷压缩机还用于工业制冷、食品冷冻、冷藏，以及各种交通运输工具的制冷装置中。目前绝大多数螺杆制冷压缩机采用 R22 或 NH_3 制冷剂，也有一些采用 R134a 或 R410A 等制冷剂。

在环境温度下工作时，单级螺杆制冷机可达－25℃的蒸发温度，采用经济器或双级压缩，可达－40℃的蒸发温度。另外，已有越来越多的螺杆制冷机用作热泵，可向高达 100℃的热源传送热量。既能供冷又能供暖的冷热两用螺杆机组，近年来发展很快。目前螺杆制冷压缩机标准工况下制冷量为 10～2500kW。

③喷油螺杆工艺压缩机

喷油螺杆工艺压缩机用来压缩各种工艺流程中的气体，既包括 CO_2 和 N_2 这样的惰性气体，也包括像 H_2 和 He 这样的轻气体，还包括一些化学性质活泼的气体，如 HCl、$C1_2$ 等。由于其要求相似，通常喷油螺杆工艺压缩机是由喷油螺杆制冷压缩机改制而成，运行于其设计工况内。

喷油螺杆工艺压缩机的工作压力由工艺流程确定，单级压比可达 10，排气压力通常小于 4.5MPa，但最高可达 9.0MPa，体积流量为 1～200m^3/min。

④干式螺杆压缩机

干式螺杆压缩机可用来作为空气压缩机或工艺压缩机，压缩过程中没有液体内冷却和润滑。干式螺杆压缩机转速往往很高，对轴承和轴封要求较高，而且排气温度也较高，单级压比小。目前一般干式螺杆压缩机的单级压比为 1.5～3.5，双级压比可达 8～10，排气压力通常小于 2.5MPa，体积流量为 3～500m^3/min。

⑤喷水螺杆压缩机

为了降低干式螺杆压缩机的排气温度，提高单级排气压力，发展了向压缩腔喷水的无油螺杆压缩机。由于水不具有润滑性，故这类压缩机中也设有同步齿轮，结构基本与干式无油螺杆压缩机相同。在压缩腔与轴承、齿轮间，也需有可靠的轴封，以使喷入的水与润滑油相隔离。

在其他场合，有时也使用向压缩机内喷入液体这一方法。例如，有些气体在压缩时，由于温度或压力的改变，可能发生聚合反应，会在转子和机壳上沉积一层塑料状的薄层。在压缩机运行的时候，这也许不会产生问题，但当压缩机停止运行时，它就会将转子“粘”在一起，从而造成压缩机不能再次启动。另外，有些气体混合物中含有像沥青类的化合物时，也会产生同样的问题。在这些情况下，可以向压缩机入口喷入适当的溶剂，以冲掉这些化合物。溶剂的喷入可以是连续的，也可以在压缩机停机前喷入。

⑥其他螺杆机械

螺杆压缩机可作为真空泵使用，单级真空度可达 98%，能耗较其他类型真空泵低 20%～50%。与螺杆压缩机功能相反的螺杆膨胀机，还用于高压气体的动力回收和低品位热源的动力转换等场合。用螺杆膨胀机替代制冷系统中的节流阀后，整个制冷系统的综合性能可以得到提高。另外，与螺杆压缩机类似的螺杆多相混输泵，可进行油、气、水多相混输，用于降低采油成本和提高油井产量。

(3)按结构形式分类

①开启式螺杆压缩机

制冷装置上最先应用的螺杆压缩机是开启式，以后再发展到半封闭式和全封闭式。同往复压缩机比较，螺杆压缩机突出的优点有：

a. 螺杆转子压缩气体的运动为旋转运动，转子转速可得到提高，因此当输气量相同时，螺杆压缩机与往复压缩机相比较，体积显得小。重量轻，占地面积小，运动中无往复惯性力，对地面基础要求不高。

b. 机器结构简单，其零件数仅为往复式压缩机的十分之一，而且易损件少，尤其是无吸排气阀，无膨胀过程，单级压力比大，对液击不敏感。

c. 能适应广阔的工况范围运转，尤其是用于热泵机组上，其容积效率并不像往复压缩机有明显的下降。

d. 输气量能无级调节，并且在 50%以上的容量范围内，功率与输气量成正比下降。

开启式螺杆压缩机存在噪声大、制冷剂较易泄漏、油路系统复杂等缺点。除了在使用氨工质或电力无法供应的情况下，中小型螺杆压缩机正在向封闭式发展。近十几年以来，开启式螺杆压缩机设计制造方面有很大改进。

普遍采用内容积比调节结构。除内容积比自动调节机构外，还有图 6－6 所示的日本日立制作所 MYCOM 中 V 系列机器的一种手动内容积比调节机构，是通过调节杆 1 转动，移动内容积比调节滑阀 3，使得输气量调节阀 2 和内容积比调节滑阀 3 一起向排气端移动造成径向排气口变小，由于阀 3 仍紧靠阀 2，所以能进行无级内容积比调节。图 6－7 是国产内容积比无级调节机构。

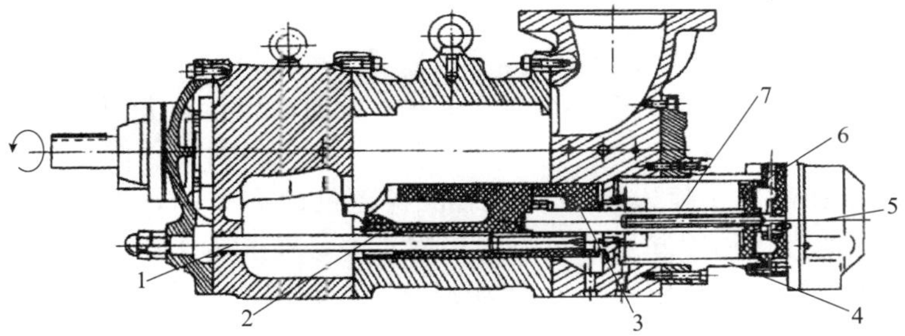

图 6－6　日立螺杆式压缩机内容积比无级调节图

1—内容积比调节杆；2—输气量调节阀；3—内容积比调节滑阀；4—液压缸；5—负荷指示器；6—液压活塞；7—输气量调节杆

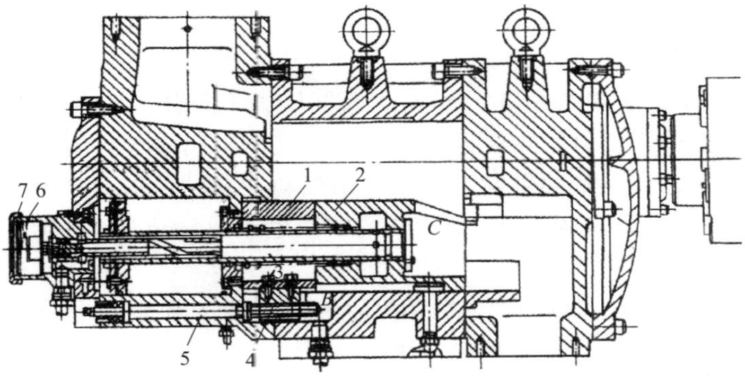

图 6－7　国产螺杆式压缩机内容积比无级调节图

1—内容积调节滑阀；2—输气量调节阀域接螺钉；4—调节滑块；5—调节杆；6—指示针；7—指示盘

内容积比可调，能减少螺杆式压缩机的过压缩或欠压缩损失。按三种内容积比 $V_i=2.6$、3.5、5 开设的排气孔口，在工况变化时，通过内容积比调节所得到的机器在全负荷时轴功率的提高率。因此，具有内容积比可调的螺杆压缩机能在广阔的工况变化范围内依然高效率地运行，这对于多种用途的冷冻冷藏制冷系统和受外界气温影响的空气热源热泵等机组尤为适用。

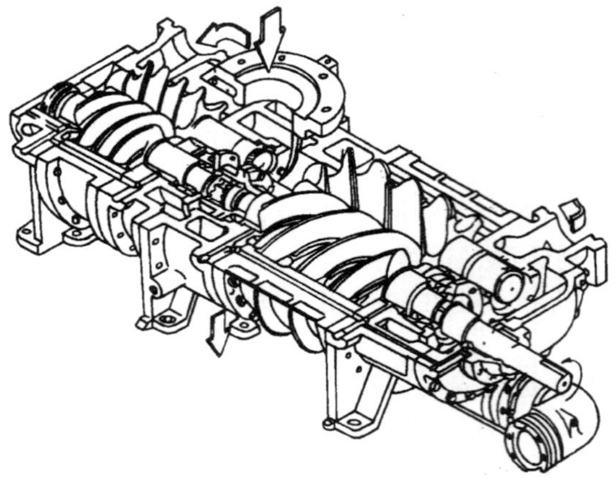

图 6－8　单机双级螺杆压缩机的结构

单机两级压缩制冷装置采用两级压缩系统，设备费用较高，因此，如日本日立制作所、瑞典 Atals 等公司研制了单机两级螺杆压缩机，如图 6－8 所示。用电动机直接驱动低压级的阳转子，通过它再驱动高压级的阳转子。一般冷冻冷藏用的机器，高、低压缓容量比为 1∶3，也可以为 1∶2，当然，根据工况运转要求，还可有多种组合。

目前，制冷装置的单机容量规模趋于缩小，同时为了改善部分负荷性能，朝着多机组化发展，所以小型开启式螺杆压缩机研制也取得了长足进展，如瑞典 Atals 研制了 Atals－mini 微型开启式 RV－53－59 系列，输气量为 245～412m^3/h。概括地说，这方面主要成果如下：

a. 改进齿形。如前所述出现了阳阴转子齿数比 5∶6、5∶7，齿形的型线也不断更新，这样增加了齿间面积，在相同转子直径和长度下，增加输气量，并且减少泄漏，提高输气系数。

b. 优化供油量和油质。喷入螺杆式压缩机各部位的润滑油，随同高压气体排出，在油分离器中分离，油经过油冷却器，再喷入压缩机中，在通常工况下，高压油中溶解 15% 以上制冷剂。当压力降低时，溶解度减少为 2%～5%，因而产生大量的闪发气体，导致机器性能降低。

目前采取的对策是机器吸气侧轴承润滑油利用机械密封排出的油，而排气侧轴承排出的油则直接返回螺杆转子的基元容积中，这样使得润滑油的用量控制在较低的需求量。另外，对油的品质提出要求，润滑油应具有使制冷剂在螺杆压缩机润滑油中的溶解量少，产生的闪发气体量小，油的黏度高，密封性好；但在蒸发器里，要求油具有较低的黏度。满足这些要求的润滑油正在开发。

c. 采用滚动轴承和无油泵系统。传统的螺杆压缩机使用滑动轴承，径向间隙达 7～100μm，而使用滚动轴承径向间隙仅为 0～10μm，这样阳阴转子齿形间隙缩小，降低了泄漏，同时可减少起密封作用的喷油量，并且使用滚动轴承时它本身的用油量也减少。国产 W－LG16C_F^A 螺杆压缩机，采用瑞典 SKF 公司的滚动轴承，运转 40000h 后，转子轴颈部位几乎无磨损。

d. 采用水冷式电动机。是将冷凝器冷却后的部分冷却水通入电动机水套内对电动机进行冷却，试验表明，用风冷却电动机，风扇功率也要占总功率的 2%～3%。

e. 采用经济器系统。当中大型开启式压缩机采用经济器系统后，节能效果是十分明显的，一般制冷量能增加 14%～34%，而功率却增加仅为 8%～13%。

②半封闭式螺杆压缩机

由于螺杆压缩机在小容量机型中也能获得高的热力性能，并且能适应苛刻的工况变化，在冷凝压力和排气温度很高的工况下也能可靠地运行，因此，很快向往复压缩机所占据的半封闭式领域发展。

半封闭式螺杆压缩机的额定功率一般在 10～100kW 之间。图 6－9 和图 6－10 是比泽尔(Bitzer)公司开发的单级半封闭式螺杆压缩机较典型的结构图。使用 R134a 工质时，其冷凝温度可达 70℃，使用 R404 或 R507 工质时，蒸发温度最低可达－45℃。

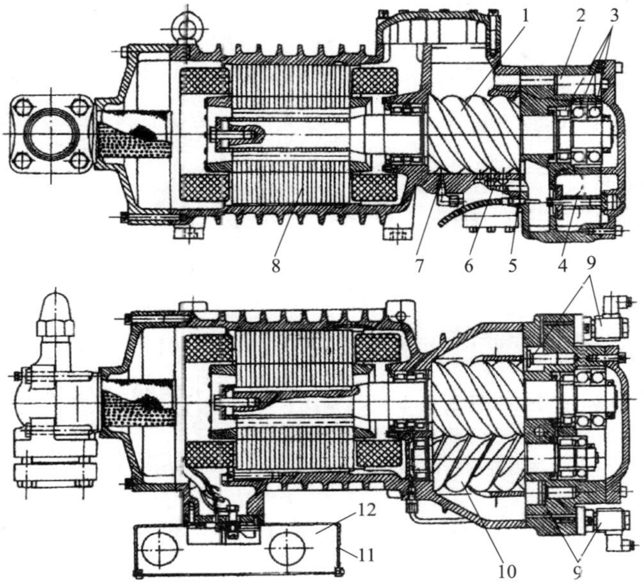

图 6－9　比泽尔公司 HSK 型半封闭式螺杆压缩机结构图

1—阳转子；2—安全卸载阀；3—滚动轴承；4—止逆阀；5—排温控制探头；6—内容积比控制机构；7—喷油阀；8—电动机；9—输气量控制器；10—阴转子；11—接线盒；12—电动机保护装置

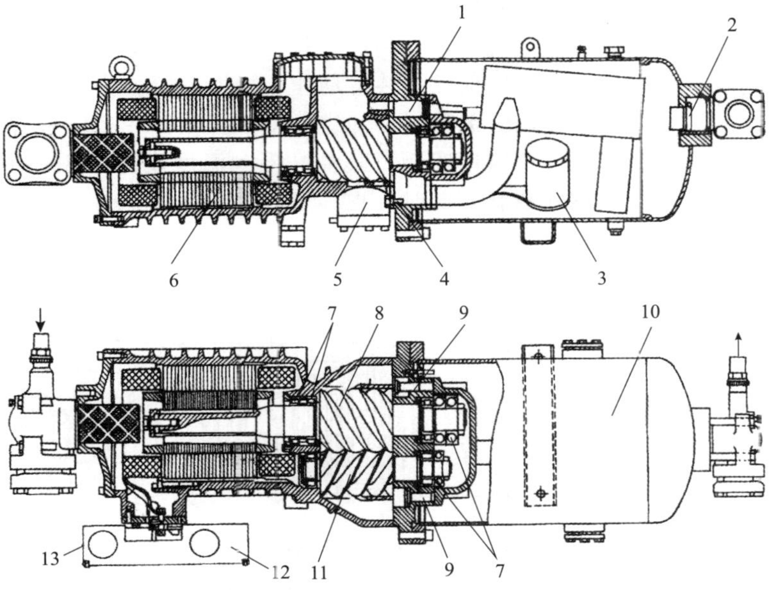

图 6－10　比泽尔公司 HSKC 型半封闭式螺杆压缩机结构图

1—压差阀；2—逆止阀；3—油过滤器；4—排温控制探头；5—内容积比控制机母，6—电动机；7—滚动轴承；8—阳转子；9—输气量控制器；10—油分离器；11—阴转子；12—电动机保护装置；13—接线盒上述的半封闭式机器阳阴转子都采用 5∶6 或 5∶7 齿数。同全封闭式一样阳转子与电动机共用一根轴，滚动轴承采用圆柱轴承，止推轴承比滑动轴承小，可保持阳阴转子轴心稳定，从而能减少转子啮合间隙，减少泄漏，同时使用润滑油量也减少，如前所述，对容易溶解于油的氟利昂机器能提高容积效率。图 6－9 所示机器油分离器设置在机体内，以分离油和气体，使得机组装置紧凑而不像图 6－8 所示结构，在机体外仍要设置两个油分离器。机器供油都采用压差供油，它是利用排气压力和轴承处压力差供油，最小压差控制在 200～300kPa，无液压泵，大大简化了供油系统。图 6－8 和图 6－9 中，低压制冷剂气体进入过滤网，通过电动机再到压缩机吸气孔口，因此，内置电动机靠制冷剂气体冷却，电动机效率大大提高，而且，电动机有较大的过载能力，其尺寸相应可缩小。图 6－11 是美国开利公司生产的 06T 系列半封闭式机器，其电动机冷却是靠经济器系统中间补充的制冷剂气体冷却，冷却效果更加好，并且它还用增速齿轮提高机器转速，缩小了体积。半封闭式螺杆式压缩机使用新开发的合成润滑油，如比泽尔公司对 R22 使用 B320SH 油，对 R134a 使用 BSE170 油，即使机器在排气温度较高工况下，这种油也能维持润滑和密封所要求的黏度，省去了油冷却器，装置结构更加简单紧凑。

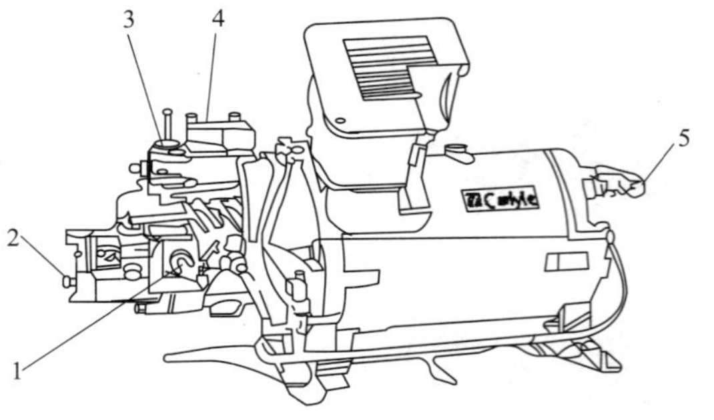

图 6－11　开利 06T 型半封闭式螺杆式压缩机结构图

1—内容积比调节阀；2—排气口；3—输气量调节活塞
4—吸气口；5—经济器补气孔口

为了满足较高精度的环境温度调节要求，压缩机多数采用移动滑阀旁通吸入气体的方法进行输气量无级或有级调节，对于微型半封闭式螺杆式压缩机应用变频器调节输气量，同时，除了少量微型半封闭式螺杆式压缩机，大多数机器都设置内容积比有级调节机构。

风冷及热泵机组，使用工况较恶劣，在高的冷凝压力和低的蒸发压力时，排气和润滑油温度或内置电动机温度会过高，造成保护装置动作，机器停机。为了保证压缩机能在工作界限范围内运行，可采用液体制冷剂喷射冷却进行降温。图 6－12 就是德国比泽尔公司的半封闭式螺杆式压缩机上的一个应用实例，其最高限制温度设定在 80～100℃之间，当排气温度传感器 1 传来信号达到限制温度时，立即打开温控喷液阀 2，让液体制冷剂从喷油口 5 喷入，以降低排气温度。

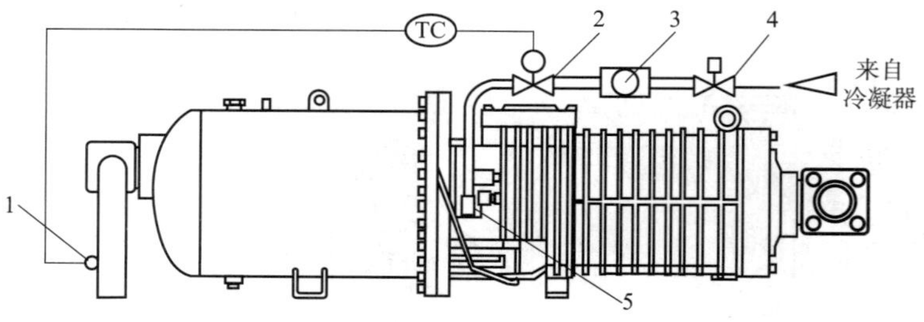

图 6－12　半封闭式螺杆式压缩机的喷液冷却

1—排气温度传感器；2—温控喷液阀；3—视镜；4—电磁阀；5—喷油入口

③全封闭式螺杆压缩机

由于制造和安装技术要求高，全封闭式螺杆压缩机近年才得到开发。图 6－13 是美国顿汉-布西(Dunham-Bush)公司用于储水、冷冻冷藏和空调的全封闭式螺杆压缩机，型号为 MARKⅡ。图中转子为立式布置。为了提高转速，电动机主轴与阴转子直连，整个机器全部采用滚动轴承，以保证阴阳转子获得最小间隙。轴承应用了特殊材料和工艺，来承受较大载荷与保证足够的寿命，使运转可靠。润滑系统改用排气压差供油，省去了液压泵。并且用温度传感器采集压缩机排气温度，当排温较高时，用液体制冷剂和少量油组成的混合液喷入压缩腔。输气量调节由微机控制滑阀移动来实现。压缩机内置电动机由排气冷却，不设置专门油分离器，所以排出的高温高压制冷剂气体，通过电动机和外壳间的通道，经过油分离环 12，由排气口 1 排出，整个机壳充满高压制冷剂气体。目前由单机组成的全封闭式螺杆冷水机组，其制冷量可达到 186kW。

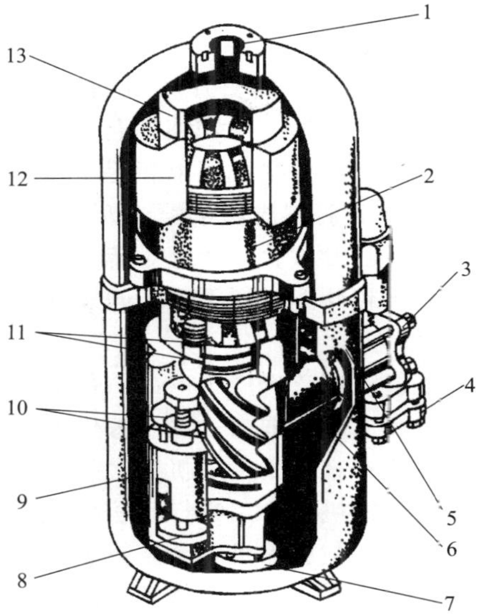

图 6 - 13　顿汉-布西(Dunham-Bush)公司全封闭螺杆压缩机结构图

1—排气孔口；2—内置电动机；3—吸气截止阀；4—吸气口；5—吸气止回阀；6—吸气过滤网；7—滤油器；8—输气量调节油活塞；9—调节滑阀；10—阴阳转子；11—主轴承；12—油分离环；13—挡油板

图 6 - 14 是比泽尔公司 VSK 型系列的全封闭式螺杆压缩机结构，电动机配用功率 10～20kW，它的结构特点是卧式布置，输气量调节不设滑阀，采用电动机变频调节。

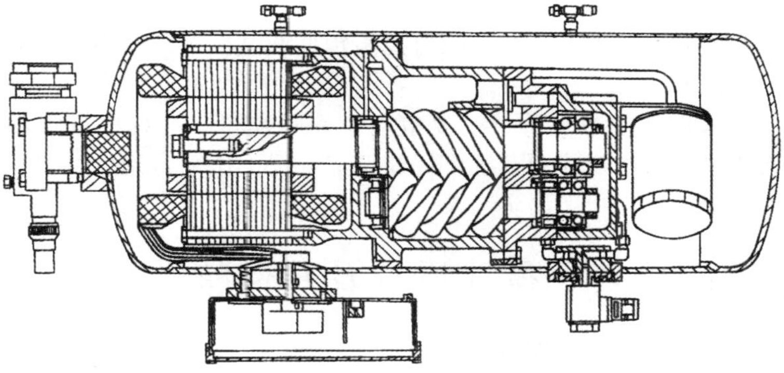

图 6 - 14　比泽尔公司 VSK 型全封闭式螺杆压缩机结构图

6.1.4　发展历程及发展方向

(1)发展历程

20 世纪 30 年代，瑞典工程师 Alf Lysholm 在对燃气轮机进行研究时，希望找到一种做回转运动的压缩机，要求其转速比活塞压缩机高得多，以便可由燃气轮机直接驱动，并且不会发生喘振。为了达到上述目标，他发明了螺杆压缩机。在理论上，螺杆压缩机具有他所需要的那些特点，但由于必须具有非常大的容积流量，才能满足燃气轮机工作的要求，所以螺杆压缩机并没有在此领域获得应用。尽管如此，Alf Lysholm 及其所在的瑞典 SRM 公司，对螺杆压缩机在其他领域的应用，继续进行了深入的研究。

1937 年，Alf Lysholm 在 SRM 公司研制成功了两类螺杆压缩机试验样机，并取得了令人满意的测试结果。1946 年，位于苏格兰的英国 James Howden 公司，第一个从瑞典 SRM 公司获得了生产螺杆压缩机的许可证。随后，欧洲、美国和日本的多家公司也陆续从瑞典 SRM 公司获得了这种许可证，从事螺杆压缩机的生产和销售。

最先发展起来的螺杆压缩机是无油螺杆压缩机，1957 年喷油螺杆空气压缩机投入了应用，1961 年又研制成功了喷油螺杆制冷压缩机和螺杆工艺压缩机。经过持续的基础理论研究和产品开发试验，通过对转子型线的不断改进和专用转子加工设备的开发成功，螺杆压缩机的优越性能得到了不断的发挥。

(2)发展方向

螺杆压缩机广泛应用于矿山、化工、动力、冶金、建筑、机械、制冷等工业部门，在宽广的容量和工况范围内，逐步替代了其他种类的压缩机。统计数据表明，螺杆压缩机的销售量已占所有容积式压缩机销售量的 80%以上，在所有正在运行的容积式压缩机中，有 50%是螺杆压缩机。今后螺杆压缩机的市场份额仍将不断扩大，特别是无油螺杆空气压缩机和各类螺杆工艺压缩机，会获得更快的发展。为进一步改善螺杆压缩机的性能、扩大其应用范围，应在以下几方面做深入的研究：

①在型线啮合特性、转子受力变形和受热膨胀等方面研究的基础上，创造新的高效型线，以进一步提高螺杆压缩机的效率。

②分析喷油对螺杆压缩机工作过程中泄漏、换热和摩擦等方面的影响机理，使喷油参数的设计从目前的经验设计提高到机理设计和优化设计。

③研究吸气和排气过程的流动特性，在流场分析的基础上，进一步合理配置吸排气孔口和相关的连接管道。

④分析螺杆压缩机的噪声产生机理，研究型线设计和孔口配置等因素对噪声指标的影响，从而更有效地降低噪声。

⑤研究转子螺旋齿面的加工工艺。除研究高精度和高生产率的专用设备外，还要研究新型少切削和无切削加工工艺。

⑥扩大螺杆压缩机的参数范围，主要应向小容积流量、高排气压力的方向发展。同时，研究气量调节机构与智能控制系统，提高调节工况下压缩机运转的经济性，进一步扩大螺杆压缩机的应用范围。

6.2 螺杆压缩机转子型线设计及几何特性

6.2.1 转子型线设计原则及发展过程

6.2.1.1 转子型线

螺杆压缩机中，最关键的是一对相互啮合的转子。转子的齿面与转子轴线垂直面的截交线称为转子型线，如图 6－15(a)所示。由于转子型线做螺旋运动就形成了转子的齿面，故又把转子型线称为端面型线或转子齿形。

螺杆压缩机的阴阳转子可以看作一对相互啮合的斜齿轮，因此，螺杆压缩机的阴、阳转子型线也要满足啮合定律，即不论在任何位置，经过型线接触点的公法线必须通过节点。但螺杆转子与普通的斜齿轮又有很大的不同。普通斜齿轮的主要任务是在两根平行轴之间的任意传动方向上，强制传递转速、转矩及功率。在螺杆压缩机中，转子之间的动力传递和由此而引起的齿面接触应力都是次要的。事实上，无油螺杆压缩机的阴阳转子并不接触，两者之间的动力传递是通过同步齿轮来完成的。在喷油螺杆压缩机中，转子之间传递的功率，也仅占压缩机轴功率的 10%左右，而且只在齿面的一侧进行。所以螺杆压缩机的转子型线，不必像普通齿轮那样无条件地对称于其齿顶中心线。

对于螺杆压缩机转子型线的要求，主要是要在齿间容积之间有优越的密封性能，因为这些齿间容积是实现气体压缩的工作腔。对螺杆压缩机性能有重大影响的转子型线要素有接触线、泄漏三角形、封闭容积和齿间面积等。

(1)接触线

螺杆压缩机的阴、阳转子啮合时，两转子齿面相互接触而形成的空间曲线称为接触线，见图 6－15(b)中 10。接触线一侧的气体处于压力较高的压缩和排气过程，另一侧的气体则处于压力较低的吸气过程。如果转子齿面间的接触线不连续，则处在高压力区内的气体将通过接触线中断缺口，向低压力区泄漏。接触线的长度对双螺杆压缩机的热力性能有着重大的影响。这是因为该线密封的是处于压缩或排气过程的基元容积与处于吸气过程中的基元容积。研究结果表明，在双螺杆压缩机的各种泄漏损失中，通过接触线的泄漏损失占了所有泄漏损失的绝大部分。另外，接触线的形状也对螺杆转子间的力矩分布和轴承负荷产生直接影响。因而，准确计算接触线是双螺杆压缩机研究中的一个重要的方面。

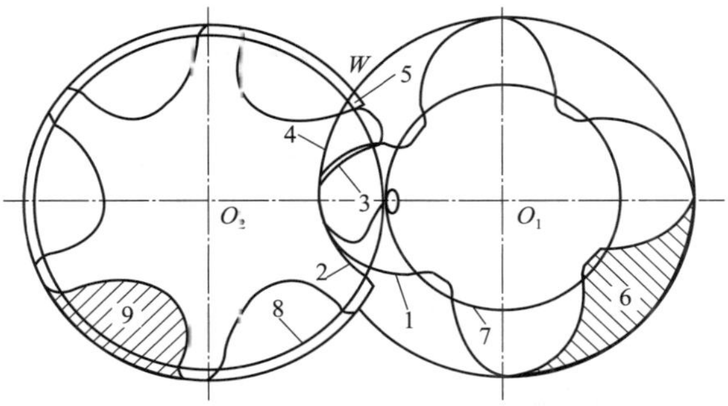

(a)型线、啮合线、齿间面积、封闭容积、泄漏三角形

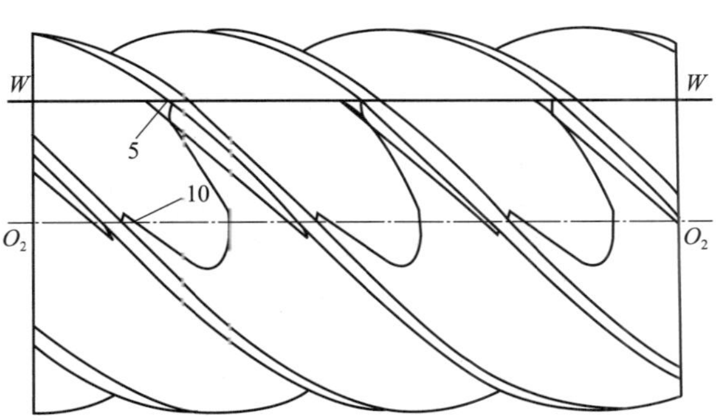

(b)泄漏三角形和接触线

图 6－15　转子型线、啮合线、齿间面积、封闭容积、泄漏三角形和接触线

1—阳转子型线；2—阴转子型线；3—封闭容积；4—啮合线；5—泄漏三角形；
6—阳转子齿间面积；7—阳转子节圆；8—阴转子节圆；9—阴转子齿间面积；10—接触线

双螺杆压缩机转子间接触线的计算内容，随研究目的不同而不同，但可归纳为如下三种：

①计算两啮合转子间接触线的总长度。这是用来判断转子断面型线优劣的一个重要指标，是新型线研究和开发过程中一个必不可少的计算项目；

②计算一个齿间容积内的接触线长度随着转子转角的变化。这是在进行双螺杆压缩机工作过程的计算机模拟和性能预测时，一定要用到的变化关系，若不能正确算出此变化关系，就会影响到气体泄漏量的计算，进而降低模拟和预测结果的可靠程度；

③计算不同转角位置时，一个齿间容积内的接触线在特定坐标平面上的投影。这是准确计算轴承负荷和转子间力矩分布的基础和前提。

阴、阳转子型线啮合时的啮合点轨迹，称为啮合线，如图 6－15(a)中 4。啮合线实质是接触线在转子端面上的投影。显然接触线连续，意味着啮合线应该是一条连续的封闭曲线。

(2)泄漏三角形

螺杆压缩机转子接触线的顶点，通常不能到达阴、阳转子气缸孔的交线，在接触线顶点和机壳的转子气缸孔之间，会形成一个空间曲边三角形，称为泄漏三角形，如图 6－15(a)中 5。通过泄漏三角形，气体将从压力较高的齿间容积，泄漏至压力较低的邻近齿间容积。从啮合线顶点的位置，可定性反映泄漏三角形面积的大小。如图 6－15(a)所示，若啮合线顶点距阴、阳转子齿顶圆的交点 W 较远，则说明泄漏三角形面积较大。需要指出的是，泄漏三角形不仅存在于压缩机压缩侧，也存在于压缩机的吸气侧，并且吸气侧的泄漏三角形面积远远大于压缩侧泄漏三角形的面积。但由于吸气侧的绝大多数齿间容积间不存在压差，故吸气侧的泄漏三角形对压缩机的效率和泄漏量影响不大，一般实际研究中只考虑压缩侧的泄漏三角形。

实际泄漏三角形是一个空间的曲边三角形，其三个顶点分别是：阴阳转子间接触线的最高点、阴转子齿顶与两气缸孔交线的交点、阳转子齿顶与两气缸孔交线的交点。计算泄漏三角形面积的步骤如下：

a. 通过求解转子间的接触线方程，得到接触线最高点的坐标，并建立两气缸孔交线的直线方程；

b. 建立由两气缸孔交线和接触线最高点所构成平面的方程；

c. 把这个平面的方程分别与阴转子和阳转子的螺旋齿面方程联立，即可得到泄漏三角形的两个曲边方程；

d. 利用这两个曲边方程和气缸孔交线的直线方程，即可通过曲线积分的方法计算其面积。

当然，也可首先解出泄漏三角形上各点的坐标，再通过数值积分的方法计算其面积。值得注意的是，通过上面得到的面积，是泄漏三角形在由两气缸孔交线和接触线最高点所构成的平面中的面积，实际上，与流过泄漏三角形的流体流线相垂直的面积，才是影响泄漏量的主要因素。但是泄漏流体主要是沿着阴转子的螺旋齿面流动。因此，可把流体通过泄漏三角形的流线视为螺旋线，其轴线就是阴转子的轴线，其螺旋特性线数也就是阴转子的螺旋特性线数。所以，把通过上述步骤得到的泄漏三角形面积，向流线的法面投影，才可最终得到对泄漏量起主要作用的泄漏三角形的面积。

(3)封闭容积

如果在齿间容积开始扩大时，不能立即开始吸气过程，就会产生吸气封闭容积。由于吸气封闭容积的存在，使齿间容积在扩大的初期，其内的气体压力低于吸气口处的气体压力。在齿间容积与吸气孔口连通时，其内的气体压力会突然升高到吸气压力，然后才进行正常的吸气过程。所以，吸气封闭容积的存在，影响了齿间容积的正常充气。吸气封闭容积在转子端面上的投影如图 6－15(a)中 3 所示，从转子型线可定性看出封闭容积的大小。

(4)齿间面积

齿间面积是齿间容积在转子端面上的投影，如图 6－15(a)中 6、9。转子型线的齿间面积越大，转子的齿间容积就越大。

6.2.1.2　转子型线设计原则

经过多年的理论分析和试验研究，总结出螺杆压缩机转子的型线设计原则如下：

(1)转子型线应满足啮合要求。螺杆压缩机的阴、阳转子型线，必须是满足啮合定律的共轭型线，即不论在任何位置，经过型线接触点的公法线必须通过节点。

(2)转子型线应形成长度较短的连续接触线。转子型线的设计应保证能形成连续的接触线。另外，在实际机器中，为保证转子间的相对运动，齿面间总保持有一定间隙。因此，理论上的接触线就转化成实际中的间隙带。为了尽可能减少气体通过间隙带的泄漏，要求设法缩短转子间的接触线长度。

(3)转子型线应形成较小面积的泄漏三角形。为减少气体通过泄漏三角形的泄漏，型线设计应使转子的泄漏三角形面积尽量小。

(4)转子型线应使封闭容积较小。大多数转子型线会形成吸气封闭容积，导致压缩机耗功增加、效率降低、噪声增大。所以，转子型线应使吸气封闭容积尽可能地小。

(5)转子型线应使齿间面积尽量大。较大的齿间面积使泄漏量占的份额相对减少，效率得到提高。

另外，从制造、运转角度考虑，还要求转子型线便于加工制造，具有良好的啮合特性，较小的气体动力损失，以及在高温和受力的情况下，具有小的热变形和弯曲变形等。值得指出的是，以上有些因素是相互制约的。例如，为了减小泄漏三角形，就不可避免地会使型线具有封闭容积和较长的接触线。为了减少流体动力损失，又会增大泄漏三角形面积等。

为了满足如上种种要求，螺杆压缩机的转子型线通常由多段曲线首尾相接组成，这些曲线称为组成齿曲线。常用的组成齿曲线主要有点、直线、摆线、圆弧、椭圆及抛物线等。

6.2.1.3　转子型线的发展过程

螺杆转子设计中，最重要的是设计型线，因为转子型线基本决定了螺杆压缩机的性能好坏。螺杆压缩机性能的不断提高及其市场份额的不断扩大，是与转子型线的发展密不可分的。国际上著名的螺杆压缩机生产厂家，都是伴随着新型线的开发成功而不断发展壮大的。性能优越的新型线一旦开发成功，往往会使其产品的销售量猛增、市场占有率迅速扩大。

为便于区别起见，可将螺杆压缩机中的型线分为对称型线和不对称型线，以及单边型线和双边型线。齿顶中心线两边的型线完全相同时，称为对称型线。齿顶中心线两边的型线不同时，称为不对称型线。只在转子节圆的内部或外部一边具有型线，称单边型线。节圆的内、外均具有型线，称双边型线。

随着对螺杆压缩机转子型线设计原则的逐步认识和转子加工方法的不断改进，以及计算机在转子型线设计中的应用，螺杆压缩机的转子型线大致经历了三代变迁。

(1)对称圆弧型线

第一代转子型线是对称圆弧型线，应用于初期的螺杆压缩机产品中，虽然在随后的年代里，不对称的转子型线有了许多显著的进展，但这些进展主要是针对喷油螺杆压缩机的。由于对称型线易于设计、制造和测量，这类型线直到现在还被很多干式螺杆压缩机制造商采用。

螺杆压缩机齿间容积间的泄漏主要通过四个通道进行：①通过接触线泄漏；②通过泄漏三角形泄漏；③通过齿顶间隙泄漏；④通过排气端面泄漏。不对称型线的最大优点之一，就是泄漏三角形的面积明显减少。但对无油压缩机，泄漏三角形只是四个主要泄漏通道中的一个，其面积的减少对压缩机的整体效率只能产生有限的影响。另外，与喷油压缩机相比，无油螺杆压缩机工作在较低的压比和压差工况下，压比和压差对泄漏也有重大影响。

(2)不对称型线

第二代转子型线是以点、直线和摆线等组成齿曲线为代表的不对称型线。20 世纪 60 年代后，随着喷油技术的发展，发展了以 SRM-A 型线为代表的第二代转子型线。这种型线为螺杆压缩机市场份额的扩大，起了巨大的推动作用，目前仍被多家公司采用。

螺杆压缩机内共有四个主要的泄漏通道，在喷油螺杆压缩机中，由于油的存在而使这四个通道中的三个被有效地密封起来。通过齿顶、排气端面及接触线这三个狭长间隙的泄漏大大减小。由于泄漏三角形不像其他三个泄漏通道那样是狭长的间隙，而是一个近似于三角形的开口孔，因而成为唯一无法被油有效地密封的泄漏通道。

对称型线与不对称型线的主要区别在于，采用不对称型线时，泄漏三角形的面积大为减少。一般不对称型线的泄漏三角形面积仅是对称型线的十分之一左右。因此，采用不对称型线，可以使喷油螺杆压缩机的性能得到明显改善。

(3)新的不对称型线

20 世纪 80 年代后，随着计算机在螺杆压缩机领域的应用，精确解析螺杆压缩机转子的几何特性成为可能，在压缩机工作过程数学模拟的基础上，出现了各具特色的多种第三代转子型线。性能优越的主要有 GHH 型线、日立型线和 SRM-D 型线。90 年代后，转子型线更加多样化，已能够根据螺杆压缩机的具体应用场合，专门设计出新颖的高效型线。目前，所有的喷油螺杆压缩机，采用的都是不对称型线。

第二代和第三代转子型线都是不对称型线，两者之间的主要区别在于：第三代转子型线的组成齿曲线中不再有点、直线和摆线，均采用圆弧、椭圆、抛物线等曲线。这种改变可使转子齿面由“线”密封改进为“带”密封，能明显提高密封效果，还有利于形成润滑油膜和减少齿面磨损。

6.2.2 典型型线及其啮合线

6.2.2.1 对称圆弧型线

(1)原始对称圆弧型线

图 6－16 所表示的是一种对称圆弧型线及其啮合线，这种型线的组成齿曲线都在节圆的一侧，有时又称为单边对称圆弧型线。该型线的组成齿曲线和相应的啮合线列于表 6－1。

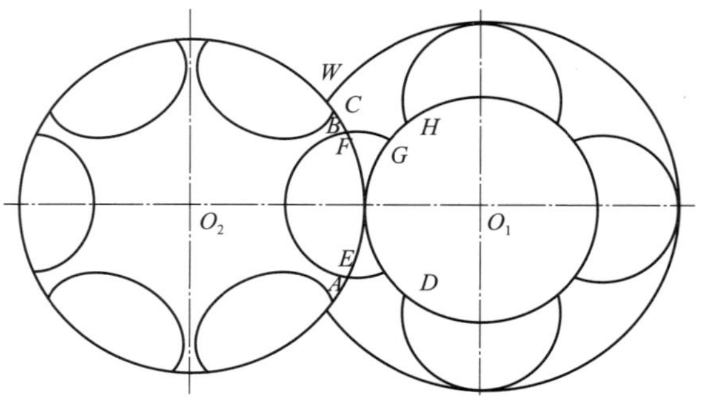

(a)型线

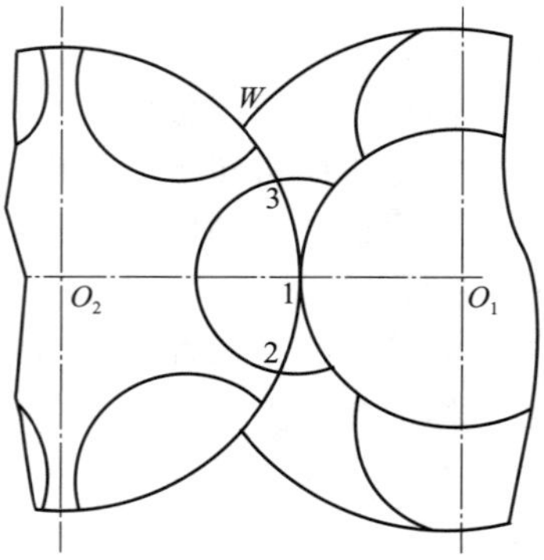

(b)啮合线

图 6－16 原始对称圆弧型线的组成齿曲线和啮合线

表 6-1 原始对称圆弧型线的组成齿曲线和啮合线

阴转子		阳转子		啮合线
齿曲线	曲线性质	齿曲线	曲线性质	
A	点	*DE*	摆线	12
AB	圆弧	*EF*	圆弧	23
B	点	*FG*	摆线	31
BC	圆弧	*GH*	圆弧	1

应该指出，由图 6-16 及表 6-1 可知，所谓对称圆弧型线，并非全由圆弧组成。圆弧齿曲线被限制在阴转子节圆之内，齿曲线 *DE* 和 *FG* 却是摆线。这是因为 *DE* 和 *FG* 仍为圆弧，将引起阴阳转子接触线中断，使压缩机的泄漏增大。

由图 6-16(b)可见，原始对称圆弧型线啮合线的顶点 3，距两转子齿顶圆的交点 *W* 较远，说明其泄漏三角形面积较大。所以，原始对称圆弧型线通过泄漏三角形的泄漏较严重。但是，这种型线的接触线是连续的，且接触线长度较短。此外，它还具有设计、制造方便等优点，所以此种型线在螺杆压缩机中仍作为一种基本型线。

(2)双边对称圆弧型线

图 6-17 所示的是另一种对称圆弧型线及其啮合线。这种型线的组成齿曲线位于节圆的两侧，故又称为双边对称圆弧型线。该型线的组成齿曲线和相应的啮合线列于表 6-2 中。

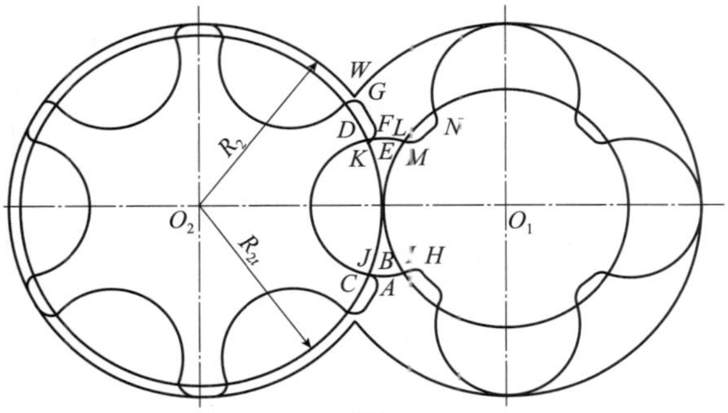

(a)型线

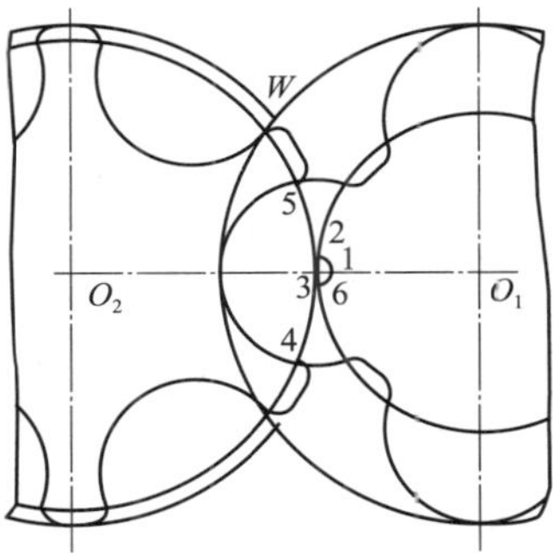

(b)啮合线

图 6-17 双边对称圆弧型线

表 6-2 双边对称圆弧型线的组成齿曲线和啮合线

阴转子		阳转子		啮合线
齿曲线	曲线性质	齿曲线	曲线性质	
AB	圆弧	*HI*	圆弧	12
BC	摆线	*I*	点	23
C	点	*IJ*	摆线	34
CD	圆弧	*JK*	圆弧	45
D	点	*KL*	摆线	53
DE	摆线	*L*	点	36
EF	圆弧	*LM*	圆弧	61
FG	圆弧	*MN*	圆弧	1

由图 6－17 及表 6－2 可知，这种双边对称圆弧型线与原始对称圆弧型线的区别是，在阴转子节圆外增添了齿曲线 AB、BC、DE、EF 和 FG，其中 AB 和 EF 是中心在节圆 R_{2t}、半径为 r_0 的圆弧段。相应地，阳转子在其节圆之内亦增添了齿谷齿曲线 HI、LM 和 MN。此时，阴转子的齿顶圆半径 R_2 为 $R_2=R_{2t}+r_0$。

显然，这种双边对称圆弧型线啮合线的顶点 5 距两转子齿顶圆的交点 W 更远，从而使通过泄漏三角形的泄漏更为严重。为减少这种不利的影响，通常把 r_0 的取值限制在一定的范围之内。

这种双边对称圆弧型线去除了原始对称圆弧型线上的尖点，使齿曲线间光滑过渡，便于加工、储运，也免除了应力集中，使转子能承受更大的载荷。更为重要的是，保护了摆线 IJ 和 KL 的形成点 C 和 D，有助于减少通过接触线的泄漏。此种型线很适合用于干式螺杆压缩机，直到现在还被很多制造商所采用。

6.2.2.2　不对称型线

(1)原始不对称型线

随着喷油技术的发展，喷油螺杆压缩机获得了广泛的应用。喷入的油能对狭窄的接触线、排气端面及齿顶间隙进行很好的密封，从而大幅度减少了泄漏量。考虑到面积较大的泄漏三角形不能被油有效地密封，故发展了各种各样的不对称型线，用来克服对称圆弧型线泄漏三角形面积大的缺陷。在喷油螺杆压缩机中，用不对称型线代替对称圆弧型线后，压缩机的耗功一般可降低 10％左右。

图 6－18 所示的是原始不对称型线及其啮合线，对于处于低压侧的型线前段，其本身并无轴向气密性的要求，故仍沿用圆弧型线。该型线的组成齿曲线和相应的啮合线列于表 6－3 中。

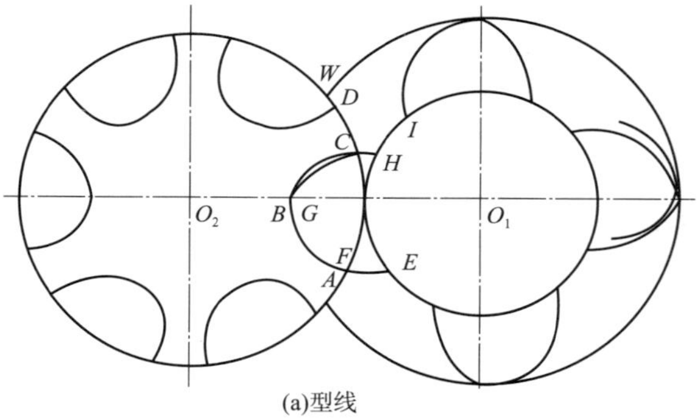

(a)型线

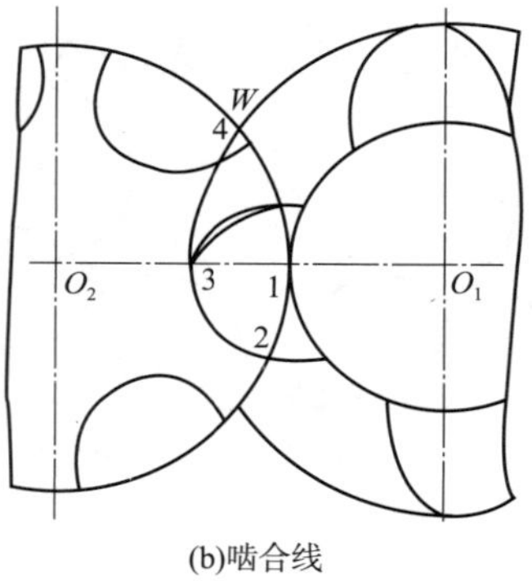

(b)啮合线

图 6－18　原始不对称型线

表 6－3　原始不对称型线的组成齿曲线和啮合线

阴转子		阳转子		啮合线
齿曲线	曲线性质	齿曲线	曲线性质	
A	点	EF	摆线	12
AB	圆弧	FG	圆弧	23
BC	摆线	G	点	34
C	点	GH	摆线	41
CD	圆弧	HI	圆弧	1

由图 6－18(b)可以看出，处于高压侧的原始不对称型线背段的啮合线顶点 4，是与两

转子齿顶圆交点 W 重合的，这就从根本上克服了对称圆弧型线泄漏三角形面积大的缺陷。但其缺点主要是接触线长且具有封闭容积。

确保原始不对称型线消除泄漏三角形的关键在于，型线组成齿曲线中采用点啮合摆线。因此，形成点 A、C 及 G，特别是点 C 和 G，对密封气体起着非常重要的作用。一旦摆线形成点位置不精确，或者遭到损伤，将使原始不对称型线的泄漏量显著增加。

(2)单边不对称摆线—销齿圆弧型线

图 6－19 所示的是对原始不对称型线进行修正后的一种型线，习惯称为单边不对称摆线—销齿圆弧型线，其组成齿曲线和相应的啮合线列于表 6－4 中。

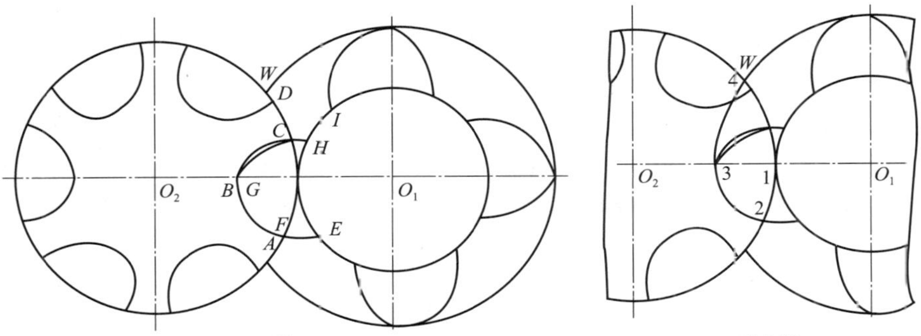

(a)型线　　(b)啮合线

图 6－19　单边不对称摆线—销齿圆弧型线

表 6－4　单边不对称摆线—销齿圆弧型线的组成齿曲线和啮合线

阴转子		阳转子		啮合线
齿曲线	曲线性质	齿曲线	曲线性质	
AB	直线	GH	摆线	12
BC	圆弧	HI	圆弧	23
CD	摆线	I	点	34
D	点	IJ	摆线	45
DE	直线	JK	摆线	51
EF	圆弧	KL	圆弧	1

由图 6－19 可见，这种单边不对称摆线——销齿圆弧型线，与原始不对称型线的主要区别在于：采用径向直线 AB 及 DE 修正，去除了原始不对称型线外圆上的摆线形成点，并使摆线 IJ 的形成点 D 向内移动。另外，将圆弧齿曲线扩大一角度，形成保护角，使摆线 CD 的形成点 I 处于阳转子外圆之内，保护了对啮合性能很敏感的摆线形成点。所以经此修正后，便于转子在加工、安装、运行及储运中保护摆线形成点。但与此同时，使接触线顶点与转子齿顶圆交点之距离略有增大，使通过泄漏三角形的泄漏量增加。为此，通常限制直线段 DE 的长度在 0.5～2mm 的允许范围之内。至于处在低压侧的直线段 AB 的长度，由于不影响气密性，通常从制造工艺性出发，使其与圆弧 BC 光滑过渡。

6.2.3　几何特性及其计算

螺杆压缩机的几何特性包括接触线长度、泄漏三角形面积、齿间面积、齿间容积、吸排气孔口面积、齿顶密封线长度等。这些量的计算是准确地进行螺杆压缩机热力性能预测和动力特性分析的前提，对于螺杆压缩机的优化设计具有重要的意义。本节对一些重要的几何特性进行分析和计算。

6.2.3.1 齿间面积和面积利用系数

(1)齿间面积

阴、阳转子的齿间面积是螺杆压缩机的重要几何特性之一，在对转子型线的各段组成齿曲线建立方程，并确定其参数变化范围后，可利用解析法求得转子的齿间面积。

(2)面积利用系数

螺杆压缩机的面积利用系数，表征转子直径范围内总面积的利用程度。其定义为

$$C_{n1}=\frac{z_1(A_{01}+A_{02})}{{D_1}^2} \tag{6-1}$$

式中，C_{n1} 为螺杆压缩机的面积利用系数；z_1 为阳转子的齿数；D_1 为阳转子的直径。

显然，面积利用系数取决于转子型线种类和齿高半径、齿数、齿顶高等型线参数。

6.2.3.2 齿间容积及其变化过程

(1)齿间容积

当在转子型线的基础上，求出齿间面积后，即可方便地求出螺杆压缩机的转子齿间容积。一般来说，若转子的齿间面积为 A、有效工作段长度为 L，则齿间容积 V 为

$$V=\int_0^L \mathrm{d}V=\int_0^L A\mathrm{d}z=AL \tag{6-2}$$

由上式可得到阴、阳转子的齿间容积 V_{02}、V_{01} 分别为

$$V_{02}=A_{02}L \tag{6-3}$$

$$V_{01}=A_{01}L \tag{6-4}$$

(2)齿间容积的变化

螺杆压缩机工作时，一对齿间容积因齿的彼此侵占而减小，以达到压缩气体的目的。因此，首先研究齿间容积的变化规律。这种容积的变化若用端面齿间面积的变化来描述，能使复杂的空间问题转化为简单的平面问题。

6.2.3.3 吸排气孔口

螺杆压缩机的吸气孔口与排气孔口的合理位置和形状是实现气体内压缩的必备条件，也是影响压缩机效率的一个重要因素。为此，在设计吸、排气孔口时应该满足以下几方面的要求：

①孔口的位置和形状，应保证气体在齿间容积内实现预定的内压缩，以提高机器运转的经济性；

②吸气孔口应能保证齿间容积达到最大限度的充气，以获得高的容积效率。排气孔口应使齿间容积中的压缩气体尽可能全部地排至排气管道；

③尽量减少气体在孔口处及齿间容积内的流动损失，据此，应力求孔口面积尽可能大、气流通道截面变化均匀平滑、转折少，力求阴阳螺杆一对齿间容积同时与吸气孔口脱离，同时与排气孔口连通，以免气体在其间串流。

④应避免吸、排气孔口之间产生穿漏通道。据此端面上的吸、排气孔口不应处于啮合线范围内。

对此，以图 6－20 所示的排气孔口为例作一说明。该图显示了在排气端面上的齿形和孔口的相互关系。当阳螺杆的齿顶越过机体两内圆交点之后，由于阳、阴螺杆齿形背段的形状不相同，在排气端面上阳、阴螺杆齿间将逐渐形成一个镰刀形面积 W，又因螺杆齿槽的扭曲，在两端面间形成一个穿漏通道。若这一通道的一端处于排气孔口范围之内，将发生排出端压缩气体经此通道流回吸气孔口。为避免这一弊端，必须使排气孔口(图中虚线所示)处于啮合线范围之外。

⑤吸、排气孔口的设计，应尽量避免产生封闭容积。

如果齿间容积与排气孔口断开时尚未达到其最小值，于是在此后的转动中，其间气体将再度受到压缩，直到齿间容积达到最小值时为止。例如，在图 6－20 中，截面 W_d 呈镰刀形的楔形空间随转子旋转而逐渐减小的，这就是排出封闭容积。此空间内的气体(对喷液机器，则是气—液混合物)压力剧增(喷液机器更为剧烈)，并致使压缩机功耗增加，对机器的安全运行亦属不利。为避免此等弊端，有的机器在端盖上开设导气通道将高压油或气体引至排气孔口。

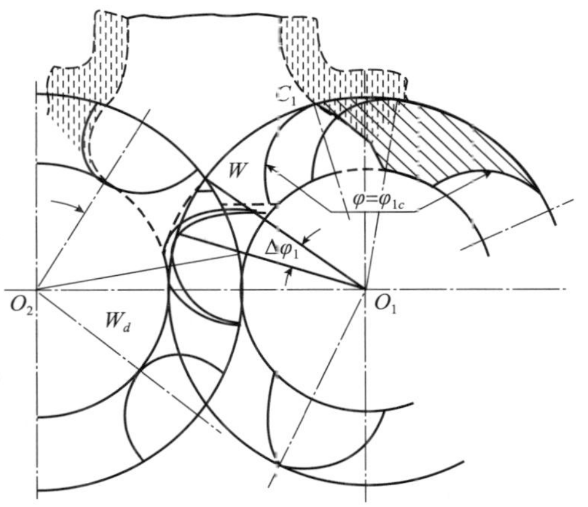

图 6－20　排出端面上的齿形和孔口位置

如若齿间容积在从最小值逐渐扩大的过程中尚未与吸气孔口相通，此时该容积内之气体将进行膨胀，气体压力低至吸气压力之下。待此容积与吸气孔口连通后，其内气体之压力迅速升至正常的吸气压力。这种与吸气孔口连通之前所扩大的容积就是吸入封闭容积。

吸入封闭容积，可以从图 6－21 看出。在 $\varphi=0\sim\beta_{01}$ 范围内，吸入端面上截面 W_s 呈镰刀形的楔形空间(吸入封闭容积)随转子旋转而逐渐增大，但尚未与吸气孔口连通，因此在该范围内气体膨胀，压力降低。然而，由于这部分空间的体积并不大，加之吸入端面存在较大的轴向间隙，故实际上这种压力的降低是十分小的。

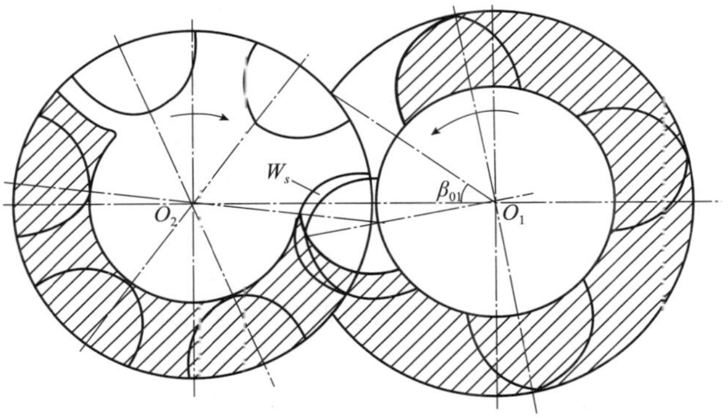

图 6－21　吸入封闭容积

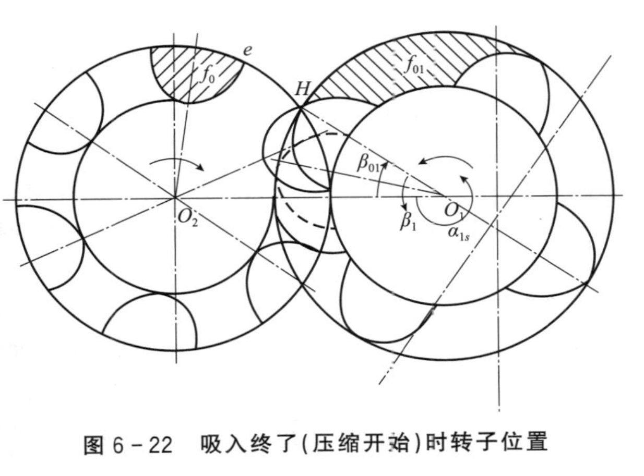

图 6－22　吸入终了(压缩开始)时转子位置

(1)吸气孔口

①轴向吸气孔口：正如前面所指出的，把阴螺杆齿欲侵占阳螺杆齿间端面面积 f_{01} 的位置称作压缩开始点。此后，随着阳螺杆的转动，阳螺杆齿间面积将因阴螺杆齿的侵入而减小，即齿间容积内的气体开始受到压缩(图 6－22)。这就是说，螺杆在这一位置时，齿间容积就应当与吸气孔口脱离，而开始进行压缩过程。据此，就可以确定阳螺杆

轴向吸气孔口的位置和形状。

②径向吸气孔口

为了尽可能扩大吸气孔口的通流面积，在开设轴向吸气孔口的同时，还将机体沿轴向挖空作为径向吸气孔口。

(2)排气孔口

对所要求的内压力比，必有一个对应的排气孔口。换言之，每一个排气孔口，必可达到一定的内压力比。排气孔口的位置由吸气角 α_{1s} 及内压缩转角 φ_{1c} 确定。α_{1s} 及 φ_{1c} 的计算方法已在本节中给出。排气孔口的形状类同于吸气孔口，所不同的是它是与齿形背段相同。与吸气孔口一样，排气孔口总是同时分布在机体的排气端盖上(轴向排气孔口)和机体的内圆壁上(径向排气孔口)。排气孔也有轴向排气孔和径向排气孔。

6.3 热力性能计算

6.3.1 理论工作过程

为便于由浅入深地讨论问题，先研究螺杆压缩机的理论工作过程，即假定压缩机是在无摩擦、无热交换、无泄漏、无吸排气压力损失的情况下，进行吸气、压缩和排气。螺杆压缩机转子的每个运动周期内，分别有若干齿间容积依次进行相同的工作过程。因此，在研究螺杆压缩机的工作过程时，只需讨论其中某一个齿间容积的全部过程，就能完全了解整个机器的工作。

(1)理想工作过程

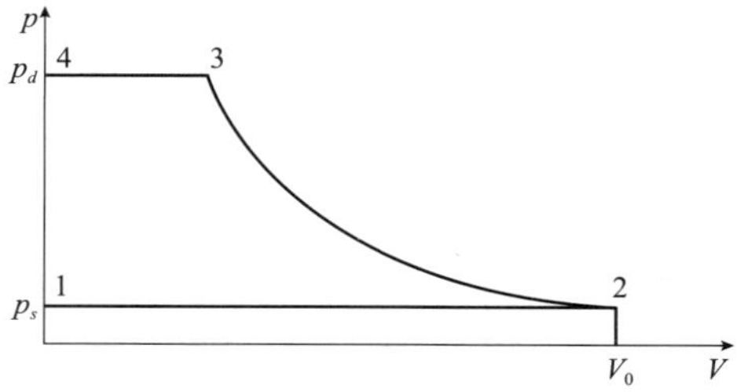

图 6－23　理想工作过程

按容积压缩机压缩气体的原理，为了充分利用工作容积实现气体的压缩，应在齿间容积扩大时，与吸气孔口连通，开始吸气过程。在齿间容积达到最大容积时，结束吸气过程；然后，齿间容积在封闭状态下减少容积，并在与排气孔口连通前，压力升高到排气压力，完成压缩过程；最后，随着齿间容积的进一步减少，所有高压气体逐渐从排气孔口排出。图 6－23 是这种理想工作过程的指示图。

由于吸、排气孔口位置等压缩机结构参数的影响，会使压缩机的工作过程与上述的理想工作过程有所不同。

(2)内、外压力比不相等的工作过程

压缩机的齿间容积与排气孔口即将连通之前，齿间容积内的气体压力 p_i 称为内压缩终了压力。内压缩终了压力与吸气压力之比，称为内压力比。排气管内的气体压力 p_d 称为外压力或背压力，它与吸气压力的比值称为外压力比。

螺杆压缩机吸、排气孔口的位置和形状决定了内压力比。运行工况或工艺流程中所要求的吸、排气压力，决定了外压力比。与一般活塞压缩机不同，螺杆压缩机的内、外压力比可以不相等。

在排气压力大于内压缩终了压力的情况下，齿间容积与排气孔口连通的瞬时，排气孔口中的气体将迅速倒流入齿间容积中，使其中的压力从 p_i 突然上升至 p_d，然后再随着齿间容积的不断缩小，排出气体，见图 6－24(a)。

在排气压力低于内压缩终了压力的情况下，齿间容积与排气孔口连通的瞬时，齿间容积中的气体会迅速流入排气孔口中，使齿间容积中的气体压力突然降至 p_d，然后再随着基元容积的继续缩小，将气体排出[图 6-24(b)]。

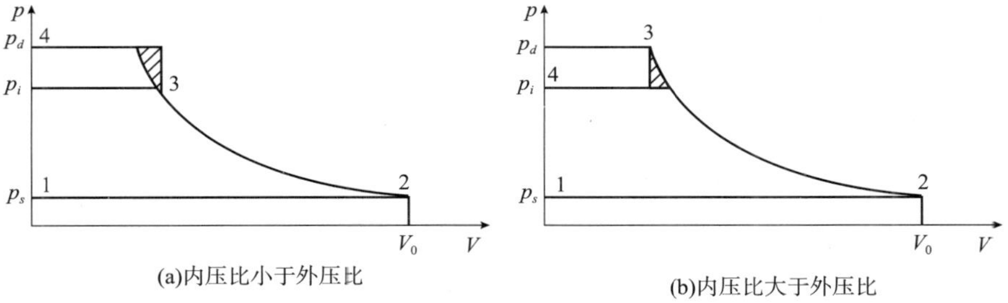

图 6-24　内、外压力比不相等的工作过程

由此可见，内、外压力比不相等时，总是造成附加能量损失，如图 6-24 中的阴影面积所示。另外，由于内、外压力不相等，还会伴随着强烈的周期性排气噪声。

(3)吸气提前或延迟结束的工作过程

当吸气过程在齿间容积达到最大值之前结束时，齿间容积中的气体将在吸气结束之后进行膨胀，达到最大容值后，再从降低了的压力开始压缩过程，如图 6-25(a)所示。

当吸气过程在齿间容积达到最大值之后结束时，齿间容积中的气体将有一部分重新回流到吸气孔口，然后再与吸气孔口脱离，并开始压缩过程，如图 6-25(b)所示。

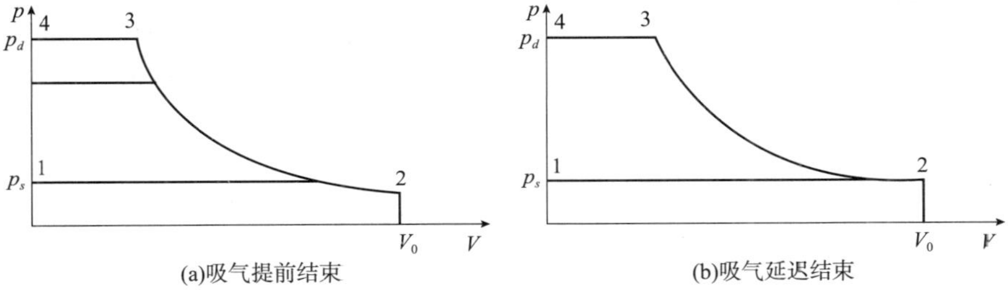

图 6-25　吸气提前或延迟结束的工作过程

显然，吸气过程提前或延迟结束，都使齿间容积吸气量减少，从而影响压缩机的容积流量。

(4)具有穿通容积的工作过程

齿间容积所能达到的最小容积称为穿通容积，类似于活塞压缩机中的余隙容积。当穿通容积不为零时，齿间容积中的气体不能全部排出。余留的高压气体膨胀到一定的压力后，齿间容积才能吸进新鲜气体，在指示图上将多出一条膨胀线，如图 6-26 所示。

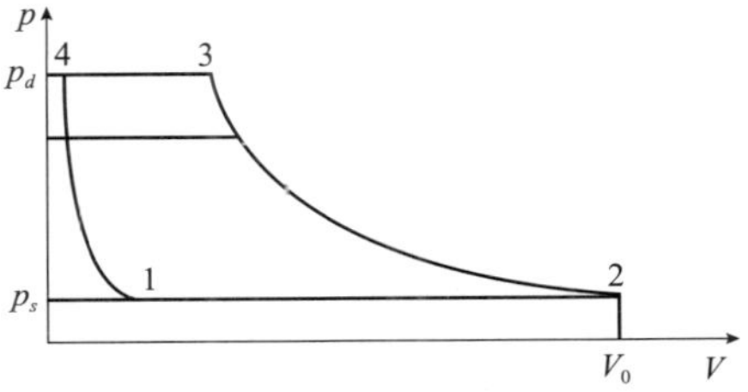

图 6-26　具有穿通容积的工作过程

(5)具有封闭容积的工作过程

在齿间容积达到最小值之后，如果不立即开始吸气，就会产生吸气封闭容积。由于吸气封闭容积的存在，使齿间容积在扩大的初期，其内的气体压力低于吸气口处的气体压力。在齿间容积与吸气孔口连通时，齿间容积内的气体压力会突然升高到吸气压力，然后才进行正常的吸气过程，如图 6-27(a)所示。所以，吸气封闭容积的存在，影响了齿间容积的正常充气，将使压缩机的耗功增加。

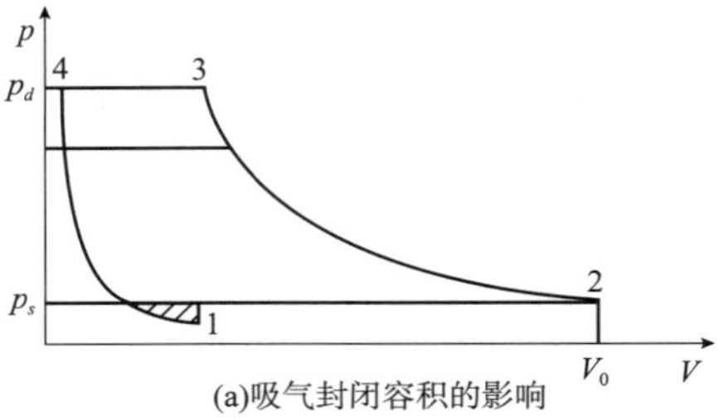

(a)吸气封闭容积的影响

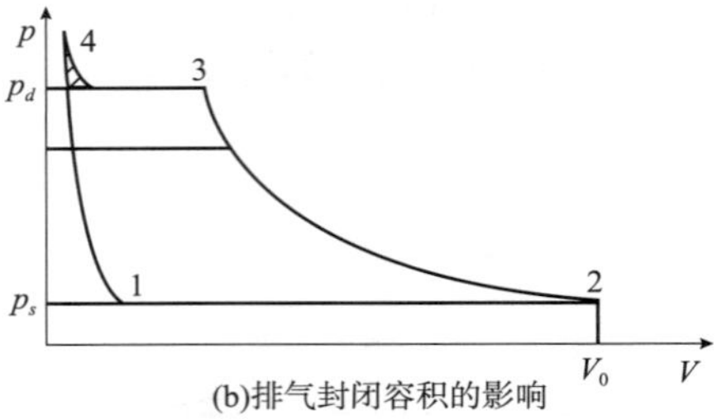

(b)排气封闭容积的影响

图 6－27　具有封闭容积的工作过程

在齿间容积达到最小值之前，如果排气已经结束，就会产生排气封闭容积。该容积内的气体将被压缩到远远高于内压缩终了压力的某一数值，这将使压缩机的耗功增加。另外，在随后的吸气过程初期，这部分余留的高压气体将进行膨胀，导致压缩机吸气量的降低，如图 6－27(b)所示。

(6)无内压缩的工作过程

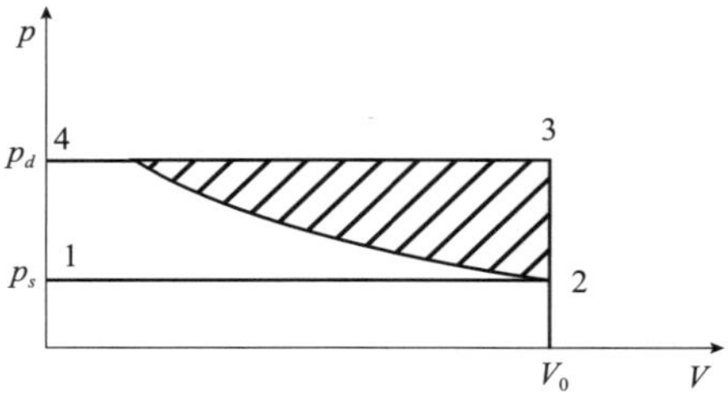

图 6－28　无内压缩的工作过程

当压缩机中气体压力的升高，并不是由于齿间容积的减小，而是因为排出管道中高压气体的倒流而得以实现时，即气体的压缩过程是在齿间容积与排出管道连通的瞬时完成的，这种压缩过程称为无内压缩过程。

如图 6－28 所示，无内压缩时，压缩机附加能量损失极大，且排气温度也较有内压缩时高，故只限于在低压鼓风机中使用。

6.3.2　实际工作过程

螺杆压缩机的实际工作过程与上述的理论工作过程有很大差别。这是因为在实际工作过程中，齿间容积内的气体要通过间隙发生泄漏，气体流经吸、排气孔口时，会产生压力损失，被压缩气体要与外界发生热交换等。图 6－29 所示为一种螺杆压缩机的实测指示图。

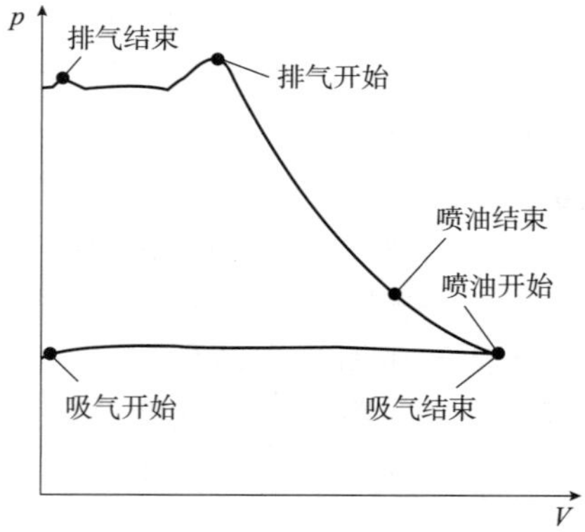

图 6－29　螺杆压缩机的实测指示图

(1)气体泄漏的影响

螺杆压缩机中气体的泄漏，可分为内泄漏及外泄漏两类。泄漏使压缩机的容积流量和效率都有所降低，在低转速螺杆压缩机中，泄漏损失是影响压缩机性能的主要因素。

泄漏的气体不会直接影响到压缩机的容积流量时，称为内泄漏。例如，气体从具有较高压力处，泄漏至不处于吸气过程的齿间容积，即属于内泄漏。内泄漏使齿间容积中气体的温度升高，导致压缩过程功耗增加。另外，由于内泄漏的加热作用，也会间接降低压缩机的容积流量。

直接影响容积流量的气体泄漏，称为外泄漏。泄漏到处于吸气过程的齿间容积中的气体，或直接泄漏到吸气孔口的气体，均属于外泄漏。显然，外泄漏直接使容积流量减少。

(2)气体流动损失的影响

实际气体流动时，不可避免存在沿程阻力损失和局部阻力损失。若气体在流动过程中，同时具有压力脉动时，这种损失将会更大。

沿程阻力损失是由气体黏性引起的，它的大小与流速平方成正比，并与流动状态、表面粗糙度及流动距离等有关。局部阻力损失是因截面突变引起的，它的大小与截面突变情况有关，并与流速平方成正比。由此可见，提高转速将使气流速度增加，因而导致流动损失显著增加。

(3)气体动力损失的影响

螺杆压缩机中的气体动力损失，主要是指转子扰动气体的摩擦鼓风损失。气体动力损失也随转子转速的增加而明显增大，在高转速螺杆压缩机中，气体动力损失对效率起主要影响。

(4)热交换的影响

气体进入压缩机时，会与机体发生热交换，使吸气结束时温度升高。这样，换算到吸气状态的容积流量就减少了。

(5)喷液的影响

在绝大多数的螺杆压缩机中，常向工作腔内喷入具有一定压力的液体。一方面，喷入的液体具有冷却、密封、润滑和降噪的作用，有利于机器性能的提高。另一方面，喷入的液体又会引起转子对液体的扰动损失和液体黏性摩擦损失。所以，喷液的种类及喷液量也对螺杆压缩机的性能具有重要影响。

6.3.3 内压力比及压力分布图

(1)内压力比

螺杆压缩机的内压力比，是指齿间容积的内压缩终了压力 p_i，与吸气压力 p_s 之比。若被压缩气体可作为理想气体处理，并假定压缩过程为可逆绝热过程，则齿间容积所达到的压缩终了内压力比 ε_i 为

$$\varepsilon_i=\frac{p_i}{p_s}=\left(\frac{V_o}{V_i}\right)^k=\varepsilon_v{}^k \qquad (6-5)$$

式中，p_i 为齿间容积与排气孔口相连通时，该容积内的气体压力，即内压缩终了压力；p_s 为齿间容积与吸气孔口断开瞬时，其内之气体压力，即吸气终了压力；V_i 为齿间容积与排气孔口相连通时的容积值，即压缩过程结束时的容积值；V_o 为齿间容积与吸气孔口断开瞬时的容积值，即吸气过程结束时的容积值；ε_v 为压缩机的内容积比；k 为气体的等熵指数，即 c_p/c_v。

可见，内压力比与气体性质密切相关。对于螺杆压缩机，每台压缩机一般都有一个固定的内容积比，但内压力比却因被压缩的气体性质的不同而不同。不同种类的气体，等熵指数差别很大，在常温常压下常见气体的等熵指数见表 6－5。

表 6－5 常见气体的等熵指数

气体名称	丙烷	乙烷	甲烷	氨	R12	R22
等熵指数	1.14	1.19	1.31	1.29	1.14	1.18
气体名称	CO_2	乙烯	丙烯	氢气	氦气	空气
等熵指数	1.3	1.24	1.15	1.4	1.63	1.4

若一台螺杆压缩机的内容积比为 3.5，上述部分气体的内压力比如下：丙烷 4.17、氨 5.03、空气 5.78、氦气 7.71。

从上面的分析可见，虽然用内压力比来描述螺杆压缩机比较方便，但一般不把内压力

比看成螺杆压缩机的基本参数，除非它的工质总是同一种气体。所以，常用内压力比来区分螺杆空气压缩机，在螺杆制冷压缩机及螺杆工艺压缩机中，则通常用内容积比。

值得指出的是，虽然在大多数情况下，螺杆压缩机的内容积比是一个常数，但在有的压缩机中，内容积比却是可变的。

在实际的螺杆压缩机中，内压力比的准确计算，需要采用工作过程数学模拟的方法。若压缩气体可视为理想气体，则内压力比可用下式近似计算：

$$\varepsilon_i=\frac{p_i}{p_s}=\left(\frac{V_o}{V_i}\right)^m=\varepsilon_v{}^m \tag{6-6}$$

式中，m 为多变过程指数，其数值取决于螺杆压缩机的运行方式、结构间隙值等因素，可选取同类机器的经验数据。

由上式，可以求出已有机器所能达到的内压力比，以验证该机器适应现时运行工况的程度。反之，在设计新机器时，可根据所需达到的内压力比，确定内容积比及阳转子的内压缩转角 φ_{1c}，为设计排气孔口提供数据。

必须指出，上式仅适用于理想气体，或在相应范围内可视作理想气体的实际气体。如果所压缩气体在压缩过程中不能当作理想气体看待，就需根据气体的状态图（$h-s$ 图、$T-s$ 图等），确定压缩的终了状态和内压力比。此外，也可利用式 $pv=ZRT$，通过可压缩性系数 Z 来考虑其影响。

例题 6-1：已知一空气螺杆压缩机，吸气容积为 $V_0=2.5$L，压缩结束时，排气容积为 $V_i=1$L，并且吸气压力和排气压力分别为 0 和 2.1×10^5Pa（表压），判断此压缩机的压缩过程是欠压缩还是过压缩？

解：已知吸气容积，排气容积：$\varepsilon_{内}=\left(\frac{2.5}{1}\right)^k=3.607$

已知吸气压力，排气压力：$\varepsilon_{外}=\frac{2.1+1}{1}=3.1$

由于 $\varepsilon_{内}>\varepsilon_{外}$，此压缩过程为过压缩过程。

（2）压力分布图

根据前面已列出的转角与内容积比之间的诸关系式，就可以绘制出如图 6-30 所示的各齿间容积内气体压力的曲线图，一般称作压力分布图。

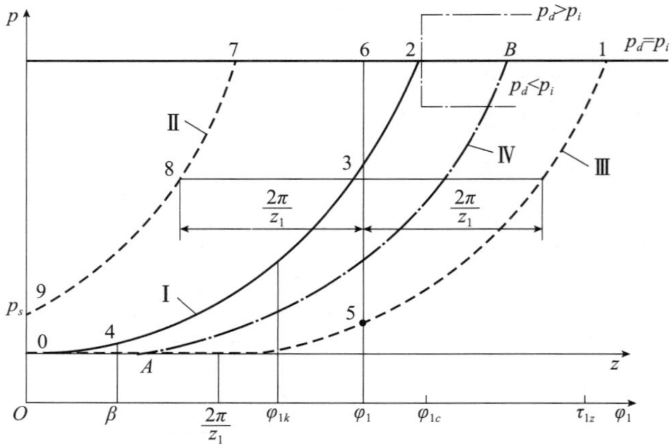

图 6-30 压力分布图

Ⅰ—某齿间容积内压力曲线；Ⅱ—后一齿间容积内压力曲线；
Ⅲ—前一齿间容积内压力曲线；Ⅳ—齿数无限多时的压力曲线

压力分布图的纵坐标，表示齿间容积内的气体压力值。坐标原点处为压缩开始时的气体压力，即吸入终了压力 p_s。其横坐标表示阳转子的转角，坐标原点表示压缩开始时阳转子的转角，即 $\varphi_1=0$。

由于转子的轴向长度 $l=\varphi_1 T_1/2\pi(0\leqslant\varphi_1\leqslant\tau_{1z})$，所以压力分布图的横坐标也可以表示转子的轴向位置。在图上标出了某些有特殊意义的转角，如 0、φ_{1k}，φ_{1c} 及 τ_{1z}，分别表示压缩开始(吸入端面轴向位置)，第Ⅰ阶段结束(即第Ⅱ阶段开始)，内压缩终了(即排气开始)及排气端面的轴向位置。

排气过程($\varphi_{1c}\leqslant\varphi_1\leqslant\varphi_{1k}+\tau_{1z}$)时，齿面容积中气体的压力为不变的数值，且恒等于排气孔口处的气体压力。

如前所述，如果内压缩终了压力 p_i 不等于排气孔口处的气体压力 p_d，即 $p_i\neq p_d$ 时，则当齿间容积与排气孔口连通的瞬时(即 $\varphi_1=\varphi_{1c}$ 时)，容积内气体回进行定容压缩(或定容膨胀)而使压力突升(或突降)至 p_d。

根据压力分布图，可确定不同转角时某齿间容积的气体压力(如曲线 1－2－3－6－0 所示)。此外，它还具有以下作用：

①根据一个已知齿间容积的压力曲线(如图中曲线Ⅰ)。可以确定与其相邻的齿间容积的压力曲线。

由于相邻的齿间容积进行的各过程是完全一样的，在相位上差一个角节距 $2\pi/z_1$。例如，位于转子转向之后的相邻的齿间容积(称为后一齿间容积)所进行的各过程，较已知齿间容积所进行的各过程迟 $2\pi/z_1$ 角。因此，可将已知齿间容积的压力曲线向左平移 $2\pi/z_1$ 角，即得后一齿间容积的压力曲线(如图中曲线Ⅱ)。同理，向右平移 $2\pi/z_1$ 角，即得前一齿间容积的压力曲线(如图中曲线Ⅲ)。

②根据压力分布图能得到任一转角下各齿间容积内的气体压力，以及相邻齿间容积间的压力差，为计算气体的泄漏提供依据。

例如，转角 φ_1 时，各齿间容积的压力值如图 6－30 中点 3、点 5、点 6 所示。此时，相邻齿间容积的压力差值如线段 3－6 及 3－5 所表示。显然，压力差值随转角 φ_1 做相应的变化。

③根据压力分布图，可以确定作用在转子上的力和力矩，为转子的力学计算(强度、刚度及振动等)提供依据。

由图 6－30 可见，作用在转子上的力及其分布是随转角 φ_1 而变化的，并且以 $2\pi/z_1$ 为其周期。为简便起见，设想转子具有无限多的齿，此时齿间容积的压力曲线如图中曲线Ⅳ所示，因而作用在转子上的力及其分布就不再随转角 φ_1 而变化，从而给计算带来方便。对实际齿数有限的转子，可将曲线Ⅳ视作整个转子的平均压力分布曲线，这既简化了计算，又具有足够的精确度。曲线Ⅳ是两相邻齿间容积压力曲线的中分线。

6.3.4 容积流量及容积效率

(1)理论容积流量

螺杆压缩机的理论容积流量 q_{Vt}，为单位时间内转子转过的齿间容积之和，它只取决于压缩机的几何尺寸和转速。若令 $\lambda=L/D_1$，则

$$q_{Vt}=C_\varphi q_{V0} z_1 n=C_\varphi C_{n1} n\lambda D_1^3 \tag{6-7}$$

式中，C_φ 为扭角系数；z_1 为阳转子的齿数；n 为阳转子的转速；λ 为转子长径比；D_1 为阳转子的外径；q_{V0} 为单个齿间容积。

(2)实际容积流量

螺杆压缩机的实际容积流量，是指折算到吸气状态的实际容积流量。考虑容积效率

η_V，则

$$q_V = \eta_V q_{Vt} = \eta_V C_\varphi C_{n1} n\lambda D_1^3 \tag{6-8}$$

(3)容积效率

螺杆压缩机的容积效率 η_V 是实际容积流量与理论容积流量的比值，即

$$\eta_V = q_V / q_{Vt} \tag{6-9}$$

由上式可以看出，容积效率 η_V 反映了压缩机几何尺寸利用的完善程度。螺杆压缩机 q_{Vt} 与 q_V 的差值，主要是由于气体的泄漏所致。

螺杆压缩机的容积效率 η_V 受型线种类、喷油与否、压差、转速、气体性质等众多因素的影响。在实际计算中，可参照类似机器的试验数值选取，或通过螺杆压缩机工作过程数学模拟的方法进行计算。

各种螺杆压缩机容积效率的变化范围有所差别，通常是 η_V＝0.75～0.95。一般转速低、容积流量小、压力比高、不喷液的压缩机，容积效率较低；转速高、容积流量大、压力比低、喷液的压缩机，容积效率较高。

①干式螺杆压缩机的容积效率

在干式螺杆压缩机中，由于没有起密封作用的液体存在，气体通过泄漏三角形、接触线、转子齿顶和排气端面的泄漏都较为严重。因此，干式螺杆压缩机的容积效率通常较低。另外，为了达到一定的容积效率，干式螺杆压缩机的转速往往很高，其阳转子齿顶线速度一般为 50～100m/s。

图 6－31 给出了干式螺杆压缩机的容积效率与压比和转速之间的特性曲线，从图中可以看出，随着压比的上升，容积效率与压力比和转速的关系率变化较小，但转速对容积效率的影响却较大。

图 6－32 给出了在固定的压力比下，吸气压力不同时的特性曲线。由于压力比不变，随着吸气压力的增加，吸排气压差明显增大。但值得注意的是，压差增加引起的容积效率下降却不大。

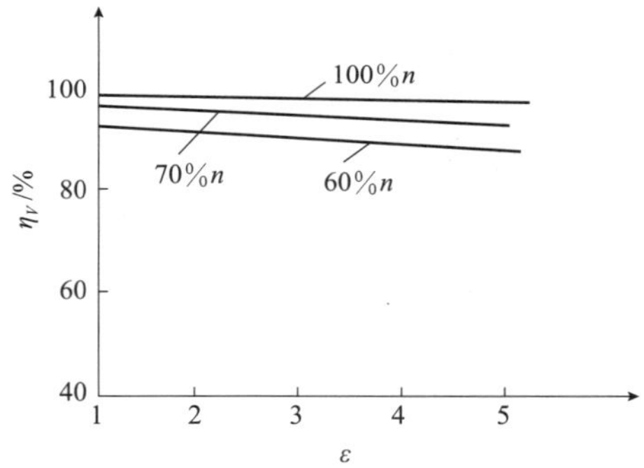

图 6－31　干式螺杆压缩机的容积效率与压比和转速的关系

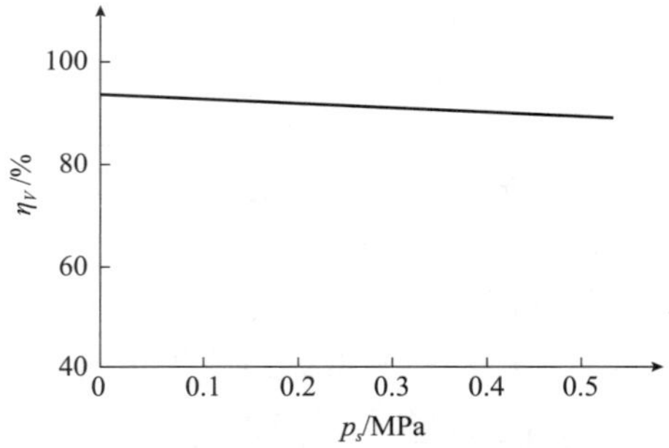

图 6－32　干式螺杆压缩机容积效率与吸气压力的关系

另外，干式螺杆压缩机的容积效率与吸气压力的关系还与压缩介质和机器的容量有关。大分子质量气体(如丙烷或重碳氢化合物)和大容量压缩机的容积效率较高，小分子质量气体(如氦或氢)和小容量压缩机的容积效率较低。

②喷油螺杆压缩机的容积效率

喷油的最大作用之一，就是对许多内泄漏通道具有密封作用，从而显著地降低了内部泄漏量。因此，如果一台干式螺杆压缩机与一台同尺寸的喷油螺杆压缩机运行在同一工

况、同一转速下，喷油螺杆压缩机的容积效率将较高。然而，这两种压缩机通常并不运行在同一工况。干式螺杆压缩机的阳转子齿顶线速度一般为 50～100m/s，喷油压缩机为 10～50m/s。另外，喷油螺杆压缩机通常运行在高压比和高压差的工况下，这也使得它与干式螺杆压缩机的应用范围不同。

喷油螺杆空气压缩机对普通动力用喷油螺杆空气压缩机，运行工况十分明确，结构设计也大同小异。这种压缩机的吸气压力即为大气压，但当作为真空泵使用时，其吸气压力就比大气压力更低。另外，这类螺杆压缩机都采用标准的滚动轴承，从而可实现较小的间隙和较高的容积效率。

喷油螺杆空气压缩机的容积效率为运行工况、转子型线、容积流量和转子齿顶线速度的函数。特别是容积流量的影响很明显，大容积流量压缩机要比小容积流量压缩机具有更高的效率。这是因为对于容积效率，考虑到压缩机的间隙与齿间容积并不成正比，小容积流量压缩机的内部泄漏所占比重要比大容积流量压缩机大。

图 6-33 为中型喷油螺杆空气压缩机典型的效率曲线。压缩机的内压比为 7.5，额定排气压力为 0.8MPa，从图中可以看出，在不同的排气压力下，容积效率曲线比较平坦，因而该压缩机也可以用于更高压力场合。

喷油螺杆制冷压缩机和工艺压缩机的负荷较大，不论吸气压力还是排气压力的变化范围都很宽。在这类压缩机中，大多数大、中型机器都采用滑动轴承。虽然滑动轴承具有承载能力高、寿命长等优点，但它要消耗更多的功，导致总的机械摩擦损失增加。另外，采用滑动轴承时，也需要较大的间隙数值，从而使容积效率降低。

图 6-34 示出转子直径为 200mm 的螺杆压缩容积效率曲线。该图表明，在恒定的压力比下，压缩机的效率随着吸气压力和排气压力的改变而改变。由于吸气压力和压力比对该类压缩机具有如此大的影响，因而很难真正确定这类压缩机的容积效率范围。

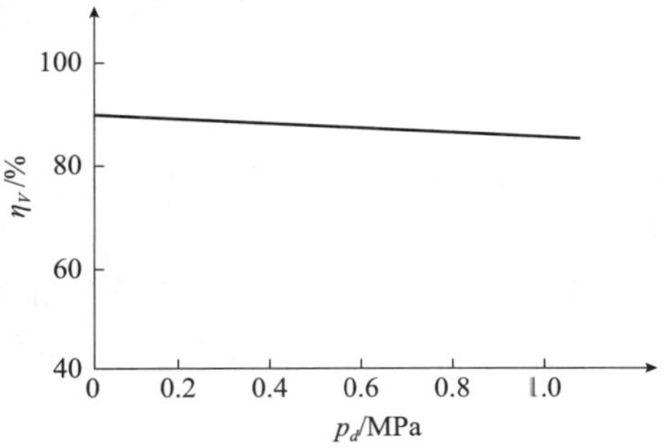

图 6-33 典型的中型喷油螺杆空气压缩机容积效率

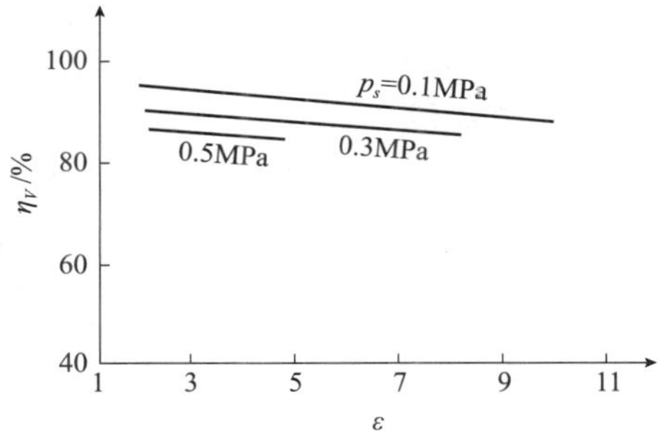

图 6-34 容积效率随压力比和吸气压力的变化曲线

从理论上说，这类压缩机可以达到任意的压力比，但由于压力比太高时，压缩机的效率过低，因而在压力比约大于 10 时，一般都采用多级压缩。图 6-35 所示为超高压力比下压缩机的容积效率。可以看到在这种情况下的容积效率曲线，不再是低压力比时的直线。利用这一特性，可以在制冷系统充灌工质前，利用压缩机对系统抽真空。由于压缩机的容积流量比一般真空泵的量大得多，因而用压缩机来抽真空，可以在很短的时间内完成。应当指出，当压缩机的吸气压力

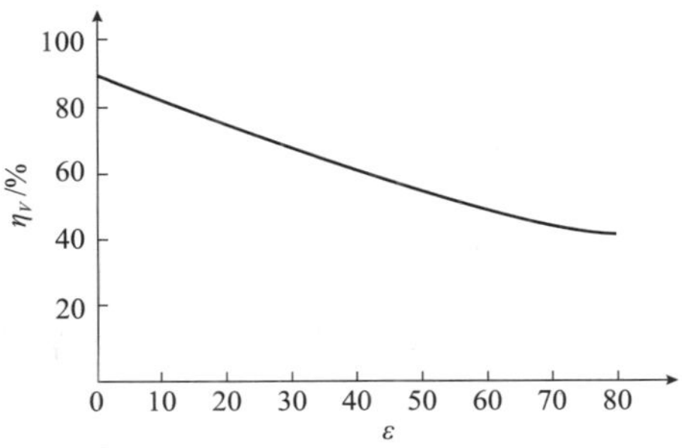

图 6-35 超高压力比下压缩机的容积效率

极低时，可能会在压缩机内汽蚀，从而产生相当大的噪声。特别是在气体大量溶于润滑油时更为严重。解决这一问题的方法，通常是将吸气压力稍稍增大。

例题 6-2：已知螺杆压缩机的长经比为 1.35，阳转子转速 $n=1873.36\text{r/min}$，转子螺杆长度为 135mm，求理论容积流量。若实际容积流量为 $1.0\text{m}^3/\text{min}$，求容积效率是多少？（其中：$C_{n1}=0.4696$，$C_\varphi=0.971$）

解：由公式可知：

$$q_{Vt}=C_\varphi C_{n1}n\lambda\left(\frac{L}{\lambda}\right)^3=0.971\times0.4696\times1873.36\times1.35\times\left(\frac{0.135}{1.35}\right)^3$$

$$=1.153\text{m}^3/\text{min}$$

则容积效率为：

$$\eta_V=\frac{q_V}{q_{Vt}}=\frac{1}{1.153}=86.7\%$$

6.3.5 轴功率及绝热效率

6.3.5.1 等熵绝热压缩效率

如果被压缩的气体可以作为理想气体处理，则压缩机的等熵绝热功率 P_{ad} 可按下式计算：

$$P_{ad}=\frac{k}{k-1}p_s q_V\left(\left(\frac{p_d}{p_s}\right)^{\frac{k-1}{k}}-1\right) \tag{6-10}$$

式中，P_{ad} 为压缩机的等熵绝热功率；p_s 为压缩机的吸气压力；p_d 为压缩机的排气压力；k 为被压缩气体的等熵指数；q_V 为压缩机的实际容积流量。

如果被压缩的气体不能作为理想气体处理，则压缩机的等熵绝热功率 P_{ad} 可通过焓差计算，即

$$P_{ad}=q_m(h_{ds}-h_s) \tag{6-11}$$

式中，h_s 为吸气状态下气体比焓；h_{ds} 为排气压力下，与吸气状态熵相等的状态下气体比焓；q_m 为压缩机的质量流量。

6.3.5.2 绝热效率

等熵绝热压缩所需的功率 P_{ad} 与压缩机实际轴功率 P 的比值，称为绝热效率 η_{ad}，即

$$\eta_{ad}=P_{ad}/P \tag{6-12}$$

螺杆压缩机的绝热效率 η_{ad} 反映了压缩机能量利用的完善程度，其数值依机型和工况不同而有显著的差别。例如，低压力比、大中容积流量时，$\eta_{ad}=0.75\sim0.85$；高压力比、小容积流量时，$\eta_{ad}=0.65\sim0.75$。

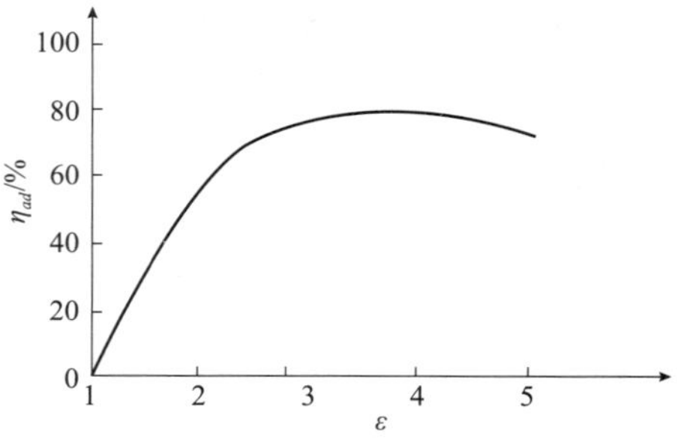

图 6-36 干式螺杆压缩机的绝热效率

（1）干式螺杆压缩机的绝热效率

干式螺杆压缩机的绝热效率取决于压缩机的容积流量和具体的结构设计。大容积流量的干式螺杆压缩机绝热效率可以超过 80%，而小容积流量的绝热效率可能低于 70%。图 6-36 示出了干式螺杆压缩机绝热效率的典型曲线。应当指出，虽然图中的压力比高于 5，但由于排气温度的限制，只有在压缩等熵指数小的气体时，最大压力比才可能超过 5。对于进气是大气的空气压缩机，压力比为 4.5 已经是最大的了。

绝热效率也受到绝对压力的影响。这是由于在给定的压力比下，压缩气体功耗与气体的质量流量成正比，而压缩机的轴承和齿轮功耗、扰动损失及摩擦损失等，并不与气体质

量流量成正比，而是以较低的速度增长。图 6－37 给出了同一压力比、不同进气压力时的特征曲线。它表明，在初始阶段，绝热效率随进气压力的增加而急剧上升，但当进气压力到一定的水平后，由于容积效率的持续下降，气体密度的上升，导致扰动损失和摩擦损失增加很快，从而导致绝热效率曲线达到峰值后又开始下降。进气压力对绝热效率的影响还与压缩机的设计、容积流量、所压缩的气体及工况有关，图 6－37 适用于尺寸相对比较大的干式螺杆压缩机。

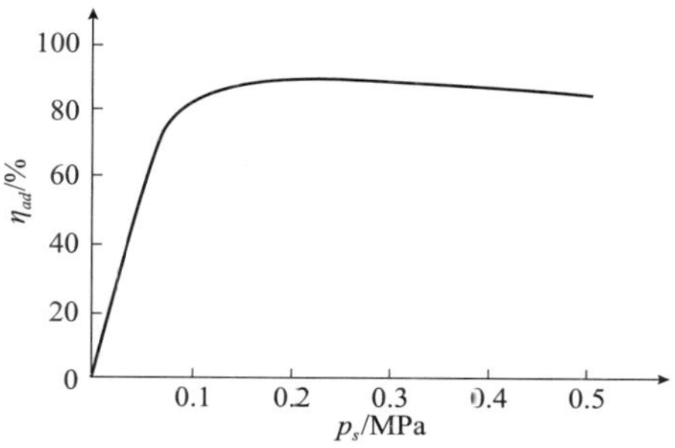

图 6－37　压缩比相同时干式螺杆压缩机的绝热效率随进气压力的变化

(2)喷油螺杆压缩机的绝热效率

a. 喷油螺杆空气压缩机。普通动力喷油螺杆空气压缩机的绝热效率，也是运行工况、转子型线、容积流量和转子齿顶线速度的函数。特别是大容积流量压缩机，要比小容积流量压缩机具有更高的绝热效率。这是因为随着压缩机容积流量的增大，机械摩擦等损失的影响相对减小。

图 6－38 为典型的中等容积流量喷油螺杆空气压缩机的绝热效率曲线。在排气压力较高的范围内，由于效率曲线相对来说比较平坦，因而该压缩机也可以用于更高压力的场合。螺杆压缩机工作时，伴随着两转子的啮合过程及齿顶和端面扫过机壳的过程。在喷油螺杆压缩机中，所有这些表面都有润滑油，且油池填满了它们之间的间隙，这些油在起到密封作用的同时，随着转子旋转也不断受到剪切作用，从而要吸收一定量的功。吸收功的多少，很明显取决于所用油的黏度，黏度越高，吸收的功越多。但另一方面，黏度越高，密封的效果越好。因而，需要权衡功耗和密封这两方面的因素来确定所用油的黏度。

对于空气压缩机，供油温度一般为 50～60℃。试验表明，供油温度升高 10℃，容积效率下降 2%，而功耗将下降 1.5%。此时绝热效率只变化了 0.5%。可以认为，供油温度升高后，由于黏度的改变而引起的密封和功耗的变化量是相同的，即均为 1.5%，另外 0.5%的容积效率的损失，则是由于油温度升高后对进气的额外加热而造成的。但上述结论并不通用，因它与压缩机的工况、容积流量和油的类型有关系。

b. 喷油螺杆制冷压缩机和工艺压缩机。如前所述，这类压缩机的载荷较大，吸气压力和排气压力的变化范围都很宽。由于大多数大、中型机器都采用滑动轴承，导致总的机械摩擦损失增加，绝热效率降低。与空气压缩机相比，这类压缩机的绝热效率变化范围很大，如图 6－39 所示。之所以会呈现这一特性，是由于机械摩擦等损失在压缩机总功耗中所占的比重越来越小，从而引起压缩机绝热效率的增高。

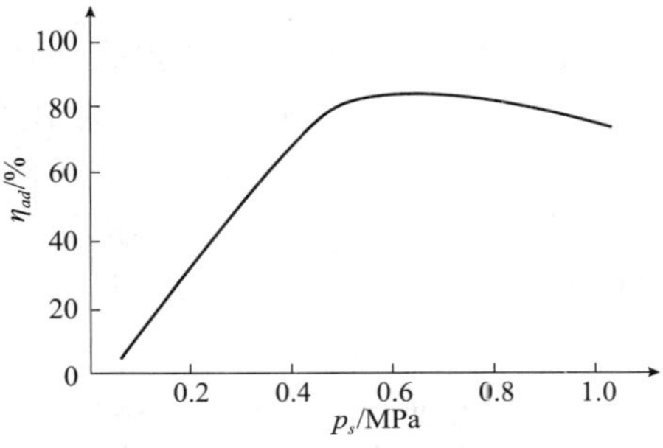

图 6－38　典型的中等气量喷油螺杆空气压缩机绝热效率曲线

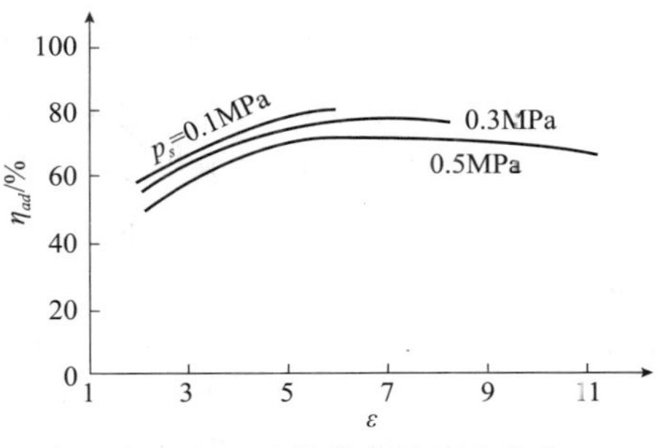

图 6－39　绝热效率随压力比和吸气压力的变化曲线

试验表明，转子直径为500mm左右，吸气压力为大气压的大型制冷和工艺螺杆压缩机的绝热效率可达82%，当提高吸气压力后，甚至可以高达90%。转子直径为100mm左右，吸气压力为大气压的小型机器，绝热效率的峰值约为72%，提高吸气压力后可以达到76%。

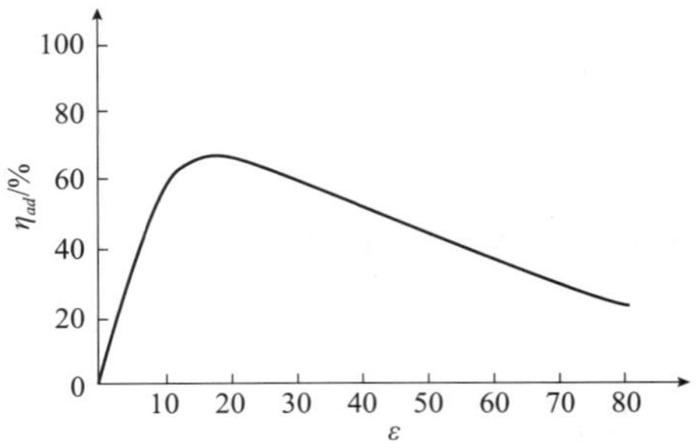

图6-40　超高压力比下喷油螺杆压缩机的绝热效率特性曲线

值得指出的是，由于螺杆压缩机没有余隙容积中气体膨胀的影响，并且喷油机器也没有排气温度的限制，故在结构强度允许的条件下，制冷和工艺螺杆压缩机可运行在大多数其他压缩机都不能运行的高压比下，尽管此时的绝热效率很低。图6-40示出了超高压力比下压缩机的绝热效率特性曲线。

(3)绝热指示效率和机械效率

为了进一步改善螺杆压缩机的性能，常需考察某些特定因素对压缩机的影响。为此，也用其他形式的效率。例如，使用绝热指示效率 η_i 反映压缩机内部工作过程的完善程度。

绝热指示效率 η_i 为等熵绝热压缩所需的理论功率 P_{ad} 与压缩机指示功率 P_i 的比值，即

$$\eta_i = P_{ad}/P_i \tag{6-13}$$

螺杆压缩机的指示功率 P_i 与机械摩擦损失功率 P_m 之和，即为压缩机轴功率 P。当螺杆压缩机的内、外压力比不相等时，绝热指示效率较低，这是其热力过程不完善所致。

压缩机的机械效率定义为螺杆压缩机指示功率与轴功率之比值，见公式(6-14)

$$\eta_m = P_i/P \tag{6-14}$$

式中，η_m 为螺杆压缩机的机械效率，一般 $\eta_m=0.90\sim0.98$；并有 $\eta_{ad}=\eta_i\eta_m$。

6.3.6　排气温度

在干式螺杆压缩机和喷油螺杆压缩机中，压缩机的排气温度有着很大的不同。干式机器的排气温度主要取决于介质物性和运行压比，而喷油等喷液机器的排气温度则主要取决于喷入的液量和温度。

6.3.6.1　干式螺杆压缩机的排气温度

一般干式螺杆压缩机的排气温度可按式(6-15)计算：

$$T_d = T_s \varepsilon_0^{\frac{m-1}{m}} \tag{6-15}$$

式中，T_d 为压缩机的排气温度，K；T_s 为压缩机的吸气温度，K；ε_0 为压缩机的外压力比；m 为多变过程指数。

干式螺杆压缩机的排气温度取决于许多因素。从理论上讲，在没有热损失的情况下，由于被压缩气体吸收了功，从而引起温度从吸气温度升高到更高的排气温度。但在实际过程中，热量会通过许多途径从被压缩气体中传出，这些途径包括壳体冷却套、润滑系统、转子冷却系统、对流及辐射。从被压缩气体中传出热量的多少，除取决于上述因素外，还取决于压缩机所产生的温升、气体与转子及机壳间的温差，也与气体的密度有关，因为气体的密度会影响到热传导率。

干式螺杆压缩机的转速通常很高，容积流量也很大。因而当气体通过压缩机时，气体被冷却的时间很短。所以，干式螺杆压缩机中的冷却，常常是为了保持压缩机的几何尺寸和间隙不变，而不是为了冷却气体。

当排气温度低于 100℃时，转子和机壳并不需要专门的冷却装置，向空气的散热即足以保证机壳的几何尺寸不发生改变。但当排气温度更高时，由于螺杆压缩机的气缸是双孔形状，故其整个表面的膨胀是不均匀的。因此，为保证气缸的形状不发生改变，常在气缸的周围布置冷却套，用水、油或其他液体冷却。冷却介质吸收的热量，取决于气缸内气体的压力和温度，一般为压缩机输入功的 5%～10%。

当不采用冷却套时，干式螺杆压缩机的排气温度可达 200℃。当有冷却套时，排气温度一般为 240～250℃。为留有一定的安全系数，压缩机连续运转的最高排气温度可达 220～230℃。采用转子内部冷却方式，即让冷却油从转子中心流过，其目的是保证转子的尺寸和形状。这种冷却方式还有一个更大的优点，是可以防止压缩机停机后的余热导致转子温度上升现象的发生。当压缩机工作时，压缩气体向转子传递热量，而这热量的一部分又沿转子向温度较低的一端传递，被温度较低的进气带走，从而实现转子的热平衡，使转子的温度保持稳定。但是，当压缩机停机时，进气端不再具有冷却作用，因而转子的实际温度要上升一段时间后才能再降下来，这时显然不能立即再启动压缩机，必须延迟大约 15min。而当采用转子内部冷却后，这种延迟就不需要了。

6.3.6.2　喷油螺杆压缩机的排气温度

喷油螺杆压缩机的排气温度不由工作压力比和介质物性决定，而是由压缩机功耗、被压缩气体的比热容，以及所喷入的油量联合作用的结果。事实上，如果供入足量温度很低的油或其他液体，甚至可以使这类压缩机的排气温度低于进气温度。在这种情况下，有时会误认为实现了等温压缩过程，能获得比绝热压缩时更高的效率。但实测数据表明，实际压缩机的最高效率仍比绝热压缩时的效率低一点。所以在实际工作中，一般将压缩机效率与绝热压缩联系起来，而不是与等温压缩联系起来。

另外，实际测录的工作过程曲线也表明，喷油螺杆压缩机中的压力升高过程，与绝热压缩过程比较接近。一般认为，由于螺杆压缩机的转速很高，被压缩气体在压力升高过程中，与喷入的润滑油之间的热交换很不充分。因此，在压缩过程结束时，气体的温度会明显地高于油的温度。然后，气体和油经过排气过程和在排气管道中的流动，最终实现热量平衡，并达到相同的排气温度。

允许的排气温度越高，所需的油冷却器越小，另外，所需循环流动的油量越少。但排气温度越高，压缩机中为考虑膨胀影响而留的间隙越大，压缩机的效率就会下降。高的排气温度也会导致更多的润滑油处于气相，增加油分离的难度。另外，高的排气温度还会降低油的寿命。特别是矿物油，在高温的情况下，会发生氧化、碳化或分解。所以，喷油螺杆压缩机的排气温度，通常由高温对油的影响而确定。对开空气压缩机，额定的排气温度极限一般设定为 100℃。有些机器的排气温度高达 120℃，但在这种温度下，矿物油的寿命很短，故多采用高级合成油，它不仅有寿命长和适应高温的能力，而且润滑特性也得到了提高。

需要指出的是，对喷油螺杆压缩机，排气温度还有一个下限。即不得低于气体压缩后水蒸气分压力所对应的饱和温度，它与压力比及吸气状态下水蒸气的原始分压有关。在 100%的相对湿度时，从 20℃环境温度压缩到 0.8MPa 时，相应的饱和温度约为 59℃。考虑到工况的不稳定，为了保证在这种条件下绝对不出现冷凝水，通常控制排气温度不得低于 70℃。一旦在系统中出现冷凝水，应将压缩机停车 5～6h，让油与水充分分离并排放水分。否则，会使油质恶化并缩短轴承寿命。

对制冷和工艺螺杆压缩机，也采用同样的额定排温上限，即 100℃。而且即使采用高级合成油，也很少会运行至超过这一上限。对密度大的气体，如 R22、丙烷等，排气温度趋于更低，为70～80℃。这是由于在设计压缩机时，同一压缩机往往要求能用于压缩多种气体，为能满足小密度气体的排温要求，设计时所给的油流量往往偏大。

值得注意的是，这类压缩机的进气温度也有一个下限。因为在非常低的温度下，必须选择特殊的合成润滑油，以便既能在低温下保持为液态，又能在较高的温度下保持足够的黏度。另外，在进气温度非常低的条件下，转子的平均温度要比机壳的平均温度高。这是因为转子不仅受到喷入的高温油的影响，而且受到压缩过程中温度升高的影响，而机壳却被进气充分地冷却，从而平均温度较低。在压缩机的进气中含有制冷剂液体时，这种现象尤为明显。当然，如果在转子进气端面留有适当的间隙，上述情况并不成问题。否则，就会导致转子端面的磨损。

6.3.7 喷油影响及喷油量计算

6.3.7.1 喷油影响

在喷油螺杆压缩机中，常向工作腔内喷入具有一定压力的润滑油，喷入的油与压缩气体直接接触，吸收气体的压缩热。另外，在少量的螺杆压缩机中，也有向工作腔喷水、喷制冷剂或喷其他液体的，其作用与喷油类似。

油的喷入使螺杆压缩机的特性发生了很大变化，提高了能使用的压力和压比，简化的结构设计，并使排气温度得到了有效的控制，还降低了噪声。喷油给螺杆压缩机开创了新局面，扩大了应用领域，改善了性能。特别是在移动式空气压缩机及制冷装置中，喷油螺杆压缩机获得了广泛的应用。虽然喷油螺杆压缩机和干式螺杆压缩机的工作原理完全相同，但常常被看成是两种不同类型的压缩机。喷入压缩机内的油主要有冷却、密封、润滑和降噪等功能。

(1)润滑作用。在干式螺杆压缩机中，两转子相互不接触，依靠高精度的同步齿轮保持间隙。在喷油压缩机中，由于大量的油存在，并且阴转子只吸收压缩总功耗的一小部分，从而可以把同步齿轮省掉，使阳转子直接驱动阴转子。另外，由于喷入的油同轴承所用的润滑油完全一样，所以不再需要用一套复杂的密封装置把气体同润滑油隔开，这使得转子支承轴承之间的距离可以更小，显著提高了转子的刚度，减小了变形。

(2)密封作用。在螺杆压缩机内部有多条泄漏通道，这些泄漏通道都是一些狭长的间隙，油的存在极大地强化了密封效果，使得通过它们的泄漏量大为减少。与干式螺杆压缩机相比，喷油压缩机在相同工况下效率较高，并且也允许较高的压力差，而干式在压差较大时，泄漏便会非常严重。

(3)降噪作用。在干式螺杆压缩机中，当转子齿扫过吸气或排气孔口时，伴随着转子齿的啮合，将会产生很大的噪声。此时，被压缩的气体对噪声几乎起不到任何阻尼作用。由于喷入的油是黏性的流体，对声能和声波油吸收和阻尼作用，一般喷油后噪声可降低10～20dB(A)。因此，喷油螺杆压缩机不管是在吸气还是排气孔口，都不需要安装消声器。

6.3.7.2 喷油量的计算

在给定排气温度后，螺杆压缩机的喷油量可由压缩机的热平衡式决定。由能量守恒定律，得压缩机的热平衡式：

$$P=q_{mg}c_{pg}(T_d-T_{sg})+q_{mo}c_{po}(T_d-T_{so}) \tag{6-16}$$

式中，P 为压缩机轴功率；q_{mg} 为气体质量流量；q_{mo} 为喷油质量流量；c_{pg} 为气体的比定压热熔；c_{po} 为油的比定压热熔；T_{sg} 为气体的进气温度；T_{so} 为喷油温度；T_d 为排气温度。

根据上式，如已知喷油量等参数，可求出排气温度；反之，根据预计的排气温度，可以确定喷油量。

应该指出，式(6－16)是在假定不向外界散失热量，以及认为排气和排油温度相等的条件下获得的。实际上，由于存在向外界的散热和油气间的换热温差，必然出现一定的偏差，在具体计算中要参照实测的数据予以估计。

值得注意的是，所有供给压缩机的油，最后都随气体一起压缩、排出。除了向齿间容积喷油外，压缩机轴承、轴封处也需要供油。在有的压缩机中，还要向驱动容量调节装置的液压缸及内部增速齿轮供油。除了喷入齿间容积的油外，其他油在完成各自的功能后都处于吸气压力下。压缩机油箱中的压力是排气压力，所以它们并不能简单地靠重力作用流入油箱。为了使这些油达到排气压力，以便回到油箱中，必须使其回到吸气孔口，随气体一起被压缩和排出。由于这些回油的温度比吸气温度高，并且还带有从油中逸出的气体，若直接回到吸气孔口，将会降低压缩机的实际吸气容积和质量流量，故回油孔口通常都安排在吸气结束后的位置。

从油中逸出的气体量与油的压力有关，因为气体在润滑油中溶解度正比于气体的绝对分压力。用绝对压力代替绝对分压力进行分析，差别不是很大。油箱中压力为排气压力，油中的气体处于饱和状态，供给压缩机的不同部件后，最终压力都变成了吸气压力，此时由于压力的降低，必然有一部分气体从油中逸出来。在给定压差下逸出的气体量，取决于气体在油中的溶解能力。例如，空气几乎不溶于油，因此其逸出量很小，而丙烷在油中的溶解度较大，因而逸出量也相对较大。

可以看出，供给压缩机中所有部件的油，都起到了控制排气温度的作用，但有些热量在油进入齿间容积前已经传给它了，如轴承的发热等。但是，由于式(6－16)中所用的功耗包含了轴承、增速齿轮、油封等的发热，因此热量在哪里传给油都一样。

喷油量的差别的主要原因是：①由于耗功不同；②由于气体以某一温度进入压缩机，而以另一更高的温度离开压缩机，在此期间气体本身也要吸收一定的热量。这意味着密度大的气体本身要比密度小的气体吸收更多的热量，从而需要更少的油来冷却。

值得指出的是，上述确定喷油量的方法和公式，仅是根据满足油对气体的冷却作用而导出的。在实际设计中，确定螺杆压缩机的喷油量时，还要考虑一些其他因素。例如，在相同的条件下，如果机体等机件的散热条件较差，油循环量就应适当提高。对容积流量较小的机器，容积效率较低，内部损失相对较高，也要求适当提高油的循环量。另外，转速高时，相对泄漏损失小，但扰动泪的功耗较大。所以就要求适当减少油的循环量。

例题 6－3：一台喷油空气压缩机的进气压力为 0.1MPa(绝)，排气压力为 0.8MPa(绝)，容积流量为 1000m^3/h，进气温度为 15℃，供油的温度为 50℃。为了将排气温度控制为 100℃，计算需要喷入的润滑油量。

解：由公式可知：

$$P_{ad}=\frac{k}{k-1}p_sq_V\left[\left(\frac{p_d}{p_s}\right)^{\frac{k-1}{k}}-1\right]$$

$$=\frac{1.4}{0.4}\times100000\times\frac{1000}{3600}\left[\left(\frac{0.8}{0.1}\right)^{\frac{0.4}{1.4}}-1\right]=78.89\text{kW}$$

若假设压缩机的绝热效率为 75%，则压缩机功耗 P 为：

$$P=\frac{P_{ad}}{\eta_{ad}}=\frac{78.89}{0.75}\text{kW}=105.2\text{kW}$$

空气的质量流量为：

$$q_{mg}=\frac{p_sq_V}{RT}=\frac{100000\times1000/3600}{287\times288}=0.34\text{kg/s}$$

考虑到空气的比定压热容为 1.005kJ/(kg·K)，一般油的比定压热容为 1.842kJ/(kg·K)，根据式(6-16)，则：

$$105.8=0.34\times1.005\times(100-15)+q_{mo}\times1.842\times(100-50)=29.045+92.1q_{mo}$$

即
$$q_{mo}=\frac{(105.8-29.045)}{92.1}=0.833\text{kg/s}$$

当油的密度为 0.9kg/L 时，油的容积流量为：$q_{V_o}=\frac{0.833}{0.9}\times60=55.53\text{L/min}$

从而得到油与气体的容积流量之比

$$\frac{q_{V_o}}{q_{V_g}}=\frac{0.05553\times60}{1000}\times100\%=0.33\%$$

质量流量之比分别为：

$$\frac{q_{mo}}{q_{mg}}=\frac{0.833}{0.34}=2.45$$

6.4 转子的受力分析

本节研究作用在螺杆式压缩机转子上的力和力矩，以便为转子的强度、刚度计算，轴承以及平衡活塞的设计提供必要的基础。

螺杆压缩机是高速回转机械，在正常运转时，转子做匀角速度运动，可视其处于平衡状态。显然，此时每一转子处于所有外力及其力矩的平衡状态之下。这些力和力矩分别是齿轮作用力、气体作用力、轴承支反力、平衡活塞推力、转子自重和输入力矩、气体内力矩、摩擦阻力矩等。图 6-41 所示为转子受力的一般性情况。

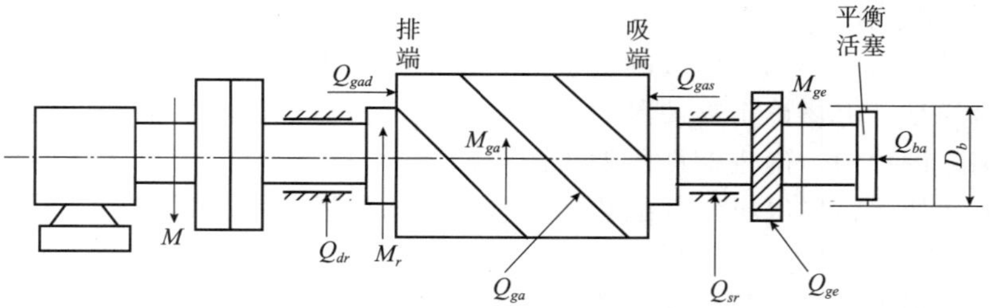

图 6-41 作用在转子上的力和力矩

图 6-41 中，M 表示原动机的驱动力矩；M_r 表示摩擦阻力矩，它包括气体的和机械的摩擦阻力矩两部分之和；M_{ga} 表示气体内力矩，由气体压力作用在螺杆齿面上的切向分力所引起。

由图 6-41 可见，在所有作用力中，因齿面形状复杂以及运转过程中各齿间容积的气体(压)力随时在变化，作用在螺杆各个齿面上的气体力 Q_{ga} 的确定最为复杂。通常将气体力分为沿转子轴线的轴向力 Q_{gaa} 和垂直于转子轴线的横向力 Q_{gar}，然后利用轴向力 Q_{gaa} 求出气体作用于齿面的气体的力矩 M_{ga}；由轴向力 Q_{gaa} 和横向力 Q_{gar} 等求出轴承的支反力 Q_{dr} 及 Q_{sr}。

6.4.1 轴向力

作用在转子上的轴向力主要由气体压力产生。此外，当齿轮(增速齿轮或同步齿轮)组中产生的轴向力不能在齿轮组本身平衡时，也作用在转子上。因此，作用于转子上的轴向力 Q_a 为：

$$Q_a=Q_{gad}-Q_{gas}+Q_{gaa}+Q_{gea} \tag{6-17}$$

式中，Q_{gad} 及 Q_{gas} 为气体压力作用于螺杆排出端及吸入端所产生的轴向力；Q_{gca} 为气体压力作用于螺杆齿面上所产生的轴向分力；Q_{gea} 为齿轮传动所产生的轴向分力。

在此规定，由排出端指向吸入端的轴向力取正值，反之，则为负值(下同)。作用于转子上的轴向力 Q_a，为止推轴承所承受。通常止推轴承设在排出侧，即由止推轴承(图中未画出)所平衡。

但是，在高压差或高压力比机器(如制冷螺杆压缩机)中，往往嫌 Q_a 值过大，常在阳转子上设置平衡活塞，以平衡全部或大部分轴向力。此时，作用于止推轴承上的轴向力 Q_a 当为：

$$Q_a = Q_{gad} - Q_{gas} + Q_{gaa} + Q_{gea} - Q_{ba} \tag{6-18}$$

式中，Q_{ba} 为平衡活塞所产生的轴向力。

(1)端面轴向力

端面轴向力由排出端及吸入端的轴向力组成。它们分别等于各部分气体压力与其作用面积之积。螺杆端面上气体压力作用的面积如图 6－42 所示。

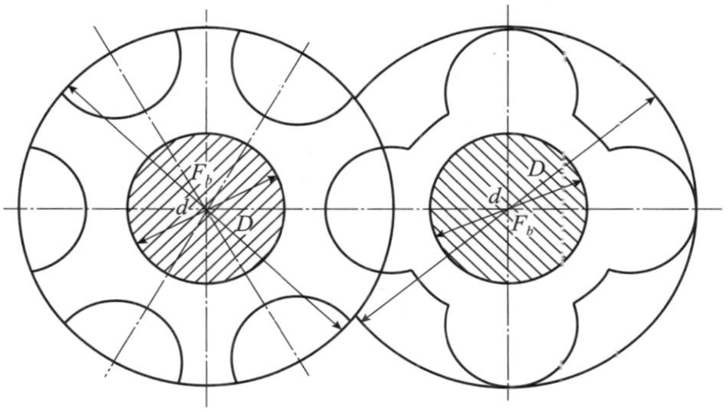

图 6－42　螺杆端面上气体压力作用的面积

(2)气体轴向力

它是指气体压力作用于螺杆齿面上的轴向分力。对每一齿间容积来说，气体轴向力 Q_{gaa} 只能在有接触线的齿间容积和槽段(称作接触区槽段)中产生，而在接触区槽段之外任何一侧(非接触区槽段)，由于其间的气体压力相同，以及被槽底螺旋线划开的前、背段齿面的轴向投影面积相等，故作用于前段、背段齿面上的轴向力绝对值相等，而方向相反，所以自行抵消，对外无轴向力存在。因此，今后在讨论气体轴向分力时，不必考虑非接触区槽段的影响。应该提及的是，气体压力作用于阴阳螺杆齿形前段齿面的轴向分力总是指向吸入端(即为正值)，而作用于齿形背段齿面的轴向分力总是指向排气端(即为负值)。

①气体作用于阴螺杆齿面的轴向分力：以单边不对称齿形为例，先研究阴螺杆中具有完整接触线的接触区槽段。为此，可同时参看图 6－43。

由上可知，对所研讨的齿间容积，截面Ⅰ－Ⅰ之左边吸入端面及截面Ⅱ－Ⅱ之右边排气端面的两非接触槽段中，齿面上气体压力的轴向分力自身抵消，合力为零。

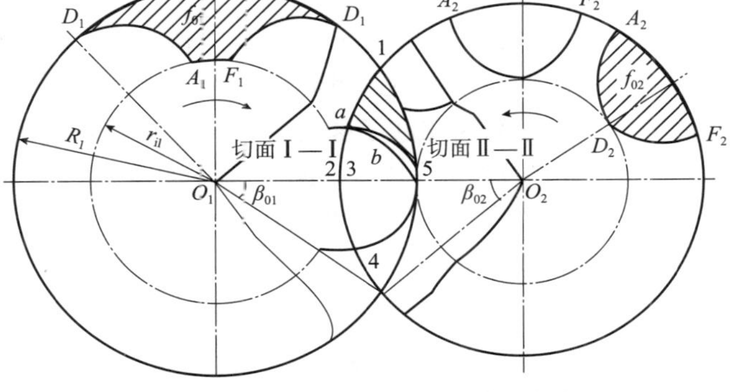

图 6－43　确定气体压力的轴向分力

②气体作用于阳螺杆齿面的轴向分力。

(3)齿轮产生的轴向力

齿轮(同步齿轮，增速齿轮)啮合传动所产生的轴向力 Q_{gea} 其方向决定于斜齿的方向。由于阳螺杆上总的轴向力较阴螺杆大，所以，应合理规定斜齿倾斜方向，以使阳转子上齿轮啮合轴向力 Q_{gea} 能部分平衡掉作用于螺杆上的端面轴向力及气体轴向力，也就是应使 Q_{gea} 的方向由吸入端指向排气端。阳转子的齿轮轴向力 Q_{gea} 的方向一经确定，阴转子的齿轮轴向力及其方向也随之确定。

(4)平衡活塞产生的轴向力

当阳转子上的轴向力足够大时，往往在其上装设平衡活塞，以平衡由排气端指向吸气端的轴向力。平衡活塞产生的轴向力 Q_{ba} 由吸气端指向排气端。

6.4.2 扭矩

(1)气体内力矩

根据所得的气体轴向分力 Q_{gaa}，可求得气体作用螺杆齿面上的转矩，即气体内力矩。

凡是作用在齿面上的轴向分力为正值(即指向吸气端)时，由阴阳螺杆旋向得知，其相应的转矩(气体内力矩)总是与该转子的旋转方向相反，即成为气体阻力矩。为此，必须由外面输入转矩以使转手能继续不断地旋转。

对称圆弧齿形的阴螺杆上的气体轴向力为零，故其气体内力矩 $M_{ga}=0$；而不对称齿形的阴螺杆上的气体轴向力为负值，故其气体内力矩 $M_{ga}<0$，这就是说，阴螺杆的气体内力矩，实际上是一驱动力矩。它是由气体压力的作用产生的，除克服阴转子本身的摩擦阻力矩外，尚有剩余，并通过同步齿轮(或直接)传给阳转子。

可知，由气体压力产生的轴向分力是以角节距 $2\pi/z$ 为其变化周期的，因而由此引起的气体内力矩也是以 $2\pi/z$ 为周期的。显然，阴螺杆的变化周期 $2\pi/z_2$ 较阳螺杆的 $2\pi/z_1$ 为短，且波幅也较小。

(2)摩擦阻力矩

摩擦阻力矩包括轴承摩擦阻力矩和转子旋转运动时的摩擦鼓风阻力矩两部分。一般来说，摩擦阻力矩取决于多种因素，目前尚无简便而准确的计算方法。人们通过实测得知，阴转子的摩擦阻力矩所耗功率为压缩机轴功率的5%～10%。同时还可认为阳转子的摩擦阻力矩所耗功率与阴转子的相同。可知：

①阳转子传递90%以上的扭矩，而阴转子只传递10%左右的扭矩。所以阳转子属高速重载转轴，而阴转子属轻载转轴。

②当用阳转子拖动阴转子时，同步齿轮传递的功率通常不大于压缩机轴功率的12%。因此同步齿轮属高转速、高精度、轻载荷齿轮。

③基于以上原因，一般均以阳转子作主动转子拖动阴转子(作为从动转子)，这将有阳转子几乎不传递扭矩给阴转子的好处。只有小型喷油机器，为省略增速装置，同时又使阳螺杆达到最佳齿顶圆周速度时，才采用阴转子作为主动转子拖动阳转子(所谓“阴拖阳”)的传动方案。应该指出，采用这种传动方式时，因阴转子要传递绝大部分(90%以上)扭矩，必须注意到机械效率降低，以及螺杆齿面(喷油时)或同步齿轮(无油时)磨损增加这两方面的不利因素。

6.4.3 径向力

作用于转子上的径向力有斜齿径向分力和气体径向力，即斜齿啮合时产生的径向分力，气体压力作用于齿面上的径向分力，此外，对大型螺杆压缩机尚需计入转子的自重。

在非接触区槽段内，气体压力相同，它是作用于螺旋槽的均布载荷。所以可将非接触区槽段沿轴向分成若干长度较小的槽段，每一小段内的气体力用集中载荷来替代。

将所求得的接触区槽段内的气体力各分力与非接触区槽段内的气体力各分力及其分布进行叠加，可以求出轴承的支反力及其方向。径向力对轴承的选型以及转子刚度校核有重要意义。

6.5　螺杆压缩机的噪声和振动

6.5.1　噪声

6.5.1.1　螺杆压缩机噪声形成

螺杆压缩机的噪声主要有吸气、压缩和排气过程中的空气动力噪声，即吸排气流动噪声，气体泄漏噪声，当内压缩终了压力不等于排气管内压力时产生气体回流和膨胀的喷射噪声，此外，还有机械噪声和节流阀及辅助设备噪声。

(1)周期性吸排气噪声。转子的齿槽周期性地分别与吸排气腔相连，使吸排气腔的压力产生脉动，形成周期性吸排气噪声，其噪声的基频频率 f(单位为 Hz)为

$$f=\frac{n_1 z_1}{60} \tag{6-19}$$

式中，n_1 为阳转子的转速，r/min；z_1 为阳转子齿数。

气体吸排气过程虽然不在同一时刻开始，但却具有相同的频率和存在着固定的相位差，因此，它们之间可以进行噪声叠加。根据测定的噪声频谱图 6－44，一般螺杆式压缩机吸排气噪声基频峰值处于 500～800Hz 范围内。

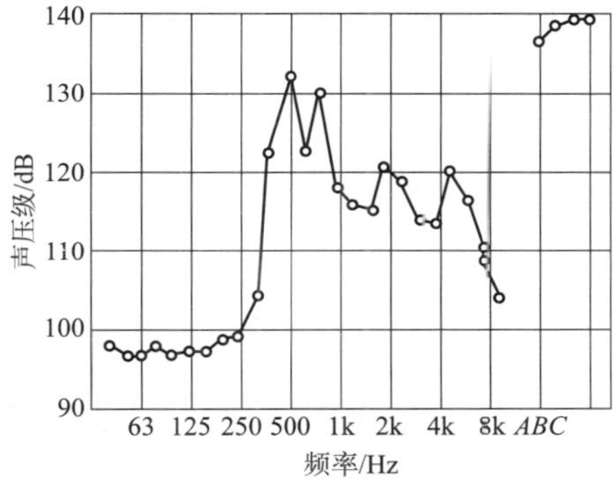

图 6－44　LG25/16－40/7 主机噪声频谱(排气口不接管道)

(2)管道振动噪声。螺杆式压缩机吸排气产生的周期性压力扰动，当其谐波的频率与管道气柱固有频率或管道本身机械振动频率相同时，引起共振，尤其是三者一致时将产生较强的振动噪声。

(3)涡流噪声。气体流经管道、进出吸排气腔以及转子齿槽基元容积时均会形成涡流噪声，其产生的主要原因为黏性气体高速流动过程中，在边界层附近形成周期性分离涡流。由于黏滞力的作用，这一系列涡流又分裂为更小的涡流，分裂时所产生的压力起伏和脉动，以声波的方式传递出去，产生涡流噪声，其频率 f 决定于被环流物体的形状和大小，以及气流相对于物体的速度大小和方向，即

$$f=Sr\frac{v}{d} \tag{6-20}$$

式中，Sr 为斯特劳哈尔数，一般取 0.15～0.20；v 为气流相对于环流物体的流速，m/s；d 为环流物体表面宽度在垂直于 v 平面上投影的当量直径，m。

(4)排气过程中回流和膨胀产生的喷射噪声　喷射噪声是由高速气流在内压缩终了时

等容压缩或膨胀时发生的噪声。例如无内容积比调节的机器，当负荷由滑阀进行 100%、70%、50%调节时，测得其噪声的声压级读数分别为 87.2dB(A)、87.4dB(A)、89.dB(A)。显然，增加的噪声分贝数是由于内压缩终了压力低于排气管道压力，产生等容压缩而造成的。

除了上述几种主要的噪声外，螺杆式压缩机还存在着气体的泄漏噪声，转子和轴承的运转噪声以及电动机噪声等。

6.5.1.2 降低噪声的途径

螺杆压缩机降低噪声的研究主要致力于阻隔其噪声的辐射和降低噪声的发生源。

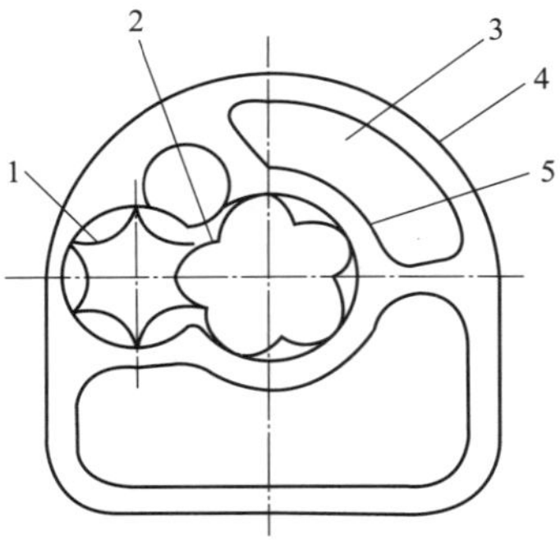

图 6－45 双层机壳结构

1—阴转子；2—阳转子；
3—气体通道；4—外壳；5—内壳

图 6－45 是中小型机器采用的双层机壳，这样的结构可减弱噪声向外界发射，以降低噪声。还有在机器上安装消声器，也是减弱噪声的办法。

在设计机器时，应考虑接触线短、泄漏三角形小的齿形，以减少泄漏噪声。对转子的轴承，则选用较高精度的耐磨轴承，因为轴承的精度、间隙的调整好坏，直接影响机器噪声及效率。美国顿汉－布西公司（Dumham－Bush）采用抗磨特殊合金的锥形滚动轴承，比一般轴承寿命高四倍。

目前，对于小型开启式机器和封闭式机器，其噪声声压级可控制在 78～82dB(A)，大型开启式机器包括机组则要在 90dB(A)以下。

6.5.2 振动

螺杆压缩机不存在往复式压缩机具有的不平衡往复惯性力和旋转惯性力，电动机的旋转运动直接传递给转子，因此，具有振动小的特性。机器在安装时，往往采用防振垫进行简单的防振。图 6－46(a)为 37kW 螺杆压缩机作主机的空冷热泵冷水机组，其振幅仅为 1.8～2.8μm。由图 6－46(b)可见，相同功率的往复压缩机振动很大，其振幅比螺杆压缩机振幅大 2～3 倍。单螺杆制冷压缩机，运转更加平稳，振动更小。

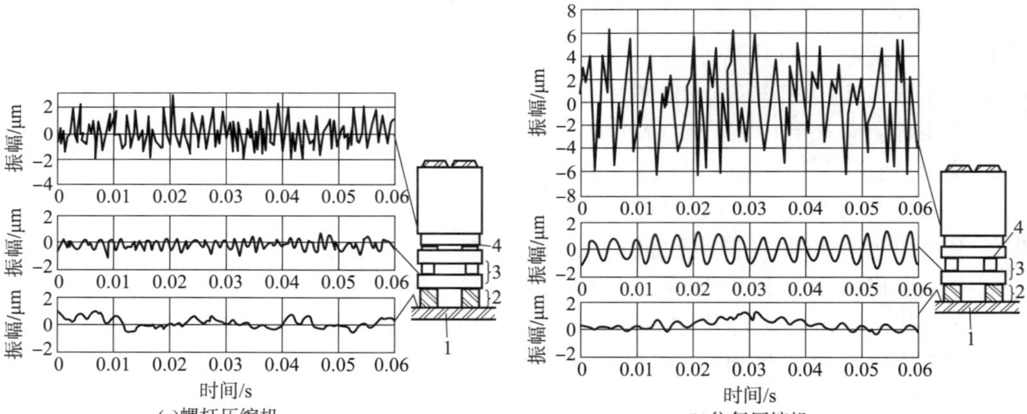

(a)螺杆压缩机　　(b)往复压缩机

图 6－46 压缩机振动测量

1—混凝土地板；2—基础；3—支架；4—防振垫

6.6 螺杆压缩机的选型与流量调节

螺杆压缩机是用途比较广泛的回转式压缩机，具有在较低压力下，流量幅度较宽的操作特性。在石油化工生产中，常常用于天然气集输，燃料气的增压、冷冻、压缩（丙烷/丁烷），火炬放空气体压缩以及空气压缩等场合。螺杆压缩机常见的使用范围见表 6－6。

表 6-6 螺杆压缩机的常用范围

机型	转数/(r/min)	排气量/(m^3/min)	排气压力/MPa
无油螺杆压缩机	1800～22000	3～1000	<1.0
喷油螺杆压缩机	1000～3000	5～100	<1.7

6.6.1 选型原则

螺杆压缩机机组包括螺杆压缩机、增速箱、传动机构、气体冷却器、闭锁和调节机构，以及水、油、消音、密封、自动控制和保护系统。螺杆压缩机选型应考虑气体特性、流量、压力、密封、冷却、润滑以及动力特性等因素，以保证螺杆压缩机安全、可靠运转。

螺杆压缩机的选型原则如下：

(1)供货方应根据给定气体组分核算比热容、压缩系数及其他压缩机设计所需的气体物性参数。

(2)机组性能必须满足并能在规定的操作下连续安全运转。其使用寿命最少为 20 年且不间断操作时间最少为 3 年。

(3)供货方应保证额定工况下的流量和压头无负容差，轴功率容差在 0～4%之间。

(4)在所有规定的运行条件范围内，包括启动和停车，轴封应能防止工艺气体向大气泄漏或密封介质向压缩机内泄漏。密封应适应于启动、停车和买方规定的各种其他特殊运行时进口条件的变化。

(5)轴承应采用压力润滑。径向轴承应是套筒式或可倾瓦式，水平剖分结构，钢质壳体带可更换的衬里或瓦块。止推轴承应是扇形瓦块式，能承受两个方向的轴向推力。

(6)供货方应对压缩机及压缩机一驱动机组进行临界转速分析。如临界转速与操作转速的隔离裕度不满足标准中的规定值时，转子应进行高速动平衡试验。

(7)供货方应对压缩机一驱动机组的各组件进行扭转分析，其共振频率至少应低于操作转速 10%或高于脱扣转速 10%。

(8)转动部件，如阴阳转子、联轴器、齿轮等均应分别单独进行动平衡。

(9)润滑和密封油系统应符合 API614 的要求。

(10)电动机或汽轮机驱动的机组，驱动机的铭牌额定值按能连续地输出最大功率计，至少应为压缩机额定轴功率(包括传动损失)的 110%。

(11)齿轮箱应符合 API613 的要求，其额定值至少应为被驱动压缩机的额定功率的 100%。

(12)联轴器应符合 API617 标准的规定。

(13)螺杆式压缩机在进出口和其他任何排气管道上一般都应装吸收式消声器。如果需要，还应设置隔声罩。

6.6.2 应用举例

某厂的火炬气螺杆压缩机型号 LG30/0.8，机组外形尺寸(长×宽×高)：3500mm×2200mm×2000mm，是撬装式单级喷液螺杆压缩机，机组总重约 5500kg，螺杆公称直径 255mm，螺杆长径比 λ1.65，机组额定总功率(润滑油泵电机)250kW+4kW。采用喷水内冷，压缩过程控制在 85℃以内，采用压力润滑(32# 或 46# 透平油)，驱动连接方式为叠片挠性联轴器与电动机直连。机组性能参数如下：

进气压力：0～10kPa(G)

进气温度：－5～40℃

排气压力：小于 0.8MPa

排气温度：小于 80℃

排气量：1800m^3/h(进口状态)

安全阀泄放压力：0.66MPa

转速：2950r/min

6.6.3 排气量调节方法

螺杆压缩机排量的调节有下列方法：

(1)滑阀调节

滑阀调节方法调节范围大，可在 10%～100%的排气量范围内实现无级调节，适用于工况变动频繁的制冷、空调等场合。经济性较高，在额定排量的 50%～100%范围内，原动机消耗功率的下降值，几乎与排气量的减少成正比，可实现卸载启动，但是机构和自动调节系统较为复杂。滑阀流量调节结构见图 6-47。

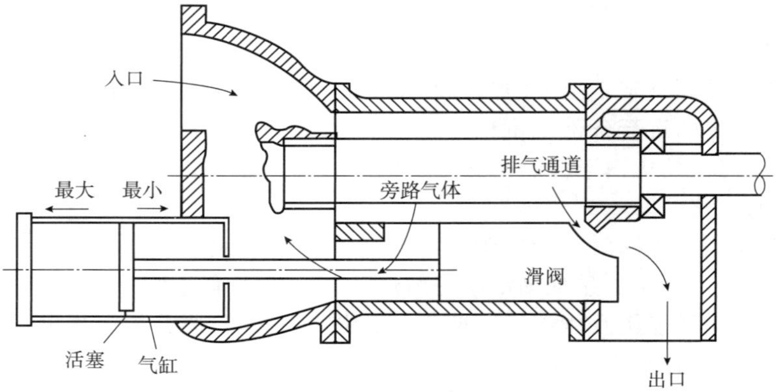

图 6-47 滑阀流量调节结构

滑阀是靠气缸或油缸内活塞两侧的压力差来推动的。滑阀的背部靠紧进气端的固定部位时，排气量为 100%。调节时，滑阀移向排气端，背部便脱离固定部位，使基元容积的一段与进气端相通，相当于减少了螺杆的工作长度，从而降低了排气量。

(2)改变转速调节

由于螺杆压缩机的排气量和转速成正比，改变压缩机的转速即可以达到调节排气量的目的，其优点是压缩机机组的结构无须做任何变动，且在调节工况下，气体在压缩机中的工作过程基本相同。这种方法从经济上来说是最为合理的，在这种情况下，应采用能改变转速的传动机构。常常使用变频调速或变速驱动机，改变压缩机转速调节流量。其经济调速范围是

$$n=(0.6\sim1.0)n_0 \tag{6-21}$$

式中，n 为压缩机经济运行速度，r/min；n_0 为驱动机额定转速，r/min。

原动机为蒸汽(或燃气)轮机、内燃机、直流电动机，变频电机时，多采用此种方法调节。目前，该方法广泛应用在柴油机驱动的移动式螺杆空压缩机中，以及汽轮机驱动的大型工艺螺杆式压缩机上。

(3)控制吸入调节

利用压缩机吸气管上的进气调节阀进行调节。可分为停止吸入和节流吸入。停止吸入时，压缩机空转。对喷油机器来说，使喷油量较非调节工况为高，而排气量又降为零，击油功率有所增加，空载功率高。油击现象是机器产生强烈噪声的音源。一般采取以下措

施：加装油量调整阀，调节工况时，借油量调整阀使喷油量减少；加装自动开关阀，关闭吸入调节阀的同时，开启自动开关阀，借回油泵将排气逆止阀前的油抽至储气器，同时也降低了背压。这是目前颇为流行的调节方法。

节流吸入时，降低了气体的吸入压力和比重，可以进行连续的无级调节。由于排气量降低、排气压力不变时，压力比增加，功率不下降，排气温度上升。这种调节方法经济性差，较少采用，只限于小型机器及工况基本稳定的机组。

(4)间歇停车

对于小型和微型压缩机，如果耗气量降低而排气量不变，则储气罐及管网中压力升高；反之，压力降低。应用压力断电器之类装置来控制原动机的启停，当压缩机排气压力过高时，螺杆空压机就会停止；当压缩机排气压力过低时，螺杆空压机就会再次启动。

在压缩机站或化工企业中，一般有多机配置，完全可以采用停上部分压缩机的运转以适应实际耗气量。

间歇停车可以平衡气体流量和压力的需求，减少压缩机在运行中的能耗和磨损，从而延长压缩机的使用寿命。此外，间歇停车还可以提高压缩机的效率，使得气体的使用更加稳定和可控。

该方法适用于交流电机驱动的小型螺杆式压缩机。停转调节要求机组设有较大容量的储气罐，否则电动机的启停过于频繁，既影响电网电流的波动，又会使电动机绕组过热。

(5)旁路调节

该种调节方法仅需在排出管道上安装调节阀和管道。需调节工况时，调节阀打开，排出的压缩气体沿旁通管道经调节阀流回吸入口。显然，机器的压力比越高，功耗也就越大。所以，此种调节方法适用于压力比低的机器。调节阀开度不同时，排气量也有所不同。

这是一种最简单的调节方法，但是不经济，因为在调节过程中，消耗的功率是不变的。但是对于装置开工和压缩机机组调试具有重要意义。

(6)空转调节

该种方法实际是停止吸入和进、排气管连通调节联合使用的一种综合调节方法，采用一种在截断吸入的同时，能使进、排气管连通的减荷阀。该调节方法的特点是，在调节工况时，吸入管道的压力有真空，排出压力为大气压力。这种调节方式的经济性较好，调节工况时的功耗不大于满负荷功率的 30%。空转调节用于高压力比机器较为经济。

必须指出，采用这种调节方法时，机组的许多部位处于真空状态，周围的空气容易漏入，因而，对可燃性气体、高纯度气体以及其他不允许与空气混合的气体，就不能采用空转调节法。一般来说，它是螺杆式压缩机常用的排气量调节方法之一。

拓展阅读

双螺杆压缩机现状与发展

螺杆压缩机诞生于 20 世纪 30 年代，在短短数十年间实现了从理论研究到实际加工制造的飞跃。自 20 世纪 60 年代以来，各种品牌的压缩机如雨后春笋纷纷涌现。但是，螺杆压缩机的核心技术基本由国外一些知名公司掌握，主要包括瑞典的阿特拉斯·科普柯(Atlas Copco)、美国的英格索兰(Ingersoll Rand)和寿力(Sullair)、英国的康普艾(Compair)、德国的凯撒(Kaeser)以及日本的日立(Hitachi)。

我国关于双螺杆压缩机的研究起步较晚，直到 20 世纪 80 年代，国内引入大批国外企业，在与国外先进技术企业的合作过程中，不断地吸收与创新，我国螺杆压缩机领域也出现了快速发展的趋势。21 世纪以来，国内压缩机行业已步入稳定发展阶段，与国外的差距在不断缩小。

由于螺杆压缩机具有效率更高、噪声较低、可靠性高、工作稳定、维护简便等优势，螺杆压缩机的市场规模不断扩大、市场占有率也不断提升。近年来，在空气压缩、空调制冷和工艺压缩方面，螺杆压缩机正逐渐占据往复活塞压缩机的应用市场，并不断向其他领域延伸。

螺杆压缩机行业是技术密集型行业，生产工艺相对复杂，加工精度要求高，产品和技术更新的难度也较大，为了解决压缩机使用范围受限、性能参数不够完善等问题，必须对以下几方面进行攻关：

(1)在转子受力变形、受热膨胀及其转子型线的啮合特性方面进行研究，开发设计更新型高效的转子型线，提高双螺杆压缩机的工作效率。

(2)对压缩机运转过程中的摩擦、泄漏以及热交换等机理进行深入研究，突破先前的经验和瓶颈，进一步提高相关性能及参数。

(3)研究压缩机的噪声和振动的产生原因，分析齿曲线特性和进出气孔口位置等对噪声的影响，提出降低噪声的方案。

(4)针对吸气和排气过程中内部流场的流动特性，运用流体动力学分析方法，对进排气孔口的位置及其连接管路进行优化。

(5)创新设计，并优化智能控制系统和流量调节装置，扩大双螺杆压缩机的参数范围，使压缩机能应用到高排气压力和小容积流量等工况。

思考题

1. 螺杆压缩机由哪些零部件组成？
2. 螺杆压缩机的基本结构及工作原理，工作过程有哪些？
3. 简述螺杆压缩机的优缺点。
4. 螺杆压缩机的分类方法及具体可以分为哪几类？各种类型的适应范围是什么？
5. 螺杆压缩机今后的发展方向。
6. 简述螺杆压缩机基本容积的构成。
7. 螺杆压缩机的泄漏途径有哪些？
8. 简述螺杆式压缩机喷油的作用。
9. 简述螺杆压缩机排气量的影响因素。
10. 螺杆压缩机的流量调节方式有哪些？
11. 转子型线及其设计的基本原则是什么？
12. 如何建立坐标系并实现变换，在已知齿曲线的前提下如何求得其共轭曲线？
13. 共轭曲线的啮合线方程式什么？
14. 螺杆压缩机的实际工作过程受哪些因素影响，分别产生什么影响？
15. 螺杆压缩机的内压力比是指什么，压力是如何分布的？
16. 螺杆压缩机的理论容积流量和实际容积流量有何差别，其容积效率受哪些因素影响？
17. 螺杆压缩机轴功率和绝热效率的计算。
18. 螺杆压缩机的排气温度的计算。
19. 向螺杆压缩机内喷油的作用。

20. 转子轴向力包括哪些？
21. 开启式螺杆压缩机的优点及其发展趋势和研究成果。
22. 半封闭式螺杆压缩机有哪几种结构形式？
23. 封闭式螺杆压缩机有哪几种结构形式？
24. 螺杆压缩机产生噪声的原因有哪些？
25. 螺杆压缩机有少量的液体吸入是否会发生“液击”现象？
26. 螺杆压缩机在变工况下工作的适应性是否较差？

习题

1. 若被压缩气体为理想气体，内压缩终了的压力为 0.8MPa(绝压)，吸气终了的压力为 0.1MPa(大气压)，计算此螺杆压缩机的内压比。

2. 一台双螺杆空气压缩机，其阳转子外径 D_1 = 200mm，转速 n_1 = 2900r/min，螺杆的轴向长度 L = 300mm，容积效率 η_V 为 0.85，扭角系数 C_φ 为 0.971，面积利用系数 C_{n1} 为 0.5，求螺杆压缩机的实际排气量和理论排气量，分析两者间的差值主要由哪些因素引起的？

3. 已知一螺杆压缩机的指示功为 0.1189kJ，机械效率为 0.96，且压缩机的转速为 3600r/min，求此螺杆压缩机的轴功率。

4. 已知螺杆压缩机的绝热效率 η_{cd} 为 0.78，机械效率 η_m 为 0.96，求绝热指示功率 η_i。

5. 一台容积流量为 1000m^3/h 的氦气喷油螺杆压缩机，要把氦气从 15℃、0.1MPa(绝压)，压缩到 0.8MPa(绝压)后排出，如果排气温度极限为 100℃，在供油温度为 50℃的情况下，计算需要的喷油量。

第7章　离心分离机械

7.1　离心分离原理

7.1.1　非均相分离概述

在实际生产中，需要进行分离物料的形态是多种多样的，但总的来说可以分为均相和非均相。均相混合物的分离基本属于传质的内容，非均相混合物的分离，一般需要一定的宏观力场。

液体非均相混合物(悬浊液和乳浊液)的分离是非均相分离的典型情况，一般是采用机械方法，其分离形式按照分离机理不同可分为沉降和过滤两种。沉降是指混合物在某种装置中，由于两相在力场中所受的力的大小不同而分层；过滤是指混合物在多孔材料层装置中，由于受力场的作用，液体通过多层材料层流出形成滤液，固体被留在材料层上形成滤渣而实现分离。

无论是沉降还是过滤，实现分离的效果和速度与所在的力场密切相关，力场越强，其分离效果越好，分离速度越快。最简单和方便的分离就是在自然引力场中的分离，称为重力沉降，但由于引力场较弱，对于固体颗粒很小，或液相黏度很大的悬浮液，分离过程就进行得很缓慢，甚至根本不能进行。

在真空或加压的人工力场中，过滤速度可以提高，但滤渣的干燥程度差，分离效果有时不能满足工艺要求，且在这种四周等强度的力场中，对于沉淀毫无作用。因此，人们不得不寻找其他人工力场，在这方面比较理想的是离心力场，称为离心沉降。若将分离对象置于离心力场之中，就需要借助某种回转装置。

7.1.2　离心分离基本原理

(1)离心沉降

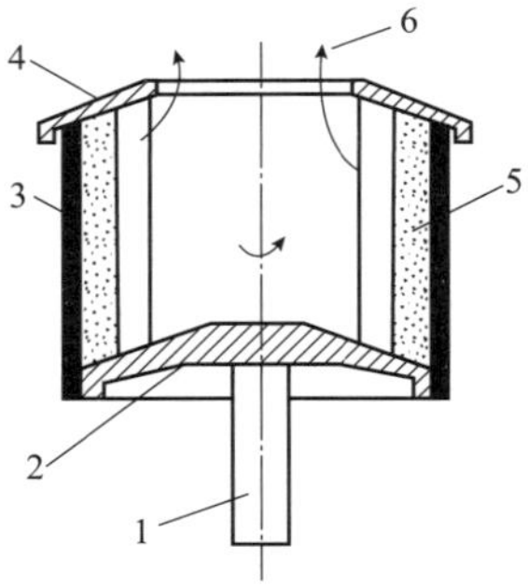

图7-1　离心沉降示意图

1—转鼓回转轴；2—转鼓底；3—转鼓壁；4—拦液板；5—滤渣；6—滤液

首先必须有一个盛放物料的圆筒形装置，称为转鼓；其次转鼓必须回转而需要转轴来带动，称为回转轴；最后为了使物料能够处在对称的力场中，且使物料不要甩出来，再加上一些其他基本的结构，其装置如图7-1所示。

转鼓高速旋转时，其中物料运转在一个轴对称的离心场中，物料中各相由于位置和密度不同受到不同的场外力作用而分层沉淀，质量最大，颗粒最粗的分布在转鼓的最外层，质量最小，颗粒最细的聚集到转鼓内层，澄清液则从机上溢流。

离心沉降主要用于分离含固体量较少，固体颗粒较细的悬浮液。乳浊液的分离也属于沉降，但习惯上常叫作离心分离，相应的机器目前常叫作分离机。典型分离机如图 7－2 所示，主要是在无孔转鼓中放置碟片构成，在离心力作用下液体按重度不同分为里外两层，重度大的在外层，重度小的在里层，固相沉于鼓壁通过一定的装置分别引出。

(2)离心过滤

离心过滤分离方式中，滤液要从转鼓排出去，所以这种装置的转鼓上必须开孔。其次为了不致固体颗粒漏出来，转鼓内必须设有网状结构的材料层，称其为滤网或滤布。其余转轴等则与离心沉降装置类同，如图 7－3 所示。

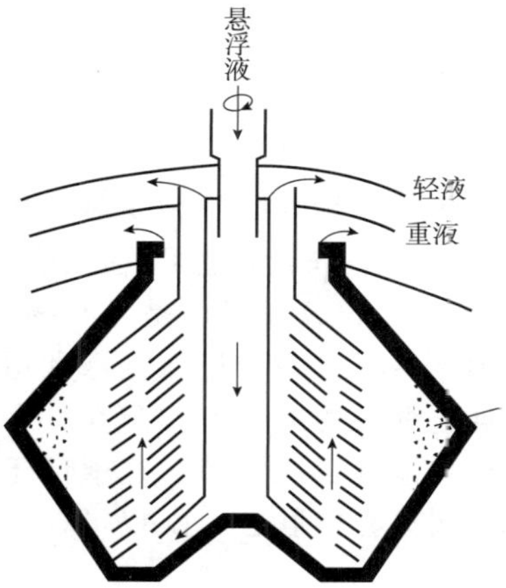

图 7－2　碟片离心机示意图

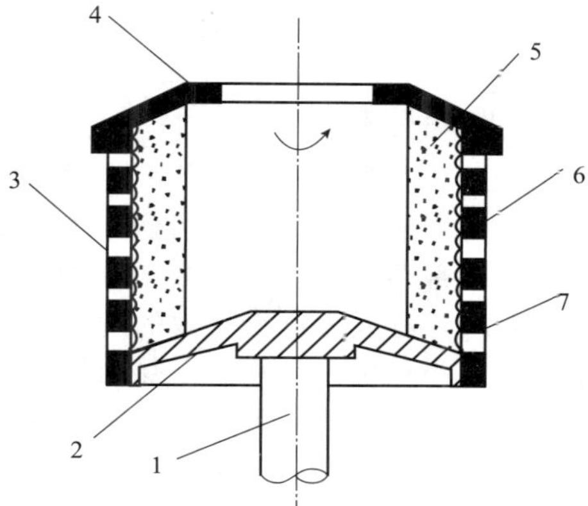

图 7－3　离心过滤示意图

1—转鼓回转轴；2—转鼓底；3—转鼓壁；4—拦液板；5—滤渣；6—滤液；7—滤网

转鼓旋转时，液体由于离心力的作用，透过有孔鼓壁而泄出，固体则留在转鼓壁上，可见，离心过滤主要用来分离含固体量较多，固体颗粒较大的悬浮液。

7.1.3　分离因数

不同密度的物料在同一离心机同一转速下受到的离心力大小不等，为了表征离心机的分离能力，而又要与所处理的物料有关，一般用分离因数表征离心机分离能力。

$$F_r=\frac{F_k}{G}=\frac{mR\omega^2}{mg}=\frac{R\omega^2}{g} \tag{7-1}$$

式中，F_r 为称为分离因数；F_k 为物料受到的离心力，N；G 为物料受到的重力，N；m 为质量，kg；g 为重力加速度，m/s^2；R 为回转半径，m；ω 为转鼓的回转角速度，s^{-1}。

分离因数表示离心力场的特性，是代表离心机性能的重要因数。分离因数越大，离心机的分离能力越高，因此，分离体系的分散度越大，物料越难分离，则应采用分离因数越大的离心机。对分离固体颗粒为 10～50μm，液体黏度不超过 0.01Pa·s，较易过滤的悬浮液分离因数不宜过高，取 $F_r=100\sim700$；织物的脱水可取 $F_r=600\sim1000$；对于高分散度及液体黏度较大较难过滤的悬浮液，必须取较高的分离因数。

最新型的高速离心机(分离机)的分离因数达 1000000。分离因数的极限取决于制造离心机转鼓材料的强度及密度。设计上在提高角速度的同时应适当减小转鼓的半径，以免转鼓的应力过大，以致不能保证转鼓的机械强度，故在分离因数高的离心机中，其转鼓直径一般较小，长度较大。

比较离心分离和重力沉降或过滤操作，在重力场中，固体颗粒所受的力是不变的，而在离心场中，固体颗粒所受的离心力则是随颗粒的回转半径(颗粒的瞬时位置)与回转角速度平方的大小而变化，离心力可达几百、几千甚至上万倍于重力，因而利用离心力作为物料分离的推动力是非常有利的。

比较离心过滤和加压过滤，还可看到过滤式离心机结构设计中的一个有利因素，在加压操作的过滤机中，所有内部空间都受到压力作用，而离心过滤的离心机，仅在装载分离物料的回转部分(转鼓及盖)受压力，因此离心机其他部分的强度要比压滤机低，密封的要求更低，因而密封的结构大为简化，这对于不要求密封操作的物料，在设计离心机时带来很大方便。

7.2 典型过滤离心机与沉降离心机

7.2.1 过滤离心机

目前工业用过滤离心机有间歇和连续操作两大类。其中连续式的机种发展很快，适合于大工业生产中固液相的分离；间歇操作的离心机，由于在操作中引进了现代化的计量与控制技术，在局部范围内能与连续式的相抗衡。间歇离心机的最大特点是具有操作弹性，因此有可能在一定程度上进行有效的过程控制；而连续式离心机用于过滤洗涤和甩干的时间的调节余地很小，在过程控制上受到相当限制。而且连续式的所有操作都在一个恒定的转速下进行，至于间歇式，其每个操作的持续时间和转鼓速度都能调节，这就便于所处理的产品质量最佳化，也有利于调整产品参数。多台间歇式离心机联合，配以可控制的进出口部件的调压室，亦可使间歇操作成为连续过程。

(1)三足式过滤离心机

①基本结构

三足式过滤离心机是应用最广泛的一类过滤离心机，它对物料的适应性强，可用于各种不同浓度和不同固相颗粒粒度的悬浮液的分离、洗涤脱水。机器主体安装在弹性悬挂支承上，重心低，运转平稳，结构简单，制造容易，安装方便，操作维护易于掌握。特殊结构的密封防爆型三足式过滤离心机可用于分离易燃、易爆的悬浮液或应用于工作环境有防爆要求的场合。

三足式过滤离心机主要由转鼓、主轴、机壳、弹簧悬挂支撑装置、底盘和传动系统等零部件组成，图 7－4 为三足式人工上部卸料过滤离心机结构简图。

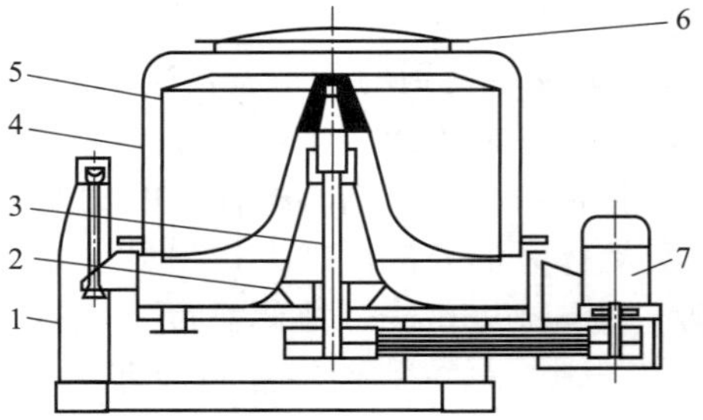

图 7－4 三足式人工上部卸料过滤离心机

1—柱脚；2—底盘；3—主轴；4—机壳；5—转鼓；6—顶盖；7—电动机

②三足式过滤离心机分类

近年来，随着各种新技术的相继应用，国内外出现了很多新型自动操作的三足式离心机。通过采用时间继电器以及数字程序控制的方法，使机器适时调速，连续运转。加料阀门及卸料机构的动作，均由电动、液动元件控制。整个操作可以在完全自动的周期性循环过程下进行，各类型三足式离心机的分类见表 7－1。

表 7－1　三足离心机分类表

分类	卸料方式			分离操作方式	主轴运转方式
	机构	部位	转速		
人工卸料	人工	上部	停机	间歇	恒速、间断
	起吊滤袋	上部	停机	间歇	恒速、间断
	手动刮刀	上部	低速	间歇	调速、连续
自动卸料	旋转刮刀	下部	低速	周期循环	调速、连续
	升降刮刀	下部	低速	周期循环	调速、连续
	气力输送	下部	低速	周期循环	调速、连续
	刮刀-螺旋	下部	低速	周期循环	调速、连续

三足式离心机的主要技术参数包括转鼓直径、转速、分离因数及转鼓容量等。目前国内外生产的三足式离心机参数一般范围如下：

转鼓直径：255～2000mm。主轴转速：3500～500r/min。分离因数：2100～225。转鼓容量：3.4～1800L。

③SG 系列三足式刮刀下部卸料离心机

SG 系列三足式刮刀下部卸料离心机主要由机架、机壳、卸料机构、回转体、刹车装置、离合器、减速器以及电控箱等构件组成，基本结构如图 7－5 所示。回转体通过轴承支承在机架的底盘上，底盘上装有机壳；机壳上部装卸料机构，其刮刀伸入转鼓内，刹车装置固定在机壳与机架上，离合器与减速器装置在机架的同一侧，利用三角皮带与回转体连接。电控箱为单独系统，安装在适宜操作的位置。

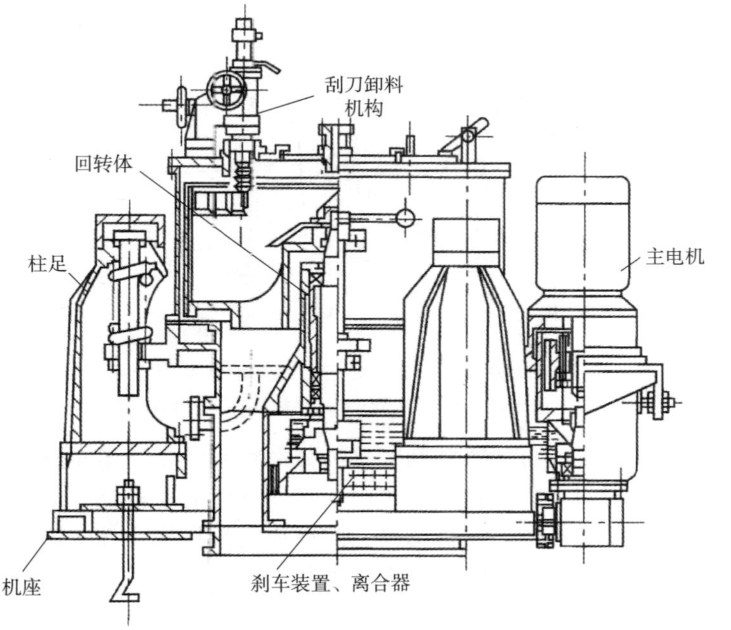

图 7－5　三足式刮刀下部卸料离心机基本结构

主机全速运转后，悬浮液经进料管到达全速运转的布料盘，由于离心力的作用，悬浮液均匀地分布在转鼓内壁的过滤介质上，液相穿过过滤介质经转鼓过滤孔而泄出，固相则被截留在过滤介质上形成圆筒状过滤饼，当达到分离要求后，关闭电机，转速降低到要求转速后，启动辅电机，低速驱动回转体，然后手摇手轮驱动刮刀卸料，滤渣经转鼓底出料孔卸出。

SG 系列三足式离心机为手动刮刀下部卸料、间歇操作的过滤式离心机，适用于含细粒度和中等粒度固相或短纤维状悬浮液的分离或脱水，广泛用于化工、轻工、制药、食品等工业部门。

SG 系列离心机除具有三足式离心机的传统优点外，还具如下特点：

a. 采用手动刮刀下部卸料，可使操作者不接触物料，不仅降低了劳动强度，改善了操作条件，还提高了生产效率；

b. 采用刮刀低速卸料，卸料振动小，晶粒不易破碎，机件不易损坏，延长了使用寿命；

本系列离心机与物料接触零部件均采用 1Cr18Ni9Ti 不锈钢制造，可耐一般酸性腐蚀，亦可根据用户要求用特定材料制作。

④SXZ－1000 型下部卸料自动离心机

SXZ－1000 型下部卸料自动离心机主要由卸料机构、回转体、机架、外机壳。制动装置、进料阀，以及自动程序控制系统的电器控制箱和液压传动系统等组成，如图 7－6 所示。

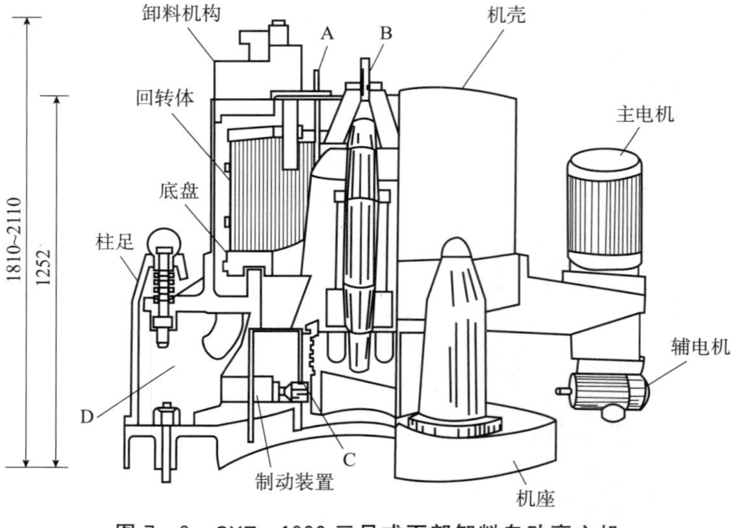

图 7－6　SXZ－1000 三足式下部卸料自动离心机

A—洗涤管；B—进料管；C—出渣口；D—出液口

在自动控制系统操纵下，打开进料阀，将欲分离物料经过转动布料盘，在离心压力作用下呈空心圆柱状，将物料均匀地甩到转鼓内壁过滤介质上，经离心力作用，液相物穿过过滤介质而从转鼓体许多小孔泄出，再由机壳内壁和底盘收集从排液管排出机外，而固相粒子则被留在过滤介质上，进行洗涤、脱水干燥后，控制系统截断主电机电源，制动装置将回转体制动到低速 26r/min，然后辅电机低速驱动回转体，进入卸料工序，自动卸料系统将固相物借助于力作用从转鼓底出料口，排出机外。当主机程控完成一个循环工序后，过滤介质将由自动装置系统实现再生的同时，电气控制箱和液压传动系统制动主机，再进入下一个循环周期，实行连续工作状态。

（2）卧式刮刀卸料过滤离心机

卧式刮刀卸料过滤离心机由于对物料适应性强，广泛应用于化工、制药、轻工、食品等工业部门。如用于硫铵、碳酸氢铵、聚氯乙烯、食盐等物料脱水。可用作分离含粗、中、细颗粒的悬浮液，有过滤和沉降两种形式，但以过滤式用得最多。

目前刮刀卸料离心机的自动控制系统比较典型的是继电器控制和液压伺服机构的联合自控系统。

①结构及工作原理

刮刀卸料过滤离心机结构如图 7－7 所示，是一种全速下进行加卸料等多个工序的离心机。离心机的主轴水平地支承在一对滚动轴承上，转鼓装在主轴的外伸端。转鼓由过滤式转鼓体、转鼓底及拦液板三部分组成，转鼓体内壁衬有底网、滤网。有的转鼓内装有耙齿，用以均布物料及控制料层厚度。转鼓主轴、轴承箱及外壳支承在机座上，外壳前盖上装有刮刀机构以及加料管、卸料槽和洗涤管等。主轴由三角皮带带动。机器的操作工序包括洗网、进料、洗涤、卸料等，各工序的操作时间的长短以及工序的替换由时间继电器通过电气-液压或电气-气压-液压控制系统进行自动控制。

由于卸料在全速下进行，刮刀切入物料产生较大的负荷，并且刮刀与滤网的距离很近，要求主轴刚性好，故主轴较粗而转鼓较短。

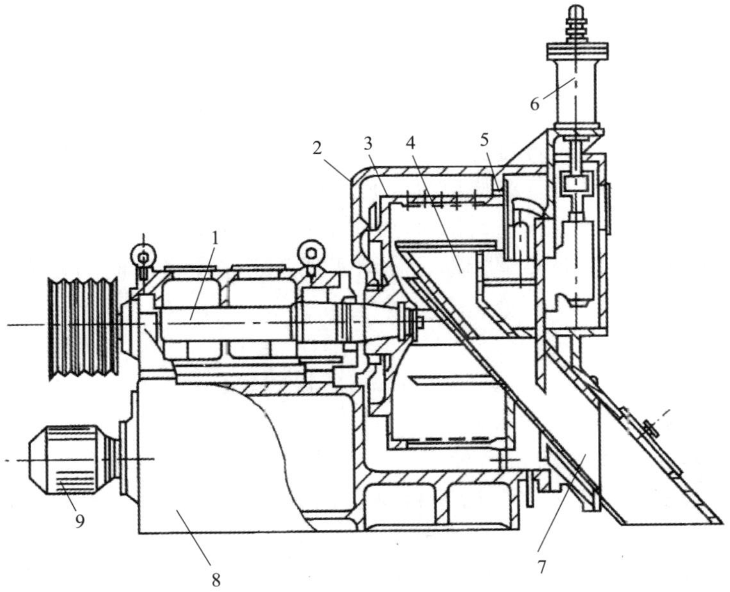

图 7－7　刮刀卸料过滤离心机

1—主轴；2—外壳；3—转鼓；4—刮刀机构；5—加料管；6—提刀油缸；7—卸料斜槽；8—机座；9—油泵电机

机器操作时，先空载启动转鼓到工作转速，然后打开进料阀门，悬浮液沿进料管进入转鼓，其中液体经过过滤式转鼓被离心力甩出，并从机壳的排液口排出。当截留在滤网的滤渣达到一定厚度时，关闭阀门，停止进料，然后进行洗涤和甩干等过程（沉降式的则连续加入物料，液相从转鼓拦液板溢流出去，滤渣沉积在转鼓内表面，沉积到一定厚度后，停止加料）。达到工艺要求后通过油缸活塞带动刮刀向上运动，刮下滤渣，并沿卸料槽卸出。每次加料前要用洗液清洗滤网上所残留部分滤渣，以使滤网再生（所以这类离心机不宜用于滤渣不可溶性的场合）。洗网结束，随即进行第二个循环。

用刮刀在全速下将物料刮下是这种离心机的一个特点，在卸料时，刮刀除切削物料的作用外，对于刮下物料还有导向作用，刮刀有一定的前角。刮刀机构有宽刀和窄刀两种，图 7－7 所示为宽刮刀机构，刮刀刀刃长度稍小于转鼓长度。在整个长度范围内同时将物料刮下，刮刀机构受力较大，转鼓要求刀架刚度大，但控制机构简单，一般适用于刮除较松软的滤渣。而窄刀机构的刮刀能沿转鼓径向及轴向运动，将转鼓内物料刮下，其刀刃较短，因而它受力较小，但机构亦较复杂。它一般用于大型的转鼓或滤渣层较坚实的情况。刀的轴向运动由轴的油缸来完成，径向运动则由油缸带动旋转式刮刀做旋转运动来完成。

②性能及用途

卧式刮刀卸料过滤离心机采用电气-液压联合自动控制系统，可远距遥控操作，能在主机全速运转情况下根据物料和使用要求所规定范围进行调节，并由液压电气控制箱自动(或手动)进行周期循环洗涤、进料、分离、卸料等工序。

卧式刮刀卸料过滤离心机适用于中粗和细小粒度(0.05～1mm)的固相浓度(质量分数) 20%～80%悬浮液的分离。广泛用于化工、制药、轻工、食品等行业中的硫铵、硫酸钠、硫酸镍、硫酸亚铁、淀粉、硼酸、聚氯乙烯、尿素、重碱、烧碱、食盐、氯化钾、五氯酸钠等多种固相/液相混合物料的分离或脱水。

刮刀卸料过滤离心机的优点是可在全速下进行各工序，产量大，分离洗涤效果好，各工序所需的时间和操作周期的长短可视物料的工艺要求而定，适应性较好，工作可靠。缺点是刮刀卸料时易使物料破碎，振动较大，刮刀易磨损。由于刮刀卸料后，转鼓网上仍保留一薄层滤渣对分离不利，当处理易堵塞滤网而又无法再生的物料时，不能使用。此外，操作过程是间歇的，功率消耗不均匀。

刮刀离心机的主要发展趋势是增大转鼓直径和生产能力，一般对易分离的物料向大直径转鼓和双转鼓发展。对于较难过滤的物料，则采用减小直径，增加分离因数的办法。

此外，探索新的刀具材料及结构以延长使用寿命。在自动控制方面，过去依靠时间继电器进行定时控制，但不能根据进料浓度，物料流量的变化而自动调节。目前出现了根据进料量、悬浮浓度变化、滤渣质量指标，自动实现各工序操作时间的控制，可保证机器的最大生产能力。

③主要技术参数

转鼓直径：240～2500mm，最大 3000mm。转鼓转速：450～3800r/min。分离因数：250～3400。过滤面积：最大达 15.8m^2。

(3)离心力卸料过滤离心机

离心力卸料过滤离心机又称惯性卸料离心机或锥篮离心机，其结构有立式及卧式两种，是一种无机械卸料装置的自动连续卸料离心机，如图 7－8 所示。离心力卸料过滤离心机的转鼓呈截头圆锥形，内壁装滤网，由电动机带动高速旋转。悬浮液由进料管加入离心机，在转鼓底加速后均布于转鼓小端滤网上。在离心力作用下，液体经滤网和转鼓壁排出转鼓，固体颗粒在滤网上形成滤饼。滤饼受离心力 F_c 的分力 $F=F_c\sin\alpha$ 的作用向转鼓大端滑动，最后排出转鼓。滤渣在转鼓内由小端向大端自动移动的条件是

$$\tan\alpha > f \tag{7-2}$$

式中，α 为转鼓的半锥角；f 为滤渣与滤网的动摩擦系数。

转鼓是离心力卸料离心机的主要部件，转鼓的结构、形状和参数在很大程度上决定了物料的运动状态和离心机的分离效果。

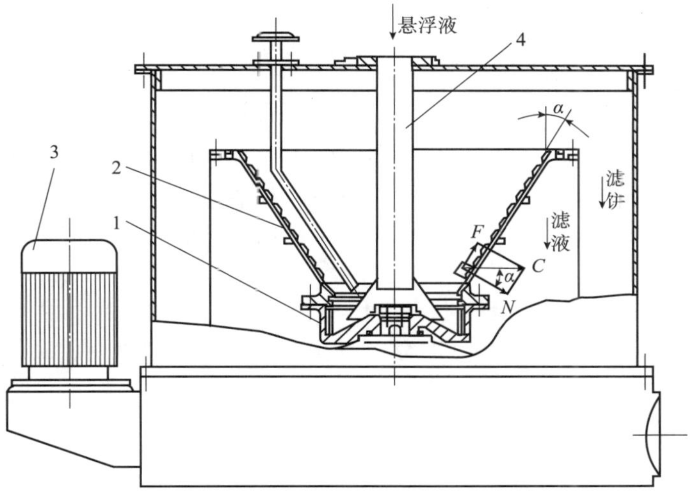

图 7-8　离心力卸料过滤离心机结构简图

1—转鼓底；2—转鼓；3—电动机；4—进料管

①典型卧式离心卸料离心机

IW630-N 型卧式离心卸料离心机如图 7-9 所示，主要由转鼓组合、主轴组合、机壳、机座及弹性基础等部件组成。弹性基础主要由 4 个弹垫和底座组成。底座通过地脚螺栓固定在水泥基础上，弹性垫放在底座上支承机座，由两个保险螺钉将机座与地座连接并压紧弹垫。机座上固定有轴承箱，通过精度较高的前、后主轴承转鼓组和主轴组合；机壳亦固定在机座上。主轴前端与转鼓连接，后端与皮带轮连接，通过三角带将电机皮带轮连接在一起，当启动电机时就带动主轴与转鼓旋转。

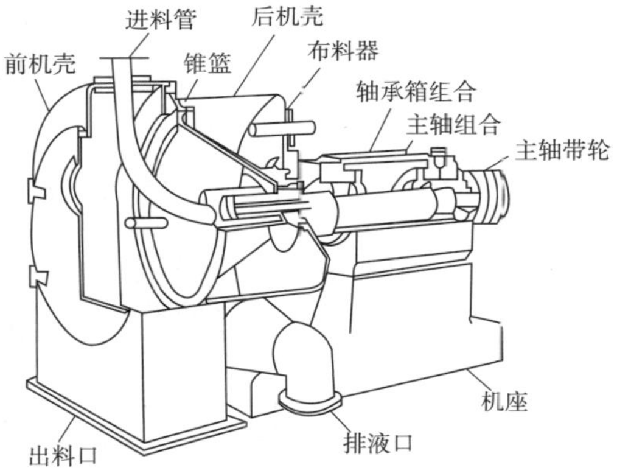

图 7-9　IW630-N 型卧式离心卸料离心机基本结构

当主机全速运转后，悬浮液通过进料管进入装在转鼓内的锥形布料器上，由于锥形布料器的作用，悬浮液沿其圆周均匀地分布在转鼓内锥上，在离心力的作用下，悬浮液被推移进入转鼓内锥筛网上，液相经筛网孔隙和转鼓滤孔流出，经机壳收集后从排液口排出；而固相在锥面上受到向前的分力（即向大端的分力）的作用，沿筛网向大端移动，由于转鼓直径不断变化，滤渣层逐渐变清且继续得到干燥，后经转鼓大端端面甩出而进入集料槽，安装在转鼓端面上的刮刀将集料槽中的滤渣从槽下方刮出，经前机壳出料口卸出。

②用途及特点

IW630-N 型卧式离心卸料离心机是一种无机械卸料装置的自动连续卸料的过滤式离心机。它在全速下完成进料、分离、干燥及卸料等工序，适用于分离中粗（固相粒度大于 0.1mm 约 150 目）的结晶颗粒或无定型物料及纤维状物料，浓度在 50%左右的悬浮液的分离，特别适用于真空制盐中的盐浆固液分离，当变换转鼓锥角或转速也可用于谷物等松散物料的脱水。

IW630－N型卧式离心卸料离心机具有结构简单、造价低、功率消耗小、维修方便、脱水效果好，对物料有较强适应性，与物料接触的零件均采用不锈钢材料制造，耐腐蚀性好等优点，广泛用于各行业的悬液分离。

这种离心机的工艺过程特点是薄层过滤(滤渣厚度一般在4mm以下)，脱水效率高，物料能在很短时间内获得湿含量较低的滤渣。能否实现薄层过滤是判断该机设计及使用是否成功的主要标志。锥篮离心机必须配有一套与它相适应的加料系统，而且加料系统往往设有空气或机械搅拌等装置，在控制进料的同时，用以控制物料的固液比及均匀度，使离心机处于最佳状态下工作。

③离心力卸料离心机主要参数

转鼓直径：500～1020mm。分离因数：2100～1600。转鼓锥角：50°～70°。

(4)活塞推料离心机

活塞推料离心机广泛应用于化工、制药、肥料等工业部门。一般适用于含粗、中颗粒的悬浮液。

①结构与工作原理

如图7－10所示，主机主要由机壳、进料装置、转鼓、筛网、推料装置、机座、轴承座组合、电动机、油泵、冷却器等零部件组成。物料分离干燥在转鼓内进行，油泵输出的压力油使推料机构做往复运动；冷却器置于油箱内使压力油得到很好的冷却；机壳、轴承座组合、电机等固定连接在机座上，使整机结构十分紧凑。

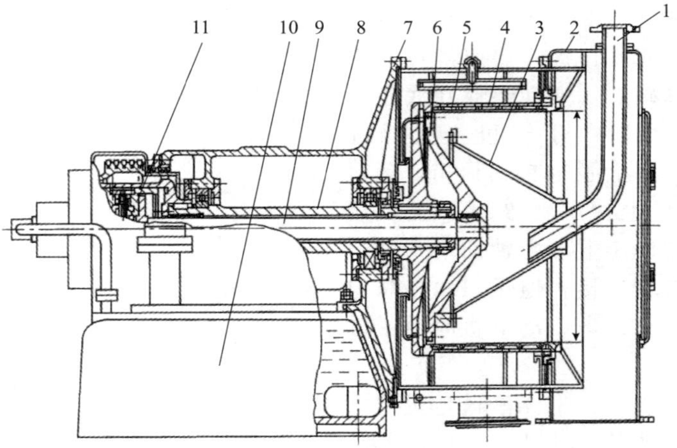

图7－10 活塞推料离心机的基本结构

1—进料管；2—前机壳；3—布料斗；4—转鼓；5—筛网；6—推料盘；7—轴承箱；7—主轴；9—推杆；10—油箱；11—复合油缸

悬浮液在离心机全速运转后通过进料管连续进入布料斗，在离心力场的作用下，悬浮液沿圆周均匀地甩到转鼓内的筛网上，液相经筛网间隙与转鼓过滤孔，由机壳上的排液口泄出；而固相则截留在筛网上形成圆筒状滤渣层，通过推料装置的往复运动，将滤渣层沿转鼓轴向向前移动而排出转鼓，由机壳上的卸料口卸出。

②用途与特点

活塞推料离心机为卧式单级、活塞推动卸料、连续操作的过滤式离心机。可以在全速运转下完成进料、分离、洗涤、干燥、卸料等所有操作程序。

活塞推料离心机具有自动、工作连续、产量大、单位产量耗电量小、对固相晶粒破坏小、运转平稳、耐腐蚀、操作维修简单等特点。适用于分离过滤性能较好的含颗粒状结晶或短纤维状物料的悬浮液。其固相物的平均粒度为 0.2～3mm，体积分数为 40%～60%，操作温度小于 100℃为宜。适用于如碳铵、硫铵、氯化铵、食盐、芒硝(元明粉)、硝化棉、无机盐等行业百余种物料的分离。离心机与物料接触的零件采用 1Cr18Ni9Ti 不锈钢制造。

(5)螺旋卸料过滤离心机

悬浮液螺旋卸料过滤离心机结构如图 7－11 所示。圆锥形转鼓内有输料螺旋，两者同向旋转但有转速差，该转速差通过主轴上的差速器获得。悬浮液从进料管进入螺旋内腔，并通过螺旋小头接近锥端底部的喷料口进入转鼓，在离心力场作用下料浆中的液相通过设置在转壁上的筛网被分离出去，固相颗粒则被截留在转鼓内；同时，转滤液鼓内的固相颗粒在离心力和螺旋与转鼓之间的差速作用下从转鼓小端向转鼓大端运动，在此运动过程中，由于回转直径的加大，离心力得到快速递增，固相从初始进入时的高含湿量固相到排出转鼓时达到低含湿量固相，从而实现固液相自连续的分离。转鼓内表面装有板状滤网(有众多圆形或条状滤孔的金属薄板)，悬浮液在滤网上过滤形成滤饼。由于输料螺旋的推送，滤饼在滤网上由小端向大端连续移动，最后排出转鼓。

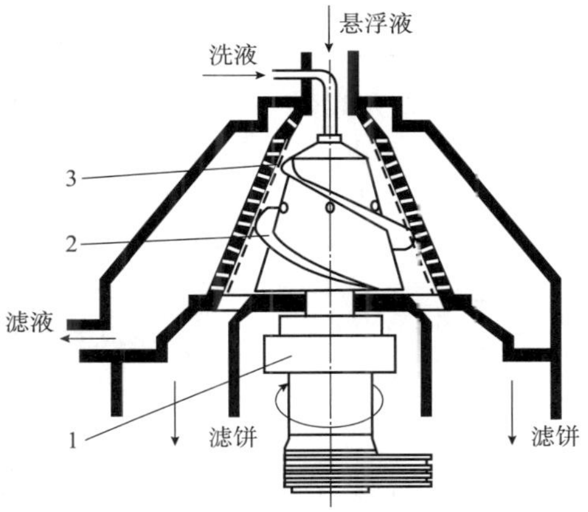

图 7－11　螺旋卸料过滤离心机结构简图

1—差速器；2—输料螺旋；3—转鼓动

螺旋卸料过滤离心机的转鼓半锥角大小随应用场合而定。在化工行业，这种离心机的转鼓半锥角为 20°、10°或 0°，在煤炭工业为 34°～36°，且转速较低。螺旋卸料离心过滤机可以通过改变转鼓和输料螺旋的转速差来改变滤渣在转鼓中的停留时间，进而改变滤渣的湿含量。

螺旋卸料过滤离心机的主要特点如下：

①转鼓、螺旋等主要零件一般用耐蚀不锈钢、钛合金制造；

②专用过滤网的厚度可达 2.5mm，使用寿命长；

③转鼓转速为无级调速；

④螺旋差转速采用有级或无级调速；

⑤润滑方式简单可靠；

⑥安全保护完善，匹配有转速检测、过振动保护、电机过载过热保护和螺旋零差速保护；

⑦对于大黏度物料，可选用液压差速器，工作稳定可靠。

螺旋卸料过滤离心机适合于分离固体颗粒较粗(颗粒粒度大于 0.2mm)、悬浮液的浓度较高(质量浓度大于 40%)的悬浮液。运行连续、滤渣含液量较低、处理量大。但在分离过程中可能会使固体颗粒遭到破碎，且有较多的细小颗粒进入滤液。因此常用于分离钾、盐、芒硝、硫酸锌、硫酸钠、氯化钠、硼砂等产品。

国产螺旋卸料过滤离心机的主要参数如下：

转鼓大端直径：1170～600mm。分离因数：160～3000。转鼓转速：550～4000r/min。

(6)进动卸料过滤离心机

进动卸料过滤离心机又称为颠动离心机或摆动离心机，基本结构如图 7－12 所示。通过转鼓做进动运动将滤饼连续甩出机外。圆锥形转鼓在主轴上绕 $O\zeta$ 轴线自转，主轴又以

O 点为顶点绕 Oz 轴线做公转。自转运动由实心轴通过万向联轴器驱动，公转运动由空心轴驱动。$O\zeta$ 与 Oz 的夹角为章动角用 θ 表示，章动角是进动离心机所特有的重要参数，与筛网半锥角一起构成筛网母线与空心轴轴线之间真正的倾斜角，其大小对物料的分离操作有较大的影响。如转鼓半锥角为 α，转鼓做自转和公转的合成运动(进动运动)时，转鼓壁上任一母线与 Oz 轴线的夹角在 $\beta_1=\alpha+\theta$ 和 $\beta_2=\alpha-\theta$ 间变化。如 β_1 大于滤饼与滤网的摩擦角，在母线与 Oz 轴线夹角等于 β_1 的区域，滤饼沿滤网滑动而排出转鼓，该区域为卸料区。由于自转与公转有转速差，卸料在转速上连续变换位置，转鼓大端轮流在某个局部上卸料。

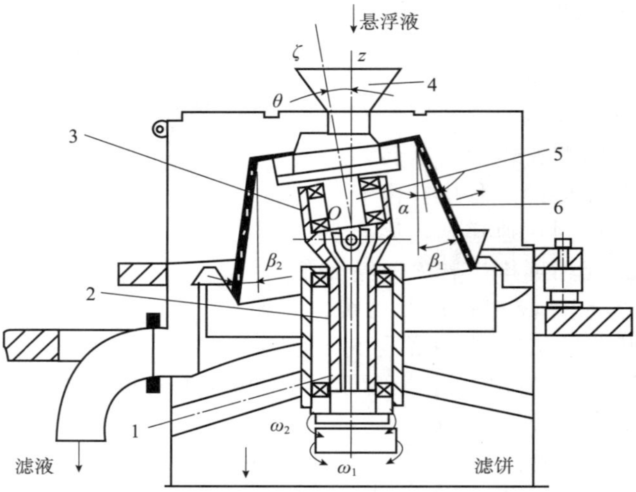

图 7-12　进动卸料过滤离心机结构简图

1—实心轴；2—空心轴；3—进动头；4—进料管；5—主轴；6—转鼓

悬浮液从离心机上方经进料管 4 加入布料器，在布料器内加速后，由布料器底部均匀撒到筛网小口的周壁，滤液从筛网的缝隙中甩走，经排液管流出离心机。留在筛网上的滤渣由于进动运动产生的惯性力作用，不断滑向筛网大口，不需任何卸料装置自动甩离转鼓。

进动离心机滤渣层处于运动状态，过滤阻力不大。由于进动运动给物料一个附加运动，使滤渣层在分离过程中不断减薄和疏松，从而强化了过滤和脱水效果。

进动卸料离心机的特点是，生产能力大，造价低廉，无卸料结构，可通过调节转动角，自转和公转速度以适应多种物料的分离。物料表面几乎不被磨损，耗能低。但缺点是不能对滤饼进行有效的洗涤。

进动卸料离心机用于分离含粗颗粒的浓悬浮液，包括颗粒状的合成树脂、矿砂、细粒煤、硫酸铵、氯化钾、磷酸钙等物料。

国内进动卸料离心机的主要参数如下：

转鼓大端直径：400～1200mm。章动角：0°～10°。转鼓半锥角：5°～22°。差转速：90～300r/min。转鼓自转速度：420～1500r/min。分离因数：100～400。

7.2.2　沉降离心机

(1)螺旋卸料离心机

螺旋卸料离心机也有沉降和过滤两种形式，是连续运转、进料和卸料的离心机，目前应用较多的是沉降式。

①结构和工作原理

如图 7－13 所示，螺旋卸料离心机主要由柱锥型转鼓、螺旋推料器、行星差速器、机壳和机座等零部件组成。转鼓通过主轴承水平安装在机座上，并通过连接盘与差速器外壳相连。螺旋推料器通过轴承同心安装在转鼓内，并通过外花键与差速器输出内花键相连。

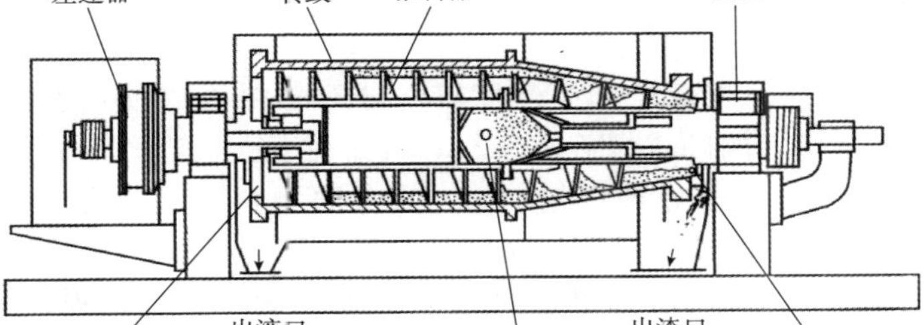

图 7－13　LW(WL)型卧式螺旋卸料离心机基本结构图

在电机拖动下，转鼓带动差速器外壳旋转，由于差速器的变速作用，螺旋推料器以一定的差速(超前或滞后)与转鼓同向旋转。悬浮液从加料管进入螺旋推料器的料仓内，经初步加速后经料盒出口进入转鼓。由于离心力的作用，转鼓内的悬浮液很快分成两相：固相沉积在转鼓壁上形成沉渣层；液相则形成内环分离液层。在螺旋推料器的作用下，沉渣和分离液向相反的方向运动，沉渣被推送到锥段进一步脱水后经出渣口排出，分离液从大端溢流孔排出或采用向心泵排出。

转鼓有圆锥型、圆柱型和柱锥型三种基本形式。圆锥型有利于固相脱水，圆柱型有利于液相澄清，柱锥型则可兼顾两者之特点，是最常用的型式。在转鼓的内表面上有时为了在固壁上形成一层密实沉渣物构成的保护层以减少沉渣对鼓壁的磨损，改善螺旋对沉渣的输送作用和防止沉渣在转鼓圆周上打滑，可在转鼓内表面沿母线方向加筋或表面开槽。锥体母线与轴线的夹角一般为 7°～12°，国内现有的卧式螺旋卸料沉降式离心机绝大部分的锥角 10°～11°。螺旋鼓的主要作用是推送沉渣，但也应能顺利排出滤液。其结构形式常用的有整体螺旋叶片、带状螺旋叶片和断开式螺旋叶片几种。螺旋多采用双头的，以便于螺旋转鼓平衡。螺旋叶片的表面光洁度与耐磨性对机器的正常运转和使用寿命关系很大。

在所有螺旋沉降离心机中，沉渣在转鼓内表面上的移动，全靠螺旋鼓对转鼓的相对转动来实现，两者转差率(转速差与转鼓转速之比)0.6%～4%，多数为 1%～2%，由差速器产生。为了使沉渣向转鼓小端移动，螺旋叶片的缠绕方向，螺旋鼓相对于转鼓的旋转方向以及转鼓和螺旋鼓的旋转方向(两者同向)三者间应符合表 7－2 的要求。

表 7－2　螺旋卸料离心机分类表

螺旋叶片缠绕方向	螺旋鼓相对转鼓的旋转	螺旋鼓与转鼓的旋转方向(从小端处看)	螺旋叶片缠绕方向	螺旋鼓相对转鼓的旋转	螺旋鼓与转鼓的旋转方向(从小端处看)
右	滞后	逆时针	左	滞后	顺时针
	超前	顺时针		超前	逆时针

②用途与特点

由于其卸渣过程中经过一段干燥区，所以排出的沉渣中含湿量较其他沉降式离心机小，一般螺旋卸料离心机的分离因数较前几种离心机高，所以能分离含更细颗粒的悬浮液。广泛应用于合成纤维树脂、聚氯乙烯、碳酸钙、滑石粉、淀粉生产和污水处理等生产过程。

螺旋离心机出现之后，由于具有自动、连续操作，无滤网和滤布，能长期运转，维修方便；应用范围广(固相脱水，液相澄清，分离固相密度比液相轻的悬浮液，液-液-固分离，粒度分级等)；对物料的适应性较大，结构紧凑，易于密封；单机生产能力大等突出优点，而得到了迅速的发展。它在离心机领域里一直占据着重要地位。在各种国际展览会上，各种各样的螺旋离心机最引人注目。

一般来说，用于处理中粗粒子和高浓度较易分离悬浮液的卧式螺旋离心机半锥角在10°～18°，如浮选煤精矿用的卧式螺旋离心机，其半锥角为15°～18°；澄清用卧式螺旋离心机分离因数大于3000，用于处理颗粒细微、难分离物料的，卧式螺旋离心机半锥角较小，通常小于10°，例如分离剩余活性污泥的卧式螺旋离心机的半锥角小于8°。

卧式螺旋离心机除了LW(WL)型系列还有D型系列，是一种连续操作、结构紧凑，自动化程度很高，应用领域很广的高品质螺旋卸料沉降离心机，可自动显示主要技术参数，能保证一机多用(并流型和逆流型复合在一体)，是固/液分离的理想设备。对物料可进行一种或多种液相(乳浊液)的澄清；悬浮液的固/液分离以及固相脱水和粒度分级等，广泛用于石油、化工、食品、制药、环保等行业。

③卧式螺旋离心机主要技术参数

国内的螺旋离心机发展比较晚，但近年来发展速度较快。目前国内已能生产的卧式螺旋离心机有200、350、380、450、600、800、1000等规格。主要技术参数如下

固相粒度：0.005～2mm。悬浮液容积浓度：1%～50%。

生产能力最大可达：190m^3/h(悬浮液)。转鼓直径：160～1600mm。

转鼓长比：1～4.2。转鼓半锥角：5°～18°。

液池深度与直径的比：0.05～0.2。转鼓与螺旋的转差：为转鼓转速的0.2%～3%。

(2)管式分离机

当处理液-液、液-液-固(固相含量较小)难分离的物料时，上述分离机由于分离因数较小而不能达到分离的要求，因而必须使用具有较大分离因数的离心机。如前所述，从强度方面考虑，这类离心机宜采用直径较小的转鼓。

由于转鼓直径较小，为适应工艺过程的要求，结构上也就出现如管式分离机、室式分离机及后面所述的碟式分离机的型式。

管式分离机的转鼓直径最小，用增加转鼓的长度来使容积增大，以提高生产能力。如GF-105离心机，转鼓内径只有105mm，但高度却有755mm，故称为管式离心机。

①结构和工作原理

管式分离机的结构如图7-14所示，其结构特点是挠性主轴管状转鼓，转速高，轴径小(如GF-105型离心机轴径最小处仅为ϕ8mm)。

GF型，密度大的液相形成外环，密度轻的液相形成内环，流动到转鼓上部各自的排液口排出，微量固体沉积在转鼓壁上，待停机后人工卸出。GQ型，密度较大的固体微粒逐渐沉积在转鼓内壁形成沉渣层，待停机后，人工卸出，澄清后的液相流动到转鼓上部的排液口排出。

②主要用途

GF型用于分离各种乳浊液，特别适用于二相相对密度差甚微的液-液分离以及含有少量杂质的液-液-固分离，例如，变压器油、透平油、润滑油、燃料油、染料、油脂、皂化，各种微粉物料，各种口服液，各种药液的分离；血浆、生物药品的分离；食用油、大

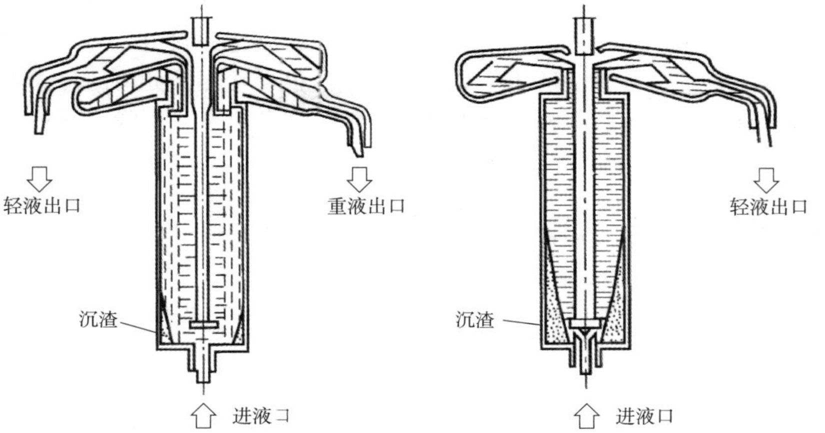

(a)分离型GF型　　(b)澄清型GQ型

图 7-14　管式分离机工作原理图

豆浓缩磷脂的精制，油水分离及污水处理等。

GQ 型，用于分离各种难于分离的悬浮液。特别适合于浓缩小、黏度大，固相颗粒细，固液重度差较小的固液分离。例如，各种药液、苹果酸、各种口服液的澄清；煤焦油、石墨除渣，各种蛋白、藻带、果胶的提取；糖蜜的精制；血液分离，疫苗菌丝、各种葡萄糖的沉降；油、染料、各种树脂、橡胶溶液提纯。

③技术参数

管式离心机的技术参数如表 7-3 所示。

表 7-3　管式离心机技术参数

项目		GF105A	GFL150	GFZ105	GFX105	GQL75	GQ105A	GQQ105	GQL125	GQL150
转鼓	内径/mm	105	142	105	105	75	105	105	124	142
	有效高度/mm	730	700	730	730	430	730	750	735	700
	沉积容积/L	5.5	10	5.5	5.5	2	5.5	5.9	7.4	10
	转速/(r/min)	16000	14000	16000	14500	20000	16000	15000	15000	14000
	最大分离因数	15025	15570	15025	12223	16770	15025	13200	15500	15570
进料口喷嘴直径/mm		4、6、8、10	8、10、12	4、6、8、10	4、6、8、10	2、3、5	4、6、8、10	8、10、12	3、5、7、9	8、10、12
物料进口压力/MPa		>0.05	>0.05	>0.05	>0.05	>0.05	>0.05	>0.05	>0.05	>0.05
生产能力/(L/h)		~1200	~3000	~1500	1000	~500	~1000	~2000	~2000	~3000

管式分离机能获得极纯的液相和密实的相。机器结构简单，运转平稳。缺点是固相的排出需停机拆除转鼓后进行，单机生产能力低。

管式分离机的发展趋势主要是制造密闭加压的机器以及增强转鼓材料以提高分离因数和增加沉降面积，提高单机生产能力。

室式分离机的转鼓可看作管式分离机的变型，在转鼓内插入多个同心圆隔板，使转鼓分割成多个小室。被分离的悬浮液从中心进入，依次流过各室，最后液相从外层排出。而固相颗粒则沉降在各室内，停机后拆开转鼓取出。分成多室的好处主要在于缩短固体向鼓壁沉降距离，从而减少沉降所需的时间，增加沉降面积以充分利用转鼓的空间体积，提高分离效果及产量。这种离心机一般用于分离含固相量很少且容易分离的悬浮液。分离过程中，较大的颗粒在内层室沉降，而较难沉降的小颗粒则在外层室沉降。其传动及支承机构类似于碟式分离机。

(3)碟式分离机

碟式分离机用于有两种不同密度的乳浊液的分离和固相含量少的悬浮液的澄清，而在分离乳浊液时，往往包含着液-液-固三相分离。

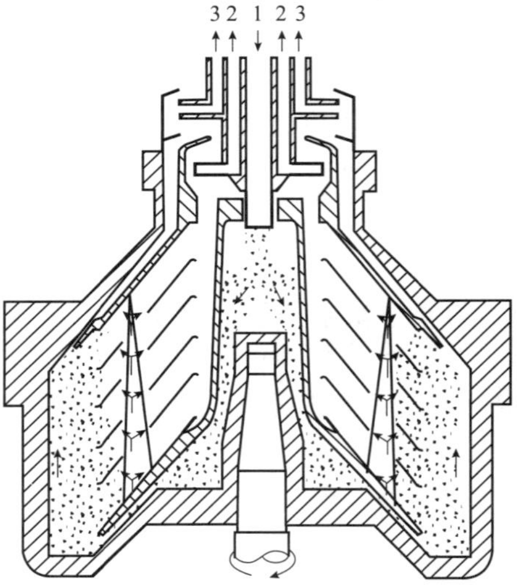

图 7-15 DRY 碟片分离机原理图

1—进料口；2—轻液；3—重液

①分离型碟式离心机

a. 结构及原理

如图 7-15 所示，电机通过摩擦离合器螺旋齿轮副驱动转鼓绕主轴线做高速回转。液料由上部中心进入进料管流至转鼓底部，经碟片座下面的分流孔趋向转鼓壁。在离心力场作用下，比液体重的固相物沉向转鼓内壁形成沉渣，待停机后人工卸除。轻液沿锥形碟片外(上)锥面向轴心流动至上部经轻液向心泵，由轻液出口排出。重液沿碟片内(下)锥面趋向鼓壁，然后向上流经重液向心泵由重液出口排出，从而完成重液与轻液的分离。

b. 主要特点

分离能力强，分离因数 5000～10000，生产能力大，最高可达 $10m^3/h$，结构简单，操作维修方便，价格便宜。

c. 主要用途

用于乳浊液及固形物含量为 1%～5%的悬浮液的分离，例如，燃料油、润滑油的再生，胶乳分离，硝化甘油、苯酸(胺制造中)、树胶、萃取四环素、青霉素、细菌、生物碱、乳品的分离等。

②澄清型碟式分离机

a. 机构及原理

如图 7-16 所示，电机通过液力偶合器、螺旋齿轮副、驱动转鼓绕主轴线做高速旋转，料液从上部中心进料管流至转鼓底部，经碟片座下面分流孔分流。在离心力场作用下，重液沿碟片内壁流至转鼓内壁上行后由重液泵排出机外，轻液沿碟片内壁流至芯部上行后由轻液泵排出机外，而较大颗粒的固相物则在转鼓壁处沉积，在滑动转鼓的控制下，经排渣口排出机外。

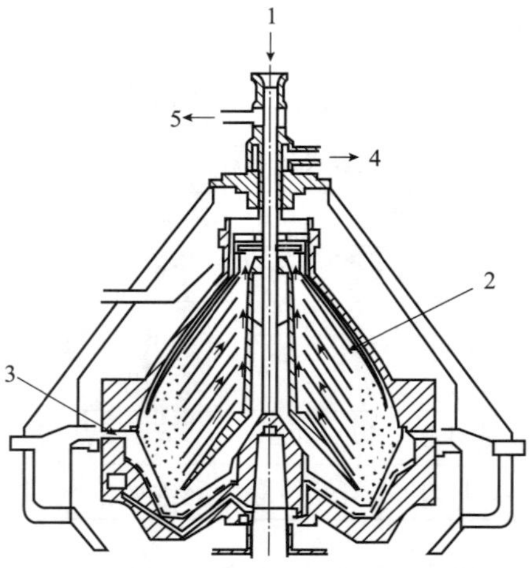

图 7-16 DHY500 碟片分离机原理图

1—进料口；2—碟片；3—固相排渣；4—重液出口；5—轻液出口

b. 主要特点

分离能力强，分离因数为 10300，可实现液-液-固三相分离，该机可实现自动、手动或远距离自动操作，机器结构简单，维修方便。

c. 适用范围

可广泛应用于医药、化工、乳品、饮料、石油、冶金、生物等多种行业。

碟式分离机由于生产能力大，能自动连续操作，并可制成密闭、防爆型式，因此应用很广。目前趋势是向大生产能力方向发展，主要依靠增加转鼓容积来达到。随着应用范围的不断扩大，规格品种越来越多，是一种很有发展前途的设备。

碟式分离机主要技术参数为：转鼓直径范围一般为 150～1000mm，近年来最大者达 1200mm；转速 6000～10000r/min，最高者达 12000r/min；分离因数 5000～14000；当量沉降面积最大达 30000m^2；生产能力最大达 100m^3/h。

7.3　离心机生产能力计算

过滤离心机、沉降离心机由于分离过程和结构不同，因此生产能力计算方法也不一样。

7.3.1　过滤离心机的生产能力

各类过滤离心机的过滤过程基本上可分为固定床滤饼过滤和流动床薄层滤饼过滤两种，属于前者的有三足式、上悬式和卧式刮刀卸料等过滤离心机，属于后者的有锥篮式和进动式等过滤离心机。活塞推料式过滤离心机虽为脉动移动床过滤，但滤饼较厚，过滤过程接近于固定床滤饼过滤。由于流动床薄层过滤方面的研究尚不充分，故本节仅介绍固定床过滤的间歇离心过滤机的生产能力。

(1)过滤速率

当悬浮液加入转鼓后，固体颗粒很快沉积到鼓壁的过滤介质上形成滤饼层，如图 7－17 所示，液体在离心液压作用下渗透过滤渣层和过滤介质及鼓壁孔面被甩出从而达到分离效果。

离心机运转时，进入旋转转鼓的悬浮液或乳浊液在离心力作用下形成环状液层，由于离心力大大超过重力，可以认为液层自由表面近似于与转鼓同轴心的圆柱面，如图 7－18 所示。一般将过滤离心机的作业过程分为两个阶段，即过滤阶段和脱水阶段，其中过滤阶段是指液体自由液面从 R_0 降到滤渣表面 R_s 处；脱水阶段，指液面自 R_s 降至 R 处及空气流穿过滤饼层的进一步脱水。

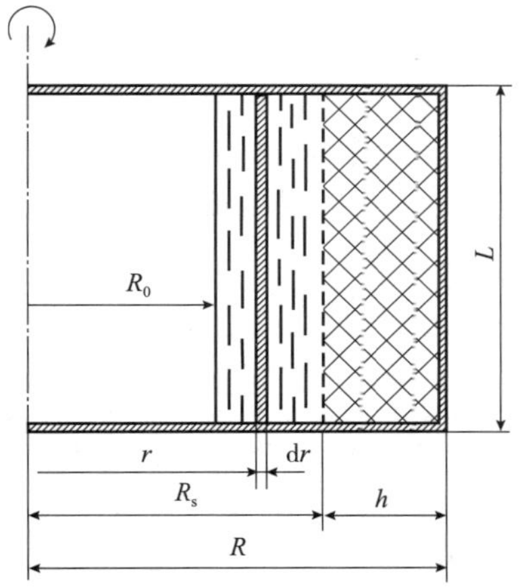

图 7－17　过滤离心机转鼓内物料分布情况

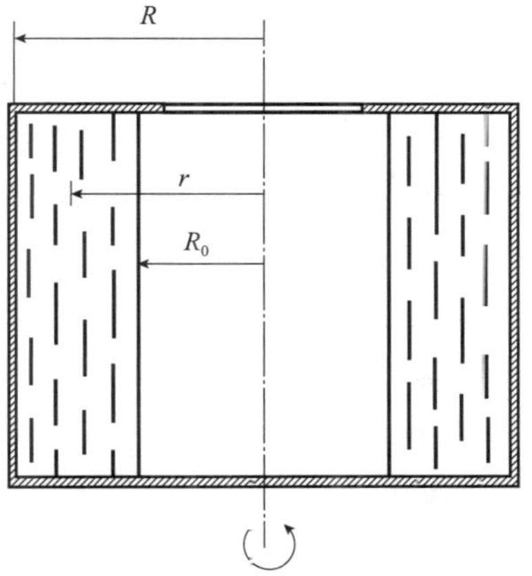

图 7－18　旋转转鼓内流体分布状态

离心力场中的环状液层中的离心液压 p_c 为

$$p_c=\frac{1}{2}\rho_l\omega^2(r^2-R_0^2) \tag{7-3}$$

式中，ρ_l 为液体密度，kg/m³；r 为液层中任意位置半径，m；R_0 为自由液面半径，m。于是，对转鼓壁的离心液压为

$$p_c=\frac{1}{2}\rho_l\omega^2(R^2-R_0^2) \tag{7-4}$$

式中，R 为转鼓壁内半径，m。

流体所产生的离心液压 p_c 对离心分离过程和离心机结构设计具有重要意义，沉降离心机利用撇液管等自动排液，活塞排渣碟式分离机的活塞运动都是依靠离心液压实现的。

过滤速率可以反映过滤离心机的生产能力，根据流体流过颗粒多孔层的达西定律可推导出过滤离心机的过滤速率为

$$q=\frac{\mathrm{d}Q_f}{\mathrm{d}t}=\pi KL\rho_l\omega^2\ \frac{R^2-R_0^2}{\mu\ln(R/R_s)}=\frac{K\rho_l g}{\mu}\times\frac{\pi L\omega^2(R^2-R_0^2)}{g\ln(R/R_s)} \tag{7-5}$$

式中，q 为过滤离心机的过滤速率，m³/s；K 为滤渣层的渗透率；L 为转鼓的长度，m；ρ_l 为液体的密度，kg/m³；ω 为转鼓角速度，rad/s；R 为转鼓壁内半径，m；R_0 为自由液面半径，m；R_s 为滤渣层表面半径，m；μ 为液体黏度，kg/m·s。

式(7－5)的假设条件是忽略了过滤介质阻力和重力的影响，液体通过滤饼层孔隙做层流流动且滤饼层是不可压缩的。这些假设多数物料和工业用间歇式过滤离心机是合适的。上式由两部分组成，前半部分$\frac{K\rho_l g}{\mu}$代表物料的影响，其中 K 反映了滤饼层的性质，与固体颗粒的大小、形状和刚性有关，过滤操作过程中在悬浮液内加入适量的凝聚剂或絮凝剂使分散的细颗粒凝集成较大颗粒团，增大颗粒的渗透性是预处理的主要方法；ρ_l 为液体的密度，液体的密度大则过滤速率快；值得注意的是液体黏度 μ 的影响，过滤操作过程中，选择适宜的操作温度，降低液体的黏度，提高过滤速率是常用的措施；后半部分代表离心机转速 n、转鼓长度 L 和转鼓半径 R 的影响，其中 $\ln(R/R_s)$ 说明滤饼层愈薄，离心过滤速率愈大，这也是薄层过滤离心机的理论依据之一。

离心过滤速率可以根据式(7－5)计算求得。需要说明的是，利用该公式计算时未考虑过滤介质阻力和重力的影响，液体通过滤饼孔隙做层流流动且滤饼层不可压缩。这些应用限制条件对大多数物料和工业用间歇过滤离心机是适用的。

在利用式(7－5)计算过滤速率时，滤饼层渗透率 K 可以用式(7－6)来求得

$$K=\frac{1}{\alpha(1-\varepsilon)\rho_s} \tag{7-6}$$

式中，α 为滤饼比阻，m/kg；ε 为滤饼平均孔隙率；ρ_s 为固体密度，kg/m³。滤渣比阻 α 值通常由实验方法测得，对于球形粒子的多孔床层可按下式计算

$$\alpha=\frac{180(1-\varepsilon)}{d_p^2\varepsilon^3\rho_s} \tag{7-7}$$

式中，d_p 为颗粒平均直径，m。

(2)过滤阶段的过滤时间

过滤时间指液面从 R_0 降到 R_s 所需的时间。由于过滤过程中，液面不断降低，R_0 是变值，过滤速率 q 也是变值。在时间增量 $\mathrm{d}t$ 内，液体体积减小量 $\mathrm{d}Q_f$ 为

$$\mathrm{d}Q_f=2\pi R_0L\mathrm{d}r$$

代入式(7－5)中，并在 $r=R_0$，$t=0$；$r=R_s$，$t=t_f$ 积分限内进行积分，可求得过滤时间 t_f 为

$$t_f=\frac{\mu\ln(R/R_s)}{K\rho_l\omega^2}\ln\frac{R^2-R_0^2}{R^2-R_s^2} \tag{7-8}$$

(3)脱水阶段滤液排出量和滤饼含湿量

脱水阶段滤液排出量按下式计算

$$Q_d = \pi\varepsilon L(R^2 - R_s^2)(1 - S_c) \tag{7-9}$$

式中，S_c 为滤渣的残余饱和度。

残余饱和度 S_c 是滤饼经脱水后，其孔隙中残留液体体积占孔隙总容积的分数，与滤饼含湿量 W_0(质量，湿基)的关系如下

$$W_0 = \frac{\varepsilon S_c \rho_l}{(1-\varepsilon)\rho_s + \varepsilon S_c \rho_l} \times 100\% \tag{7-10}$$

滤饼的残余饱和度或含湿量取决于物料性质，如液体黏度和表面张力、固体颗粒粒度及其分布、滤饼孔隙率以及脱水阶段的推动力和脱水时间。

(4)间歇操作过滤离心机的生产能力

间歇操作过滤离心机一个操作循环所需的时间 t 由过滤时间 t_f、脱水时间 t_d 和辅助时间 t_a 组成，$t = t_f + t_d + t_a$。显然，按滤液计的平均生产能力为

$$q_t = \frac{Q_f + Q_d}{t_f + t_d + t_a} \tag{7-11}$$

式中，Q_f 和 Q_d 分别为过滤阶段和脱水阶段的滤液量，m^3。

按悬浮液计的生产能力按式(7-12)换算

$$q_g = q_t \frac{\left(1 - \frac{C_f}{\rho_s}\right)\rho_l - \frac{W_0}{100 - W_0} C_f}{\left(1 - \frac{C_s}{\rho_s}\right)\rho_l - \frac{W_0}{100 - W_0} C_s} \tag{7-12}$$

式中，C_s，C_f 为悬浮液和滤液的密度，kg/m^3；ρ_s，ρ_l 为固相和液相密度，kg/m^3；W_0 为滤饼含湿量(质量、湿基)，%。

例 7-1：转鼓直径为 800mm、高度为 400mm、转速为 1500r/min 的三足式离心机。过滤浓度为 $186kg/m^3$ 的悬浮液，已知悬浮液固相密度为 $1400kg/m^3$，液相密度为 $1000kg/m^3$，黏度为 $10^{-3}kg/(m \cdot s)$；由实验测得该物料滤饼比阻 $\alpha = 2.2 \times 10^{10} m/kg$，孔隙率为 0.35；设脱水时间为 60s，滤饼残余饱和度 $S_c = 0.48$，辅助时间 120s；试求一次加料至转鼓半径 280mm 时的平均生产能力(m^3/h)和滤饼含湿量(滤液含固量忽略不计)。

解：一次加入的悬浮液量为

$$Q_s = \pi L(R^2 - R_0^2) = \pi \times 0.4(0.4^2 - 0.28^2) = 0.10254(m^3)$$

用式(7-8)求解过滤时间 t_f，需先求渗透性系数 K 值和滤渣层表面半径 R_s。根据式(7-6)求得 K 值为

$$K = \frac{1}{\alpha(1-\varepsilon)\rho_s} = \frac{1}{2.2 \times 10^{10}(1-0.35) \times 1400} = 4.995 \times 10^{-14}(m^2)$$

加入的悬浮液中固相体积为

$$V_s = Q_s C_s / \rho_s = 0.10254 \times 186/1400 = 0.013623(m^3)$$

滤渣的容积为

$$V_c = V_s/(1-\varepsilon) = 0.013623/(1-0.35) = 0.02096(m^3)$$

故滤饼层表面的半径 R_s 为

$$R_s = \left(R^2 - \frac{V_c}{\pi L}\right)^{1/2} = \left(0.4^2 - \frac{0.02096}{\pi \times 0.4}\right)^{1/2} = 0.3786(m)$$

于是由式(7-8)可求得 t_f 的大小为

$$t_f=\frac{\mu\ln(R/R_s)}{K\rho_l\omega^2}\ln\frac{R^2-R_0^2}{R^2-R_s^2}=\frac{10^{-3}\ln(0.4/0.3786)}{4.995\times10^{-14}\times1000\left(\frac{\pi\times1500}{30}\right)^2}\times\ln\frac{0.4^2-0.28^2}{0.4^2-0.3786^2}=70.9(\text{s})$$

故按悬浮液计的平均生产能力 q_s 为

$$q_s=Q_s/(t_f+t_d+t_a)=0.10254/(70.9+60+120)=4.09\times10^{-4}(\text{m}^3/\text{s})=1.47(\text{m}^3/\text{h})$$

按式(7－10)计算的滤饼含湿量为

$$W_0=\frac{\varepsilon S_c\rho_l}{(1-\varepsilon)\rho_s+\varepsilon S_c\rho_l}\times100\%=$$

$$\frac{0.35\times0.48\times1000}{(1-0.35)\times1400+0.35\times0.48\times1000}\times100\%=15.6\%$$

7.3.2 沉降离心机的生产能力

悬浮液加入转鼓后，固体颗粒在离心力作用下做径向运动，与此同时还随液体做轴向运动，在此过程中固体颗粒从自由液面 R_0 处沉降到鼓壁(半径 R 处)所需时间必须小于颗粒在转鼓内的停留时间才能不被液流带出鼓外，以达到分离目的，如图 7－19 所示。

一般悬浮液的固体颗粒粒度是不一致的，粒度最小的颗粒的沉降速度也最小，是分离精度的控制因素，这种细微粒子的沉降流态绝大多数为层流状态，故计算颗粒沉降所需时间均按斯托克斯沉降速度公式

$$v_r=\frac{\text{d}r}{\text{d}t}=\frac{d^2\Delta\rho r\omega^2}{18\mu}\tag{7-13}$$

式中，r 为颗粒所处位置半径，m；D 为颗粒直径，m；$\Delta\rho$ 为固、液相密度差，kg/m；ω 为转鼓角速度，rad/s；μ 为液相黏度，kg/(m・s)。

故颗粒从自由液面 R_0 沉降到鼓壁 R 处所需时间 t_1 为

$$t_1=\int_0^{t_1}\text{d}t=\frac{18\mu}{\text{d}^2\Delta\rho\omega^2}\int_{R_0}^{R}\frac{\text{d}r}{r}=\frac{18\mu}{d^2\Delta\rho\omega^2}\ln\frac{R}{R_0}$$

设颗粒随液体做轴向运动过程中与液体之间无相对滑移，则颗粒的轴向速度与液体轴向速度相同，大小可以通过式(7－14)求得

$$v_z=Q/[\pi(R^2-R_0^2)]\tag{7-14}$$

式中，Q 为悬浮液流量，m^3/s。

于是，固体颗粒在转鼓内的停留时间 t_2 为

$$t_2=L/v_z=\pi L(R^2-R_0^2)/Q$$

按分离条件 $t_1\leqslant t_2$，可得圆柱形转鼓沉降离心机生产能力计算公式

$$Q=\frac{d^2\Delta\rho\omega^2}{18\mu}=\frac{\pi L(R^2-R_0^2)}{\ln(R/R_0)}\tag{7-15}$$

将 $\ln(R/R_0)$按无穷级数展开，取其首项 $2(R-R_0)/(R+R_0)$代入，并设 $K_0=R_0/R$，整理后得

$$Q=v_gA\tag{7-16}$$

$$v_g=\frac{d^2\Delta\rho g}{18\mu}\tag{7-17}$$

$$A=\frac{\pi R^2\omega^2L}{2g}(1+2k_0+k_0^2)\tag{7-18}$$

式中，v_g 为固体颗粒的重力沉降速度；A 为当量沉降面积，是沉降离心机的生产能力指标。对于锥形转鼓的沉降离心机，如图 7－19 所示，A 的计算公式为

$$A=\frac{\pi R^2\omega^2 L}{6g}(1+2k_0+3k_0^2) \tag{7-19}$$

对于柱锥形转鼓的沉降离心机，如图7-20所示，A 计算公式为

$$A=\frac{\pi R^2\omega^2}{6g}[3L_1(1+2k_0+k_0^2)+L_2(1+2k_0+3k_0^2)] \tag{7-20}$$

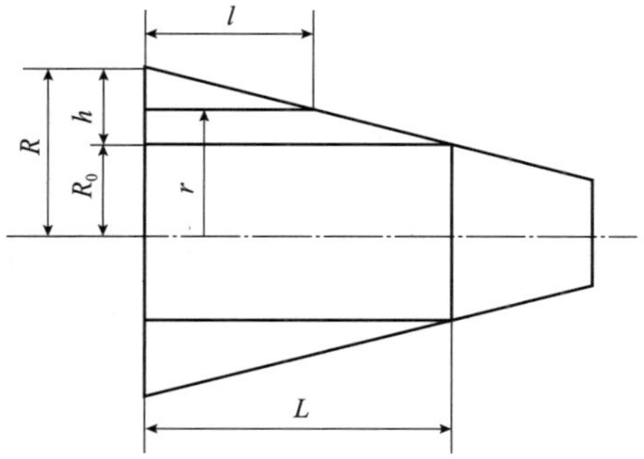

图7-19　锥形转鼓

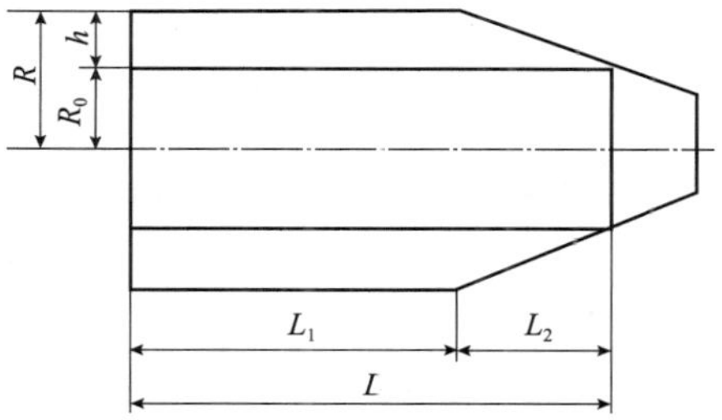

图7-20　柱锥形转鼓

从以上可看出，沉降离心机的生产能力取决于物料性质和离心机的技术参数。实际生产表明，用式(7-16)计算所得生产能力比实际值偏大，需要乘以一个小于1的修正系数 ξ，即

$$Q=\xi v_g A \tag{7-21}$$

对于三足式和刮刀式沉降离心机，计算 ξ 的经验公式为

$$\xi=12.54\left(\frac{\Delta\rho}{\rho_l}\right)^{2.373}\left(\frac{d}{L}\right)^{0.2222} \tag{7-22}$$

式中，$\Delta\rho$ 为同液相密度差，kg/m^3；ρ_l 为液相密度，kg/m^3；d 为颗粒直径，m；L 为沉降区长度，m。

对于管式分离机

$$\xi=16.64\left(\frac{\Delta\rho}{\rho_l}\right)^{0.3359}\left(\frac{d}{L}\right)^{0.3674} \tag{7-23}$$

对于螺旋卸料沉降离心机，ξ 的经验计算公式为

$$\xi=1.06(Re)^{-0.074}(F_{ri})^{0.178} \tag{7-24}$$

$$Re=Q/(2h+b)v \tag{7-25}$$

$$F_{ri}=Q^2/R_m^2\omega^2 b^2 h^2 \tag{7-26}$$

式中，h 为液层深度，$h=R-R_0$，m；b 为螺旋叶片间流道宽度，m；R_m 为液层平均半径，$R_m=(R+R_0)/2$，m；v 为液体运动黏度，$v=\mu/\rho_l$，m^2/s。

例7-2　已知卧式螺旋卸料沉降离心机转鼓的几何尺寸如图7-21所示，液层深度60mm，螺旋为单头，螺距90mm，分离因数3200，处理固相密度 ρ_s 为1400kg/m³ 的水悬浮液，液温70℃，悬浮液进料浓度 $C_s=15kg/m^3$，设分离要求的临界颗粒直径为5μm，试计算该沉降离心机的生产能力。

解： 根据式(7-20)和式(7-24)～式(7-26)，可得

$$Q=\xi v_g\sum=1.06\left[\frac{Q}{(2h+b)v}\right]^{-0.074}\left(\frac{Q^2}{R_m{}^2\omega^2 b^2 h^2}\right)^{0.178} v_g\sum$$

$$=1.085\left[\frac{\rho_l}{\mu(2h+b)}\right]^{-0.1081}\left(\frac{1}{R_m\omega bh}\right)^{0.495}\left(v_g\sum\right)^{1.3928}$$

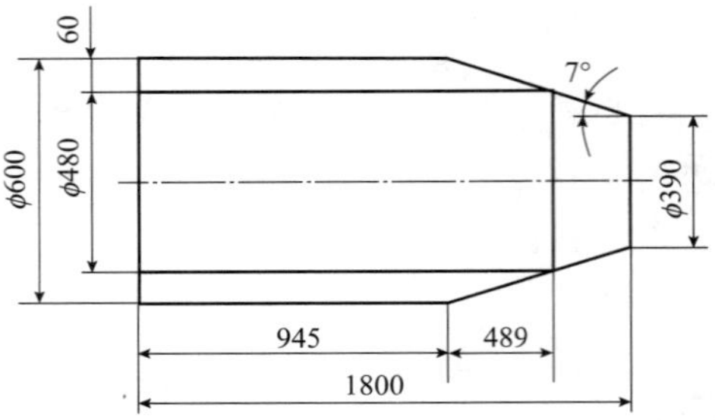

图 7-21 柱锥形转鼓几何尺寸

根据已知条件：由水温 70℃查出 $\rho_l=977\text{kg/m}^3$，$\mu=0.406\times10^{-3}\text{kg/m}\cdot\text{s}$；$R=0.3\text{m}$，$R_0=0.24\text{m}$，$R_m=0.5(0.3+0.24)=0.27\text{m}$，$K_0=R/R=0.24/0.3=8$，$h=0.06\text{m}$，$b=0.09\text{m}$。

由 $F_r=3200$，求得 $\omega=323.5\text{rad/s}$。

按式(7-17)可计算出 v_g 为

$$v_g=\frac{d^2\Delta\rho g}{18\mu}=\frac{(5\times10^{-6})^2\times(1400-977)\times9.81}{18\times0.406\times10^{-3}}=1.41\times10^{-5}(\text{m/s})$$

已知 $L_1=0.945\text{m}$，$L_2=0.489\text{m}$，按式(7-17)计算出 A 值为

$$A=\frac{\pi\times0.3^2\times323.5^2}{6\times9.81}[3\times0.945(1+2\times0.8+0.8^2)+0.489(1+2\times0.8+0.8^2)]$$
$$=5728.8(\text{m}^2)$$

于是

$$Q=1.085\left[\frac{977}{(2\times0.06+0.09)\times0.406\times10^{-3}}\right]^{-0.1031}\times\left(\frac{1}{0.27\times323.5\times0.09\times0.06}\right)^{0.4958}\times$$
$$(1.42\times10^{-5}\times5728.8)^{1.3928}=8.91\times10^{-3}(\text{m}^3/\text{s})=32.1(\text{m}^3/\text{h})$$

如不加修正，按式(7-16)计算

$$Q=v_gA=1.42\times10^{-5}\times5728.8=0.08135(\text{m}^3/\text{s})=292.86(\text{m}^3/\text{h})$$

显然，在实际生产中，转鼓直径为 600mm 的卧式螺旋沉降离心机达不到如此高的生产能力。

7.4 离心机的功率计算

离心机主轴所需的功率包括启动转动件所消耗的功率、启动物料所消耗的功率、轴承及转动件由于摩擦所消耗的功率以及卸出物料所消耗的功率等。

7.4.1 启动转动件所需功率

启动转动件所需功率为

$$N_1=\frac{J_p\omega^2}{2000t_1} \tag{7-27}$$

式中，J_p 为转动件的转动惯量，$\text{N}\cdot\text{m}\cdot\text{s}^2$；$\omega$ 为离心机的操作角速度，rad/s；t_1 为启动时间，s。

计算转动惯量 J_p 时，应计入转鼓、皮带轮、制动轮及其他质量和半径较大的转动件，如活塞离心机的推料盘、螺旋离心机的螺旋等的转动惯量。

确定启动时间时，一般离心机取 30～240s，分离机取 120～360s。

7.4.2　启动机器到工作转速所需功率

7.4.2.1　间歇操作离心机

根据每次操作循环加入的物料量分别计算滤饼和滤液的转动惯量和已知的过滤时间，可算出所需功率。

滤饼转动惯量 J_c 为

$$J_c = \int_{R_s}^{R} r^2 \mathrm{d}m = \int_{R_s}^{R} 2\pi r^3 L(1-\varepsilon)\rho_s \mathrm{d}r = \frac{1}{2}\pi(1-\varepsilon)\rho_s L(R^4 - R_s^4) = \frac{1}{2}G_c(R^2 + R_s^2)$$

式中，R，R_s 为转鼓内半径和滤渣层内半径，m；L 为转鼓长度，m；ε 为渣层孔隙率；ρ_s 为固相颗粒密度，kg/m^3；G_c 为滤渣层固体总质量，kg；r 为渣层中任意处半径，m。

滤液转动惯量 J_f 为

$$J_f = G_f R_f^2$$

式中，G_f 为滤液总质量，kg；R_f 为滤液排出转鼓处位置半径，m。

加速物料所需平均功率 N_2' 为

$$N_2' = \frac{(J_c + J_f)\omega^2}{2000 t_f} \tag{7-28}$$

式中，t_f 为过滤阶段时间，s。

7.4.2.2　连续操作离心机

加入的物料被分离成滤饼（或沉渣）和滤液（或分离液），或者轻液和重液等各种组分，则加速物料所需功率 N_2'' 为

$$N''_2 = \sum_{i=1}^{m} \frac{q_i r_i^2 \omega^2}{2000} \tag{7-29}$$

式中，m 为物料被分离成的组分数；q_i 为各组分在单位时间内排出的质量，kg/s；r_i 为各组分自转鼓卸出处位置半径，m。

7.4.3　轴承摩擦消耗的功率

轴承摩擦消耗的功率为

$$N_3 = \frac{\omega f(P_1 d_1 + P_2 d_2)}{2000} \tag{7-30}$$

式中，f 为轴承摩擦系数，可查机械设计手册获得；d_1，d_2 为轴承摩擦处直径，m；P_1，P_2 为轴承所受载荷，N。

P_1，P_2 值根据转鼓等转动件与转鼓内物料的质量及其偏心动载荷之和 P 按质心位置分到两轴承上，按照主轴工作的空间位置分别计算。

对于卧式离心机

$$P = m_0(g + e\omega^2) \tag{7-31}$$

对于立式离心机

$$P = m_0 e\omega^2 \tag{7-32}$$

式中，m_0 为转鼓等转动件与转鼓内物料的总质量，kg；e 为转鼓等转动件与转鼓内物料的质心对转鼓回转轴线的偏心距，m；其中对于间歇操作过滤离心机（如三足式），$e=2\times10^{-3}R$；对于间歇操作沉降离心机和连续操作过滤离心机，$e=1\times10^{-3}R$；对于连续操作沉降离心机，$e=0.5\times10^{-3}R$。以上 e 值供粗略估算用，实际 e 值受物料性质和加料方式及其均匀程度的影响。

7.4.4 机械密封摩擦消耗的功率

机械密封摩擦消耗的功率为

$$N_4=\frac{\pi D_s b_s f_s p_b v}{1000} \tag{7-33}$$

式中，D_s 为摩擦副窄环端面内直径，m；b_s 为摩擦副窄环端面宽度，m；f_s 为摩擦副摩擦系数，一般取 0.02～0.2；p_b 为密封端面的比压力，Pa；v 为动环线速度，m/s。

7.4.5 转鼓及物料表面与空气摩擦消耗的功率

转鼓及物料表面与空气摩擦消耗的功率为

$$N_5=11.3\times10^{-6}\rho_a L\omega^3(R_e^4+R_i^4) \tag{7-34}$$

式中，ρ_a 为空气密度，常压空气取为 1.29kg/m^3；L 为转鼓长度，m；ω 为转鼓角速度，rad/s；R_e 外转鼓外半径，转鼓为圆锥形时，$R_e=\sqrt{R_1R_2}$，m；R_i 为物料层内半径，m。

7.4.6 卸出滤渣(或沉渣)消耗的功率

(1)刮刀卸渣功率

$$N_6'=\frac{\pi Bh(D-h)K_d}{1000t_d} \tag{7-35}$$

式中，B 为刮刀刃口长度，m；h 为渣层厚度，m；D 为渣层外直径，m；t_d 刮渣时间，s；K_d 为切削阻力比，粗略估算时可取 $K_d=4\times10^6$N/m^2。

(2)活塞推料消耗的功率

$$N_6''=\frac{G_c R\omega^2 f_1 l_t z_t(1+\varphi_t)}{60000} \tag{7-36}$$

式中，G_c 为渣层总质量，kg；R 为渣层外半径，m；l_t 为推料盘行程，m；z_t 为每分钟推料次数，min^{-1}；φ_t 为推料盘返回行程与工作行程时间的比值，单级活塞离心机取 0.5～1，双级活塞离心机取 1；f_1 为滤渣与滤网的摩擦系数，滤饼与滤网的摩擦系数与物料种类和滤网结构有关，其中对于条状筛网：碳酸氢铵 $f_1=0.507$；硝化棉纤维 $f_1=1.02$；硫酸铵 $f_1=0.445$。对于铣制板网：碳酸氢钠 $f_1=0.51$；硫酸铵 $f_1=0.53$；氯化钠 $f_1=0.33$；纸浆 $f_1=1.00$；煤泥 $f_1=0.32$。

(3)螺旋输渣消耗的功率

$$N_6'''=\frac{K_M G K_{cm} L_1}{1000} \tag{7-37}$$

式中，G 为沉渣生产能力，N/s；L_1 为输渣计算长度，如图 7-22 所示，m；K_{cm} 为平均分离因数；K_M 为系数。

L_1、K_{cm} 和 R_m 分别按以下式计算

$$L_1=(R_m-R_1)/\tan\alpha \tag{7-38}$$

$$K_{cm}=\frac{1}{2}(R_m+R_1)\frac{\omega^2}{g} \tag{7-39}$$

$$R_m=\frac{1}{2}(R+R_0) \tag{7-40}$$

式(7-38)和式(7-39)中，R、R_m、R_0 和 R_1 分别为转鼓内半径、液层平均半径、自由液面半径和固渣出口半径，单位为 m，见图 7-22。K_M 系数按螺旋叶片情况分别按以下公式计算。

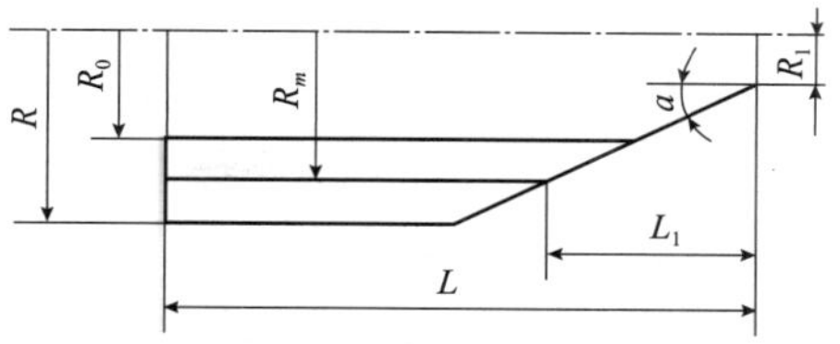

图 7-22　螺旋输渣功率计算尺寸示意图

对于螺旋叶片母线垂直于锥段转鼓母线的情况

$$K_M = f_1\cos\delta(\cot\delta + \cot\beta) \tag{7-41}$$

对于螺旋叶片母线垂直于转鼓回转轴线的情况

$$K_M = \frac{1+\tan^2\alpha\sin\alpha\cos\beta}{1-f_1\tan\alpha\sin(\delta-\beta)} f_1\cos\delta(\cot\delta+\cot\beta) \tag{7-42}$$

式(7-41)和式(7-42)中的 δ 按下式计算

$$\delta = \cos^{-1}\left[\frac{\tan\alpha}{\tan\lambda_1}\sin(\lambda_2+\beta)\right] - (\lambda_2+\beta) \tag{7-43}$$

式中，$\lambda_1 = \tan^{-1} f_1$，$\lambda_2 = \tan^{-1} f_2$ 分别为固渣与转鼓壁和螺旋叶片表面的摩擦角。

式(7-41)、式(7-42)和式(7-43)中 f_1 为沉渣与转鼓壁摩擦系数，f_2 为沉渣与螺旋叶片表面的摩擦系数，δ 为沉渣在锥段转鼓运动的方向角，α 为锥段转鼓的半锥角，β 为 L_1 段内螺旋叶片升角的平均值。

7.4.7　高速沉降离心机用向心泵排液时的功率

高速沉降离心机用向心泵排液时功率为

$$N_7 = \frac{G_L\omega^2 r_c^2(\lambda_3-1)}{2000} \tag{7-44}$$

式中，G_L 为分离液排出流量，kg/s；r_c 为向心泵叶轮外半径，m；λ_3 为流体搅动和阻力损耗能量的系数，一般可取为 1.1～1.2；ω 为转鼓的角速度，rad/s。

7.4.8　总功率计算

(1)对于间歇操作和运转的三足式和上悬式离心机

启动阶段　$N = N_1 + N_2' + N_3 + N_5$(在启动阶段加料时才计入 N_2')

全速运转阶段　$N = N_2' + N_3 + N_5$　(在全速运转阶段加料时才计入 N_2')

(2)对于全速运转、间歇加料和卸料的刮刀卸料离心机

启动阶段　$N = N_1 + N_3 + N_5$

加料阶段　$N = N_2' + N_3 + N_5$

卸料阶段　$N = N_3 + N_5 + N_6'$

(3)对于活塞推料离心机

启动阶段　$N = N_1 + N_3 + N_5$

运转阶段　$N = N_2'' + N_3 + N_5$(推料盘所耗功率 N_6'' 计入液压系统所耗功率内)

(4)对于螺旋卸料离心机

启动阶段　$N = N_1 + N_3 + N_4 + N_5$

运转阶段　$N = N_2'' + N_3 + N_4 + N_5 + N_6''$(如无机械密封，不计入 N_4 一项)

(5)离心分离机

启动阶段　$N = N_1 + N_3 + N_5$

运转阶段　$N = N_2'' + N_3 + N_5 + N_7$(如无向心泵，不计入 N_7 一项)

7.5 离心机的选型

工业中使用的离心机种类型号繁多，规格性能各异，同时需要处理的物料的种类和性质也是千差万别。因此正确地选择处理某一物料最合适的离心机，不仅能够达到正常要求使生产顺利进行，而且会节约成本降低能耗。离心机选型实质上是根据物料特性和工艺要求，从各个方面综合出发，在各种离心机型中，寻找一种合适的机型，来满足工艺要求。

要从诸多种类的离心机中选择出较合适的，以达到预期的分离目的和要求，必须根据被分离物料的性质和分离任务，有无特殊要求及其他条件逐步筛选。其他条件包括：所选离心机类型是否有厂家生产，该产品的质量、可靠性、价格、能耗及操作费用等，将这些条件加以优化后确定。还可与制造厂联系，提供物料做分离实验，或以小型机做实验，取得数据后确定选型。如无实际经验可循，建议采用以下方法，供初步选型，欲达最佳的选择，尚需辅以工程实际经验。

7.5.1 选型的依据

离心分离的效果与分离物料的物性有较大的关系，物料性质不同决定了采用何种离心类型，然后根据分离的任务和要求从离心机类型中选择适合的种类和型号。因此物料性质和分离的任务要求是选型的最基本的依据。

(1)物料性质

悬浮液性质包括固体颗粒粒度及其粒度分布、固体颗粒形状、固体密度、固体的亲水性或疏水性、液体密度、液体黏度、液体 pH 值、液体腐蚀性、液体半电位和悬浮液浓度等，这些性质对可分离性能和分离设备选型均有影响。但作为初步选型，无须测定如此众多的特性，只需在实验室对物料进行沉降试验和过滤试验，得出物料综合分离性能，据此即可进行初步选型。

①重力沉降试验和悬浮液的沉降特性。把悬浮液样品混合均匀，取出 1.0L 加入 1.0L 量筒内，测定沉降速度，至少沉降半小时以上，观察上清液的澄清度，静置 24h 后测定沉渣容积率，即沉渣视容积占总容积的百分比。

悬浮液的沉降特性等级按图 7－23 划分，其中 A～C 反映了固液相密度差、固相颗粒和液相黏度的综合性质，F～G 反映了悬浮液固相浓度。悬浮液沉降速度分三级，澄清度分两等，沉渣容积比分三等。沉降速度过低和澄清度差的悬浮液可进行预处理，如混凝、加热、调整 pH 值等，然后再进行沉降试验。沉降试验的结果，如是中等沉降速度、分离液澄清度较好和有中等沉渣容积比的悬浮液，则该悬浮液的沉降特性记为 BEG。

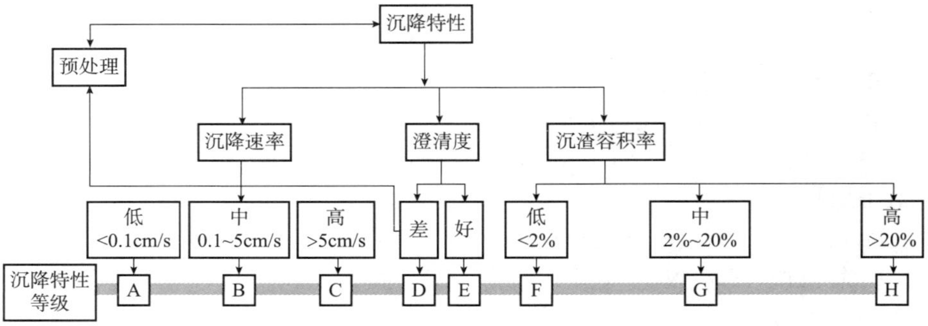

图 7－23 悬浮液沉降特性等级划分

②过滤试验和悬浮液过滤特性。过滤试验采用实验室常规的过滤试验方法，用 75mm 的布氏漏斗，取样 200mL，在真空度 370mmHg（1mmHg＝133.322Pa）下做真空抽滤试验，测定滤饼生成速度。悬浮液的过滤特性用图 7－24 表示。滤纸的选择，以滤液澄清度较好者为宜。

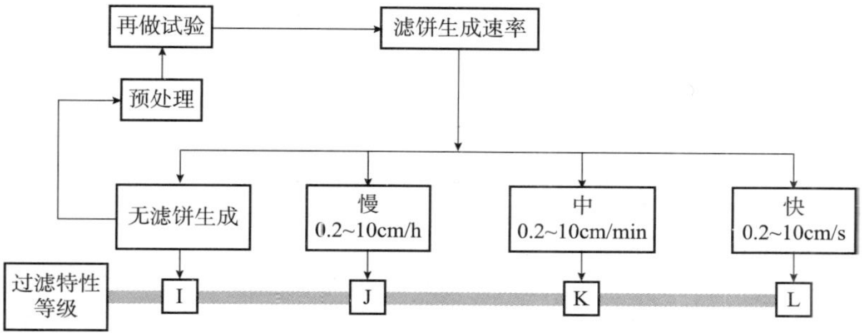

图 7－24　悬浮液过滤特性

(2)分离任务和要求

实际生产中，分离的任务和要求是各式各样的，但作为初步选型，将其概括为生产规模，生产流程要求的操作方式，以及要求回收的产品是固体、液体或两者均要回收等三个方面，列于图 7－25 中。当然，这是较粗略的，其他方面的要求，如易燃、易爆的物料要求密闭防爆型的分离设备，又如处理饮料或食品物料要求一定的卫生条件和无毒、耐蚀的材质等，这些要求可在初选的基础上，作为进一步筛选用。

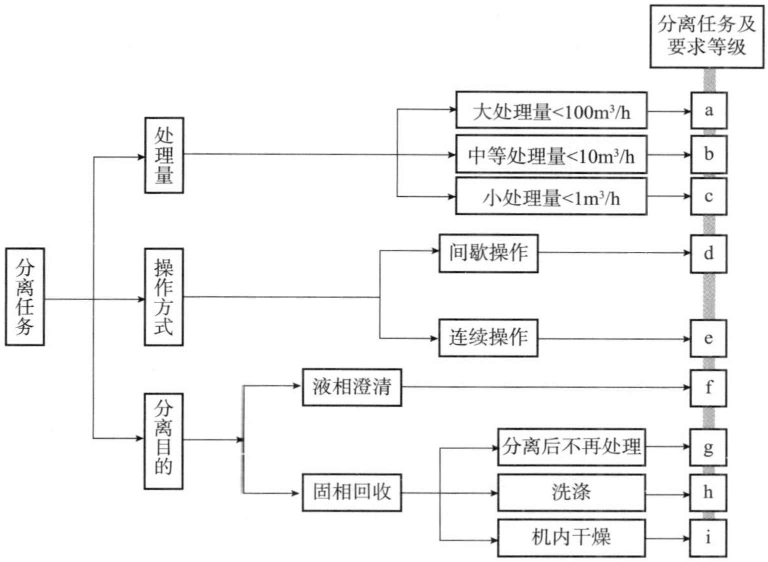

图 7－25　对悬浮液的分离任务和要求

7.5.2　选型步骤

几种典型离心机的性能和适应范围见表 7－4。根据被分离物料的特性以及生产任务的要求，从表 7－4 中可初选出较合适的几种离心机，然后根据其他特殊要求或条件进行筛选，步骤如下。

表 7-4　各种分离机械的适应性

序号	离心机类型	分离任务	所处理物料沉降特性	所处理物料过滤特性
1	刮刀卸料过滤离心机	a、b或c d g或h	A、B或C D或E G或H	K或L
2	活塞推料过滤离心机	a或b e g或h	B或C E G或H	K或L
3	上悬式、三足式离心机	b或c d g或h	A、B或C D或E G或H	K、J或L
4	振动卸料或进动卸料离心机	a e g	C E H	L
5	螺旋卸料过滤离心机	a e g	C E H	K或L
6	管式离心机	(b或)e d f或g	A或B D或E F	—
7	撇液管排液沉降离心机（三足式、卧式刮刀卸料）	b或c d	B(或A) D或E	—
8	碟式离心机	a、b或c d或e f或g	A或B D或E F或G	—
9	螺旋卸料沉降离心机	a、b或c e f、g(h或i)	B、C(或A) E(或D) F、G或H	—

注；表中有括号的表明该机种对该项性能可能适应，但较为勉强。

(1)根据分离任务的要求进行初选

如大处理量的间歇操作方式并要求固体在洗涤后回收，按图 7-25 则为 bdh，据此按表 7-4 查出适合此任务和要求的有两种离心机，按表中顺序列出为：①刮刀卸料过滤离心机；②三足式和上悬式离心机。

(2)根据物料过滤特性和沉降特性进行筛选

如物料经沉降和过滤试验后得知为沉降速度中等、澄清度较好、固相容积率中等，滤饼生成速度慢，则该物料特性表示为 BEGJ。据此，从表 7-4 中查出，最适合的离心机为三足式和上悬式离心机。

除此之外，工业中常用的离心机的适用范围见表 7-5，也可供选型时参考。

表 7-5　各种离心机的适用范围和性能

离心机	适用范围		机器性能 0～9 级(9 级最好)			
	进料固相质量分数/%	固相颗粒尺寸/μm	滤饼干燥度	洗涤性能	滤液澄清度	结晶破坏度
活塞推料离心机	20～90	$40\sim10^5$	9	6	4	4
卧式刮刀卸料离心机	3～10	$10\sim10^5$	9	6	5	5
螺旋卸料过滤离心机	30～70	$10^3\sim10^5$	9	5	4	4
振动卸料离心机	30～70	$5\times10^2\sim10^5$	7～9	5	4	3
三足和上悬式离心机	5～40	$10\sim10^5$	9	6	5	6
离心稀料离心机	10～30	$200\sim10^5$	7	—	5	7
螺旋卸料沉降离心机	10～70	$5\sim10^4$	4	3	4	—
管式离心机	0.001～1	0.5～100	—	—	6～7	—
人工排渣碟式离心机	0.001～0.01	0.1～50	3	—	6～7	—
环阀排渣碟式离心机	0.01～1	0.1～50	3	—	6～7	—
喷嘴排渣碟式离心机	0.005～0.5	0.1～50	3	—	6～7	—

7.5.3　多种机型联用及综合选型

有些物料分离难度大，选择一种离心分离设备无法完成分离任务和要求时，可采用多种机型联用的方法进行分离。以下情况可采用多种机型联用。

①当悬浮液浓度过低或悬浮液中固相粒度分布范围过宽，选择一种机型无法满足分离要求。

②对分离后产品有特殊要求时，比如对滤饼进行干燥或固相含液量要求极低。

③当某些机型对进料要求较高时，可先使用其他机型对物料进行预处理，处理后的物料再进一步使用此机型进行分离。如虹吸刮刀卸料离心机要求物料浓度较高，因此使用前需使用其他设备对物料进行预增浓。

在实际生产过程中，由于分离的工艺过程不同、物料不同等需结合实际情况合理地选用离心机种类。离心机联用时需合理安排其顺序流程和各离心机之间的相互衔接，这样才能实现对物料的处理任务，达到期望的分离要求。

离心机的型号和规格有很多种，为了选型方便，把国产常用的离心机按不同的机型和进料的特性，包括进料固相浓度、颗粒粒径、固液相密度差和分离后固相含湿量、液相澄清度，以及各种机器的分离因数等综合性能，列在表 7-6 中，可根据物料特性和分离要求在表中进行综合选型。

表 7-6　国产离心机的综合选用

项目		过滤离心机						沉降离心机		管式离心机、室式离心机		蝶式分离机		
运行方式		间歇式		连续式		连续式		连续式		间歇	连续	间歇	连续	
机型		三足式、上悬式	虹吸刮刀	活塞单级	活塞双级	离心力卸料	螺旋卸料	圆锥形 螺旋卸料	柱锥形 螺旋卸料	管式	室式	人工排渣	碰嘴排渣	活塞排渣
分离系数 F		500～1200	1000～2000	200～500	300～1100	1000～2000	1000～2000	≤3500	≤3500	15000～20000	5000～8000	5000～11000	5000～8000	5000～12000
进料特性	固相浓度/%	≤60	≤60	30～60	20～80	≥40	≥40	1～40	1～10	≤1	≤1	≤1	≤10	≤5
	颗粒直径/μm	5～10	>10	≥100	≥50	≥100	≥60	≥5	≥5	≥0.5	0.5～1	≥0.5	≥1	≥1
	固液两相密度差/(g/cm)	—	—	—	—		—	≥0.1	≥0.1	≥0.02	≥0.02	≥0.02	≥0.02	≥0.02
	单机处理量	小至中	中至大	中至大	小至大	中至大	中至大	中至大	中至大	小	小至大	小至中	小至大	小至大
出料情况	固相含湿量/%	3～40	3～40	3～40	1～40	≤50	≤50	10～80	10～80	10～45	10～45	10～45	70～90	40～80
	液相含湿量/%	≤0.5	<0.5	<5	<5	<5	<5	≤1	≤1	≤0.01	≤0.01	≤0.01	≤0.01	≤0.01
应用范围	液相澄清	—	—	—	—	—	—	可	良	优	优	优	良	优
	液液分离	—	—	—	—	—	—	可	可	优	优	优	—	优
	固相浓缩	—	—	—	—	—	—	良	良	优	优	优	优	优
	固相脱水	优	优	优	优	优	优	良	良	—	—	—	—	良
	洗涤效果	优	优	中	优	可	可	可	可	—	—	—	—	—
	晶体破碎	低	高	中	中	中	中	可	中	—	—	低	中	中
	固相分级	—	—	—	—	—	—	中	可	可	可	可	可	可

拓展阅读

离心机在污泥脱水中的应用

近年来，我国污泥产量逐年增加，目前石油石化含油污泥超过 1000 万吨/年，市政污泥排量约为 9000 万吨/年，钢铁、造纸等行业污泥排放量约为 5000 万吨/年，各类污泥产量约 1.5 亿吨/年，污泥处理市场高达千亿规模，污泥无害化处理任务繁重，面临严峻挑战。污泥的成分复杂，含有大量有机物、微生物、重金属等有害物质，若未及时进行无害化处理，会对土壤、水体及相应生态系统造成严重污染，进而危及人们生活和身体健康。污泥减量化是污泥无害化处理的前提，原始污泥含水率往往超过 90%，因此污泥预脱水是污泥减量化的关键！

与其他分离机械相比，离心机分离因数大、分离效率，物料适用性较强，自动化程度高，运行稳定，广泛应用于污泥脱水。污泥脱水常用的过滤离心机，其脱水效果较好，但存在滤网容易堵塞、工作周期短、处理量小等问题，难以满足现场污泥脱水的需要。卧式螺旋离心机能够连续作业，但是对进料的粒度和含固量要求严格，限制了其应用范围。如何实现污泥高效预脱水成为污泥处理行业亟待解决的问题。

目前，过滤离心机逐渐向大型化和高参数化发展，分离因数日趋增大，并引入先进的自动控制手段，实现了自动化和智能化。但是，目前过滤离心机滤网容易堵塞的根本原因是单向过滤，物料一直在滤网一侧，形成滤饼的同时，也造成了滤网堵塞，增加了过滤阻力，降低了过滤处理量。

近来，随着过滤离心机向大型化发展，出现了通过挤压或增加过滤分离推动力提高过滤离心机分离性能的方法，但是效果不十分明显。一种新的理念是对滤网进行在线清洁，通过不断清除滤网表面的滤饼和嵌入滤网孔中的颗粒，保持滤网的通过性，可以保持过滤离心机滤网的处理量，实现过滤离心机的长周期过滤作业。

加热蒸发干燥的方法来进行污泥脱水，设备庞大、效率低、占地面积大，只适用于低含水污泥的干化，高含水污泥的预脱水处理已经成为行业难题。对于高含水污泥，采用高效的机械脱水处理方式是必然的选择。这就需要通过不断的技术创新，提高污泥脱水离心机的分离性能和工作效率，形成良好的污泥预脱水处理方案，突破污泥减量化瓶颈，推动污泥资源化利用，保护人类健康，助力国家“双碳”战略。

思考题

1. 简述离心过滤和普通过滤的区别？
2. 什么是分离因数？提高分离因数的主要途径是什么？
3. 离心分离过程分为哪几种？离心机如何分类？
4. 上悬式离心机的支撑特点是什么？有什么好处？
5. 卧式刮刀卸料离心机的主要特点是什么？
6. 离心力卸料离心过滤机中滤渣在转鼓内由小端向大端自动移动的条件是什么？
7. 离心机的生产能力与哪些条件有关？
8. 在离心机转鼓中，悬浮流相对转鼓产生轴向速度时，对悬浮流的轴向速度和颗粒的沉降速度影响如何？

9. 管式离心机的转鼓为何采用“细而长”的结构，同时采用高转速？

10. 离心机主轴所需的功率包括哪几种？

11. 简述分离机械选型的原则？

习题

1. 已知离心机转速为3000r/min，分离物料密度为1500kg/m^3，离心机转鼓内半径为0.8m，转鼓内物料环的表面半径为0.7m，求此时的离心液压。

2. 用转鼓长度L=200mm，直径D=44mm的小型管式分离机，在转速n=20000r/min下处理固相密度ρ_s=2640kg/m^3的白垩土悬浮液，液相为密度ρ_l=1000kg/m^3，黏度为1.0×10^{-3}kg/(m·s)的水，测得分离液符合澄清度要求时的生产能力为$8\times10^{-6}m^3/s$，此时液层深度为11mm，试求能被分离的临界颗粒直径尺寸(μm)及其重力沉降速度？若用转鼓长度为750mm，直径为100mm的管式分离机，设在自由液面半径R_0=25mm和转速1500r/min并保证同样的分离液澄清度下，可达到多大的生产能力？

3. 用转鼓直径1200mm，长度600mm，拦液环板内直径840mm，转速1000r/min的间歇操作过滤离心机，过滤固相密度ρ_s=1680kg/m^3，浓度为150kg/m^3，液相黏度$\mu=10^{-3}$kg/(m·s)，液相密度ρ_l=1000kg/m^3的悬浮液，已知滤渣层的渗透性$K=1.6\times10^{-13}m^2$，孔隙率ε=0.32，设脱水时间t_d=50s，辅助时间180s，试求该机的生产能力？若在过滤阶段结束时立刻再加一次料并将脱水时间延长至60s而辅助时间不变，则该机的生产能力为多少？

4. 已知颗粒的尺寸为5×10^{-6}m、密度ρ_s=2640kg/m^3，试求该颗粒在密度为1000kg/m^3，黏度为1.0×10^{-3}kg/(m·s)的水中的重力沉降速度v_g？若处于分离因数F_r=1000、转鼓直径为1000mm的离心力场中，试问该颗粒从自由液面半径R_0=350mm沉降到转鼓壁共需多少时间？

5. 计算与讨论下述离心机转鼓转速：(1)SSC－600型离心机，其转鼓材料为1Cr18Ni9Ti，密度$\rho_0=7.85\times10^3$kg/m^3，材料强度限σ_b=550MPa，屈服限σ_s=206MPa，求空转鼓的最大许用转速；(2)某实验室用离心机转鼓内直径150mm，此离心机若要获得与上述离心机(工作转速n=1500r/min)相同的分离性能，需多大转速？

附录1 国际单位制与公制工程单位对照换算表

量的名称	国际制单位					公制工程单位		1公制工程单位换成国际制单位时应乘的系数	备注
	类别	名称	符号		用基本单位表示的关系式	名称	用公制基本单位表示的关系式		
			中文符号	国际符号					
长度	基本单位	米	米	m	m	米	m	1	在公制工程单位中为导出单位 SI单位中也使用℃，273.15＋$\{t\}_{℃}=\{T\}_K$，
质量	基本单位	千克(公斤)	千克(公斤)	kg	kg	工程质量单位	$kgf\cdot m^{-1}\cdot s^2$	9.806	
时间	基本单位	秒	秒	s	s	秒	s	1	
热力学温度	基本单位	开[尔文]	开	K	K	摄氏度	℃		
平面角	辅助单位	弧度	弧度	rad		弧度			
立体角	辅助单位	球面度	球面度	sr		球面度			
力	导出单位	牛[顿]	牛	N	$m\cdot kg\cdot s^{-2}$	千克(公斤)力	kgf	9.806	
力矩	导出单位	牛[顿]米	牛·米	N·m	$m^2\cdot kg\cdot s^{-2}$	千克力米	kgf·m	9.806	
压力(压强)、应力	导出单位	帕[斯卡]	帕	Pa	$m^{-1}\cdot kg\cdot s^{-2}$	千克力每平方米	$kgf\cdot m^{-2}$	9.806	
表面张力	导出单位	牛[顿]每米	牛/米	N/m	$kg\cdot s^{-2}$	千克力每米	$kgf\cdot m^{-1}$	9.806	kgf在公制工程单位中为基本单位
密度	导出单位	千克每立方米	千克/米^3	kg/m^3	$m^{-3}\cdot kg$	工程质量单位每立方米	$kgf\cdot m^{-4}\cdot s^2$	9.806	
[动力]黏度	导出单位	帕[斯卡]秒	帕·秒	Pa·s	$m^{-1}\cdot kg\cdot s^{-1}$	千克力秒每平方米	$kgf\cdot s\cdot m^{-2}$	9.806	
能、功、热量	导出单位	焦[耳]	焦	J	$m^2\cdot kg\cdot s^{-2}$	千克力米	kgf·m	9.806	
功率	导出单位	瓦[特]	瓦	W	$m^2\cdot kg\cdot s^{-3}$	千克力米每秒	$kgf\cdot m\cdot s^{-1}$	9.806	
热容、熵	导出单位	焦[耳]每开[尔文]	焦/开	J/K	$m^2\cdot kg\cdot s^{-2}\cdot K^{-1}$	千卡每摄氏度		4 186.8	
比热容、比熵	导出单位	焦[耳]每千克开[尔文]	焦/(千克·开)	J/(kg·K)	$m^2\cdot s^{-2}\cdot K^{-1}$	千卡每千克摄氏度		4 186.8	能、功、热量工程单位中还用kcal，1kcal=427kgf·m
比能	导出单位	焦[耳]每千克	焦/千克	J/kg	$m^2\cdot s^{-2}$	千卡每千克		4 186.8	
热导率(导热系数)	导出单位	瓦[特]每米开[尔文]	瓦/(米·开)	W/(m·K)	$m^2\cdot kg\cdot s^{-3}\cdot K^{-1}$	千卡每米秒摄氏度		4 186.8	
面积	导出单位	平方米	米^2	m^2	m^2	平方米	m^2		
体积	导出单位	立方米	米^3	m^3	m^3	立方米	m^3		
比体积	导出单位	立方米每千克	米^3/千克	m^{3}kg	$m^3\cdot kg^{-1}$				
速度	导出单位	米每秒	米/秒	m/s	$m\cdot s^{-1}$	米每秒	$m\cdot s^{-1}$		
加速度	导出单位	米每二次方秒	米/秒^2	m/s^2	$m\cdot s^{-2}$	米每二次方秒	$m\cdot s^{-2}$		
角速度	导出单位	弧度每秒	弧度/秒	rad/s		弧度每秒			
角加速度	导出单位	弧度每二次方秒	弧度/秒^2	rad/s^2		弧度每二次方秒			
频率	导出单位	赫[兹]	赫	Hz	s^{-1}	赫兹	s^{-1}		

附录 2　饱和水蒸气的压力与密度表

温度 t/℃	饱和蒸气压 p_v		密度 ρ/ (kg·m^{-3})	温度 t/℃	饱和蒸气压 p_v		密度 ρ/ (kg·m^{-3})
	(kgf·cm^{-2})	kPa			(kgf·cm^{-2})	kPa	
0	0.00623	0.611	0.00485	31	0.04580	4.491	0.03205
1	0.00669	0.656	0.00519	32	0.04847	4.753	0.03381
2	0.00719	0.705	0.00556	33	0.05128	5.029	0.03565
3	0.00772	0.757	0.00595	34	0.05423	5.318	0.03758
4	0.00829	0.813	0.00636	35	0.05733	5.622	0.03960
5	0.00889	0.872	0.00680	36	0.06057	5.940	0.04172
6	0.00953	0.935	0.00726	37	0.06398	6.274	0.04393
7	0.01020	1.000	0.00775	38	0.06755	6.624	0.04623
8	0.01090	1.069	0.00827	39	0.07129	6.991	0.04864
9	0.01170	1.147	0.00882	40	0.07520	7.375	0.05115
10	0.01251	1.227	0.00940	41	0.07930	7.777	0.05376
11	0.01338	1.312	0.01001	42	0.08360	8.198	0.05649
12	0.01429	1.401	0.01066	43	0.08809	8.638	0.05935
13	0.01526	1.497	0.01134	44	0.09279	9.100	0.06234
14	0.01629	1.508	0.01206	45	0.09771	9.582	0.06545
15	0.01738	1.704	0.01282	46	0.10284	10.085	0.06868
16	0.01853	1.817	0.01363	47	0.10821	10.612	0.07205
17	0.01975	1.937	0.01447	48	0.11382	11.162	0.07557
18	0.02103	2.062	0.01536	49	0.11967	11.736	0.07923
19	0.02239	2.196	0.01630	50	0.12578	12.335	0.08600
20	0.02383	2.337	0.01729	51	0.13216	12.961	0.08696
21	0.02534	2.485	0.01833	52	0.13881	13.613	0.09107
22	0.02694	2.642	0.01942	53	0.14575	14.293	0.09536
23	0.02863	2.808	0.02057	54	0.15298	15.002	0.09980
24	0.03041	2.982	0.02177	55	0.16051	15.741	0.10440
25	0.03229	3.167	0.02304	56	0.16835	16.510	0.10920
26	0.03426	3.360	0.02437	57	0.17653	17.312	0.11420
27	0.03634	3.564	0.02576	58	0.18504	18.146	0.11930
28	0.03853	3.779	0.02722	59	0.19396	19.021	0.12470
29	0.04083	4.004	0.02875	60	0.20310	19.917	0.13020
30	0.04325	4.241	0.03036				

附录 3 常用气体的主要物理性质表

序号	名称	分子式	相对分子质量	标准状态下 ρ/(kg·m^{-3})	气体常数 R (kg·m·kg^{-1}·K^{-3})	气体常数 R (J·kg^{-1}·K^{-1})	沸点(常压下)/K	偏心因子 ω	临界状态 压力 p_c (kgf·cm^{-2})	临界状态 压力 p_c kPa	临界状态 温度 T_c/K	临界状态 密度 ρ_c/(kg·m^{-3})	比热容(20℃) c_p (kcal·kg^{-1}·℃$^{-1}$)	比热容(20℃) c_p (kJ·kg^{-1}·K^{-1})	比热容(20℃) c_V (kcal·kg^{-1}·℃$^{-1}$)	比热容(20℃) c_V (kJ·kg^{-1}·K^{-1})	$k=\frac{c_p}{c_V}$	爆作界限/% 上限	爆作界限/% 下限
1	空气		28.96	1.293	29.27	287.64			38.5	3 775.58	132.42		0.241	1.009	0.172	0.721	1.4		
2	氮	N_2	28.016	1.251	30.26	296.75	77.34	0.04	33.49	3 282.02	126.05	311	0.250	1.047	0.178	0.746	1.4		
3	氧	O_2	32.00	1.429	26.49	259.78	90.18	0.021	51.4	5 040.62	154.35	430	0.218	0.913	0.156	0.653	1.4		
4	氦	He	4.00	0.178 5	212	2 079.01	4.25	≈0	2.33	228.50	5.25	69	1.25 (15℃)	5.234	0.75 (15℃)	3.140	1.66		
5	氩	Ar	39.944	1.784	21.23	208.20	87.25	−0.002	49.6	4 864.10	150.75	531	0.124	0.519	0.075	0.314	1.67		
6	氢	H_2	2.015 6	0.090	420.3	4 121.74	20.37	≈0	13.2	1 294.50	33.25	31	3.408	14.233	2.42	10.132	141	74.2	4.1
7	氯	Cl_2	70.914	3.22	11.96	117.288	238.15	0.074	78.5	7 698.22	417.15	573	0.115	0.481	0.085	0.356	1.36		
8	氖	Ne	20.183	0.900	41.98	411.683	27.05	≈0	27.8	2 726.25	44.45	484	0.246 (25℃)	1.030	0.148 (25℃)	0.620	1.675		
9	氪	Kr	83.70	3.74	10.23	100.322	119.95	−0.002	56.0	5 491.73	209.35	909	0.060	0.251			1.68		
10	氟	F_2	38.00	1.695	22.30	218.69	85.15	0.115	55	5 393.69	172.15								
11	一氧化氮	NO	30.01	1.340 2	28.26	277.136	121.15	0.60	66	6 472.39	179.15	520	0.238	0.996	0.172	0.172	1.40		
12	一氧化碳	CO	28.01	1.25	30.28	296.95	81.65	0.041	35.6	3 491.17	132.95	301	0.250	1.047	0.180	0.754	1.40	74.2	12.5
13	一氧化碳	CO_2	44.01	1.977	19.26	188.78	194.67	0.420	75	7 355	304.15	460	0.200	0.837	0.156	0.653	1.31		
14	二氧化硫	SO_2	64.06	2.927	13.24	129.84	203.15	0.273	80.4	7 884.55	430.45	52.4	0.151	0.632	0.120	0.502	1.25		
15	二氧化氮	NO_2	46.01	1.49	18.34	179.85	294.5	0.850	100.0	9 810	431.2	570	0.192	0.804	0.147	0.615	1.31		
16	水蒸气	H_2O	18.016	0.804	47.06	461.50	373.15	0.230	225.4	22 104.30	647	318.4	0.444	1.859	0.333	1.394	1.3(过热) 1.135(饱和)		

续表

序号	名称	分子式	相对分子质量	标准状态下 ρ/(kg · m^{-3})	气体常数 R		沸点(常压下)/K	偏心因子 ω	临界状态				比热容(20℃)				$k=\frac{c_p}{c_V}$	爆作界限/%	
					(kg · m · kg^{-1} · K^{-3})	(J · kg^{-1} · K^{-1})			压力 p_c (kgf · cm^{-2})	压力 p_c kPa	温度 T_c/K	密度 ρ_c/(kg · m^{-3})	c_p (kcal · kg^{-1} · ℃$^{-1}$)	c_p (kJ · kg^{-1} · K^{-1})	c_V (kcal · kg^{-1} · ℃$^{-1}$)	c_V (kJ · kg^{-1} · K^{-1})		上限	下限
17	氨	NH_3	17.03	0.771 4	49.78	488.175	239.75	0.250	111.5	10 927.00	405.55	235	0.530	2.219	0.40	1.675	1.29	27	16.5
18	硫化氢	H_2S	34.08	1.539	24.90	244.186	212.75	0.100	92	9 022.12	373.55	349	0.253	1.059	0.192	0.840	1.3	4.55	4.3
19	氯化氢	HCl	36.47	1.639	23.25	228.01	188.15	0.133	86	8 433.72	324.55	416	0.194	0.812	0.138	0.578	1.41		
20	氙	Xe	131.30	5.89	6.51	63.84	165.15	0.002	60.1	5 893.80	289.75	1 150	0.037 8 (25℃)	0.158	0.022 7 (25℃)	0.095	1.667		
21	氯甲烷	CH_3Cl	50.49	2.307	16.80	164.752	249.15	0.158	68.1	6 678.33	416.25	370	0.177	0.741	0.139	0.582	1.28	20	8
22	氟里昂－12	CF_2Cl_2	120.92	5.083	7.013	68.77	243.15	0.203	40.9	4 010.92	384.65	555	0.147 6	0.618	0.13	0.544	1.14		
23	甲烷	CH_4	16.04	0.717	52.90	518.772	111.45	0.013	47.2	4 628.74	190.65	162	0.527	2.206	0.402	1.683	1.3	15.0	6.0
24	乙烷	C_2H_6	30.07	1.356	28.22	276.744	184.55	0.105 2	50.6	4 962.17	308.15	210	0.410	1.717	0.343	1.436	1.193	12.45	3.22
25	乙烯	C_2H_4	28.05	1.261	30.25	296.651	169.65	0.073	52.4	5 138.67	282.65	216	0.362	1.516	0.291	1.218	1.243	28.6	3.05
26	丙烷	C_3H_8	44.09	2.019	19.25	188.79	230.55	0.152	43.3	4 246.28	369.95	226	0.389	1.629	0.342	1.432	1.133	9.50	2.37
27	丙烯	C_3H_6	42.08	1.915	20.19	198.0	226.15	0.143	46.8	4589.51	365.15	232	0.354	1.482	0.307	1.285	1.154	11.1	2.0
28	正丁烷	$n-C_4H_{10}$	58.12	2.703	14.60	143.177	273.65	0.201	37.2	3 648.07	426.35	228	0.397	1.662	0.363	1.520	1.094	8.41	1.86
29	异丁烯	$i-C_4H_{10}$	58.12	2.668	14.60	143.177	262.95	0.192	37.7	3 697.11	406.85	221	0.387	1.620	0.352	1.474	1.097	8.44	1.8
30	异丁烯	$i-C_4H_8$	56.108	2.505	15.11	148.18	266.1	0.201	39.45	3 868.74	128.3	234	0.370	1.549	0.335	1.403	1.106	9.7	1.75
31	正戊烷	$n-C_5H_{12}$	72.15	3.457	11.75	115.29	236.93	0.252	33.31	3 266.61	76.38	232	0.397	1.662	0.370	1.549	1.074	7.80	1.40
32	异戊烷	$i-C_5H_{12}$	72.15	3.221	11.75	115.29	245.15	0.206	32.8	3 216.59	85.20	234	0.388	1.624	0.361	1.511	1.076	8.3	1.32

注：横线以下为 15.6℃的比热容值。

附录 4　中小型动力用空气压缩机的基本参数

电动机额定功率/kW	额定排气压力/MPa						电动机额定功率/kW	额定排气压力/MPa		
	0.7		1.0		1.25			0.7	1.0	1.25
	公称容积流量/(m^3/min)							公称容积流量/(m^3/min)		
18.5	3.0	*2.6	2.5	*3.2	2.2	*2.0	132	22	18	16
22	3.6	*3.2	3.0	*2.6	2.6	*2.4	160	28	22	20
30	4.8	*4.2	4.0	*3.6	3.4	*3.2	200	35	28	25
37	6.0	*5.3	5.0	*4.5	4.2	*4.0	250	42	34	30
45	7.1	*6.3	6.0	*5.3	5.0	*4.6	315	50	46	40
55	9.5	*8.5	8.0	*7.1	6.7	*6.0	355	63	50	45
(63)	11	*10	9.0	*8.0	8.0	*7.1	400	71	56	50
75	13		10	*10	9.0	*8.5	450	80	63	56
90	16		13		11		500	90	71	63
110	19		15		13		560	100	80	71

注：(1)标准进气工况：进气绝对压力为 0.1MPa，进气温度为 20℃，进气相对湿度为 0。

(2)带*的值为风冷压缩机公称容积流量，括号内电动机功率为非优选值。

参考文献

[1]钱锡俊，陈弘．泵和压缩机[M]．东营：中国石油大学出版社，2007.
[2]高慎琴．化工机器[M]．北京：化学工业出版社，1992.
[3]徐忠．离心压缩机原理(修订本)[M]．北京：机械工业出版社，1991.
[4]李云，姜培正．过程流体机械[M]．北京：化学工业出版社，2008.
[5]张湘亚，陈弘．石油化工流体机械[M]．东营：石油大学出版社，1996.
[6]潘永密．化工机器[M]．北京：化学工业出版社，1980
[7]邢子文．螺杆压缩机——理论、设计及应用[M]．北京：机械工业出版社，2000.
[8]康勇，李桂水．过程流体机械[M]．北京：化学工业出版社，2016.
[9]王福利．石油化工厂设备检修手册：压缩机组[M]．北京：中国石化出版社，2007.
[10]阿莫索夫．螺杆压缩机手册[M]．北京：机械工业出版社，1985.
[11]邓定国．回转压缩机[M]．北京：机械工业出版社，1989.
[12]方子严．化工机器[M]．北京：中国石化出版社，1999.
[13]黄钟岳．化工透平式压缩机[M]．大连：大连理工大学出版社，1989.
[14]于晓昆，夏纹，唐翠华．石化炼厂加氢装置中大型往复活塞压缩机机组的选型分析[J]．压缩机技术，2009(3)：11-13.
[15]孙启才，金鼎五．离心机原理结构与设计计算[M]．北京：机械工业出版社，1987.
[16]孙启才．分离机械[M]．北京：化学工业出版社，1993.
[17]章棣．分离机械选型与使用手册[M]．北京：机械工业出版社，1998.
[18]张颖．过程流体机械选型方法及应用[M]．北京：中国石化出版社，2012.